WITHDRAWN

Advances in Physical Organic Chemistry

Cumulative Title, Author and Cited Author (A–J) Index,
Including Table of Contents, Volumes 1–32

Advances in Physical Organic Chemistry

Cumulative Title, Author and Cited Author (A–J) Index,
Including Table of Contents, Volumes 1–32

Volume 33

A Harcourt Science and Technology Company

San Diego   San Francisco   New York
Boston   London   Sydney   Tokyo

This book is printed on acid-free paper.

Copyright © 2000 by ACADEMIC PRESS

All Rights Reserved
No part of this publication may be reproduced or transmitted in any form or by any means, electronic or mechanical, including photocopy, recording, or any information storage and retrieval system, without permission in writing from the Publisher.
The appearance of the code at the bottom of the first page of a chapter in this book indicates the Publisher's consent that copies of the chapter may be made for personal or internal use of specific clients. This consent is given on the condition, however, that the copier pay the stated per copy fee through the Copyright Clearance Center, Inc. (222 Rosewood Drive, Danvers, Massachusetts 01923), for copying beyond that permitted by Sections 107 or 108 of the U.S. Copyright Law. This consent does not extend to other kinds of copying, such as copying for general distribution, for advertising or promotional purposes, for creating new collective works, or for resale. Copy fees for pre-1998 chapters are as shown on the title pages. If no fee code appears on the title page, the copy fee is the same as for current chapters. 0065-3160/98 $30.00

Academic Press
24-28 Oval Road, London NW1 7DX, UK
http://www.hbuk.co.uk/ap/

Academic Press
A Harcourt Science and Technology Company
525 B Street, Suite 1900, San Diego, California 92101-4495, USA
http://www.apnet.com

A catalogue record for this book is available from the British Library

This serial is covered by The *Science Citation Index*.

ISBN 0-12-033533-6

Typeset by MACKRETH Media Services, Hemel Hempstead

Printed and bound in Great Britain by
Redwood Books, Trowbridge, Wiltshire

00 01 02 03 04 05 RB 9 8 7 6 5 4 3 2 1

Contents

Table of Contents, Vols. 1–32	1
Cumulative Index of Titles	57
Cumulative Index of Authors	65
Cumulative Index of Cited Authors (A–J)	67

Advances In Physical Organic Chemistry
Volume 1
Edited by
V. Gold

CONTRIBUTORS TO VOLUME 1 v
FOREWORD vii
EDITOR'S PREFACE ix

Entropies of Activation and Mechanisms of Reactions in Solution
L. L. Schaleger and F. A. Long

I. Transition State Theory	1
A. Introduction	1
B. Principles of Transition State Theory	2
C. Rate Constant in Terms of Partition Functions...	3
D. Partition Functions in Solution	6
II. Experimental Procedures and Accuracy	7
III. Solution Equilibria	9
A. Effect of Solvent	10
B. Hydration Equilibria	10
C. Ionic Processes in Solution	11
D. Dissociation of Carboxylic Acids	13
E. Acidities of Ammonium Ions	14
F. Comparison of Equilibria and Kinetics	16
IV. Entropy of Activation and Structure	17
A. Hydrolysis Rates of Formic Esters	17
B. Entropy Changes and Reactivity	19
C. Enthalpy–Entropy Relationships	21
V. Entropy of Activation and Mechanism	23
A. The Entropy Criterion and the Mechanism of Hydrolysis	23
B. Acid–Catalyzed Epoxide Hydrolysis	26
C. Acetal Hydrolysis	27
D. Enolization of 1,2-Cyclohexanedione	29
Acknowledgments	31
References	31

A Quantitative Treatment of Directive Effects in Aromatic Substitution
Leon M. Stock and Herbert C. Brown

I. Introduction	35
II. The Selectivity Relationship	44
A. The Significance of Selectivity	44
B. The Selectivity Relationship	49

1

III. The Data for Aromatic Substitution 58
   A. Activated Monosubstituted Benzenes 59
   B. Polynuclear Aromatic Hydrocarbons 64
   C. The Alkylbenzenes 66
   D. The Halobenzenes 73
   E. Deactivated Monosubstituted Benzenes 73
IV. A Linear Free-Energy Treatment for Aromatic Substitution 78
   A. An Approach to the Problem 78
   B. A Model for the Evaluation of the σ^+-Constants 83
V. Linear Correlations for Substitution Reactions 94
   A. The Evaluation of Reaction Constants 94
   B. The Extended Selectivity Treatment 101
   C. Constancy of the σ^+-Values 129
   D. Origin of the Deviations 132
VI. Extension of the Treatment to Polysubstituted Benzenes 135
VII. Multi-Parameter Correlation Equations 142
VIII. Conclusion 146
References 148

Hydrogen Isotope Exchange Reactions of Organic Compounds in Liquid Ammonia

A. I. Shatenshteín

I. Introduction 156
II. Liquid Ammonia: A Protophilic Solvent 157
III. Method of Studying Hydrogen Exchange in Liquid Ammonia 158
IV. Comparison of the Rate of Hydrogen Exchange in Ammonia and in Amphoteric Solvents 160
   A. Hydrogen Exchange in Ammonia and in Ethanol 160
   B. Catalysis of Hydrogen Exchange in Liquid Ammonia by Potassium Amide 162
   C. Hydrogen Exchange in Ammonia and in Alcoholic Solutions of Alkoxides 163
V. Comparison of Hydrogen Exchange Rates in Liquid Ammonia and in other Protophilic Solvents 164
   A. Catalysis of Hydrogen Exchange by Alkali Metal Hydroxides and Alkoxides in Protophilic Solvents 164
   B. Comparison of Hydrogen Exchange Rates in Ammonia and in Amines 165
VI. Unusual Relation Between Hydrogen Exchange Rates in Protophilic and Amphoteric Solvents 167
   A. Effect of the Charge of the Substrate on the Hydrogen Exchange Rate 167
   B. Effect of Complex Formation between the Substrate and the Solvent on the Hydrogen Exchange Rate 168
VII. The Salt Effect in Hydrogen Exchange in Liquid Ammonia 170
VIII. The Kinetic Isotope Effect in the Hydrogen Exchange in Protophilic Solvents and in Metallation Reactions 172
IX. Hydrocarbons as Acids and Bases 173
X. Saturated Hydrocarbons 175
XI. Cyclopropane Hydrocarbons 176
XII. Unsaturated Hydrocarbons 177
   A. Aliphatic Olefins 177
   B. Hydrocarbons of the Alicyclic Series 179
   C. Diene Hydrocarbons 180
   D. The Mechanism of Hydrogen Exchange and Isomerization of Hydrocarbons with Multiple Bonds 180
XIII. Aromatic Hydrocarbons 182
XIV. Compounds Combining Aromatic and Aliphatic Character 183
   A. Alkylbenzenes and Phenylated Alkanes 183
   B. Hydrocarbons with an Unsaturated Side-Chain 185
   C. Ethers and Amines 186
XV. Comparison of Regularities in the Protophilic and Electrophilic Substitution of Hydrogen in Aromatic Compounds 186
   A. Partial Rate Factors for Hydrogen Exchange 187

B. Application of the Hammett–Brown–Taft Equation to Hydrogen Exchange Reactions in Aromatic Compounds 191
C. Application of the Principle of Additivity of Free Energies of Activation to Reactions Involving Protophilic and Electrophilic Hydrogen Exchange 193
XVI. Preparation of Deuterated and Tritiated Organic Compounds 195
XVII. Conclusions 196
References 197

Planar and Non-Planar Aromatic Systems

George Ferguson and J. Monteath Robertson

I. Introduction 203
II. Theoretical 205
   A. Treatment of Planar and Non-Planar Aromatic Molecules 205
   B. Causes of Deviations 208
III. Methods of Observation and their Accuracy 212
   A. Qualitative Methods 213
   B. Quantitative Methods 218
IV. Classification of Compounds 224
V. Planar and Non-Planar Aromatic Systems 225
   A. Some Molecules for which Theory Predicts a Planar Conformation 225
   B. Substituted Benzenes, Naphthalenes, and Anthracenes 233
   C. Phenanthrene and Molecules Containing Similar Angular Ring Systems 250
   D. 3,4-Benzophenanthrenes and Skeletally Similar Molecules 263
   E. 3,4-5,6-Dibenzophenanthrene and Similarly Constituted Molecules 268
   F. Phenanthro[3,4-c]phenanthrene (Hexahelicene) 272
   G. Examples of Ethylenic Overcrowding 273
VI. Conclusion 274
References 275

The Identification of Organic Free Radicals by Electron Spin Resonance

M. C. R. Symons

I. Introduction 284
   A. Basic Principles 285
   B. Detection of Radicals 287
II. Radicals and their Preparation 288
   A. Aromatic π-Radicals 288
   B. Radical Anions 289
   C. Radical Cations 289
   D. Aliphatic Radicals in Solution 290
   E. Reactive Radicals in Solids 291
III. Historical Survey 293
IV. Radicals in Solution 300
   A. Benzene Anion and its Derivatives 300
   B. Phenoxy and Alkoxy Radicals 306
   C. Aromatic Cations 308
   D. Ketyls and Related Radicals 313
   E. The Anion of Tetracyanoethylene 315
   F. Simple Alkyl Radicals 316
   G. Theory of Hyperfine Coupling to α-Protons 316
   H. Theory of Hyperfine Coupling to β-Protons 318
V. Radicals in Crystals 321
   A. α- and β-Proton Interactions 321

B. Substituents in π-Radicals 327
   C. Forbidden Transitions 329
   D. The g-Tensor in π-Radicals 329
   E. The Radical-Ion CO_2^- 329
   F. γ-Irradiated Dimethylglyoxime 333
VI. Radicals in Glasses 335
   A. Variation in the g-Factor 335
   B. Proton Hyperfine Anisotropy 336
   C. Anisotropy from other Nuclei 340
   D. Trapped Radicals in Polymethylmethacrylate 340
   E. The Formyl Radical 345
   F. The Effect of Bending upon Proton Hyperfine Coupling 346
   G. The Radical $H_2CN\cdot$ 347
VII. Triplet States, Biradicals, and Molecular Complexes 347
   A. Triplet Molecules in Crystals 348
   B. Triplet Molecules in Glasses 349
   C. "Molecular" or "Charge-Transfer" Complexes 349
   D. Biradicals 351
VIII. Factors Governing Line-Widths and Shapes of Bands 351
   A. Variation in the g-Factor 352
   B. Variation in Hyperfine Coupling 353
IX. Radiation Damage 354
X. Conclusions 355
XI. Appendix 356
   A. Instrumental 356
   B. Preparation of Solutions 356
   C. Radicals in Solids 357
   D. Reading Spectra 357
Acknowledgments 359
References 359

The Structure of Electronically Excited Organic Molecules

J. C. D. Brand and D. G. Williamson

I. Introduction 365
II. Outline of the Theory of Electronic Spectra 366
   A. Electronic States and their Classification 366
   B. Vibrational Structure of Electronic Transitions 372
   C. Rotational Structure of Electronic Bands 380
   D. Perturbations 386
   E. Molecular Orbitals 386
III. Applications 390
   A. Free Radicals 390
   B. Lone-pair Chromophores 393
   C. The Triple Bond; C_2H_2 396
   D. The Double Bond; C_2H_4 399
   E. Carbonyl Compounds 401
   F. Aromatic and Heterocyclic Compounds 411
Acknowledgments 418
References 418

AUTHOR INDEX 425
SUBJECT INDEX 439

Advances In Physical Organic Chemistry
Volume 2
Edited by
V. Gold

CONTRIBUTORS TO VOLUME 2	v
EDITOR'S PREFACE	vii

Isotopes and Organic Reaction Mechanisms
Clair J. Collins

I. Experiments with One Label	3
A. The Isotopic Dilution Method	3
B. Simple Tracer Studies	7
II. Experiments with Two or More Labels	21
A. Two or More Positions with the Same Isotope	21
B. Use of More than One Isotope	35
III. Combined Isotopic-Kinetic Experiments	36
A. Triple-Labeling Experiments on the Isotope-Position Isomerization of 1,2,2,-Triphenylethyl Acetate	36
B. The Determination of Internal Return	36
C. The Determination of a Solvolysis Rate with Tritium Labeling	38
D. Exchange Reaction Between Normal and Radioactive Halogens	39
E. The Determination of Reaction Rates for Extremely Slow Reactions	40
IV. Combined Isotopic-Stereochemical Experiments	40
A. The Deamination of 1,2,2-Triphenylethylamine	41
B. The Mechanism of the Deamination of 1,2-Aminoalcohols	46
C. The Thermal Decomposition of N-Nitrosoamides	56
V. Isotope Effect Experiments	60
A. Introduction	60
B. Methods of Determining Isotope Effects	62
References	87

Use of Volumes of Activation for Determining Reaction Mechanisms
E. Whalley

I. Introduction	93
II. Experimental Techniques	95
III. Theory of Effect of Pressure on Reaction Rates	100
A. The Transition-State Theory	101
B. Effect of Electrolytes on Volume of Activation	106
C. Molecular Components of Volumes of Activation	108
IV. Determination of Mechanisms	114
A. Unimolecular Decomposition or Bimolecular Attack of Solvent on Ions	115

B. Acid-catalyzed Reactions 120
C. Hydrolysis of Esters and Amides 136
D. Mechanisms of Specific Acid Catalysis in Solvents other than Water 147
E. Some Rearrangements 147
F. Diels-Alder Reactions 151
G. Radical Polymerizations 155
References 158

Hydrogen Isotope Effects In Aromatic Substitution Reactions

H. Zollinger

I. Introduction 163
II. Electrophilic Aromatic Substitution 164
   A. Differentiation between S_E2- and S_E3-Mechanisms 164
   B. Types of S_E2-Mechanisms 167
   C. Structural Characteristics of Intermediates 179
   D. Isotope Effect Studies in the Benzidine Rearrangement 185
III. Nucleophilic Aromatic Substitution 187
   A. Benzyne Mechanism 187
   B. Bimolecular Mechanism 188
IV. Homolytic Aromatic Substitution 192
References 196

The Reactions of Energetic Tritium and Carbon Atoms With Organic Compounds

Alfred P. Wolf

I. Introduction 202
II. The Hot-Atom Process 204
   A. General Aspects and Product Formation 204
   B. Recoil Energy 206
   C. Bond Rupture Following the Nuclear Event 207
   D. Charge State of the Recoil Atom After "Birth" 207
   E. Slowing-Down Process of the Hot-Atom 208
   F. Reaction Models 209
   G. Theoretical Approaches 211
   H. Criteria for Differentiating Hot from Thermal Reactions 214
III. The Chemical System 217
   A. Annealing 217
   B. Radiation Effects 218
   C. Impurities 219
   D. Isolation and Assay of Products 220
IV. General Considerations in the Reactions of Tritium Atoms Produced by Nuclear Recoil 221
   A. Production of Tritium 221
   B. Assay of Tritiated Compounds 222
   C. Radiation Damage to the System 222
   D. Charge State 225
   E. Radiochemical Yields and Product Distribution 225
V. Major Reactions of "Hot" Tritium Atoms 227
   A. Hydrogen Abstraction and Substitution 227
   B. Excitation-Decomposition in Substitution 227
   C. Alkyl Group Substitution 228
   D. "Hot" Radical Formation 229
   E. Double-Bond Addition Reactions 229
   F. Heavy Atom or Group Substitution 229

VI. Geometric and Stereochemical Results of the Substitution Reactions 230
VII. Mechanisms of Formation of Hot Products in the Gas Phase 231
    A. General Considerations 231
    B. Mechanisms in Alkanes 232
    C. Excitation-Decomposition Mechanisms 238
    D. Inertial Effects 239
    E. Hot Free Radicals 240
    F. Summary on Gas Phase Model 240
    G. Mechanisms of Hot Reactions in Gaseous Alkenes 241
VIII. Mechanisms in Condensed Phases 242
    A. Alkanes, Alkenes and Alkynes 242
    B. Aromatic Compounds 243
    C. Substitution of Heavy Atoms and Groups in Aromatic Molecules 244
    D. Summary 245
IX. General Considerations in the Reactions of Carbon Atoms Produced by Nuclear Recoil 245
    A. Production of Energetic Carbon Atoms 245
    B. Background for Current Mechanistic Approach 248
X. Reaction Mechanisms of Energetic Carbon Atoms in Hydrocarbons 252
    A. Carbon-Atom Insertion 253
    B. Methyne Formation 255
    C. Methylene Formation 259
    D. Methyl-Radical Formation 261
    E. Reactions in Olefins 262
    F. Phase Dependence 263
XI. Reactions of Energetic Carbon Atoms in Some Other Systems 264
    A. Reactions in Ammonia and Methylamine 264
    B. Effect of Oxygen Concentration on Yields of Carbon-II Products 266
    C. Deuterium Isotope-Effects in Acetylene-^{11}C and Ethylene-^{11}C Production 267
    D. Use of Accelerated Ion Beams in Studying Reactions at High Kinetic Energies 267
XII. General Mechanism 269
XIII. Conclusion 273
Acknowledgment 273
References 273

AUTHOR INDEX 279
CUMULATIVE INDEX OF AUTHORS 289
CUMULATIVE INDEX OF TITLES 289

Advances In Physical Organic Chemistry
Volume 3

Edited by
V. Gold

CONTRIBUTORS TO VOLUME 3 v

Molecular Refractivity and Polarizability

R. J. W. Le Fèvre

I.	Introduction	1
II.	Molecular Refraction	3
III.	Molecular Polarizability	41
IV.	Molecular Anisotropy and Stereochemistry	53
V.	Hyperpolarizability	68
VI.	Aspects of Polarizability Requiring Investigation	73
VII.	Miscellaneous Applications of Polarizability	75
	References	79

Gas-Phase Heterolysis

Allan Maccoll

I.	Introduction	91
II.	Experimental Methods of Investigating the Rate of Reaction	92
III.	Mechanism of Pyrolysis	96
IV.	The Experimental Results	100
V.	Regularities in the Experimental Data	103
VI.	Homogeneous Catalysis of Gas-Phase Eliminations	117
VII.	General Conclusions	119
	References	120

Oxygen Isotope Exchange Reactions of Organic Compounds

David Samuel and Brian L. Silver

I.	Introduction	123
II.	Experimental Methods	125
III.	The Exchange of Hydroxylic Compounds with Water	128
IV.	The Exchange of Carbonyl Compounds with Water	147
V.	The Exchange of Carboxylic Acids with Water	168
VI.	The Exchange of Other Organic Compounds containing Oxygen with Water	174
VII.	The Exchange between Organic Compounds and Metal Oxides	181
VIII.	Conclusion	182
	References	183

N.M.R. Measurements of Reaction Velocities and Equilibrium Constants as a Function of Temperature

L. W. Reeves

I.	Introduction and Scope	187
II.	The Bloch Equations with Incorporation of Chemical Exchange	193
III.	Experimental Methods	228
IV.	Hindered Internal Motions of Molecules	233
V.	Hydrogen Bonding, Tautomerism and Proton Exchange	259
	References	265

AUTHOR INDEX	271
CUMULATIVE INDEX OF AUTHORS	281
CUMULATIVE INDEX OF TITLES	281

Advances In Physical Organic Chemistry
Volume 4
Edited by
V. Gold

CONTRIBUTORS TO VOLUME 4 v

The Reversible Hydration of Carbonyl Compounds
R. P. Bell

I. Introduction	1
II. Hydration Equilibrium Constants	2
III. Acidity of Carbonyl Hydrates	12
IV. Kinetics of Hydration and Dehydration Reactions	16
References	27

Ionization Potentials
D. W. Turner

I. Introduction	31
II. The Measurement of Ionization Potentials	35
III. Molecular Structure Dependence of Ionization Potentials	46
References	69

Reactivity Indices in Conjugated Molecules: The Present Position
H. H. Greenwood and R. McWeeney

I. Introduction	73
II. Some Applications of the Indices	81
III. Properties of the Secular Equations	88
IV. The Isolated Molecule Method	95
V. The Localization Method	102
VI. Relationship between the Indices	107
VII. Frontier Orbital and Charge Transfer Theories	112
VIII. The Physical Basis of Reactivity Indices	118
IX. Reactivity Indices in Many-Electron Theory	129
X. Conclusions and Future Prospects	141
References	143

The Gas Phase Pyrolyses of Some Small Ring Hydrocarbons

H. M. Frey

I.	Introduction	148
II.	Cyclopropane	148
III.	Alkylcyclopropanes	151
IV.	Unsaturated Cyclopropanes	155
V.	Bicyclopropyl	165
VI.	Bicyclic Systems Containing Cyclopropane Rings	165
VII.	Tricyclic Systems Containing Two Cyclopropane Rings	169
VIII.	Cyclopropene	170
IX.	Systems Containing Four-membered Rings	170
X.	Unsaturated Cyclobutanes	175
XI.	Bicyclic Compounds Containing Cyclobutane Rings	180
XII.	Tricyclic Systems Containing a Cyclobutane Ring	183
XIII.	Cyclobutene	183
XIV.	Bicyclobutenes	188
XV.	Tricyclic Systems Containing Cyclobutene Rings	189
XVI.	Conclusion	190
	References	191

The Basicity of Unsaturated Compounds

H.-H. Perkampus

I.	Definition of Basicity	195
II.	The Structure of the Proton Addition Complexes	200
III.	Methods for Determining the Basicity of Unsaturated Hydrocarbons	232
IV.	Basicity Scale and Basicity Constants of Unsaturated Compounds	262
V.	Theoretical Treatment of Proton Addition Complexes	284
VI.	Supplementary Remarks	297
	References	300

Spectroscopic Observation of Alkylcarbonium Ions in Strong Acid Solutions

George A. Olah and Charles U. Pittman, Jr.

I.	Introduction	305
II.	Remarks on Nomenclature	307
III.	Alkyl Halide-Lewis Acid Halide Systems	307
IV.	Alcohols and Olefins in Strong Brönsted Acids	324
V.	Cyclopropylcarbonium Ions	333
VI.	Alkylarylcarbonium Ions	338
	References	345

AUTHOR INDEX	349
CUMULATIVE INDEX OF AUTHORS	357
CUMULATIVE INDEX OF TITLES	357

Advances In Physical Organic Chemistry
Volume 5
Edited by
V. Gold

CONTRIBUTORS TO VOLUME 5 v

Polarography and Reaction Kinetics
P. Zuman

I. Principles of Polarography	1
II. Slow Reactions	4
A. Techniques; Advantages	5
B. Applications	16
III. Fast Reactions	30
A. General Principles	30
B. The Identification of Kinetic Currents	35
C. Reaction Types	37
IV. Conclusions	50
References	50

Electron-spin Resonance Studies of Short-lived Organic Radicals
R. O. C. Norman and B. C. Gilbert

I. Introduction	53
A. Basic Principles	54
B. Characteristics of E.S.R. Spectra	55
II. Methods of Generating Radicals	64
A. Photolysis	64
B. Thermolysis	65
C. Electrochemical Oxidation and Reduction	66
D. Electron Transfer	67
E. Priming Reactions	72
III. Results: Reaction Mechanisms	73
A. Oxidation	73
B. Reduction	93
IV. Results: Structures and Rates	98
A. Relationship of Structure to Spectral Characteristics	98
B. Line-Broadening Effects and Rate Processes	108
References	113

Heat Capacities of Activation and their uses in Mechanistic Studies

G. Kohnstam

I. Introduction	121
II. Determination of Activation Parameters	125
A. Rate Measurements	125
B. Activation Parameters	125
C. Reliability	130
III. Activation Parameters at Constant Volume	136
IV. Solvolytic Reactions	139
A. Mechanism	139
B. Activation Parameters	140
C. The Interpretation of Heat Capacities and Entropies of Activation	142
D. Mechanistic Information	151
V. Non-Solvolytic Reactions	162
A. Rate-determining Proton Transfer Processes	162
B. Other Reactions	163
VI. Appendix	165
A. Activation Parameters Directly from Reaction Rates	165
B. Activation Parameters via the Arrhenius Equation	167
References	169

Rates of Bimolecular Substitution Reactions in Protic and Dipolar Aprotic Solvents

A. J. Parker

I. Introduction	173
II. The Influence of Solvent on Reaction Rates	177
A. Basic Principles	177
B. Solvation of Polar Molecules	180
C. Solvation of Transition States	181
D. Solvation of Anions	184
III. S_N2 Reactions of Different Charge Types	191
A. S_N2 Reactions between Anions and Polar Molecules	191
B. S_N2 Reactions between Polar Molecules	201
C. S_N2 Reactions between Anions and Cations	204
D. S_N2 Reactions between Cations and Polar Molecules	208
E. S_N2 Reactions at Carbon and Platinum	209
IV. S_N2 Reactions in Mixtures of Protic and Dipolar Aprotic Solvents	209
V. Reactivity in S_N2 Anion-Dipole Reactions	213
A. Transition State Solvation	213
B. Mobility of Leaving Groups	216
C. Nucleophilic Tendencies	217
VI. Solvent Effects on Entropy and Enthalpy of Activation	221
VII. Finkelstein Reactions in DMF	225
VIII. Some Linear Free Energy Relationships	228
References	232

General Base and Nucleophilic Catalysis of Ester Hydrolysis and Related Reactions

S. L. Johnson

I. Introduction	237
II. The Tetrahedral Addition Intermediate	241
A. General Considerations	241

B. Kinetic Evidence for Two-Step Reactions.. 246
C. Oxygen-18 Exchange and Other Evidence 262
D. Lifetime of the Tetrahedral Intermediate 267
III. Nucleophilic and General Base Reactions... 271
A. Mechanism Change as a Function of the Nucleophile and Leaving Group........................ 271
B. Discrimination between Nucleophilic and General Base Reactions 278
C. Nucleophilic Reactivity 284
D. The Leaving Group... 294
E. Mechanisms.. 299
F. The Water Reaction.. 312
IV. General Acid Catalysis.. 318
V. The S_N1 Reaction 321
References 325

The Reactions of Aliphatic Diazocompounds with Acids

R. A. More O'Ferrall

I. The Rate-Determining Steps 331
A. Hydroxylic Solvents 332
B. Aprotic Solvents 353
II. The Product-Determining Steps... 355
A. Ion Pair Phenomena.. 357
B. Substitution, Rearrangement and Elimination 374
C. Carbonium Ions from Diazonium Ions 384
III. The Reactions of Diazoalkanes with Weak Acids 387
Acknowledgements.. 394
References 395

AUTHOR INDEX 401
CUMULATIVE INDEX OF AUTHORS... 415
CUMULATIVE INDEX OF TITLES 417

Advances In Physical Organic Chemistry
Volume 6

Edited by
V. Gold

CONTRIBUTORS TO VOLUME 6 v

Mechanisms of Formation and Reactions of Arynes at High Temperatures

E. K. Fields and S. Meyerson

I. Introduction... 1
II. Arynes from Aromatic Anhydrides 5

A. Reactions of Benzyne with Benzene 5
　　B. Reactions of Benzyne with Deuteriated Benzenes 8
　　C. Arynes from Aromatic Anhydrides Other Than Phthalic 15
　　D. Reactions with Chlorinated Benzenes 21
　　E. Reactions with Pyridine 26
　　F. Reactions with Thiophene and Benzothiophene 32
　　G. Reactions of Tetraphenylbenzyne from Tetraphenylphthalic Anhydride 46
III. Benzyne from o-Sulfobenzoic Anhydride 50
IV. Benzyne from Acetylene 54
V. Conclusion 57
References 58

Developments in the Study of A-S_E2 Reactions in Aqueous Solution

J. M. Williams, Jr. and M. M. Kreevoy

I. Introduction 63
II. Gross Mechanism 64
　　A. Identification of Proton Transfer as the Rate-Determining Step 64
　　B. Pre Rate-Determining Steps 79
　　C. Multiple Rate-Determining Processes 83
III. Details of Mechanism 85
　　A. Structure of the Starting State 85
　　B. Direct versus Indirect Proton Transfer 88
　　C. Detailed Structure of Intermediates 92
　　D. Substituent Effects on Reactivity and the Electronic Structure of the Transition State 94
　　E. Non-Adiabatic Processes 95
IV. Conclusions, Apologies, and Acknowledgments 97
References 98

Calculations of Conformations of Polypeptides

H. A. Scheraga

I. Introduction 103
II. Conventions 106
III. Geometrical Data 114
IV. Transformation of Coordinates 118
V. Terms Contributing to the Expression for the Total Energy 118
　　A. Torsional Energies 119
　　B. Nonbonded Interactions 124
　　C. Electrostatic Interactions 130
　　D. Hydrogen Bond 133
　　E. Distortion of Geometry 137
　　F. Role of Crystal Energy Calculations in Refinement of Energy Parameters 138
　　G. Free Energy of Hydration 138
　　H. Loop-Closing Potential 141
VI. Methods of Energy Calculation and Energy Minimization 143
　　A. Hard-Sphere Potential 143
　　B. Complete Energy Expression 143
VII. Results with Hard-Sphere Potential 145
VIII. Application of Complete Energy Expression to Results Obtained from the Hard-Sphere Potential 153
IX. Use of Complete Energy Expression for Conformational Energy Calculations, Including Energy Minimization 156
　　A. Hydrocarbons 156

B. Dipeptides... 157
C. Random Coil; End-to-end Distance 159
D. Helical Structures 162
E. Gramicidin-S 173
F. Oxytocin and Vasopressin 175
X. Conclusions.. 178
References 179

Stereoselection in the Elementary Steps of Organic Reactions

S. I. Miller

I. Introduction 185
II. The Shape of Simple Species 188
  A. Some Valence Bond Results 188
  B. Some Molecular Orbital Results 191
III. Bonding Theory and Stereoselection 201
  A. Electrocyclic Reactions 202
  B. Cycloadditions 217
  C. Sigmatropic Migrations 235
  D. Sigma-Sigma and Sigma-Pi Switch 243
  E. Substitution at Saturated Atoms 246
  F. Substitution at Unsaturated Atoms 265
  G. Addition and Elimination 272
  H. Rearrangements 287
IV. Miscellaneous Factors and Stereoselection 293
  A. Excited States and Molecular Vibrations... 293
  B. Magnetic Resonance Data 295
  C. Collinearity and Coplanarity of Reacting Centers 296
  D. Principles of Least Motion (PLM) 301
  E. Electrical Effects 303
V. Stereoselection Deriving from Steric and Conformational Factors 308
  A. Steric Effects 308
  B. Conformational Analysis 313
VI. Conclusions 321
References 323

AUTHOR INDEX 333
CUMULATIVE INDEX OF AUTHORS 345
CUMULATIVE INDEX OF TITLES 347

Advances In Physical Organic Chemistry
Volume 7

Edited by
V. Gold

CONTRIBUTORS TO VOLUME 7 v

Nucleophilic Vinylic Substitution

Zvi Rappoport

I. Scope	1
II. Introduction	2
III. The Addition-Elimination Route	5
A. Introduction	5
B. Element Effects and the Carbanionic Theory	10
C. The Stereochemistry of the Addition-Elimination Route	31
D. Reactivity in the Addition-Elimination Route	62
E. Substitution with Rearrangement (The "Abnormal" Substitution)	73
F. Summary	74
IV. The Elimination-Addition Routes	74
A. The α,β-Elimination Route	75
B. The β,β-Elimination-Addition Route (The Carbenic Mechanism)	91
C. The β,γ-Elimination-Addition Route (The Allenic Mechanism)	92
V. The S_N1 Route	98
VI. Substitutions Following Primary Rearrangements (The Prototropic Routes)	102
VII. Substitution via Two S_N2 Reactions	107
VIII. Substitution in the Presence of Metal Salts	107
Acknowledgments	108
References	108

The Reactions of Hydrated Electrons with Organic Compounds

M. Anbar

I. Reactions of Hydrated Electrons with Different Functional Groups	117
A. Saturated Hydrocarbons, Alcohols, Ethers and Amines	117
B. Alkenes	118
C. Carbonylic Compounds	119
D. Haloaliphatic Compounds	124
E. Other Electrophilic Functional Groups on Aliphatic Compounds	126
F. Aromatic Compounds	128
G. Heterocyclic Compounds	131
H. Organic Free Radicals	134
I. Concluding Remarks	135
II. Radiobiological Implications of the Reactions of Hydrated Electrons with Organic Compounds	136
A. Carbohydrates, Fatty Acids and Steroids	138
B. Amino Acids and Peptides	139
C. Polypeptides and Proteins	139
D. Purines, Pyrimidines and Nucleic Acids	140
III. Mechanism of the Reactions of Hydrated Electrons with Organic Compounds	141
A. The Energy of Activation of the Reactions of Hydrated Electrons	142
B. The Primary Products of e^-_{aq} Reactions	143
C. The Mechanism of Electron Transfer	144
IV. Conclusion	148
References	148

Structure and Mechanism in Carbene Chemistry

D. Bethell

I. Introduction	153

A. Definitions and Scope 153
  B. Nomenclature and Formalism 157
II. The Structure of Carbenes 157
  A. Theoretical Considerations... 157
  B. Direct Observation of Carbenes.. 160
III. Carbenes as Transient Intermediates in Reactions in Solution................................... 169
  A. Criteria 169
  B. The Decomposition of Diazoalkanes and Related Compounds............................. 170
  C. Base-Induced α-Elimination 177
  D. Organometallic Reagents 184
IV. Mechanisms of Reaction of Carbenes in Solution 187
  A. Excitation, Multiplicity and Reactivity.. 187
  B. Insertion 190
  C. Addition to Olefins... 194
  D. Rearrangement.. 200
V. Conclusion 202
References 202

Meisenheimer Complexes

M. R. Crampton

I. Introduction... 211
  A. Historical Aspects 211
  B. Survey of the Reactions of Aromatic Nitro-Compounds with Bases 212
II. Structural Studies of the Adducts.. 214
  A. Adducts from Picryl Ethers 215
  B. Adducts from 1,3,5-Trinitrobenzene... 219
  C. Products from Picramides (2,4,6-Trinitroanilines).. 227
  D. Adducts from Other Substituted Trinitrobenzenes.. 233
  E. Adducts from *meta*-Dinitrobenzenes 234
  F. Adducts with Other Compounds 239
III. Equilibrium and Kinetics Studies.. 241
  A. Variation of Reactivity with Substrate Structure.. 242
  B. Variation of Reactivity with the Attacking Nucleophile 250
  C. Effects of Solvent on the Stabilities of the Adducts 252
References 254

Protolytic Processes in H_2O–D_2O Mixtures

V. Gold

I. Introduction... 259
  A. General Background 259
  B. List of Important Symbols... 263
II. "Simple" Equilibrium Theory for Reactions Involving Aqueous Hydrogen Ions 265
  A. Assumptions.. 265
  B. Acid Dissociation as a Function of n 268
  C. Extension of Simple Equilibrium Theory to Acid Catalysis................................. 271
  D. Acid Catalysis by Species other than H_3O^+... 277
III. Solvent Isotope Effects in Relation to the Brønsted Catalysis Law........................... 277
  A. Acidity Constants of Hydrogen Ions 277
  B. Application of the Catalysis Law 279
IV. Critique and Possible Improvements of Simple Theory... 281
  A. The Formula of the Hydrogen Ion and the Value of the Fractionation Parameter l.............. 281
  B. The Rule of the Geometric Mean 284

C. Absence of other Kinds of Solvent Isotope Effect 287
V. Applications of Theory to Experimental Results for Hydrogen Ions 294
   A. Summary of Available Results for H_2O–D_2O Mixtures 295
   B. Some Case Studies 297
VI. Catalysis by Species other than Hydrogen Ions in Aqueous Solution 312
   A. Carboxylic Acids 312
   B. Hydroxide Ions 316
   C. "Water-Catalysed" Reactions 319
VII. Solvents other than Water 322
   A. Water-Dioxan Mixtures 322
   B. Methanol 323
VIII. Speculative Generalities 325
References 327

AUTHOR INDEX 333
CUMULATIVE INDEX OF AUTHORS 347
CUMULATIVE INDEX OF TITLES 349

Advances In Physical Organic Chemistry
Volume 8

Edited by
V. Gold

CONTRIBUTORS TO VOLUME 8 v

The Study of Free Radicals and Their Reactions at Low Temperature Using a Rotating Cryostat

J. E. Bennett, B. Mile, A. Thomas and B. Ward

I. Introduction 2
II. The Rotating Cryostat 4
   A. Principle of the Technique 4
   B. Independent Matrices 5
   C. Subsequent Reactions 6
   D. Experimental Equipment 6
   E. Alternative Methods of Preparation 9
   F. Methods of Examination 10
III. Specific Free Radicals 14
   A. Alkyl and Cyclo-Alkyl Radicals 15
   B. Phenyl Radical 17
   C. Acetyl Radical 19
   D. Substituted Allyl Radicals 21
   E. Unsuccessful Preparations 24
IV. Specific Radical Ions 25
   A. Carboxylic Acid Radical Anions 27
   B. Ketone Radical Anions 28
V. Solvated Electrons 31
   A. Trapped Electrons in Water and Deuterium Oxide 32

B. Trapped Electrons in Alcohols ... 35
C. Sulphur Analogues ... 38
VI. Studies by Infrared Spectroscopy ... 38
VII. Other Methods of Preparation—Photolysis ... 39
VIII. Radical-Molecule Reactions ... 41
   A. The Conditions of Reaction ... 41
   B. Addition of Radicals to Molecular Oxygen ... 43
   C. Addition of Radicals to Ethylene ... 45
   D. Addition of Phenyl Radical to 1,1-Dideuterioethylene ... 46
   E. Reaction of Radicals with Higher Olefins ... 47
   F. Abstraction Reactions of Radicals ... 48
   G. Reaction of n-Heptyl Radicals with Tetramethylethylene ... 48
   H. Mode of Action of Oxidation Inhibitors ... 51
   I. The use of Abstraction Reactions as a Method of Preparing Radicals ... 52
IX. Reactions of Gas-Phase Hydrogen Atoms with Organic Substrates ... 54
   A. Alkenes ... 55
   B. Allene ... 59
   C. 1,1-Dideuterioethylene ... 59
   D. Carbonyl Compounds ... 60
X. Intramolecular Rearrangements of Radicals ... 62
   A. Substituted Vinyl Radicals ... 63
   B. Alkenyl Radicals ... 64
   C. Cyclo-oct-4-en-1-yl Radical ... 66
XI. Radical-Radical Reactions ... 67
   A. The Disproportionation–Combination Reactions of Alkyl Radicals ... 67
   B. The Termination Reactions of Alkylperoxy-Radicals ... 70
References ... 74

Gaseous Carbonium Ions from the Decay of Tritiated Molecules

Fulvio Cacace

I. Introduction ... 79
II. Theoretical Considerations in the Formation of Molecular Ions Following the Decay of Tritiated Molecules ... 81
   A. Sources of Chemical Excitation in β-Decay ... 81
   B. Electronic Excitation following the β-Decay of Isolated Atoms ... 82
   C. Momentum Transferred to the Daughter Ion ... 84
   D. Molecular Excitation following the β-Decay of a Constituent Atom ... 86
   E. Molecular Dissociation caused by the Recoil Energy of the Daughter Nucleus ... 89
III. Mass Spectrometric Studies on the Ions Formed from the Decay of Tritiated Molecules ... 90
   A. Experimental Techniques ... 90
   B. Decay of Molecular Tritium and Hydrogen Tritide ... 92
   C. Decay of Tritiated Hydrocarbons ... 94
   D. Isomeric Effects on the Decay-Induced Fragmentation ... 99
   E. Conclusions Relevant to the Formation of Carbonium Ions in Gases at Normal Pressure ... 103
IV. Reactions of the Carbonium Ions Formed from the Decay of Tritiated Alkanes in Systems at Atmospheric Pressure ... 104
   A. Experimental Techniques ... 104
   B. Effects of Radiation Damage to the System ... 106
   C. Reactions of Carbonium Ions in the Gas Phase at Normal Pressure ... 107
V. Carbonium Ions from the Protonation (Tritonation) of Gaseous Hydrocarbons with HeT^+ Ions ... 121
   A. Experimental Techniques ... 121
   B. Background for Current Mechanistic Approach ... 122
   C. Carbonium Ions from the Protonation of Alkanes with HeT^+ ... 124
   D. Carbonium Ions from Triton Transfer to Cycloalkanes from HeT^+ ... 133
   E. Reactions of HeT^+ Ions with Gaseous Aromatic Compounds ... 140
References ... 145

Mechanism and Structure in Mass Spectrometry: A Comparison with Other Chemical Processes

T. W. Bentley and R. A. W. Johnstone

I. Introduction	152
II. Theoretical Aspects	153
A. Molecular Orbitals and Ion Structure	153
B. Ionization by Electron Impact	157
C. Electronic States of Ions	159
D. Vibrational Excitation of Ions	160
E. Unimolecular Ion Decomposition	164
F. Quasi-Equilibrium Theory	165
G. Other Theories	166
III. Instrumental Parameters	168
A. Residence Time and Ion Lifetime	168
B. Temperature	169
C. Electron Beam Energy	172
D. Bimolecular Effects	174
IV. Thermochemical Aspects	175
A. Measurement of Ionization Potentials	175
B. Measurement of Appearance Potentials	181
C. Interpretation of Data: Bond Energies	182
D. Possible Sources of Error in Interpretation	183
E. Heats of Formation of Ions and Approaches to Ion Structures	189
V. Other Approaches to the Determination of Ion Structure	193
A. External-Standard Method	194
B. Metastable-Ion Methods	194
C. Symmetry Arguments	196
D. Isotopic Labelling	198
E. Conclusions	199
VI. Classification of Mass Spectra	200
A. Introduction	200
B. Reaction Type	202
VII. Apparent Similarities Between Mass Spectral and Other Chemical Processes	222
A. Carbonium Ion Chemistry	222
B. Hammett Correlations	229
C. Pyrolysis	236
D. Photochemistry	241
E. Radiation Chemistry	251
F. Conclusion	253
VIII. Molecular Orbital Theory and Mass Spectrometry	254
A. Introduction	254
B. Ionization Potentials	255
C. Qualitative Applications	255
References	260

Micellar Catalysis in Organic Reactions: Kinetic and Mechanistic Implications

Eleanor J. Fendler and Janos H. Fendler

I. Introduction	271
II. Summary of the Physical and Chemical Properties of Micelles and Micellar Solutions	272
A. Micelle Formation and Structure	273
B. Critical Micelle Concentration	279
C. Solubilization in Aqueous Micellar Solutions	280
D. Micelle Formation in Non-Aqueous Solvents	290
III. Principles of Micellar Catalysis of Organic Reactions	291
IV. Micelle Catalysis of Hydrolysis and Solvolysis	297

A. Carboxylic Esters	297
B. Orthoesters and Acetals	309
C. Sulfates and Phosphates	316
D. Schiff Bases	337
E. Functional Micelles and Related Systems	341
V. Micellar Effects on Organic Equilibria, Ionic and Radical Reactions	354
A. Indicator Equilibria	354
B. Aliphatic and Aromatic Nucleophilic Substitution	362
C. Miscellaneous Ionic Reactions	372
D. Radical Reactions	377
VI. Micellar Effects on Hydrophobic Interactions and Protein Structure	387
A. Effect of Additives on the *CMC* of Surfactants	388
B. Effect of Surfactants on Protein Structure and Enzymatic Catalysis	394
VII. Catalysis in Macromolecular Systems	395
References	397
AUTHOR INDEX	407
CUMULATIVE INDEX OF AUTHORS	421
CUMULATIVE INDEX OF TITLES	423

Advances In Physical Organic Chemistry
Volume 9

Edited by

V. Gold

CONTRIBUTORS TO VOLUME 9	v

Superacid Systems

R. J. Gillespie and T. E. Peel

I. Introduction	1
II. H_2SO_4 Systems	4
A. 100% H_2SO_4	4
B. H_2SO_4–SO_3	6
C. H_2SO_4–$HB(HSO_4)_4$	9
III. HSO_3F and HSO_3Cl Systems	9
A. H_2SO_4–HSO_3F	9
B. HSO_3F–SO_3	10
C. HSO_3F–MF_5 and HSO_3F–MF_5–SO_3	11
D. H_2SO_4– HSO_3Cl	15
IV. HF Systems	15
A. H_2O–HF	15
B. Lewis Acids in HF	16
V. Applications	17
A. Protonation Studies	17
B. New Cations	19
References	23

Turnstyle Rearrangement and Pseudorotation in the Permutational Isomerization of Pentavalent Phosphorus Compounds

Fausto Ramirez and Ivar Ugi

I. Introduction	26
II. The Pentavalent State in Phosphorus Stereochemistry	27
A. General Considerations	27
B. Molecular Structure of Oxyphosphoranes from X-Ray Analysis	29
III. Formal Analysis of Permutational Isomerizations of Pentavalent Phosphorus	35
A. Notation of Isomers	35
B. Formal Mechanisms	38
IV. Berry Pseudorotation Mechanisms (BRP)	42
V. Turnstile Rotation Mechanism (TR)	44
A. Schematic Representation of the Single TR	44
B. Description of the Single TR Mechanism	47
C. Itinerary for Permutational Isomerizations by Single TR and by BPR	50
D. The Multiple TR	52
E. The TR Switches	55
VI. Calculation of Binding Energies of Model Situations in Turnstile Rotation and in Pseudorotation	58
A. General Considerations	58
B. Calculations for PF_5	60
C. Calculations for Other Systems	63
VII. Comparison Between TR and BPR	72
A. Common Features	72
B. Differences	72
VIII. Survey of Experimental Data	73
A. Caged Polycyclic Oxyphosphoranes	73
B. Variable Temperature Proton N. M. R. Spectra of Phosphoranes	82
IX. Irregular Permutational Isomerizations of Compounds with Pentavalent Phosphorus	115
A. Irregular Processes with Decrease in Coordination Number	115
B. Irregular Process with Increase in Coordination Number	118
X. Conclusions	120

The Hydrogen Atom Abstraction Reaction From O–H Bonds

M. Simonyi and F. Tüdős

I. Introduction	127
A. Characterization of the Hydrogen Atom Abstraction Reaction	128
B. Limitations of the Scope	130
C. Possible Experimental Techniques for Kinetic Studies	131
II. Kinetic Studies on O–H Bond Fission	135
A. Studies on Phenols: The Kinetic Isotope Effect	136
B. Studies on Phenols: The Substituent Effect	144
C. Studies on Phenols: The Steric Effect	150
D. Studies on Other Hydroxylic Compounds	154
III. The Role of Hydrogen Bonding	157
A. Influence of the Medium on the Rate	158
B. The Hydrogen-Bonding Equilibrium	160
C. Consideration of Hydrogen Bonding in the Interpretation of Certain Kinetic Anomalies	164
IV. Arrhenius Parameters	167
A. Interrelation Between the Arrhenius Parameters	167
B. Formal Interpretation of the Compensation Phenomenon	172
V. Conclusion	173
References	174

Vinyl Cations

Giorgio Modena and Umberto Tonellato

I. Introduction	185
II. Sources of Vinyl Cations	186
A. Electrophilic Addition to Acetylene Derivatives	187
B. Electrophilic Addition to Allene Derivatives	215
C. Heterolytic Fission of Bonds Attached to a Vinyl Carbon Atom	231
D. Electron Removal from Neutral Species	253
III. General Properties of Vinyl Cations	254
A. Geometry and Stability	254
B. Reactions of Vinyl Cations	265
IV. Related Species	267
A. Propargyl Cations	267
B. Nitrilium Ions	270
C. Imminium Ions	272
D. Acyl Cations	273
References	274

Advances In Physical Organic Chemistry
Volume 10

Edited by
V. Gold

CONTRIBUTORS TO VOLUME 10 v

Experiments on the Nature of Steric Isotope Effects

Robert E. Carter and Lars Melander

I. Introduction	1
II. Theory	5
A. Bartell's Perturbation Treatment	5
B. An Alternative, Somewhat Naïve and Unsatisfactory Model	10
III. Survey of Experimental Results	14
References	26

The Reactivity of Carbonium Ions Towards Carbon Monoxide

H. Hogeveen

I. Introduction	29
II. Reactivity and Stabilization of Tertiary Alkyl Cations	31
III. Reactivity and Stabilization of Secondary Alkyl Cations	34

A. Interconversion of Tertiary and Secondary Pentyloxocarbonium Ions	34
B. Rate Expressions for the Rearrangement-Carbonylation	38
C. Interconversion of Tertiary and Secondary Butyloxocarbonium Ions	40
D. Kinetic and Thermodynamic Control in the Reversible Carbonylation of the 2-Norbornyl Cation	41
IV. Interception of Unstable Cations by Carbon Monoxide	43
A. Primary Alkyl Cations	43
B. Vinyl Cations	45
V. Reactivity of Stabilized Carbonium Ions	46
VI. Some Remarks on the Mechanism of Carbonylation	50
VII. Conclusions	51
References	51

Chemically Induced Dynamic Nuclear Spin Polarization and its Applications

D. Bethell and M. R. Brinkman

I. Introduction	53
A. Scope	53
B. The N. M. R. Experiment	54
C. Dynamic Nuclear Polarization	55
II. The Radical Pair Theory of CIDNP	56
A. Basic Concepts	56
B. The Relative Energies of Ground-State T and S Manifolds of a Radical Pair	61
C. The Dynamic Behaviour of Radical Pairs	63
D. Mechanisms of T–S Mixing	65
E. Quantitative Aspects of T_0–S Mixing	68
III. Qualitative Analysis of CIDNP Spectra	73
IV. CIDNP at Low Magnetic Fields	76
V. Applications of CIDNP	78
A. Scope and Limitations	78
B. Reactions of Diacyl Peroxides and Related Compounds	82
C. Reactions of Azo-, Diazo-, and Related Compounds	95
D. The Photolysis of Aldehydes and Ketones	104
E. Reactions Involving Organometallic Compounds	110
F. Ylid and Related Molecular Rearrangements	115
VI. Chemically Induced Dynamic Electron Spin Polarization (CIDEP)	120
VII. Prospects	121
References	122

The Photochemistry of Carbonium Ions

P. W. Cabell-Whiting and H. Hogeveen

I. Introduction	129
II. Valence Isomerization Reactions	130
A. Non-benzenoid Aromatics	130
B. Alkylbenzenium Ions	133
C. Protonated Cyclohexadienones	137
D. Heteroaromatics	139
E. Protonated Cycloheptadienones	142
III. Electron Transfer and Coupling Reactions	145
A. Cyclopropenyl Cations	145
B. Triphenylmethyl (Trityl) Cation	145
IV. Conclusions	150
References	151

Physical Parameters for the Control of Organic Electrode Processes

M. Fleischmann and D. Pletcher

I.	Introduction	155
II.	Electrode Potential	156
	A. The Electron Transfer Process	157
	B. The Adsorption Equilibria	165
	C. The Electrode Surface	171
III.	The Solution Environment	172
	A. Basic Requirements	173
	B. The Environment as a Reactant	174
	C. pH Effects	178
	D. Double Layer and Adsorption Effects	184
IV.	Electrode Material	191
V.	Substrate Concentration	198
VI.	Temperature	201
VII.	Pressure	204
VIII.	Structural Effects	206
	A. The Rates of Simple Electrode Reactions	206
	B. Reactions of Intermediates	210
	C. Reaction Coordinates	211
IX.	Cell Design	213
References		220

Advances In Physical Organic Chemistry
Volume 11

Edited by
V Gold and D Bethell

CONTRIBUTORS TO VOLUME 11 v

Physical Organic Model Systems and the Problem of Enzymatic Catalysis

Thomas H. Fife

1. Introduction	1
2. Enzymatic Catalysis: General Principles	5
3. General Base, Nucleophilic Catalysis: α-Chymotrypsin	29
4. Metal-Ion Catalysis: Carboxypeptidase	64
5. General Acid Catalysis: Lysozyme	81
6. Conclusion	115

Charge Density–NMR Chemical Shift Correlations in Organic Ions

D. G. Farnum

1. Introduction	123
2. Theory	126
3. Empirical Observations	135
4. Conclusions	172

The Norbornyl Cation: A Reappraisal of its Structure Under Stable Ion Conditions

G. M. Kramer

1. Introduction	177
2. Possible Structures of the Norbornyl Cation	179
3. Solvolytic Background	180
4. Theoretical Status	192
5. The Search for a Protonated Cyclopropyl Ring	194
6. ESCA	199
7. ^{13}C-nmr	202
8. ^{1}H-nmr	211
9. Raman Spectra	215
10. Related Ions	218
11. Summary	221

Nucleophilic Aromatic Photosubstitution

J. Cornelisse, G. P. de Gunst and E. Havinga

1. Introduction	225
2. The Excited State from which the Nucleophilic Aromatic Photosubstitution Starts. Kinetics	236
3. Orientation Rules in Nucleophilic Aromatic Photosubstitution	245
4. Investigations on Intermediates	253
5. Epilogue	261

Alternative Protonation Sites in Ambident Conjugated Systems

M. Liler

1. Introduction	267
2. Methods of Investigation	270
3. Cation Stability and Solvation	287
4. Protonation Sites in Conjugated Molecules	300

Advances In Physical Organic Chemistry
Volume 12
Edited by
V Gold and D Bethell

CONTRIBUTORS TO VOLUME 12 v

Structure and Mechanism in Organic Electrochemistry
L. Eberson and K. Nyberg

1. Introduction	2
2. The Experimental Situation	4
3. Phenomenological Classification of Organic Electrode Reactions	8
4. Mechanistic Problems...	19
5. Direct and Indirect Electrode Reactions	26
6. Effect of Concentration Gradients...	29
7. Nature of the Electroactive Species...	40
8. Reaction Sequence..	71
9. Role of Adsorption..	87
10. The Electron Transfer Process...	100
11. Structure and Reactivity	106
12. Influence of the Electrode Material...	111

Acid-Base Properties of Electronically Excited States of Organic Molecules
J. F. Ireland and P. A. H. Wyatt

1. Introduction	132
2. Experimental Methods	136
3. Kinetics and Equilibria of Excited State Protonation Reactions	144
4. Survey of Experimental Results...	158
5. Excited States and Acidity Scales..	207
6. Applications	212

Application of Radiation Techniques to the Study of Organic Radicals
P. Neta

1. Introduction	224
2. Techniques of Radiation Chemistry	225
3. Reactions of Organic Compounds with Transients from Water	230
4. Optical Absorption Spectra of Organic Radicals...	243

5. Electron Spin Resonance Studies 247
6. Acid-Base Equilibria of Organic Radicals 253
7. Kinetics and Mechanisms of Radical Reactions 270
8. Concluding Remarks 289

Advances In Physical Organic Chemistry
Volume 13

Edited by
V Gold and D Bethell

CONTRIBUTORS TO VOLUME 13 v

Calculation of Molecular Structure and Energy by Force-Field Methods

N. L. Allinger

1. Introduction	2
2. Calculational Approaches to Molecular Structure	4
3. Summary of Studies Reported	26
4. Alkanes	28
5. Alkenes	47
6. Alkynes	50
7. Molecules containing Delocalized Electronic Systems	52
8. Other Hydrocarbons	58
9. Molecules containing Heteroatoms	58
10. Reaction Rates	72
11. Conclusions	75

Protonation and Solvation in Strong Aqueous Acids

Edward M. Arnett and Gianfranco Scorrano

1. Introduction	84
2. Standard Free Energies of Proton Transfer and Solvation in Aqueous Acid	88
3. Measured Heats of Ionization in Various Acidic Media	106
4. Heats of Solvation	131
5. Acidity Functions and Solvation	142
6. Summary	146

Formation, Properties and Reactions of Cation Radicals in Solution

A. J. Bard, A. Ledwith and H. J. Shine

1. Formation of Cation Radicals	156

2. Electrochemical Methods of Formation and Investigation of Cation Radicals 197
3. Physical Properties of Cation Radicals 210
4. Electron Transfer Reactions of Cation Radicals 218
5. Reactions of Cation Radicals with Nucleophiles 226
6. Cation-Radicals from Bypyridylium Salts 254
7. Concluding Remarks 264

^{13}C NMR Spectroscopy in Macromolecular Systems of Biochemical Interest

Steven N. Rosenthal and Janos H. Fendler

1. Introduction 280
2. Carbohydrates 287
3. Nucleic Acids and Constituents 323
4. Proteins and their Residues 350
5. Lipids 382
6. Macromolecular Model Systems 390

Advances In Physical Organic Chemistry
Volume 14

Edited by
V Gold and D Bethell

CONTRIBUTORS TO VOLUME 14 v

Medium Effects on the Rates and Mechanisms of Solvolytic Reactions

T. W. Bentley and P. von R. Schleyer

1. Introduction 2
2. Mechanisms of Solvolysis of Secondary Substrates 5
3. The Solvent as Ionizing Medium 32
4. The Solvent as Electrophile 43
5. The Solvent as Nucleophile 45
6. Correlation of Solvolysis Rates 51

The Reactivity–Selectivity Principle and its Mechanistic Applications

A. Pross

1. Introduction 69
2. Theoretical Considerations 71
3. Mechanistic Applications of the Reactivity–Selectivity Principle 82

4. Conclusion 126

Physical Organic Chemistry of Reactions in Dimethyl Sulphoxide
E. Buncel and H. Wilson

1. Scope 133
2. Solute–Solvent Interactions 135
3. Proton Transfer Processes 150
4. Rate Variations in DMSO as a Guide to Mechanism 159
5. Role of DMSO in Selected Mechanism Studies 174
6. Future Developments 188
7. Conclusion 191

Kinetics of Organic Reactions in Water and Aqueous Mixtures
Michael J. Blandamer

1. Introduction 204
2. Scope of the Problem 211
3. Water Molecules and Hydrogen Bonding 219
4. Water in the Solid State 223
5. Water 229
6. Solutes in Water 237
7. Apolar Solutes in Water 248
8. Hydrophilic Solutes 259
9. Ionic Solutions 263
10. Aqueous Mixtures 280
11. Typically Aqueous Mixtures 290
12. Typically Non-Aqueous Mixtures with G^E Negative (TNAN Mixtures) ... 325
13. Typically Non-Aqueous Mixtures with G^E Positive (TNAP Mixtures) 333

Advances in Physical Organic Chemistry
Volume 15

Edited by
V Gold and D Bethell

CONTRIBUTORS TO VOLUME 15 v

The Principle of Least Nuclear Motion
Jack Hine

1. Introduction	1
2. The Intersecting Morse Curve Approach	4
3. Prediction of the Magnitude of PLNM Effects	9
4. Free-Radical Reactions	16
5. Multicenter Reactions	33
6. Polar Reactions	36
7. Concerted and Stepwise Reaction Mechanisms	56
8. Conclusion	57

Topochemical Phenomena in Organic Solid-State Chemistry

J. M. Thomas, and (in part) S. E. Morsi and J. P. Desvergne

1. Introduction	64
2. Topochemical Control in Adsorption Phenomena	66
3. Topochemistry of Photoinduced Organic Reactions	68
4. Solid-State Polymerization of Dimeric Sulphur Nitride (S_2N_2) to Polymeric Sulphur Nitride $(SN)_n$	87
5. Crystal Engineering	91
6. Chiral Synthesis and Optical Resolution via Solid-State Reactions	97
7. Photochemistry of Surfactant Species	105
8. Apparent Breakdown of Topochemical Principles	107
9. Gas-Solid Reactions	118
10. Reactions of Intercalates	131

Ion-Pairing Effects in Carbanion Reactions

T. E. Hogen-Esch

1. Introduction	154
2. Ion Pairing in Carbanion Solutions	155
3. Ion Pairing in Carbanion Equilibria	184
4. The Effect of Carbanion Pair Structure on Reaction Rates	196
5. Ion-Pairing Effects on the Stereochemistry of Carbanions	228

Principles of Phase-Transfer Catalysis by Quaternary Ammonium Salts

Arne Brändström

1. Introduction	267
2. The Concept of Ion Pairs	269
3. Extraction of Ions from an Aqueous Solution	273
4. The Kinetics of the Phase-Transfer Process	299
5. Reactions in the Organic Layer	308
6. Selective Catalysts	326

Advances In Physical Organic Chemistry
Volume 16
Edited by
V Gold and D Bethell

CONTRIBUTORS TO VOLUME 16 v

Diffusion Control and Pre-association in Nitrosation, Nitration and Halogenation
John H. Ridd

1. Introduction 1
2. General theory 4
3. Nitrosation 13
4. Nitration 23
5. Halogenation 32
6. Conclusion 43

Directive Effects in Gas-Phase Radical Additive Reactions
John M. Tedder and John C. Walton

1. Introduction 51
2. Current theories of substituent effects 52
3. The mechanism of free radical addition reactions 53
4. The effect of substituents on the overall rate of addition of radicals to olefins 54
5. The effect of substituents on the orientation of addition of radicals to unsymmetrical olefins 58
6. Experimental activation parameters for radical addition reactions 66
7. Qualitative theories of substituent effects in radical addition reactions 70
8. Application of Hammett-type equations 70
9. Arrhenius A-factors for radical addition to alkenes 72
10. Deuterium isotope effects in addition reactions 76
11. Theoretical treatments of the activation energies 78
12. Conclusions 84

Methyl Transfer Reactions
John Albery and Maurice M. Kreevoy

1. Introduction 87
2. The location of the transition state 89
3. Marcus theory 98
4. Effects of changing the solvent 117

5. Isotope effects 126
6. Hammett relations 144
7. Final discussion 147

Electrical Conduction in Organic Solids

John O. Williams

1. Introduction and scope of review 159
2. Electron and exciton energy levels in solids 161
3. Sample preparation and conductivity measurements 164
4. Homomolecular organic crystals 166
5. Conduction in biological systems 193
6. The Meyer-Neldel rule or compensation law 194
7. Heteromolecular organic crystals 198
8. Conductivity in polymeric systems 216
9. Concluding remarks 229

Nuclear Magnetic Relaxation: Recent Problems and Progress

Stefan Berger

1. Introduction 239
2. Recent developments in measurement techniques 241
3. Recent advances in relaxation theory 242
4. Applications for small organic molecules 246
5. Relaxation measurements on paramagnetic and diamagnetic metal complexes 253
6. Application of relaxation-time measurements in biochemistry 255
7. Application in the polymer field 259
8. Conclusions 260

AUTHOR INDEX 267
CUMULATIVE INDEX OF AUTHORS 279
CUMULATIVE INDEX OF TITLES 280

Advances In Physical Organic Chemistry
Volume 17

Edited by
V Gold and D Bethell

CONTRIBUTORS TO VOLUME 17 v

Spin Trapping

M. J. Perkins

1. Introduction	1
2. The technique	5
3. Applications of spin trapping	27
4. Concluding remarks	58

Mechanisms and Reactivity of Organic Oxyacids of Sulfur and their Anhydrides

John L. Kice

1. Introduction	66
2. Sulfenic acids	67
3. Thiosulfinates (sulfenic anhydrides)	77
4. Sulfinic acids	100
5. Sulfinyl sulfones (sulfinic anhydrides)	111
6. Sulfonic acids	132
7. Sulfonic anhydrides	134
8. Thiolsulfonates	136
9. α-Disulfones	150
10. Concluding remarks	173

Effective Molarities for Intramolecular Reactions

Anthony J. Kirby

1. Introduction	184
2. The efficiency of intramolecular catalysis	185
3. Calculation of effective molarities	187
4. Effective molarity and mechanism	190
5. Effects of substitution on the EM for ring-closure reactions	208
6. Tables of effective molarities	223

Stability and Reactivity of Crown-Ether Complexes

F. De Jong and D. N. Reinhoudt

1. Introduction	280
2. Complexation of metal cations	281
3. Kinetics of metal cation complexation	308
4. Chemical reactivity of metal cation complexes	312
5. Complexes with protonated amines	362
6. Complexes of racemic salts with chiral crown ethers	381
7. Complexes with arenediazonium salts	418
8. Complexes with neutral molecules	420

Catalysis by Micelles, Membranes and other Aqueous Aggregates as Models of Enzyme Action

Toyoki Kunitake and Seiji Shinkai

1. Introduction	436
2. The structure of aqueous aggregates	436
3. The structure of polymer micelles (polysoaps)	441
4. The hydrophobic aspect of micellar catalysis	445
5. Nucleophilic catalysis in micelles	449
6. Decarboxylation	464
7. Flavin oxidation in micelles	467
8. The catalytic action of ammonium bilayer membranes and trioctylmethylammonium aggregates	470
9. Microenvironmental effects of micelles and related organic media	474
10. Other topics on micellar catalysis	480
11. Conclusion	481
AUTHOR INDEX	489
CUMULATIVE INDEX OF AUTHORS	511
CUMULATIVE INDEX OF TITLES	513

Advances In Physical Organic Chemistry
Volume 18

Edited by
V Gold and D Bethell

CONTRIBUTORS TO VOLUME 18	v

Enolisation of Simple Carbonyl Compounds and Related Reactions

Jean Toullec

1. Introduction	1
2. Mechanism of enolisation and kinetic data	2
3. Thermodynamic data on enol and enolate formation	43
4. Enol ethers as reaction intermediates	56
5. Enamines as reaction intermediates	63
6. Concluding remarks	70

Electron-Transfer Reactions in Organic Chemistry

Lennart Eberson

1. Introduction	79
2. Classification of organic electron-transfer reactions	86
3. The Marcus theory of adiabatic electron-transfer processes	95
4. Problems involved in applying the Marcus theory to organic reactions	113

5. Experimental tests of the Marcus theory in organic systems 129
6. Examination of certain postulated organic electron-transfer reactions 147
7. Concluding remarks 172

Chemiluminescence of Organic Compounds

Gary B. Schuster and Steven P. Schmidt

1. Introduction 187
2. General requirements for chemiluminescence 189
3. Generalized mechanisms for chemiluminescence of organic compounds in solution 195
4. Chemiluminescence of molecular systems 197
5. Conclusions 234

AUTHOR INDEX 241
CUMULATIVE INDEX OF AUTHORS 255
CUMULATIVE INDEX OF TITLES 257

Advances In Physical Organic Chemistry
Volume 19

Edited by
V Gold and D Bethell

CONTRIBUTORS TO VOLUME 19 v

The Chemistry of Excited Complexes: a Survey of Reactions

R. S. Davidson

1. Definitions 2
2. Introduction 2
3. Formation of excited complexes 2
4. Role of excited complexes in producing species capable of giving rise to chemical reactions 13
5. Role of radical ions generated from excited singlet states 57
6. Excited complex formation and electron-transfer reactions of triplet states 84
7. Excited complex formation and photo-induced electron-transfer reactions in organised systems 94
8. Chemical reactions postulated as occurring *via* excited complex formation or an electron-transfer reaction 100

The Study of Reactive Intermediates by Electrochemical Methods

Vernon D. Parker

1. Introduction	132
2. Survey of methods	134
3. The role of diffusion	143
4. The effect of residual impurities in the solvent electrolyte on the electrode response	147
5. Thermodynamic data from electrode measurements	149
6. Electrode mechanism analysis and the treatment of kinetic data	162
7. Applications to electrode mechanism studies	172
8. Conclusion	216

Degenerate Carbocation Rearrangements

P. Ahlberg, G. Jonsäll and C. Engdahl

1. Introduction	224
2. Reaction types causing degeneracy	227
3. Methods of generating carbocations	232
4. Methods and techniques in the study of degenerate carbocations	233
5. Degenerate rearrangements of carbocations other than $(CH)_n^+$	244
6. Degenerate rearrangements of $(CH)_n^+$ carbocations	334

Nitrosation Mechanisms

D. Lyn H. Williams

1. Introduction	381
2. Reactions *via* dinitrogen trioxide in solution	382
3. Acid-catalysed pathways	385
4. Nitrosyl halide reactions	394
5. Nitrosyl thiocyanate and S-nitrosothiourea	399
6. Reactions of nitrogen oxides and metal nitrosyl complexes	402
7. N-Nitrosamines and N-nitrosamides	407
8. O-Nitrosation and alkyl nitrites	413
9. S-Nitrosation and S-nitroso compounds	418
10. Nitration and nitrosation	422

AUTHOR INDEX	429
CUMULATIVE INDEX OF AUTHORS	450
CUMULATIVE INDEX OF TITLES	451

Advances In Physical Organic Chemistry
Volume 20

Edited by
V Gold and D Bethell

CONTRIBUTORS TO VOLUME 20 v

Magnetic Field and Magnetic Isotope Effects on the Products of Organic Reactions

Ian R. Gould, Nicholas J. Turro and Matthew B. Zimmt

1. Introduction	1
2. Experimental examples	16
3. Conclusion	50
4. Acknowledgements	51

Kinetics and Mechanisms of Reactions of Organic Cation Radicals in Solution

Ole Hammerich and Vernon D. Parker

1. Introduction	56
2. Dimerization and cyclization reactions of cation radicals	56
3. Mechanisms of the reactions of cation radicals with nucleophiles	68
4. Electron-transfer reactions initiated by cation radicals	94
5. Fragmentation reactions of cation radicals	123
6. Cation radicals as intermediates in conventional organic reactions	151
7. Concluding remarks	180

The Photochemistry of Aryl Halides and Related Compounds

R. Stephen Davidson, Jonathan W. Goodin and Graham Kemp

1. Introduction	192
2. Chloroaromatics	196
3. Bromo- and iodoaromatics	212
4. Assisted dehalogenation of halogenoaromatics	219
5. Photoinduced nucleophilic substitution	222

AUTHOR INDEX	235
CUMULATIVE INDEX OF AUTHORS	245
CUMULATIVE INDEX OF TITLES	247

Advances In Physical Organic Chemistry
Volume 21

Edited by

V Gold and D Bethell

CONTRIBUTORS TO VOLUME 21 vii
Preface ix

The Discovery of the Mechanisms of Enzyme Action, 1947–1963
F. H. Westheimer

1. Introduction	2
2. Coenzymes	4
3. Enzymes	11
4. Rates and specificity	23
5. Conclusion	30

The Spectroscopic Detection of Tetrahedral Intermediates Derived from Carboxylic Acids and the Investigation of Their Properties
Brian Capon, Miranda I. Dosunmu, and Maria De Nazaré de Matos Sanchez

1. Introduction	38
2. Specially stabilized tetrahedral intermediates	39
3. The detection of simple tetrahedral intermediates	48
4. Kinetic studies on the breakdown of hemiorthoesters	60
5. Nitrogen-containing tetrahedral intermediates	89
6. Future investigations	93

A General Approach to Organic Reactivity: The Configuration Mixing Model
Addy Pross

1. Introduction	99
2. Theoretical background	102
3. Applications	139
4. General consequences	177
5. Conclusion	190

Gas-phase Nucleophilic Displacement Reactions

José Manuel Riveros, Sonia Maria José and Keiko Takashima

1. Introduction	198
2. Experimental techniques	200
3. General features of gas-phase ion-molecule reactions	204
4. Gas-phase S_N2 reactions involving negative ions	206
5. Some examples of gas-phase S_N2 reactions involving positive ions	220
6. Nucleophilic displacement reactions by negative ions in carbonyl systems	222
7. Gas-phase nucleophilic reactions of carbonyl systems involving positive ions	229
8. Nucleophilic displacement reactions in aromatic systems	234
9. Conclusions	237
AUTHOR INDEX	241
CUMULATIVE INDEX OF AUTHORS	251
CUMULATIVE INDEX OF TITLES	253

Advances in Physical Organic Chemistry
Volume 22

Edited by
V Gold and D Bethell

CONTRIBUTORS TO VOLUME 22	vii

Intramolecular Reactions of Chain Molecules

Luigi Mandolini

1. Introduction	2
2. General background. Basic concepts and definitions	4
3. Hypothetical cyclisation reactions	12
4. Cyclisation reactions in solution	30
5. EM and transition state structure	84
6. EM and the synthesis of ring compounds	102

Mechanisms of Proton Transfer between Oxygen and Nitrogen Acids and Bases in Aqueous Solution

Frank Hibbert

1. Introduction	113
2. Simple proton transfers of oxygen and nitrogen acids	115
3. Proton transfer along hydrogen bonds	127
4. Proton removal from intramolecular hydrogen bonds	148
5. Hindered proton transfer from molecular cavities	184

6. Multiple proton transfers 190
7. Future work 205

Organic Reactivity in Aqueous Micelles and Similar Assemblies

Clifford A. Bunton and Gianfranco Savelli

1. Introduction 214
2. Micellar structure and ion binding 219
3. Quantitative treatments of rates and equilibria 222
4. Spontaneous, unimolecular and water-catalysed reactions 244
5. The source of micellar rate enhancements 251
6. Functional micelles and comicelles 259
7. Micellar effects on acid-base equilibria 265
8. Reactions in non-micellar aggregates 268
9. Stereochemical effects 277
10. Applications in synthetic and analytical chemistry 279
Appendix 282

Structure and Reactivity of Carbenes having Aryl Substituents

Gary B. Schuster

1. Introduction 311
2. Orbitals and energetics of carbenes 312
3. The menagerie of aromatic carbenes 316
4. Experimental investigation of chemical and physical properties of carbenes 320
5. The structure and reactivity of aromatic carbenes 331
6. Understanding the properties of aryl-substituted carbenes 352
7. Conclusions 357

AUTHOR INDEX 363
CUMULATIVE INDEX OF AUTHORS 379
CUMULATIVE INDEX OF TITLES 381

Advances In Physical Organic Chemistry
Volume 23

Edited by
V Gold and D Bethell

CONTRIBUTORS TO VOLUME 23 vii

The Nucleophilicity of Metal Complexes Towards Organic Molecules

Sundus Henderson and Richard A. Henderson

1. The scope of the review	2
2. Introduction to metal complexes as nucleophiles	2
3. Types of metal-based nucleophiles	5
4. The scale of nucleophilicity	6
5. The influence of the solvent on the nucleophilicity	14
6. Stereochemical changes at a saturated carbon centre	18
7. Stereochemical changes at an unsaturated carbon centre	30
8. Stereochemical changes at the metal	32
9. The iodide catalysis effect	38
10. The reactions of binuclear complexes	39
11. The reactivity of the carbon centre	41
12. The reactions of α,ω-dihalogenoalkanes	44
13. Activation parameters	47
14. Thermodynamics of reactions involving metal nucleophiles	49
15. Activation of carbon–hydrogen bonds	50
16. Applications	53
17. *Ad finem*	58

Isotope Effects on nmr Spectra of Equilibrating Systems

Hans-Ullrich Siehl

1. Introduction	63
2. Applications	82

The Mechanisms of Reactions of β-Lactam Antibiotics

Michael I. Page

1. Introduction	166
2. Mode of action of β-lactam antibiotics	173
3. Is the antibiotic β-lactam unusual?	184
4. Alkaline hydrolysis and structure: chemical reactivity and relationships	198
5. Acid hydrolysis	207
6. Spontaneous hydrolysis	215
7. Buffer catalysed hydrolysis	216
8. Metal-ion catalysed hydrolysis	218
9. Micelle catalysed hydrolysis of penicillins	223
10. Cycloheptaamylose catalysed hydrolysis	232
11. The aminolysis of β-lactam antibiotics	233
12. The stepwise mechanism for expulsion of C(3′)-leaving groups in cephalosporins	250
13. Reaction with alcohols and other oxygen nucleophiles	252
14. Epimerisation of penicillin derivatives	258

Free Radical Chain Processes in Aliphatic Systems involving an Electron Transfer Process

Glen A. Russell

1. Introduction 271
2. Free radical chain processes involving nucleophiles 274
3. Free radical chain processes involving electron transfer between neutral substances 299
4. Free radical chain reactions involving radical cations 308
5. Concluding remarks 315

AUTHOR INDEX 323
CUMULATIVE INDEX OF AUTHORS 340
CUMULATIVE INDEX OF TITLES 342

Advances In Physical Organic Chemistry
Volume 24

Edited by
V Gold and D Bethell

CONTRIBUTORS TO VOLUME 24 vii

Gas-phase Reactions of Organic Anions
Nico M. M. Nibbering

1. Introduction 1
2. Instrumental methods 2
3. Formation of anions 6
4. Some basic aspects of gas-phase ion/molecule reactions 7
5. Hydrogen/deuterium exchange reactions 11
6. Addition-elimination reactions 14
7. Elimination reactions 22
8. Nucleophilic aromatic substitution reactions 28
9. Cycloaddition reactions 33
10. Hydride transfer reactions 36
11. Dipole-stabilized carbanions 38
12. Homoenolate and homoaromatic anions 40
13. Ion structures 43
14. Radical anions 46
15. Concluding remarks 50

Hydride Shifts and Transfers
C. Ian F. Watt

1. Introduction 58
2. Metal-to-carbon transfers 66
3. Anionic carbon-to-carbon hydride transfers and shifts 74
4. Cationic carbon-to-carbon hydride transfers and shifts 86
5. Reactions of dihydropyridines and related species 94

The Principle of Least Nuclear Motion and the Theory of Stereoelectric Control

Michael L. Sinnott

1. Introduction	114
2. Failures of the antiperiplanar lone pair hypothesis (ALPH)	120
3. The theoretical basis of ALPH	145
4. The principle of least nuclear motion (PLNM)	156
5. Reinterpretation of apparent kinetic antiperiplanar lone pair effects in terms of the principle of least nuclear motion	161
6. Loss of leaving groups from trigonal centres	179
7. Reactions at phosphorus centres	184
8. Reactions of radicals	192
9. Envoi	198
AUTHOR INDEX	205
CUMULATIVE INDEX OF AUTHORS	217
CUMULATIVE INDEX OF TITLES	219

Advances In Physical Organic Chemistry
Volume 25

Edited by

V Gold and D Bethell

PREFACE	vii
CONTRIBUTORS TO VOLUME 25	ix

Static and Dynamic Stereochemistry of Alkyl and Analogous Groups

Ulf Berg and Jan Sandström

1. Introduction	2
2. General discussion of intra- and intermolecular interactions	3
3. Methods of study	8
4. Conformations with respect to rotation about sp^3–sp^3 bonds	27
5. Conformations with respect to rotation about sp^3–sp^2 bonds	53
6. Conclusions	83

Mechanism and Catalysis of Nucleophilic Substitution in Phosphate Esters

Gregory R. J. Thatcher and Ronald Kluger

1. Introduction	101
2. Dissociative mechanisms	102
3. Addition–elimination mechanisms	122
4. Biological chemistry of phosphate esters: cyclic substrates and transition states	212

Perchloro-organic Chemistry: Structure, Spectroscopy and Reaction Pathways
M. Ballester

1. Introduction	268
2. Perchlorination	270
3. Nucleophilic attack on chlorocarbons	283
4. Thermal and photochemical reactions of chlorocarbons	313
5. Electrophilic alkylation and some stereochemical consequences	319
6. Introduction of oxygen functions and their reactions	324
7. Perchloroacetylenes	336
8. Perchlorinated nitrogen compounds	345
9. Perchlorinated organic radicals and related intermediates	354
10. Spectroscopy of chlorocarbons	405
11. Conclusion	439
AUTHOR INDEX	447
CUMULATIVE INDEX OF AUTHORS	466
CUMULATIVE INDEX OF TITLES	468

Advances In Physical Organic Chemistry
Volume 26

Edited by
V Gold and D Bethell

PREFACE	vii
CONTRIBUTORS TO VOLUME 26	ix

Single Electron Transfer and Nucleophilic Substitution
Jean-Michel Savéant

1. Introduction	2
2. Single electron transfer and bond breaking	4
3. $S_{RN}1$ Substitutions	70
4. S_N2 Substitution versus single electron transfer	96
5. Concluding remarks	119

The Captodative Effect
Reiner Sustmann and Hans-Gert Korth

1. Introduction	131
2. Capto and dative substituents	132
3. Historical aspects	135
4. Theoretical studies	137

5. Experimental studies 145
6. Conclusion 172

High-spin Organic Molecules and Spin Alignment in Organic Molecular Assemblies

Hiizu Iwamura

1. Introduction 180
2. Intra- and inter-molecular spin alignment: the conceptual framework of organic molecular magnets.... 182
3. Design of high-spin organic molecules 185
4. Analytical methods and characterization 201
5. Generation and characterization of high-spin organic molecules 210
6. Design of ferromagnetic coupling among organic free radicals and high-spin molecules in molecular assemblies 226
7. Comparison of the two approaches for establishing macroscopic spins 242
8. Molecular ferrimagnets 242
9. Conclusion 244

Hydrogen Bonding and Chemical Reactivity

Frank Hibbert and John Emsley

1. The hydrogen bond 255
2. Upper limit of hydrogen bonding (the difluoride ion) 296
3. Strong hydrogen bonding in β-diketones 309
4. Chemical reactivity and hydrogen bonding 320
5. Enzyme catalysis and hydrogen bonding 354
6. Summary 366

SUBJECT INDEX 381
AUTHOR INDEX 393
CUMULATIVE INDEX OF AUTHORS 413
CUMULATIVE INDEX OF TITLES 415

Advances In Physical Organic Chemistry
Volume 27

Edited by
V Gold and D Bethell

PREFACE vii
CONTRIBUTORS TO VOLUME 27 viii

Effective Charge and Transition-State Structure in Solution

Andrew Williams

1. Introduction	2
2. Effective charge	6
3. Concerted mechanisms	14
4. General considerations for the application of effective charge	16
5. Applications	23

Cross-interaction Constants and Transition-state Structure in Solution

Ikchoon Lee

1. Introduction	58
2. Theoretical considerations	60
3. Experimental determinations	70
4. Applications to TS structure	73
5. Future developments	112
6. Limitations	112

The Principle of Non-perfect Synchronization

Claude F. Bernasconi

1. Introduction	120
2. Imbalances in proton transfers	125
3. Effect of resonance on intrinsic rate constants of proton transfers	142
4. Substituent effects on intrinsic rate constants of proton transfers	169
5. Solvation effects on intrinsic rate constants of proton transfers	184
6. Nucleophilic addition to olefins	205
7. Other reactions that show PNS effects	223
8. Concluding remarks	231

Solvent-induced Changes in the Selectivity of Solvolyses in Aqueous Alcohols and Related Mixtures

Rachel Ta-Shma and *Zvi Rappoport*

1. Introduction	239
2. Summary of solvent-related changes in k_A/k_B	255
3. Individual rate constants and the effect of the solvent on the diffusion-controlled reaction of azide ion	260
4. The possibility of solvent sorting	276
5. The mutual role of activity coefficients and basicity (or acidity) of the nucleophilic solvent components	280
6. Epilogue	287
AUTHOR INDEX	293
CUMULATIVE INDEX OF AUTHORS	303
CUMULATIVE INDEX OF TITLES	305

Advances In Physical Organic Chemistry
Volume 28
Edited by
V Gold and D Bethell

PREFACE	vii
CONTRIBUTORS TO VOLUME 28	viii

Electron Storage and Transfer in Organic Redox Systems with Multiple Electrophores
Martin Baumgarten, Walter Huber and Klaus Müllen

1. Introduction	1
2. Design and synthesis	5
3. Extended redox sequences	10
4. Mechanism of successive electron transfers	14
5. Structural transfer relevant to intramolecular electron transfer	17
6. Conclusion	39

Chirality and Molecular Recognition in Monolayers at the Air–Water Interface
Philip L. Rose, Noel G. Harvey and Edward M. Arnett

1. Introduction	45
2. Monolayer methods	49
3. Chiral monolayers	71
4. Conclusions	133

Transition-State Theory Revisited
W. John Albery

1. Introduction	139
2. The classical paradox	140
3. An alternative derivation	140
4. Where is the transition state?	143
5. The adiabatic case	145
6. Multistep reactions in solution	147
7. Proton transfers to cyanocarbon bases	152
8. Extension to include X_R	153
9. Reactions at liquid/liquid interfaces	155
10. Colloidal deposition	158

Neighbouring Group Participation by Carbonyl Groups in Ester Hydrolysis
Keith Bowden

1. Introduction	171
2. Catalysis by carbonyl groups	172
3. Intramolecular catalysis in ester hydrolysis	173
4. Implications for enzymic catalysis	202
5. Conclusions and summary	203

Electrophilic Bromination of Carbon–Carbon Double Bonds: Structure, Solvent and Mechanism
Marie-Françoise Ruasse

1. Introduction	208
2. Methods for obtaining reliable bromination rate constants	211
3. Bromine-olefin charge transfer complexes as essential intermediates in bromination	216
4. The ionic intermediates: bridged bromonium ions or open β-bromocarbocations	220
5. Kinetic substituent effects	243
6. Solvent effects and solvation in bromination	267
7. The reversible formation of bromonium ions	279
8. Concluding remarks	285

AUTHOR INDEX	293
CUMULATIVE INDEX OF AUTHORS	303
CUMULATIVE INDEX OF TITLES	305

Advances In Physical Organic Chemistry
Volume 29

Edited by
V Gold and D Bethell

PREFACE	vii
CONTRIBUTORS TO VOLUME 29	ix

The Stabilization of Transition States by Cyclodextrins and other Catalysts
Oswald S. Tee

1. Introduction	1

Previous entries:

11. Free energy profiles	163
12. Summary	167

2. Cyclodextrins 3
3. Transition state stabilization 9
4. Non-covalent catalysis 13
5. Covalent catalysis 22
6. Other catalysts 46
7. Future prospects 62

Crystallographic Approaches to Transition State Structures

Anthony J. Kirby

1. Introduction 87
2. Structure–structure correlations 95
3. Structure–reactivity correlations 125
4. Extrapolation to transition state structures 173

Electron Transfer in the Thermal and Photochemical Activation of Electron Donor–Acceptor Complexes in Organic and Organometallic Reactions

Jay K. Kochi

1. Introduction 185
2. Direct observation of transient ion pairs by charge-transfer activation of EDA complexes 188
3. Time-resolved picosecond spectroscopic studies of charge-transfer complexes 190
4. Variable charge-transfer structures of nitrosonium-EDA complexes leading to thermal and photo-induced electron transfer 224
5. Charge-transfer activation as the unifying theme in electrophilic aromatic substitution—nitration 237
6. Concluding remarks 262

Homoaromaticity

Richard V. Williams and Henry A. Kurtz

1. Introduction 273
2. Cationic homoaromaticity 278
3. Neutral homoaromaticity 294
4. Anionic homoaromaticity 314
5. Radical homoaromaticity 316
6. Theoretical treatment 320
7. Conclusion 323

AUTHOR INDEX 333
CUMULATIVE INDEX OF AUTHORS 351
CUMULATIVE INDEX OF TITLES 353

Advances In Physical Organic Chemistry Volume 30
Edited by
V Gold and D Bethell

PREFACE	vii
CONTRIBUTORS TO VOLUME 30	ix

Matrix Infrared Spectroscopy of Intermediates with Low Coordinated Carbon, Silicon and Germanium Atoms

Victor A. Korolev and Oleg M. Nefedov

1. Introduction	1
2. Carbenes and their silicon and germanium analogues	7
3. Free radicals	32
4. Conjugated organic radicals: allyl, propargyl, benzyl and cyclopentadienyl types	37
5. Unstable compounds with double-bonded silicon and germanium atoms (silenes, silanones, germanones, germathiones)	45
6. Conclusions	56

Acid–Base Behaviour in Macrocycles and Other Concave Structures

Ulrich Lüning

1. Introduction	63
2. Bases on the inside	65
3. Acidic centres on the inside	86
4. Macrocycles with both acidic and basic functionalities	103
5. Hydrogen bonding	107
6. Closing remarks	110

Photodimerization and Photopolymerization of Diolefin Crystals

Masaki Hasegawa

1. Introduction – history of topochemical [2 + 2] photoreactions	117
2. Characteristic features of topochemical [2 + 2] photoreactions of diolefin crystals	121
3. Effects of wavelength of irradiating light and irradiation temperature	134
4. Kaleidoscopic topochemical behaviour of diolefin crystals	142
5. Topochemical reactions of mixed crystals, inclusion complexes and molecular complexes	162
6. Concluding remarks	167

Ionic Dissociation of Carbon–Carbon σ Bonds in Hydrocarbons and the Formation of Authentic Hydrocarbon Salts

Kunio Okamoto, Ken'ichi Takeuchi and Toshikazu Kitagawa

1. Introduction	174
2. Stability of hydrocarbon ions	176
3. Ionic dissociation of the carbon–carbon σ bond in hydrocarbons	184
4. Isolation of hydrocarbon salts	200
5. Physical properties of hydrocarbon salts	204
6. Chemical behaviour of hydrocarbon salts in solution	206
7. Control of hydrocarbon salt formation	212
8. Conclusions	216
AUTHOR INDEX	223
CUMULATIVE INDEX OF AUTHORS	233
CUMULATIVE INDEX OF TITLES	235

Advances In Physical Organic Chemistry
Volume 31

Edited by
V Gold and D Bethell

PREFACE	vii
CONTRIBUTORS TO VOLUME 31	ix

Electrochemical Recognition of Charged and Neutral Guest Species by Redox-active Receptor Molecules

Paul D. Beer, Philip A. Gale and Zheng Chen

1. Introduction	1
2. Electrochemical recognition of cationic guest species by redox-active receptor molecules	6
3. Electrochemical recognition of anionic guest species by redox-active receptor molecules	50
4. Towards electrochemical recognition of neutral guest species by redox-active receptor molecules	71
5. Conclusions	76
6. Acknowledgements	77
7. References	80
Appendix: Understanding cyclic voltammetry and square-wave voltammetry	84

Spin Trapping and Electron Transfer

Lennart Eberson

1. Introduction	91
2. Redox mechanisms of spin trapping	93

3. Electron transfer theory 96
4. Spin trapping and electron transfer 101
5. Evidence for the ST$^+$–nucleophile mechanism under thermal conditions 105
6. Properties of the PBN and DMPO radical cations 114
7. Anodic spin trapping experiments 116
8. Photochemical spin trapping experiments 118
9. Example of problems in photo-initiated spin trapping 121
10. Ionizing radiation and spin trapping 126
11. Spin trapping of radicals generated by ultrasound (sonolysis) 126
12. Spin trapping in biochemical/biological systems 127
13. Conclusions on the radical cation mechanism 129
14. Spin adduct formation via radical anions 129
15. The nucleophilic addition–oxidation mechanism 130
16. *Bona fide* spin trappings: a recipe 136
References 137

Secondary Deuterium Kinetic Isotope Effects and Transition State

Olle Matsson and Kenneth C. Westaway

1. Introduction 144
2. Secondary α-deuterium KIEs in S_N reactions 146
3. Secondary β-deuterium KIEs 197
4. Secondary deuterium KIEs and tunnelling 211
5. Remote secondary deuterium KIEs 231
6. New methods for the accurate determination of secondary deuterium KIEs 234
7. Conclusion 242
Acknowledgements 242
References 243

Catalytic Antibodies

G. Michael Blackburn, Anita Datta, Hazel Denham and Paul Wentworth Jr

Glossary 250
1. Introduction 253
2. Approaches to hapten design 261
3. Spontaneous features of antibody catalysis 276
4. Performance analysis of catalytic antibodies 278
5. A case study: NPN43C9 – an antibody anilidase 281
6. Rescheduling the regio- and stereo-chemistry of chemical reactions 285
7. Difficult processes 292
8. Reactive immunization 301
9. Medical potential of abzymes 304
10. Industrial potential of abzymes 309
11. Conclusions 311
Appendix: Catalogue of antibody-catalysed processes 313
References 385

AUTHOR INDEX 393
CUMULATIVE INDEX OF AUTHORS 407
CUMULATIVE INDEX OF TITLES 409

Advances In Physical Organic Chemistry
Volume 32

Edited by
V Gold and D Bethell

PREFACE vii
CONTRIBUTORS TO VOLUME 32 ix

Perspectives in Modern Voltammmetry: Basic Concepts and Mechanistic Analysis
John C. Eklund, Alan M. Bond, John A. Alden and Richard G. Compton

1. Introduction 2
2. General concepts of voltammetry 6
3. Cyclic voltammetry 27
4. Hydrodynamic voltammetry 44
5. Microelectrodes 63
6. Sonovoltammetry 69
7. Theoretical modelling 83
8. A comparison of voltammetric techniques 96
9. Current and future direction of voltammetry 104
Appendix 110
References 113

Organic Materials for Second-Order Non-Linear Optics
J. Jens Wolff and Rüdiger Wortmann

1. Introduction 122
2. Basics of non-linear optics 124
3. Quantum-chemical basis for second-order polarizabilities 136
4. Non-linear optical susceptibilities and experimental methods to evaluate $\chi^{(2)}$ and β 153
5. Optimization of second-order polarizabilities: applications to real molecules ... 168
6. Conclusion 206
Acknowledgements 208
References 208

Tautomerism in the Solid State
Tadashi Sugawara and Isao Takasu

1. Introduction 219
2. Proton Tautomerism in an isolated system 222

3. Proton Tautomerism in the solid state 229
4. Photochromism and thermochromism derived from proton tautomerism 244
5. Photochemical hole-burning 250
6. Dielectric properties derived from proton tautomerism in crystals 252
7. Concluding remarks 261
Acknowledgements 261
References 262

The Yukawa-Tsuno Relationship in Carbocationic Systems

Yuho Tsuno and Mizue Fujio

1. Introduction 267
2. Applications of the Yukawa-Tsuno equation 272
3. Yukawa-Tsuno correlations for benzylic sololyses generating carbocations 276
4. Carbocation formation equilibria 315
5. Yukawa-Tsuno correlations for electrophilic addition of 322
6. Structure-reactivity relationship in polycarylcarbocation systems 334
7. Stabilities of carbocations in the gas phase 343
8. Theoretically optimized structures of carbocations 362
9. Reaction mechanisms and transition-state shifts 365
10. Concluding remarks 378
Acknowledgements 379
References 379

AUTHOR INDEX 387
CUMULATIVE INDEX OF AUTHORS 405
CUMULATIVE INDEX OF TITLES 407

Cumulative Index of Titles

Abstraction, hydrogen atom, from O–H bonds, **9**, 127
Acid solutions, strong, spectroscopic observation of alkylcarbonium ions in, **4**, 305
Acid–base behaviour in macrocycles and other concave structures, **30**, 63
Acid–base properties of electronically excited states of organic molecules, **12**, 131
Acids and bases, oxygen and nitrogen in aqueous solution, mechanisms of proton transfer between, **22**, 113
Acids, reactions of aliphatic diazo compounds with, **5**, 331
Acids, strong aqueous, protonation and solvation in, **13**, 83
Activation, entropies of, and mechanisms of reactions in solution, **1**, 1
Activation, heat capacities of, and their uses in mechanistic studies, **5**, 121
Activation, volumes of, use for determining reaction mechanisms, **2**, 93
Addition reactions, gas-phase radical directive effects in, **16**, 51
Aliphatic diazo compounds, reactions with acids, **5**, 331
Alkyl and analogous groups, static and dynamic stereochemistry of, **25**, 1
Alkylcarbonium ions, spectroscopic observation in strong acid solutions, **4**, 305
Ambident conjugated systems, alternative protonation sites in, **11**, 267
Ammonia, liquid, isotope exchange reactions of organic compounds in, **1**, 156
Anions, organic, gas-phase reactions of, **24**, 1
Antibiotics, β-lactam, the mechanisms of reactions of, **23**, 165
Aqueous mixtures, kinetics of organic reactions in water and, **14**, 203
Aromatic photosubstitution, nucleophilic, **11**, 225
Aromatic substitution, a quantitative treatment of directive effects in, **1**, 35
Aromatic substitution reactions, hydrogen isotope effects in, **2**, 163
Aromatic systems, planar and non-planar, **1**, 203
Aryl halides and related compounds, photochemistry of, **20**, 191
Arynes, mechanisms of formation and reactions at high temperatures, **6**, 1
A-S_E2 reactions, developments in the study of, **6**, 63

Base catalysis, general, of ester hydrolysis and related reactions, **5**, 237
Basicity of unsaturated compounds, **4**, 195
Bimolecular substitution reactions in protic and dipolar aprotic solvents, **5**, 173
Bromination, electrophilic, of carbon–carbon double bonds: structure, solvent and mechanisms, **28**, 207

^{13}C NMR spectroscopy in macromolecular systems of biochemical interest, **13**, 279
Captodative effect, the, **26**, 131
Carbanion reactions, ion-pairing effects in, **15**, 153
Carbene chemistry, structure and mechanism in, **7**, 163

Carbenes having aryl substituents, structure and reactivity of, **22**, 311
Carbocation rearrangements, degenerate, **19**, 223
Carbocationic systems, the Yukawa-Tsuno relationship in, **32**, 267
Carbon atoms, energetic, reactions with organic compounds, **3**, 201
Carbon monoxide, reactivity of carbonium ions towards, **10**, 29
Carbonium ions (alkyl), spectroscopic observation in strong acid solutions, **4**, 305
Carbonium ions, gaseous, from the decay of tritiated molecules, **8**, 79
Carbonium ions, photochemistry of, **10**, 129
Carbonium ions, reactivity towards carbon monoxide, **10**, 29
Carbonyl compounds, reversible hydration of, **4**, 1
Carbonyl compounds, simple, enolisation and related reactions of, **18**, 1
Carboxylic acids, tetrahedral intermediates derived from, spectroscopic detection and investigation of their properties, **21**, 37
Catalysis by micelles, membranes and other aqueous aggregates as models of enzyme action, **17**, 435
Catalysis, enzymatic, physical organic model systems and the problem of, **11**, 1
Catalysis, general base and nucleophilic, of ester hydrolysis and related reactions, **5**, 237
Catalysis, micellar, in organic reactions; kinetic and mechanistic implications, **8**, 271
Catalysis, phase-transfer by quaternary ammonium salts, **15**, 267
Catalytic antibodies, **31**, 249
Cation radicals in solution, formation, properties and reactions of, **13**, 155
Cation radicals, organic, in solution, and mechanisms of reactions of, **20**, 55
Cations, vinyl, **9**, 135
Chain molecules, intramolecular reactions of, **22**, 1
Chain processes, free radical, in aliphatic systems involving an electron transfer reaction, **23**, 271
Charge density-NMR chemical shift correlation in organic ions, **11**, 125
Chemically induced dynamic nuclear spin polarization and its applications, **10**, 53
Chemiluminescence of organic compounds, **18**, 187
Chirality and molecular recognition in monolayers at the air-water interface, **28**, 45
CIDNP and its applications, **10**, 53
Conduction, electrical, in organic solids, **16**, 159
Configuration mixing model: a general approach to organic reactivity, **21**, 99
Conformations of polypeptides, calculations of, **6**, 103
Conjugated, molecules, reactivity indices, in, **4**, 73
Cross-interaction constants and transition-state structure in solution, **27**, 57
Crown-ether complexes, stability and reactivity of, **17**, 279
Crystallographic approaches to transition state structures, **29**, 87
Cyclodextrins and other catalysts, the stabilization of transition states by, **29**, 1

D_2O-H_2O mixtures, protolytic processes in, **7**, 259
Degenerate carbocation rearrangements, **19**, 223
Deuterium kinetic isotope effects, secondary, and transition state structure, **31**, 143
Diazo compounds, aliphatic, reactions with acids, **5**, 331
Diffusion control and pre-association in nitrosation, nitration, and halogenation, **16**, 1
Dimethyl sulphoxide, physical organic chemistry of reactions, in, **14**, 133
Diolefin crystals, photodimerization and photopolymerization of, **30**, 117
Dipolar aprotic and protic solvents, rates of bimolecular substitution reactions in, **5**, 173

Directive effects in aromatic substitution, a quantitative treatment of, **1**, 35
Directive effects in gas-phase radical addition reactions, **16**, 51
Discovery of the mechanisms of enzyme action, 1947–1963, **21**, 1
Displacement reactions, gas-phase nucleophilic, **21**, 197
Double bonds, carbon-carbon, electrophilic bromination of: structure, solvent and mechanism, **28**, 171

Effective charge and transition-state structure in solution, **27**, 1
Effective molarities of intramolecular reactions, **17**, 183
Electrical conduction in organic solids, **16**, 159
Electrochemical methods, study of reactive intermediates by, **19**, 131
Electrochemical recognition of charged and neutral guest species by redox-active receptor molecules, **31**, 1
Electrochemistry, organic, structure and mechanism in, **12**, 1
Electrode processes, physical parameters for the control of, **10**, 155
Electron donor-acceptor complexes, electron transfer in the thermal and photochemical activation of, in organic and organometallic reactions, **29**, 185
Electron spin resonance, identification of organic free radicals by, **1**, 284
Electron spin resonance studies of short-lived organic radicals, **5**, 23
Electron storage and transfer in organic redox systems with multiple electrophores, **28**, 1
Electron transfer in the thermal and photochemical activation of electron donor-acceptor complexes in organic and organometallic reactions, **29**, 185
Electron-transfer reaction, free radical chain processes in aliphatic systems involving an, **23**, 271
Electron-transfer reactions in organic chemistry, **18**, 79
Electron-transfer, single, and nucleophilic substitution, **26**, 1
Electron transfer, spin trapping and, **31**, 91
Electronically excited molecules, structure of, **1**, 365
Electronically excited states of organic molecules, acid-base properties of, **12**, 131
Energetic tritium and carbon atoms, reactions of, with organic compounds, **2**, 201
Enolisation of simple carbonyl compounds and related reactions, **18**, 1
Entropies of activation and mechanisms of reactions in solution, **1**, 1
Enzymatic catalysis, physical organic model systems and the probolem of, **11**, 1
Enzyme action, catalysis by micelles, membranes and other aqueous aggregates as models of, **17**, 435
Enzyme action, discovery of the mechanisms of, 1947–1963, **21**, 1
Equilibrating systems, isotope effects on nmr spectra of, **23**, 63
Equilibrium constants, NMR measurements of, as a function of temperature, **3**, 187
Ester hydrolysis, general base and nucleophilic catalysis, **5**, 237
Ester hydrolysis, neighbouring group participation by carbonyl groups in, **28**, 171
Exchange reactions, hydrogen isotope, of organic compounds in liquid ammonia, **1**, 156
Exchange reactions, oxygen isotope, of organic compounds, **2**, 123
Excited complexes, chemistry of, **19**, 1
Excited molecules, structure of electronically, **3**, 365

Force-field methods, calculation of molecular structure and energy by, **13**, 1
Free radical chain processes in aliphatic systems involving an electron-transfer reaction, **23**, 271

Free radicals, identification by electron spin resonance, **1**, 284
Free radicals and their reactions at low temperature using a rotating cryostat, study of, **8**, 1

Gaseous carbonium ions from the decay of tritiated molecules, **8**, 79
Gas-phase heterolysis, **3**, 91
Gas-phase nucleophilic displacement reactions, **21**, 197
Gas-phase pyrolysis of small-ring hydrocarbons, **4**, 147
Gas-phase reactions of organic anions, **24**, 1
General base and nucleophilic catalysis of ester hydrolysis and related reactions, **5**, 237

H_2O–D_2O mixtures, protolytic processes in, **7**, 259
Halides, aryl, and related compounds, photochemistry of, **20**, 191
Halogenation, nitrosation, and nitration, diffusion control and pre-association in, **16**, 1
Heat capacities of activation and their uses in mechanistic studies, **5**, 121
Heterolysis, gas-phase, **3**, 91
High-spin organic molecules and spin alignment in organic molecular assemblies, **26**, 179
Homoaromaticity, **29**, 273
Hydrated electrons, reactions of, with organic compounds, **7**, 115
Hydration, reversible, of carbonyl compounds, **4**, 1
Hydride shifts and transfers, **24**, 57
Hydrocarbons, small-ring, gas-phase pyrolysis of, **4**, 147
Hydrogen atom abstraction from 0–H bonds, **9**, 127
Hydrogen bonding and chemical reactivity, **26**, 255
Hydrogen isotope effects in aromatic substitution reactions, **2**, 163
Hydrogen isotope exchange reactions of organic compounds in liquid ammonia, **1**, 156
Hydrolysis, ester, and related reactions, general base and nucleophilic catalysis of, **5**, 237

Interface, the air-water, chirality and molecular recognition in monolayers at, **28**, 45
Intermediates, reactive, study of, by electrochemical methods, **19**, 131
Intermediates, tetrahedral, derived from carboxylic acids, spectroscopic detection and investigation of their properties, **21**, 37
Intramolecular reactions, effective molarities for, **17**, 183
Intramolecular reactions of chain molecules, **22**, 1
Ionic dissociation of carbon-carbon α-bonds in hydrocarbons and the formation of authentic hydrocarbon salts, **30**, 173
Ionization potentials, **4**, 31
Ion-pairing effects in carbanion reactions, **15**, 153
Ions, organic, charge density-NMR chemical shift correlations, **11**, 125
Isomerization, permutational, of pentavalent phosphorus compounds, **9**, 25
Isotope effects, hydrogen, in aromatic substitution reactions, **2**, 163
Isotope effects, magnetic, magnetic field effects and, on the products of organic reactions, **20**, 1
Isotope effects on nmr spectra of equilibrating systems, **23**, 63
Isotope effects, steric, experiments on the nature of, **10**, 1
Isotope exchange reactions, hydrogen, of organic compounds in liquid ammonia, **1**, 150
Isotope exchange reactions, oxygen, of organic compounds, **3**, 123

Isotopes and organic reaction mechanisms, **2**, 1

Kinetics and mechanisms of reactions of organic cation radicals in solution, **20**, 55
Kinetics of organic reactions in water and aqueous mixtures, **14**, 203
Kinetics, reaction, polarography and, **5**, 1

β-Lactam antibiotics, the mechanisms of reactions of, **23**, 165
Least nuclear motion, principle of, **15**, 1

Macrocycles and other concave structures, acid-base behaviour in, **30**, 63
Macromolecular systems in biochemical interest, ^{13}C NMR spectroscopy in, **13**, 279
Magnetic field and magnetic isotope effects on the products of organic reactions **20**, 1
Mass spectrometry, mechanisms and structure in: a comparison with other chemical processes, **8**, 152
Matrix infrared spectroscopy of intermediates with low coordinated carbon, silicon and germanium atoms, **30**, 1
Mechanism and structure in carbene chemistry, **7**, 153
Mechanism and structure in mass spectrometry: a comparison with other chemical processes, **8**, 152
Mechanism and structure in organic electrochemistry, **12**, 1
Mechanisms and reactivity in reactions of organic oxyacids of sulphur and their anhydrides, **17**, 65
Mechanisms, nitrosation, **19**, 381
Mechanisms of proton transfer between oxygen and nitrogen acids and bases in aqueous solutions, **22**, 113
Mechanisms of reaction in solution, entropies of activation and, **1**, 1
Mechanisms of reaction of β-lactam antibiotics, **23**, 165
Mechanisms of solvolytic reactions, medium effects on the rates and, **14**, 10
Mechanisms, organic reaction, isotopes and, **2**, 1
Mechanistic analysis, perspectives in modern voltammetry: basic concepts and, **32**, 1
Mechanistic applications of the reactivity-selectivity principle, **14**, 69
Mechanistic studies, heat capacities of activation and their use, **5**, 121
Medium effects on the rates and mechanisms of solvolytic reactions, **14**, 1
Meisenheimer complexes, **7**, 211
Metal complexes, the nucleophilicity of towards organic molecules, **23**, 1
Methyl transfer reactions, **16**, 87
Micellar catalysis in organic reactions: kinetic and mechanistic implications, **8**, 271
Micelles, aqueous, and similar assemblies, organic reactivity in, **22**, 213
Micelles, membranes and other aqueous aggregates, catalysis by, as models of enzyme action, **17**, 435
Molecular recognition, chirality and, in monolayers at the air-water interface, **28**, 45
Molecular structure and energy, calculation of, by force-field methods, **13**, 1

Neighbouring group participation by carbonyl groups in ester hydrolysis, **28**, 171
Nitration, nitrosation, and halogenation, diffusion control and pre-association in, **16**, 1
Nitrosation mechanisms, **19**, 381
Nitrosation, nitration, and halogenation, diffusion control and pre-association in, **16**, 1
NMR chemical shift-charge density correlations, **11**, 125

NMR measurements of reaction velocities and equilibrium constants as a function of temperature, **3**, 187
NMR spectra of equilibriating systems, isotope effects on, **23**, 63
NMR spectroscopy, ^{13}C, in macromolecular systems of biochemical interest, **13**, 279
Non-linear optics, organic materials for second-order, **32**, 121
Non-planar and planar aromatic systems, **1**, 203
Norbornyl cation: reappraisal of structure, **11**, 179
Nuclear magnetic relaxation, recent problems and progress, **16**, 239
Nuclear magnetic resonance, *see* NMR
Nuclear motion, principle of least, **15**, 1
Nuclear motion, the principle of least, and the theory of stereoelectronic control, **24**, 113
Nucleophilic aromatic photosubstitution, **11**, 225
Nucleophilic catalysis of ester hydrolysis and related reactions, **5**, 237
Nucleophilic displacement reactons, gas-phase, **21**, 197
Nucleophilicity of metal complexes towards organic molecules, **23**, 1
Nucleophilic substitution in phosphate esters, mechanism and catalysis of, **25**, 99
Nucleophilic substitution, single electron transfer and, **26**, 1
Nucleophilic vinylic substitution, **7**, 1

O–H bonds, hydrogen atom abstraction from, **9**, 127
Organic materials for second-order non-linear optics, **32**, 121
Oxyacids of sulphur and their anhydrides, mechanisms and reactivity in reactions of organic, **17**, 65
Oxygen isotope exchange reactions of organic compounds, **3**, 123

Perchloro-organic chemistry: structure, spectroscopy and reaction pathways, **25**, 267
Permutational isomerization of pentavalent phosphorus compounds, **9**, 25
Phase-transfer catalysis by quaternary ammonium salts, **15**, 267
Phosphate esters, mechanism and catalysis of nucleophilic substitution in, **25**, 99
Phosphorus compounds, pentavalent, turnstile rearrangement and pseudoration in permutational isomerization, **9**, 25
Photochemistry of aryl halides and related compounds, **20**, 191
Photochemistry of carbonium ions, **9**, 129
Photodimerization and photopolymerization of diolefin crystals, **30**, 117
Photosubstitution, nucleophilic aromatic, **11**, 225
Planar and non-planar aromatic systems, **1**, 203
Polarizability, molecular refractivity and, **3**, 1
Polarography and reaction kinetics, **5**, 1
Polypeptides, calculations of conformations of, **6**, 103
Pre-association, diffusion control and, in nitrosation, nitration, and halogenation, **16**, 1
Principle of non-perfect synchronization, **27**, 119
Products of organic reactions, magnetic field and magnetic isotope effects on, **30**, 1
Protic and dipolar aprotic solvents, rates of bimolecular substitution reactions in, **5**, 173
Protolytic processes in H_2O–D_2O mixtures, **7**, 259
Protonation and solvation in strong aqueous acids, **13**, 83
Protonation sites in ambient conjugated systems, **11**, 267

Proton transfer between oxygen and nitrogen acids and bases in aqueous solution, mechanisms of, **22**, 113
Pseudorotation in isomerization of pentavalent phosphorus compounds, **9**, 25
Pyrolysis, gas-phase, of small-ring hydrocarbons, **4**, 147

Radiation techniques, application to the study of organic radicals, **12**, 223
Radical addition reactions, gas-phase, directive effects in, **16**, 51
Radicals, cation in solution, formation, properties and reactions of, **13**, 155
Radicals, organic application of radiation techniques, **12**, 223
Radicals, organic cation, in solution kinetics and mechanisms of reaction of, **20**, 55
Radicals, organic free, identification by electron spin resonance, **1**, 284
Radicals, short-lived organic, electron spin resonance studies of, **5**, 53
Rates and mechanisms of solvolytic reactions, medium effects on, **14**, 1
Reaction kinetics, polarography and, **5**, 1
Reaction mechanisms in solution, entropies of activation and, **1**, 1
Reaction mechanisms, use of volumes of activation for determining, **2**, 93
Reaction velocities and equilibrium constants, NMR measurements of, as a function of temperature, **3**, 187
Reactions in dimethyl sulphoxide, physical organic chemistry of, **14**, 133
Reactions of hydrated electrons with organic compounds, **7**, 115
Reactive intermediates, study of, by electrochemical methods, **19**, 131
Reactivity indices in conjugated molecules, **4**, 73
Reactivity, organic, a general approach to: the configuration mixing model, **21**, 99
Reactivity-selectivity principle and its mechanistic applications, **14**, 69
Rearrangements, degenerate carbocation, **19**, 223
Receptor molecules, redox-active, electrochemical recognition of charged and neutral guest species by, **31**, 1
Redox systems, organic, with multiple electrophores, electron storage and transfer in, **28**, 1
Refractivity, molecular, and polarizability, **3**, 1
Relaxation, nuclear magnetic, recent problems and progress, **16**, 239

Selectivity of solvolyses and aqueous alcohols and related mixtures, solvent-induced changes in, **27**, 239
Short-lived organic radicals, electron spin resonance studies of, **5**, 53
Small-ring hydrocarbons, gas-phase pyrolysis of, **4**, 147
Solid-state chemistry, topochemical phenomena in, **15**, 63
Solids, organic, electrical conduction in, **16**, 159
Solid state, tautomerism in the, **32**, 129
Solutions, reactions in, entropies of activation and mechanisms, **1**, 1
Solvation and protonation in strong aqueous acids, **13**, 83
Solvent-induced changes in the selectivity of solvolyses in aqueous alcohols and related mixtures, **27**, 239
Solvent, protic and dipolar aprotic, rates of bimolecular substitution-reactions in, **5**, 173
Solvolytic reactions, medium effects on the rates and mechanisms of, **14**, 1
Spectroscopic detection of tetrahedral intermediates derived from carboxylic acids and the investigation of their properties, **21**, 37
Spectroscopic observations of alkylcarbonium ions in strong acid solutions, **4**, 305
Spectrocopy, ^{13}C NMR, in macromolecular systems of biochemical interest, **13**, 279

Spin alignment, in organic molecular assemblies, high-spin organic molecules and, **26**, 179
Spin trapping, **17**, 1
Spin trapping and electron transfer, **31**, 91
Stability and reactivity of crown-ether complexes, **17**, 279
Stereochemistry, static and dynamic, of alkyl and analogous groups, **25**, 1
Stereoelectronic control, the principle of least nuclear motion and the theory of, **24**, 113
Stereoselection in elementary steps of organic reactions, **6**, 185
Steric isotope effects, experiments on the nature of, **10**, 1
Structure and mechanisms in carbene chemistry, **7**, 153
Structure and mechanism in organic electrochemistry, **12**, 1
Structure and reactivity of carbenes having aryl substituents, **22**, 311
Structure of electronically excited molecules, **1**, 365
Substitution, aromatic, a quantitative treatment of directive effects in, **1**, 35
Substitution, nucleophilic vinylic, **7**, 1
Substitution reactions, aromatic, hydrogen isotope effects in, **2**, 163
Substitution reactions, bimolecular, in protic and dipolar aprotic solvents, **5**, 173
Sulphur, organic oxyacids of, and their anhydrides, mechanisms and reactivity in reactions of, **17**, 65
Superacid systems, **9**, 1

Tautomerism in the solid state, **32**, 219
Temperature, NMR measurements of reaction velocities and equilibrium constants as a function of, **3**, 187
Tetrahedral intermediates, derived from carboxylic acids, spectroscopic detection and the investigation of their properties, **21**, 37
Topochemical phenomena in solid-state chemistry, **15**, 63
Transition states, the stabilization of by cyclodextrins and other catalysts, **29**, 1
Transition-state structure in solution, cross-interaction constants and, **27**, 57
Transition state structures, crystallographic approaches to, **29**, 87
Transition-state structure in solution, effective charge and, **27**, 1
Transition state structure, secondary deuterium isotope effects and, **31**, 143
Transition-state theory revisited, **28**, 139
Tritiated molecules, gaseous carbonium ions from the decay of, **8**, 79
Tritium atoms, energetic reactions with organic compounds, **2**, 201
Turnstile rearrangements in isomerization of pentavalent phosphorus compounds, **9**, 25

Unsaturated compounds, basicity of, **4**, 195

Vinyl cations, **9**, 185
Vinylic substitution, nuclephilic, **7**, 1
Voltammetry, perspectives in modern: basic concepts and mechanistic analysis, **32**, 1
Volumes of activation, use of, for determining reaction mechanisms, **2**, 93

Water and aqueous mixtures, kinetics of organic reactions in, **14**, 203

Yukawa-Tsuno relationship in carborationic systems, the, **32**, 267

Cumulative Index of Authors

Ahlberg, P. **19**, 223
Albery, W. J., **16**, 87; **28**, 139
Alden, J. A., **32**, 1
Allinger, N. I., **13**, 1
Anbar, M., **7**, 115
Arnett, B. M., **13**, 83; **28**, 45
Ballester, M., **25**, 267
Bard, A. J., **13**, 155
Beer, P. D., **31**, 1
Baumgarten, M., **28**, 1
Bell, R. P., **4**, 1
Bennett, J. B., **8**, 1
Bentley, T. W., **8**, 151; **14**, 1
Berg, U., **25**, 1
Berger, S., **16**, 239
Bernasconi, C. F, **27**, 119
Bethell, D., **7**, 153; **10**, 53
Blackburn, G. M., **31**, 249
Blandamer, M. J., **14**, 203
Bond, A. M., **32**, 1
Bowden, K., **28**, 171
Brand, J. C. D., **1**, 365
Bräindström, A., **15**, 267
Brinkman, M. R., **10**, 53
Brown, H. C., **1**, 35
Buncel, B., **14**, 133
Bunton, C. A., **22**, 213
Cabell-Whiting, P. W., **10**, 129
Cacace, F., **8**, 79
Capon, B., **21**, 37
Carter, R. B., **10**, 1
Chen, Z., **31**, 1
Collins, C. J., **2**, 1
Compton, R. G., **32**, 1

Cornelisse, J., **11**, 225
Crampton, M. R., **7**, 211
Datta, A., **31**, 249
Davidson, R. S., **19**, 1; **20**, 191
Denham, H., **31**, 249
Desvergne, J. P., **15**, 63
deGunst, G. P., **11**, 225
deJong, F., **17**, 279
Dosunmu, M. I., **21**, 37
Eberson, L., **12**, 1; **18**, 79; **31**, 91
Ekland, J. C., **32**, 1
Bmsley, J., **26**, 255
Bngdahl, C., **19**, 223
Farnum, D. G., **11**, 123
Fendler, E. J., **8**, 271
Fendler, J. H., **8**, 271; **13**, 279
Ferguson, G., **1**, 203
Fields, B. K., **6**, 1
Fife, T. H., **11**, 1
Fleischmann, M., **10**, 155
Frey, H. M., **4**, 147
Fujio, M., **32**, 267
Gale, P. A., **31**, 1
Gilbert, B. C., **5**, 53
Gillespie, R. J., **9**, 1
Gold, V., **7**, 259
Goodin, J. W., **20**, 191
Gould, I. R., **20**, 1
Greenwood, H. H., **4**, 73
Hammerich, O., **20**, 55
Harvey, N. G., **28**, 45
Hasegawa, M., **30**, 117
Havinga, B., **11**, 225
Henderson, R. A., **23**, 1
Henderson, S., **23**, 1

Hibbert, F, **22**, 113; **26**, 255
Hine, J., **15**, 1
Hogen-Bsch, T. E., **15**, 153
Hogeveen, H., **10**, 29, 129
Huber, W., **28**, 1
Ireland, J. F, **12**, 131
Iwamura, H., **26**, 179
Johnson, S. L., **5**, 237
Johnstone, R. A. W., **8**, 151
Jonsïll, G., **19**, 223
José, S. M., **21**, 197
Kemp, G., **20**, 191
Kice, J. L., **17**, 65
Kirby, A. J., **17**, 183; **29**, 87
Kitagawa, T., **30**, 173
Kluger, R. H., **25**, 99
Kochi, J. K., **29**, 185
Kohnstam, G., **5**, 121
Korolev, V. A., **30**, 1
Korth, H.-G., **26**, 131
Kramer, G. M., **11**, 177
Kreevoy, M. M., **6**, 63; **16**, 87
Kunitake, T., **17**, 435
Kurtz, H. A., **29**, 273
Ledwith, A., **13**, 155
Lee, I., **27**, 57
LeFèvre, R. J. W., **3**, 1
Liler, M., **11**, 267
Long, F. A., **1**, 1
Lüning, U., **30**, 63
Maccoll, A., **3**, 91
Mandolini, L., **22**, 1
Matsson, O., **31**, 143

McWeeny, R., **4**, 73
Melander, L., **10**, 1
Mile, B., **8**, 1
Miller, S. I., **6**, 185
Modena, G., **9**, 185
More O'Ferrall, R. A., **5**, 331
Morsi, S. E., **15**, 63
Müllen, K., **28**, 1
Nefedov, O. M., **30**, 1
Neta, P., **12**, 223
Nibbering, N. M. M., **24**, 1
Norman, R. 0. C., **5**, 33
Nyberg, K., **12**, 1
Okamoto, K., **30**, 173
Olah, G. A., **4**, 305
Page, M. I., **23**, 165
Parker, A. J., **5**, 173
Parker, V. D., **19**, 131; **20**, 55
Peel, T. B., **9**, 1
Perkampus, H. H., **4**, 195
Perkins, M. J., **17**, 1
Pittman, C. U. Jr, **4**, 305
Pletcher, D., **10**, 155
Pross, A., **14**, 69; **21**, 99
Ramirez, F., **9**, 25
Rappoport, Z., **7**, 1; **27**, 239
Reeves, L. W., **3**, 187
Reinhoudt, D. N., **17**, 279
Ridd, J. H., **16**, 1
Riveros, J. M., **21**, 197

Robertson, J. M., **1**, 203
Rose, P. L., **28**, 45
Rosenthal, S. N., **13**, 279
Ruasse, M.-F, **28**, 207
Russell, G. A., **23**, 271
Samuel, D., **3**, 123
Sanchez, M. de N. de M., **21**, 37
Sandström, J., **25**, 1
Savéant, J.-M., **26**, 1
Savelli, G., **22**, 213
Schaleger, L. L., **1**, 1
Scheraga, H. A., **6**, 103
Schleyer, P. von R., **14**, 1
Schmidt, S. P., **18**, 187
Schuster, G. B., **18**, 187; **22**, 311
Scorrano, G., **13**, 83
Shatenshtein, A. I., **1**, 156
Shine, H. J., **13**, 155
Shinkai, S., **17**, 435
Siehl, H.-U., **23**, 63
Silver, B. L., **3**, 123
Simonyi, M., **9**, 127
Sinnott, M. L., **24**, 113
Stock, L. M., **1**, 35
Sugawara, T., **32**, 219
Sustmann, R., **26**, 131
Symons, M. C. R., **1**, 284
Takashima, K., **21**, 197
Takasu, I., **32**, 219
Takeuchi, K., **30**, 173
Ta-Shma, R., **27**, 239
Tedder, J. M., **16**, 51

Tee, 0. S., **29**, 1
Thatcher, G. R. J., **25**, 99
Thomas, A., **8**, 1
Thomas, J. M., **15**, 63
Tonellato, U., **9**, 185
Toullec, J., **18**, 1
Tsuno, Y., **32**, 267
Tüdös, F., **9**, 127
Turner, D. W., **4**, 31
Turro, N. J., **20**, 1
Ugi, I., **9**, 25
Walton, J. C., **16**, 51
Ward, B., **8**, 1
Watt, C. I. F, **24**, 57
Wentworth, P., **31**, 249
Westaway, K. C., **31**, 143
Westheimer, F. H., **21**, 1
Whalley, E., **2**, 93
Williams, A., **27**, 1
Williams, D. L. H., **19**, 381
Williams, J. M. Jr, **6**, 63
Williams, J. 0., **16**, 159
Williams, R. V., **29**, 273
Williamson, D. G., **1**, 365
Wilson, H., **14**, 133
Wolf, A. P., **2**, 201
Wolff, J. J., **32**, 121
Wortmann, R., **32**, 121
Wyatt, P. A. H., **12**, 131
Zimmt, M. B., **20**, 1
Zollinger, H., **2**, 163
Zuman, P., **5**, 1

Cumulative Index of Cited Authors

A

Aalbersberg, W. I., **12**:76, **12**:*122*, **18**:127, **18**:*178*
Aalbersberg, W. Ij., **4**:227, **4**:232, **4**:*300*
Aalbersberg, W. L., **13**:158, **13**:159, **13**:163, **13**:166, **13**:167, **13**:229, **13**:*265*
Aalstad, B., **19**:152, **19**:155, **19**:171, **19**:172, **19**:196, **19**:205, **19**:206, **19**:207, **19**:208, **19**:209, **19**:*216*, **20**:58, **20**:59, **20**:62, **20**:65, **20**:68, **20**:87, **20**:*180*, **20**:*187*, **26**:38, **26**:*121*
Aalto, V., **7**:284, **7**:309, **7**:*330*, **16**:128, **16**:*156*
Aaltonen, R., **18**:58, **18**:63, **18**:64, **18**:*74*
Aamodt, L. C., **5**:72, **5**:*113*
Aaron, J. I., **1**:238, **1**:*276*
Aaron, J. J., **12**:177, **12**:182, **12**:183, **12**:184, **12**:192, **12**:193, **12**:210, **12**:*215*, **12**:*216*, **14**:119, **14**:*128*, **16**:39, **16**:*46*, **28**:257, **28**:*288*, **32**:332, **32**:333, **32**:*380*
Aarts, V. M. L. J., **30**:73, **30**:74, **30**:75, **30**:86, **30**:87, **30**:88, **30**:95, **30**:96, **30**:*112*, **30**:*115*
Abad, G. A., **18**:26, **18**:*71*
Abakumov, C. A., **5**:69, **5**:*118*
Abakumov, G. A., **17**:45, **17**:*63*
Abarkerli, R. B., **22**:294, **22**:*305*
Abate, K., **12**:182, **12**:*215*
Abatjoglou, A. G., **15**:246, **15**:*261*
Abbad, E. G., **25**:219, **25**:225, **25**:*261*, **25**:264
Abbasov, A. A., **25**:51, **25**:*91*
Abbe, J. C., **24**:87, **24**:*110*
Abbi, S. C., **16**:167, **16**:*230*
Abbott, E. H., **16**:253, **16**:*261*

Abbott, G. D., **19**:33, **19**:86, **19**:*113*
Abbott, S. J., **25**:102, **25**:115, **25**:116, **25**:*257*
Abboud, J.-L., **31**:174, **31**:*243*
Abboud, J. L. K., **28**:270, **28**:278, **28**:*289*
Abboud, J.-L. M., **30**:111, **30**:*112*, **32**:376, **32**:*382*
Abdallah, A. A., **24**:94, **24**:95, **24**:*105*, **24**:*110*
Abd Elhafez, F. A., **2**:7, **2**:53, **2**:*87*, **2**:*88*
Abdel-Hamid, A. A., **14**:314, **14**:*351*
Abdel-Hamid, R., **32**:42, **32**:*113*
Abdel-Malik, T. G., **16**:176, **16**:189, **16**:190, **16**:*230*
Abdelmonem, S. A., **17**:13, **17**:*63*
Abdul-Baki, A., **19**:108, **19**:*113*
Abdullabekov, I. M., **17**:332, **17**:333, **17**:*430*
Abdullaev, N. D., **13**:406, **13**:*410*
Abe, A., **25**:31, **25**:*84*, **31**:11, **31**:*83*
Abe, H., **25**:21, **25**:*93*
Abe, K., **17**:443, **17**:*482*, **25**:33, **25**:*90*
Abe, M., **13**:62, **13**:*76*, **17**:36, **17**:38, **17**:*63*, **22**:292, **22**:*299*, **28**:208, **28**:*289*
Abe, R., **7**:233, **7**:*254*
Abe, T., **7**:218, **7**:220, **7**:234, **7**:*254*, **18**:150, **18**:*174*, **26**:95, **26**:*121*
Abe, Y., **25**:54, **25**:55, **25**:*95*
Abel, B. N., **26**:56, **26**:*125*
Abel, E., **7**:261, **7**:284, **7**:297, **7**:305, **7**:*327*
Abel, E. W., **29**:297, **29**:*324*
Abeles, R. H., **21**:13, **21**:25, **21**:*30*, **21**:*35*, **24**:95, **24**:*105*
Abell, P. I., **1**:298, **1**:*359*
Abelt, C. J., **29**:233, **29**:*265*
Aberlin, M. E., **17**:165, **17**:*174*

Abeywickrama, A. N., **24**:70, **24**:*105*
Abidaud, A., **14**:143, **14**:*200*
Abkin, A. D., **30**:138, **30**:*169*
Ablett, S., **14**:261, **14**:*351*
Aboderin, A., **11**:194, **11**:*222*
Aboderin, A. A., **8**:139, **8**:140, **8**:*146*
Abragam, A., **3**:215, **3**:*265*
Abraham, D. J., **7**:7, **7**:60, **7**:80, **7**:*114*
Abraham, E. P., **23**:166, **23**:202, **23**:250, **23**:*261*, **23**:*265*, **23**:*267*
Abraham, F. F., **14**:236, **14**:*336*
Abraham, M. H., **14**:28, **14**:61, **14**:*62*, **14**:137, **14**:141, **14**:162, **14**:*196*, **14**:288, **14**:316, **14**:*336*, **16**:105, **16**:106, **16**:122–4, **16**:148, **16**:152, **16**:*155*, **17**:305, **17**:*424*, **21**:189, **21**:*191*, **26**:317, **26**:*378*, **27**:191, **27**:205, **27**:*233*, **28**:279, **28**:*287*
Abraham, R. J., **1**:299, **1**:341, **1**:*359*, **3**:251, **3**:*265*, **11**:358, **11**:*382*, **13**:59, **13**:71, **13**:72, **13**:*76*, **14**:61, **14**:*63*, **25**:6, **25**:7, **25**:34, **25**:*84*
Abrahams, S. C., **3**:63, **3**:*79,* **32**:255, **32**:*265*
Abrahamson, E. W., **6**:210, **6**:212, **6**:215, **6**:*328*, **21**:102, **21**:139, **21**:140, **21**:*194*
Abrahamsson, S., **23**:187, **23**:188, **23**:*261*
Abram, I. I., **10**:96, **10**:*122*
Abram, T. S., **19**:361, **19**:*368*
Abramovich, T. I., **1**:169, **1**:*197*
Abramovici, M., **9**:142, **9**:*174*
Abramovitch, R. A., **7**:240, **7**:*254*, **9**:142, **9**:*174*, **22**:312, **22**:*357*
Abramson, F. P., **8**:138, **8**:*145*
Abruna, H. D., **19**:93, **19**:*113*, **19**:*127*
Abu-Dari, K., **26**:261, **26**:262, **26**:267, **26**:297, **26**:*367*
Abu-Elgheit, M., **12**:195, **12**:*218*
Abuin, E. B., **22**:228, **22**:236, **22**:243, **22**:253, **22**:294, **22**:295, **22**:*299*, **22**:*305*, **22**:*307*
Accascina, F., **15**:165, **15**:*260*, **15**:269, **15**:*328*, **29**:204, **29**:*267*
Ache, H. J., **8**:123, **8**:*145*, **17**:439, **17**:*483*
Achenbach, H., **8**:248, **8**:*267*
Achiba, Y., **13**:185, **13**:*272*
Achiwa, K., **31**:382, **31**:*387*
Achmatowicz, O., **17**:108, **17**:*174*

Achord, J.M., **20**:162, **20**:*180*
Acker, D. S., **16**:202, **16**:*230*
Ackerman, P., **23**:280, **23**:*319*, **26**:72, **26**:*126*
Ackermann, T., **1**:13, **1**:*33*, **5**:133, **5**:*169*, **6**:86, **6**:*98*
Acton, N., **29**:301, **29**:*327*
Adachi, T., **32**:269, **32**:279, **32**:374, **32**:*380*
Adam, F. C., **1**:313, **1**:*359*, **5**:67, **5**:111, **5**:*113*, **18**:115, **18**:120, **18**:*174*
Adam, W., **11**:169, **11**:170, **11**:171, **11**:*173*, **11**:322, **11**:326, **11**:*382*, **18**:189, **18**:191, **18**:193, **18**:202, **18**:209, **18**:210, **18**:211, **18**:212, **18**:214, **18**:215, **18**:226, **18**:*234*, **18**:*237*, **18**:*238*, **19**:82, **19**:*113*, **26**:68, **26**:*121*
Adamcik, J. A., **11**:380, **11**:*388*
Adamczak, O., **28**:1, **28**:*43*
Adamic, K., **8**:72, **8**:*74*, **9**:148, **9**:*174*, **17**:6, **17**:*59*
Adamic, R. J., **30**:87, **30**:*112*
Adams, C., **24**:72, **24**:*105*
Adams, C. M., **28**:112, **28**:115, **28**:*136*
Adams, D. G., **11**:166, **11**:*174*
Adams, E. B., **16**:182, **16**:*232*
Adams, G., **31**:135, **31**:*140*
Adams, G. E., **5**:90, **5**:*113*, **7**:119, **7**:121, **7**:123, **7**:127, **7**:129, **7**:130, **7**:*148*, **7**:*149*, **9**:142, **9**:171, **9**:*174*, **12**:236, **12**:244, **12**:254, **12**:259, **12**:261, **12**:268, **12**:269, **12**:272, **12**:278, **12**:279, **12**:282, **12**:284, **12**:291, **12**:*291*, **12**:*293*
Adams, H., **23**:45, **23**:*58*, **29**:186, **29**:*265*
Adams, J. A., **29**:59, **29**:*64*, **31**:283, **31**:*385*
Adams, J. H., **7**:18, **7**:20, **7**:22, **7**:24, **7**:25, **7**:27, **7**:*113*
Adams, J. M., **15**:93, **15**:132, **15**:135–137, **15**:138, **15**:143, **15**:*144*, **15**:*149*, **15**:*150*
Adams, J. Q., **13**:166, **13**:*265*
Adams, N. G., **3**:39, **3**:*84*, **21**:204, **21**:*239*, **24**:1, **24**:2, **24**:6, **24**:*50*, **24**:55
Adams, P. A., **14**:231, **14**:234, **14**:258, **14**:*336*
Adams, R., **11**:352, **11**:353, **11**:*382*,

29:273, 29:*331*
Adams, R. D., 29:313, 29:*330*
Adams, R. F., 15:161, 15:*263*
Adams, R. N., 5:66, 5:86, 5:105, 5:106,
 5:110, 5:*114*, 5:*115*, 5:*116*, 5:*117*,
 10:155, 10:161, 10:163, 10:164,
 10:193, 10:211, 10:215, 10:*220*,
 10:*223*, 10:*224*, 12:2, 12:7, 12:8,
 12:9, 12:43, 12:51, 12:77, 12:78,
 12:79, 12:*116*, 12:*124*, 12:*125*,
 13:159, 13:195, 13:198, 13:203,
 13:207, 13:228, 13:233, 13:*265*,
 13:*267*, 13:*271*, 13:*273*, 13:*274*,
 13:*276*, 18:120, 18:*180*, 18:*181*,
 19:138, 19:147, 19:178, 19:179,
 19:*216*, 19:*219*, 20:60, 20:61, 20:71
 20:76, 20:*180*, 20:*185*, 20:*188*,
 32:60, 32:63, 32:*113*, 32:*118*
Adamson, A. W., 12:147, 12:*216*
Adawadkar, P. D., 25:162, 25:231,
 25:232, 25:233, 25:*261*
Adcock, W., 11:124, 11:*173*
Addadi, L., 15:99, 15:*144*, 30:121,
 30:162, 30:*169*, 31:268, 31:*385*
Addink, R., 21:42, 21:*97*
Addison, C. C., 13:85, 13:*151*, 19:407,
 19:*424*
Addleman, R., 16:243, 16:258, 16:*264*
Adegawa, Y., 30:126, 30:162, 30:166,
 30:167, 30:*170*
Adenier, A., 28:212, 28:277, 28:278,
 28:*290*
Adevick, G., 17:49, 17:55, 17:*59*
Adhadov, Y. Y., 27:266, 27:268, 27:272,
 27:274, 27:275, 27:*288*
Adhikari, P., 7:10, 7:*113*
Adita, S., 12:177, 12:*215*
Adkins, H., 4:11, 4:*27*
Adler, A. D., 13:196, 13:*269*
Adler, E., 3:156, 3:*183*
Adler, T. K., 11:319, 11:*382*
Adlington, R. M., 24:195, 24:*199*
Adman, E., 15:82, 15:*145*, 29:202, 29:*265*
Adolfsson, L., 21:45, 21:*97*
Adolph, H.-W., 24:136, 24:*203*
Adolph, J., 16:187, 16:*230*
Adriaens, P., 23:184, 23:*261*, 23:*264*
Adrian, E. D., 21:13, 21:*30*
Adrian, F. J., 1:112, 1:*148*, 1:292, 1:298,
 1:299, 1:300, 1:336, 1:337, 1:338,

1:339, 1:344, 1:345, 1:346, 1:347,
 1:*359*, 1:*360*, 8:19, 8:20, 8:*74*, 8:*75*,
 10:67, 10:121, 10:*122*, 10:*123*
Adsetts, J. R., 14:191, 14:*196*
Afanas'ev, I. B., 14:123, 14:*127*
Agabe, Y., 32:34, 32:*118*
Agadzhanyan, Z. E., 21:41, 21:*97*
Agaev, F. K., 17:332, 17:333, 17:*430*
Agarwal, G., 16:224, 16:*231*
Agathocleous, D., 23:203, 23:205,
 23:240, 23:250, 23:*261*
Agawa, T., 31:37, 31:*83*, 31:*84*
Ager, E., 20:209, 20:*229*
Ager, I., 17:69, 17:70, 17:*174*
Agius, P. J., 3:95, 3:96, 3:98, 3:*120*
Agmon, N., 18:111, 18:*174*, 19:9, 19:*113*,
 21:148, 21:151, 21:168, 21:169,
 21:172, 21:185, 21:*191*
Agostiano, A., 17:306, 17:*424*
Agra-Gutierrez, C., 32:82, 32:*113*
Agranat, I., 30:182, 30:183, 30:*217*
Agren, A., 5:319, 5:*325*
Agren, H., 32:200, 32:*213*
Agtarap, A., 9:192, 9:*200*, 9:*278*
Aguiar, A. M., 6:269, 6:*323*, 7:45, 7:46,
 7:59, 7:*108*
Aguilar, M. A., 24:152, 24:*202*
Aguilar-Parrilla, F., 32:240, 32:242,
 32:*262*, 32:*263*, 32:*264*, 32:*265*
Agulló-Lopez, F, 32:203, 32:*214*
Aharon-Shalom, E., 30:182, 30:183,
 30:*217*
Ahlberg, E., 18:124, 18:125, 18:126,
 18:168, 18:*175*, 19:136, 19:140,
 19:141, 19:142, 19:150, 19:151,
 19:153, 19:157, 19:158, 19:163,
 19:164, 19:165, 19:166, 19:174,
 19:176, 19:180, 19:182, 19:*216*,
 19:*217*, 19:*218*, 20:76, 20:135,
 20:146, 20:*180*, 20:*181*, 32:60,
 32:*113*
Ahlberg, P., 19:225, 19:233, 19:234,
 19:236, 19:242, 19:243, 19:244,
 19:353, 19:356, 19:357, 19:358,
 19:359, 19:360, 19:361, 19:363,
 19:*368*, 19:*371*, 19:*372*, 19:*375*,
 23:64, 23:93, 23:94, 23:95, 23:119,
 23:*158*, 24:86, 24:*105*, 29:276,
 29:289, 29:315, 29:321, 29:*324*,
 29:*327*, 29:*330*, 31:207, 31:231,

31:*247*
Ahlbichs, R., **25**:119, **25**:*263*, **26**:300, **26**:*374*
Ahlrichs, R., **30**:45, **30**:*56*
Ahluwalia, J. C., **14**:264, **14**:266, **14**:267, **14**:312, **14**:313, **14**:*336*, **14**:*339*, **14**:*348*, **14**:*350*, **14**:*351*
Ahmad, M., **3**:234, **3**:236, **3**:*265*, **21**:53, **21**:54, **21**:55, **21**:60, **21**:62, **21**:65, **21**:68, **21**:78, **21**:83, **21**:84, **21**:85, **21**:87, **21**:*94*, **21**:*97*
Ahmed, F. R., **1**:232, **1**:257, **1**:258, **1**:*275*, **1**:*279*
Ahmed, M. K., **25**:68, **25**:*84*
Ahmed, S. N., **22**:317, **22**:*357*
Ahrens, A. F., **24**:8, **24**:*53*
Ahrens, M. L., **4**:4, **4**:9, **4**:10, **4**:20, **4**:21, **4**:*27*, **22**:117, **22**:118, **22**:*205*
Ahrens, M.-L., **27**:142, **27**:*233*
Ahrens, W., **17**:6, **17**:*59*
Ahrland, A., **29**:186, **29**:*265*
Aihambra, C., **32**:185, **32**:187, **32**:*211*
Aikawa, M., **19**:94, **19**:95, **19**:*128*, **19**:*130*, **22**:349, **22**:*358*
Aikens, D. A., **12**:57, **12**:*118*
Ainscough, J. B., **7**:217, **7**:247, **7**:*254*
Ainsworth, C., **23**:297, **23**:*319*
Airoldi, M., **29**:186, **29**:*265*
Aixill, W. J., **32**:109, **32**:*113*
Ajami, M., **24**:2, **24**:*54*
Ajipa, Y. I., **13**:341, **13**:*411*
Akaba, R., **20**:109, **20**:110, **20**:*186*
Akabori, S., **17**:320, **17**:322, **17**:329–31, **17**:338, **17**:340, **17**:341, **17**:*424*, **17**:*430*, **31**:6, **31**:*80*
Akamatsu, H., **30**:182, **30**:202, **30**:*219*
Akamatu, H., **13**:165, **13**:169, **13**:195, **13**:196, **13**:*275*, **16**:160, **16**:200, **16**:*233*
Akamine, Y., **29**:4, **29**:5, **29**:*67*
Akasaha, K., **16**:255, **16**:*262*
Akasaka, A., **17**:92, **17**:*176*
Akasaka, I., **32**:279, **32**:289, **32**:291, **32**:300, **32**:*381*
Akasaki, Y., **6**:220, **6**:*331*, **10**:*152*
Akatsuka, M., **7**:239, **7**:*254*
Akbulut, U., **13**:251, **13**:*265*, **32**:70, **32**:*113*
Åkermark, B., **12**:29, **12**:*129*, **20**:200, **20**:202, **20**:*229*

Akhavein, A. A., **13**:254, **13**:*265*
Akhmetova, N. E., **17**:329, **17**:*424*
Akhrem, I. S., **30**:202, **30**:*220*
Akhtar, I. A., **19**:104, **19**:*113*
Akhtar, M., **16**:226, **16**:*230*
Akiba, K., **18**:203, **18**:*235*
Akimaru, K., **17**:481, **17**:*486*
Akimoto, H., **26**:201, **26**:*249*
Akimov, I., **16**:168, **16**:*236*
Akiyama, S., **30**:98, **30**:*114*
Akkerman, O. S., **13**:207, **13**:*267*
Akkermans, R. P., **32**:70, **32**:79, **32**:80, **32**:81, **32**:82, **32**:*116*, **32**:*118*
Akopyan, R. M., **8**:382, **8**:384, **8**:*397*, **8**:*398*
Aksnes, G., **6**:258, **6**:*323*, **9**:27(40), **9**:29(40), **9**:*123*, **25**:170, **25**:189, **25**:197, **25**:*257*
Akutagawa, M., **18**:209, **18**:*238*
Al-Abidin, K. M. Z., **19**:82, **19**:*113*
Alain, V., **32**:167, **32**:193, **32**:*209*
Alais, L., **11**:299, **11**:300, **11**:354, **11**:*382*
Alajarin-Ceron, M., **25**:69, **25**:*91*
Al-Alaoui, M., **28**:265, **28**:*288*
Alald, A., **32**:5, **32**:*114*
Al-Alwadi, N., **27**:49, **27**:*51*
Alam, I., **30**:101, **30**:*113*, **31**:72, **31**:*82*
Alam, N., **26**:72, **26**:73, **26**:86, **26**:*121*
Alaya, M., **18**:57, **18**:*77*
Albagli, A., **14**:143, **14**:146, **14**:148, **14**:169, **14**:*196*
Alber, T., **21**:30, **21**:*31*
Alberg, D. G., **31**:256, **31**:*385*
Albers, M. W., **29**:107, **29**:*178*
Albert, A., **11**:307, **11**:314, **11**:315, **11**:316, **11**:318, **11**:319, **11**:323, **11**:347, **11**:349, **11**:377, **11**:*382*, **11**:*383*, **12**:136, **12**:*215*, **13**:114, **13**:*148*
Albert, I. D. L., **32**:179, **32**:187, **32**:*208*
Albert, N., **26**:279, **26**:*368*
Alberti, A., **31**:94, **31**:132, **31**:*137*
Alberts, A. H., **17**:298, **17**:*424*, **30**:101, **30**:*112*
Alberts, G. S., **5**:48, **5**:*50*
Alberty, R. A., **21**:24, **21**:*31*
Albery, J., **31**:255, **31**:*385*
Albery, W. J., **4**:25, **4**:*27*, **5**:337, **5**:338, **5**:340, **5**:348, **5**:349, **5**:*395*, **6**:91, **6**:*98*, **9**:*174*, **13**:202, **13**:*265*, **14**:84,

14:85, 14:*127*, 14:212, 14:258,
14:*336*, 16:89, 16:97, 16:98, 16:101,
16:126–9, 16:132, 16:*155*, 18:96,
18:*175*, 19:132, 19:136, 19:*217*,
21:182, 21:184, 21:*191*, 22:121,
22:122, 22:*205*, 24:136, 24:*199*,
25:233, 25:*257*, 26:21, 26:107,
26:119, 26:*121*, 26:282, 26:286,
26:331, 26:*368*, 27:63, 27:64,
27:*113*, 27:122, 27:129, 27:182,
27:183, 27:*233*, 28:147, 28:148,
28:149, 28:152, 28:156, 28:158,
28:159, 28:163, 28:164, 28:165,
28:*170*, 29:47, 29:48, 29:49, 29:*63*,
29:94, 29:*178*, 31:255, 31:*385*,
32:21, 32:46, 32:48, 32:*113*
Albery, W. T., 7:281, 7:295, 7:*327*
Albini, A., 19:74, 19:103, 19:112, 19:*114*,
19:*126*, 20:141, 20:*180*
Alborz, M., 27:12, 27:*51*
Albrecht, A. C., 1:413, 1:*418*, 13:180,
13:181, 13:*265*, 13:*267*, 13:*276*
Albrecht, H. O., 18:229, 18:*234*
Albrecht, S., 24:195, 24:*199*
Albright, T. A., 26:63, 26:*121*, 29:207,
29:*265*
Albrizzio, J., 22:218, 22:*299*
Albrizzio, J. P. de, 22:247, 22:*299*
Alburn, H. E., 14:225, 14:*344*
Alcacer, L., 13:178, 13:*265*, 26:218,
26:*246*
Alcais, P., 13:235, 13:*265*, 14:118,
14:*128*, 16:37, 16:*47*, 16:*48*, 18:36,
18:*73*, 28:216, 28:257, 28:*288*
Alcock, N. W., 13:169, 13:*265*
Aldaher, S., 31:295, 31:*392*
Alden, J. A., 32:50, 32:52, 32:54, 32:62,
32:67, 32:69, 32:85, 32:88, 32:93,
32:94, 32:98, 32:100, 32:105,
32:109, 32:*113*, 32:*119*
Alden, R. A., 11:56, 11:*121*, 11:*122*
Alder, A. D., 32:238, 32:239, 32:*263*
Alder, H., 23:21, 23:*58*
Alder, R. W., 16:90, 16:*155*, 18:80,
18:93, 18:94, 18:*175*, 20:106,
20:*180*, 22:135, 22:136, 22:140,
22:165, 22:166, 22:186, 22:187,
22:*205*, 22:*206*, 23:310, 23:*316*,
24:61, 24:105, 24:161, 24:*199*,
25:75, 25:*84*, 26:260, 26:275,

26:321, 26:323, 26:324, 26:326,
26:327, 26:328, 26:330, 26:*368*,
26:*378*, 26:*379*, 30:69, 30:*112*
Alderman, D. W., 16:242, 16:*263*
Aldersley, M. F., 11:77, 11:*116*, 17:226,
17:230, 17:233, 17:234, 17:273,
17:*274*
Aldred, S. E., 19:386, 19:415, 19:416,
19:420, 19:421, 19:*424*
Aldrich, F. L., 21:17, 21:*31*
Aldrich, J. E., 12:226, 12:*291*
Aldridge, W. N., 21:14, 21:*31*
Aldrigue, W., 22:218, 22:*302*
Aldwin, L., 21:71, 21:72, 21:73, 21:78,
21:83, 21:*95*, 23:254, 23:*265*,
27:110, 27:113, 27:*114*
Aleixo, M. V., 23:225, 23:226, 23:*263*
Aleixo, R. M. V., 17:472, 17:*483*, 22:228,
22:236, 22:243, 22:253, 22:255,
22:285, 22:296, 22:*299*, 22:*302*
Aleksandrov, A. L., 9:163, 9:*176*
Aleksandrov, Y. A., 23:275, 23:*316*
Aleksankin, M. M., 3:148, 3:153, 3:154,
3:156, 3:169, 3:170, 3:171, 3:*183*
Aleksanyan, V. T., 1:176, 1:177, 1:*197*,
11:216, 11:*222*
Alekseeva, L. M., 11:361, 11:362, 11:*383*
Aleman, C., 26:119, 26:*121*
Alewood, P. F., 17:5, 17:*59*
Alexander, A. E., 8:339, 8:*399*
Alexander, C. J., 27:279, 27:*289*
Alexander, D. M., 14:251, 14:252,
14:*336*
Alexander, E. R., 2:42, 2:*87*
Alexander, J., 28:10, 28:14, 28:17, 28:27,
28:34, 28:35, 28:39, 28:*40*, 28:*43*
Alexander, M. D., 11:68, 11:69, 11:*116*
Alexander, R., 5:187, 5:190, 5:*232*,
14:76, 14:127, 14:162, 14:*196*,
16:116, 16:121, 16:*155*, 28:277,
28:*290*
Alexander, S., 3:214, 3:215, 3:234, 3:*265*,
26:192, 26:*249*
Alexander, S. A., 26:195, 26:209, 26:*246*
Alexandre, M., 13:393, 13:394, 13:*406*
Al-Fakhri, K. A. K., 20:211, 20:*229*
Al-Fakhri, K., 19:64, 19:*114*
Alfassi, Z. B., 7:129, 7:130, 7:131, 7:142,
7:*149*
Alfenaar, M., 14:309, 14:*340*, 16:123,

16:*155*
Alfieri, C., **30**:101, **30**:*112*
Alford, J. A., **19**:347, **19**:*371*
Alford, J. R., **10**:36, **10**:*52*, **11**:213, **11**:*223*
Alfred, E., **22**:79, **22**:*111*
Alfrey, T., **16**:71, **16**:*84*
Alger, R. S., **1**:297, **1**:298, **1**:346, **1**:*359*
Alger, T. D., **16**:244, **16**:*261*
Algona, G., **21**:228, **21**:*237*
Alhambra, C., **32**:80, **32**:*119*
Al-Hamoud, S. A. A., **26**:260, **26**:*373*
Ali, L. H., **6**:220, **6**:*325*
Ali, M. A., **1**:208, **1**:212, **1**:252, **1**:254, **1**:262, **1**:270, **1**:271, **1**:*275*
Ali, S. F., **27**:85, **27**:86, **27**:*117*, **31**:153, **31**:165, **31**:170, **31**:171, **31**:172, **31**:174, **31**:195, **31**:234, **31**:*248*
Ali, S. Z., **30**:111, **30**:*113*
Alibhai, M., **21**:71, **21**:72, **21**:87, **21**:*97*, **24**:118, **24**:*202*
Aliev, A. A., **17**:46, **17**:*59*
Alikhanov, P. P., **1**:182, **1**:187, **1**:189, **1**:194, **1**:*201*
Aliprandi, B., **2**:207, **2**:*273*, **8**:105, **8**:106, **8**:113, **8**:115, **8**:123, **8**:*145*
Al-Joboury, M. I., **4**:43, **4**:44, **4**:45, **4**:49, **4**:50, **4**:51, **4**:56, **4**:*69*, **4**:*70*
Al-Kaabi, S. S., **19**:421, **19**:422, **19**:*424*
Al-Kazimi, H. R., **8**:216, **8**:*260*
Al-Khalil, S. I., **23**:277, **23**:279, **23**:*316*
Alkire, R. C., **32**:80, **32**:*119*
Allaime, H., **26**:170, **26**:*176*
Allais, M. L., **3**:76, **3**:*79*
Allan, E. A., **3**:242, **3**:260, **3**:261, **3**:*265*, **3**:*268*
Allan, H. C., **1**:398, **1**:*418*
Allan, R. D., **17**:73, **17**:*174*
Allansson, S., **15**:289, **15**:*329*
Allara, D. L., **5**:72, **5**:86, **5**:*113*
Allard, B. B., **27**:243, **27**:248, **27**:249, **27**:253, **27**:256, **27**:*288*
Allard, M., **11**:372, **11**:*383*
Allawala, N. A., **8**:281, **8**:283, **8**:284, **8**:*404*
Allaway, J. R., **17**:354, **17**:*424*
Allemand, P. M., **26**:232, **26**:239, **26**:*253*
Allen, A. D., **3**:175, **3**:*183*, **19**:414, **19**:417, **19**:*424*, **29**:52, **29**:*63*,

29:166, **29**:*178*, **32**:304, **32**:305, **32**:307, **32**:308, **32**:323, **32**:324, **32**:*379*
Allen, A. O., **7**:125, **7**:*150*, **8**:380, **8**:382, **8**:384, **8**:*400*, **12**:290, **12**:*294*
Allen, A. T., **14**:262, **14**:*336*
Allen, C. R., **7**:223, **7**:*254*
Allen, D. A., **31**:384, **31**:*386*
Allen, D. M., **10**:146, **10**:149, **10**:*151*
Allen, E. R., **16**:53, **16**:*84*
Allen, F. H., **24**:149, **24**:150, **24**:*199*, **25**:13, **25**:*84*, **29**:87, **29**:89, **29**:92, **29**:110, **29**:114, **29**:128, **29**:147, **29**:150, **29**:151, **29**:155, **29**:165, **29**:168, **29**:*178*, **29**:*179*, **29**:*181*, **32**:123, **32**:*208*
Allen, G., **9**:192, **9**:254, **9**:*278*, **25**:34, **25**:*84*, **26**:310, **26**:*368*
Allen, G. F., **14**:297, **14**:*350*
Allen, I., **5**:337, **5**:349, **5**:*398*
Allen, J. D., **5**:284, **5**:*329*
Allen, K. W., **14**:*336*
Allen, L., **25**:102, **25**:249, **25**:250, **25**:*260*
Allen, L. C., **9**:*279*, **11**:193, **11**:201, **11**:206, **11**:*222*, **11**:*223*, **11**:*224*, **14**:220, **14**:221, **14**:222, **14**:*345*, **25**:249, **25**:*258*, **26**:268, **26**:271, **26**:301, **26**:*368*, **26**:*370*, **26**:*374*, **26**:*377*
Allen, L. L., **31**:203, **31**:*244*
Allen, M. J., **12**:27, **12**:36, **12**:46, **12**:56, **12**:*116*
Allen, P., **17**:102, **17**:*176*
Allen, R. B., **10**:89, **10**:*126*
Allen, T. L., **13**:40, **13**:*80*
Allen, W. D., **26**:301, **26**:302, **26**:*373*
Allendoerfer, R. D., **12**:106, **12**:*116*, **19**:156, **19**:*217*
Allerhand, A., **3**:221, **3**:253, **3**:254, **3**:*265*, **13**:282, **13**:286, **13**:300, **13**:301, **13**:304, **13**:306, **13**:308, **13**:309, **13**:313, **13**:318, **13**:326, **13**:327, **13**:328, **13**:329, **13**:346, **13**:347, **13**:349, **13**:350, **13**:363, **13**:364, **13**:371, **13**:372, **13**:377, **13**:381, **13**:385, **13**:388, **13**:389, **13**:391, **13**:392, **13**:394, **13**:*406*, **13**:*408*, **13**:*410*, **13**:*411*, **13**:*413*, **13**:*415*, **14**:135, **14**:*196*, **16**:243, **16**:256, **16**:258, **16**:*264*

Alles, B. J. P., **7**:104, **7**:*108*
Allewell, N. M., **21**:22, **21**:*35*
Allin, S. B., **32**:187, **32**:*208*
Allinger, J., **13**:34, **13**:35, **13**:72, **13**:*76*, **24**:78, **24**:*106*
Allinger, M. L., **23**:197, **23**:*261*
Allinger, N. L., **5**:379, **5**:*396*, **6**:266, **6**:267, **6**:297, **6**:307, **6**:308, **6**:309, **6**:312, **6**:314, **6**:316, **6**:*323*, **6**:*326*, **12**:111, **12**:*129*, **13**:15, **13**:16, **13**:18, **13**:21, **13**:22, **13**:24, **13**:29, **13**:30, **13**:32, **13**:33, **13**:34, **13**:35, **13**:38, **13**:39, **13**:44, **13**:47, **13**:48, **13**:49, **13**:50, **13**:53, **13**:54, **13**:55, **13**:56, **13**:57, **13**:58, **13**:59, **13**:60, **13**:61, **13**:62, **13**:63, **13**:64, **13**:65, **13**:66, **13**:67, **13**:68, **13**:69, **13**:70, **13**:72, **13**:74, **13**:75, **13**:*76*, **13**:*77*, **13**:*79*, **13**:*82*, **17**:216, **17**:217, **17**:*274*, **18**:46, **18**:*71*, **22**:16, **22**:17, **22**:18, **22**:29, **22**:55, **22**:85, **22**:*106*, **24**:126, **24**:144, **24**:*199*, **24**:*203*, **25**:23, **25**:24, **25**:31, **25**:32, **25**:33, **25**:43, **25**:51, **25**:52, **25**:54, **25**:75, **25**:*84*, **25**:*87*, **25**:*88*, **25**:*92*, **25**:*93*, **25**:*94*
Allison, A. C., **10**:160, **10**:*224*
Allnatt, A. R., **14**:245, **14**:*336*
Al-Lohedan, H., **22**:229, **22**:230, **22**:232, **22**:234, **22**:237, **22**:238, **22**:239, **22**:247, **22**:248, **22**:257, **22**:289, **22**:293, **22**:296, **22**:*299*
Allouche, A., **31**:95, **31**:*137*
Allred, A. L., **6**:72, **6**:87, **6**:*100*, **7**:266, **7**:282, **7**:283, **7**:308, **7**:*329*, **16**:127, **16**:*156*, **26**:284, **26**:*374*, **28**:152, **28**:*170*
Al-Mallah, K., **16**:19, **16**:22, **16**:*47*, **19**:400, **19**:418, **19**:419, **19**:420, **19**:*424*, **19**:*425*
Almenningen, A., **1**:210, **1**:226, **1**:229, **1**:239, **1**:*275*, **13**:34, **13**:35, **13**:*77*
Almgren, C. W., **20**:109, **20**:110, **20**:*182*, **23**:314, **23**:*317*
Almgren, M., **22**:224, **22**:229, **22**:*299*
Almlöf, J., **26**:300, **26**:368, **26**:*378*, **32**:137, **32**:*215*, **32**:226, **32**:*265*
Alms, G. R., **16**:243, **16**:*261*
Almy, J., **15**:237, **15**:*260*
Alnajjar, M. S., **23**:27, **23**:*61*, **26**:113, **26**:*126*
Al-Obadie, M. S., **18**:155, **18**:*175*
Al-Obaidi, N., **31**:45, **31**:*80*
Aloisi, G. G., **19**:53, **19**:*114*
Al-Omran, F., **19**:424, **19**:*424*, **20**:*166*, **20**:*180*
Alonso, R. A., **19**:83, **19**:*126*, **20**:226, **20**:*229*, **23**:286, **23**:*320*, **26**:95, **26**:*128*
Alpha, S. R., **24**:81, **24**:*111*
Alquier, R., **4**:17, **4**:*27*
Al-Rawi, H., **27**:12, **27**:*51*
Al-Rawi, J. M. A., **26**:285, **26**:*368*
Al Salem, N. A., **22**:89, **22**:*106*
Alster, J., **6**:199, **6**:*323*
Alt, G. H., **11**:380, **11**:*383*
Altaba, F., **25**:304, **25**:*443*
Altenbach, H.-J., **29**:305, **29**:*329*
Althoff, O., **32**:179, **32**:*209*
Altieri, L., **32**:270, **32**:*384*
Alting-Mees, M., **31**:282, **31**:*387*
Altman, L. A., **26**:271, **26**:275, **26**:293, **26**:294, **26**:316, **26**:323, **26**:324, **26**:*368*
Altman, L. J., **22**:136, **22**:137, **22**:138, **22**:141, **22**:142, **22**:166, **22**:*206*, **23**:71, **23**:82, **23**:129, **23**:*159*
Altman, S., **25**:102, **25**:248, **25**:249, **25**:259, **25**:*260*, **25**:*262*
Altmann, J. A., **15**:14, **15**:55, **15**:57, **15**:*61*, **18**:21, **18**:28, **18**:*77*, **24**:159, **24**:160, **24**:*199*, **24**:*204*
Altona, C., **13**:29, **13**:38, **13**:59, **13**:*77*, **13**:*79*, **24**:116, **24**:147, **24**:148, **24**:152, **24**:*203*, **25**:9, **25**:50, **25**:*89*, **25**:*94*, **25**:172, **25**:*263*
Altreuther, P., **11**:338, **11**:*386*
Alunni, S., **14**:187, **14**:*196*, **17**:352, **17**:*424*, **26**:311, **26**:*378*
Alva-Astudillo, M. E., **24**:121, **24**:*199*
Alves, K. B., **17**:274, **17**:*274*
Alwair, K., **26**:38, **26**:*121*
Alwis, K. W., **22**:260, **22**:*306*
Alyev, I. Y., **13**:234, **13**:*275*
Amada, T., **17**:450, **17**:451, **17**:454, **17**:455, **17**:467, **17**:*486*
Amadelli, R., **31**:118, **31**:*137*
Aman, N. I., **31**:300, **31**:382, **31**:*389*
Amatore, C., **18**:93, **18**:*175*, **19**:173, **19**:174, **19**:209, **19**:210, **19**:*217*, **20**:58, **20**:59, **20**:*180*, **21**:133,

21:177, 21:*193*, 26:20, 26:21, 26:38,
26:39, 26:45, 26:71, 26:72, 26:73,
26:77, 26:79, 26:80, 26:82, 26:83,
26:84, 26:85, 26:86, 26:87, 26:89,
26:91, 26:92, 26:93, 26:*121*, 26:*122*,
26:*129*, 29:216, 29:230, 29:231,
29:253, 29:265, 29:*265*, 29:268,
29:*269*, 29:*271*
Amatore, C. A., 32:29, 32:68, 32:69,
32:95, 32:96, 32:98, 32:105, 32:*114*,
32:*116*, 32:*117*, 32:*118*, 32:*119*
Amberger, E., 14:190, 14:*202*
Ambidge, I. C., 32:307, 32:*379*
Ambrose, J. F., 13:208, 13:*265*, 20:61,
20:*180*
Ambrosetti, R., 28:210, 28:212, 28:214,
28:219, 28:220, 28:250, 28:276,
28:278, 28:280, 28:282, 28:283,
28:285, 28:*287*, 28:*288*
Amburn, H. W., 18:31, 18:*71*
Amelotti, C. W., 12:14, 12:*119*
Amey, R. L., 14:326, 14:*350*
Amiell, J., 26:239, 26:*250*
Amin, M., 31:225, 31:227, 31:228,
31:*243*
Amiri, S . A., 19:112, 19:*114*
Amis, E. S., 2:141, 2:*160*, 2:*161*, 6:305,
6:306, 6:311, 6:*323*, 14:135, 14:*196*,
14:206, 14:218, 14:*336*, 14:*350*
Amjad, Z., 18:145, 18:*175*
Amma, E. L., 15:140, 15:*150*
Amman, A. A., 29:56, 29:58, 29:69
Amman, D., 31:58, 31:*80*
Ammann, A. A., 31:279, 31:382, 31:*391*
Ammann, J., 30:14, 30:*56*
Ammar, F., 19:154, 19:*217*
Amornjarusiri, K., 25:14, 25:*95*
Amos, D., 8:193, 8:*260*
Amos, R. D., 29:151, 29:156, 29:157,
29:*179*
Amouyal, E., 19:89, 19:93, 19:*114*,
19:*121*, 19:*124*, 20:95, 20:*180*
Amrich, M. J., 7:117, 7:*202*
Amstutz, R., 29:119, 29:132, 29:*183*
Amyes, T. L., 27:84, 27:106, 27:*113*,
27:226, 27:227, 27:*233*, 27:*237*,
27:249, 27:254, 27:257, 27:258,
27:263, 27:265, 27:274, 27:275,
27:285, 27:*288*
Anacker, E. W., 8:278, 8:*399*, 22:215,
22:*302*
Anacker-Eickhoft, H., 25:80, 25:*84*
Anand, S. P., 13:235, 13:*265*
Anantakrishnan, S. V., 2:141, 2:*158*,
2:*161*
Anastassiou, A. G., 6:264, 6:*323*, 7:189,
7:195, 7:*202*, 19:349, 19:*368*,
29:300, 29:301, 29:*324*
Anbar, M., 7:117, 7:118, 7:119, 7:120,
7:121, 7:122, 7:123, 7:124, 7:125,
7:126, 7:127, 7:128, 7:129, 7:130,
7:131, 7:132, 7:134, 7:135, 7:136,
7:139, 7:140, 7:142, 7:145, 7:146,
7:147, 7:148, 7:*149*, 7:*150*, 7:307,
7:*331*, 12:66, 12:*122*, 12:224,
12:233, 12:234, 12:282, 12:283,
12:*292*, 12:*294*, 14:191, 14:*199*,
15:317, 15:318, 15:*330*, 18:138,
18:143, 18:*178*, 19:386, 19:407,
19:*424*
Ancian, B., 32:316, 32:322, 32:*381*
Anda, K., 20:206, 20:*232*
Anderegg, G., 17:291, 17:303, 17:304,
17:*424*, 22:11, 22:99, 22:*106*, 30:65,
30:*112*
Anderegg, J. H., 18:202, 18:205, 18:*237*
Anders, B., 23:300, 23:*318*
Anders, U., 29:217, 29:*265*
Andersen, B., 13:34, 13:35, 13:77,
19:269, 19:*368*
Andersen, K. K., 6:259, 6:*323*, 9:*182*,
17:124, 17:127, 17:157, 17:*174*,
17:*180*
Andersen, L., 25:56, 25:57, 25:*84*
Andersen, M. E., 13:378, 13:*413*
Anderson, A. G., 11:363, 11:378, 11:*383*
Anderson, B., 25:253, 25:*257*
Anderson, B. D., 22:290, 22:*299*
Anderson, B. F., 23:188, 23:*269*
Anderson, B. M., 5:241, 5:282, 5:296,
5:297, 5:315, 5:*325*, 8:395, 8:*397*,
8:*401*, 11:32, 11:*116*, 17:268,
17:269, 17:*274*, 23:218, 23:*262*,
27:45, 27:*51*
Anderson, C. C., 26:298, 26:*368*
Anderson, C. D., 8:395, 8:*397*
Anderson, C. H., 5:347, 5:380, 5:*395*
Anderson, C. M., 8:215, 8:*260*
Anderson, C. P., 19:80, 19:*114*
Anderson, D. R., 19:65, 19:*114*, 20:21,

20:44, 20:*53*, 24:21, 24:22, 24:*50*
Anderson, E., 11:18, 11:22, 11:23, 11:29, 11:85, 11:86, 11:87, 11:90, 11:92, 11:93, 11:96, 11:100, 11:114, 11:*116*, 11:*118*, 11:*119*, 17:186, 17:273, 17:*275*, 17:*276*, 26:346, 26:347, 26:348, 26:349, 26:*368*, 26:*369*, 26:*371*, 27:47, 27:*51*
Anderson, E. G., 23:252, 23:*262*
Anderson, E. W., 3:234, 3:241, 3:242, 3:*266*, 8:37, 8:*76*
Anderson, F., 24:141, 24:*199*
Anderson, F. H., 18:15, 18:16, 18:*75*
Anderson, G. R., 8:90, 8:100, 8:102, 8:103, 8:116, 8:*149*
Anderson, H. D., 4:258, 4:*300*
Anderson, H. G., 14:301, 14:*336*
Anderson, H. L., 14:243, 14:275, 14:*336*
Anderson, J. D., 10:155, 10:*220*, 12:2, 12:83, 12:84, 12:*116*, 12:*126*, 19:195, 19:*217*, 19:*221*
Anderson, J. E., 25:29, 25:35, 25:39, 25:51, 25:58, 25:59, 25:61, 25:75, 25:*84*, 25:*85*, 25:*86*
Anderson, J. H., 1:321, 1:*363*
Anderson, J. L., 32:92, 32:*114*
Anderson, J. M., 8:317, 8:*401*, 17:142, 17:*177*, 18:149, 18:*175*
Anderson, J. N., 5:341, 5:*395*, 11:364, 11:*383*, 13:98, 13:*148*
Anderson, K. L., 26:55, 26:*124*
Anderson, L., 28:247, 28:*285*
Anderson, L. B., 12:75, 12:*116*, 12:*128*
Anderson, M. T., 22:150, 22:153, 22:154, 22:155, 22:157, 22:159, 22:*210*, 26:331, 26:*375*
Anderson, P. W., 3:214, 3:*265*, 16:225, 16:*231*
Anderson, R., 21:45, 21:*97*
Anderson, R. A., 8:282, 8:283, 8:364, 8:368, 8:*397*
Anderson, R. B., 3:96, 3:101, 3:*120*
Anderson, R. C., 1:171, 1:*198*, 1:*201*, 2:248, 2:249, 2:250, 2:254, 2:265, 2:269, 2:*276*
Anderson, R.L., 23:45, 23:*59*
Anderson, R. S., 1:323, 1:341, 1:342, 1:*361*
Anderson, S. A., 17:83, 17:86, 17:*174*
Anderson, S. L., 26:297, 26:*378*

Anderson, S. N., 23:19, 23:*58*
Anderson, S. W., 27:244, 27:*289*
Anderson, T. H., 1:297, 1:298, 1:346, 1:*359*
Anderson, V. K., 22:199, 22:*208*
Anderson, W. A., 3:200, 3:220, 3:224, 3:231, 3:233, 3:237, 3:254, 3:*265*, 3:*266*, 3:*268*, 13:283, 13:*406*
Anderson, W. G., 25:33, 25:35, 25:45, 25:*87*, 25:*96*
Anderson, W. R., Jr., 9:161, 9:165, 9:*174*
Andersson, K., 19:107, 19:*115*
Andersson, J., 12:105, 12:*116*
Andersson, S., 25:61, 25:*85*
Ando, D. J., 16:224, 16:*231*
Ando, N., 17:367, 17:370, 17:*424*
Ando, R., 17:439, 17:448, 17:450, 17:456, 17:465, 17:471, 17:474–6, 17:*484*, 17:*486*, 22:222, 22:273, 22:275, 22:*304*, 22:*306*
Ando, T., 6:207, 6:*323*, 14:37, 14:*67*, 20:149, 20:*186*, 21:155, 21:*196*, 27:85, 27:86, 27:92, 27:*113*, 27:*117*, 31:153, 31:170, 31:173, 31:180, 31:181, 31:182, 31:183, 31:234, 31:*243*, 31:*248*
Ando, W., 7:193, 7:197, 7:*205*, 10:119, 10:*123*, 19:79, 19:*114*, 22:321, 22:323, 22:351, 22:*360*, 23:314, 23:*316*
Andogino, K., 22:292, 22:*299*
Andose, J. D., 13:16, 13:21, 13:23, 13:33, 13:38, 13:41, 13:44, 13:58, 13:*79*, 25:24, 25:38, 25:42, 25:*88*, 25:*94*
Andrade, J., 24:41, 24:*51*
Andrade, J. G., 20:57, 20:*189*
Andraos, J., 29:52, 29:*63*
Andreades, S., 3:253, 3:*265*, 12:11, 12:43, 12:56, 12:57, 12:*116*, 13:232, 13:*265*, 16:62, 16:*84*
Andreassen, A. L., 22:131, 22:145, 22:*206*
Andreetti, G. D., 30:101, 30:*112*
Andreevskii, D. N., 22:20, 22:*109*
Andreozzi, P., 18:2, 18:43, 18:*75*
Andres, J., 24:64, 24:68, 24:*112*
Andrew, E. R., 1:236, 1:*275*, 3:188, 3:190, 3:191, 3:193, 3:194, 3:195, 3:*265*
Andrews, A. L., 14:288, 14:309, 14:*336*

Andrews, D. H., **13**:10, **13**:*77*
Andrews, D. L., **32**:158, **32**:*208*
Andrews, D. W., **23**:193, **23**:*264*
Andrews, E. B., **7**:161, **7**:*202*, **7**:*206*
Andrews, G. C., **23**:104, **23**:*162*
Andrews, L-J., **14**:39, **14**:*63*
Andrews, L., **7**:161, **7**:163, **7**:*202*, **7**:*203*, **8**:39, **8**:*74*, **19**:91, **19**:*129*, **30**:11, **30**:37, **30**:50, **30**:53, **30**:*57*, **30**:*60*, **30**:*61*
Andrews, L. J., **1**:52, **1**:55, **1**:133, **1**:*148*, **1**:*150*, **1**:*152*, **4**:255, **4**:256, **4**:257, **4**:258, **4**:263, **4**:264, **4**:265, **4**:266, **4**:267, **4**:*300*, **4**:*302*, **4**:*303*, **9**:145, **9**:*177*, **27**:250, **27**:256, **27**:*289*, **28**:217, **28**:*287*, **27**289, **29**:186, **29**:*265*
Andrews, S. L., **23**:190, **23**:206, **23**:*267*
Andrieux, C. P., **13**:201, **13**:205, **13**:*265*, **13**:*266*, **13**:276, **18**:138, **18**:139, **18**:145, **18**:*175*, **19**:154, **19**:195, **19**:197, **19**:200, **19**:201, **19**:210, **19**:*217*, **20**:101, **20**:103, **20**:104, **20**:*180*, **20**:*181*, **20**:212, **20**:219, **20**:220, **20**:*229*, **26**:2, **26**:11, **26**:12, **26**:24, **26**:25, **26**:26, **26**:28, **26**:29, **26**:30, **26**:31, **26**:32, **26**:33, **26**:34, **26**:35, **26**:36, **26**:37, **26**:38, **26**:39, **26**:41, **26**:43, **26**:44, **26**:46, **26**:47, **26**:48, **26**:51, **26**:52, **26**:53, **26**:54, **26**:55, **26**:56, **26**:57, **26**:58, **26**:61, **26**:62, **26**:63, **26**:64, **26**:66, **26**:67, **26**:69, **26**:70, **26**:73, **26**:96, **26**:112, **26**:116, **26**:117, **26**:*122*, **26**:*123*, **29**:263, **29**:*265*, **32**:5, **32**:105, **32**:*114*
Andrist, A. H., **22**:328, **22**:*357*, **23**:65, **23**:*159*, **24**:46, **24**:*51*
Androes, G. M., **3**:236, **3**:241, **3**:*266*
Andronov, C. M., **9**:158, **9**:165, **9**:168, **9**:*174*
Andrulis, P. J., **12**:3, **12**:*116*, **13**:170, **13**:171, **13**:175, **13**:*266*, **18**:158, **18**:162, **18**:*175*
Andrus, R. W., **8**:282, **8**:366, **8**:369, **8**:*406*
Andrusev, M. M., **12**:91, **12**:*119*
Anet, F. A. L., **3**:234, **3**:236, **3**:241, **3**:243, **3**:244, **3**:256, **3**:257, **3**:*265*, **6**:315, **6**:*323*, **7**:189, **7**:*203*, **13**:49, **13**:56, **13**:63, **13**:64, **13**:77, **13**:280,
13:281, **13**:282, **13**:*406*, **23**:95, **23**:98, **23**:102, **23**:104, **23**:106, **23**:108, **23**:*158*, **25**:23, **25**:42, **25**:50, **25**:77, **25**:80, **25**:*85*, **29**:143, **29**:*180*, **29**:302, **29**:306, **29**:308, **29**:*324*, **29**:*325*
Anet, F. L., **28**:5, **28**:24, **28**:*40*
Anet, R., **29**:306, **29**:*324*
Anex, B. G., **8**:94, **8**:125, **8**:*145*
Anfinsen, C. B., **6**:104, **6**:*179*, **21**:21, **21**:22, **21**:23, **21**:*31*, **21**:*34*
Ang, K. P., **14**:335, **14**:*336*
Angel, D. H., **26**:18, **26**:*123*
Angeles, T. S., **31**:300, **31**:382, **31**:*389*
Angeletti, E., **7**:41, **7**:42, **7**:43, **7**:47, **7**:50, **7**:*108*
Angelides, A. J., **24**:176, **24**:*199*
Angelini, G., **21**:222, **21**:*239*, **28**:278, **28**:*287*
Angell, C. A., **14**:235, **14**:297, **14**:*336*, **14**:*343*
Angelo, H. R., **23**:201, **23**:*263*
Angelos, G. H., **22**:282, **22**:*305*
Angres, I., **18**:169, **18**:*185*
Angus, R.O., Jr., **26**:232, **26**:*247*
Angyal, S. J., **5**:379, **5**:*396*, **6**:297, **6**:307, **6**:308, **6**:314, **6**:316, **6**:*326*, **11**:303, **11**:307, **11**:*383*, **13**:22, **13**:61, **13**:63, **13**:64, **13**:*79*, **13**:300, **13**:*406*, **24**:123, **24**:*199*, **25**:19, **25**:31, **25**:*88*
Anhede, B., **24**:62, **24**:*105*
Aniansson, G. E. A., **22**:242, **22**:*299*
Aniskova, L. V., **12**:57, **12**:*116*
Anker, M., **16**:254, **16**:*261*
Ankers, W. B., **10**:119, **10**:*123*
Annesa, A., **16**:135, **16**:*156*
Annet, R., **30**:148, **30**:*169*
Annis, J. L., **6**:6, **6**:*60*
Anno, T., **1**:376, **1**:417, **1**:*418*
Annunziata, R., **32**:172, **32**:*210*
Anoardi, L., **17**:452, **17**:454, **17**:459, **17**:*482*, **22**:286, **22**:*299*, **23**:231, **23**:*262*
Anschel, N., **9**:101, **9**:*125*
Anselme, J. P., **7**:171, **7**:177, **7**:*207*, **19**:408, **19**:*424*
Ansmann, A., **26**:159, **26**:*178*
Anson, F. C., **20**:104, **20**:*181*, **26**:18, **26**:*123*, **26**:*130*, **28**:2, **28**:*41*
Ansorge, G., **12**:287, **12**:*296*

Antell, K., 2:138, 2:*162*, 14:323, 14:*351*
Antheunis, D., 10:56, 10:84, 10:*126*
Antkowiak, T. A., 19:364, 19:*368*
Anton, U., 28:13, 28:15, 28:*40*
Antonchik, Yu. I., 1:160, 1:*199*
Antoni, G., 31:181, 31:*245*
Antonini, E., 13:374, 13:378, 13:379, 13:*406*
Antonov, V. K., 21:41, 21:*94*, 21:*97*
Antonovskii, V. L., 2:193, 2:*196*, 11:349, 11:*383*
Antonyuk, V. G., 15:110, 15:*148*
Anvia, F., 28:179, 28:182, 28:183, 28:*204*
Anzai, H., 16:214, 16:*233*
Aoki, K., 8:305, 8:*397*, 12:172, 12:*220*, 32:63, 32:*114*
Aoki, M., 8:321, 8:*397*
Aono, S., 29:226, 29:*265*
Aonuma, S., 30:182, 30:202, 30:204, 30:205, 30:206, 30:208, 30:209, 30:210, 30:*219*, 30:*220*
Aoshima, H., 17:51, 17:52, 17:*59*
Aota, H., 26:201, 26:*249*
Aoyagui, S., 18:103, 18:120, 18:121, 18:*183*, 26:18, 26:*129*
Aoyama, H., 19:108, 19:*120*
Aoyama, M., 30:124, 30:162, 30:166, 30:*170*
Aoyama, T., 18:203, 18:*235*
Aoyama, Y., 13:166, 13:*275*
Apeloig, Y., 9:244, 9:246, 9:*278*, 14:77, 14:*131*, 29:105, 29:164, 29:*182*, 30:45, 30:*56*, 31:203, 31:*244*
Apgar, P. A., 16:226, 16:*231*
Aplin, R. T., 8:174, 8:183, 8:209, 8:249, 8:*260*, 8:*265*
Appel, B., 5:139, 5:*169*, 5:183, 5:*235*, 14:99, 14:*132*, 21:128, 21:*196*, 27:240, 27:251, 27:*291*
Appel, R., 25:305, 25:*439*
Appel, W. K., 32:245, 32:*265*
Appelman, E. H., 26:309, 26:*368*, 26:*376*
Applegate, H. E., 23:207, 23:*261*
Applegate, L. E., 7:83, 7:84, 7:*112*
Applequist, D. E., 6:263, 6:*323*, 29:273, 29:279, 29:287, 29:*324*
Applequist, J., 6:169, 6:*179*, 25:18, 25:*85*
Applequist, J. B., 3:76, 3:*79*
Aprahamian, N. S., 2:172, 2:174, 2:175, 2:*198*

ApSimon, J. W., 16:250, 16:*260*
Aquilanti, V., 8:112, 8:115, 8:119, 8:126, 8;131, 8:132, 8:138, 8:144, 8:*145*
Arad, D., 24:14, 24:*55*, 29:105, 29:164, 29:*182*
Arad-Yellin, R., 31:382, 31:*391*
Arafa, E. A., 31:70, 31:*80*
Arai, H., 17:449, 17:*482*
Arai, K., 17:330, 17:331, 17:338, 17:*424*, 17:*430*
Arai, S., 7:129, 7:130, 7:*149*
Arai, T., 3:52, 3:*79*, 18:229, 18:*235*
Arai, Y., 30:104, 30:105, 30:*114*
Arakawa, H., 17:358, 17:*430*
Arakawa, S., 6:168, 6:*180*
Arakawa-Uramoto, H., 31:382, 31:*392*
Araki, K., 30:100, 30:*115*
Araki, M., 10:120, 10:*126*
Arant, M. E., 32:300, 32:*384*
Arapakos, P. G., 10:175, 10:*220*, 12:12, 12:*116*
Arata, K., 18:46, 18:47, 18:48, 18:*74*
Arata, R., 31:11, 31:*83*
Arato, H., 21:10, 21:*34*
Araujo, P. S., 22:228, 22:243, 22:253, 22:*299*, 23:225, 23:226, 23:*263*
Arawaka, H., 29:5, 29:*65*
Arce, J., 26:68, 26:*121*
Arcelli, A., 17:261, 17:*274*
Archer, G., 18:9, 18:*71*
Archer, S., 8:215, 8:*268*
Archibald, T. G., 6:269, 6:*323*, 7:46, 7:59, 7:*108*, 26:75, 26:*123*
Archie, W.-C., 25:193, 25:*256*
Archila, J., 22:218, 22:*299*
Arcoria, A., 27:81, 27:*113*
Ard, W. B., 1:295, 1:298, 1:345, 1:346, 1:*360*
Arduengo, A. J., 24:64, 24:*107*
Arel, M. M., 14:267, 14:*340*
Arena, G., 30:78, 30:79, 30:*114*
Arens, J. F., 9:217, 9:*280*
Arevalo, M. C., 26:66, 26:67, 26:*123*, 26:*129*
Arfan, M., 24:182, 24:*201*
Argauer, R., 12:137, 12:138, 12:214, 12:*215*
Argile, A., 27:59, 27:61, 27:62, 27:71, 27:73, 27:105, 27:112, 27:*114*, 28:209, 28:213, 28:220, 28:229,

28:230, 28:231, 28:232, 28:233,
28:237, 28:238, 28:239, 28:240,
28:242, 28:245, 28:248, 28:252,
28:253, 28:254, 28:255, 28:257,
28:258, 28:260, 28:263, 28:268,
28:269, 28:287, 28:290, 32:326,
32:327, 32:328, 32:329, 32:330,
32:331, 32:333, 32:379, 32:380,
32:384
Argyropolous, J. N., 23:286, 23:316,
24:84, 24:105
Arhart, R., 23:308, 23:321
Arhart, R. J., 17:126, 17:178
Ariel, S., 25:38, 25:89
Arif, A. M., 29:301, 29:330
Ariga, T., 32:344, 32:346, 32:347, 32:353,
32:383
Arigoni, D., 25:115, 25:262, 31:292,
31:386
Arima, K., 32:346, 32:347, 32:350,
32:351, 32:355, 32:383
Arima, M., 30:182, 30:197, 30:215,
30:219, 30:220
Arimitsu, S., 19:84, 19:85, 19:114
Arimura, M., 31:135, 31:139
Aris, F. C., 16:178, 16:180, 16:230
Arison, B. H., 13:344, 13:406
Aristarkhova, L. N., 17:138, 17:175
Arita, N., 32:297, 32:300, 32:381
Arita, T., 8:301, 8:308, 8:401
Arito, Y., 26:170, 26:176
Aritomi, J., 6:168, 6:180
Arkhipova, S. F., 13:406, 13:410
Arles, R., 18:114, 18:177
Armarego, W. L. F., 11:325, 11:361,
11:383
Armarnath, K., 30:198, 30:217, 30:220
Armbrecht, F. M., 7:185, 7:208
Armet, O., 25:281, 25:284, 25:291,
25:294, 25:339, 25:341, 25:342,
25:344, 25:345, 25:380, 25:381,
25:382, 25:387, 25:392, 25:393,
25:395, 25:439, 25:441, 25:442,
26:242, 26:252
Armitage, D. A., 14:333, 14:336
Armitage, I. M., 13:352, 13:406, 16:246,
16:247, 16:262, 16:264
Armour, A. G., 1:105, 1:152
Armour, C., 1:28, 1:31, 2:124, 2:158
Armstead, J. A., 29:217, 29:265

Armstrong, C. R., 26:306, 26:379
Armstrong, D. A., 7:127, 7:149
Armstrong, D. W., 22:224, 22:299,
29:31, 29:63
Armstrong, G. P., 8:377, 8:397
Armstrong, N. R., 9:163, 9:182
Armstrong, R., 5:336, 5:398, 8:223,
8:267
Armstrong, R. D., 29:31, 29:63
Armstrong, R. S., 3:47, 3:48, 3:50, 3:59,
3:62, 3:65, 3:66, 3:67, 3:68, 3:74,
3:79
Armstrong, V. C., 11:343, 11:383, 13:92,
13:148
Arnaud, R., 14:293, 14:297, 14:315,
14:336
Arnaud-Neu, F., 17:303, 17:424, 30:65,
30:112
Arndt, R. R., 8:205, 8:260
Arnett, E. M., 5:177, 5:179, 5:180, 5:182,
5:187, 5:190, 5:198, 5:221, 5:222,
5:223, 5:232, 5:341, 5:395, 6:78,
6:98, 7:290, 7:327, 10:34, 10:41,
10:51, 11:293, 11:333, 11:364,
11:372, 11:383, 13:84, 13:85, 13:86,
13:87, 13:88, 13:89, 13:90, 13:91,
13:92, 13:95, 13:96, 13:98, 13:99,
13:100, 13:104, 13:105, 13:108,
13:109, 13:114, 13:117, 13:119,
13:121, 13:122, 13:123, 13:124,
13:126, 13:127, 13:128, 13:132,
13:134, 13:135, 13:136, 13:137,
13:138, 13:139, 13:140, 13:142,
13:143, 13:144, 13:146, 13:148,
14:58, 14:61, 14:62, 14:136, 14:147,
14:148, 14:196, 14:210, 14:251,
14:275, 14:306, 14:307, 14:312,
14:313, 14:317, 14:318, 14:336,
14:337, 15:161, 15:260, 17:306,
17:376, 17:424, 19:293, 19:294,
19:368, 21:146, 21:149, 21:191,
24:160, 24:204, 25:71, 25:85, 27:38,
27:39, 27:52, 27:150, 27:215,
27:232, 27:233, 27:255, 27:288,
28:46, 28:49, 28:55, 28:56, 28:62,
28:71, 28:72, 28:78, 28:82, 28:84,
28:86, 28:87, 28:88, 28:89, 28:90,
28:91, 28:93, 28:94, 28:96, 28:102,
28:107, 28:109, 28:110, 28:111,
28:112, 28:113, 28:114, 28:115,

28:116, 28:118, 28:121, 28:122,
28:123, 28:125, 28:126, 28:130,
28:*135*, 28:*136*, 28:*138*, 29:168,
29:*179*, 29:204, 29:*271*, 30:175,
30:188, 30:191, 30:198, 30:200,
30:209, 30:*217*, 30:*220,* 32:366,
32:369, 32:*379*
Arnold, A., 29:88, 29:*181*
Arnold, D. R., 13:252, 13:*274*, 13:*276*,
  19:11, 19:53, 19:54, 19:65, 19:67,
  19:71, 19:72, 19:73, 19:74, 19:113,
  19:*114*, 19:*123*, 19:*125*, 19:*127*,
  19:*129*, 20:124, 20:125, 20:126,
  20:128, 20:141, 20:*180*, 20:*186*,
  20:*189*, 22:350, 22:*359*, 23:311,
  23:314, 23:*316*, 23:*319*, 23:*322*,
  26:134, 26:135, 26:144, 26:148,
  26:149, 26:151, 26:163, 26:164,
  26:165, 26:*174*, 26:*176*, 26:*177*,
  26:*178*, 27:221, 27:*235*
Arnold, J. T., 3:205, 3:211, 3:259, 3:*265*,
  3:*268*
Arnold, K., 13:339, 13:*409*
Aroney, J. J., 3:48, 3:65, 3:66, 3:67, 3:68,
  3:74, 3:*79*
Aroney, M. J., 3:20, 3:47, 3:50, 3:56,
  3:57, 3:58, 3:59, 3:60, 3:61, 3:62,
  3:65, 3:67, 3:78, 3:*79*, 3:*80*, 23:194,
  23:*262*, 25:23, 25:*85*
Aronovitch, H., 27:245, 27:253, 27:256,
  27:276, 27:*288*, 27:*290*
Arora, M., 27:23, 27:*52*
Arotsky, J., 2:135, 2:*158*
Arranz, J., 1:208, 1:*278*
Arrhenius, G. M. L., 24:118, 24:132,
  24:165, 24:*203*, 25:173, 25:*262*
Arrhenius, S., 5:121, 5:*169*, 9:167, 9:*174*,
  13:86, 13:*148*
Arridge, R. G. C., 6:130, 6:*179*
Arrington, C. A., 30:31, 30:*56*
Arrington, P. A., 8:282, 8:*397*
Arrowsmith, C. H., 23:72, 23:*160*
Arshadi, M., 21:204, 21:*237*, 26:297,
  26:*368*
Arshid, F. M., 3:39, 3:*80*
Artelli, G., 17:28, 17:*62*
Artes, R., 20:161, 20:*184*
Arthur, N. L., 9:133, 9:155, 9:*174*, 9:*177*
Arthur, P., 16:202, 16:*231*
Arvanaghi, M., 23:133, 23:141, 23:*160*,

29:291, 29:292, 29:*328*, 29:*329*
Arvia, A. J., 30:206, 30:*217*
Arzadon, L., 15:239, 15:243, 15:*262*
Arzak, A. A., 12:56, 12:*127*
Asahara, T., 12:13, 12:67, 12:69, 12:*116*
Asai, N., 19:417, 19:418, 19:*427*
Asai, S., 13:212, 13:*272*
Asami, R., 11:123, 11:*175*, 15:174,
  15:*265*
Asamitsu, A., 32:259, 32:*265*
Asano, T., 25:7, 25:*85*, 27:106, 27:*116*
Asanuma, T., 13:252, 13:*266*, 13:*278*,
  19:74, 19:*114*
Asao, T., 30:182, 30:*218*
Asay, R. E., 17:281, 17:287, 17:301,
  17:302, 17:304, 17:307, 17:*428*
Asbóth, B., 24:173, 24:176, 24:*199*
Ase, P., 30:35, 30:*56*
Asel, S. L., 29:232, 29:*269*
Asencio, G., 19:318, 19:*376*, 29:314,
  29:*328*
Ashan, M., 31:170, 31:172, 31:*243*
Ashby, E. C., 18:170, 18:*175*, 23:27,
  23:*58*, 23:284, 23:286, 23:297,
  23:298, 23:299, 23:*316*, 24:70,
  24:84, 24:85, 24:*105*, 25:377,
  25:*439*, 26:74, 26:108, 26:113,
  26:114, 26:*123*
Ashe, A. J., 19:265, 19:*379*
Ashe, A.J., III, 29:296, 29:*330*
Asher, L. E., 17:282, 17:*430*
Ashford, J. S., 26:357, 26:*371*
Ashida, T., 3:63, 3:*80*
Ashitaka, H., 7:169, 7:187, 7:*207*
Ashkenazi, P., 17:56, 17:*59*
Ashley, J. A., 31:278, 31:283, 31:287,
  31:289, 31:290, 31:292, 31:301,
  31:312, 31:382, 31:383, 31:384,
  31:*385*, 31:*386*, 31:*388*, 31:*389*,
  31:*392*
Ashman, L. K., 25:231, 25:*256*
Ashmore, P. G., 5:123, 5:*169*
Ashton, D. S., 16:53, 16:64, 16:65, 16:66,
  16:71, 16:*84*, 16:*85*
Ashwell, G. A., 32:123, 32:*211*
Ashwell, G. J., 16:208, 16:*230*, 16:*232,*
  32:186, 32:*208*
Ashwell, M., 31:234, 31:*243*
Ashworth, B., 18:149, 18:*175*
Asif-Ullah, M., 31:261, 31:312, 31:*388*

Askani, R., **4**:189, **4**:*191*, **23**:70, **23**:93, **23**:96, **23**:137, **23**:*158*, **29**:302, **29**:303, **29**:*324*
Asknes, G., **2**:142, **2**:*158*
Asmus, K. D., **7**:123, **7**:128, **7**:130, **7**:131, **7**:135, **7**:*149*, **12**:228, **12**:238, **12**:244, **12**:258, **12**:263, **12**:266, **12**:268, **12**:272, **12**:275, **12**:278, **12**:279, **12**:281, **12**:286, **12**:*292*, **12**:*295*, **12**:*297*, **13**:187, **13**:*274*, **15**:32, **15**:38, **15**:*57*, **15**:*58*, **20**:56, **20**:124, **20**:*181*, **20**:*186*, **24**:161, **24**:*199*
Aso, C., **8**:396, **8**:*402*
Ašperger, S., **6**:307, **6**:*330*, **19**:262, **19**:*378*
Assarsson, P., **14**:298, **14**:*337*
Assman, G., **13**:390, **13**:*407*
Asso, M., **23**:221, **23**:*262*
Astaf'ev, I. V., **1**:158, **1**:164, **1**:181, **1**:186, **1**:*197*, **1**:*198*, **1**:*199*
Astin, K. B., **29**:142, **29**:*181*
Aston, J. G., **11**:290, **11**:*383*
Astrologes, G. W., **17**:126, **17**:*174*
Astruc, D., **29**:186, **29**:*269*
Asubiojo, O. I., **21**:226, **21**:227, **21**:228, **21**:*237*, **24**:15, **24**:*51*
Asveld, E. W. H., **18**:200, **18**:*235*
Atavin, A. S., **11**:371, **11**:*391*
Aten, A. C., **10**:212, **10**:*223*, **12**:76, **12**:107, **12**:*116*, **18**:127, **18**:*175*
Aten, C. F., **6**:56, **6**:*58*
Athanassakis, V., **22**:221, **22**:237, **22**:240, **22**:242, **22**:270, **22**:271, **22**:283, **22**:*299*
Atherton, N. M., **1**:322, **1**:323, **1**:328, **1**:330, **1**:*359*, **5**:54, **5**:*113*
Atidia, M., **9**:237, **9**:244, **9**:263, **9**:267, **9**:*278*
Atik, S. S., **19**:94, **19**:95, **19**:99, **19**:*114*
Atkins, P. J., **24**:86, **24**:*105*
Atkins, P. W., **1**:304, **1**:314, **1**:330, **1**:331, **1**:333, **1**:334, **1**:346, **1**:*359*, **6**:197, **6**:199, **6**:200, **6**:*323*, **9**:156, **9**:*174*, **10**:121, **10**:*123*, **20**:1, **20**:2, **20**:13, **20**:25, **20**:*51*, **20**:*52*, **28**:20, **28**:*40*, **28**:139, **28**:*170*, **32**:10, **32**:*114*
Atkins, R. J., **19**:100, **19**:101, **19**:*114*
Atkins, T. J., **24**:92, **24**:*105*
Atkinson, E.R. Jr., **11**:376, **11**:*384*

Atkinson, G., **14**:300, **14**:*337*
Atkinson, J. R., **16**:33, **16**:*46*, **28**:216, **28**:*287*
Atkinson, R. E., **25**:311, **25**:*439*
Atkinson, R. F., **11**:88, **11**:109, **11**:113, **11**:*116*
Atkinson, R. S., **19**:80, **19**:*114*
Atkinson, T. V., **13**:198, **13**:*266*
Atlani, P., **24**:114, **24**:161, **24**:162, **24**:192, **24**:*200*
Atlanti, P., **10**:120, **10**:*123*
Atobe, M., **32**:70, **32**:*118*
Attard, G. A., **32**:5, **32**:*114*
Attia, S. Y., **32**:324, **32**:*379*
Attree, R., **2**:77, **2**:*90*
Attridge, C. J., **31**:210, **31**:*246*
Attwood, P. V., **25**:231, **25**:*264*
Atwood, J. D., **29**:186, **29**:*265*
Atwood, J. L., **24**:87, **24**:*105*, **29**:4, **29**:*63*, **31**:22, **31**:*83*
Aubagnac, J. L., **11**:327, **11**:355, **11**:*383*
Aubard, J., **22**:200, **22**:201, **22**:204, **22**:*206*, **28**:212, **28**:277, **28**:278, **28**:*290*
Auborn, J. J., **13**:215, **13**:*266*
Auchter-Krummel, P., **28**:8, **28**:12, **28**:24, **28**:*40*
Audeh, C. A., **18**:159, **18**:*175*
Audier, H. E., **8**:229, **8**:*260*
Auditor, M.-T. M., **29**:58, **29**:59, **29**:*66*, **31**:264, **31**:266, **31**:270, **31**:272, **31**:287, **31**:383, **31**:384, **31**:387, **31**:*391*
Audrieth, L. F., **1**:171, **1**:*197*
Audsley, A. J., **18**:3, **18**:*71*
Aue, D. H., **13**:135, **13**:*148*, **24**:50, **24**:*51*, **26**:328, **26**:*368*, **30**:111, **30**:*114*
Aufdermarsh, C. A., Jr., **2**:56, **2**:57, **2**:59, **2**:60, **2**:*91*, **5**:351, **5**:356, **5**:358, **5**:359, **5**:360, **5**:377, **5**:386, **5**:*399*
Auge, W., **29**:307, **29**:*329*
Augenstein, L. G., **16**:182, **16**:*230*
Augustinsson, K. B., **21**:14, **21**:*31*
Augustyniak, W., **20**:197, **20**:*229*
Aullo, J. M., **24**:64, **24**:68, **24**:*112*
Ault, B. S., **26**:302, **26**:*368*
Ault, W. C., **8**:306, **8**:*402*, **8**:*406*
Aumann, R., **29**:280, **29**:*324*
Aurelly, M., **18**:33, **18**:*71*
Aurich, H. G., **17**:5, **17**:6, **17**:*59*, **26**:147,

26:*174*
Aurivillius, B., 25:63, 25:*85*
Ausloos, P. J., 8:110, 8:119, 8:120, 8:132, 8:139, 8:140, 8:*145*, 8:*146*, 8:*148*, 8:252, 8:*260*
Austin, J. A., 15:23, 15:29, 15:*57*
Austin, W. A., 19:109, 19:*122*
Autenrieth, W., 7:46, 7:47, 7:*108*
Auwers, K. von, 3:2, 3:5, 3:7, 3:15, 3:29, 3:30, 3:38, 3:*80*
Auwers, K., 21:27, 21:*31*
Au-Young, Y. K., 12:17, 12:57, 12:*117*, 13:231, 13:*266*
Avaca, A., 10:175, 10:*220*, 12:13, 12:69, 12:*116*
Avaca, L. A., 19:202, 19:*217*
Avakyan, V. G., 30:52, 30:*57*
Avdonina, E. N., 2:228, 2:243, 2:*273*
Avedikian, L., 14:293, 14:294, 14:297, 14:301, 14:307, 14:308, 14:312, 14:314, 14:315, 14:316, 14:329, 14:*336*, 14:*337*, 14:*343*, 14:*345*, 14:*348*, 14:*349*
Avery, E. C., 8:31, 8:*74*, 12:229, 12:253, 12:278, 12:*292*, 12:*296*
Aveyard, R., 14:275, 14:*337*
Avigal, I., 12:144, 12:164, 12:*215*
Avila, E. M., 13:388, 13:389, 13:*410*
Aviram, K., 21:145, 21:154, 21:*193*, 21:*195*, 27:84, 27:*115*
Avitabile, J., 16:242, 16:*263*
Avondet, A. G., 17:281, 17:284, 17:286, 17:303, 17:304, 17:306, 17:307, 17:*428*
Avor, K. S., 31:310, 31:382, 31:*385*
Avram, M., 4:183, 4:189, 4:*191*
Avruch, J., 8:394, 8:*397*
Avrutskaya, I. A., 10:189, 10:*221*
Awaga, K., 26:227, 26:237, 26:*246*
Awano, H., 24:101, 24:*105*
Awazu, S., 8:282, 8:283, 8:303, 8:304, 8:305, 8:307, 8:308, 8:320, 8:321, 8:328, 8:*403*, 8:*404*
Awwal, A., 22:151, 22:162, 22:169, 22:172, 22:176, 22:*206*, 22:*209*, 26:325, 26:332, 26:*368*, 26:*372*
Axelson, D. E., 16:245, 16:252, 16:*260*, 16:*263*
Axelsson, B. S., 31:153, 31:167, 31:168, 31:181, 31:185, 31:188, 31:208,

31:234, 31:241, 31:*243*, 31:*245*, 31:*246*
Axon, T. L., 32:180, 32:*210*
Aycard, J.-P., 29:114, 29:*180*
Aydin, R., 23:71, 23:72, 23:105, 23:*158*, 23:*159*, 29:305, 29:*328*
Ayediran, D., 14:177, 14:178, 14:179, 14:*196*
Ayers, P. W., 23:275, 23:*319*
Ayers, W. T., 11:344, 11:*386*
Aylmer-Kelly, A. W. B., 19:140, 19:141, 19:*217*
Aylward, G. H., 12:107, 12:*116*
Äyräs, P., 16:249, 16:*260*
Ayres, D. C., 6:316, 6:*323*
Ayscough, P. B., 5:70, 5:93, 5:*113*, 7:124, 7:*149*, 8:15, 8:31, 8:*74*, 9:138, 9:140, 9:168, 9:*174*, 11:256, 11:*264*
Azam, K. A., 23:39, 23:*58*
Aziz, A., 19:407, 19:*425*
Aziz, S., 11:351, 11:*383*
Azori, M., 9:130, 9:*182*, 17:13, 17:*63*
Azuma, N., 26:240, 26:*246*
Azumi, T., 10:61, 10:*126*
Azzaro, M., 18:34, 18:*71*
Azzaro, M. E., 10:19, 10:*26*, 31:176, 31:*243*

B

Baardman, F., 10:32, 10:40, 10:41, 10:43, 10:*52*
Baas, J. M. A., 16:29, 16:*47*, 25:74, 25:*85*
Baba, H., 4:57, 4:*70*, 4:100, 4:*143*
Baba, N., 17:461, 17:*482*, 17:*483*, 32:108, 32:*118*
Babad, H., 7:175, 7:*203*
Babiak, K. A., 19:275, 19:278, 19:*376*
Babin, M. A., 29:231, 29:*267*
Baborack, J. C., 23:92, 23:128, 23:*161*
Bacelon, P., 11:338, 11:*385*
Bach, R. D., 14:43, 14:*62*, 19:269, 19:*368*, 21:145, 21:154, 21:*195*, 28:224, 28:245, 28:*287*, 31:237, 31:*243*
Bachelor, F. W., 5:364, 5:*399*
Bachler, V., 29:256, 29:*265*
Bachman, B. L., 7:196, 7:*205*
Bachmann, G., 29:114, 29:*180*
Bachmann, W. E., 1:93, 1:*148*

Bachrach, S. M., 24:74, 24:*105*
Baciocchi, E., 1:136, 1:*148*, 2:172, 2:*196*, 8:143, 8:144, 8:*146*, 9:148, 9:151, 9:*174*, 14:187, 14:*196*, 16:37, 16:*47*, 17:352, 17:354, 17:*424*, 18:90, 18:153, 18:158, 18:*175*, 20:137, 20:138, 20:139, 20:*181*, 31:120, 31:*137*
Back, M. H., 9:173, 9:*174*
Bäck, S., 15:328, 15:*329*
Backer, H. J., 3:11, 3:*80*, 7:31, 7:*108*
Backhurst, J. R., 10:218, 10:*220*
Bäckström, H. L. J., 18:225, 18:*235*
Bacon, G. E., 1:224, 1:*275*, 3:63, 3:*80*, 22:130, 22:*206*
Bacon, J., 3:228, 3:*265*, 11:139, 11:*173*
Badar, Y., 6:314, 6:*323*, 10:22, 10:23, 10:*26*
Baddeley, G., 16:147, 16:*155*
Badea, F. D., 30:186, 30:*220*
Bäder, E., 17:109, 17:*175*
Bader, J. M., 28:238, 28:*288*
Bader, R. F. W., 5:310, 5:312, 5:*325*, 5:*330*, 6:294, 6:*324*, 7:189, 7:*203*, 7:260, 7:317, 7:*330*, 7:*331*, 21:216, 21:*238*, 24:61, 24:*111*, 29:285, 29:321, 29:323, 29:*324*, 29:*325*, 29:*327*
Badger, B., 13:211, 13:*266*
Badger, G. M., 1:272, 1:*275*
Badger, R. C., 14:23, 14:*63*
Badger, R. M., 26:265, 26:279, 26:298, 26:*368*, 26:*376*
Badia, C., 25:281, 25:283, 25:286, 25:288, 25:300, 25:355, 25:356, 25:357, 25:360, 25:361, 25:362, 25:373, 25:374, 25:375, 25:384, 25:395, 25:415, 25:419, 25:429, 25:431, 25:*439*, 25:*441*
Badiger, V. V., 7:79, 7:*110*
Badman, G. T., 31:310, 31:382, 31:*386*
Badoz, J., 3:46, 3:*80*
Badoz-Lambling, J., 26:38, 26:41, 26:43, 26:44, 26:45, 26:73, 26:*122*, 31:6, 31:23, 31:*82*
Baechler, R. D., 25:47, 25:*85*
Baeckström, P., 20:200, 20:202, 20:*229*
Baer, S., 14:303, 14:*338*
Baer, T. A., 22:351, 22:*357*
Baertschi, P., 20:116, 20:117, 20:*184*

Baeyer, A., 9:185, 9:*274*, 11:366, 11:*383*
Bafford, R. A., 17:258, 17:*276*
Bafna, S. L., 5:237, 5:278, 5:*325*
Bagchi, S., 27:277, 27:*290*
Bagchler, R. D., 23:192, 23:*269*
Bagdasaryan, Kh. S., 9:128, 9:129, 9:130, 9:134, 9:142, 9:*174*, 9:*182*
Bagdasaryn, K. S., 2:192, 2:*198*
Baggaley, A. J., 10:211, 10:*220*, 12:13, 12:56, 12:*116*
Bagley, F. D., 3:101, 3:113, 3:*122*, 32:286, 32:*384*
Bagno, A., 32:316, 32:*379*
Bagner, J. E., 13:255, 13:*278*
Bagotzky, V. S., 10:166, 10:*220*
Bagshawe, K. D., 31:308, 31:*385*
Bagus, P. S., 22:314, 22:*357*, 26:232, 26:*246*, 26:*252*
Bahari, M. S., 27:244, 27:*289*
Bahe, L. W., 14:241, 14:*337*
Bahl, A., 32:171, 32:*208*
Bahn, C. A., 9:236, 9:241, 9:248, 9:*278*
Bahner, C. T., 7:8, 7:26, 7:*113*
Bahr, N., 31:383, 31:*385*
Baican, R., 26:135, 26:*174*
Bailey, D. N., 12:213, 12:*215*
Bailey, J., 25:22, 25:*85*
Bailey, J. H., 17:77, 17:*180*, 17:*273*, 17:*274*
Bailey, M., 1:247, 1:*275*
Bailey, N. A., 23:45, 23:*58*, 29:186, 29:*265*
Bailey, P. S., 5:362, 5:*395*
Bailey, R. E., 8:287, 8:*397*
Bailey, S. I., 20:127, 20:*181*
Bailey, T. H., 5:157, 5:*169*, 14:107, 14:108, 14:109, 14:*127*
Bain, C. D., 28:48, 28:*135*
Baiocchi, C., 18:142, 18:145, 18:*181*
Baird, I., 15:113, 15:*146*
Baird, J. C., 1:313, 1:314, 1:*359*, 5:54, 5:62, 5:87, 5:105, 5:*113*
Baird, M. C., 23:19, 23:*62*
Baird, M. D., 4:161, 4:*193*
Baird, M. S., 6:206, 6:*324*, 30:25, 30:*56*
Baird, R. L., 8:139, 8:140, 8:*146*, 11:194, 11:*222*
Baird, S. L., 13:177, 13:*271*
Baizer, M., 10:155, 10:188, 10:217,

10:*220*
Baizer, M. M., **12:**2, **12:**9, **12:**12, **12:**15, **12:**17, **12:**34, **12:**75, **12:**82, **12:**83, **12:**84, **12:**86, **12:**95, **12:**111, **12:***116*, **12:***126*, **12:***129*, **13:**198, **13:***266*, **18:**93, **18:***175*, **19:**195, **19:***217*, **19:***221*, **26:**2, **26:***123*
Bak, B., **13:**48, **13:***77*
Bak, P., **16:**214, **16:***230*
Bakalik, D. P., **17:**40, **17:***59*
Baker, A. D., **8:**157, **8:**159, **8:**193, **8:***260*, **14:**50, **14:***67*
Baker, A. W., **3:**261, **3:***265*, **9:**150, **9:***174*
Baker, C., **14:**50, **14:***67*
Baker, D. R., **32:**96, **32:***120*
Baker, E. B., **4:**310, **4:**313, **4:**317, **4:**318, **4:**324, **4:**325, **4:**327, **4:***346*, **9:**273, **9:***277*, **10:**45, **10:***52*, **11:**149, **11:**157, **11:***175*, **11:**203, **11:**204, **11:***223*, **30:**176, **30:***220*
Baker, F. W., **1:**96, **1:**125, **1:**140, **1:**141, **1:***154*, **6:**306, **6:***324*
Baker, G.A., Jr., **26:**239, **26:***246*
Baker, J. G., **25:**48, **25:***91*
Baker, J. W., **1:**174, **1:**178, **1:***197*
Baker, K. M., **9:**131, **9:**162, **9:***174*
Baker, R., **1:**52, **1:**61, **1:**68, **1:***74*, **1:**75, **1:**76, **1:**122, **1:***148*, **5:**183, **5:***235*, **11:**184, **11:**222, **14:**99, **14:***132*, **16:**90, **16:***155*, **18:**80, **18:***175*, **19:**302, **19:***379*, **21:**128, **21:***196*, **27:**240, **27:***251*, **27:***291*
Baker, R. T. K., **9:***174*
Baker, V. B., **1:***199*
Baker, W., **1:**229, **1:**244, **1:***275*, **22:**46, **22:***106*, **23:**166, **23:***261*
Bakke, J. M., **5:**359, **5:**360, **5:**386, **5:***399*, **19:**399, **19:***425*
Bakker, Y. W., **15:**214, **15:***265*
Bakule, R., **1:**29, **1:***31*
Balaban, A. R., **29:**274, **29:**314, **29:***324*
Balaban, A. T., **9:**50, **9:***214*, **9:**273, **9:***274*, **11:**366, **11:**377, **11:***383*, **19:**334, **19:***368*, **25:**66, **25:**67, **25:**69, **25:**70, **25:***85*, **25:***95*, **26:**135, **26:**147, **26:***174*
Balaban, T. S., **25:**69, **25:***85*
Balaji, V., **30:**48, **30:**54, **30:**55, **30:***56*, **30:***58*
Balakrishnan, M., **14:**163, **14:**164,

14:165, **14:**166, **14:***196*, **28:**171, **28:***204*
Balandin, A. A., **9:***174*
Balasiewicz, M. S., **10:**171, **10:***222*
Balasubramanian, A., **9:**163, **9:***174*
Balasubramanian, P., **22:**342, **22:***358*
Balaz, R., **27:**240, **27:**251, **27:***291*
Balaz, S., **27:**222, **27:***237*
Balch, A. L., **5:**66, **5:**105, **5:***115*, **17:**55, **17:***59*, **23:**39, **23:***58*
Baldeschweiler, J. D., **8:**175, **8:**244, **8:***260*, **13:**87, **13:***148*, **13:**395, **13:**396, **13:**398, **13:**399, **13:**400, **13:***413*, **21:**201, **21:***237*, **24:**2, **24:***51*
Baldin, V. I., **10:**76, **10:***127*
Baldinger, E., **16:**187, **16:***230*
Baldo, M. A., **32:**38, **32:***116*
Baldock, G. R., **4:**127, **4:***143*
Baldock, R. W., **26:**135, **26:***174*
Baldridge, K. K., **32:**201, **32:***208*
Baldry, K. W., **23:**74, **23:**100, **23:**101, **23:***160*, **23:***161*
Baldy, A., **32:**240, **32:***262*, **32:***265*
Baldt, J. H., **13:**51, **13:***79*
Baldwin, E. P., **31:**312, **31:***387*
Baldwin, J. E., **6:**232, **6:***324*, **7:**200, **7:***203*, **10:**116, **10:**117, **10:**118, **10:**119, **10:***123*, **17:**95, **17:***174*, **17:***191*, **17:***274*, **19:**269, **19:**275, **19:***368*, **22:**45, **22:**96, **22:***107*, **22:**328, **22:***357*, **24:**195, **24:***199*, **28:**190, **28:***204*, **31:**289, **31:***385*
Baldwin, M. A., **6:**299, **6:***324*
Baldwin, R. R., **8:**55, **8:***74*
Bale, C. W., **14:**281, **14:***337*
Bale, H. D., **14:**302, **14:***337*
Balegroune, F., **32:**173, **32:***213*
Balekar, A. A., **22:**218, **22:**224, **22:***299*
Baliga, B. T., **2:**129, **2:***158*, **5:**136, **5:**137, **5:**138, **5:**139, **5:***169*, **6:**63, **6:**78, **6:**92, **6:***98*, **9:***174*, **14:**322, **14:***337*, **18:**10, **18:***71*
Balkas, T. I., **12:**231, **12:**287, **12:***292*
Ball, J., **32:**96, **32:***114*
Ball, R. G., **28:**223, **28:**225, **28:***291*
Ballabio, M. M., **18:**9, **18:***71*
Ballard, D. H., **23:**19, **23:***58*
Ballard, R. E., **12:**138, **12:**177, **12:**182, **12:**183, **12:***215*
Ballardini, R., **18:**110, **18:**131, **18:**138,

18:*175*, 19:65, 19:*119*
Balle, T. J., 25:12, 25:*85*, 25:*87*, 25:*91*
Ballentine, A. R., 9:207, 9:225, 9:*274*
Ballester, M., 25:269, 25:270, 25:271, 25:272, 25:273, 25:274, 25:275, 25:276, 25:277, 25:279, 25:280, 25:281, 25:284, 25:285, 25:286, 25:287, 25:288, 25:290, 25:291, 25:292, 25:294, 25:295, 25:296, 25:298, 25:299, 25:300, 25:301, 25:302, 25:304, 25:309, 25:311, 25:312, 25:313, 25:314, 25:315, 25:317, 25:318, 25:319, 25:320, 25:322, 25:323, 25:324, 25:325, 25:326, 25:327, 25:328, 25:329, 25:330, 25:332, 25:333, 25:334, 25:335, 25:336, 25:337, 25:338, 25:339, 25:340, 25:341, 25:342, 25:343, 25:344, 25:345, 25:346, 25:347, 25:348, 25:349, 25:350, 25:351, 25:352, 25:355, 25:356, 25:357, 25:358, 25:359, 25:360, 25:361, 25:362, 25:364, 25:365, 25:366, 25:367, 25:368, 25:369, 25:370, 25:371, 25:373, 25:374, 25:375, 25:376, 25:378, 25:379, 25:380, 25:381, 25:382, 25:383, 25:384, 25:385, 25:386, 25:387, 25:388, 25:389, 25:390, 25:391, 25:392, 25:393, 25:394, 25:395, 25:396, 25:397, 25:398, 25:399, 25:400, 25:402, 25:404, 25:405, 25:406, 25:407, 25:408, 25:409, 25:410, 25:411, 25:414, 25:415, 25:416, 25:418, 25:419, 25:421, 25:422, 25:423, 25:425, 25:428, 25:429, 25:430, 25:431, 25:432, 25:433, 25:434, 25:435, 25:436, 25:437, 25:438, 25:*439*, 25:*440*, 25:*441*, 25:442, 25:*443*, 25:*444*, 25:*445*
Ballestrei, F. P., 27:81, 27:*113*
Balley, T., 26:190, 26:*248*
Ballhausen, C. J., 1:379, 1:*421*, 25:136, 25:*256*
Balli, H., 30:15, 30:*59*
Ballinger, P., 4:13, 4:14, 4:15, 4:*27*, 5:156, 5:*169*, 7:297, 7:317, 7:318, 7:*327*, 15:32, 15:*57*
Ballistreri, F. P., 21:155, 21:*191*

Ballou, C.-E., 25:246, 25:247, 25:*261*, 25:*263*
Balls, A. K., 21:14, 21:17, 21:*31*, 21:*33*
Balls, D. M., 19:297, 19:*371*
Bally, T., 20:116, 20:117, 20:*184*
Balogh, B., 13:385, 13:388, 13:*408*
Balthazor, T. M., 17:126, 17:*174*
Baltzer, B., 23:259, 23:*262*
Baltzer, L., 23:72, 23:*160*
Balzani, V., 18:86, 18:110, 18:111, 18:112, 18:131, 18:138, 18:*175*, 18:*183*, 18:218, 18:*237*, 19:8, 19:9, 19:10, 19:11, 19:12, 19:*114*, 19:*126*, 21:182, 21:*195*, 26:20, 26:*129*
Bambenek, M., 12:233, 12:*292*
Bambenek, M. A., 5:66, 5:105, 5:*115*
Bambery, R. J., 17:268, 17:*276*
Bamford, C. H., 1:341, 1:342, 1:343, 1:344, 1:*359*, 2:155, 2:*158*, 7:193, 7:*203*, 9:130, 9:134, 9:*174*, 10:101, 10:*123*, 15:108, 15:*144*, 16:71, 16:*85*
Bamford, W. R., 5:387, 5:*395*, 7:172, 7:*203*
Bamkole, T., 3:99, 3:*120*
Bamkole, T. O., 14:177, 14:178, 14:179, 14:*196*
Banait, N., 32:366, 32:367, 32:368, 32:371, 32:*382*
Banait, N. S., 27:227, 27:*237*, 27:254, 27:260, 27:266, 27:271, 27:275, 27:276, 27:279, 27:285, 27:*290*
Banas, E. M., 9:27, 9:*122*
Banciu, M., 29:274, 29:314, 29:*324*
Bancroft, E. E., 17:48, 17:*59*, 31:116, 31:117, 31:*137*, 31:*141*
Bandlish, B. K., 13:233, 13:240, 13:243, 13:253, 13:*266*, 29:224, 29:*265*
Bandon, S., 22:357, 22:*360*
Bandow, S., 26:215, 26:221, 26:225, 26:*248*, 26:*249*, 26:*251*
Bandrés, A., 25:312, 25:323, 25:346, 25:347, 25:348, 25:349, 25:350, 25:351, 25:352, 25:353, 25:*441*, 25:*442*
Banerjee, K., 8:361, 8:*403*
Banerjee, S., 18:26, 18:28, 18:31, 18:*71*, 18:*77*
Banerjee, S. K., 11:82, 11:*116*
Banfield, F. H., 9:154, 9:*174*
Bang, W. B., 29:308, 29:*329*

Banger, J., **27**:102, **27**:*113*
Banica, R., **9**:*124*
Banigan, T. F., **3**:15, **3**:*84*
Banjoko, O., **32**:286, **32**:*380*
Bank, S., **12**:111, **12**:*116*, **15**:214, **15**:*260*, **18**:30, **18**:*71*, **18**:83, **18**:169, **18**:*175*, **21**:147, **21**:*191*, **26**:56, **26**:*123*
Banks, B., **1**:28, **1**:*31*
Banks, B. E. C., **18**:11, **18**:*71*
Banks, R. E., **13**:166, **13**:*266*
Banks, R. H., **16**:206, **16**:208, **16**:*232*
Banks, R. M., **27**:242, **27**:257, **27**:*288*
Banks, S., **23**:284, **23**:*316*
Bannerjee, S., **1**:256, **1**:*278*
Bannerji, S., **24**:84, **24**:*110*
Bannister, J. J., **22**:124, **22**:*206*
Bannister, W., **7**:77, **7**:*114*
Bansal, K. M., **12**:228, **12**:238, **12**:258, **12**:276, **12**:283, **12**:284, **12**:286, **12**:288, **12**:290, **12**:*292*, **12**:*293*, **12**:*294*, **12**:*296*
Bansal, S. R., **13**:236, **13**:*266*
Bansal, V. S., **25**:244, **25**:247, **25**:*258*
Banta, C., **1**:93, **1**:*153*
Banta, E. B., **13**:330, **13**:*414*
Banthorpe, D. V., **2**:172, **2**:185, **2**:186, **2**:*196*, **3**:111, **3**:*120*, **6**:299, **6**:305, **6**:*324*, **8**:239, **8**:*260*, **9**:186, **9**:*274*, **10**:120, **10**:*123*, **20**:151, **20**:*181*, **22**:258, **22**:*299*, **25**:352, **25**:353, **25**:*442*
Bantjes, A., **6**:35, **6**:*61*
Bantysh, A. N., **7**:71, **7**:*108*
Banyard, S. H., **24**:164, **24**:*199*
Bar, F., **5**:89, **5**:*114*
Baraniak, J., **25**:219, **25**:222, **25**:223, **25**:226, **25**:*256*, **25**:*257*, **25**:*258*, **25**:*261*, **25**:*263*
Baranin, S. V., **24**:67, **24**:*107*
Baranowski, B., **14**:261, **14**:*350*
Barasch, W., **6**:285, **6**:*325*, **15**:55, **15**:*58*
Barash, L., **7**:155, **7**:164, **7**:165, **7**:166, **7**:167, **7**:178, **7**:*203*, **7**:*209*
Barat, F., **27**:263, **27**:264, **27**:269, **27**:*288*
Baraze, A., **17**:453, **17**:*483*
Barb, W. G., **2**:155, **2**:*158*, **9**:134, **9**:*174*
Barbara, P. F., **22**:146, **22**:147, **22**:*206*, **22**:*212*, **32**:222, **32**:226, **32**:247, **32**:*262*, **32**:*265*
Barbas III, C. F., **31**:302, **31**:312, **31**:382, **31**:383, **31**:384, **31**:*385*, **31**:*388*, **31**:*389*, **31**:*392*
Barbas, J. T., **10**:76, **10**:112, **10**:*125*, **26**:56, **26**:*125*
Barbe, D. F., **16**:188, **16**:*230*
Barbe, J.-M., **31**:58, **31**:*83*
Barber, B. H., **13**:372, **13**:373, **13**:381, **13**:*412*, **25**:68, **25**:*85*
Barber, J. J., **18**:169, **18**:*175*
Barber, M., **8**:194, **8**:*260*
Barber, S. E., **26**:349, **26**:350, **26**:*368*
Barbetta, A., **23**:16, **23**:*60*, **29**:208, **29**:*267*
Barbey, G., **13**:227, **13**:230, **13**:*266*, **13**:*268*, **13**:*273*
Barbier, G., **16**:37, **16**:*47*, **18**:45, **18**:46, **18**:*72*, **28**:216, **28**:245, **28**:*288*, **28**:*289*
Barbieri, R., **2**:206, **2**:*273*, **6**:81, **6**:*98*
Barborak, J. C., **19**:225, **19**:226, **19**:334, **19**:335, **19**:336, **19**:344, **19**:345, **19**:346, **19**:348, **19**:349, **19**:353, **19**:354, **19**:355, **19**:363, **19**:364, **19**:*368*, **19**:*370*, **19**:*374*
Barbour, J. F., **17**:104, **17**:*177*
Barbu, E., **32**:150, **32**:164, **32**:166, **32**:199, **32**:200, **32**:202, **32**:*216*
Barbur, L. P., **22**:218, **22**:*302*
Barchietto, G., **16**:227, **16**:*233*
Bard, A. J., **12**:3, **12**:10, **12**:71, **12**:76, **12**:78, **12**:81, **12**:85, **12**:*116*, **12**:*118*, **12**:*126*, **12**:*127*, **13**:160, **13**:198, **13**:202, **13**:203, **13**:205, **13**:208, **13**:216, **13**:220, **13**:221, **13**:222, **13**:223, **13**:224, **13**:225, **13**:226, **13**:*266*, **13**:*268*, **13**:*269*, **13**:*272*, **13**:*273*, **13**:*275*, **13**:*277*, **13**:*278*, **17**:47, **17**:48, **17**:*59*, **17**:*61*, **18**:82, **18**:83, **18**:90, **18**:94, **18**:104, **18**:113, **18**:115, **18**:119, **18**:121, **18**:128, **18**:153, **18**:170, **18**:*175*, **18**:*179*, **18**:195, **18**:*238*, **19**:6, **19**:7, **19**:*114*, **19**:*126*, **19**:*127*, **19**:134, **19**:138, **19**:147, **19**:154, **19**:155, **19**:164, **19**:174, **19**:195, **19**:196, **19**:197, **19**:198, **19**:201, **19**:*217*, **19**:*218*, **19**:*219*, **19**:*221*, **19**:*222*, **20**:56, **20**:90, **20**:95, **20**:*181*, **26**:11, **26**:16, **26**:17, **26**:20, **26**:24, **26**:51, **26**:*123*, **26**:*126*, **26**:*130*, **28**:2, **28**:*41*, **31**:80,

31:84, 31:94, 31:95, 31:103, 31:117, 31:118, 31:129, 31:*137*, 31:*139*, 32:3, 32:6, 32:11, 32:20, 32:29, 32:34, 32:37, 32:65, 32:103, 32:105, 32:*114*, 32:*116*
Bard, C. C., 7:223, 7:*255*
Bard, R. R., 19:83, 19:*114*, 26:90, 26:*123*
Bardasova, R. S., 1:195, 1:*197*
Bardeen, J., 16:226, 16:*230*
Barden, R. E., 22:271, 22:*299*
Bardet, L., 13:36, 13:*79*
Bardez, E., 22:284, 22:*299*
Barefoot, R. O., 11:305, 11:*390*
Barek, J., 19:182, 19:*218*, 20:135, 20:181
Barenholz, Y., 16:258, 16:*264*
Bares, J. E., 14:144, 14:145, 14:146, 14:191, 14:*200*, 17:130, 17:*179*, 18:54, 18:*75*
Baretz, B. H., 20:23, 20:*52*
Barfnecht, G. W., 9:238, 9:244, 9:*279*
Bargar, T., 19:83, 19:*127*, 26:72, 26:*129*
Barghout, R., 32:19, 32:57, 32:58, 32:*115*, 32:*116*
Bargon, J., 10:56, 10:77, 10:82, 10:93, 10:94, 10:95, 10:110, 10:*123*, 10:*125*, 18:94, 18:*178*, 19:58, 19:*119*, 20:129, 20:172, 20:*181*, 20:*184*, 23:310, 23:*317*
Barkel, D. J. D., 25:61, 25:*84*
Barker, C. C., 12:192, 12:*215*
Barker, H. A., 21:12, 21:*32*
Barker, J. A., 14:281, 14:*337*
Barker, R., 5:139, 5:*169*, 24:119, 24:*203*
Barker, S. D., 23:281, 23:284, 23:*316*
Barkley, R. M., 21:204, 21:209, 21:*239*, 24:22, 24:*53*, 24:*55*
Barkovich, A. J., 29:310, 29:*324*
Barlet, R., 21:38, 21:*95*
Barlett, P. D., 19:265, 19:291, 19:292, 19:*368*, 28:208, 28:211, 28:213, 28:285, 28:*287*
Barley, F., 5:272, 5:278, 5:291, 5:302, 5:*328*, 17:226, 17:*277*
Barlin, G. B., 6:94, 6:*98*, 11:315, 11:322, 11:323, 11:349, 11:350, 11:*383*
Barlow, J. H., 19:36, 19:52, 19:*114*
Barlow, M. G., 19:103, 19:*114*, 20:210, 20:217, 20:*229*
Barlow, W. A., 16:203, 16:*230*
Barltrop, J. A., 6:220, 6:*324*, 10:140,

10:*151*, 11:227, 11:253, 11:*264*, 20:222, 20:*229*, 23:299, 23:*316*
Barman, P., 22:34, 22:*110*
Barmby, D. S., 13:188, 13:190, 13:*271*
Barnard, D., 17:92, 17:*174*
Barnard, E. A., 21:21, 21:*31*, 21:*35*
Barnard, J. A., 3:117, 3:*120*
Barnard, P. W. C., 5:147, 5:*169*, 8:319, 8:*397*
Barnes, A. J., 25:52, 25:*85*
Barnes, C. S., 8:194, 8:215, 8:*260*
Barnes, D., 10:179, 10:*225*
Barnes, D. J., 15:39, 15:*57*
Barnes, G. E., 20:162, 20:163, 20:*181*
Barnes, J. A., 31:148, 31:154, 31:155, 31:157, 31:161, 31:194, 31:*243*
Barnes, J. M., 19:382, 19:407, 19:*427*
Barnes, J. W., 2:*273*
Barnes, K. K., 10:155, 10:*223*, 12:2, 12:43, 12:99, 12:110, 12:*124*, 13:198, 13:*273*, 18:128, 18:129, 18:171, 18:*180*, 18:229, 18:*236*
Barnes, R. A., 11:361, 11:*386*
Barnes, R. L., 19:16, 19:*114*
Barnes, W. H., 1:232, 1:*279*
Barnes, W. M., 17:140, 17:*177*
Barnett, C., 18:38, 18:*77*
Barnett, G. H., 18:154, 18:*183*, 22:173, 22:174, 22:184, 22:*206*, 26:321, 26:323, 26:333, 26:*368*
Barnett, J. R., 13:261, 13:*266*
Barnett, J. W., 11:337, 11:*383*, 16:26, 16:31, 16:*47*, 16:*48*
Barnett, M. P., 1:381, 1:*422*
Barnett, R., 5:272, 5:278, 5:291, 5:302, 5:*328*, 14:89, 14:*127*, 17:226, 17:*277*, 21:39, 21:*94*
Barnett, R. E., 22:194, 22:*206*
Barni, E., 18:142, 18:*182*
Barnik, M. I., 32:167, 32:*209*
Baron, D., 13:59, 13:*81*
Baron, P. A., 13:56, 13:*77*
Baron, W. J., 22:342, 22:349, 22:*357*, 22:*359*
Baronavski, A., 18:198, 18:*235*
Barone, A. D., 26:169, 26:*176*
Barone, G., 14:260, 14:261, 14:313, 14:*337*
Baronowsky, P., 7:201, 7:*208*
Baroux, C., 15:122, 15:*148*

Barr, E. A., 8:306, 8:329, 8:*406*
Barr, J., 9:5, 9:7, 9:9, 9:12, 9:13, 9:14, 9:15, 9:*23*, 9:*24*
Barr, J. T., 7:26, 7:*113*
Barradas, R. G., 12:23, 12:91, 12:*116*, 12:*118*
Barral, E., 25:288, 25:*442*
Barrau, J., 30:32, 30:54, 30:55, 30:*56*, 30:*57*
Barrer, R. M., 15:132, 15:*144*
Barrett, D., 28:4, 28:*42*
Barrett, J. H., 6:219, 6:*330*
Barrios, M., 25:277, 25:278, 25:306, 25:308, 25:328, 25:356, 25:360, 25:361, 25:414, 25:429, 25:431, 25:*442*
Barros, H. L. C., 29:208, 29:209, 29:210, 29:*266*
Barros, M. T., 26:319, 26:*371*
Barrow, G. M., 1:169, 1:*197*, 2:143, 2:*162*
Barrow, M. J., 22:129, 22:*206*
Barrow, R. F., 7:161, 7:*202*, 7:*206*
Barry, B. W., 8:321, 8:328, 8:*397*
Barry, C., 10:211, 10:*220*, 13:230, 13:*266*
Barry, G. W., 11:373, 11:*388*
Bart, J. J., 15:92
Bartak, D. E., 18:172, 18:*180*, 26:38, 26:*125*
Bartek, D. E., 19:209, 19:*218*, 19:*219*
Bartell, L. S., 6:113, 6:129, 6:137, 6:138, 6:156, 6:*179*, 6:*180*, 9:27, 9:28, 9:42, 9:63, 9:82, 9:*122*, 10:1, 10:5, 10:14, 10:15, 10:16, 10:17, 10:24, 10:*26*, 13:12, 13:16, 13:18, 13:24, 13:30, 13:33, 13:47, 13:49, 13:58, 13:*77*, 13:*78*, 13:*80*, 25:13, 25:31, 25:34, 25:37, 25:38, 25:46, 25:55, 25:*85*, 25:*86*, 25:*89*, 31:146, 31:152, 31:205, 31:*243*
Bartenev, V. N., 29:102, 29:*179*
Barter, C., 13:192, 13:*275*
Bartet, D., 22:228, 22:*299*
Barth, W., 20:116, 20:*184*, 30:188, 30:*218*
Bartholomay, H., 27:214, 27:*235*
Bartholomew, R. F., 19:77, 19:84, 19:*115*
Bartl, H., 26:261, 26:*368*
Bartlet, J., 32:96, 32:*117*

Bartlett, P. A., 29:57, 29:58, 29:*63*, 29:*66*, 31:256, 31:268, 31:269, 31:279, 31:311, 31:383, 31:*385*, 31:*387*, 31:*389*
Bartlett, P. D., 2:130, 2:*158*, 4:326, 4:*345*, 5:332, 5:*395*, 8:72, 8:*74*, 9:129, 9:131, 9:*174*, 9:*178*, 10:43, 10:*52*, 10:96, 10:*123*, 13:89, 13:*148*, 18:3, 18:*71*, 18:189, 18:191, 18:200, 18:202, 18:*235*, 19:265, 19:291, 19:292, 19:*368*, 24:91, 24:*105*, 25:335, 25:*440*, 28:208, 28:211, 28:213, 28:285, 28:*287*, 29:286, 29:316, 29:*324*, 32:305, 32:*379*
Bartley, W. J., 4:*193*, 8:191, 8:*269*
Bartman, B., 16:247, 16:*261*
Bartmann, F., 26:191, 26:297, 26:*375*
Bartmann, M., 26:191, 26:*251*, 30:27, 30:*60*
Bartmess, J. E., 14:144, 14:145, 14:146, 14:147, 14:191, 14:*197*, 14:*200*, 18:54, 18:*75*, 21:206, 21:*237*, 24:7, 24:13, 24:22, 24:38, 24:48, 24:*50*, 24:*51*, 24:65, 24:*107*, 27:126, 27:*234*, 31:202, 31:203, 31:*244*
Bartness, J.E., 17:130, 17:*178*
Bartocci, C., 31:118, 31:*137*
Bartocci, G., 12:213, 12:*215*
Bartok, W., 12:161, 12:164, 12:192, 12:*215*
Bartoletti, M., 30:91, 30:*113*
Bartolone, J. B., 23:180, 23:*266*
Barton, D. H. R., 1:253, 1:*275*, 3:54, 3:55, 3:*80*, 3:97, 3:98, 3:99, 3:101, 3:111, 3:*120*, 6:246, 6:*324*, 13:2, 13:74, 13:*78*, 13:194, 13:*266*, 17:69, 17:70, 17:73, 17:*174*, 19:405, 19:*425*, 20:95, 20:109, 20:*181*, 23:313, 23:*316*, 25:2, 25:*86*
Barton, F. E., 10:82, 10:*125*, 12:108, 12:*121*, 18:169, 18:*178*, 23:297, 23:*317*, 26:56, 26:68, 26:*125*, 26:*129*
Barton, G. W., 7:285, 7:*330*
Barton, J. K., 25:254, 25:*256*
Barton, T. J., 6:209, 6:*324*, 30:18, 30:47, 30:49, 30:*57*, 30:*59*, 30:216, 30:*217*
Bartsch, R. A., 14:185, 14:186, 14:187, 14:188, 14:*196*, 17:349–51, 17:353, 17:354, 17:419, 17:420, 17:423, 17:*424*, 17:*428*, 30:80, 30:87, 30:98,

30:*112*, 30:*113*, 30:*115*
Bartulin, J., 7:*113*
Barwise, A. J. G., 19:107, 19:*115*
Bary, Y., 23:64, 23:*159*
Barykina, A. V., 25:193, 25:*256*
Barz, F., 32:80, 32:*114*
Barzoukas, M., 32:143, 32:167, 32:173, 32:186, 32:187, 32:191, 32:193, 32:*208*, 32:*209*, 32:*213*, 32:*214*, 32:*215*
Ba-Saif, S., 26:353, 26:*368*, 26:*369*, 27:7, 27:12, 27:14, 27:22, 27:24, 27:26, 27:27, 27:32, 27:33, 27:34, 27:*52*, 27:*54*, 27:98, 27:99, 27:*113*
Basak, A., 24:195, 24:*199*
Basak, B. S., 1:250, 1:*275*
Basak, M. G., 1:250, 1:*275*
Basbudak, M., 29:307, 29:*329*
Basch, H., 11:342, 11:*383*, 14:50, 14:*62*
Bascombe, K. N., 6:85, 6:*98*, 9:15, 9:*23*, 11:293, 11:*383*, 12:211, 12:*216*
Basedow, O. E., 17:101, 17:110, 17:*177*
Bashall, A., 30:68, 30:*113*
Bashkirova, S. A., 30:48, 30:*58*
Basila, M. R., 4:61, 4:*69*
Basile, L. A., 25:254, 25:*256*
Baskir, 30:40, 30:42, 30:43, 30:44, 30:45, 30:50, 30:51, 30:*56*, 30:*58*, 30:*60*
Basmadjian, G. P., 31:310, 31:382, 31:*385*
Basmanova, V. M., 1:185, 1:*200*
Basolo, F., 5:195, 5:209, 5:210, 5:*232*, 6:303, 6:*324*, 9:119, 9:*126*, 12:3, 12:*116*, 18:80, 18:86, 18:*175*
Bass, A. M., 1:291, 1:*359*, 7:160, 7:161, 7:*203*, 8:3, 8:*74*
Bass, L. S., 29:277, 29:312, 29:314, 29:*327*
Bass, S. J., 9:6, 9:*23*
Basselier, J. J., 20:31, 20:*52*
Bassett, I. M., 2:184, 2:*197*
Bassetti, M., 26:319, 26:*369*
Bässler, H., 16:168, 16:219–24, 16:*231*, 16:*234*, 16:*235*
Bässler, T., 9:237, 9:238, 9:241, 9:244, 9:*275*, 9:*278*
Bassoul, P., 32:191, 32:*215*
Bastard, J., 25:11, 25:*86*
Basters, J., 17:55, 17:*59*
Bastiaansen, L. A. M., 24:104, 24:*107*
Bastian, B. N., 8:225, 8:*267*
Bastiansen, O., 1:111, 1:*147*, 1:210, 1:222, 1:226, 1:229, 1:233, 1:234, 1:239, 1:*276*, 10:21, 10:*26*, 13:33, 13:*78*
Bastien, I. J., 4:310, 4:313, 4:317, 4:318, 4:324, 4:325, 4:327, 4:341, 4:*346*, 9:273, 9:*277*, 10:45, 10:*52*, 30:176, 30:*220*
Bastos, M. B., 17:274, 17:*274*
Bastos, M. P., 17:274, 17:*274*, 27:41, 27:*53*
Basu, S., 9:163, 9:*175*, 19:46, 19:*115*, 19:*126*, 22:63, 22:*111*
Basus, V. J., 23:98, 23:102, 23:*161*, 25:77, 25:80, 25:*85*
Batail, P., 26:232, 26:*252*
Batchelder, D. N., 16:224, 16:*231*
Batchelor, F. R., 23:233, 23:*262*
Batchelor, J. G., 13:387, 13:388, 13:*407*
Bateman, L. C., 14:279, 14:*337*, 27:254, 27:258, 27:263, 27:275, 27:*288*
Bates, H. A., 21:45, 21:*95*
Bates, P. A., 26:267, 26:275, 26:277, 26:310, 26:313, 26:315, 26:316, 26:*371*
Bates, R. B., 6:301, 6:302, 6:*324*, 15:226, 15:*260*
Bates, R. G., 1:14, 1:*31*, 7:261, 7:262, 7:287, 7:298, 7:299, 7:302, 7:303, 7:305, 7:306, 7:*328*, 13:113, 13:116, 13:*148*, 13:*150*, 14:308, 14:*337*
Bates, T. W., 6:156, 6:*179*
Bathgate, R. H., 5:192, 5:*232*
Batiz-Hernandez, H., 23:71, 23:*158*
Batorewicz, W., 1:20, 1:*32*
Batrakov, V. V., 12:6, 12:22, 12:*119*
Battacharaya, A. K., 17:94, 17:*174*
Batterham, T. J., 3:147, 3:*185*
Batterham, T. Y., 11:322, 11:323, 11:*383*
Battino, R., 14:216, 14:281, 14:*337*, 14:*352*
Battiste, M. A., 6:209, 6:*324*, 30:185, 30:216, 30:*217*
Battistini, C., 27:244, 27:245, 27:251, 27:256, 27:283, 27:*288*
Batts, B. D., 6:63, 6:81, 6:84, 6:*98*, 7:297, 7:319, 7:322, 7:*328*
Bau, R., 29:207, 29:*266*
Baudet, J., 26:190, 26:*246*, 26:*250*

Baudot, V., **14**:310, **14**:*352*
Baudry, D., **23**:50, **23**:*58*
Bauer, D., **12**:43, **12**:48, **12**:49, **12**:*116*, **13**:167, **13**:*266*, **17**:327, **17**:*425*
Bauer, D. R., **16**:243, **16**:*261*
Bauer, E., **5**:11, **5**:*50*, **5**:*51*, **15**:48, **15**:*57*
Bauer, F., **15**:119, **15**:*146*
Bauer, G., **26**:261, **26**:*374*
Bauer, J., **9**:27(11e), **9**:78(11e), **9**:*121*
Bauer, L., **11**:348, **11**:*384*
Bauer, N., **3**:1, **3**:38, **3**:39, **3**:*80*
Bauer, R. H., **5**:90, **5**:*113*
Bauer, S. H., **3**:17, **3**:*80*, **6**:199, **6**:309, **6**:314, **6**:*324*, **13**:49, **13**:*81*, **22**:131, **22**:141, **22**:145, **22**:*206*, **22**:*210*, **26**:265, **26**:319, **26**:*368*, **26**:*375*, **29**:303, **29**:*330*
Bauer, V. J., **7**:45, **7**:54, **7**:55, **7**:*110*
Baugham, G., **14**:*199*
Baughan, E. C., **4**:16, **4**:*27*, **13**:167, **13**:*275*, **21**:102, **21**:*191*
Baughcum, S. L., **22**:133, **22**:141, **22**:*206*, **32**:225, **32**:*262*, **32**:265
Baugher, J. F., **19**:91, **19**:*129*
Baughman, E. H., **14**:148, **14**:*200*
Baughman, G., **5**:187, **5**:190, **5**:199, **5**:222, **5**:*233*
Baughman, R. H., **15**:74, **15**:75, **15**:76, **15**:78, **15**:79, **15**:80, **15**:81, **15**:87, **15**:88, **15**:89, **15**:90, **15**:91, **15**:93, **15**:98, **15**:100, **15**:102, **15**:*144*, **15**:*145*, **16**:218, **16**:219, **16**:220, **16**:222, **16**:226, **16**:*230*, **16**:*231*, **16**:*233*, **26**:221, **26**:223, **26**:*246*, **28**:4, **28**:*40*, **28**:44
Bauld, N. L., **10**:211, **10**:*221*, **20**:120, **20**:123, **20**:*181*, **23**:311, **23**:*316*, **23**:*320*
Baum, K., **26**:75, **26**:*123*
Baum, M. W., **31**:238, **31**:*246*
Baum, S. J., **7**:192, **7**:*205*
Baumann, H., **11**:125, **11**:*177*, **12**:111, **12**:*125*, **31**:95, **31**:*137*
Baumann, J. A., **18**:109, **18**:*184*
Baumann, M., **25**:127, **25**:*256*
Baumann, W., **19**:36, **19**:*119*, **32**:167, **32**:183, **32**:193, **32**:*208*, **32**:*213*
Baumberger, F., **24**:195, **24**:*199*
Baumert, J. C., **32**:167, **32**:174, **32**:*214*
Baumgardner, C. L., **19**:411, **19**:*425*

Baumgärtel, H., **13**:208, **13**:*276*
Baumgartel, H., **26**:185, **26**:215, **26**:*251*
Baumgarten, E., **4**:197, **4**:215, **4**:216, **4**:217, **4**:218, **4**:219, **4**:220, **4**:221, **4**:222, **4**:232, **4**:272, **4**:274, **4**:276, **4**:277, **4**:291, **4**:293, **4**:298, **4**:*300*, **4**:*303*, **22**:228, **22**:230, **22**:237, **22**:265, **22**:296, **22**:*307*
Baumgarten, H. E., **5**:347, **5**:380, **5**:*395*
Baumgarten, M., **28**:8, **28**:13, **28**:15, **28**:16, **28**:38, **28**:*40*
Baumgartner, E. K., **14**:300, **14**:*337*
Baumgartner, M. T., **26**:73, **26**:*128*
Baumgartner, R. O. W., **30**:49, **30**:*59*
Baumrucker, J., **17**:444, **17**:*482*
Baumstark, A. L., **18**:202, **18**:*238*
Baumstark, R., **30**:75, **30**:78, **30**:109, **30**:*114*
Baur, W. H., **6**:148, **6**:*179*
Bausch, M. J., **26**:105, **26**:*123*, **26**:152, **26**:154, **26**:*175*
Bauschlicher, C. W. Jr., **22**:314, **22**:*357*
Bauser, H., **16**:228, **16**:*231*
Baver, R. F., **9**:163, **9**:*174*
Baver, S. H., **25**:66, **25**:*91*
Bavin, P. M. G., **11**:284, **11**:*384*
Bawn, C. E. H., **13**:173, **13**:251, **13**:*266*, **15**:255, **15**:*260*, **20**:100, **20**:*181*
Bax, A., **22**:138, **22**:*212*, **25**:11, **25**:*88*, **32**:233, **32**:*265*
Bax, D., **14**:309, **14**:*337*
Baxendale, J. H., **7**:123, **7**:135, **7**:145, **7**:*148*, **7**:*149*, **8**:34, **8**:*74*
Baxmann, F., **1**:251, **1**:*280*
Baxter, H. N., **25**:373, **25**:*445*
Baxter, J. F., **1**:39, **1**:84, **1**:*152*
Baxter, P. N. W., **29**:117, **29**:*179*
Baxter, S. G., **25**:33, **25**:*86*, **29**:301, **29**:*330*
Baxter, T. H., **8**:322, **8**:329, **8**:394, **8**:*397*
Bayer, A., **15**:119, **15**:*145*
Bayer, E., **13**:306, **13**:350, **13**:*415*
Bayer, R. J., **27**:37, **27**:39, **27**:*55*
Baykut, G., **24**:2, **24**:*51*
Bayless, J., **5**:390, **5**:391, **5**:*395*, **5**:*396*, **7**:173, **7**:175, **7**:*203*, **7**:*204*
Bayless, J. H., **5**:390, **5**:*395*, **7**:173, **7**:175, **7**:*203*, **7**:*204*, **19**:417, **19**:*426*
Bayley, P. M., **25**:16, **25**:*90*

Bayliss, N. S., **16**:19, **16**:21, **16**:*47*, **19**:385, **19**:395, **19**:*425*
Bazhin, N. M., **17**:19, **17**:*64*, **18**:123, **18**:124, **18**:*175*
Bazilevskii, M. V., **9**:132, **9**:*175*
Bazilevsky, M. V., **16**:80, **16**:*85*
Bazoin, M., **12**:43, **12**:*117*
Bazzicalupi, C., **30**:68, **30**:70, **30**:*112*
Beach, C. M., **31**:382, **31**:*390*
Beach, J. Y., **1**:205, **1**:207, **1**:229, **1**:*279*, **8**:94, **8**:*146*
Beachem, M. T., **7**:29, **7**:*114*
Beadle, P. C., **16**:75, **16**:*85*
Beagley, B., **13**:33, **13**:*78*, **32**:240, **32**:*262*
Beak, P., **24**:38, **24**:40, **24**:*51*, **24**:55
Beaman, N., **27**:245, **27**:246, **27**:257, **27**:*288*
Beams, J. W., **3**:70, **3**:75, **3**:*80*
Bean, D. L., **30**:32, **30**:*56*
Bean, G. P., **11**:316, **11**:*384*
Beard, C. D., **9**:233, **9**:*277*
Beatson, R. P., **17**:106, **17**:167, **17**:168, **17**:171, **17**:*178*
Beau, J.-M., **24**:195, **24**:*199*
Beauchamp, J. L., **13**:87, **13**:108, **13**:135, **13**:136, **13**:139, **13**:146, **13**:*148*, **13**:*151*, **13**:*152*, **21**:202, **21**:221, **21**:222, **21**:235, **21**:*237*, **21**:*238*, **21**:*239*, **21**:*240*, **23**:51, **23**:*60*, **24**:2, **24**:21, **24**:36, **24**:*51*, **24**:*53*, **28**:221, **28**:222, **28**:278, **28**:*291*
Beaufays, F., **23**:210, **23**:*267*
Beaujean, M., **26**:152, **26**:*178*
Beaulieu, N., **24**:129, **24**:164, **24**:*199*
Beaumont, P. C., **31**:133, **31**:*140*
Beaven, G. H., **1**:66, **1**:68, **1**:*148*, **8**:391, **8**:392, **8**:*400*
Bebout, D. C., **30**:176, **30**:*221*
Becconsall, J. K., **1**:*359*, **5**:71, **5**:89, **5**:*113*, **9**:161, **9**:*175*
Becher, D., **8**:218, **8**:249, **8**:*260*, **8**:*264*, **32**:39, **32**:*117*
Bechgaard, K., **12**:9, **12**:10, **12**:16, **12**:57, **12**:*116*, **12**:*127*, **12**:*128*, **13**:217, **13**:230, **13**:*277*, **16**:208, **16**:*231*, **16**:*232*, **20**:57, **20**:58, **20**:148, **20**:*187*, **26**:238, **26**:*246*, **32**:124, **32**:*210*
Beck, B. H., **11**:211, **11**:*222*, **13**:52, **13**:68, **13**:*80*, **19**:292, **19**:*372*

Beck, C. A., **1**:414, **1**:*422*
Beck, D., **9**:27, **9**:*122*
Beck, F., **9**:271, **9**:*280*, **10**:155, **10**:217, **10**:218, **10**:*220*, **12**:2, **12**:4, **12**:33, **12**:34, **12**:86, **12**:95, **12**:*117*, **12**:*122*, **18**:93, **18**:*175*
Beck, G., **7**:123, **7**:131, **7**:*149*, **12**:228, **12**:258, **12**:263, **12**:266, **12**:278, **12**:279, **12**:281, **12**:*292*, **12**:*295*, **15**:32, **15**:*57*
Beck, H., **17**:107, **17**:111, **17**:*175*
Beck, J. P., **12**:43, **12**:49, **12**:*116*, **13**:167, **13**:*266*
Beck. P., **12**:19, **12**:*122*
Beck, P. W., **8**:70, **8**:*74*
Beck, W. H., **22**:237, **22**:254, **22**:*303*
Becker, A., **14**:98, **14**:99, **14**:100, **14**:*129*
Becker, A. R., **27**:124, **27**:231, **27**:*236*, **27**:244, **27**:251, **27**:276, **27**:*289*, **31**:153, **31**:*244*
Becker, B., **28**:12, **28**:13, **28**:21, **28**:26, **28**:30, **28**:32, **28**:36, **28**:*40*
Becker, E. D., **9**:160, **9**:161, **9**:163, **9**:*174*, **9**:*177*, **11**:124, **11**:*173*, **13**:281, **13**:283, **13**:*407*, **13**:*409*, **16**:248, **16**:*264*
Becker, E. I., **1**:105, **1**:*148*
Becker, F., **1**:264, **1**:*278*
Becker, G., **3**:73, **3**:*80*, **16**:168, **16**:*231*
Becker, H., **25**:270, **25**:*445*
Becker, H.-D., **18**:164, **18**:*175*, **19**:107, **19**:*115*, **23**:275, **23**:*321*
Becker, H. G. O., **28**:188, **28**:*204*
Becker, J., **32**:155, **32**:162, **32**:167, **32**:*213*
Becker, J. Y., **26**:38, **26**:54, **26**:*123*
Becker, K. B., **27**:241, **27**:*288*
Becker, R. H., **10**:118, **10**:*126*
Becker, R. S., **16**:243, **16**:*261*, **26**:38, **26**:51, **26**:*130*
Becker, W. G., **19**:56, **19**:57, **19**:*121*, **20**:30, **20**:*53*, **20**:116, **20**:*184*, **29**:197, **29**:233, **29**:*268*
Becker, Y., **23**:26, **23**:*58*
Beckett, A. H., **1**:249, **1**:*275*, **15**:279, **15**:*328*
Beckett, C. W., **3**:235, **3**:*265*
Beckett, M. C., **2**:178, **2**:*197*
Beckey, H. D., **8**:169, **8**:221, **8**:*260*
Beckford, H. F., **17**:380, **17**:381, **17**:*424*
Beckgaard, K., **19**:207, **19**:*221*

Beckhaus, H. D., **20**:198, **20**:*230*, **25**:34, **25**:36, **25**:*86*, **25**:*89*, **25**:*90*, **25**:*95*, **26**:152, **26**:155, **26**:156, **26**:157, **26**:168, **26**:*174*, **26**:*175*, **26**:*176*, **26**:*177*, **26**:*178*, **29**:101, **29**:126, **29**:171, **29**:172, **29**:*183*, **30**:185, **30**:199, **30**:*220*
Beckmann, S., **32**:167, **32**:179, **32**:188, **32**:193, **32**:*215*
Beckwith, A. L. J., **8**:65, **8**:*77*, **22**:79, **22**:97, **22**:*107*, **24**:70, **24**:105, **24**:196, **24**:197, **24**:*199*, **24**:*200*, **26**:162, **26**:*175*
Beddard, G. S., **19**:27, **19**:30, **19**:31, **19**:33, **19**:37, **19**:40, **19**:92, **19**:98, **19**:*115*
Beddoes, R. L., **29**:297, **29**:*324*
Bedell, T. R., **1**:12, **1**:*32*
Bedford, J. A., **1**:302, **1**:*359*
Bednar, R. A., **27**:149, **27**:211, **27**:*233*
Bedouelle, H., **26**:366, **26**:*371*
Bedworth, P. V., **32**:167, **32**:181, **32**:*209*, **32**:*212*
Beecher, J. E., **32**:181, **32**:*208*
Beecher, L., **3**:34, **3**:*80*
Beeck, O., **8**:130, **8**:*148*
Beecroft, R. A., **19**:4, **19**:5, **19**:29, **19**:32, **19**:45, **19**:49, **19**:*115*, **20**:221, **20**:*229*
Beedle, E. C., **24**:22, **24**:*52*
Beens, H., **19**:32, **19**:38, **19**:43, **19**:44, **19**:*115*, **22**:146, **22**:*206*
Beer, P. D., **30**:101, **30**:*112*, **31**:2, **31**:9, **31**:11, **31**:15, **31**:19, **31**:21, **31**:27, **31**:30, **31**:37, **31**:39, **31**:41, **31**:45, **31**:49, **31**:50, **31**:51, **31**:54, **31**:55, **31**:58, **31**:62, **31**:66, **31**:70, **31**:72, **31**:77, **31**:*80*, **31**:*81*, **31**:*82*, **31**:*84*
Beer, R., **19**:13, **19**:*115*, **20**:217, **20**:*230*
Beesley, R. M., **17**:208, **17**:*274*
Beesley, T. E., **29**:31, **29**:*63*
Beeston, M. A., **32**:54, **32**:100, **32**:*118*
Beeumen, J., van, **23**:252, **23**:*264*
Beevers, C. A., **1**:265, **1**:*277*
Begland, R. W., **22**:50, **22**:*109*
Begley, W. J., **20**:193, **20**:*230*
Begoon, A., **6**:305, **6**:*325*
Begum, A., **16**:259, **16**:*262*
Behar, D., **12**:248, **12**:249, **12**:258, **12**:280, **12**:281, **12**:287, **12**:*292*, **12**:*295*, **26**:38, **26**:*128*

Beheshti, I., **18**:209, **18**:*236*
Behme, M. T., **5**:246, **5**:*325*, **8**:291, **8**:298, **8**:299, **8**:300, **8**:307, **8**:308, **8**:309, **8**:310, **8**:311, **8**:314, **8**:334, **8**:338, **8**:339, **8**:340, **8**:341, **8**:373, **8**:*397*
Behohlav, L. R., **7**:20, **7**:22, **7**:*111*
Behr, J. P., **13**:386, **13**:388, **13**:*407*, **17**:371, **17**:373, **17**:410, **17**:*424*
Behrendt, D., **15**:143, **15**:*145*
Behrendt, S., **27**:280, **27**:*288*
Behrens, C., **19**:94, **19**:*118*
Behrens, U., **32**:191, **32**:*208*
Behrman, E. J., **9**:131, **9**:*175*
Bei, L., **27**:226, **27**:227, **27**:*237*
Beierbeck, H., **16**:250, **16**:*260*
Beileryan, N. M., **8**:382, **8**:384, **8**:*397*, **8**:*398*
Beilstein, F., **25**:272, **25**:*442*
Beirne, P. D., **6**:298, **6**:312, **6**:*328*
Beischer, D., **5**:364, **5**:*398*
Beishlin, R. R., **4**:328, **4**:*345*
Beistel, D. W., **11**:376, **11**:*384*
Beitz, J. V., **26**:20, **26**:*128*
Beland, F. A., **26**:54, **26**:*123*
Belasco, J. G., **23**:252, **23**:*264*
Belchenko, O. I., **20**:45, **20**:*53*
Belen'kii, L. I., **22**:34, **22**:*107*
Beletskaya, I. P., **10**:115, **10**:*123*, **17**:318, **17**:319, **17**:*428*
Beletskaya, J. P., **15**:312, **15**:*329*
Belevskii, V. N., **17**:22, **17**:38, **17**:40, **17**:46, **17**:54, **17**:*59*, **17**:*64*, **31**:95, **31**:102, **31**:*140*
Belford, G. G., **3**:190, **3**:250, **3**:251, **3**:*266*
Belfour, E. L., **27**:102, **27**:*114*
Belghith, H., **25**:227, **25**:228, **25**:230, **25**:*256*
Belikov, V. M., **15**:39, **15**:*57*
Belikova, N. A., **11**:209, **11**:*224*
Belin, C., **22**:130, **22**:*211*
Belinskij, I., **14**:335, **14**:*351*
Belke, C. J., **11**:43, **11**:52, **11**:*116*
Bell, A. P., **31**:21, **31**:*82*
Bell, C. L., **11**:348, **11**:*384*
Bell, E. E., **1**:398, **1**:*418*
Bell, F., **1**:213, **1**:214, **1**:271, **1**:*275*
Bell, F. A., **13**:165, **13**:169, **13**:194, **13**:251, **13**:*266*, **20**:95, **20**:100, **20**:120, **20**:*181*
Bell, G. A., **30**:26, **30**:*56*

Bell, G. M., **22**:221, **22**:240, **22**:*299*
Bell, H. C., **18**:163, **18**:*175*
Bell, H. M., **14**:102, **14**:*128*
Bell, I. P., **19**:51, **19**:*115*
Bell, J., **2**:255, **2**:271, **2**:*273*
Bell, J. A., **7**:154, **7**:177, **7**:*202*, **7**:*203*
Bell, K., **27**:45, **27**:47, **27**:*54*
Bell, R. P., **1**:10, **1**:11, **1**:12, **1**:13, **1**:14, **1**:16, **1**:26, **1**:30, **1**:*31*, **1**:59, **1**:62, **1**:*148*, **1**:156, **1**:162, **1**:166, **1**:167, **1**:*197*, **3**:152, **3**:*183*, **4**:3, **4**:4, **4**:5, **4**:9, **4**:10, **4**:11, **4**:12, **4**:13, **4**:15, **4**:16, **4**:17, **4**:19, **4**:20, **4**:21, **4**:22, **4**:23, **4**:25, **4**:*27*, **5**:44, **5**:*51*, **5**:162, **5**:*169*, **5**:247, **5**:269, **5**:270, **5**:287, **5**:288, **5**:311, **5**:312, **5**:*325*, **5**:336, **5**:337, **5**:340, **5**:346, **5**:348, **5**:349, **5**:355, **5**:*395*, **6**:66, **6**:67, **6**:70, **6**:73, **6**:85, **6**:95, **6**:96, **6**:97, **6**:*98*, **7**:261, **7**:263, **7**:315, **7**:320, **7**:*328*, **8**:298, **8**:*397*, **9**:16, **9**:*23*, **9**:142, **9**:143, **9**:159, **9**:173, **9**:*175*, **11**:293, **11**:*383*, **12**:184, **12**:203, **12**:211, **12**:*216*, **13**:106, **13**:114, **13**:133, **13**:*148*, **14**:72, **14**:82, **14**:83, **14**:85, **14**:86, **14**:88, **14**:89, **14**:94, **14**:95, **14**:*127*, **14**:*128*, **14**:150, **14**:151, **14**:152, **14**:153, **14**:154, **14**:*196*, **14**:324, **14**:*337*, **15**:2, **15**:39, **15**:*57*, **16**:33–41, **16**:*46*, **16**:*47*, **16**:97, **16**:*155*, **17**:199, **17**:251, **17**:264, **17**:265, **17**:269, **17**:273, **17**:*274*, **18**:2, **18**:4, **18**:5, **18**:6, **18**:7, **18**:8, **18**:9, **18**:11, **18**:12, **18**:13, **18**:16, **18**:17, **18**:18, **18**:19, **18**:36, **18**:46, **18**:47, **18**:48, **18**:49, **18**:54, **18**:55, **18**:*71*, **18**:*72*, **21**:124, **21**:148, **21**:150, **21**:168, **21**:169, **21**:177, **21**:179, **21**:*191*, **21**:219, **21**:*237*, **22**:120, **22**:122, **22**:125, **22**:127, **22**:142, **22**:*206*, **27**:23, **27**:*52*, **27**:122, **27**:131, **27**:136, **27**:149, **27**:150, **27**:151, **27**:186, **27**:*233*, **28**:172, **28**:177, **28**:190, **28**:*204*, **28**:216, **28**:*287*, **29**:47, **29**:*63*, **31**:211, **31**:213, **31**:217, **31**:*243*
Bell, T. W., **30**:73, **30**:81, **30**:88, **30**:91, **30**:105, **30**:106, **30**:*112*
Bellachioma, G., **23**:48, **23**:*58*
Bellamy, F., **20**:27, **20**:*52*

Bellamy, L. J., **3**:33, **3**:34, **3**:*80*, **4**:219, **4**:*300*, **9**:153, **9**:163, **9**:*175*, **11**:306, **11**:346, **11**:353, **11**:*384*, **26**:315, **26**:*369*
Bellamy, W. D., **28**:68, **28**:*136*
Bellas, M., **19**:64, **19**:*115*
Belleau, B., **12**:17, **12**:56, **12**:57, **12**:*117*, **12**:*129*, **13**:231, **13**:*266*, **13**:*277*, **25**:197, **25**:198, **25**:215, **25**:*259*
Bellenger, L. W., **26**:299, **26**:*376*
Bellin, J. S., **8**:396, **8**:*397*, **8**:*404*
Bello, J., **21**:23, **21**:*33*
Bellobono, I. R., **7**:44, **7**:52, **7**:64, **7**:71, **7**:*108*, **11**:315, **11**:*384*, **13**:113, **13**:*148*, **18**:9, **18**:*71*
Bellocq, A. M., **13**:360, **13**:361, **13**:*408*, **22**:217, **22**:271, **22**:*299*
Belloli, R., **14**:9, **14**:20, **14**:31, **14**:*65*
Bellucci, F., **26**:314, **26**:*371*, **29**:104, **29**:105, **29**:106, **29**:*181*
Bellucci, G., **28**:210, **28**:211, **28**:212, **28**:214, **28**:219, **28**:220, **28**:236, **28**:250, **28**:276, **28**:277, **28**:278, **28**:279, **28**:280, **28**:281, **28**:282, **28**:283, **28**:285, **28**:*287*, **28**:*288*
Belluco, U., **2**:206, **2**:*273*, **5**:194, **5**:195, **5**:209, **5**:210, **5**:*232*, **23**:49, **23**:*62*
Bellus, D., **12**:187, **12**:*218*, **17**:219, **17**:*274*
Bellville, D. J., **20**:120, **20**:123, **20**:*181*, **23**:311, **23**:*316*, **23**:*320*
Beloeil, J. C., **24**:80, **24**:*105*
Belokon', Y. N., **15**:39, **15**:*57*
Belozerov, A. I., **13**:231, **13**:*266*
Belser, P., **26**:20, **26**:*129*
Bel'skii, V. E., **25**:193, **25**:*256*
Belsky, I., **17**:344, **17**:*424*
Beltrame, P., **6**:199, **6**:302, **6**:*324*, **6**:*325*, **7**:5, **7**:11, **7**:43, **7**:44, **7**:52, **7**:53, **7**:64, **7**:65, **7**:68, **7**:71, **7**:72, **7**:92, **7**:93, **7**:*108*, **7**:*109*, **13**:113, **13**:*148*, **21**:166, **21**:*191*
Beltrame, P. L., **7**:5, **7**:11, **7**:43, **7**:64, **7**:68, **7**:*108*, **7**:*109*
Beltran, D., **26**:243, **26**:*246*, **26**:*247*
Beluhlar, L. R., **25**:330, **25**:*443*
Belyaev, E. Y., **19**:408, **19**:*425*, **19**:*427*
Belyaeva, S. G., **19**:55, **19**:*122*, **20**:25, **20**:29, **20**:*52*
Belyakov, V. A., **17**:3, **17**:*63*, **18**:190,

18:*235*, 20:49, 20:*52*
Bemasconi, C. F., 7:244, 7:*254*
Bemis, A. G., 23:274, 23:275, 23:*320*, 23:*321*
Benacia, K. E., 23:10, 23:*61*
Benahcene, A., 32:82, 32:*114*
Benati, L., 20:112, 20:114, 20:*181*
Bence, L. H., 31:382, 31:*388*
Bence, L. M., 31:384, 31:*391*
Bencini, A., 30:68, 30:70, 30:*112*
Bendall, M. R., 16:254, 16:*261*, 16:*264*
Bendedouch, D., 22:219, 22:220, 22:*302*
Bender, C. F., 22:314, 22:*360*
Bender, C. O., 11:360, 11:*384*
Bender, D., 28:8, 28:9, 28:*40*, 28:*41*
Bender, M. L., 2:136, 2:138, 2:140, 2:144, 2:*158*, 3:149, 3:158, 3:159, 3:160, 3:162, 3:163, 3:164, 3:166, 3:167, 3:168, 3:170, 3:171, 3:172, 3:*183*, 4:6, 4:12, 4:*27*, 4:*28*, 5:237, 5:238, 5:239, 5:240, 5:241, 5:246, 5:247, 5:248, 5:249, 5:256, 5:258, 5:262, 5:263, 5:265, 5:266, 5:267, 5:269, 5:271, 5:279, 5:282, 5:288, 5:293, 5:294, 5:296, 5:300, 5:304, 5:319, 5:324, 5:*325*, 5:*326*, 5:*329*, 5:*330*, 8:298, 8:396, 8:*397*, 8:*406*, 11:2, 11:3, 11:4, 11:23, 11:24, 11:29, 11:30, 11:32, 11:34, 11:36, 11:37, 11:38, 11:39, 11:44, 11:46, 11:49, 11:54, 11:58, 11:60, 11:61, 11:62, 11:66, 11:67, 11:75, 11:76, 11:92, 11:*116*, 11:*117*, 11:*121*, 11:*122*, 11:341, 11:*384*, 14:150, 14:*196*, 17:126, 17:*174*, 17:184, 17:233, 17:234, 17:246, 17:264, 17:269, 17:*274*, 17:*277*, 17:*278*, 17:464, 17:465, 17:*486*, 18:5, 18:17, 18:64, 18:*72*, 18:*73*, 21:18, 21:27, 21:*31*, 21:*34*, 21:38, 21:40, 21:66, 21:*94*, 22:191, 22:192, 22:*206*, 22:*210*, 23:195, 23:232, 23:*262*, 23:*266*, 27:48, 27:50, 27:*52*, 27:55, 27:99, 27:*113*, 28:172, 28:174, 28:*176*, 28:180, 28:192, 28:200, 28:202, 28:*204*, 29:2, 29:3, 29:4, 29:5, 29:6, 29:7, 29:8, 29:11, 29:13, 29:14, 29:15, 29:16, 29:22, 29:23, 29:26, 29:28, 29:29, 29:31, 29:32, 29:38, 29:39, 29:46, 29:50, 29:*63*, 29:*64*,

29:*65*, 29:*66*, 29:*68*, 29:*69*, 29:70, 29:72, 29:74, 29:76, 29:78, 29:79, 31:181, 31:188, 31:*243*
Benderly, H., 11:337, 11:*384*
Benderskii, V. A., 16:198, 16:*231*
Bendig, J., 19:52, 19:*115*
Benecke, H. P., 10:118, 10:*123*
Benedek, G. B., 22:219, 22:220, 22:*305*
Benedetti, E., 25:80, 25:*92*
Benedetti, F., 22:91, 22:*107*, 31:262, 31:382, 31:*385*
Benedict, W. S., 14:219, 14:*345*
Benedix, M., 17:55, 17:*63*
Ben-Efraim, D. A., 2:5, 2:6, 2:55, 2:*87*
Beneke, K., 15:143, 15:*145*, 15:*147*
Benes, J., 26:294, 26:*378*
Benesi, A., 29:276, 29:277, 29:304, 29:*327*
Benesi, A. H., 4:254, 4:255, 4:265, 4:*300*
Benesi, H. A., 7:242, 7:*254*, 29:186, 29:*265*
Benewalenskaja, S. V., 32:249, 32:*262*
Benghiat, I., 1:105, 1:*148*
Benjamin, B., 11:49, 11:*119*
Benjamin, B. M., 2:6, 2:7, 2:12, 2:30, 2:34, 2:44, 2:48, 2:49, 2:53, 2:54, 2:*87*, 2:*88*, 2:*89*, 2:*90*, 8:139, 8:*146*, 17:246, 17:*276*
Benjamin, L., 14:290, 14:*337*
Benjamin, L. E., 1:64, 1:67, 1:*152*
Benk, H., 26:203, 26:*246*
Benkeser, R. A., 1:41, 1:52, 1:67, 1:70, 1:72, 1:115, 1:*148*, 5:336, 5:*395*, 10:175, 10:215, 10:*220*, 12:13, 12:67, 12:69, 12:*117*, 15:47, 15:*58*
Benkovic, P., 5:238, 5:280, 5:282, 5:289, 5:296, 5:*326*, 11:40, 11:58, 11:*118*
Benkovic, P. A., 8:298, 8:317, 8:*398*, 17:259, 17:*278*, 31:270, 31:272, 31:277, 31:283, 31:301, 31:382, 31:383, 31:384, 31:*387*, 31:*388*, 31:*389*, 31:*391*
Benkovic, S. J., 5:241, 5:277, 5:282, 5:285, 5:286, 5:287, 5:293, 5:299, 5:320, 5:*326*, 8:317, 8:337, 8:395, 8:*397*, 8:*398*, 11:2, 11:3, 11:4, 11:6, 11:7, 11:14, 11:17, 11:29, 11:30, 11:31, 11:36, 11:37, 11:45, 11:67, 11:*117*, 17:184, 17:237, 17:254, 17:259, 17:268, 17:*278*, 21:27,

21:*31*, 22:96, 22:*107*, 25:103,
25:105, 25:110, 25:133, 25:*256*,
25:*257*, 25:*258*, 26:352, 26:*369*,
29:59, 29:*64*, 29:*66*, 29:*67*, 31:261,
31:264, 31:265, 31:270, 31:272,
31:277, 31:279, 31:280, 31:281,
31:282, 31:283, 31:284, 31:292,
31:301, 31:308, 31:309, 31:311,
31:312, 31:382, 31:383, 31:384,
31:*385*, 31:*387*, 31:*388*, 31:*389*,
31:*390*, 31:*391*, 31:392
Benn, R., 25:11, 25:*86*
Ben-Naim, A., 7:260, 7:*328*, 14:235,
14:236, 14:239, 14:254, 14:255,
14:273, 14:303, 14:305, 14:306,
14:327, 14:*337*, 14:*338*, 14:*350*,
14:*352*, 27:277, 27:*288*
Bennema, P., 13:162, 13:*266*
Benner, D. W., 21:30, 21:*31*
Benner, L. S., 17:55, 17:*59*
Benner, S. A., 24:135, 24:136, 24:137,
24:138, 24:*199*, 24:*202*, 24:*204*
Bennett, A., 1:267, 1:*275*
Bennet, A. J., 22:186, 22:*205*, 24:124,
24:125, 24:150, 24:*199*, 27:41,
27:*52*, 29:107, 29:129, 29:*179*,
31:234, 31:*243*
Bennett, C. A., 5:130, 5:*169*
Bennett, G. B., 8:396, 8:*405*
Bennett, G. M., 16:146, 16:147, 16:*155*,
22:2, 22:30, 22:*107*
Bennett, J. E., 5:71, 5:90, 5:96, 5:107,
5:*113*, 8:3, 8:4, 8:6, 8:12, 8:13, 8:15,
8:17, 8:19, 8:25, 8:26, 8:27, 8:29,
8:31, 8:38, 8:39, 8:43, 8:72, 8:*74*,
8:*75*, 9:131, 9:*175*, 20:49, 20:*52*
Bennett, J. M., 29:13, 29:17, 29:18,
29:19, 29:20, 29:21, 29:*68*, 29:71
Bennett, M. A., 23:36, 23:*58*, 29:217,
29:*265*, 29:297, 29:*324*
Bennett, R., 11:360, 11:*384*
Bennett, W., 8:223, 8:*267*
Bennetto, H. P., 14:206, 14:210, 14:241,
14:263, 14:277, 14:288, 14:309,
14:310, 14:*336*, 14:*338*, 14:*339*
Bennion, B. C., 13:215, 13:*266*
Bennion, T. C., 8:274, 8:*398*
Beno, B., 31:286, 31:287, 31:384, 31:*387*
Beno, B. R., 31:242, 31:*243*
Beno, M. A., 26:299, 26:*369*

Benoit, A., 26:227, 26:*246*
Benoit, H., 3:76, 3:*80*
Benoit, R. L., 14:148, 14:149, 14:195,
14:*200*, 14:325, 14:334, 14:*346*,
14:*388*, 27:268, 27:*289*
Benory, E., 31:385, 31:*388*
Bensasson, R., 19:89, 19:*114*
Bensasson, R. S., 28:4, 28:*42*
Bensaude, O., 22:195, 22:197, 22:200,
22:201, 22:202, 22:204, 22:*206*,
22:*207*
Benschop, H. P., 29:31, 29:*64*
Bensley, B., 5:140, 5:141, 5:142, 5:144,
5:145, 5:146, 5:152, 5:156, 5:160,
5:*169*
Benson, G. C., 14:290, 14:*337*
Benson, R. E., 7:9, 7:*111*, 11:137,
11:*174*, 16:202, 16:*230*, 16:234
Benson, S. W., 1:9, 1:10, 1:11, 1:13,
1:17, 1:*31*, 2:98, 2:100, 2:107,
2:154, 2:157, 2:*158*, 3:101,
3:*120*, 4:150, 4:172, 4:180,
4:184, 4:*191*, 5:177, 5:206,
5:207, 5:*232*, 6:243, 6:245,
6:308, 6:*324*, 7:154, 7:188,
7:190, 7:194, 7:*204*, 8:24, 8:62,
8:75, 8:*77*, 9:129, 9:141, 9:142,
9:167, 9:*175*, 9:*177*, 12:59,
12:*128*, 13:50, 13:51, 13:*78*,
14:122, 14:*128*, 15:26, 15:28,
15:*58*, 15:*60*, 16:72, 16:*85*,
18:151, 18:*175*, 18:223, 18:*235*,
22:18, 22:20, 22:23, 22:55,
22:81, 22:*109*, 26:65, 26:*123*,
26:*126*, 26:*127*, 26:*175*
Benson, W. R., 7:1, 7:43, 7:44, 7:45,
7:46, 7:*109*, 7:*113*
Bent, H. A., 9:28, 9:68, 9:*123*
Benter, G., 14:334, 14:*338*
Bentley, M. O., 14:47, 14:*62*
Bentley, R., 2:119, 2:*158*, 3:169, 3:*183*
Bentley, T. W., 8:171, 8:174, 8:184,
8:213, 8:214, 8:215, 8:217, 8:219,
8:221, 8:230, 8:231, 8:*260*, 14:8,
14:9, 14:10, 14:11, 14:12, 14:15,
14:19, 14:21, 14:24, 14:27, 14:30,
14:34, 14:35, 14:37, 14:38, 14:39,
14:45, 14:46, 14:47, 14:48, 14:51,
14:53, 14:54, 14:55, 14:57, 14:58,
14:59, 14:*62*, 14:*66*, 14:98, 14:*128*,

16:95, 16:135, 16:143, 16:144,
16:*155*, 16:*156*, 21:153, 21:*192*,
22:250, 22:251, 22:*299*, 27:240,
27:245, 27:246, 27:253, 27:257,
27:*288*, 28:245, 28:270, 28:271,
28:272, 28:279, 28:*287*, 28:*291*,
32:373, 32:*379*
Bento, M. F., 32:39, 32:*114*
Benton, D. J., 16:19–22, 16:*47*, 19:385,
19:*425*
Bentrude, W. G., 5:177, 5:179, 5:180,
5:182, 5:198, 5:*232*, 5:341, 5:*395*,
13:119, 13:121, 13:*148*, 14:62,
14:*62*, 14:136, 14:*196*, 14:306,
14:307, 14:317, 14:318, 14:*337*,
25:200, 25:220, 25:*256*, 25:*258*,
25:*262*, 27:255, 27:*288*
Ben-Yacov, H., 27:250, 27:256, 27:*290*
Benz, W., 8:198, 8:239, 8:*260*
Benziman, M., 25:235, 25:*263*
Beran, P., 19:136, 19:*220*, 32:61, 32:*114*
Beranek, E., 7:224, 7:225, 7:*255*
Berardelli, M. L., 27:267, 27:268, 27:*291*
Beratan, D. A., 28:19, 28:*43*
Beratan, D. N., 32:194, 32:*214*
Berberova, N. T., 24:60, 24:*110*
Berch, J., 8:272, 8:280, 8:*405*
Bercovici, T., 19:157, 19:*218*
Berdnikov, V. M., 18:123, 18:124,
18:*175*
Bere, H., 5:6, 5:10, 5:11, 5:16, 5:45, 5:49,
5:*51*
Berecz, I., 30:30, 30:*61*
Berencz, F., 1:262, 1:*279*
Berendson, H. J. C., 14:216, 14:263,
14:*338*
Berenjian, N., 22:292, 22:294, 22:*299*
Beres, J., 25:200, 25:220, 25:*256*
Beresford, P., 13:194, 13:251, 13:*266*
Berestova, S. S., 23:82, 23:*161*, 26:275,
26:319, 26:*377*
Berezhnoi, V. G., 16:249, 16:*261*
Berezhnykh-Földes, T., 9:128, 9:156,
9:167, 9:*175*, 9:*182*
Berezin, I. V., 2:193, 2:*196*, 9:133, 9:157,
9:169, 9:*175*, 11:63, 11:*121*, 12:203,
12:*218*, 17:445, 17:451, 17:452,
17:*482*, 17:*485*, 17:*487*, 22:224,
22:226, 22:227, 22:254, 22:257,
22:*305*, 23:223, 23:225, 23:226,
23:*267*, 29:11, 29:*64*, 29:85
Berezovskii, V. M., 11:358, 11:*389*
Berg, H., 31:189, 31:*243*
Berg, J. C., 8:372, 8:374, 8:*399*
Berg, R. A., 12:143, 12:*220*
Berg, U., 25:6, 25:24, 25:31, 25:39,
25:56, 25:58, 25:59, 25:60, 25:61,
25:62, 25:63, 25:64, 25:66, 25:67,
25:68, 25:69, 25:70, 25:71, 25:73,
25:77, 25:78, 25:79, 25:80, 25:81,
25:*84*, 25:*86*, 25:*89*, 25:*93*, 25:*94*,
25:*95*, 28:247, 28:*287*, 31:189,
31:*246*
Berg, V., 16:246, 16:*261*
Bergbreiter, D. E., 17:58, 17:*64*
Berge, S. M., 23:207, 23:215, 23:*262*
Bergensen, B., 15:87, 15:*146*
Berger, A., 11:332, 11:*384*, 21:27, 21:*31*,
21:42, 21:*97*
Berger, B., 30:101, 30:*112*
Berger, G., 1:105, 1:*148*, 5:321, 5:*326*
Berger, H., 17:74, 17:*178*
Berger, J. E., 14:39, 14:*63*
Berger, P. A., 12:111, 12:*116*, 16:207–9,
16:*231*, 25:46, 25:*86*
Berger, R., 7:9, 7:*113*, 19:311, 19:336,
19:*377*, 26:231, 26:*251*
Berger, R. A., 25:244, 25:*264*
Berger, S., 10:99, 10:*123*, 13:283, 13:*407*,
16:240, 16:243, 16:245, 16:249,
16:*261*, 23:64, 23:72, 23:*158*, 23:*160*
Berger, S. A., 23:170, 23:*262*
Berges, V., 31:295, 31:*387*
Bergesen, K., 6:258, 6:*323*, 9:27, 9:29,
9:*123*, 25:170, 25:189, 25:197,
25:*257*
Berglund, B., 26:271, 26:280, 26:*369*
Berglund-Larsson, U., 2:165, 2:172,
2:*197*
Bergman, E., 7:27, 7:*113*
Bergman, F., 11:324, 11:*390*, 21:14,
21:*31*, 21:*35*
Bergman, I., 18:127, 18:*175*
Bergman, M., 11:64, 11:*120*
Bergman, N-Å., 22:125, 22:126, 22:127,
22:*206*, 27:*234*
Bergman, R. G., 9:237, 9:241,
9:244, 9:256, 9:*276*, 9:*279*,
11:214, 11:*222*, 15:94, 15:95,
15:*149*, 17:462, 17:*486*, 18:192,

18:*238*, 22:277, 22:292, 22:*308*,
  23:17, 23:30, 23:50, 23:53,
  23:*60*, 23:*61*, 23:*62*, 23:297,
  23:298, 23:*318*, 27:241, 27:*291*,
  29:133, 29:*183*, 30:117, 30:*171*
Bergmann, E. D., 1:218, 1:264, 1:*275*,
  1:*279*, 28:213, 28:257, 28:258,
  28:259, 28:*288*, 28:*289*, 32:327,
  32:333, 32:343, 32:*380*, 32:*382*
Bergmann, H. J., 28:214, 28:227, 28:*287*
Bergmann, K., 3:76, 3:*80*
Bergmann, N.-A., 24:62, 24:*105*
Bergmark, W., 18:198, 18:*237*
Bergmark, W. R., 19:27, 19:28, 19:*115*,
  19:*121*
Bergsma, J. P., 19:58, 19:70, 19:*116*,
  20:197, 20:199, 20:207, 20:*230*,
  24:96, 24:*106*
Bergsma, M. D., 19:58, 19:*116*
Bergson, G., 6:124, 6:142, 6:*179*, 24:124,
  24:*199*, 31:206, 31:234, 31:235,
  31:236, 31:*243*, 31:*244*
Bergstrom, F. W., 1:157, 1:*197*
Bergstrom, R. G., 13:215, 13:*266*, 21:53,
  21:54, 21:55, 21:60, 21:62, 21:65,
  21:68, 21:78, 21:83, 21:*94*
Beriot, C., 32:39, 32:*114*
Berke, C., 18:61, 18:*75*, 27:47, 27:*54*,
  28:266, 28:*289*, 32:323, 32:324,
  32:*382*
Berke, C. M., 31:203, 31:*247*
Berkey, R., 10:174, 10:*225*
Berkheim, H. E., 32:274, 32:316, 32:318,
  32:*380*
Berks, C. J., 29:50, 29:*68*
Berlin, A. J., 3:233, 3:234, 3:235, 3:239,
  3:241, 3:243, 3:*267*, 4:158, 4:*191*,
  5:110, 5:*116*
Berliner, E., 1:47, 1:69, 1:70, 1:71, 1:89,
  1:113, 1:*148*, 1:*149*, 2:172, 2:175,
  2:176, 2:178, 2:*197*, 2:*199*, 4:119,
  4:120, 4:*143*, 9:208, 9:211, 9:*280*,
  28:211, 28:*288*
Berliner, F., 1:70, 1:71, 1:*148*
Berliner, L. J., 17:2, 17:5, 17:11, 17:*59*
Berlinsky, A. J., 15:87, 15:*146*
Bernadi, R., 20:173, 20:*185*
Bernal, I., 5:94, 5:*117*, 12:12, 12:*126*
Bernal, J. D., 1:203, 1:*275*, 8:282, 8:285,
  8:*398*, 14:207, 14:*338*

Bernander, L., 26:267, 26:*369*
Bernard, C., 32:71, 32:81, 32:*117*
Bernard, D., 9:80, 9:*125*, 9:*126*
Bernard, H. W., 22:313, 22:*357*
Bernard, P., 29:147, 29:*179*
Bernard, S. A., 21:27, 21:*31*
Bernardi, F., 16:62, 16:*85*, 24:192,
  24:*199*, 24:*204*, 25:8, 25:26, 25:33,
  25:34, 25:53, 25:54, 25:*86*, 25:*88*,
  25:*92*, 25:180, 25:*263*, 30:133,
  30:*169*
Bernardi, R., 19:63, 19:65, 19:*115*
Bernasconi, C. F., 2:191, 2:*197*, 13:215,
  13:*266*, 14:175, 14:177, 14:179,
  14:180, 14:*196*, 21:169, 21:*192*,
  22:114, 22:119, 22:149, 22:152,
  22:163, 22:177, 22:*206*, 26:119,
  26:*123*, 26:332, 26:341, 26:*369*,
  27:38, 27:39, 27:40, 27:41, 27:44,
  27:*52*, 27:104, 27:107, 27:*113*,
  27:*114*, 27:129, 27:131, 27:133,
  27:149, 27:150, 27:154, 27:157,
  27:162, 27:163, 27:166, 27:167,
  27:168, 27:169, 27:174, 27:175,
  27:176, 27:177, 27:182, 27:183,
  27:185, 27:186, 27:190, 27:192,
  27:193, 27:194, 27:198, 27:204,
  27:205, 27:207, 27:209, 27:210,
  27:211, 27:212, 27:213, 27:214,
  27:215, 27:216, 27:217, 27:218,
  27:219, 27:220, 27:221, 27:222,
  27:223, 27:231, 27:*233*, 27:*234*,
  27:*235*, 29:48, 29:*64*
Bernassau, J. M., 25:11, 25:*86*
Bernath, T., 12:3, 12:60, 12:*123*, 13:172,
  13:173, 13:248, 13:*272*, 18:158,
  18:*179*, 29:240, 29:*269*
Berndt, A., 5:89, 5:*114*, 17:6, 17:*59*,
  20:31, 20:45, 20:*52*
Berneth, H., 19:154, 19:*219*, 20:116,
  20:117, 20:*183*
Bernhard, S. A., 5:282, 5:289, 5:296,
  5:*326*, 28:191, 28:202, 28:*206*
Bernhard, W. A., 24:194, 24:*199*
Bernhardsson, E., 12:13, 12:*117*
Bernheim, R. A., 7:164, 7:*203*, 22:313,
  22:*357*, 23:71, 23:*158*
Bernheimer, R., 19:262, 19:*370*
Bernot, D. C., 22:290, 22:*299*
Bernotas, R. C., 31:135, 31:*140*

Bernstein, A. J., **9**:68, **9**:*125*
Bernstein, C., **32**:80, **32**:*114*
Bernstein, E. R., **25**:20, **25**:21, **25**:60, **25**:62, **25**:*86*
Bernstein, H. I., **2**:47, **2**:*87*, **30**:118, **30**:*169*
Bernstein, H. J., **1**:30, **1**:*33*, **1**:215, **1**:*275*, **1**:404, **1**:*419*, **2**:2, **2**:*89*, **3**:188, **3**:189, **3**:192, **3**:202, **3**:223, **3**:233, **3**:234, **3**:235, **3**:239, **3**:243, **3**:246, **3**:247, **3**:251, **3**:253, **3**:259, **3**:*265*, **3**:*267*, **3**:*268*, **7**:79, **7**:*111*, **8**:24, **8**:*75*, **9**:160, **9**:*181*, **11**:271, **11**:*390*, **25**:31, **25**:32, **25**:*96*
Bernstein, J., **1**:105, **1**:*152*, **29**:126, **29**:*179*, **30**:158, **30**:*170*, **32**:123, **32**:*208*
Bernstein, R. B., **20**:42, **20**:*52*, **21**:116, **21**:*194*, **28**:140, **28**:*170*, **31**:256, **31**:*392*
Berntsson, P., **15**:268, **15**:*328*
Beronius, P., **5**:220, **5**:*232*, **15**:279, **15**:285, **15**:287, **15**:*328*
Berridge, J. C., **19**:100, **19**:*115*
Berridge, M. J., **25**:243, **25**:*256*
Berrigan, P. J., **14**:189, **14**:*200*
Berry, C. N., **19**:390, **19**:413, **19**:*425*
Berry, J. P., **32**:324, **32**:*379*
Berry, R. E., **24**:96, **24**:*106*
Berry, R. S., **6**:2, **6**:*58*, **9**:27(53), **9**:28(53), **9**:40(53), **9**:42(53), **9**:77(53), **9**:82(53), **9**:119(53), **9**:*123*, **25**:129, **25**:130, **25**:136, **25**:143, **25**:*256*
Bersohn, M., **5**:54, **5**:62, **5**:*113*, **10**:43, **10**:*52*
Bersohn, R., **1**:293, **1**:294, **1**:317, **1**:318, **1**:355, **1**:*359*, **20**:196, **20**:*230*, **32**:164, **32**:*208*
Berson, J. A., **2**:5, **2**:6, **2**:55, **2**:*87*, **2**:98, **2**:100, **2**:107, **2**:151, **2**:154, **2**:*158*, **5**:176, **5**:*232*, **5**:378, **5**:*395*, **6**:239, **6**:240, **6**:287, **6**:*324*, **10**:98, **10**:114, **10**:*123*, **11**:188, **11**:214, **11**:*222*, **14**:135, **14**:*196*, **19**:286, **19**:*379*, **20**:115, **20**:*185*, **26**:185, **26**:189, **26**:193, **26**:200, **26**:208, **26**:210, **26**:217, **26**:*246*, **26**:*248*, **26**:*249*, **26**:*251*, **26**:*253*
Berthalon, G., **15**:122, **15**:*148*

Berthelot, A., **6**:9, **6**:54, **6**:*58*
Berthelot, M., **25**:270, **25**:*442*, **27**:191, **27**:205, **27**:*233*
Berthier, G., **1**:264, **1**:*275*, **1**:*279*, **4**:289, **4**:*303*, **26**:118, **26**:*123*
Berthod, H., **6**:131, **6**:*179*
Bertholm, G., **11**:374, **11**:375, **11**:*384*
Berthou, J., **16**:257, **16**:*261*, **32**:240, **32**:*262*
Berti, F., **31**:262, **31**:382, **31**:*385*
Berti, G., **27**:244, **27**:245, **27**:251, **27**:256, **27**:283, **27**:*288*, **28**:212, **28**:276, **28**:*287*
Bertie, J. E., **14**:223, **14**:224, **14**:*338*
Bertini, F., **13**:247, **13**:*274*, **14**:125, **14**:126, **14**:*130*, **18**:170, **18**:*181*, **20**:173, **20**:*185*
Bertinotti, F., **1**:230, **1**:*275*
Bertolasi, V., **26**:314, **26**:*371*, **29**:104, **29**:105, **29**:106, **29**:*181*, **32**:230, **32**:*262*
Bertozzi, R. J., **12**:43, **12**:*118*
Bertram, J., **10**:158, **10**:173, **10**:184, **10**:*220*, **12**:43, **12**:51, **12**:*117*,
Bertrán, J., **12**:205, **12**:*216*
Bertran, J., **26**:119, **26**:*121*, **26**:*123*, **31**:174, **31**:*243*
Bertrand, G. L., **14**:290, **14**:295, **14**:*338*
Bertrand, J. A., **26**:262, **26**:*369*
Bertrand, M., **7**:200, **7**:*203*, **9**:224, **9**:225, **9**:226, **9**:227, **9**:*274*, **9**:*279*, **28**:208, **28**:*290*
Bertrand, M. P., **17**:12, **17**:*64*
Bertrand, R. D., **10**:85, **10**:*128*
Bertranne, M., **24**:80, **24**:*105*
Bertsch, A., **29**:297, **29**:*324*
Berwick, M. A., **28**:107, **28**:*136*
Besenyei, I., **30**:51, **30**:54, **30**:55, **30**:*58*, **30**:*61*
Bespalov, B. P., **16**:198, **16**:203, **16**:*231*
Bessard, J., **10**:181, **10**:*220*
Besse, J. J., **17**:337, **17**:*431*
Bessière, J., **12**:43, **12**:*126*
Best, D. C., **6**:289, **6**:314, **6**:*328*
Bethea, C. G., **32**:158, **32**:162, **32**:*213*
Bethell, D., **1**:411, **1**:*418*, **2**:172, **2**:*197*, **5**:332, **5**:333, **5**:344, **5**:353, **5**:354, **5**:358, **5**:391, **5**:394, **5**:*395*, **7**:155, **7**:156, **7**:171, **7**:175, **7**:180, **7**:185, **7**:191, **7**:193, **7**:*203*, **8**:227, **8**:*260*,

9:185, 9:265, 9:273, 9:*274*, 10:57, 10:75, 10:82, 10:100, 10:103, 10:114, 10:*123*, 10:149, 10:*152*, 14:32, 14:*62*, 14:77, 14:*128*, 15:209, 15:211, 15:217, 15:*260*, 17:49, 17:*59*, 18:94, 18:169, 18:*176*, 19:184, 19:185, 19:186, 19:187, 19:188, 19:189, 19:190, 19:191, 19:192, 19:193, 19:194, 19:*218*, 19:*221*, 19:*225*, 19:*368*, 20:87, 20:112, 20:113, 20:114, 20:*181*, 20:*187*, 22:312, 22:327, 22:328, 22:335, 22:343, 22:349, 22:*357*, 23:309, 23:*316*, 24:83, 24:93, 24:*105*, 26:180, 26:*246*, 26:298, 26:*369*, 30:178, 30:*217*, 31:44, 31:*82*, 32:60, 32:*115*
Bethge, P. H., 11:64, 11:*121*
Bethoux, M., 5:72, 5:83, 5:*113*
Betowski, L. D., 21:206, 21:*239*, 24:8, 24:*54*
Bett, K. E., 14:230, 14:*338*
Bettahar, M., 18:43, 18:59, 18:*72*, 18:*74*
Bettels, B., 25:39, 25:58, 25:*59*, 25:*84*, 25:*85*
Betterton, K. M., 32:181, 32:186, 32:*214*
Bettinetti, G. F., 19:112, 19:*126*
Betzel, C., 23:300, 23:*318*
Beug, M., 16:23, 16:*48*, 29:258, 29:*270*
Beugelmans, R., 20:226, 20:*230*, 23:278, 23:*281*, 23:*316*, 26:72, 26:91, 26:*122*, 26:*123*
Beurskens, P. T., 14:229, 14:*338*
Beutler, R., 8:216, 8:*269*
Bevan, C. W. L., 1:415, 1:*418*, 5:325, 5:*326*, 25:328, 25:*442*
Beveridge, D. L., 8:18, 8:*77*, 9:50(83), 9:58(83), 9:*124*, 12:192, 12:207, 12:*218*, 13:5, 13:6, 13:*81*, 27:8, 27:*55*
Beverly, G. M., 17:115, 17:*179*
Bevington, J. C., 9:134, 9:*175*
Bevington, P. R., 29:8, 29:*64*
Bewick, A., 10:155, 10:175, 10:*220*, 12:2, 12:13, 12:69, 12:98, 12:*116*, 12:*117*, 19:140, 19:141, 19:181, 19:*217*, 19:*218*, 20:134, 20:147, 20:*181*, 20:*182*, 29:231, 29:252, 29:*265*
Beychok, S., 6:170, 6:*179*
Beyerlein, A. L., 16:254, 16:*265*

Beyersbergen van Henegouwen, G. M. J., 11:235, 11:237, 11:*264*
Beynon, J. H., 8:169, 8:174, 8:183, 8:184, 8:188, 8:194, 8:199, 8:201, 8:211, 8:220, 8:240, 8:250, 8:*260*, 8:*261*
Beynon, P., 13:382, 13:385, 13:*411*
Bez, W., 13:239, 13:*278*
Bézaguet, A., 7:200, 7:*203*
Bezboruah, C. P., 14:212, 14:*338*
Bezilla, B. M. Jr., 19:195, 19:*218*
Bezman, R., 13:224, 13:*266*
Bezzi, S., 1:235, 1:*277*, 4:7, 4:20, 4:*27*
Bhacca, N. S., 4:337, 4:*347*, 13:288, 13:300, 13:306, 13:310, 13:313, 13:318, 13:*407*, 13:*411*
Bhagavantam, S., 3:41, 3:66, 3:70, 3:75, 3:78, 3:*80*
Bhale, V. M., 12:283, 12:*296*
Bhandari, K. S., 15:83, 15:*149*
Bhaskar, K. R., 9:140, 9:157, 9:*182*
Bhaskar Maiya, G., 31:58, 31:*83*
Bhat, G., 25:13, 25:*87*
Bhat, T. N., 26:358, 26:*369*
Bhati, A., 8:170, 8:207, 8:209, 8:224, 8:*261*
Bhatia, K., 12:226, 12:254, 12:275, 12:278, 12:280, 12:286, 12:288, 12:*292*, 12:*296*
Bhatia, S. B., 9:27(11c), 9:78(11c), 9:80(111b), 9:98(111b), 9:100(111b), 9:*121*, 9:*125*
Bhatt, M. V., 28:179, 28:181, 28:182, 28:183, 28:189, 28:199, 28:201, 28:*204*
Bhattacharjee, S. S., 13:320, 13:322, 13:*413*
Bhattacharyya, D. N., 10:176, 10:*220*, 15:169, 15:173, 15:179, 15:180, 15:201, 15:202, 15:204, 15:206, 15:*260*
Bhattacharyya, S. N., 19:87, 19:*117*
Bhowmik, B. B., 9:163, 9:164, 9:*175*, 16:194–6, 16:*235*
Bhowmik, S., 14:148, 14:*200*
Biagini-Cingi, M., 26:261, 26:*369*
Biais, J., 9:158, 9:*175*, 9:177, 9:*181*, 22:217, 22:271, 22:*299*
Biale, G., 21:166, 21:*191*
Biali, S. E., 23:75, 23:*160*, 25:72, 25:*91*,

25:*95*, 26:317, 26:*369*, 26:*377*,
  29:99, 29:100, 29:104, 29:*181*,
  29:*182*
Bianchi, A., 30:68, 30:70, 30:*112*
Bianchi, M. T., 22:280, 22:*299*
Bianchi, N., 22:228, 22:236, 22:243,
  22:253, 22:*299*
Bianchin, B., 22:184, 22:*206*
Bianchini, J. P., 9:221, 9:223, 9:*274*
Bianchini, R., 28:210, 28:211, 28:212,
  28:214, 28:219, 28:220, 28:236,
  28:250, 28:276, 28:277, 28:278,
  28:279, 28:280, 28:281, 28:282,
  28:283, 28:285, 28:*287*, 28:*288*
Biasotti, J. B., 17:127, 17:*174*
Bicerano, J., 22:133, 22:*207*, 32:226,
  32:*262*
Bickart, P., 17:96, 17:131, 17:*174*, 17:*179*
Bickel, A. F., 6:248, 6:*327*, 8:51, 8:52,
  8:*75*, 9:130, 9:137, 9:*175*, 9:*179*,
  10:30, 10:50, 10:*52*, 10:137, 10:*152*,
  11:367, 11:*387*
Bicklehaupt, F., 10:114, 10:*123*
Bickley, H. T., 12:59, 12:*126*
Bicknell, R. C., 3:99, 3:110, 3:*120*
Biczó, G., 9:160, 9:*175*
Bieber, R., 4:7, 4:9, 4:16, 4:21, 4:*27*
Biebl, G., 13:196, 13:203, 13:*276*
Biechler, S. S., 3:164, 3:166, 3:*183*, 5:246,
  5:*326*
Bielenberg, W., 3:38, 3:*81*
Biellmann, J., 10:120, 10:*123*
Bielmann, J. F., 15:223, 15:243, 15:245,
  15:*260*
Bielski, B. H. J., 8:249, 8:*261*, 12:264,
  12:291, 12:*292*, 12:*293*
Biemann, K., 3:127, 3:151, 3:*183*, 6:6,
  6:*60*, 8:95, 8:96, 8:*146*, 8:153, 8:167,
  8:170, 8:194, 8:198, 8:201, 8:202,
  8:204, 8:222, 8:223, 8:235, 8:236,
  8:239, 8:244, 8:245, 8:*260*, 8:*261*,
  8:*264*, 8:*266*
Bieniasz, L. W., 32:92, 32:109, 32:*114*
Bienkowski, R., 28:62, 28:*135*
Bienvenue, A., 5:175, 5:176, 5:*233*,
  14:135, 14:*198*
Bienvenue-Goëtz, E., 28:211, 28:212,
  28:213, 28:215, 28:228, 28:229,
  28:234, 28:243, 28:244, 28:245,
  28:246, 28:248, 28:257, 28:259,
  28:260, 28:277, 28:278, 28:279,
  28:285, 28:287, 28:*289*, 28:*290*,
  28:*291*, 32:334, 32:*379*
Bier, A., 4:270, 4:*300*
Bierbaum, V. M., 13:87, 13:*151*, 21:203,
  21:219, 21:236, 21:*238*, 21:*240*,
  24:1, 24:2, 24:12, 24:13, 24:16,
  24:18, 24:20, 24:21, 24:22, 24:23,
  24:24, 24:36, 24:44, 24:45, 24:46,
  24:*50*, 24:*51*, 24:*52*, 24:*53*, 24:*55*,
  24:75, 24:86, 24:*105*, 24:*107*,
  31:150, 31:*244*
Bieri, J. H., 29:166, 29:*181*
Biernat, J. F., 31:6, 31:*82*
Bietti, M., 31:120, 31:*137*
Biffar, S. E., 17:420, 17:*427*
Bigeleisen, J., 1:172, 1:*197*, 2:61, 2:77,
  2:*87*, 6:70, 6:*98*, 6:191, 6:*324*, 7:266,
  7:316, 7:*328*, 7:*330*, 9:7, 9:*24*, 9:142,
  9:*175*, 10:19, 10:*26*, 13:179, 13:*273*,
  23:66, 23:*158*, 31:144, 31:*243*
Bigelow, C. C., 6:179, 6:*179*
Bigelow, R. W., 26:239, 26:*250*
Biggi, G., 17:315, 17:316, 17:*426*
Biggs, A. I., 13:114, 13:*149*
Biggs, I. D., 19:396, 19:408, 19:410,
  19:*425*
Bigio, I. J., 32:162, 32:*216*
Bigler, A. J., 9:27(11a), 9:29(67a,b),
  9:78(11a), 9:124(67a,b), 9:*121*,
  9:*124*
Bijl, D., 1:350, 1:*361*
Bijvoet, J. M., 6:106, 6:*179*, 6:*183*
Bikales, N. M., 7:43, 7:*109*
Bilbrey, R., 11:82, 11:*121*
Bilevich, K. A., 10:99, 10:*123*, 12:3,
  12:111, 12:*117*, 18:82, 18:83,
  18:*176*, 20:152, 20:*182*
Bilik, U., 13:305, 13:306, 13:307, 13:308,
  13:*415*
Bil'kis, I. I., 17:46, 17:*59*
Billig, M. J., 5:359, 5:360, 5:386, 5:*399*
Billinge, B. H. M., 5:123, 5:*169*
Billings, C. I., 1:*149*
Billings, W. E., 13:247, 13:*268*
Billmeyer, F. W. Jr., 22:4, 22:*107*
Billo, E. J., 11:316, 11:*385*
Billon, J. P., 12:12, 12:43, 12:*117*,
  13:195, 13:*267*
Billups, W. E., 20:177, 20:*183*, 23:308,

23:*317*
Bilofsky, H. S., **25**:13, **25**:45, **25**:*87*
Biltonen, R., **14**:247, **14**:*347*
Bilyk, I., **5**:22, **5**:*51*
Binder, D. A., **24**:92, **24**:*108*
Binder, K., **26**:206, **26**:*246*
Bindra, J-S., **13**:280, **13**:*415*
Bindra, P., **26**:18, **26**:*123*
Bingel, C., **30**:202, **30**:*220*
Binger, P., **29**:308, **29**:*330*
Bingham, R. C., **10**:34, **10**:*52*, **11**:186, **11**:192, **11**:*223*, **13**:7, **13**:*78*, **14**:3, **14**:5, **14**:8, **14**:9, **14**:12, **14**:34, **14**:*63*, **14**:*65*, **14**:110, **14**:*131*, **15**:21, **15**:*60*, **28**:270, **28**:*290*
Binkley, J. S., **23**:186, **23**:*266*, **25**:51, **25**:*91*, **25**:179, **25**:*257*, **25**:*262*
Binkley, R. W., **29**:302, **29**:*331*
Binkley, W. W., **13**:306, **13**:313, **13**:318, **13**:*407*
Binks, J. H., **2**:172, **2**:*197*, **4**:*143*, **4**:*145*, **8**:59, **8**:*75*
Binns, F., **25**:328, **25**:*442*
Bin Samsudin, M. W., **19**:101, **19**:*114*
Binsch, G., **5**:66, **5**:*113*, **7**:176, **7**:*205*, **26**:132, **26**:*178*
Biordi, J., **5**:151, **5**:*169*
Biranowski, J. B., **6**:275, **6**:*324*
Birbaum, J.-L., **29**:130, **29**:*182*
Birch, A. J., **12**:13, **12**:67, **12**:*117*, **29**:314, **29**:*324*
Birchall, T., **3**:264, **3**:*266*, **7**:238, **7**:241, **7**:*254*, **9**:18, **9**:*23*, **11**:331, **11**:335, **11**:337, **11**:344, **11**:345, **11**:366, **11**:372, **11**:374, **11**:375, **11**:*384*, **11**:*386*, **19**:317, **19**:*368*
Bird, A. E., **23**:258, **23**:261, **23**:*262*
Bird, C. L., **6**:293, **6**:*324*
Bird, M., **5**:159, **5**:*169*
Bird, M. L., **1**:73, **1**:74, **1**:75, **1**:76, **1**:77, **1**:78, **1**:*149,* **27**:245, **27**:246, **27**:256, **27**:*288*
Bird, R., **17**:206, **17**:207, **17**:209, **17**:258, **17**:*275*, **18**:169, **18**:*176*, **22**:79, **22**:*107*
Bird, R. A., **9**:137, **9**:139, **9**:140, **9**:142, **9**:146, **9**:149, **9**:*175*
Bird, R. B., **3**:54, **3**:*81*, **13**:14, **13**:17, **13**:*80*
Birdsall, B., **13**:332, **13**:333, **13**:334,
13:335, **13**:336, **13**:337, **13**:338, **13**:341, **13**:342, **13**:*407*
Birdsall, N. J. M., **13**:333, **13**:383, **13**:385, **13**:386, **13**:387, **13**:388, **13**:390, **13**:*411*, **13**:*412*, **13**:*414*, **16**:251, **16**:*263*
Birdwhistell, R., **29**:217, **29**:*266*
Biresaw, G., **22**:222, **22**:262, **22**:264, **22**:275, **22**:*299*
Birk, J. P., **22**:151, **22**:*207*, **23**:33, **23**:*58*
Birke, R. L., **13**:251, **13**:*265*
Birker, P. J. M. W. L., **26**:315, **26**:*372*
Birkhahn, R. H., **8**:275, **8**:282, **8**:287, **8**:288, **8**:*403*, **13**:391, **13**:*412*
Birkhofer, H., **26**:152, **26**:155, **26**:156, **26**:168, **26**:*175*, **26**:*178*
Birkin, P. R., **32**:81, **32**:82, **32**:*114*
Birks, J. B., **12**:132, **12**:143, **12**:146, **12**:*216*, **18**:191, **18**:*235*, **19**:16, **19**:27, **19**:53, **19**:*114*, **19**:*115*
Birktoft, J. J., **11**:37, **11**:39, **11**:56, **11**:*117*, **11**:*121*
Birladeanu, L., **23**:193, **23**:*264*
Birnbaum, K. B., **29**:90, **29**:*179*
Birshtein, T. M., **6**:118, **6**:168, **6**:*179*
Birss, F. W., **1**:387, **1**:*420*
Birum, G. H., **7**:73, **7**:*109*, **7**:*110*, **9**:27(12), **9**:100(12), **9**:*121*
Bischof, P., **22**:98, **22**:*107*, **29**:233, **29**:*266*, **29**:308, **29**:311, **29**:*324*
Bischoff, C. A., **25**:27, **25**:*86*
Bishop, B. M., **6**:67, **6**:*98*
Bishop, D. G., **16**:258, **16**:*262*
Bishop, D. M., **8**:24, **8**:*75,* **32**:136, **32**:149, **32**:150, **32**:151, **32**:152, **32**:153, **32**:181, **32**:*209*, **32**:*216*
Bishop, E. O., **4**:1, **4**:*27*
Bishop, N. I., **12**:3, **12**:*117*
Bishop, W., **8**:282, **8**:285, **8**:296, **8**:297, **8**:361, **8**:365, **8**:368, **8**:369, **8**:*401*
Bisnette, M. B., **23**:44, **23**:*60*
Bisson, J. M., **18**:168, **18**:*176*
Bistline, R. G. Jr., **8**:306, **8**:329, **8**:*398*, **8**:*402*, **8**:*406*
Bitter, B., **2**:191, **2**:*197*
Bitthin, R., **28**:4, **28**:*41*
Bittman, R., **6**:275, **6**:*331*
Bittner, R., **32**:159, **32**:167, **32**:193, **32**:*217*

Bittner, S., **15**:119, **15**:*145*
Bixon, M., **6**:129, **6**:137, **6**:138, **6**:142, **6**:145, **6**:156, **6**:*179*, **18**:131, **18**:*177*
Bizebard, T., **31**:311, **31**:*387*
Bizzigotti, G. O., **17**:454, **17**:455, **17**:*485*, **22**:260, **22**:269, **22**:285, **22**:*305*, **22**:*306*
Bizzozero, S. A., **24**:171, **24**:172, **24**:*199*
Bjorklund, G. C., **32**:167, **32**:174, **32**:*214*
Bjørnholm, T., **32**:124, **32**:*210*
Björnstad, S. L., **22**:55, **22**:*107*
Björnstedt, R., **31**:383, **31**:*385*
Bjerrum, J., **6**:81, **6**:*98*, **15**:269, **15**:270, **15**:272, **15**:*328*
Bláha, K., **29**:107, **29**:*183*
Black, K. A., **31**:242, **31**:*244*
Black, T. D., **26**:262, **26**:*369*
Black, W., **8**:272, **8**:*403*
Blackadder, D., **1**:23, **1**:*31*
Blackall, E. L., **11**:20, **11**:*117*
Blackburn, B. J., **16**:250, **16**:*261*, **17**:2, **17**:21, **17**:54, **17**:*61*, **31**:93, **31**:136, **31**:*139*
Blackburn, C., **24**:127, **24**:*200*, **31**:9, **31**:11, **31**:49, **31**:*81*
Blackburn, E. V., **15**:128, **15**:*146*, **23**:304, **23**:*316*, **23**:*321*
Blackburn, G. M., **11**:33, **11**:*117*, **12**:57, **12**:*117*, **13**:239, **13**:*267*, **17**:237, **17**:270, **17**:*275*, **21**:39, **21**:*94*, **23**:196, **23**:197, **23**:233, **23**:*262*, **25**:140, **25**:160, **25**:*256*, **31**:289, **31**:300, **31**:307, **31**:308, **31**:312, **31**:382, **31**:*386*, **31**:*392*
Blackburne, I. D., **13**:59, **13**:*78*, **25**:42, **25**:*86*
Blackmer, G. L., **17**:423, **17**:*424*
Blackwell, L. F., **27**:45, **27**:*52*
Blade-Font, A., **9**:27(29c), **9**:*122*
Blades, A. T., **3**:95, **3**:96, **3**:100, **3**:101, **3**:109, **3**:114, **3**:*120*, **3**:*121*, **4**:150, **4**:*191*
Bladon, P., **21**:40, **21**:*95*
Blagoeva, I. B., **17**:217, **17**:*275*
Blaha, E. W., **10**:174, **10**:*225*
Blaha, J. M., **23**:209, **23**:212, **23**:*262*
Blain, D. A., **29**:314, **29**:*330*
Blair, C., **1**:10, **1**:*31*
Blair, J. S., **19**:361, **19**:*368*

Blair, L. K., **21**:198, **21**:207, **21**:214, **21**:225, **21**:228, **21**:*237*, **21**:*238*, **21**:*239*, **29**:122, **29**:*179*
Blaive, B., **25**:61, **25**:69, **25**:*86*, **25**:*94*
Blake, C. C. F., **11**:28, **11**:81, **11**:*117*, **24**:141, **24**:*199*
Blake, D. M., **23**:36, **23**:49, **23**:*61*, **23**:*62*
Blake, J. A., **7**:234, **7**:*254*, **9**:147, **9**:*175*
Blake, J. F., **26**:119, **26**:*125*
Blakeslee, H. W., **15**:121, **15**:*147*
Blakey, D. C., **31**:307, **31**:308, **31**:382, **31**:*385*, **31**:*392*
Blanc, J., **24**:71, **24**:*110*
Blanchard-Desce, M., **32**:143, **32**:167, **32**:179, **32**:180, **32**:187, **32**:193, **32**:*208*, **32**:*209*, **32**:*213*
Blanchard, E. P., **7**:155, **7**:185, **7**:*203*, **7**:*208*, **14**:116, **14**:*131*
Blanchard, J. S., **31**:214, **31**:*243*
Blanchard, K. R., **13**:45, **13**:*81*
Blanchette, P. E., **19**:269, **19**:*368*
Blanchi, J-P., **13**:184, **13**:*267*
Blanco, A., **17**:455, **17**:*483*
Blanco, R. J., **17**:261, **17**:*276*
Blanda, M. T., **30**:86, **30**:*112*, **30**:*114*
Blandamer, M. J., **5**:113, **5**:*113*, **8**:31, **8**:*75*, **14**:210, **14**:218, **14**:231, **14**:233, **14**:234, **14**:243, **14**:247, **14**:257, **14**:263, **14**:269, **14**:280, **14**:289, **14**:293, **14**:300, **14**:301, **14**:302, **14**:331, **14**:333, **14**:*336*, **14**:*338*, **14**:*339*, **15**:274, **15**:*328*, **22**:283, **22**:*299*, **27**:243, **27**:*288*, **31**:170, **31**:172, **31**:*243*
Blank, B., **10**:57, **10**:79, **10**:85, **10**:86, **10**:87, **10**:105, **10**:106, **10**:*123*, **18**:43, **18**:44, **18**:*72*
Blank, N. E., **19**:24, **19**:*115*
Blankenhorn, G., **19**:81, **19**:*115*
Blankenship, F., **27**:267, **27**:*288*
Blankespoor, R. L., **18**:170, **18**:*182*, **20**:159, **20**:*182*
Blann, W. G., **32**:231, **32**:*265*
Blaschke, G., **25**:14, **25**:*86*
Blatt, A. H., **19**:414, **19**:*425*
Blatt, E. B., **22**:295, **22**:*300*
Blatter, H. M., **13**:59, **13**:63, **13**:*77*
Blau, H. H., **1**:404, **1**:*418*
Blaunstein, R. R., **12**:133, **12**:*217*
Blaurock, A. E., **13**:382, **13**:*415*

Blazewich, J. N., **19**:297, **19**:*371*
Bleakney, W., **8**:203, **8**:*263*
Bleasdale, C., **30**:188, **30**:190, **30**:*217*
Bleck, W.-E., **29**:297, **29**:*324*
Bleckmann, P., **30**:55, **30**:*56*
Bleha, T., **24**:146, **24**:*204*
Blenkle, M., **32**:177, **32**:*209*
Blesa, M. A., **32**:40, **32**:*117*
Blewitt, H. L., **11**:325, **11**:*389*
Blinc, R., **26**:294, **26**:301, **26**:*369*
Blinder, S. M., **5**:72, **5**:*113*
Blinkley, J. S., **24**:148, **24**:*201*
Blinov, L. M., **32**:167, **32**:*209*
Bloch, A. N., **13**:177, **13**:*267*, **13**:*269*, **16**:206, **16**:208, **16**:*231*, **16**:*232*, **26**:232, **26**:238, **26**:*247*, **29**:229, **29**:*266*
Bloch, C., **4**:3, **4**:9, **4**:*29*
Bloch, D. R., **17**:420, **17**:*430*
Bloch, F., **3**:190, **3**:191, **3**:193, **3**:226, **3**:*265*
Block, E., **17**:71–4, **17**:77, **17**:88, **17**:91, **17**:*175*, **17**:*179*
Block, H., **7**:267, **7**:*328*
Block, H. S., **4**:326, **4**:*345*
Block, P. L., **23**:20, **23**:21, **23**:27, **23**:*58*, **23**:*59*
Blockman, C., **18**:138, **18**:139, **18**:*175*, **19**:210, **19**:*217*, **26**:32, **26**:33, **26**:38, **26**:47, **26**:48, **26**:51, **26**:*122*
Blocman, C., **20**:101, **20**:103, **20**:*181*, **20**:212, **20**:219, **20**:220, **20**:*229*
Blodgett, K., **15**:80, **15**:*147*
Bloembergen, N., **3**:194, **3**:214, **3**:*265*
Bloemhoff, W., **13**:166, **13**:*267*
Blois, D. W., **28**:62, **28**:*137*
Blois, M. S., **5**:60, **5**:*113*, **13**:158, **13**:*272*
Bloise, M.S., Jnr., **1**:355, **1**:*360*
Blokzijl, W., **31**:270, **31**:*385*
Blomberg, C., **10**:114, **10**:*123*
Blomgren, E., **10**:186, **10**:*220*, **12**:23, **12**:91, **12**:*117*
Blomgren, G. E., **13**:165, **13**:*266*
Blomquist, A. T., **1**:105, **1**:*149*, **6**:219, **6**:*324*
Blonder, R., **31**:383, **31**:*392*
Blonski, C., **25**:227, **25**:228, **25**:230, **25**:232, **25**:*256*
Bloom, A., **14**:162, **14**:*199*

Bloom, A. L., **3**:234, **3**:*265*
Bloom, M., **3**:216, **3**:217, **3**:221, **3**:234, **3**:*265*, **3**:*267*
Bloomer, A. C., **21**:30, **21**:*31*
Bloomer, J. L., **2**:172, **2**:*197*
Bloor, D., **16**:224, **16**:*231*, **32**:123, **32**:180, **32**:*210*, **32**:*211*, **32**:*215*
Blount, H. N., **12**:56, **12**:79, **12**:*117*, **13**:196, **13**:228, **13**:233, **13**:239, **13**:242, **13**:*266*, **13**:*276*, **17**:48, **17**:*59*, **18**:150, **18**:153, **18**:*177*, **19**:140, **19**:173, **19**:180, **19**:*218*, **20**:76, **20**:77, **20**:80, **20**:81, **20**:86, **20**:*182*, **20**:*183*, **20**:*188*, **31**:94, **31**:95, **31**:102, **31**:116, **31**:117, **31**:*137*, **31**:*139*, **31**:*140*, **31**:*141*
Blount, J. F., **25**:24, **25**:33, **25**:62, **25**:63, **25**:75, **25**:*86*, **25**:*88*, **25**:*90*
Blout, E. R., **5**:296, **5**:*328*, **13**:358, **13**:360, **13**:361, **13**:*409*, **13**:*413*, **16**:247, **16**:*261*, **16**:262
Blow, A. R., **26**:359, **26**:362, **26**:363, **26**:366, **26**:*377*
Blow, D. M., **11**:37, **11**:39, **11**:*117*, **17**:457, **17**:479, **17**:*482*, **21**:18, **21**:*31*, **21**:*33*, **22**:190, **22**:191, **22**:*207*, **26**:354, **26**:358, **26**:359, **26**:362, **26**:363, **26**:365, **26**:366, **26**:*369*, **26**:*371*, **26**:*373*, **26**:*375*, **26**:*379*
Bloxsidge, J. P., **26**:285, **26**:*368*
Blucher, W. G., **19**:423, **19**:*427*, **20**:165, **20**:*187*
Bluhm, A. L., **5**:64, **5**:84, **5**:107, **5**:*118*, **17**:22, **17**:*59*
Blum, J., **23**:33, **23**:42, **23**:*59*, **23**:*61*
Blum, L., **17**:420, **17**:*426*
Blum, Z., **18**:83, **18**:98, **18**:153, **18**:170, **18**:*177*, **20**:90, **20**:91, **20**:94, **20**:*182*, **20**:*183*
Blumcke, A., **3**:16, **3**:*83*
Blumel, P., **23**:174, **23**:*268*
Blumenstein, M., **13**:334, **13**:335, **13**:336, **13**:337, **13**:341, **13**:342, **13**:*407*
Blumstein, A., **15**:143, **15**:*145*
Blumstein, R., **15**:143, **15**:*145*
Blunck, F. H., **3**:116, **3**:*121*
Blunt, J. W., **16**:245, **16**:*261*
Blurock, E. S., **19**:269, **19**:270, **19**:273, **19**:*374*

Bly, R. K., **19**:296, **19**:*368*
Bly, R. S., **9**:207, **9**:225, **9**:227, **9**:*274*, **19**:296, **19**:*368*
Bly, R.S., Jr., **6**:300, **6**:*325*
Blynmenfel'd, L. A., **16**:198, **16**:*231*
Blyth, C. A., **14**:259, **14**:*339*
Blythe, A. R., **3**:72, **3**:*81*
Blythin, D. J., **8**:170, **8**:*261*
Blyumenfel'd, L. A., **18**:82, **18**:*176*
Boag, J. W., **7**:123, **7**:*148*, **8**:31, **8**:*76*, **12**:236, **12**:*291*
Boates, T. L., **25**:34, **25**:*85*
Bobalek, E. G., **5**:355, **5**:*397*
Bobbitt, J. M., **10**:192, **10**:*220*, **12**:16, **12**:98, **12**:*117*, **31**:103, **31**:*137*
Bobrański, B., **21**:42, **21**:*95*
Bobranski, B., **11**:349, **11**:*384*
Boccalon, G., **13**:372, **13**:*407*
Bocchi, V., **31**:37, **31**:*82*
Bocháčková, V., **10**:159, **10**:*223*
Boche, G., **19**:348, **19**:363, **19**:*368*
Bocher, S., **9**:203, **9**:204, **9**:236, **9**:241, **9**:248, **9**:*275*, **9**:*278*
Bock, C. R., **18**:138, **18**:*176*, **19**:10, **19**:11, **19**:12, **19**:93, **19**:*115*
Bock, H., **20**:56, **20**:116, **20**:117, **20**:118, **20**:148, **20**:*182*, **20**:*184*, **28**:1, **28**:12, **28**:15, **28**:18, **28**:37, **28**:*41*, **28**:*42*, **30**:38, **30**:*56*
Bock, K., **13**:302, **13**:311, **13**:*407*
Bock, W., **30**:35, **30**:*56*
Bockelheide, V., **11**:361, **11**:*386*
Bockman, T. M., **29**:186, **29**:204, **29**:205, **29**:208, **29**:211, **29**:212, **29**:217, **29**:219, **29**:235, **29**:236, **29**:242, **29**:244, **29**:245, **29**:251, **29**:254, **29**:257, **29**:258, **29**:262, **29**:*266*, **29**:*268*, **29**:*269*, **29**:*272*
Bockrath, B., **15**:214, **15**:216, **15**:*260*
Bockris, J. O'M., **7**:295, **7**:*328*, **10**:166, **10**:167, **10**:169, **10**:186, **10**:194, **10**:197, **10**:*220*, **10**:*223*, **10**:*225*, **12**:22, **12**:23, **12**:46, **12**:87, **12**:91, **12**:106, **12**:*117*, **12**:*122*, **12**:*124*, **14**:218, **14**:*339*, **32**:3, **32**:*114*
Bocquet, J. F., **14**:281, **14**:291, **14**:*351*
Bodansky, O., **21**:14, **21**:*33*
Bodanszky, A., **2**:112, **2**:122, **2**:*160*
Bode, H., **3**:24, **3**:*81*
Boden, H., **1**:216, **1**:217, **1**:*279*

Bodenheimer, E., **6**:169, **6**:170, **6**:*180*
Bodenstein, M., **9**:137, **9**:*175*
Bodewitz, H. W. H. J., **10**:114, **10**:*123*
Bodley, J. W., **13**:341, **13**:342, **13**:*413*
Bodoev, N. V., **19**322, **19**:*368*
Bodor, N., **19**:245, **19**:*368*
Bodot, H., **13**:*59*, **13**:*79*, **29**:114, **29**:*180*
Bodov, N., **17**:453, **17**:*483*
Bodrikov, I. V., **17**:173, **17**:*180*, **28**:253, **28**:254, **28**:*288*
Boeck, L. D., **23**:166, **23**:*265*, **23**:*267*
Boeckelheide, V., **19**:24, **19**:*127*
Boekelheide, V., **12**:111, **12**:*121*, **23**:272, **23**:*318*
Boekema, E. J., **28**:116, **28**:*136*
Boenigk, D., **26**:304, **26**:305, **26**:*375*
Boens, N., **19**:4, **19**:17, **19**:18, **19**:23, **19**:*118*, **19**:*128*
Boer, F. P., **8**:256, **8**:257, **8**:*261*, **9**:273, **9**:*274*, **10**:51, **10**:*51*, **17**:136, **17**:*175*
Boerwinkle, F., **9**:212, **9**:*275*, **9**:*276*
Boeseken, M. J., **1**:48, **1**:*149*
Boettcher, C. J. F., **32**:149, **32**:150, **32**:162, **32**:*209*
Boettger, G., **14**:232, **14**:*339*
Boeyens, J. C. A., **16**:199, **16**:*231*
Bogachev, Y. S., **23**:82, **23**:*161*, **26**:275, **26**:319, **26**:*377*
Bogan, D. J., **18**:210, **18**:*235*
Bogan, G., **12**:290, **12**:*293*, **12**:*296*
Boganov, S. E., **30**:48, **30**:53, **30**:54, **30**:55, **30**:*58*
Bogard, T. L., **19**:364, **19**:*373*
Bogdanovic, B., **24**:67, **24**:*105*
Bogden, S., **23**:240, **23**:*268*
Bogdon, S.,, **24**:133, **24**:*203*
Boger, D. L., **31**:289, **31**:383, **31**:*386*
Boger, J., **17**:479, **17**:*487*
Boggs, J. E., **25**:43, **25**:*89*
Bogojawlensky, A., **2**:94, **2**:137, **2**:*158*
Bogomolova, A. E., **31**:382, **31**:*391*
Bohatka, S., **30**:30, **30**:*61*
Böhler, F., **7**:15, **7**:*111*
Bohlmann, F., **5**:176, **5**:*233*, **14**:39, **14**:41, **14**:42, **14**:44, **14**:*63*, **14**:135, **14**:*198*, **25**:43, **25**:*86*
Bohm, L. L., **15**:202, **15**:*264*
Bohm, M., **29**:310, **29**:*325*
Bohm, M. C., **32**:183, **32**:*214*
Bohme, D. K., **13**:87, **13**:*149*, **21**:199,

21:203, 21:206, 21:207, 21:208,
21:211, 21:212, 21:215, 21:*237*,
21:*238*, 21:*239*, 21:*240*, 24:7, 24:8,
24:*51*, 24:*54*, 24:65, 24:*105*,
Bohme, H., **14**:44, **14**:*62*
Böhmer, V., **30**:101, **30**:*112*, **30**:*113*
Bohn, R. B., **30**:37, **30**:*57*
Bohn, R. K., **6**:199, **6**:309, **6**:314, **6**:*324*
Bohnen, A., **28**:8, **28**:12, **28**:13, **28**:14,
  28:15, **28**:16, **28**:21, **28**:26, **28**:30,
  28:32, **28**:36, **28**:38, **28**:*40*, **28**:*41*,
  28:*44*
Bohonek, J., **21**:53, **21**:60, **21**:62, **21**:63,
  21:78, **21**:83, **21**:84, **21**:85, **21**:87,
  21:*97*
Boikess, R. S., **29**:308, **29**:*324*
Boiko, V. N., **23**:285, **23**:*316*, **23**:*320*,
  26:75, **26**:*123*, **26**:*126*, **26**:*128*,
  26:*130*
Boileau, J., **14**:270, **14**:*345*
Boileau, S., **15**:218, **15**:220, **15**:*265*
Bois-Choussy, M., **26**:72, **26**:91, **26**:*122*,
  26:*123*
Bok, L. D. C., **1**:163, **1**:167, **1**:*197*
Bokyi, N. G., **30**:30, **30**:*59*
Bolam, T. R., **8**:306, **8**:*402*
Boldingh, J., **17**:51, **17**:*59*
Boldt, P., **32**:167, **32**:177, **32**:193, **32**:*209*
Boldyrev, B. G., **17**:102, **17**:136, **17**:137,
  17:142, **17**:*175*
Boleijn, P. T., **13**:263, **13**:*276*
Bölger, B., **32**:164, **32**:*211*
Bolhuis, P. A., **13**:207, **13**:*267*
Bolin, R. J., **31**:382, **31**:*389*
Bolinger, E. D., **5**:348, **5**:*397*
Boll, W. A., **5**:367, **5**:*396*, **11**:146, **11**:*175*
Böll, W. A., **7**:172, **7**:*204*
Bolland, J. L., **9**:136, **9**:*175*
Bolletta, F., **18**:86, **18**:131, **18**:*175*, **19**:10,
  19:11, **19**:12, **19**:*114*
Bollinger, J. M., **6**:282, **6**:*329*, **8**:140,
  8:*148*, **10**:184, **10**:*224*, **11**:144,
  11:*174*, **19**:254, **19**:255, **19**:*375*,
  25:60, **25**:71, **25**:85, **25**:*87*, **28**:221,
  28:*290*, **29**:287, **29**:*328*
Bollinger, M. J., **9**:21, **9**:*24*
Bollinger, R., **5**:71, **5**:*119*, **15**:239, **15**:*266*
Bollyky, L. J., **18**:198, **18**:209, **18**:*235*,
  18:*237*
Bolocan, I., **32**:165, **32**:*216*

Bolocofsky, D., **14**:272, **14**:275, **14**:*347*
Bolot, P., **7**:178, **7**:*203*
Bolsman, T. A. B. M., **17**:22, **17**:*61*
Bolt, J., **15**:105, **15**:106, **15**:*145*
Bolto, B. A., **1**:52, **1**:70, **1**:71, **1**:72,
  1:137, **1**:*149*
Bolton, H. C., **3**:49, **3**:52, **3**:53, **3**:*81*
Bolton, J. L., **24**:99, **24**:*106*
Bolton, J. R., **1**:294, **1**:301, **1**:302, **1**:306,
  1:309, **1**:311, **1**:319, **1**:344, **1**:353,
  1:*359*, **1**:*360*, **5**:107, **5**:108, **5**:*113*,
  5:*118*, **12**:247, **12**:*297*, **13**:161,
  13:193, **13**:*267*, **17**:48, **17**:52, **17**:53,
  17:56, **17**:*60*, **19**:98, **19**:*121*, **25**:438,
  25:*445*, **28**:21, **28**:22, **28**:25, **28**:*44*
Bolton, P. D., **9**:148, **9**:*175*, **11**:311,
  11:*384*, **13**:109, **13**:114, **13**:*117*,
  13:*118*, **13**:*149*, **14**:212, **14**:*339*,
  23:211, **23**:*262*
Bolton, P. H., **18**:232, **18**:*235*
Bolton, R., **6**:276, **6**:282, **6**:302, **6**:322,
  6:*325*, **9**:223, **9**:268, **9**:*274*, **28**:209,
  28:214, **28**:*288*
Bolzan, J. A., **30**:206, **30**:*217*
Bommel, A. J., van, **6**:106, **6**:*179*
Bommer, P., **8**:153, **8**:194, **8**:222, **8**:223,
  8:244, **8**:*261*
Bommuswamy, J., **31**:243, **31**:*243*
Bomse, D. S., **25**:60, **25**:*86*
Bonaccorsi, R., **24**:73, **24**:74, **24**:*105*
Bonačič-Koutecký, V., **16**:81–84, **16**:*85*
Bonamico, M., **14**:229, **14**:339, **14**:*347*
Bonapace, J. A. P., **15**:94, **15**:95,
  15:*149*, **29**:133, **29**:*183*, **30**:117,
  30:*171*
Bonavita, M., **14**:315, **14**:*350*
Bond, A. M., **19**:136, **19**:150, **19**:*218*,
  32:3, **32**:5, **32**:8, **32**:9, **32**:19, **32**:35,
  32:37, **32**:57, **32**:58, **32**:62, **32**:64,
  32:108, **32**:109, **32**:*113*, **32**:*114*,
  32:*115*, **32**:*116* **32**:*117*, **32**:*119*,
  32:*120*
Bondi, A., **6**:139, **6**:*179*, **13**:15, **13**:*78*,
  26:259, **26**:*369*, **32**:245, **32**:*262*
Bondybey, V. E., **32**:225, **32**:*262*
Bone, J. A., **14**:6, **14**:13, **14**:17, **14**:*62*
Bone, L. I., **8**:115, **8**:119, **8**:*146*
Bone, N. A., **6**:54, **6**:*58*
Bone, R., **27**:222, **27**:*234*
Bone, S. A., **25**:206, **25**:207, **25**:209,

25:*256*
Bonelli, R. A., 32:270, 32:*381*
Bonham, R. A., 6:113, 6:*179*, 25:31, 25:*86*
Bonhoeffer, K. F., 7:297, 7:*330*
Boniface, J. J., 31:263, 31:*390*
Bonifačič, M., 24:161, 24:*199*
Bonifaviec, M., 13:187, 13:*274*
Bonilha, J. B. S., 17:472, 17:*483*, 22:220, 22:229, 22:230, 22:237, 22:269, 22:285, 22:294, 22:297, 22:*300*, 22:*302*, 22:*308*
Bonneau, R., 12:191, 12:202, 12:*216*, 12:*217*, 19:4, 19:13, 19:42, 19:43, 19:52, 19:90, 19:91, 19:*115*, 19:*118*, 20:218, 20:*230*
Bonnecke, 3:2, 3:*80*
Bonnel-Huyghes, C., 26:45, 26:73, 26:*122*
Bonelli, R. A., 32:270, 32:*381*
Bonner, N. A., 2:207, 2:*276*
Bonner, O. D., 11:338, 11:*384*
Bonner, T. G., 2:172, 2:*197*, 11:305, 11:307, 11:*384*, 19:407, 19:*425*
Bonner, W. A., 2:14, 2:25, 2:30, 2:35, 2:37, 2:42, 2:85, 2:*87*, 2:*88*, 12:13, 12:56, 12:57, 12:*117*, 12:*124*
Bonner, W. H., 1:84, 1:85, 1:*149*
Bonnet, B., 26:297, 26:*369*
Bonnett, R., 19:405, 19:421, 19:422, 19:*424*, 19:*425*
Bonora, G. M., 29:32, 29:33, 29:43, 29:55, 29:*64*, 29:77
Bonse, G., 25:329, 25:419, 25:*444*
Bonsignore, A., 21:20, 21:*34*
Bontempelli, G., 18:150, 18:152, 18:*176*
Bonvicini, P., 13:92, 13:101, 13:102, 13:103, 13:104, 13:143, 13:*149*, 16:112, 16:*155*
Boocock, D. G. B., 26:222, 26:244, 26:*252*
Booker, E., 4:331, 4:*345*
Booms, R. E., 17:131, 17:*175*
Boone, J. R., 24:70, 24:*105*
Boos, W. F., 7:211, 7:*256*
Booth, A. H., 16:182, 16:*231*
Booth, B. L., 23:12, 23:*59*
Booth, D., 4:267, 4:268, 4:*300*
Booth, J., 32:5, 32:19, 32:82, 32:108, 32:*114*, 32:*115*, 32:*116*, 32:*118*

Booth, H., 23:74, 23:75, 23:101, 23:*158*
Booth, P., 31:300, 31:382, 31:*389*
Booth, V. H., 4:16, 4:26, 4:27, 4:*27*
Boozer, C. E., 8:51, 8:*75*, 9:136, 9:137, 9:138, 9:146, 9:148, 9:159, 9:*175*, 9:*178*
Bopp, R. J., 9:192, 9:199, 9:*278*, 14:31, 14:*65*
Bor, G., 29:186, 29:*271*
Borah, B., 25:236, 25:*256*
Borchardt, J. K., 14:184, 14:185, 14:*196*
Borchardt, R. T., 17:251, 17:*275*
Borchert, A. E., 4:155, 4:*192*
Borčić, S., 14:23, 14:25, 14:*64*, 14:66, 14:102, 14:*130*, 23:87, 23:137, 23:*162*
Borcić, S., 11:191, 11:*223*
Borcic, S., 25:34, 25:*90*, 32:285, 32:*382*
Borden, G. W., 6:237, 6:240, 6:*324*
Borden, W. T., 6:216, 6:*324*, 19:339, 19:*368*, 22:314, 22:*358*, 26:180, 26:187, 26:190, 26:191, 26:197, 26:*246*, 26:*247*, 26:*249*, 29:129, 29:*179*, 29:300, 29:*324*
Borders, A. M., 1:105, 1:*151*
Borders, Jr., C. L., 29:59, 29:*64*, 31:283, 31:*385*
Bordhag, A. E., 7:180, 7:*205*
Bordi, S., 12:91, 12:*117*
Bordner, J., 13:66, 13:*82*, 21:45, 21:*95*
Bordwell, F. G., 1:73, 1:*149*, 6:275, 6:316, 6:320, 6:*324*, 14:28, 14:30, 14:*62*, 14:93, 14:*128*, 14:144, 14:145, 14:146, 14:147, 14:152, 14:156, 14:191, 14:*196*, 14:*197*, 14:*200*, 15:37, 15:39, 15:42, 15:*58*, 17:130, 17:*179*, 18:53, 18:54, 18:*72*, 18:*75*, 21:149, 21:168, 21:169, 21:172, 21:178, 21:*192*, 23:280, 23:295, 23:*316*, 26:105, 26:*123*, 26:152, 26:153, 26:154, 26:*175*, 27:19, 27:20, 27:*52*, 27:125, 27:126, 27:129, 27:130, 27:131, 27:136, 27:149, 27:160, 27:163, 27:174, 27:177, 27:194, 27:216, 27:223, 27:225, 27:231, 27:232, 27:*234*, 27:*235*, 27:*237*, 30:183, 30:196, 30:198, 30:*217*, 31:131, 31:*137*
Borek, E., 11:307, 11:*384*
Borg, D. C., 5:68, 5:*113*, 13:196, 13:203,

13:213, 13:218, 13:219, 13:235,
   13:*268*, 13:*269*
Borg, R. M., 19:74, 19:*114*
Borgarello, E., 22:218, 22:*307*
Borgault, M., 32:166, 32:*210*
Borgen, G., 22:55, 22:*107*
Borgese, J., 23:202, 23:*270*
Borgford, T., 26:365, 26:*374*
Borghese, A., 26:147, 26:158, 26:170,
   26:174, 26:*175*, 26:*176*, 26:*178*
Borgstrom, B., 8:394, 8:*401*
Borhani, K. J., 19:184, 19:185, 19:190,
   19:191, 19:192, 19:*220*
Borisevich, Y. E., 19:55, 19:*122*
Borisova, N., 17:108, 17:*179*
Borkent, G., 9:195, 9:*274*
Borkent, J. H., 19:40, 19:*115*
Borkman, R. F., 18:190, 18:*235*
Borkowski, R. P., 8:110, 8:*146*
Borman, C., 29:209, 29:210, 29:*266*
Born, M., 3:22, 3:24, 3:68, 3:*81*, 24:155,
   24:*199*, 30:178, 30:*217*
Bornais, J., 19:230, 19:*370*, 24:88,
   24:*106*
Borodin, A. P., 26:298, 26:*369*
Borodkin, G. I., 19:316, 19:317, 19:323,
   19:325, 19:326, 19:327, 19:328,
   19:331, 19:332, 19:333, 19:*368*,
   19:*369*, 19:*378*
Boroffka, H., 16:187, 16:*231*
Borowiak, T., 26:323, 26:*377*
Borowicz, P., 32:161, 32:*216*
Borowitz, I. J., 9:101(120a,b), 9:*125*
Börresen, H. C., 11:324, 11:*384*
Borretzen, B., 4:187, 4:*191*
Borror, A. L., 13:257, 13:*278*
Borsub, N., 23:312, 23:*316*
Bortner, M. H., 1:230, 1:*276*
Bortolus, P., 12:213, 12:*215*, 19:65,
   19:*119*
Borzorth, R. M., 26:298, 26:*369*
Bos, A., 30:54, 30:*57*
Bos, M., 30:73, 30:74, 30:75, 30:*113*
Bosch, N. F., 5:347, 5:349, 5:392, 5:394,
   5:*396*, 7:171, 7:172, 7:*204*
Boschetto, D. J., 23:19, 23:20, 23:*59*,
   23:*62*
Bose, A. K., 8:194, 8:209, 8:*261*, 8:*263*,
   23:189, 23:197, 23:*262*, 23:*267*
Bose, A. N., 3:101, 3:117, 3:*120*, 3:*121*,

6:245, 6:*324*, 8:24, 8:*75*
Bose, E., 12:58, 12:*117*
Bose, K., 14:309, 14:*339*
Bose, K. S., 16:253, 16:*261*
Bose, M., 1:350, 1:*360*, 16:199, 16:*233*
Bose, S., 21:45, 21:*95*
Bosma, P., 24:104, 24:*111*
Bosnich, B., 23:40, 23:*62*
Bosscher, J. K., 17:137, 17:142, 17:*175*
Bosse, D., 29:311, 29:*324*
Bosshard, C., 32:122, 32:123, 32:135,
   32:158, 32:162, 32:204, 32:206,
   32:*209*, 32:*211*, 32:*216*
Bossu, F. P., 18:159, 18:*176*
Bostich, E. E., 15:207, 15:*263*
Bothner-By, A. A., 2:77, 2:*87*, 3:77,
   3:*81*, 3:175, 3:*183*, 3:188,
   3:*266*, 6:307, 6:*330*, 8:229,
   8:*261*, 11:347, 11:*385*, 13:92,
   13:*148*, 18:38, 18:39, 18:40,
   18:*72*, 28:102, 28:*138*
Bothorel, P., 22:217, 22:271, 22:*299*
Bothwell, A. L. M., 14:308, 14:*350*
Botkin, J. H., 23:72, 23:*159*
Bott, A. W., 32:9, 32:24, 32:*115*
Bott, K., 5:352, 5:*397*, 9:*274*
Bott, R. W., 7:98, 7:*109*, 9:188, 9:189,
   9:192, 9:*274*, 32:305, 32:*379*, 32:*380*
Böttcher, C. J. F., 3:3, 3:22, 3:23, 3:35,
   3:36, 3:53, 3:69, 3:*81*, 15:198,
   15:*260*
Bottenberg, W. R., 14:330, 14:*350*
Bottini, A. T., 3:255, 3:*268*, 6:285, 6:*324*,
   7:82, 7:94, 7:96, 7:*109*, 23:194,
   23:*262*
Bottka, S., 25:210, 25:*256*
Bottoni, A., 25:54, 25:*86*
Bouas-Laurent, H., 15:68, 15:109,
   15:110, 15:113–115, 15:128, 15:131,
   15:*145*, 15:*146*, 15:*150*, 15:239,
   15:242, 15:243, 15:*261*, 15:*263*,
   19:4, 19:16, 19:17, 19:19, 19:58,
   19:104, 19:107, 19:*116*, 19:*118*,
   19:*122*
Boubaker, T., 27:176, 27:*235*
Boubnov, N. N., 1:298, 1:*362*
Boucher, J. L., 26:174, 26:*175*
Bouchoux, G., 23:210, 23:*262*
Boudakian, M. M., 7:77, 7:78, 7:80,
   7:*114*, 9:214, 9:*280*

Boudet, B., **26**:72, **26**:*123*
Boudeulle, M., **15**:87, **15**:*145*
Boudreau, J. A., **17**:269, **17**:*275*, **24**:188, **24**:189, **24**:*199*, **25**:127, **25**:144, **25**:170, **25**:191, **25**:*256*, **25**:*257*
Bougeois, J. -L., **26**:171, **26**:*176*
Bougoin, M., **17**:475, **17**:*482*, **31**:11, **31**:*82*
Boujlel, K., **31**:130, **31**:*140*
Boularand, G., **7**:59, **7**:90, **7**:*109*
Boulton, A. J., **7**:241, **7**:*254*
Bouma, W. J., **17**:121, **17**:*175*, **18**:2, **18**:43, **18**:44, **18**:45, **18**:*72*, **22**:133, **22**:*207*
Bouman, T. D., **19**:358, **19**:*369*, **25**:15, **25**:*89*, **29**:321, **29**:*324*
Boundy, R. H., **2**:156, **2**:*158*
Bourdelande, J. L., **30**:23, **30**:*61*
Bourderon, C., **14**:232, **14**:*349*
Bourgeois, C. F., **8**:238, **8**:*263*
Bourgoin, M., **17**:296, **17**:307, **17**:308, **17**:*424*, **17**:*433*
Bourhill, G., **32**:166, **32**:171, **32**:172, **32**:180, **32**:182, **32**:186, **32**:191, **32**:199, **32**:*208*, **32**:*209*, **32**:*212*, **32**:*213*, **32**:*215*
Bourlet, P., **22**:321, **22**:323, **22**:348, **22**:*358*
Bourn, A. J. R., **13**:56, **13**:*77*, **28**:5, **28**:24, **28**:*40*
Bourne, J. R., **16**:4, **16**:*47*
Bourne, N., **24**:184, **24**:*199*, **25**:102, **25**:109, **25**:110, **25**:*256*, **27**:10, **27**:11, **27**:12, **27**:13, **27**:18, **27**:30, **27**:31, **27**:32, **27**:36, **27**:*52*, **27**:*53*
Bourne, S. P., **31**:311, **31**:382, **31**:*391*
Bourns, A. N., **2**:172, **2**:175, **2**:189, **2**:*197*, **6**:307, **6**:*324*, **11**:372, **11**:374, **11**:375, **11**:*384*
Boutle, D. L., **5**:366, **5**:*395*
Boutton, C., **32**:124, **32**:*210*
Bouwhuis, E., **12**:177, **12**:198, **12**:*216*
Bovée, W. M. M. J., **16**:242, **16**:*261*
Bover, W. J., **27**:43, **27**:46, **27**:*52*
Bover, W. K., **28**:172, **28**:*204*
Bovey, F. A., **3**:234, **3**:241, **3**:242, **3**:*266*, **8**:377, **8**:*398*, **11**:124, **11**:*173*, **13**:354, **13**:355, **13**:357, **13**:358, **13**:360, **13**:361, **13**:364, **13**:*407*, **13**:*409*, **15**:251–256, **15**:*260*, **15**:*262*, **15**:*264*
Bowden, C. T., **28**:245, **28**:271, **28**:272, **28**:*287*
Bowden, K., **5**:334, **5**:335, **5**:349, **5**:357, **5**:*395*, **7**:234, **7**:*254*, **13**:84, **13**:*149*, **14**:145, **14**:147, **14**:149, **14**:160, **14**:167, **14**:168, **14**:169, **14**:170, **14**:171, **14**:*197*, **27**:131, **27**:149, **27**:*235*, **28**:172, **28**:176, **28**:177, **28**:179, **28**:180, **28**:181, **28**:182, **28**:183, **28**:185, **28**:187, **28**:195, **28**:197, **28**:199, **28**:202, **28**:*204*, **28**:*205*
Bowden, W. L., **19**:404, **19**:*425*
Bowen, C., **14**:11, **14**:*62*
Bowen, C. J., **32**:373, **32**:*379*
Bowen, C. T., **21**:153, **21**:*192*
Bowen, D. E., **14**:194, **14**:*197*
Bowen, E. J., **3**:75, **3**:*81*, **18**:232, **18**:*235*
Bowen, K. H., **24**:37, **24**:*51*
Bowen, M. J., **19**:105, **19**:*123*
Bowen, R. E., **7**:242, **7**:*256*
Bower, H., **15**:31, **15**:*58*
Bowers, C. W., **15**:309, **15**:*329*, **17**:328, **17**:330, **17**:345, **17**:*425*
Bowers, K. W., **5**:67, **5**:*113*, **8**:19, **8**:25, **8**:*75*, **17**:103, **17**:*177*
Bowers, M. T., **13**:135, **13**:*148*, **21**:205, **21**:206, **21**:*240*, **23**:51, **23**:*60*, **24**:8, **24**:24, **24**:50, **24**:*51*, **24**:*55*, **26**:328, **26**:*368*
Bowers, V. A., **1**:292, **1**:298, **1**:300, **1**:306, **1**:336, **1**:337, **1**:338, **1**:339, **1**:344, **1**:345, **1**:346, **1**:347, **1**:*359*, **1**:*360*, **8**:19, **8**:20, **8**:*74*, **8**:75
Bowie, J. H., **6**:4, **6**:*58*, **8**:207, **8**:212, **8**:215, **8**:218, **8**:221, **8**:249, **8**:251, **8**:*261*, **8**:*263*, **8**:*265*, **8**:*269*, **21**:199, **21**:228, **21**:234, **21**:*238*, **24**:2, **24**:15, **24**:16, **24**:18, **24**:19, **24**:20, **24**:21, **24**:28, **24**:36, **24**:43, **24**:*51*, **24**:52, **24**:*53*, **24**:*55*, **24**:65, **24**:75, **24**:*111*
Bowie, L. J., **12**:215, **12**:*216*
Bowie, R. A., **6**:249, **6**:*329*
Bowie, W. T., **18**:138, **18**:*176*
Bowman, D. F., **17**:6, **17**:*59*
Bowman, J. M., **26**:301, **26**:302, **26**:*373*
Bowman, M. K., **19**:55, **19**:*116*
Bowman, N. S., **2**:34, **2**:*87*, **22**:334, **22**:*358*, **23**:65, **23**:69, **23**:*159*

Bowman, P. S., **22**:135, **22**:136, **22**:165, **22**:166, **22**:*205*, **26**:323, **26**:324, **26**:*368*
Bowman, W. C., **31**:304, **31**:*385*
Bowman, W. R., **23**:277, **23**:278, **23**:279, **23**:*316*, **26**:71, **26**:72, **26**:73, **26**:75, **26**:76, **26**:78, **26**:*123*
Bown, D. E., **14**:39, **14**:*67*
Bowyer, F., **2**:172, **2**:*197*
Bowyer, W. J., **26**:68, **26**:*123*
Box, H. C., **8**:27, **8**:*75*
Boxer, S. G., **19**:27, **19**:*116*, **32**:167, **32**:*209*
Boyd, A. W., **2**:126, **2**:*159*
Boyd, D. B., **4**:325, **4**:326, **4**:329, **4**:330, **4**:*345*, **9**:59(93), **9**:68(93), **9**:*125*, **11**:324, **11**:*384*, **23**:186, **23**:191, **23**:192, **23**:202, **23**:206, **23**:250, **23**:*262*, **23**:*268*, **25**:131, **25**:*256*
Boyd, D. R., **1**:105, **1**:*149*, **29**:118, **29**:*179*
Boyd, E., **28**:54, **28**:*136*
Boyd, G. E., **15**:289, **15**:*329*
Boyd, G. V., **11**:377, **11**:*384*
Boyd, J. W., **20**:144, **20**:*182*
Boyd, R., **21**:9, **21**:*34*
Boyd, R. H., **2**:130, **2**:*159*, **3**:126, **3**:130, **3**:139, **3**:140, **3**:*183*, **5**:341, **5**:*395*, **11**:294, **11**:295, **11**:*384*, **12**:211, **12**:*216*, **13**:4, **13**:11, **13**:16, **13**:20, **13**:24, **13**:53, **13**:73, **13**:*78*, **13**:*81*, **13**:*82*, **13**:84, **13**:85, **13**:98, **13**:101, **13**:102, **13**:*149*, **30**:201, **30**:*217*
Boyd, R. J., **31**:148, **31**:*243*
Boyd, R. K., **15**:93, **15**:*145*
Boyd, R. W., **4**:328, **4**:*345*
Boyd, S. D., **23**:277, **23**:279, **23**:282, **23**:296, **23**:*318*, **23**:*319*
Boyer, B., **24**:71, **24**:72, **24**:*105*
Boyer, D., **25**:125, **25**:126, **25**:143, **25**:*258*
Boyer, J., **23**:314, **23**:*318*
Boyer, M., **17**:47, **17**:*59*, **31**:94, **31**:129, **31**:*137*
Boyer, P. D., **11**:4, **11**:*117*, **17**:437, **17**:*482*, **18**:209, **18**:*235*, **18**:*238*
Boyer, R. F., **2**:156, **2**:*158*
Boyland, E., **19**:399, **19**:*425*
Boyle, T., **31**:308, **31**:382, **31**:*392*
Boyle, W. J. Jr., **14**:93, **14**:*128*, **14**:152, **14**:156, **14**:*197*, **15**:37, **15**:39, **15**:42,

15:*58*, **21**:67, **21**:*98*, **21**:168, **21**:169, **21**:172, **21**:178, **21**:*192*
Boyle, W. J., **23**:298, **23**:299, **23**:*316*, **27**:20, **27**:*52*, **27**:125, **27**:126, **27**:129, **27**:131, **27**:136, **27**:149, **27**:174, **27**:177, **27**:194, **27**:216, **27**:231, **27**:*234*
Boyton, H. G., **19**:313, **19**:*371*
Bozec, H. L., **32**:166, **32**:*210*
Bozzi, M., **29**:5, **29**:29, **29**:39, **29**:41, **29**:42, **29**:43, **29**:44, **29**:*68*, **29**:*69*, **29**:79, **29**:80, **29**:81
Braams, R., **7**:120, **7**:121, **7**:127, **7**:131, **7**:132, **7**:133, **7**:139, **7**:140, **7**:147, **7**:*149*
Brabson, G. D., **30**:37, **30**:*57*
Bracke, W., **13**:251, **13**:*267*
Bracken, C., **19**:111, **19**:*127*
Brackman, W., **19**:403, **19**:*425*
Bradbury, D., **23**:299, **23**:*316*
Bradbury, E. M., **13**:372, **13**:373, **13**:380, **13**:*407*
Bradbury, J. H., **13**:371, **13**:377, **13**:*407*
Bradbury, W. A., **11**:13, **11**:14, **11**:17, **11**:62, **11**:*117*
Bradbury, W. C., **5**:315, **5**:*326*, **17**:230, **17**:*275*
Braden, M. L., **31**:237, **31**:*243*
Brader, W. H., **21**:146, **21**:*193*
Bradfield, A. E., **1**:37, **1**:59, **1**:60, **1**:61, **1**:63, **1**:*149*, **1**:*152*
Bradford, W. F., **25**:37, **25**:*85*
Bradley, C. H., **29**:280, **29**:*330*
Bradley, J. N., **6**:56, **6**:*58*, **7**:170, **7**:171, **7**:172, **7**:192, **7**:*203*
Bradley, J. S., **23**:23, **23**:*59*
Bradley, T., **13**:374, **13**:378, **13**:379, **13**:*414*
Bradley, W., **14**:28, **14**:*66*
Bradlow, H. L., **2**:226, **2**:*273*
Bradshaw, J. J., **29**:7, **29**:8, **29**:*65*
Bradshaw, J. S., **17**:280, **17**:281, **17**:286–8, **17**:301–4, **17**:306, **17**:307, **17**:377, **17**:379, **17**:*424*, **17**:*428*, **30**:64, **30**:65, **30**:78, **30**:79, **30**:80, **30**:107, **30**:*114*, **30**:*115*, **30**:*116*
Bradshaw, R. A., **11**:64, **11**:*117*
Bradsher, C. K., **27**:107, **27**:*116*
Brady, D. G., **7**:55, **7**:*114*

Brady, J. D., **1:**39, **1:**52, **1:**84, **1:**85, **1:***149*, **4:**119, **4:***143*, **4:**198, **4:**238, **4:**239, **4:**240, **4:**265, **4:***300*
Brady, J. E., **22:**270, **22:***300*
Braenden, C. I., **24:**64, **24:**68, **24:***112*
Braendlin, H. P., **7:**18, **7:**20, **7:**22, **7:***111*
Braendlis, H. P., **25:**330, **25:***443*
Bragg, J. K., **6:**183, **6:***183*
Bragg, W. H., **1:**203, **1:***275*
Bragg, W. L., **1:**203, **1:***275*, **3:**78, **3:***81*, **6:**113, **6:***179*
Bragin, J., **25:**42, **25:**46, **25:***88*
Brago, I. N., **12:**2, **12:***117*
Braig, C., **29:**301, **29:***329*
Braisted, A. C., **31:**270, **31:**383, **31:**384, **31:***385*
Braithwaite, D., **10:**173, **10:**194, **10:**218, **10:***220*
Braitsch, D. M., **29:**198, **29:***266*
Brakier, L., **8:**237, **8:***266*
Bram, G., **17:**318–20, **17:**322, **17:***425*
Bramley, R., **3:**33, **3:**48, **3:**50, **3:**52, **3:**57, **3:**60, **3:***81*, **20:**151, **20:***181*
Brammer, L., **29:**89, **29:***178*
Branca, J. C., **27:**225, **27:***235*
Branch, G. E., **25:**126, **25:**194, **25:***256*
Branch, G. E. K., **3:**71, **3:***81*, **5:**321, **5:***329*, **32:**279, **32:***383*
Branch, R. F., **3:**34, **3:***80*
Brand, J. C. D., **1:**375, **1:**377, **1:**385, **1:**402, **1:**404, **1:**405, **1:**406, **1:**407, **1:**408, **1:**410, **1:***418*, **1:***419*, **2:**172, **2:***197*, **9:**7, **9:***23*
Brand, L., **12:**146, **12:**147, **12:**170, **12:**196, **12:**201, **12:**202, **12:**214, **12:**215, **12:***216*, **12:***219*, **12:***220*, **17:**476, **17:***487*
Brand, P. A. T. M., **10:**107, **10:***124*
Brandaur, R. L., **4:**179, **4:***191*
Brandenberger, S. G., **2:**15, **2:***90*
Brandes, D., **26:**159, **26:***178*
Brandl, H., **18:**189, **18:***235*
Brandl, M., **31:**209, **31:***245*
Brandl, S., **32:**200, **32:**201, **32:**202, **32:***215*
Brandon, N. E., **5:**280, **5:**282, **5:**289, **5:**296, **5:**297, **5:***326*, **11:**39, **11:***118*, **17:**268, **17:***275*
Brandon, R. W., **7:**162, **7:***203*, **26:**194, **26:**228, **26:***246*

Brandsma, L., **9:**217, **9:***280*
Brandsma, W. F., **5:**122, **5:***169*
Brändström, A., **15:**268, **15:**276, **15:**277, **15:**279, **15:**281, **15:**283, **15:**285–287, **15:**289, **15:**291, **15:**295, **15:**298–300, **15:**307, **15:**309–312, **15:**315, **15:**317, **15:**319, **15:**321–323, **15:**325, **15:**327, **15:***328*, **15:***329*, **17:**312, **17:**331, **17:***424*
Brandt, W. W., **12:**144, **12:**170, **12:**177, **12:***219*
Brandts, J. F., **13:**371, **13:***408*, **14:**305, **14:***339*
Braner, A. A., **16:**182, **16:***232*
Branger, C., **32:**203, **32:***212*
Brant, D. A., **6:**113, **6:**114, **6:**118, **6:**119, **6:**120, **6:**121, **6:**124, **6:**127, **6:**129, **6:**130, **6:**131, **6:**132, **6:**157, **6:**158, **6:**159, **6:**161, **6:**162, **6:**172, **6:***179*, **6:***181*, **6:***184*
Brant, S. R., **21:**151, **21:**181, **21:***193*, **23:**254, **23:***266*, **27:**21, **27:***54*, **27:**130, **27:**185, **27:**186, **27:***236*
Branton, G. R., **4:**161, **4:**188, **4:***191*
Brasem, P., **11:**236, **11:**246, **11:**248, **11:***264*
Brasen, W. R., **7:**180, **7:***205*
Brass, H. J., **11:**60, **11:***117*, **29:**38, **29:***64*, **29:**78
Brass, K., **13:**211, **13:***267*
Brasselet, S., **32:**203, **32:***214*
Braterman, P. S., **29:**208, **29:**210, **29:***266*
Bratos, S., **26:**264, **26:***372*
Bratož, S., **9:**157, **9:***175*
Bratt, J., **20:**209, **20:***230*
Bratu, E., **7:**261, **7:**284, **7:**297, **7:**305, **7:***327*
Bratzel, M. P., **12:**183, **12:**192, **12:**210, **12:***216*
Bräuchle, C., **32:**159, **32:**166, **32:**167, **32:**171, **32:**172, **32:**177, **32:**191, **32:**193, **32:**199, **32:**200, **32:**201, **32:**202, **32:**203, **32:***208*, **32:***209*, **32:***212*, **32:***215*, **32:***217*
Braude, E. A., **1:**93, **1:***149*, **1:**212, **1:***275*, **2:**132, **2:**134, **2:***159*, **3:**52, **3:**75, **3:***81*
Brauer, B.-E., **22:**321, **22:**323, **22:**328, **22:**331, **22:**332, **22:**338, **22:**341, **22:***358*, **22:***359*
Brauman, J. I., **1:**117, **1:***154*, **6:**209,

6:*324*, 8:236, 8:*261*, 12:204, 12:*216*,
  14:146, 14:*197*, 14:*201*, 15:176,
  15:190, 15:213, 15:248, 15:*260*,
  15:*265*, 15:*266*, 16:243, 16:*261*,
  18:123, 18:128, 18:*179*, 21:178,
  21:184, 21:*194*, 21:*195*, 21:198,
  21:206–211, 21:215–220,
  21:226–228, 21:*237*, 21:*238*, 21:*239*,
  22:121, 22:*211*, 23:14, 23:17, 23:38,
  23:42, 23:*59*, 24:6, 24:8, 24:10,
  24:15, 24:50, 24:*51*, 24:*52*, 24:*53*,
  24:*54*, 24:*55*, 27:63, 27:64, 27:97,
  27:*114*, 27:*116*, 29:281, 29:*331*
Braun, A. M., 19:4, 19:94, 19:95, 19:97,
  19:*116*, 19:*124*, 19:*128*, 20:26,
  20:*53*, 22:220, 22:*307*
Braun, D., 26:185, 26:*246*
Braun, H.-G., 30:135, 30:*169*
Braun, J., 32:237, 32:238, 32:239, 32:*262*,
  32:*264*
Braun, M., 29:233, 29:*269*
Braun, S., 23:64, 23:*160*
Braun, W., 12:59, 12:*117*
Braunstein, A. E., 21:4, 21:*31*, 21:33
Braunstein, P., 29:217, 29:*267*
Braus, R. J., 23:23, 23:*61*
Brause, A. R., 6:168, 6:*180*
Braverman, S., 17:97, 17:98, 17:174,
  17:*175*
Bray, T. M., 31:104, 31:*139*
Brdička, R., 4:16, 4:21, 4:23, 4:*27*, 4:*29*,
  5:30, 5:39, 5:41, 5:42, 5:*51*, 19:132,
  19:*218*
Bréant, M., 11:346, 11:*384*
Breant, M., 12:43, 12:*117*
Brearley, D., 3:94, 3:99, 3:*121*
Breaux, E. J., 18:189, 18:*238*
Breazeale, W. M., 3:65, 3:*81*
Brechbiel, M., 20:151, 20:*188*, 22:258,
  22:*307*
Brecher, A. S., 21:17, 21:*31*
Breda, A. C., 21:214, 21:*239*
Brédas, J. L., 28:2, 28:*40,* 32:141, 32:179,
  32:180, 32:182, 32:186, 32:187,
  32:200, 32:201, 32:*209*, 32:*210*,
  32:*211*, 32:*213*, 32:*215*
Brede, O., 31:104, 31:114, 31:133, 31:*141*
Bredereck, M., 17:107, 17:109, 17:111,
  17:*175*
Bredeweg, C. J., 5:66, 5:*115*, 23:300,
  23:*318*
Bredig, G., 5:337, 5:*395*
Bredig, M. A., 3:20, 3:*81*
Bredt, J., 5:391, 5:*395*, 21:18, 21:*31*
Breebart-Hansen, J. C. A. E., 29:31,
  29:*69*
Breen, P. J., 25:20, 25:21, 25:60, 25:62,
  25:*86*
Bregman, J., 13:57, 13:*78*, 15:92, 15:*145,*
  32:246, 32:247, 32:*262*
Bregman, R., 17:132, 17:*178*
Bregman-Reisler, H., 7:129, 7:130,
  7:131, 7:142, 7:*149*
Breitenbach, J., 30:78, 30:*115*
Breitenbach, J. W., 9:142, 9:*175*
Breitinger, D. K., 26:261, 26:*374*
Breitmaier, E., 13:280, 13:282, 13:283,
  13:285, 13:288, 13:289, 13:290,
  13:293, 13:295, 13:303, 13:305,
  13:306, 13:307, 13:308, 13:327,
  13:328, 13:335, 13:337, 13:344,
  13:350, 13:353, 13:360, 13:*407*,
  13:*409*, 13:*410*, 13:*413*, 13:*414*,
  13:*415*, 16:240, 16:*261*
Bremard, C., 19:405, 19:*425*
Bremer, M., 29:120, 29:*179*, 29:290,
  29:293, 29:*324*
Bremner, J. B., 6:217, 6:222, 6:223,
  6:224, 6:*332*, 15:82, 15:*145*
Bremphis, R. V., 12:195, 12:*220*
Bremser, W., 25:34, 25:*90*
Brennan, J. F., 2:172, 2:181, 2:*198*
Brennan, J. G., 25:43, 25:*87*
Brennan, M. P. J., 12:113, 12:114,
  12:*117*
Brennan, T. M., 19:284, 19:*369*
Brenner, W., 16:160, 16:200, 16:*235*
Brescia, F., 1:28, 1:*31*, 2:124, 2:*159*,
  7:297, 7:298, 7:299, 7:300, 7:*328*,
  7:*330*
Bresciani-Pahor, N., 29:170, 29:*179*
Breslow, R., 8:396, 8:*398*, 9:252, 9:*274*,
  11:68, 11:70, 11:71, 11:80, 11:*117*,
  11:137, 11:*173*, 11:342, 11:*384*,
  12:111, 12:*117*, 18:125, 18:150,
  18:168, 18:169, 18:*176*, 18:*179*,
  18:*184*, 18:191, 18:192, 18:*236*,
  19:155, 19:*218*, 19:*219*, 19:*222*,
  19:308, 19:335, 19:336, 19:*369*,
  19:*377*, 21:9, 21:10, 21:30, 21:*31*,

22:62, 22:*107*, 22:278, 22:292,
22:*300*, 22:*308*, 26:39, 26:*126*,
26:188, 26:231, 26:238, 26:*246*,
26:*249*, 26:*251*, 26:*252*, 29:2, 29:15,
29:27, 29:28, 29:29, 29:30, 29:31,
29:*64*, 29:*65*, 29:*68*, 29:*69*, 29:76,
29:294, 29:*324*
Bressers, P. M. M. C., 32:46, 32:*115*
Bretschneider, E., 25:6, 25:7, 25:34,
25:*84*
Brett, A. M. O., 32:52, 32:82, 32:*115*,
32:*118*
Brett, C. L., 12:235, 12:238, 12:*292*
Brett, C. M. A., 32:52, 32:54, 32:80,
32:82, 32:*115*, 32:*118*
Brett, T. J., 13:65, 13:*79*
Brettle, R., 10:194, 10:211, 10:*220*,
12:13, 12:56, 12:113, 12:114,
12:*116*, 12:*117*
Breuer, E., 31:131, 31:*140*
Brevet, P. F., 32:5, 32:87, 32:*116*
Brewer, C. F., 13:374, 13:*407*
Brewer, H. B., Jr., 13:390, 13:*407*
Brewer, J. C., 24:98, 24:*106*
Brewster, A. I. R., 13:360, 13:364,
13:*407*, 13:*409*
Brewster, J. H., 3:75, 3:*81*, 5:22, 5:*52*,
8:207, 8:218, 8:*269*
Brewster, P., 5:364, 5:*395*
Brey, W. S., 3:249, 3:251, 3:*266*, 3:*268*
Brezina, M., 5:39, 5:*52*, 17:287, 17:306,
17:307, 17:*427*
Bribes, J. L., 19:252, 19:265, 19:*376*
Brice, L. K., 1:28, 1:*31*, 2:124, 2:*159*
Brich, W., 17:418, 17:*427*
Brick, P., 26:358, 26:359, 26:362, 26:363,
26:365, 26:366, 26:*369*, 26:*371*
Brickenstein, E. K., 26:64, 26:*123*
Brickley, H. T., 18:168, 18:*182*
Brickman, M., 1:128, 1:*149*
Brickmann, J., 26:185, 26:193, 26:215,
26:*246*, 26:*249*
Bride, M. H., 12:192, 12:*215*
Bridge, M. R., 3:114, 3:*121*, 32:286,
32:*380*
Bridge, N. J., 16:164, 16:*231*
Bridger, R. F. A., 26:41, 26:*123*
Bridger, R. F., 9:130, 9:*175*
Bridges, J. W., 12:161, 12:177, 12:*216*
Bridges, R. F., 17:27, 17:*59*

Briegleb, G., 4:197, 4:254, 4:258, 4:263,
4:265, 4:266, 4:270, 4:276, 4:*300*,
7:214, 7:223, 7:225, 7:226, 7:251,
7:*254*, 12:109, 12:*117*, 13:177,
13:*273*, 16:198, 16:*231*, 18:128,
18:*176*, 29:226, 29:*266*
Brien, D. J., 20:130, 20:*186*
Brienne, J., 32:200, 32:*212*
Brière, R., 5:87, 5:95, 5:105, 5:*113*,
10:120, 10:*123*, 17:6, 17:28,
17:*59*
Briers, F., 9:132, 9:*176*
Brieux, J. A., 2:190, 2:*198*, 11:374,
11:*386*, 32:270, 32:*381*, 32:*384*
Briffett, N. E., 26:335, 26:337, 26:339,
26:343, 26:*369*
Briggs, A. G., 13:118, 13:127, 13:*152*
Briggs, A. J., 24:124, 24:127, 24:146,
24:150, 24:153, 24:*199*, 25:182,
25:*257*, 29:127, 29:148, 29:149,
29:150, 29:153, 29:170, 29:*179*,
29:*181*
Briggs, E. R., 9:130, 9:142, 9:*183*
Briggs, G. E., 21:24, 21:*31*
Briggs, J., 22:219, 22:220, 22:*300*
Briggs, J. P., 13:108, 13:*149*
Briggs, W. S., 8:216, 8:*261*
Bright, A. A., 15:87, 15:*145*
Bright, D., 13:59, 13:*78*
Bright, J. P., 31:45, 31:*80*
Brignell, P. J., 11:316, 11:348, 11:*384*
Brimage, D. R. G., 19:14, 19:31, 19:39,
19:77, 19:80, 19:*114*, 19:*115*, 19:*116*
Brimelow, H., 25:271, 25:*442*
Brimfield, A. A., 31:382, 31:*390*
Brindley, G. W., 15:132, 15:133, 15:137,
15:*145*, 15:*147*
Brinen, J. S., 1:417, 1:418, 1:*419*, 12:177,
12:*216*
Brinich, J. M., 28:221, 28:*290*
Brink, G., 14:326, 14:*339*
Brinker, U. H., 29:298, 29:299, 29:*326*,
29:*330*
Brinkley, S. R., 2:107, 2:112, 2:119,
2:*161*
Brinkman, M. R., 10:57, 10:75, 10:82,
10:103, 10:114, 10:*123*, 17:49,
17:*59*, 26:180, 26:*246*
Brinn, I., 12:167, 12:170, 12:201, 12:202,
12:207, 12:*219*

Brion, C. E., **4**:41, **4**:*69*
Briscese, S. M. J., **21**:234, **21**:*238*, **24**:28, **24**:*51*
Britt, A. D., **5**:97, **5**:*113*, **13**:221, **13**:*267*
Britt, W. J., **12**:10, **12**:81, **12**:*121*, **13**:219, **13**:*270*
Brittain, E. F., **5**:141, **5**:144, **5**:*169*
Brittain, W. J., **23**:142, **23**:144, **23**:146, **23**:*160*, **28**:107, **28**:109, **28**:110, **28**:111, **28**:*136*
Britton, D., **29**:116, **29**:117, **29**:123, **29**:124, **29**:125, **29**:*179*, **29**:*182*
Britton, W. E., **12**:105, **12**:*121*, **26**:56, **26**:*124*
Britz, D., **19**:146, **19**:*218,* **32**:87, **32**:90, **32**:93, **32**:94, **32**:95, **32**:*115*
Brivati, J. A., **1**:297, **1**:298, **1**:300, **1**:309, **1**:311, **1**:319, **1**:329, **1**:330, **1**:345, **1**:346, **1**:*360*, **8**:19, **8**:*75*, **13**:161, **13**:*267*
Brixius, D. W., **12**:3, **12**:*129*, **13**:174, **13**:*277*, **20**:141, **20**:*189*, **29**:232, **29**:*271*
Broadbank, R. W. C., **7**:260, **7**:*328*
Broadhead, J. F., **8**:295, **8**:303, **8**:308, **8**:*403*
Broadhurst, M. J., **11**:363, **11**:*384*, **29**:280, **29**:*328*
Broadwater, T. L., **14**:314, **14**:*339*, **14**:*345*, **27**:264, **27**:265, **27**:266, **27**:267, **27**:268, **27**:*289*
Brock, C. P., **29**:122, **29**:*179*, **32**:129, **32**:*209*
Brockelhurst, B., **13**:211, **13**:*266*
Brockerhoff, H., **17**:438, **17**:*482*
Brocklehurst, K., **24**:176, **24**:*199*, **31**:310, **31**:382, **31**:*386*
Brockmann, H., **1**:262, **1**:*275*
Brockway, L. O., **1**:205, **1**:207, **1**:210, **1**:229, **1**:235, **1**:*276*, **1**:*278*, **1**:*279*, **25**:46, **25**:*85*, **25**:172, **25**:*257*
Brod, L. H., **11**:85, **11**:86, **11**:103, **11**:*119*, **17**:273, **17**:*276*
Brode, S., **25**:119, **25**:*263*
Brodovich, J.-C., **18**:145, **18**:*175*
Brodskiĭ, A. I., **1**:156, **1**:*197*, **3**:148, **3**:169, **3**:170, **3**:171, **3**:*183*, **9**:142, **9**:164, **9**:*175*, **9**:*179*
Brody, D., **5**:184, **5**:211, **5**:212, **5**:*234*
Broida, H. P., **1**:291, **1**:*359*, **1**:*360*, **8**:3, **8**:*74*
Brokaw, M. L., **14**:88, **14**:*131*
Brokken-Zijp, J., **10**:83, **10**:85, **10**:86, **10**:*126*, **15**:28, **15**:*60*
Broman, R., **12**:79, **12**:*118*
Bromberg, A., **13**:59, **13**:*78*
Bromels, E., **6**:93, **6**:*98*
Bromilow, R. H., **11**:23, **11**:*117*, **17**:197, **17**:237, **17**:*275*, **26**:349, **26**:351, **26**:*369*
Brongersma, H. H., **10**:50, **10**:*51*
Bronikova, N. G., **28**:253, **28**:254, **28**:*288*
Bronoel, G., **26**:18, **26**:*128*
Bronskill, M. J., **12**:227, **12**:*292*
Brönsted, J. N., **1**:156, **1**:158, **1**:162, **1**:166, **1**:167, **1**:174, **1**:*197*, **2**:123, **2**:*159*, **4**:16, **4**:24, **4**:*27*, **4**:196, **4**:*300*, **11**:83, **11**:*117*, **13**:86, **13**:*149*
Brønsted, J. N., **5**:337, **5**:355, **5**:*395*, **6**:67, **6**:*98,* **7**:279, **7**:*328*, **14**:79, **14**:83, **14**:88, **14**:*128*, **14**:150, **14**:151, **14**:*197*, **15**:2, **15**:*58*, **21**:177, **21**:*192*
Brook, A. G., **6**:290, **6**:*324*, **8**:*261*
Brook, A. J., **7**:223, **7**:*254*
Brooker, L. G. S., **32**:186, **32**:*209*
Brookes, C. J., **12**:17, **12**:*118*
Brook Hart, M., **9**:18, **9**:*23*
Brookhart, M., **10**:47, **10**:*51*, **10**:131, **10**:*152*, **19**:305, **19**:340, **19**:341, **19**:342, **19**:*369*, **19**:*374*, **23**:117, **23**:*158*, **29**:287, **29**:*324*
Brooks, C. A. G., **14**:247, **14**:*339*
Brooks, C. J. W., **6**:246, **6**:*324*
Brooks, W., **22**:89, **22**:*108*
Broom, A. D., **13**:344, **13**:*414*
Broomé, B., **1**:*276*
Broomfield, C. A., **31**:382, **31**:*390*
Broser, W., **19**:336, **19**:*369*
Broseta, D., **28**:70, **28**:*137*
Brosio, E., **13**:361, **13**:*414*
Bross, T. E., **25**:243, **25**:244, **25**:247, **25**:*258*, **25**:*264*, **25**:*265*
Broude, V. L., **1**:195, **1**:*197*, **1**:414, **1**:*419*
Brouillard, R., **18**:36, **18**:*73*
Brounts, R. H. A. M., **24**:104, **24**:*105*
Broussard, J. A., **19**:347, **19**:*369*
Brouwer, D. M., **4**:208, **4**:209, **4**:211,

CUMULATIVE INDEX OF CITED AUTHORS

4:214, 4:224, 4:231, 4:272, 4:279,
4:299, 4:*300*, 4:316, 4:333, 4:*345*,
5:241, 5:*326*, 9:20, 9:*23*, 9:273,
9:*274*, 10:33, 10:35, 10:36, 10:37,
10:40, 10:41, 10:45, 10:*51*, 11:194,
11:195, 11:213, 11:*222*, 11:335,
11:373, 11:*384*, 12:52, 12:*118*,
13:189, 13:190, 13:219, 13:*267*,
19:225, 19:229, 19:251, 19:252,
19:254, 19:255, 19:256, 19:257,
19:310, 19:318, 19:323, 19:329,
19:*369*, 19:*370*, 24:86, 24:*105*,
24:*106*
Brower, H. R., 2:99, 2:117, 2:118, 2:148,
2:149, 2:150, 2:*159*
Brower, K. R., 14:277, 14:327, 14:*339*,
24:71, 24:81, 24:*106*
Brower, R. H., 5:164, 5:*169*
Brown, A., 11:11, 11:110, 11:*117*
Brown, A. C. R., 15:24, 15:*58*
Brown, A. J., 21:24, 21:*31*
Brown, A. P., 26:18, 26:*123*
Brown, C., 10:119, 10:*123*, 17:122,
17:142, 17:*175*, 24:188, 24:189,
24:*199*, 25:127, 25:144, 25:179,
25:191, 25:*256*, 25:*257*
Brown, C. A., 14:187, 14:*197*
Brown, C. J., 1:242, 1:243, 1:244, 1:*276*,
15:130, 15:*145,*
Brown, D. A., 5:142, 5:*169*, 5:321, 5:*328*,
11:359, 11:*384*, 14:44, 14:*62*
Brown, D. H., 9:27(27), 9:*122*
Brown, D. J., 11:319, 11:*383*
Brown, D. M., 8:72, 8:*75*, 8:224, 8:*264*,
17:216, 17:252, 17:*275*, 25:246,
25:247, 25:*257*
Brown, D. P., 13:33, 13:*78*
Brown, D. W., 30:33, 30:*60*
Brown, E. A., 13:231, 13:*277*
Brown, E. R., 10:164, 10:*220*
Brown, F., 11:181, 11:*222*
Brown, F. C., 16:161, 16:*231*, 18:26,
18:28, 18:*72*
Brown, F. J., 14:23, 14:24, 14:28, 14:*65*
rown, G. M., 1:230, 1:*276*
Brown, H. C., 1:14, 1:21, 1:*31*, 1:36,
1:38, 1:39, 1:41, 1:42, 1:44, 1:45,
1:46, 1:47, 1:48, 1:49, 1:52, 1:53,
1:55, 1:58, 1:60, 1:61, 1:62, 1:67,
1:68, 1:70, 1:71, 1:72, 1:74, 1:75,

1:76, 1:78, 1:81, 1:82, 1:85, 1:87,
1:88, 1:90, 1:92, 1:97, 1:102, 1:105,
1:107, 1:108, 1:109, 1:110, 1:111,
1:114, 1:118, 1:125, 1:128, 1:134,
1:136, 1:137, 1:138, 1:139, 1:144,
1:*149*, 1:*150*, 1:*152*, 1:*153*, 1:*154*,
1:191, 1:192, 1:193, 1:*197*, 1:*198*,
1:*201*, 2:17, 2:*87*, 2:180, 2:*199*, 4:58,
4:*69*, 4:119, 4:120, 4:*143*, 4:*145*,
4:238, 4:239, 4:242, 4:265, 4:298,
4:*300*, 4:307, 4:*345*, 6:249, 6:282,
6:288, 6:*324*, 8:229, 8:230, 8:*261*,
9:145, 9:150, 9:*175*, 9:*180*, 9:273,
9:*274*, 10:18, 10:19, 10:26, 10:43,
10:47, 10:*51*, 11:178, 11:179,
11:182, 11:185, 11:186, 11:187,
11:206, 11:*222*, 11:*224*, 11:277,
11:279, 11:283, 11:*384*, 11:*391*,
13:114, 13:*149*, 13:164, 13:166,
13:*267*, 14:4, 14:9, 14:19, 14:*62*,
14:66, 14:102, 14:117, 14:*128*,
14:*131*, 14:*197*, 16:39, 16:*49*,
19:225, 19:233, 19:240, 19:251,
19:262, 19:265, 19:292, 19:299,
19:352, 19:*369*, 19:*370*, 19:*373*,
22:16, 22:*107*, 23:123, 23:135,
23:*158*, 23:197, 23:*262*, 24:66,
24:70, 24:*106*, 24:*112*, 25:273,
25:416, 25:*442*, 27:214, 27:*235*,
28:252, 28:255, 28:*289*, 28:*291*,
31:176, 31:*243*, 32:268, 32:269,
32:277, 32:279, 32:280, 32:282,
32:*380*, 32:*385*
Brown, H. T., 4:16, 4:*27*
Brown, H. W., 5:60, 5:*113*
Brown, J. D., 19:195, 19:200, 19:201,
19:*217*
Brown, J. E., 10:116, 10:117, 10:118,
10:*123*, 15:92, 15:*145*, 25:244,
25:*265*
Brown, J. F., 11:20, 11:*122*, 21:25, 21:*35*,
22:10, 22:69, 22:*107*
Brown, J. K., 5:67, 5:*113*
Brown, J. M., 16:90, 16:*155*, 16:252,
16:*261*, 17:454, 17:458, 17:460,
17:*482*, 18:80, 18:*175*, 22:215,
22:262, 22:263, 22:277, 22:278,
22:281, 22:*300* 29:314, 29:*324*
Brown, K. A., 19:72, 19:*118*, 26:359,
26:*369*

Brown, K. C., 7:175, 7:185, 7:*203*, 31:220, 31:*243*
Brown, M., 19:24, 19:*127*
Brown, M. F., 16:258, 16:*261*
Brown, M. J., 17:237, 17:*275*, 25:160, 25:*256*
Brown, M. L., 1:*198*
Brown, M. P., 23:39, 23:*58*
Brown, M. S., 32:249, 32:*264*
Brown, N. E., 7:241, 7:*255*
Brown, N. M. D., 13:167, 13:257, 13:*267*
Brown, O. R., 10:155, 10:161, 10:196, 10:*220*, 12:115, 12:*118*, 12:127
Brown, P., 8:170, 8:194, 8:196, 8:205, 8:207, 8:208, 8:209, 8:216, 8:224, 8:227, 8:228, 8:229, 8:248, 8:*261*, 8:*268*
Brown, R., 12:43, 12:*128*
Brown, R. D., 2:184, 2:*197*, 4:79, 4:85, 4:95, 4:107, 4:115, 4:*143*, 6:79, 6:81, 6:*98*, 13:56, 13:*77*, 13:378, 13:*411*, 20:156, 20:*182*, 29:237, 29:*266*
Brown, R. E., 19:85, 19:88, 19:*129*
Brown, R. F., 3:51, 3:*81*, 17:211–3, 17:*275*, 21:27, 21:*31*
Brown, R. F. C., 6:3, 6:7, 6:32, 6:51, 6:*58*, 8:237, 8:240, 8:*261*
Brown, R. K., 23:118, 23:*162*
Brown, R. S., 22:134, 22:137, 22:142, 22:*207*, 24:2, 24:*54*, 28:210, 28:219, 28:220, 28:223, 28:225, 28:250, 28:280, 28:282, 28:283, 28:285, 28:*287*, 28:*288*, 28:*291*, 29:107, 29:129, 29:*179*, 31:231, 31:232, 31:233, 31:*246*, 31:*247*
Brown, S. J., 26:298, 26:*369*
Brown, T. L., 8:229, 8:*261*, 15:257, 15:*260*, 23:16, 23:*61*, 26:116, 26:*127*, 29:212, 29:216, 29:*267*, 29:*271*
Brown, W. A. C., 13:36, 13:*78*
Brown, W. F., 32:149, 32:*209*
Brown, W. G., 1:160, 1:*198*, 2:226, 2:237, 2:244, 2:*273*, 3:128, 3:147, 3:*186*, 31:198, 31:*246*
Brownawell, M. L., 31:234, 31:*246*
Browne, A. R., 29:233, 29:*266*
Browne, C. M., 30:98, 30:105, 30:*112*
Browne, D. T., 13:371, 13:*407*, 13:*408*
Browning, H. L., 17:22, 17:*62*

Brownlee, R. T. C., 13:108, 13:*152*
Brownlie, I. T., 9:138, 9:148, 9:*175*
Brownstein, S., 3:239, 3:241, 3:*266*, 5:176, 5:*232*, 14:135, 14:*197*, 19:230, 19:*370*, 20:152, 20:*182*, 23:88, 23:*158*, 24:88, 24:*106*, 25:36, 25:*86*, 29:224, 29:226, 29:*266*
Brown-Wensley, K. A., 19:54, 19:*116*
Broxton, T. J., 14:76, 14:*127*, 14:162, 14:*196*, 16:116, 16:121, 16:*155*, 22:289, 22:297, 22:*300*, 23:231, 23:*262*, 24:183, 24:*199*
Broyde, S. B., 8:396, 8:*404*, 13:59, 13:*82*
Brubaker, C. H. Jr., 9:*124*
Brubaker, C. H., 18:109, 18:*182*
Brubaker, G. R., 13:59, 13:*78*
Bruce, C. R., 3:226, 3:*266*, 13:221, 13:*267*
Bruce, C. W., 3:52, 3:*81*
Bruce, M. I., 23:294, 23:*316*
Bruce, P. G., 32:3, 32:*115*
Brück, D., 4:269, 4:276, 4:*303*
Bruck, D., 13:256, 13:*267*
Bruck, P., 29:288, 29:*325*
Bruckenstein, S., 5:186, 5:*234*, 32:48, 32:61, 32:*113*, 32:*114*
Brucker, D., 29:233, 29:*268*
Brucklmann, U., 19:88, 19:*116*
Brückner, D., 23:89, 23:*158*
Brueck, B., 7:10, 7:*113*
Bruening, R. L., 30:64, 30:65, 30:107, 30:*114*
Brufani, M., 1:231, 1:*276*
Brugel, E. G., 19:107, 19:*126*
Brugger, P. -A., 19:97, 19:*116*
Brugger, R. M., 25:29, 25:*89*
Brugger, W., 22:102, 22:*110*
Brühl, J. W., 3:2, 3:4, 3:5, 3:7, 3:35, 3:37, 3:*81*
Bruice, P. Y., 17:268, 17:*275*, 18:11, 18:*72*
Bruice, T. C., 1:23, 1:*31*, 5:237, 5:238, 5:241, 5:254, 5:257, 5:258, 5:259, 5:260, 5:272, 5:277, 5:278, 5:279, 5:280, 5:282, 5:283, 5:284, 5:285, 5:286, 5:287, 5:289, 5:293, 5:294, 5:296, 5:297, 5:298, 5:299, 5:300, 5:301, 5:315, 5:316, 5:319, 5:320, 5:*326*, 5:*327*, 5:*330*, 8:282, 8:291, 8:294, 8:298, 8:317, 8:337, 8:341,

8:344, 8:345, 8:346, 8:347, 8:348,
8:349, 8:350, 8:395, 8:*398*, 11:2,
11:3, 11:4, 11:6, 11:7, 11:8, 11:9,
11:11, 11:13, 11:14, 11:15, 11:17,
11:18, 11:21, 11:29, 11:30, 11:31,
11:32, 11:36, 11:37, 11:39, 11:40,
11:42, 11:45, 11:46, 11:49, 11:51,
11:55, 11:56, 11:58, 11:62, 11:67,
11:75, 11:79, 11:86, 11:88, 11:89,
11:90, 11:94, 11:97, 11:100, 11:105,
11:106, 11:109, 11:110, 11:113,
11:114, 11:*116*, 11:*117*, 11:*118*,
11:*119*, 11:*120*, 11:*121*, 11:*122*,
14:166, 14:*197*, 14:*198*, 14:259,
14:*347*, 17:67, 17:106, 17:*175*,
17:*177*, 17:184, 17:196, 17:230,
17:254, 17:*255*, 17:258, 17:268–70,
17:*275–8*, 17:445, 17:451, 17:468,
17:469, 17:*482*, 17:*487*, 18:11,
18:15, 18:17, 18:*72*, 18:170, 18:*176*,
18:*181*, 18:233, 18:*236*, 21:9, 21:25,
21:27, 21:*31*, 21:*34*, 21:38, 21:42,
21:89, 21:*95*, 21:*97*, 22:28, 22:76,
22:96, 22:*107*, 24:86, 24:95, 24:97,
24:99, 24:*106*, 24:*110*, 24:*111*,
24:*112*, 25:105, 25:110, 25:*257*,
26:345, 26:346, 26:347, 26:*370*,
27:39, 27:40, 27:42, 27:*53*, 28:171,
28:202, 28:*205*
Bruins, A. P., 24:28, 24:48, 24:*51*
Brumby, S., 26:162, 26:*175*
Brummer, J. G., 29:21, 29:*66*
Brummer, S. B., 2:105, 2:*159*, 5:136,
5:139, 5:*169*
Brun, G., 18:114, 18:*178*
Brun, P., 31:310, 31:384, 31:*391*
Brundle, C. R., 14:50, 14:*62*, 14:*67*
Brune, H. A., 4:187, 4:*191*, 6:204, 6:*325*
Brunelle, J. A., 25:13, 25:45, 25:47,
25:*86*, 25:*87*
Brunello, C., 2:*277*
Bruner, B. L., 6:193, 6:*325*
Bruner, F., 8:105, 8:*146*
Brunet, J. J., 23:286, 23:*316*, 26:74,
26:*124*
Bruni, P., 13:196, 13:*267*
Brüniche-Olsen, N., 18:7, 18:*72*
Bruning, W., 5:110, 5:*113*, 8:389, 8:*398*
Bruning, W. H., 13:195, 13:220, 13:221,
13:222, 13:*267*, 13:*271*, 13:*275*,
13:*276*, 18:98, 18:119, 18:120,
18:*176*, 18:*180*, 18:*183*
Brunn, E., 29:233, 29:*269*
Brunner, T. R., 16:241, 16:*264*
Bruno, G., 26:72, 26:*124*
Bruno, G. V., 18:120, 18:*177*
Bruno, J. J., 5:279, 5:280, 5:282, 5:289,
5:296, 5:297, 5:315, 5:320, 5:*326*,
11:39, 11:40, 11:58, 11:*118*, 17:268,
17:*275*
Brunori, M., 13:374, 13:378, 13:379,
13:*406*
Brunschwig, B. S., 18:109, 18:*176*
Brunton, G., 17:25, 17:*59*, 24:196,
24:*200*
Brunton, G. D., 26:263, 26:*369*
Brüntrup, G., 29:233, 29:*266*
Brus, L. E., 22:147, 22:*206*, 22:*208*,
32:222, 32:*247*, 32:262
Brusa, M. A., 29:21, 29:*64*
Brussaard, H., 32:191, 32:*208*
Brust, M., 32:105, 32:*116*
Bruton, C. J., 26:357, 26:*371*
Bruylants, A., 5:246, 5:*326*, 11:342,
11:*385*, 17:233, 17:*275*, 19:390,
19:414, 19:*426*, 23:199, 23:211,
23:*262*
Bryan, P. S., 25:47, 25:*86*
Bryce, M. R., 22:166, 22:*205*, 26:321,
26:*368*
Bryce, W. A., 8:21, 8:*75*, 8:169, 8:178,
8:199, 8:*261*, 8:*265*
Bryce-Smith, D., 1:173, 1:183, 1:188,
1:*197*, 10:110, 10:*123*, 10:137,
10:*152*, 13:183, 13:*267*, 19:14,
19:63, 19:64, 19:100, 19:101,
19:103, 19:*115*, 19:*116*, 20:210,
20:211, 20:217, 20:*230*
Brycki, B. E., 32:373, 32:*382*
Bryden, W. A., 29:229, 29:*266*
Brydon, D. L., 11:344, 11:*389*
Bryson, A., 13:114, 13:*149*
Bryson, J. A., 14:146, 14:*197*, 21:178,
21:*194*
Bryson, J. G., 11:359, 11:*390*
Bryson, T. A., 13:335, 13:336, 13:342,
13:*409*, 16:256, 16:*264*, 16:*265*
Bryukhovetskaya, L. V., 18:82, 18:*176*
Brzezinski, L., 26:239, 26:*250*
Brzozka, Z., 31:70, 31:*83*

Bube, R. H., **16**:178, **16**:182, **16**:*231*, **16**:*232*
Bube, W., **19**:6, **19**:*116*
Bublitz, G. U., **32**:167, **32**:*209*
Bubnov, N. N., **10**:99, **10**:*123*
Bubnov, Yu. N., **24**:67, **24**:*106*
Bucaro, J. A., **16**:243, **16**:*261*
Buchachenko, A. L., **5**:87, **5**:105, **5**:*114*, **9**:141, **9**:154, **9**:168, **9**:*176*, **9**:*179*, **9**:*182*, **10**:54, **10**:76, **10**:82, **10**:83, **10**:84, **10**:85, **10**:89, **10**:90, **10**:99, **10**:115, **10**:*123*, **10**:*124*, **10**:*126*, **10**:*127*, **20**:2, **20**:12, **20**:13, **20**:33, **20**:34, **20**:49, **20**:*52*, **20**:*53*, **26**:182, **26**:243, **26**:*246*
Buchanan, A. S., **6**:79, **6**:81, **6**:*98*
Buchanan, B. G., **8**:201, **8**:*263*
Buchanan, D. H., **23**:19, **23**:21, **23**:*60*
Buchanan, I. C., **9**:156, **9**:*174*, **10**:121, **10**:*123*
Buchanan, J., **2**:98, **2**:122, **2**:*159*, **5**:138, **5**:*169*
Buchanan, J. M., **21**:23, **21**:*31*, **21**:*32*
Buchanan, M., **23**:53, **23**:*62*
Buchanan, T. J., **5**:270, **5**:*328*
Bucher, G., **30**:26, **30**:*57*
Bucher, H., **15**:106, **15**:*147*
Buchholz, A. C., **8**:197, **8**:*267*
Büchi, G., **10**:142, **10**:*152*
Büchi, R., **16**:253, **16**:259, **16**:*261*
Buchner, W., **16**:187, **16**:192, **16**:*231*, **16**:*234*, **16**:244, **16**:*261*
Buchs, A., **8**:230, **8**:234, **8**:*261*
Buchschriber, J. M., **17**:171, **17**:*178*
Buchwald, S. L., **22**:245, **22**:*300*, **25**:102, **25**:116, **25**:117, **25**:134, **25**:247, **25**:*257*
Buck, E. J., **28**:62, **28**:*137*
Buck, H. M., **10**:50, **10**:*51*, **13**:166, **13**:216, **13**:*267*, **13**:*268*, **16**:252, **16**:*264*, **24**:62, **24**:104, **24**:*105*, **24**:*107*, **24**:*112*, **25**:158, **25**:207, **25**:216, **25**:218, **25**:219, **25**:225, **25**:227, **25**:237, **25**:*257*, **25**:*263*, **25**:*264*, **29**:294, **29**:*329*
Buck, P., **14**:175, **14**:*197*
Buck, W., **7**:146, **7**:*150*
Buck, W. I., **12**:228, **12**:*296*
Buckel, W., **25**:115, **25**:*258*
Buckingham, A. D., **3**:46, **3**:67, **3**:68, **3**:69, **3**:71, **3**:72, **3**:74, **3**:75, **3**:77, **3**:78, **3**:*81*, **3**:*82*, **3**:247, **3**:*266*, **11**:128, **11**:129, **11**:*173*, **26**:269, **26**:*369*, **32**:134, **32**:*209*
Buckingham, D. A., **11**:68, **11**:69, **11**:70, **11**:*118*, **13**:59, **13**:*78*, **27**:131, **27**:*235*, **31**:276, **31**:*391*
Buckingham, P. D., **3**:124, **3**:*183*
Buckingham, R. A., **25**:4, **25**:*86*
Buckler, S. A., **23**:275, **23**:*322*
Buckles, R., **2**:62, **2**:*91*
Buckles, R. E., **6**:283, **6**:318, **6**:*324*, **28**:220, **28**:238, **28**:*288*, **29**:228, **29**:*270*
Buckley, A., **5**:331, **5**:334, **5**:335, **5**:349, **5**:357, **5**:*395*, **14**:143, **14**:148, **14**:*196*
Buckley, F., **3**:17, **3**:*82*
Buckley, N. C., **7**:98, **7**:*113*
Buckman, J. D., **17**:138, **17**:*179*
Bucks, R. R., **19**:27, **19**:*116*
Buckwalter, F. H., **23**:215, **23**:*269*
Buckwell, S., **23**:203, **23**:205, **23**:240, **23**:250, **23**:251, **23**:*261*, **23**:*262*
Buckwell, S. C., **29**:61, **29**:*64*, **29**:85
Bucourt, R., **13**:49, **13**:59, **13**:*78*, **23**:*207*, **23**:*262*
Buda, A. B., **25**:72, **25**:*91*
Budac, D., **31**:106, **31**:125, **31**:*137*
Budde, G., **1**:263, **1**:*275*
Buddenbaum, W. E., **9**:*279*, **31**:144, **31**:165, **31**:*243*, **32**:284, **32**:*384*
Budnik, U., **32**:200, **32**:*214*
Budzelaar, P. H. M., **29**:293, **29**:*325*
Budzikiewicz, H., **8**:166, **8**:174, **8**:183, **8**:196, **8**:201, **8**:203, **8**:204, **8**:207, **8**:236, **8**:237, **8**:240, **8**:245, **8**:249, **8**:*260*, **8**:*261*, **8**:*262*, **8**:*265*, **24**:2, **24**:*51*
Buemi, G., **13**:47, **13**:49, **13**:50, **13**:*78*, **13**:*79*, **13**:*82*, **26**:267, **26**:312, **26**:315, **26**:*369*
Buettner, G. R., **17**:52, **17**:53, **17**:*59*, **31**:129, **31**:*137*
Bufalini, M., **3**:156, **3**:*184*
Buffet, C., **17**:273, **17**:*275*, **26**:349, **26**:*369*
Bugaenko, L. T., **17**:22, **17**:38, **17**:40, **17**:*64*
Bugge, K. E., **30**:101, **30**:*115*
Buglass, A. J., **11**:351, **11**:*383*
Bühler, R. E., **12**:278, **12**:*293*

Buijs, K., **14**:232, **14**:*339*
Buisson, D. H., **14**:62, **14**:*63*
Buisson, J., **12**:43, **12**:*117*
Buist, G. J., **31**:181, **31**:188, **31**:*243*
Bujake, J. E., **2**:40, **2**:*87*, **6**:250, **6**:*324*
Bujnicki, B., **17**:124, **17**:*179*
Bukhtiarov, A. V., **13**:234, **13**:*272*, **13**:*275*
Buley, A. L., **5**:70, **5**:76, **5**:78, **5**:80, **5**:81, **5**:85, **5**:86, **5**:87, **5**:102, **5**:103, **5**:107, **5**:*114*
Bull, H. C., **19**:209, **19**:*218*
Bull, H. G., **11**:85, **11**:*118*, **18**:57, **18**:*72*, **20**:68, **20**:*183*, **21**:68, **21**:*95*, **24**:114, **24**:158, **24**:*200*, **27**:41, **27**:45, **27**:*52*, **27**:*53*
Bull, S. D., **32**:109, **32**:*118*
Bull, T. E., **16**:248, **16**:*262*, **22**:137, **22**:141, **22**:*207*
Bullock, A. T., **17**:25, **17**:*59*
Bullock, E., **11**:358, **11**:*382*
Bullock, F. J., **11**:313, **11**:*384*
Bullock, G., **9**:155, **9**:156, **9**:*176*, **12**:278, **12**:*292*
Bulm, G., **23**:233, **23**:*264*
Bulska, H., **12**:177, **12**:*216*
Bunbury, H. M., **2**:132, **2**:*160*
Bunce, N. J., **11**:227, **11**:253, **11**:*264*, **19**:58, **19**:70, **19**:*116*, **20**:197, **20**:198, **20**:199, **20**:203, **20**:204, **20**:205, **20**:206, **20**:207, **20**:208, **20**:211, **20**:217, **20**:218, **20**:219, **20**:220, **20**:221, **20**:223, **20**:*230*, **20**:*232*
Buncel, E., **7**:213, **7**:224, **7**:226, **7**:234, **7**:*255*, **11**:376, **11**:*391*, **14**:146, **14**:147, **14**:150, **14**:171, **14**:172, **14**:173, **14**:175, **14**:181, **14**:189, **14**:*197*, **14**:*201*, **17**:343, **17**:*424*, **19**:413, **19**:*426*, **24**:63, **24**:*106*, **24**:153, **24**:*200*, **27**:66, **27**:*114*, **27**:191, **27**:205, **27**:231, **27**:*235*, **29**:9, **29**:11, **29**:52, **29**:53, **29**:54, **29**:*65*, **29**:*67*, **29**:83
Bundgaard, H., **23**:198, **23**:201, **23**:202, **23**:203, **23**:207, **23**:209, **23**:212, **23**:214, **23**:215, **23**:218, **23**:233, **23**:234, **23**:236, **23**:240, **23**:248, **23**:249, **23**:250, **23**:253, **23**:254, **23**:*262*, **23**:*263*, **23**:*266*

Bundle, D. R., **13**:292, **13**:293, **13**:320, **13**:321, **13**:323, **13**:*408*
Bunge, M., **15**:202, **15**:*260*
Bunger, W. B., **15**:162, **15**:*264*, **18**:119, **18**:*182*
Buning, G. H. W., **24**:101, **24**:*112*
Bunk, J. J., **26**:157, **26**:*177*
Bunn, C. W., **3**:49, **3**:78, **3**:*82*, **23**:166, **23**:*263*
Bunn, D., **9**:155, **9**:*176*
Bunnell, C. A., **9**:218, **9**:*274*
Bunnell, R. D., **27**:149, **27**:163, **27**:176, **27**:177, **27**:185, **27**:186, **27**:190, **27**:192, **27**:194, **27**:207, **27**:*234*
Bunnett, A. J., **28**:210, **28**:219, **28**:220, **28**:250, **28**:280, **28**:282, **28**:283, **28**:285, **28**:*288*
Bunnett, J. F., **1**:26, **1**:28, **1**:29, **1**:31, **1**:*31*, **2**:118, **2**:127, **2**:136, **2**:*159*, **2**:187, **2**:188, **2**:189, **2**:*197*, **3**:133, **3**:*183*, **4**:14, **4**:*28*, **5**:164, **5**:*169*, **5**:195, **5**:203, **5**:217, **5**:*232*, **5**:238, **5**:*326*, **6**:74, **6**:*98*, **7**:10, **7**:33, **7**:72, **7**:*109*, **7**:214, **7**:251, **7**:*255*, **8**:292, **8**:*398*, **11**:14, **11**:*118*, **13**:96, **13**:101, **13**:106, **13**:*149*, **14**:45, **14**:*62*, **14**:148, **14**:149, **14**:174, **14**:176, **14**:179, **14**:182, **14**:*200*, **17**:46, **17**:*59*, **17**:244, **17**:*275*, **18**:9, **18**:*72*, **18**:93, **18**:*176*, **19**:83, **19**:*114*, **19**:*116*, **19**:*127*, **19**:215, **19**:*218*, **20**:107, **20**:*182*, **20**:226, **20**:*230*, **21**:28, **21**:*31*, **21**:67, **21**:*98*, **21**:147, **21**:*192*, **23**:276, **23**:285, **23**:298, **23**:299, **23**:*316*, **23**:*317*, **23**:*318*, **26**:2, **26**:70, **26**:72, **26**:73, **26**:75, **26**:76, **26**:77, **26**:78, **26**:90, **26**:91, **26**:*123*, **26**:*124*, **26**:*125*, **26**:*126*, **26**:*128*, **26**:*129*, **26**:*130*, **27**:124, **27**:231, **27**:*235*, **28**:285, **28**:*290*, **32**:270, **32**:*380*
Bunt, J. C., **12**:60, **12**:*123*
Bunting, J. W., **24**:98, **24**:99, **24**:100, **24**:*106*, **27**:133, **27**:134, **27**:174, **27**:179, **27**:180, **27**:181, **27**:*235*, **27**:*238*, **29**:50, **29**:51, **29**:*64*
Bunton, C. A., **1**:25, **1**:28, **1**:*31*, **1**:57, **1**:*150*, **2**:124, **2**:128, **2**:133, **2**:134, **2**:144, **2**:*158*, **2**:*159*, **3**:115, **3**:*121*, **3**:129, **3**:130, **3**:131, **3**:132, **3**:133,

3:134, 3:138, 3:140, 3:142, 3:144,
3:159, 3:160, 3:164, 3:166, 3:167,
3:169, 3:171, 3:173, 3:176, 3:178,
3:179, 3:*183*, 3:*184*, 5:140, 5:159,
5:*169*, 5:174, 5:*233*, 5:263, 5:312,
5:313, 5:315, 5:321, 5:324, 5:*326*,
5:366, 5:384, 5:*395*, 6:70, 6:87, 6:88,
6:*98*, 8:223, 8:*262*, 8:282, 8:283,
8:291, 8:292, 8:294, 8:295, 8:296,
8:297, 8:310, 8:317, 8:318, 8:319,
8:323, 8:324, 8:325, 8:326, 8:327,
8:330, 8:331, 8:332, 8:333, 8:334,
8:335, 8:336, 8:362, 8:363, 8:364,
8:365, 8:366, 8:370, 8:371, 8:372,
8:373, 8:*397*, 8:*398*, 11:332, 11:*384*,
12:211, 12:*216*, 14:279, 14:*339*,
16:19, 16:20, 16:22, 16:*47*, 17:119,
17:126, 17:152, 17:165, 17:*174*,
17:*175*, 17:234, 17:*275*, 17:445,
17:448, 17:451–3, 17:455, 17:459,
17:460, 17:464, 17:465, 17:467,
17:475, 17:*482*, 17:*483*, 19:382,
19:416, 19:*425*, 19:*426*, 20:152,
20:*182*, 21:44, 21:*95*, 22:218,
22:219, 22:220, 22:221, 22:222,
22:224, 22:225, 22:226, 22:227,
22:228, 22:229, 22:230, 22:231,
22:232, 22:233, 22:234, 22:235,
22:236, 22:237, 22:238, 22:239,
22:240, 22:242, 22:244, 22:245,
22:246, 22:247, 22:248, 22:249,
22:253, 22:254, 22:255, 22:257,
22:258, 22:260, 22:261, 22:262,
22:263, 22:264, 22:265, 22:266,
22:267, 22:270, 22:271, 22:272,
22:274, 22:275, 22:277, 22:281,
22:282, 22:283, 22:287, 22:289,
22:291, 22:293, 22:296, 22:297,
22:298, 22:*299*, 22:*300*, 22:*301*,
22:*302*, 23:223, 23:225, 23:*263*,
24:167, 24:*200*, 25:105, 25:253,
25:*257*, 29:55, 29:56, 29:*64*
Bunyan, P. J., 12:57, 12:*118*
Bunzl, K. W., 11:338, 11:*384*
Bünzli, J. C., 29:310, 29:311, 29:*325*
Bünzli, J.-C. G., 20:115, 20:*185*
Buraev, V. I., 19:284, 19:*374*
Burawoy, A., 9:268, 9:269, 9:*274*
Burbaum, J. J., 24:137, 24:*204*
Burchill, C. E., 12:278, 12:279, 12:280,
12:283, 12:*292*
Burchill, G. E., 9:156, 9:*176*
Burchill, M. T., 24:85, 24:*110*
Burden, F. R., 13:56, 13:*77*
Burden, I. J., 17:287, 17:289, 17:307,
17:382, 17:*425*
Burdett, J. K., 18:98, 18:*176*, 26:63,
26:*121*, 29:207, 29:*265*
Burdett, J. L., 26:310, 26:*369*
Burdine, J. M., 17:261, 17:*276*
Burdon, J., 12:56, 12:*118*, 13:235,
13:*267*, 31:105, 31:*137*
Burfoot, G. D., 14:*197*, 16:31, 16:*47*
Burford, A., 18:209, 18:*236*
Burgada, R., 9:80(110), 9:111(122a),
9:112(122a), 9:115(122a),
9:116(128), 9:*125*, 9:*126*
Burgbacher, B., 19:204, 19:205, 19:*218*
Burgen, A. S. V., 13:378, 13:*409*,
23:182, 23:209, 23:213, 23:*263*
Burger, U., 19:308, 19:*372*
Burgers, P. M., 25:222, 25:223, 25:226,
25:*257*
Burgert, B. E., 12:56, 12:57, 12:*125*
Burgess, E. M., 10:142, 10:*152*
Burgess, J., 14:210, 14:280, 14:289,
14:*338*, 18:90, 18:*176*, 22:283,
22:*299*
Burgess, J. R., 26:68, 26:*129*
Burgi, H. B., 13:33, 13:*78*, 21:228,
21:*238*
Bürgi, H. B., 24:65, 24:*106*, 24:152,
24:155, 24:186, 24:*200*, 24:*202*,
25:13, 25:24, 25:29, 25:30, 25:37,
25:38, 25:40, 25:*85*, 25:*86*, 29:91,
29:96, 29:97, 29:98, 29:103, 29:109,
29:111, 29:119, 29:120, 29:123,
29:124, 29:135, 29:136, 29:147,
29:170, 29:175, 29:176, 29:177,
29:178, 29:*179*, 29:*180*, 29:*182*,
29:*183*
Burgstahler, A. W., 31:292, 31:*391*
Burgtof, J. R., 17:67, 17:73, 17:*176*
Burgus, W. H., 2:*273*
Burighel, A., 9:236, 9:237, 9:250,
9:*274*
Burke, J. J., 5:177, 5:179, 5:180, 5:182,
5:198, 5:*232*, 5:341, 5:*395*, 11:209,
11:*222*, 13:90, 13:99, 13:100,
13:108, 13:119, 13:121, 13:122,

13:123, 13:124, 13:125, 13:134,
13:135, 13:136, 13:138, 13:142,
13:146, 13:*148*, 13:*149*, 14:136,
14:*196*, 14:306, 14:307, 14:317,
14:318, 14:*337*, 27:255, 27:*288*
Burke, L. D., 32:71, 32:*120*
Burke, M. C., 24:85, 24:*109*
Burke, N. A. D., 29:163, 29:*180*, 29:284, 29:*325*
Burke, P. J., 31:307, 31:308, 31:*385*
Burkert, U., 25:23, 25:33, 25:*87*
Burkey, D. L., 25:45, 25:*87*
Burkey, T. J., 27:46, 27:*52*
Burkhard, O., 32:155, 32:162, 32:*213*
Burkhardt, G. N., 1:105, 1:*150*, 27:19, 27:*52*
Burkinshaw, P. M., 29:215, 29:*268*
Burkitt, H., 2:172, 2:174, 2:178, 2:*199*
Burkoth, T. L., 6:209, 6:*331*
Burland, D. M., 16:176, 16:224, 16:*231*, 16:*235*, 32:123, 32:134, 32:158, 32:159, 32:183, 32:184, 32:*209*, 32:*215*, 32:*216*, 32:*217*
Burley, J. W., 15:161, 15:174, 15:*260*
Burlingame, A. L., 8:221, 8:246, 8:*262*, 8:*268*, 13:385, 13:388, 13:*408*
Burlitch, J. M., 7:155, 7:184, 7:186, 7:*208*, 31:210, 31:*246*
Burn, A. J., 25:305, 25:*442*
Burnelle, L., 7:161, 7:*204*
Burnelle, L. A., 6:199, 6:294, 6:295, 6:*323*, 6:*324*
Burnett, G. M., 9:134, 9:158, 9:*176*
Burnett, J. F., 14:*197*
Burnett, M. G., 5:123, 5:*169*
Burnett, R. D., 24:77, 24:*106*
Burnett, R. M., 7:7, 7:60, 7:80, 7:*114*
Burnham, D. R., 5:67, 5:*113*
Burnham, R. K., 17:309, 17:310, 17:*429*
Burns, D., 23:16, 23:*59*
Burns, D. M., 1:113, 1:*150*, 1:211, 1:230, 1:252, 1:253, 1:*276*
Burns, G. T., 30:49, 30:*59*
Burns, J. H., 18:202, 18:*237*
Burns, P. A., 18:193, 18:206, 18:*238*, 19:82, 19:*130*
Burnstein, S. H., 6:298, 6:*324*
Burr, J. G., Jr., 2:7, 2:12, 2:13, 2:*87*, 2:*88*
Burr, J. G., 5:362, 5:*395*, 6:11, 6:12, 6:*59*, 7:202, 7:*203*, 8:252, 8:*262*, 11:333,
11:*389*, 12:191, 12:213, 12:*216*
Burriel, R., 26:243, 26:*247*
Burrow, P. D., 29:277, 29:*327*
Burrows, C. J., 31:30, 31:*83*
Burrows, H. D., 13:187, 13:*267*, 22:293, 22:*301*, 28:192, 28:197, 28:*205*
Bursey, M. M., 8:167, 8:194, 8:197, 8:203, 8:230, 8:231, 8:234, 8:249, 8:250, 8:*262*, 8:*263*, 8:*267*, 21:201, 21:*239*, 27:30, 27:*53*
Burshtein, Z., 16:171, 16:173–5, 16:*231*
Burske, N. W., 7:27, 7:*110*
Burson, R. L., 29:299, 29:300, 29:305, 29:*328*
Burst, R., 32:173, 32:*215*
Burt, R., 26:325, 26:*368*
Burt, R. A., 21:55, 21:66, 21:71, 21:*95*
Burton, D. R., 31:254, 31:282, 31:*386*, 31:*387*
Burton, D. T., 7:26, 7:27, 7:*109*
Burton, G. W., 16:41, 16:*47*, 27:6, 27:*52*
Burton, J., 24:142, 24:*200*, 27:42, 27:*52*
Burton, M., 6:11, 6:*59*, 12:224, 12:*293*
Bury, P. C., 32:108, 32:*120*
Busch, D., 20:217, 20:*230*
Busch, D. H., 11:33, 11:68, 11:69, 11:*116*, 17:281, 17:*425*, 23:41, 23:*61*
Busch, J. H., 22:142, 22:*207*, 26:343, 26:*378*, 32:228, 32:*256*, 32:*262*
Busch, K. L., 27:30, 27:*53*
Busch, M., 7:227, 7:228, 7:*255*
Buschek, J., 29:51, 29:*68*, 29:83
Buschek, J. M., 28:210, 28:280, 28:*288*
Buschow, K. H. J., 10:176, 10:*220*
Bushby, R. J., 10:98, 10:114, 10:*123*
Bushick, R. D., 11:364, 11:*383*, 13:98, 13:117, 13:*148*
Bushmelev, V. A., 19:329, 19:330, 19:333, 19:*370*
Bushweller, C. H., 13:52, 13:60, 13:68, 13:*80*, 25:13, 25:33, 25:35, 25:43, 25:45, 25:47, 25:*86*, 25:*87*, 25:*89*, 25:*94*, 25:*96*
Bushaw, B. A., 14:185, 14:186, 14:187, 14:*196*, 17:349, 17:350, 17:351, 17:*424*
Buselli, A. J., 1:105, 1:*149*
Bush, J. B., 1:117, 1:*154*
Bush, K. J., 11:33, 11:*121*
Bush, M. A., 17:282, 17:288, 17:*425*

Buss, V., **11**:193, **11**:*224*, **19**:245, **19**:*377*, **23**:193, **23**:*263*
Bussey, R. J., **13**:162, **13**:169, **13**:195, **13**:234, **13**:235, **13**:240, **13**:*276*, **20**:160, **20**:*188*
Busson, R., **23**:191, **23**:258, **23**:*263*
Buswell, R. L., **14**:185, **14**:186, **14**:*196*, **17**:349–51, **17**:*424*
Butcher, J. A., **22**:219, **22**:220, **22**:*301*
Butcher, J. A. Jr., **22**:349, **22**:*358*
Butcher, P. N., **32**:123, **32**:128, **32**:130, **32**:132, **32**:*209*
Butcher, W. W., **25**:105, **25**:*257*
Buteiko, Z. F., **10**:115, **10**:*126*
Buter, J., **8**:217, **8**:*264*, **17**:129, **17**:*175*
Büthker, C., **18**:127, **18**:*175*
Butler, A. F., **14**:273, **14**:*344*
Butler, A. R., **5**:272, **5**:278, **5**:282, **5**:283, **5**:285, **5**:287, **5**:293, **5**:304, **5**:315, **5**:*326*, **5**:*327*, **7**:321, **7**:322, **7**:*328*, **11**:65, **11**:*119*, **23**:248, **23**:*263*
Butler, J. A. V., **2**:129, **2**:140, **2**:*160*, **2**:*161*, **7**:262, **7**:263, **7**:278, **7**:283, **7**:285, **7**:297, **7**:308, **7**:317, **7**:318, **7**:*329*, **26**:10, **26**:*124*
Butler, J. N., **2**:260, **2**:271, **2**:*273*, **4**:171, **4**:*191*
Butler, L. G., **25**:223, **25**:*261*
Butler, M. A., **13**:177, **13**:*267*
Butler, P. E., **9**:230, **9**:231, **9**:*277*, **17**:86, **17**:*179*
Butler, R. A., **26**:280, **26**:*375*
Butler, R. L., **30**:34, **30**:35, **30**:*57*
Butler, R. M., **10**:218, **10**:*220*
Butler, R. N., **7**:325, **7**:*328*, **9**:271, **9**:*279*
Butlerow, A., **4**:328, **4**:*345*
Butterworth, J., **5**:297, **5**:*327*
Buttery, R., **2**:251, **2**:259, **2**:*274*
Buttery, R. G., **7**:169, **7**:*204*
Buttgereit, D., **4**:261, **4**:*301*
Button, C. A., **23**:223, **23**:225, **23**:*263*
Buttrill, S. E., **9**:254, **9**:*274*
Buttrill, S. E., Jr., **20**:161, **20**:*188*
Buur, A., **23**:234, **23**:*263*
Buvet, R., **12**:43, **12**:*126*
Buxton, G. V., **12**:256, **12**:258, **12**:270, **12**:*293*
Buxton, L. W., **25**:12, **25**:*87*, **25**:*91*
Buys, H. R., **13**:33, **13**:*78*, **13**:*79*, **24**:116, **24**:147, **24**:148, **24**:152, **24**:*203*,

25:50, **25**:*94*, **25**:172, **25**:*263*
Buzbee, L. R., **17**:134, **17**:*175*
Buzeman, A. J., **1**:229, **1**:*276*
Buzzacarini, F., **17**:452, **17**:*482*
Bychkov, N. N., **24**:91, **24**:*108*
Bye, E., **29**:99, **29**:*179*
Byers, G. W., **8**:246, **8**:*268*
Byers, L. D., **21**:44, **21**:*96*, **27**:46, **27**:*54*
Bykova, T. G., **25**:193, **25**:*256*
Bylina, G. S., **10**:85, **10**:*124*
Byrd, J. E., **18**:124, **18**:*183*
Byrd, L., **10**:202, **10**:*221*, **12**:9, **12**:*118*
Byrd, N. R., **16**:217, **16**:*231*
Byrn, S. R., **15**:68, **15**:*145*
Byrne, J. B., **4**:266, **4**:*303*
Byrne, J. J., **4**:308, **4**:*345*
Byrne, W. E., **7**:235, **7**:236, **7**:237, **7**:239, **7**:244, **7**:246, **7**:248, **7**:*255*, **7**:*256*
Byström, K., **22**:50, **22**:*107*
Bystrov, V. F., **13**:360, **13**:395, **13**:398, **13**:399, **13**:402, **13**:403, **13**:406, **13**:*407*, **13**:*408*, **13**:*410*, **13**:*413*
Bystrow, D., **4**:197, **4**:*304*
Byteva, I. M., **19**:92, **19**:*117*
Bywater, S., **2**:158, **2**:*159*, **15**:160, **15**:173, **15**:179, **15**:202, **15**:207, **15**:208, **15**:227, **15**:*260*, **15**:*262*, **15**:*263*, **15**:*266*, **23**:88, **23**:*158*

C

Cabaleiro, M. C., **6**:282, **6**:283, **6**:*324*
Cabane, B., **22**:220, **22**:*301*, **22**:*302*
Cabani, S., **13**:113, **13**:*149*, **14**:252, **14**:253, **14**:298, **14**:*339*
Cabannes, J., **3**:66, **3**:*82*
Cabaret, D., **26**:78, **26**:*124*
Cabell, P. W., **10**:131, **10**:136, **10**:*152*
Cabral, D. J., **27**:249, **27**:*290*
Cabrera, I., **32**:179, **32**:*209*
Cacace, F., **2**:207, **2**:220, **2**:222, **2**:247, **2**:251, **2**:264, **2**:265, **2**:*273*, **2**:*276*, **8**:104, **8**:105, **8**:106, **8**:107, **8**:108, **8**:113, **8**:115, **8**:117, **8**:121, **8**:123, **8**:124, **8**:127, **8**:133, **8**:134, **8**:140, **8**:141, **8**:142, **8**:143, **8**:*145*, **8**:*146*
Cacciapaglia, R., **29**:9, **29**:54, **29**:*64*
Caddy, D. E., **26**:285, **26**:*368*
Cadenbach, G., **4**:233, **4**:235, **4**:244, **4**:251, **4**:*301*

Cadenhead, D. A., **28**:54, **28**:*135*
Cadman, P., **15**:26, **15**:*58*, **15**:67, **15**:*145*
Cadogan, J. I. G., **6**:277, **6**:280, **6**:318, **6**:*324*, **6**:*325*, **7**:154, **7**:*203*, **7**:267, **7**:*328*, **8**:55, **8**:*75*, **10**:98, **10**:*124*, **16**:70, **16**:*85*, **19**:417, **19**:*425*, **25**:305, **25**:311, **25**:*439*, **25**:*442*
Cadogan, K. D., **13**:181, **13**:*267*
Cadogen, J. I. G., **17**:3, **17**:*59*
Cady, G. H., **3**:17, **3**:*82*, **8**:287, **8**:*397*
Cady, H. H., **32**:200, **32**:*209*
Cahill, P. A., **32**:139, **32**:186, **32**:*209*
Cahn, R. S., **9**:36(75), **9**:86(75), **9**:91(75), **9**:92(75), **9**:*124*
Cai, Y., **32**:181, **32**:*212*
Cain, E. N., **29**:287, **29**:*328*
Cairns, T. L., **7**:1, **7**:7, **7**:13, **7**:15, **7**:*109*, **7**:*111*
Cairns-Smith, A. G., **17**:441, **17**:*483*
Cais, M., **17**:56, **17**:*59*
Calabrese, J. C., **18**:114, **18**:139, **18**:*181*, **23**:38, **23**:*61*, **26**:216, **26**:224, **26**:238, **26**:239, **26**:*247*, **26**:*250*, **26**:*252*, **29**:121, **29**:*180*, **32**:191, **32**:*210*
Caland, P., **1**:52, **1**:*151*
Calcaterra, L. T., **25**:438, **25**:*442*, **28**:20, **28**:29, **28**:*41*, **28**:*43*
Calder, I. C., **29**:276, **29**:*330*
Calderazzo, F., **23**:19, **23**:*59*, **29**:207, **29**:*266*
Calderbank, K. E., **3**:8, **3**:*82*
Calderon, J. L., **18**:150, **18**:*180*
Caldin, E., **22**:124, **22**:*207*
Caldin, E. F., **5**:60, **5**:*114*, **5**:162, **5**:*169*, **5**:*201*, **5**:*233*, **6**:95, **6**:96, **6**:*98*, **7**:217, **7**:223, **7**:234, **7**:247, **7**:*254*, **7**:*255*, **9**:173, **9**:*176*, **12**:203, **12**:*216*, **14**:83, **14**:*128*, **14**:151, **14**:154, **14**:159, **14**:*197*, **14**:206, **14**:210, **14**:277, **14**:*338*, **14**:*339*, **15**:302, **15**:*328*, **16**:1, **16**:31, **16**:*47*, **16**:97, **16**:*155*, **27**:150, **27**:151, **27**:*235*
Caldwell, G., **24**:8, **24**:10, **24**:38, **24**:*51*
Caldwell, R. A., **19**:47, **19**:48, **19**:53, **19**:55, **19**:56, **19**:81, **19**:88, **19**:90, **19**:104, **19**:*116*, **19**:*117*, **19**:*125*, **19**:*126*
Caldwell, R. G., **9**:137, **9**:138, **9**:146, **9**:*176*

Calef, D. F., **26**:20, **26**:*124*
Calhoun, A., **3**:156, **3**:*184*
Calin, M., **9**:*24*, **11**:343, **11**:*389*
Callahan, J. J., **7**:240, **7**:*256*
Calleri, C., **18**:34, **18**:*71*
Callingham, M., **12**:43, **12**:*122*
Callis, P. R., **26**:54, **26**:*123*
Callister, J. D., **5**:332, **5**:333, **5**:344, **5**:353, **5**:354, **5**:391, **5**:394, **5**:*395*, **7**:171, **7**:191, **7**:193, **7**:*203*, **10**:103, **10**:*123*, **22**:343, **22**:349, **22**:*357*
Callomon, J. H., **1**:378, **1**:385, **1**:397, **1**:399, **1**:404, **1**:405, **1**:408, **1**:418, **1**:*418*, **1**:*419*
Callot, H. J., **19**:113, **19**:*116*
Calmon, J. P., **18**:7, **18**:*72*
Calmon, M., **18**:7, **18**:*72*
Calo, V., **9**:214, **9**:*274*
Caluwe, P., **28**:27, **28**:*41*, **28**:44
Calvert, J. G., **1**:406, **1**:*419*, **8**:43, **8**:*75*, **8**:245, **8**:*267*, **18**:43, **18**:*75*, **18**:190, **18**:*235*
Calvert, R. B., **23**:109, **23**:*161*, **23**:*162*
Calvert, S., **18**:188, **18**:232, **18**:*235*
Calvet, A., **28**:279, **28**:*288*
Calvin, M., **3**:71, **3**:*81*, **3**:236, **3**:241, **3**:*266*, **8**:249, **8**:*268*, **10**:69, **10**:*123*, **13**:163, **13**:*177*, **13**:178, **13**:185, **13**:239, **13**:*268*, **13**:*269*, **13**:*271*, **19**:100, **19**:*119*, **25**:126, **25**:194, **25**:230, **25**:*256*, **25**:*257*
Calvo, C., **26**:313, **26**:*377*
Calvo, K. C., **25**:105, **25**:*264*
Calzadilla, M., **17**:444, **17**:*482*
Camaggi, C. M., **17**:6, **17**:24, **17**:44, **17**:*59*
Camaioni, D. M., **13**:237, **13**:*277*, **18**:149, **18**:*184*
Cambillau, C., **17**:318–20, **17**:322, **17**:*425*
Camerman, A., **22**:131, **22**:*207*, **26**:267, **26**:313, **26**:316, **26**:*369*
Camerman, N., **22**:131, **22**:*207*, **26**:267, **26**:313, **26**:316, **26**:*369*
Cameron, K. E., **31**:294, **31**:383, **31**:*387*
Cameron, R., **13**:89, **13**:92, **13**:104, **13**:*151*
Cameron, T. S., **19**:65, **19**:*114*
Cameyo, G., **13**:388, **13**:389, **13**:*410*
Camilleri, P., **26**:260, **26**:*369*

Cammann, K., **32**:105, **32**:*117*
Camoes, G. F. C., **14**:212, **14**:*338*
Campagni, A., **7**:12, **7**:65, **7**:66, **7**:*109*
Campbell, A., **9**:272, **9**:*274*
Campbell, C. B., **12**:57, **12**:*124*
Campbell, D. A., **31**:305, 31:382, **31**:*386*
Campbell, E. J., **25**:12, **25**:*85*, **25**:87, **25**:*91*
Campbell, H. J., **4**:327, **4**:*345*, **11**:364, **11**:*384*
Campbell, J. D., **17**:117, **17**:*177*
Campbell, K. A., **20**:116, **20**:117, **20**:*183*
Campbell, K . N., **3**:5, **3**:6, **3**:15, **3**:*82*
Campbell, N. C. G., **14**:16, **14**:*62*
Campbell, P., **8**:396, **8**:*398*
Campbell, P. H., **10**:144, **10**:*152*
Campbell, R. B., **1**:228, **1**:*276*
Campbell, R. W., **17**:166, **17**:*180*
Campbell, T. W., **2**:108, **2**:*197*
Campbell-Crawford, A. N., **14**:85, **14**:*127,* **16**:101, **16**:*155*, **21**:184, **21**:*191*, **22**:121, **22**:*205*
Campion, J. J., **14**:334, **14**:*339*
Campion, R. J., **16**:100, **16**:*155*
Camps, M., **25**:291, **25**:292, **25**:301, **25**:307, **25**:310, **25**:322, **25**:384, **25**:*441*, **25**:442
Canadell, E., **18**:163, **18**:*175*
Canady, W. J., **11**:284, **11**:*384*
Canback, T., **7**:238, **7**:*255*
Candela, G. A., **26**:238, **26**:*246*
Caneschi, A., **26**:244, **26**:*246*
Canet, D., **16**:241, **16**:242, **16**:244, **16**:*261*, **16**:262
Canfield, N. D., **13**:204, **13**:*268*
Canfield, R. C., **11**:81, **11**:*118*
Cannell, L. G., **2**:180, **2**:*197*, **5**:384, **5**:*395*
Cannon, C. G., **6**:130, **6**:*179*, **9**:159, **9**:*176*, **11**:338, **11**:*384*
Cannon, P., Jr., **17**:453, **17**:*483*
Cannon, R. D., **28**:2, **28**:17, **28**:*41*
Cano, F. H., **32**:240, **32**:242, **32**:*262*, **32**:*263*, **32**:*264*, **32**:265
Cantacuzène, D., **23**:285, **23**:301, **23**:*317*, **23**:*320*
Cante, C. C., **28**:62, **28**:*137*
Cantner, M., **7**:223, **7**:226, **7**:251, **7**:*254*
Cantor, D. M., **16**:241, **16**:*261*
Cantor, R. S., **22**:219, **22**:220, **22**:*302*
Cantrell, T. S., **19**:14, **19**:102, **19**:*116*, **19**:364, **19**:*370*
Cantrill, H. L., **8**:197, **8**:*267*
Cantrill, P. R., **19**:140, **19**:141, **19**:*217*
Cantwell, M., **8**:86, **8**:94, **8**:*146*
Cao, Y., **26**:224, **26**:*246*, **26**:*247*
Cape, J. N., **16**:56, **16**:59, **16**:61, **16**:64, **16**:65, **16**:68, **16**:69, **16**:73, **16**:75, **16**:*85*
Capen, G. L., **16**:11, **16**:17, **16**:31, **16**:*48*
Caplain, S., **19**:87, **19**:*128*
Caplow, M., **5**:277, **5**:278, **5**:280, **5**:282, **5**:291, **5**:*327*, **5**:*328*, **11**:33, **11**:34, **11**:36, **11**:*118*, **11**:*121*
Capomacchia, A. C., **12**:167, **12**:170, **12**:171, **12**:177, **12**:182, **12**:196, **12**:198, **12**:200, **12**:*215*, **12**:*216*, **12**:*218*, **12**:*219*, **12**:*220*, **12**:*221*
Capon, B., **5**:157, **5**:*169*, **7**:156, **7**:*203*, **11**:51, **11**:83, **11**:86, **11**:90, **11**:100, **11**:102, **11**:104, **11**:108, **11**:*116*, **11**:*118*, **17**:186, **17**:190, **17**:234, **17**:246, **17**:251, **17**:265, **17**:273, **17**:274, **17**:*275*, **18**:44, **18**:47, **18**:*72*, **19**:225, **19**:*370*, **21**:45, **21**:48–50, **21**:52, **21**:57, **21**:58, **21**:61, **21**:64–66, **21**:69, **21**:70, **21**:72, **21**:75, **21**:76, **21**:78, **21**:80, **21**:83, **21**:84, **21**:92, **21**:94, **21**:*95*, **22**:2, **22**:9, **22**:28, **22**:35, **22**:38, **22**:*107*, **24**:118, **24**:162, **24**:*200*, **25**:125, **25**:*257*, **26**:346, **26**:349, **26**:*369*, **27**:107, **27**:*114*, **28**:171, **28**:199, **28**:*203*, **28**:*205*, **29**:47, **29**:*64*
Capon, N., **3**:94, **3**:99, **3**:*121*
Capozzi, G., **9**:249, **9**:250, **9**:265, **9**:*274*, **17**:140, **17**:*175*
Cappi, J. B., **14**:230, **14**:*338*
Capps, R. W., **28**:68, **28**:*137*
Caprois, M. T., **26**:135, **26**:*174*
Capron, P. C., **2**:213, **2**:*273*
Caputo, A., **14**:166, **14**:*198*
Caramella, P., **24**:64, **24**:68, **24**:*111*
Caranoni, **14**:298, **14**:*339*
Carassiti, V., **31**:118, **31**:*137*
Carboni, R. A., **7**:1, **7**:*109*, **29**:164, **29**:*183*, **29**:287, **29**:*331*
Carbonnel, L., **14**:291, **14**:298, **14**:*339*, **14**:*350*
Carbsmith, L. A., **2**:188, **2**:*199*
Cardaci, G., **23**:48, **23**:*58*

Cardillo, G., **17**:357, **17**:*425*
Cardinal, J. R., **22**:220, **22**:*306*
Cardwell, H. M. E., **18**:37, **18**:*72*
Cardwell, T. J., **32**:9, **32**:108, **32**:*115*
Cardy, H., **24**:37, **24**:*51*
Carey, F. A., **19**:225, **19**:*370*, **25**:119, **25**:*257*
Carey, F. S., **18**:80, **18**:*176*
Carey, P. R., **24**:178, **24**:*201*
Cargill, R. L., **6**:206, **6**:*325*
Cargill, R. W., **14**:303, **14**:305, **14**:*339*
Cargioli, J. D., **13**:92, **13**:*151*
Carhart, N. W., **6**:26, **6**:*60*
Carless, J. E., **8**:377, **8**:381, **8**:382, **8**:*398*, **8**:*406*
Carlin, K. J., **18**:170, **18**:*183*
Carlin, R. L., **26**:243, **26**:*247*
Carlin, S. E., **19**:27, **19**:31, **19**:92, **19**:98, **19**:*115*
Carling, R. W., **26**:302, **26**:*372*
Carlisle, C. H., **3**:56, **3**:*82*
Carloni, P., **31**:94, **31**:107, **31**:131, **31**:132, **31**:135, **31**:*137*
Carlotti, M. E., **18**:168, **18**:*178*
Carlsen, L., **26**:315, **26**:*369*
Carlsen, N. R., **23**:192, **23**:*263*
Carlsmith, L. A., **6**:2, **6**:*60*
Carlson, B. W., **24**:97, **24**:*106*
Carlson, G. L., **25**:19, **25**:*90*
Carlson, M., **6**:264, **6**:*326*
Carlson, S. C., **23**:279, **23**:280, **23**:283, **23**:297, **23**:298, **23**:*319*
Carlson, T. A., **2**:*277*, **8**:82, **8**:85, **8**:90, **8**:98, **8**:99, **8**:104, **8**:*146*
Carlsson, S., **15**:268, **15**:*328*
Carlton, T. S., **9**:155, **9**:*176*
Carmichael, J. B., **22**:70, **22**:*107*
Carmichael, J. L., **14**:325, **14**:*343*
Carnahan, G. E., **19**:419, **19**:422, **19**:*426*
Carnahan, J. C., Jr, **29**:301, **29**:*327*
Caroli, S., **18**:123, **18**:150, **18**:157, **18**:*181*
Caroline, H., **16**:208, **16**:*232*
Caron, A., **6**:116, **6**:*180*
Caronna, S., **8**:121, **8**:140, **8**:141, **8**:142, **8**:143, **8**:*146*
Caronna, T., **19**:63, **19**:65, **19**:*115*, **19**:*116*, **20**:173, **20**:174, **20**:*182*
Caroselli, M., **8**:105, **8**:115, **8**:117, **8**:121, **8**:127, **8**:133, **8**:134, **8**:*146*
Carpenter, A. K., **19**:209, **19**:*220*, **20**:146, **20**:*184*, **26**:38, **26**:*128*, **32**:39, **32**:*119*
Carpenter, C. D., **11**:366, **11**:*388*
Carpenter, E., **31**:263, **31**:*386*
Carpenter, L. L., **20**:61, **20**:*180*
Carpenter, N. C., **31**:295, **31**:*392*
Carpenter, S. H., **29**:58, **29**:59, **29**:*66*, **31**:270, **31**:383, **31**:*387*
Carpenter, W., **8**:205, **8**:239, **8**:*262*, **8**:*263*
Carpentier, J. M., **18**:9, **18**:10, **18**:*75*
Carr, A. A., **31**:135, **31**:*140*
Carr, E. P., **1**:415, **1**:*419*
Carr, H. Y., **3**:216, **3**:217, **3**:*266*
Carr, M. D., **3**:131, **3**:142, **3**:*183*
Carr, R. W. Jr., **22**:314, **22**:*358*
Carr, R. W., **7**:188, **7**:*205*
Carrà, S., **6**:199, **6**:312, **6**:*325*, **6**:*331*, **7**:11, **7**:92, **7**:*108*
Carrasco, N., **22**:236, **22**:296, **22**:*301*
Carraway, K. W., **17**:222, **17**:*278*
Carraway, R., **18**:115, **18**:120, **18**:*178*
Carré, D. J., **22**:177, **22**:*206*, **27**:207, **27**:210, **27**:214, **27**:*234*
Carreira, L., **13**:55, **13**:*78*
Carreras, C., **25**:295, **25**:332, **25**:370, **25**:372, **25**:373, **25**:380, **25**:395, **25**:396, **25**:*442*
Carriat, J. Y., **26**:243, **26**:*250*
Carrigou-Lagrange, C., **11**:338, **11**:*385*
Carrington, A., **1**:289, **1**:294, **1**:295, **1**:301, **1**:302, **1**:305, **1**:306, **1**:309, **1**:311, **1**:319, **1**:344, **1**:353, **1**:*359*, **1**:*360*, **5**:53, **5**:54, **5**:57, **5**:60, **5**:61, **5**:72, **5**:79, **5**:93, **5**:98, **5**:99, **5**:106, **5**:108, **5**:111, **5**:*113*, **5**:*114*, **8**:15, **8**:*75*, **10**:54, **10**:*124*, **13**:158, **13**:159, **13**:161, **13**:193, **13**:*267*, **20**:5, **20**:33, **20**:*52*
Carrington, T., **21**:129, **21**:*192*, **32**:226, **32**:*262*
Carriuolo, J., **1**:20, **1**:*32*, **5**:273, **5**:278, **5**:279, **5**:280, **5**:282, **5**:284, **5**:285, **5**:287, **5**:288, **5**:289, **5**:291, **5**:293, **5**:296, **5**:297, **5**:302, **5**:306, **5**:313, **5**:315, **5**:320, **5**:*328*, **7**:321, **7**:*329*, **11**:31, **11**:40, **11**:*120*, **21**:226, **21**:*239*
Carroll, F. A., **12**:157, **12**:*216*, **19**:52, **19**:98, **19**:*126*
Carroll, F. I., **16**:247, **16**:*263*
Carroll, R. D., **23**:258, **23**:*263*

Carrupt, P.-A., **29**:130, **29**:*182*
Carruthers, R. A., **23**:310, **23**:*317*
Carruthers, T., **16**:208, **16**:*232*
Cárský, P., **5**:19, **5**:21, **5**:25, **5**:*51*, **5**:*52*
Cársky, P., **12**:268, **12**:*293*
Carsky, P., **30**:12, **30**:13, **30**:*59*
Carson, A. S., **15**:28, **15**:*58*
Carson, F. W., **17**:96, **17**:*174*
Carson, S. F., **2**:34, **2**:*87*
Carter, F. L., **32**:221, **32**:*262*
Carter, G. E., **22**:250, **22**:251, **22**:*299*, **28**:270, **28**:271, **28**:*287*, **28**:*289*
Carter, H. V., **15**:158, **15**:159, **15**:*260*
Carter, J. G., **12**:133, **12**:*217*
Carter, J. H., **3**:171, **3**:173, **3**:*184*
Carter, J. V., **13**:108, **13**:122, **13**:123, **13**:124, **13**:127, **13**:138, **13**:142, **13**:146, **13**:*148*, **14**:28, **14**:58, **14**:*62*, **14**:*66*, **14**:96, **14**:107, **14**:*131*, **14**:251, **14**:*337*
Carter, M. K., **13**:161, **13**:162, **13**:211, **13**:*267*
Carter, P., **26**:359, **26**:363, **26**:365, **26**:366, **26**:*371*, **26**:*379*
Carter, R. E., **10**:4, **10**:5, **10**:21, **10**:22, **10**:23, **10**:24, **10**:*26*, **11**:128, **11**:136, **11**:138, **11**:*174*, **25**:61, **25**:63, **25**:76, **25**:78, **25**:*85*, **25**:*87*, **25**:*92*, **25**:*93*
Carter, R. P. Jr., **9**:27(24a,b), **9**:82(24a,b), **9**:*122*
Cartoni, G. P., **8**:105, **8**:*146*
Cartwright, C. H., **6**:86, **6**:*98*
Cartwright, H. M., **32**:109, **32**:*115*
Cartwright, P. S., **26**:260, **26**:*369*
Cartwright, S. J., **23**:252, **23**:*263*
Carvajal, C., **15**:169, **15**:213, **15**:*260*
Carver, D. R., **26**:72, **26**:78, **26**:*130*
Cary, L. W., **13**:288, **13**:300, **13**:301, **13**:*411*
Cary, P. D., **13**:372, **13**:*407*
Casadei, M. A., **22**:42, **22**:57, **22**:105, **22**:*107*
Casadevall, A., **18**:22, **18**:41, **18**:*75*
Casadevall, E., **17**:353, **17**:*429*, **18**:22, **18**:26, **18**:28, **18**:41, **18**:*72*, **18**:*75*, **27**:243, **27**:248, **27**:249, **27**:253, **27**:256, **27**:*288*
Casado, J., **26**:54, **26**:*124*
Casal, H. L., **22**:330, **22**:349, **22**:*358*, **22**:*361*

Casalino, A., **11**:336, **11**:*389*, **13**:86, **13**:*152*
Casalone, G., **25**:60, **25**:*87*
Casanova, J., **5**:378, **5**:*396*, **10**:211, **10**:*221*, **11**:188, **11**:*223*, **12**:2, **12**:12, **12**:15, **12**:97, **12**:105, **12**:*118*, **12**:*119*
Casanova, J. J., **26**:68, **26**:*124*
Casanova, J. Jr., **2**:24, **2**:*88*
Casapieri, P., **5**:160, **5**:*169*
Case, B., **10**:*224*, **19**:162, **19**:*218*
Caselli, M., **17**:306, **17**:*424*
Caserio, M. C., **17**:83–6, **17**:104, **17**:105, **17**:*174*, **17**:*178*, **17**:*180*, **21**:222, **21**:229, **21**:230, **21**:231, **21**:232, **21**:*237*, **21**:*238*, **21**:*239*, **24**:130, **24**:161, **24**:*200*
Casey, C. P., **23**:45, **23**:*59*, **23**:112, **23**:*158*
Casey, C., **9**:192, **9**:200, **9**:278, **9**:*277*
Casey, M. L., **14**:70, **14**:76, **14**:91, **14**:*128*, **14**:*129*, **27**:22, **27**:*54*
Cashel, M., **13**:341, **13**:342, **13**:*413*
Cashen, M. J., **21**:53, **21**:54, **21**:55, **21**:60, **21**:62, **21**:65, **21**:68, **21**:78, **21**:83, **21**:*94*
Casiraghi, G., **24**:77, **24**:*106*
Casnati, A., **31**:37, **31**:*82*
Casnati, G., **24**:77, **24**:*106*
Cass, M. E., **29**:217, **29**:*270*
Cassel, R. B., **14**:255, **14**:260, **14**:275, **14**:*339*
Cassey, H. N., **17**:83, **17**:140, **17**:*177*
Cassol, A., **30**:98, **30**:*112*
Casson, A., **18**:94, **18**:*175*, **22**:186, **22**:187, **22**:*205*, **23**:310, **23**:*316*
Casson, J. E., **7**:193, **7**:*203*, **10**:101, **10**:*123*
Castaldi, G., **28**:208, **28**:*288*
Castañer, J., **25**:270, **25**:273, **25**:274, **25**:275, **25**:276, **25**:278, **25**:279, **25**:280, **25**:281, **25**:284, **25**:285, **25**:286, **25**:287, **25**:288, **25**:290, **25**:291, **25**:292, **25**:294, **25**:300, **25**:301, **25**:302, **25**:304, **25**:315, **25**:318, **25**:319, **25**:320, **25**:322, **25**:323, **25**:324, **25**:325, **25**:326, **25**:327, **25**:328, **25**:329, **25**:330, **25**:334, **25**:336, **25**:337, **25**:338, **25**:339, **25**:340, **25**:341, **25**:342, **25**:343, **25**:344, **25**:345, **25**:346,

25:347, 25:348, 25:349, 25:350,
25:352, 25:356, 25:357, 25:358,
25:359, 25:360, 25:361, 25:362,
25:364, 25:365, 25:366, 25:367,
25:368, 25:369, 25:370, 25:371,
25:373, 25:374, 25:375, 25:378,
25:379, 25:380, 25:381, 25:382,
25:383, 25:384, 25:385, 25:386,
25:387, 25:388, 25:389, 25:390,
25:392, 25:393, 25:394, 25:395,
25:396, 25:397, 25:399, 25:402,
25:405, 25:411, 25:414, 25:415,
25:416, 25:419, 25:421, 25:423,
25:425, 25:428, 25:429, 25:431,
25:432, 25:433, 25:434, 25:435,
25:436, 25:438, 25:*439*, 25:*440*,
25:*441*, 25:*442*, 25:*443*, 25:*444*
Castelijns, A., 25:158, 25:*264*
Castellan, A., 15:68, 15:*145*, 19:4, 19:16,
19:17, 19:18, 19:104, 19:107,
19:*116*, 19:*118*
Castellano, A., 18:120, 18:*176*
Castiglioni, C., 32:181, 32:*210*
Castillo, C. L., 13:374, 13:*414*
Castleman, A. W., 27:30, 27:*54*
Castro, A. J., 32:270, 32:*384*
Castro, C. E., 7:155, 7:156, 7:*203*,
18:164, 18:*184*, 26:116, 26:*124*,
26:*126*
Castro, G., 16:168, 16:*231*, 32:250,
32:*262*
Casu, B., 13:300, 13:302, 13:320, 13:*413*
Casulleras, M., 25:378, 25:379, 25:*439*,
25:*441*
Caswell, M., 17:245, 17:*275*, 24:169,
24:*200*
Catalán, J., 30:111, 30:*112*
Catalane, D. B., 17:343, 17:*430*
Catchpole, A. G., 7:2, 7:*109*, 15:49,
15:*58*
Catena, R., 19:4, 19:94, 19:*118*, 22:294,
22:*303*
Catherall, N. F., 14:334, 14:*339*
Cativiela, C., 32:240, 32:*262*
Cato, S. J., 31:187, 31:*245*
Catoni, G., 22:57, 22:104, 22:*107*
Cattania, M. G., 7:11, 7:64, 7:65, 7:72,
7:*109*
Catteau, J.-P., 18:120, 18:*176*
Cattran, L. C., 23:277, 23:*319*

Caubère, P., 26:74, 26:*124*
Caubere, P., 23:286, 23:*316*, 24:62,
24:*106*
Caughey, W. S., 13:374, 13:378, 13:*412*
Caughlan, C. N., 9:27(41), 9:29(41),
9:32(68), 9:33(69), 9:91(69), 9:*123*,
9:*124*
Caullet, C., 12:9, 12:13, 12:56, 12:*123*,
13:204, 13:227, 13:230, 13:*266*,
13:*267*, 13:*268*, 13:*273*
Caulton, K. G., 23:50, 23:*62*
Cauquis, G., 10:155, 10:163, 10:181,
10:211, 10:*220*, 10:*221*, 12:7, 12:9,
12:36, 12:43, 12:56, 12:64, 12:*118*,
13:196, 13:198, 13:209, 13:213,
13:227, 13:229, 13:230, 13:*266*,
13:*267*, 18:150, 18:152, 18:*176*,
22:348, 22:*358*
Cauzzo, G., 19:53, 19:*119*
Cava, M. P., 6:8, 6:*59*
Cavallito, C. J., 17:77, 17:*180*
Cavasino, F. P., 22:291, 22:*302*
Cavell, E. A., 5:212, 5:*233*
Cavell, E. A. S., 17:477, 17:*483*
Caveng, P., 7:216, 7:218, 7:220, 7:236,
7:237, 7:240, 7:244, 7:245, 7:*255*,
7:*257*, 14:190, 14:*197*
Cavicchioli, S., 28:208, 28:*288*
Cavins, J. F., 27:222, 27:*235*
Cawley, J. J., 7:181, 7:*203*
Cawse, J. N., 23:14, 23:17, 23:38, 23:42,
23:*59*
Cayley, G. R., 14:258, 14:*339*
Ceasar, G. P., 29:299, 29:*325*
Ceccon, A., 17:149, 17:*175*
Cecere, M., 23:308, 23:*319*
Cech, T. R., 25:102, 25:248, 25:249,
25:250, 25:*257*, 25:*265*
Cecil, R., 18:161, 18:*176*
Cedheim, L., 12:17, 12:37, 12:97, 12:*118*,
18:94, 18:*176*, 20:94, 20:120,
20:*182*, 23:311, 23:*317*
Cenini, S., 23:11, 23:15, 23:16, 23:44,
23:48, 23:*62*
Centeno, M., 17:444, 17:*482*
Ceraso, J. M., 15:214, 15:*263*
Cercek, B., 7:134, 7:*149*, 12:244, 12:274,
12:275, 12:278, 12:281, 12:*292*,
12:*293*, 27:263, 27:264, 27:*290*
Cerfontain, H., 1:38, 1:57, 1:73, 1:74,

1:75, 1:76, 1:77, 1:78, 1:81, 1:*153*,
  17:132–4, 17:*175*, 17:*178*, 19:113,
  19:*126*, 19:*128*
Cerichelli, G., 22:93, 22:94, 22:*107*,
  22:224, 22:227, 22:235, 22:237,
  22:261, 22:280, 22:297, 22:*299*,
  22:*300*, 22:*301*, 26:319, 26:*369*
Cerioni, G., 25:78, 25:79, 25:*87*, 25:*92*
Cerksus, T. R., 17:173, 17:*175*
Cermak, V., 21:198, 21:*239*
Cernick, R. V., 29:142, 29:144, 29:*179*
Cernik, R., 24:80, 24:*106*
Cerri, V., 31:95, 31:*137*
Cerrini, S., 21:42, 21:*95*
Cesar, A., 32:200, 32:*213*
Cesario, M., 30:84, 30:*112*
Ceska, G., 4:327, 4:*347*
Cetina, R., 12:207, 12:*216*
Cetorelli, J. T., 12:138, 12:167, 12:177,
  12:*221*
Ceuterick, P., 3:11, 3:*82*
Cevasco, A. A., 11:314, 11:*389*
Cevasco, G., 27:28, 27:*52*, 27:*55*
Ceyer, S. T., 26:297, 26:*376*, 26:*378*
Cha, Y., 31:228, 31:*243*
Chachaty, C., 8:54, 8:*75*, 13:392, 13:393,
  13:394, 13:*414*, 16:251, 16:254,
  16:255, 16:*261*, 16:*262*, 16:*264*
Chadda, S. K., 29:163, 29:*180*, 29:284,
  29:*325*
Chadwick, D. J., 29:114, 29:115, 29:116,
  29:145, 29:*179*
Chahine, J. M., El H., 21:42, 21:91,
  21:*95*
Chaiet, L., 23:166, 23:*267*
Chaiken, I. M., 13:371, 13:372, 13:*408*,
  13:*409*
Chaiken, R. F., 16:168, 16:*231*
Chaikin, P. M., 16:215, 16:*231*
Chaimovich, H., 7:201, 7:*203*, 17:439,
  17:455, 17:472, 17:*483*, 17:*485*,
  22:221, 22:224, 22:227, 22:228,
  22:229, 22:230, 22:233, 22:236,
  22:237, 22:243, 22:253, 22:254,
  22:255, 22:265, 22:269, 22:285,
  22:296, 22:297, 22:*302*, 22:*307*,
  23:225, 23:226, 23:*263*
Chain, E., 23:166, 23:*261*
Chait, E. M., 8:221, 8:*262*
Chakrabarty, M. R., 13:113, 13:*149*

Chakravarty, J., 28:187, 28:201, 28:*205*
Chakrawarti, P. B., 23:221, 23:*263*
Chakrovorty, K., 9:131, 9:*176*
Chalabi, P., 22:192, 22:*210*
Chalfont, G. R., 17:2, 17:3, 17:35, 17:37,
  17:42, 17:*59*
Challand, S. R., 21:45, 21:*95*
Challis, B. C., 6:73, 6:97, 6:*98*, 14:95,
  14:*128*, 16:14, 16:16, 16:19, 16:22,
  16:*47*, 19:384, 19:389, 19:390,
  19:397, 19:402, 19:403, 19:405,
  19:406, 19:407, 19:408, 19:410,
  19:412, 19:413, 19:418, 19:*425*
Challis, J. A., 19:390, 19:*425*
Chalmers, T. A., 2:203, 2:*276*
Chaloner, P. A., 17:458, 17:*482*
Chaltykan, O. A., 8:382, 8:384, 8:*397*,
  8:*398*
Chalvet, O., 4:83, 4:*145*, 12:205, 12:207,
  12:*216*
Chamberlain, M. C., 32:191, 32:*210*
Chamberlain, N. F., 29:273, 29:*326*
Chambers, D. B., 8:212, 8:*262*
Chambers, G. K., 24:135, 24:*199*
Chambers, J. P., 24:144, 24:145, 24:*203*
Chambers, J. Q., 5:106, 5:*114*, 12:50,
  12:91, 12:*118*, 12:*124*, 13:204,
  13:217, 13:*268*, 13:*270*, 14:314,
  14:*346*, 17:48, 17:*59*, 20:84, 20:*185*
Chambers, K. W., 7:118, 7:*149*, 12:278,
  12:*293*
Chambers, R., 23:197, 23:*263*
Chambers, R. D., 6:5, 6:*59*, 7:1, 7:*109*
Chambers, T., 1:2, 1:*31*
Chambers, T. C., 11:214, 11:*222*
Chambers, T. S., 4:148, 4:*191*
Chami, Z., 26:89, 26:*124*
Champagne, B., 32:181, 32:*210*
Champagne, P. J., 18:24, 18:*73*
Chamulitrat, W., 31:134, 31:135, 31:*138*
Chan, A., 12:191, 12:213, 12:*216*
Chan, A. W. K., 12:212, 12:*217*
Chan, L. L., 15:161, 15:162, 15:180,
  15:201, 15:211, 15:*261*
Chan, P. C., 12:264, 12:291, 12:*292*,
  12:*293*
Chan, R. K., 14:224, 14:*352*
Chan, S. I., 1:409, 1:*419*, 11:128, 11:129,
  11:*175*, 17:282, 17:283, 17:286,
  17:306, 17:307, 17:*429*, 17:*431*,

23:82, 23:*158*, 26:271, 26:275,
26:*369*
Chan, S. O., 11:333, 11:*391*
Chan, Y., 17:281, 17:286, 17:288,
17:*428*
Chance, B., 11:5, 11:*118*
Chance, R. R., 15:74, 15:79–81, 15:88,
15:89, 15:90, 15:91, 15:*145*, 16:218,
16:219, 16:220, 16:222, 16:226,
16:*231*, 16:*233*, 28:2, 28:*4*
Chandhuri, N., 2:251, 2:259, 2:*274*
Chandra, A. K., 19:91, 19:*116*
Chandra, H., 29:254, 29:*266*, 31:95,
31:115, 31:*137*
Chandra, S., 19:405, 19:*425*
Chandrasekar, R., 27:107, 27:*114*
Chandrasekhar, J., 19:225, 19:227,
19:228, 19:229, 19:248, 19:249,
19:250, 19:294, 19:353, 19:364,
19:*373*, 19:*378*, 23:64, 23:75,
23:*161*, 24:40, 24:41, 24:*51*, 24:*55*,
26:119, 26:*124*, 29:278, 29:294,
29:314, 29:*327*, 32:179, 32:*216*
Chandrasekhar, S., 24:119, 24:130,
24:*200*, 25:182, 25:*257*
Chandrasekharan, J., 24:66, 24:70,
24:*106*
Chandross, E. A., 5:63, 5:*114*, 13:219,
13:223, 13:*267*, 13:*277*, 15:105,
15:*150*, 18:197, 18:*235*, 19:7, 19:17,
19:22, 19:31, 19:39, 19:104, 19:*116*,
19:*117*, 26:231, 26:*252*
Chaney, A., 12:62, 12:*118*
Chang, A., 25:178, 25:180, 25:185,
25:187, 25:188, 25:189, 25:*260*
Chang, B. C., 9:27(14c), 9:110(14c),
9:*122*, 25:207, 25:*257*
Chang, C. A., 30:98, 30:*113*
Chang, C. C., 30:18, 30:47, 30:*57*
Chang, C. J., 13:280, 13:*415*, 14:169,
14:*201*, 15:162, 15:171, 15:191,
15:192–195, 15:218, 15:220, 15:231,
15:*261*, 15:*265*
Chang, C. K., 13:62, 13:*81*, 17:418,
17:*425*
Chang, F., 31:310, 31:382, 31:*385*
Chang, H. S., 2:146, 2:*159*, 11:331,
11:333, 11:336, 11:*385*, 32:316,
32:*380*
Chang, H. W., 9:252, 9:*274*, 19:336,

19:*369*
Chang, J. S., 30:33, 30:*60*
Chang, J., 10:155, 10:*221*, 12:2, 12:56,
12:*118*
Chang, J.-W. A., 25:182, 25:204,
25:*257*
Chang, K.-C., 22:144, 22:199, 22:200,
22:*207*, 22:*210*, 26:288, 26:289,
26:293, 26:303, 26:*374*
Chang, K. T., 22:338, 22:*359*
Chang, K. Y., 5:103, 5:*117*
Chang, M.-C., 25:234, 25:235, 25:*262*
Chang, N.-L., 32:123, 32:*208*
Chang, P., 15:168, 15:*261*
Chang, R., 5:111, 5:*114*, 18:98, 18:120,
18:*176*
Chang, S., 13:11, 13:16, 13:20, 13:24,
13:53, 13:*78*, 24:144, 24:*203*
Chang, S.-K., 30:109, 30:110, 30:*112*,
30:*113*
Chang, S.-M., 32:314, 32:*382*
Chang, Shu-Sing, 3:57, 3:58, 3:*79*
Chang, T. C., 13:196, 13:*275*
Chang, T. L., 7:260, 7:*328*
Chang, V. S., 17:357, 17:*429*
Chang, W., 26:191, 26:*247*
Chang, W. K., 28:231, 28:248, 28:*288*
Chang Shih, 2:192, 2:*197*, 4:88, 4:*143*
Chanjamsri, S., 23:16, 23:*60*
Chanley, J. D., 11:23, 11:*118*
Chanon, M., 10:21, 10:25, 10:*26*, 18:94,
18:*176*, 20:106, 20:*182*, 23:315,
23:*317*, 25:31, 25:61, 25:66, 25:67,
25:69, 25:70, 25:73, 25:76, 25:78,
25:*92*, 25:*94*, 25:*95*, 28:17, 28:21,
28:*41*, 31:119, 31:189, 31:*138*,
31:*243*
Chantooni, M. K. Jr., 14:148, 14:*199*,
14:*200*
Chantry, G. W., 3:49, 3:*82*
Chao, J., 28:71, 28:72, 28:121, 28:*135*
Chao, Y., 17:280, 17:382, 17:383, 17:413,
17:414, 17:*425*
Chap, R., 31:260, 31:263, 31:382, 31:*386*,
31:*391*
Chapel, H. L., 19:65, 19:*114*
Chapelle, F., 32:82, 32:*117*
Chaplin, R. P., 15:208, 15:*262*
Chapman, D., 8:290, 8:*398*, 8:*404*, 8:*405*,
13:382, 13:383, 13:385, 13:386,

13:*408*, 13:*411*, 13:*413*, 16:193,
    16:*231*, 28:48, 28:*136*
Chapman, D. L., 9:132, 9:*176*
Chapman, J. W., 16:27, 16:*47*
Chapman, N. B., 5:159, 5:*169*, 5:331,
    5:334, 5:335, 5:349, 5:357, 5:*395*,
    13:101, 13:*149*, 27:58, 27:*114*,
    28:17, 28:184, 28:*205*
Chapman, O. L., 6:237, 6:240, 6:*324*,
    8:247, 8:248, 8:250, 8:*262*, 8:*265*,
    10:142, 10:*152*, 30:18, 30:23, 30:47,
    30:49, 30:*57*, 30:*59*, 30:*61*
Chappell, J. S., 29:229, 29:*266*
Chaput, G., 17:292, 17:*425*
Charalambides, A. A., 19:405, 19:*425*
Charbonnier, J.-P., 31:263, 31:264,
    31:*386*, 31:*387*
Chari, S., 23:92, 23:128, 23:*161*
Charles, K. R., 11:373, 11:*388*
Charlesby, A., 7:127, 7:*149*
Charleston, B. S., 9:220, 9:*274*
Charlier, P., 23:177, 23:*265*
Charlot, G., 31:6, 31:23, 31:*82*
Charlseby, A., 16:196, 16:*235*
Charlton, J. L., 10:77, 10:*124*
Charlton, M., 16:71, 16:*85*
Charney, E., 3:*82*
Charpentier, M., 18:59, 18:*72*
Charra, F., 32:198, 32:*211*
Charsley, C.-H., 23:261, 23:*262*
Charton, B. I., 28:247, 28:*288*
Charton, M., 11:303, 11:306, 11:*384*,
    27:67, 27:78, 27:*114*, 28:247,
    28:*288*, 32:179, 32:*210*
Charumilind, P., 29:129, 29:*181*
Chase, M. W., 26:64, 26:*124*
Chastanet, J., 20:226, 20:*230*
Chatfield, D. A., 24:2, 24:*54*
Chatrousse, A.-P., 27:149, 27:186,
    27:*238*
Chatt, J., 23:51, 23:*59*, 29:186, 29:*265*
Chatterjee, A., 21:45, 21:*95*
Chaturvedi, R. K., 21:38, 21:39, 21:*95*
Chau, J. Y., 1:111, 1:*150*
Chau, J. Y. H., 3:56, 3:*82*
Chau, M. M., 17:76, 17:94, 17:113,
    17:122, 17:145, 17:146, 17:172,
    17:*175*, 17:*176*
Chauchard, E., 32:166, 32:203, 32:*212*
Chaudhri, S. A., 15:38, 15:*58*

Chaudhuri, N., 7:169, 7:*204*
Chaufer, B., 16:260, 16:*263*
Chauhan, S. M. S., 19:419, 19:*426*
Chaumette, J. L., 31:70, 31:*82*
Chaumont, L., 3:70, 3:*82*
Chaussard, J., 18:93, 18:*175*, 19:209,
    19:*217*, 26:38, 26:39, 26:79, 26:80,
    26:83, 26:*121*
Chawla, B., 14:264, 14:267, 14:*336*,
    14:*339*, 14:*351*, 17:376, 17:*424*,
    30:198, 30:*217*
Chawla, O. P., 12:287, 12:288, 12:*293*
Chayangkoon, P., 30:182, 30:*220*
Chayet, L., 17:455, 17:*483*
Chaykovsky, M., 14:146, 14:*198*
Che, C., 32:307, 32:*379*
Cheburkov, Yu. A., 9:75(108a, b),
    9:101(108a, b), 9:*125*
Chedekel, M. R., 30:47, 30:*57*
Cheeseman, G. W. H., 11:316, 11:319,
    11:349, 11:350, 11:*383*, 11:*385*
Chehel-Amiran, M., 28:197, 28:*204*
Chekhecheva, I. P., 13:178, 13:*276*
Chekunov, A. V., 9:163, 9:*187*
Chellappa, K. L., 18:159, 18:*176*
Chelsky, R., 20:123, 20:*181*, 23:311,
    23:*316*
Cheltsova, M. A., 20:215, 20:*232*
Chemla, D. S., 32:123, 32:143, 32:198,
    32:*210*, 32:*214*
Chemla, M., 10:194, 10:*223*, 14:291,
    14:*351*, 27:268, 27:279, 27:*291*
Chen, A., 18:30, 18:31, 18:32, 18:*76*
Chen, B. M. L., 32:237, 32:*262*
Chen, C., 25:236, 25:*256*
Chen, C. J., 32:86, 32:*115*
Chen, C. L., 14:261, 14:281, 14:*352*
Chen, C. T., 32:194, 32:*215*
Chen, C.-Y., 3:45, 3:56, 3:58, 3:60, 3:61,
    3:*80*, 3:*82*
Chen, C.-Y., 25:23, 25:*85*
Chen, Ch. Ch., 25:385, 25:*443*
Chen, D., 1:23, 1:*31*, 2:137, 2:138, 2:*160*
Chen, F., 23:297, 23:*319*
Chen, G., 31:104, 31:*139*
Chen, H., 17:419, 17:420, 17:*424*
Chen, H. H., 28:264, 28:*289*
Chen, H.-I., 32:314, 32:*382*
Chen, H. J., 11:374, 11:*388*, 13:96,
    13:*151*, 14:86, 14:88, 14:*130*

Chen, H. L., 9:143, 9:*179*, 18:5, 18:7, 18:61, 18:*75*
Chen, J., 32:109, 32:*118*
Chen, J. H., 25:34, 25:*87*
Chen, J. Y., 18:158, 18:*176*
Chen, K. V., 25:80, 25:*92*
Chen, M. C., 3:160, 3:166, 3:167, 3:*183*, 5:324, 5:*325*
Chen, M. H. M., 29:277, 29:312, 29:314, 29:*327*
Chen, M. J., 29:5, 29:*64*
Chen, M. M., 1:89, 1:*149*
Chen, M. M. L., 29:226, 29:*268*
Chen, P. S. K., 6:199, 6:*332*
Chen, Q., 32:108, 32:*120*
Chen, Q. Y., 26:75, 26:*124*
Chen, R. C., 18:120, 18:*184*
Chen, R. F., 12:214, 12:*216*
Chen, S., 6:309, 6:310, 6:*331*, 13:386, 13:*408*, 18:150, 18:*176*
Chen, S. C., 20:178, 20:*182*
Chen, T., 24:70, 24:*112*
Chen, W. W., 13:391, 13:*412*
Chen, Y.-C. J., 31:277, 31:382, 31:383, 31:384, 31:*386*, 31:*390*
Chen, Y.-L., 28:57, 28:*137*
Chen, Z., 31:15, 31:30, 31:37, 31:39, 31:41, 31:49, 31:62, 31:66, 31:70, 31:72, 31:77, 31:*81*, 31:*82*, 31:*84*
Chênevert, R., 24:116, 24:118, 24:162, 24:*200*
Cheney, A. J., 23:36, 23:*59*
Cheney, B. V., 11:208, 11:*222*
Cheney, J., 22:187, 22:188, 22:*207*, 30:69, 30:*113*, 30:*115*
Cheney, V. B., 13:387, 13:*408*
Cheng, A. K., 13:64, 13:77, 23:95, 23:104, 23:*158*, 29:302, 29:*325*
Cheng, C.-C., 18:211, 18:*234*
Cheng, H. Y., 20:80, 20:83, 20:*182*
Cheng, J. D., 17:46, 17:*59*
Cheng, J.-P., 26:154, 26:*175*, 30:198, 30:*217*, 30:*220*, 31:131, 31:*137*
Cheng, L., 23:278, 23:296, 23:*318*, 26:72, 26:*126*
Cheng, L.-T., 32:162, 32:179, 32:180, 32:182, 32:186, 32:188, 32:191, 32:194, 32:*209*, 32:*210*, 32:*213*, 32:*215*
Cheng, P. G., 30:81, 30:88, 30:91, 30:105, 30:106, 30:*112*
Cheng, P.-T., 29:168, 29:*179*
Cheng, S.-H., 22:219, 22:220, 22:*302*
Cheng, T., 21:20, 21:*32*
Cheng, W. J., 13:251, 13:*267*, 13:*269*
Cheng, X., 29:7, 29:46, 29:55, 29:*64*
Cheng, X.-E., 28:189, 28:*205*
Cheng, X. Su., 26:201, 26:*249*
Cher, M., 9:155, 9:*176*
Cherest, M., 15:257, 15:*261*
Cheriyan, U. O., 21:38, 21:*95*, 24:167, 24:168, 24:*200*
Cherkashin, M. I., 16:198, 16:*235*
Cherkasov, V. K., 17:45, 17:*63*
Chern, C., 17:358, 17:*425*
Chernikov, V. S., 19:92, 19:*117*
Chernyshev, E. A., 30:29, 30:48, 30:*57*, 30:*58*
Cherry, R. J., 16:193, 16:*231*
Cherry, W., 16:62, 16:*85*
Cherry, W. R., 20:18, 20:*53*, 22:295, 22:*308*, 25:8, 25:26, 25:33, 25:53, 25:*88*
Chesick, J. P., 4:153, 4:154, 4:164, 4:166, 4:179, 4:*191*, 4:*192*, 7:192, 7:*203*
Chesnut, D. B., 1:318, 1:350, 1:351, 1:*360*, 1:*362*, 5:98, 5:*116*, 8:22, 8:*76*, 16:202, 16:*231*
Chess, E. K., 23:312, 23:*318*
Chester, A. W., 13:174, 13:175, 13:*268*, 13:*276*
Chetkina, L. A., 1:247, 1:*276*
Chettur, G., 30:35, 30:*57*
Cheu, H., 17:53, 17:*62*
Cheung, K. W., 26:68, 26:*127*
Cheung, M. F., 21:38, 21:*96*
Chevallier, M., 18:39, 18:40, 18:*72*
Chevion, M., 22:263, 22:*307*
Chevli, D. M., 14:31, 14:*65*
Chevrier, M., 22:200, 22:201, 22:204, 22:*206*
Chew, V. F. S., 24:99, 24:*106*
Chi, K.-M., 26:238, 26:*247*
Chia, L. H. L., 3:61, 3:62, 3:79, 3:*80*
Chiang, C. K., 16:217, 16:226, 16:*230*, 16:*236*
Chiang, J. F., 13:35, 13:*78*
Chiang, L. Y., 26:232, 26:238, 26:*247*
Chiang, S.-H., 19:56, 19:57, 19:*121*
Chiang, T. C., 13:211, 13:*268*

Chiang, Y., 6:63, 6:68, 6:69, 6:73, 6:74, 6:77, 6:78, 6:84, 6:97, 6:*100*, 7:286, 7:297, 7:309, 7:*329*, 7:*330*, 11:358, 11:371, 11:373, 11:*384*, 11:*388*, 11:*391*, 13:96, 13:*151*, 14:86, 14:88, 14:94, 14:95, 14:*130*, 14:191, 14:*200*, 18:61, 18:*72*, 18:120, 18:*177*, 21:53, 21:54, 21:55, 21:59, 21:60, 21:62, 21:65, 21:66, 21:67, 21:68, 21:69, 21:70, 21:71, 21:78, 21:83, 21:*94*, 21:*95*, 22:124, 22:125, 22:126, 22:127, 22:167, 22:*206*, 22:*207*, 23:210, 23:*266*, 26:288, 26:291, 26:303, 26:*370*, 26:*374*, 29:47, 29:48, 29:49, 29:*64*, 29:*67*, 29:82, 31:205, 31:*245*, 32:304, 32:305, 32:324, 32:*379*
Chiang, Y.-C. P., 22:278, 22:*306*
Chiappe, C., 28:210, 28:211, 28:219, 28:220, 28:236, 28:281, 28:285, 28:*287*
Chiba, T., 25:33, 25:*93*
Chibisov, A. K., 12:141, 12:*216*
Chibrikin, V. M., 5:111, 5:*119*
Chichababin, A. E., 32:249, 32:*262*
Chien, C. K., 19:104, 19:*116*
Chien, J. C. W., 13:371, 13:377, 13:*408*
Chiericato, G., 22:230, 22:*300*
Chierici, L., 7:9, 7:43, 7:*109*
Chigira, M., 17:450, 17:451, 17:*486*
Chignell, C. F., 31:135, 31:*140*
Chih, W., 1:396, 1:*423*
Chihara, H., 16:255, 16:*262*
Child, M. S., 28:146, 28:*170*
Childers, R. F., 13:286, 13:346, 13:349, 13:371, 13:377, 13:388, 13:389, 13:*406*, 13:410
Childs, R. F., 10:131, 10:133, 10:135, 10:137, 10:142, 10:144, 10:*152*, 12:213, 12:*218*, 19:283, 19:284, 19:286, 19:287, 19:*370*, 24:127, 24:*200*, 29:110, 29:163, 29:*180*, 29:274, 29:277, 29:278, 29:280, 29:281, 29:282, 29:283, 29:284, 29:292, 29:294, 29:296, 29:*325*, 29:*328*
Childs, W. V., 12:85, 12:*118*, 19:138, 19:164, 19:195, 19:197, 19:198, 19:*218*, 31:116, 31:*137*
Chimichi, S., 30:71, 30:*113*

Chin, D. N., 32:123, 32:*216*
Chin, H. B., 29:207, 29:*266*
Chin, J., 2:136, 2:*160*, 24:137, 24:*200*, 25:253, 25:255, 25:*257*, 29:2, 29:52, 29:*64*
Chinchwadker, C. A., 8:214, 8:224, 8:*263*
Chinelatto, A. M., 22:284, 22:*302*, 22:*303*
Chino, K., 28:208, 28:*291*
Chino, T., 26:295, 26:*371*
Chinoporos, E., 7:154, 7:*203*
Chiong, K. N. G., 17:244, 17:*275*
Chipman, D. J., 11:71, 11:83, 11:104, 11:*117*, 11:*118*
Chipman, D. M., 24:95, 24:106, 24:*111*
Chipperfield, J. R., 23:7, 23:*60*
Chiraleu, F., 25:69, 25:*85*
Chirkov, N. M., 7:64, 7:69, 7:*111*
Chittini, B., 20:206, 20:219, 20:*230*
Chittipeddi, S. R., 26:239, 26:*250*
Chittum, J. P., 7:297, 7:300, 7:*328*, 7:*330*
Chiu, M. L., 13:322, 13:*411*
Chiu, N. W. K., 10:144, 10:*152*
Chiu, P.-F., 32:314, 32:*382*
Chivers, G. E., 20:209, 20:*229*
Chkir, M., 12:17, 12:*118*
Chlenov, I. E., 16:80, 16:*85*
Chloupek, F., 5:238, 5:271, 5:319, 5:*325*, 11:75, 11:76, 11:*117*, 17:233, 17:234, 17:*274*
Chloupek, F. J., 6:288, 6:*324*, 10:47, 10:*51*, 11:182, 11:*222*, 19:262, 19:*369*
Chmelir, M., 15:202, 15:*264*
Chmiel, C. T., 3:172, 3:*184*, 5:324, 5:*327*
Chmurny, G. N., 6:263, 6:*323*, 13:63, 13:*77*, 23:104, 23:*162*
Cho, B. R., 27:102, 27:103, 27:*114*, 32:166, 32:*215*
Cho, C. S., 11:313, 11:*390*
Cho, I., 17:461, 17:*486*
Cho, J. K., 27:67, 27:84, 27:95, 27:97, 27:*115*
Cho, N. S., 15:176, 15:178, 15:*262*, 27:102, 27:103, 27:*114*
Chock, P. B., 17:308, 17:311, 17:*425*, 22:151, 22:*207*, 23:10, 23:14, 23:15, 23:*59*, 26:115, 26:116, 26:*124*
Chodkowska, A., 12:177, 12:*216*,

31:123, 31:*140*
Chodkowski, J., **5**:40, **5**:50, **5**:*52*
Choi, E. I., **4**:9, **4**:12, **4**:*28*
Choi, S., **5**:179, **5**:*233*
Choi, S. C., **17**:95, **17**:*174*
Choi, S. I., **16**:168, **16**:169, **16**:*231*, **16**:*233*
Choi, S. S., **31**:295, **31**:*392*
Choi, S. U., **1**:45, **1**:52, **1**:*150*
Choi, Y. H., **27**:22, **27**:*54*, **27**:63, **27**:68, **27**:81, **27**:88, **27**:91, **27**:106, **27**:*115*
Chojnacki, H., **16**:169, **16**:*231*
Chokotho, N. C. J., **24**:121, **24**:*199*
Chollar, B., **4**:161, **4**:*193*
Cholod, M. S., **14**:112, **14**:114, **14**:115, **14**:*131*, **18**:9, **18**:64, **18**:67, **18**:*74*
Chook, Y. M., **31**:268, **31**:*386*
Choppin, G. R., **14**:232, **14**:*339*
Chopra, A., **32**:173, **32**:*213*
Chorev, M., **17**:343, **17**:*425*, **17**:*428*
Chorvat, R., **6**:258, **6**:*326*
Chorvat, R. J., **9**:27(51), **9**:29(51), **9**:*123*
Chou, C.-H., **26**:189, **26**:*252*
Chou, C. C., **9**:131, **9**:*176*
Chou, T. S., **17**:67, **17**:70, **17**:73, **17**:*176*
Chou, W-S., **5**:279, **5**:320, **5**:*326*
Chou, Y., **17**:233, **17**:234, **17**:*274*
Choudhery, R. A., **28**:156, **28**:164, **28**:*170*
Choudhry, G. G., **20**:200, **20**:201, **20**:202, **20**:*230*
Choudhury, A. K., **19**:184, **19**:*220*
Chouteau, G., **26**:227, **26**:*247*
Choux, G., **14**:334, **14**:*338*
Chow, J. F., **25**:161, **25**:*261*
Chow, L. W., **18**:46, **18**:*71*
Chow, M. -F., **18**:209, **18**:211, **18**:*238*, **20**:19, **20**:20, **20**:31, **20**:32, **20**:39, **20**:42, **20**:44, **20**:47, **20**:48, **20**:*53*
Chow, Y., **5**:238, **5**:319, **5**:*325*, **17**:48, **17**:53, **17**:*60*
Chow, Y. L., **13**:245, **13**:247, **13**:*268*, **19**:408, **19**:*425*, **20**:129, **20**:159, **20**:174, **20**:175, **20**:177, **20**:178, **20**:*182*
Chowdhury, A. K., **24**:47, **24**:*54*
Chowdhury, M., **4**:60, **4**:62, **4**:*70*
Choy, M. M., **32**:163, **32**:*212*
Chrétien, J. R., **28**:235, **28**:236, **28**:242, **28**:*288*

Chrisment, J., **14**:146, **14**:*197*, **22**:184, **22**:*206*
Christ, H. A., **3**:259, **3**:*266*
Christ, J., **29**:301, **29**:303, **29**:305, **29**:*329*
Christe, K. O., **26**:309, **26**:*370*
Christen, M., **2**:172, **2**:177, **2**:180, **2**:*197*, **16**:42, **16**:*47*
Christen, P., **31**:384, **31**:*387*
Christensen, B. G., **23**:206, **23**:259, **23**:261, **23**:*264*
Christensen, C. R., **8**:282, **8**:284, **8**:288, **8**:289, **8**:290, **8**:*406*
Christensen, H., **12**:236, **12**:244, **12**:247, **12**:272, **12**:284, **12**:*293*, **12**:*296*
Christensen, H. C., **12**:244, **12**:272, **12**:284, **12**:*293*
Christensen, J. J., **13**:109, **13**:*149*, **13**:338, **13**:394, **13**:*408*, **13**:*410*, **15**:164, **15**:*261*, **17**:280, **17**:281, **17**:284, **17**:286–9, **17**:301, **17**:302, **17**:304, **17**:306, **17**:307, **17**:362, **17**:363, **17**:377, **17**:379, **17**:419, **17**:*424*, **17**:*425*, **17**:*427*, **17**:*428*
Christensen, L., **31**:116, **31**:*137*
Christensen, N. H., **17**:134, **17**:135, **17**:*176*
Christensen, R. L., **9**:155, **9**:*176*
Christian, S. D., **9**:158, **9**:164, **9**:*176*, **27**:259, **27**:268, **27**:278, **27**:279, **27**:282, **27**:284, **27**:286, **27**:*291*
Christiansen, G. A., **22**:154, **22**:*209*, **26**:330, **26**:331, **26**:*372*
Christiansen, J. A., **1**:21, **1**:*31*, **9**:167, **9**:*176*
Christianson, D. W., **24**:179, **24**:*200*, **26**:356, **26**:*370*
Christie, J. B., **2**:58, **2**:59, **2**:60, **2**:*88*
Christie, J. H., **10**:164, **10**:*221*
Christie, M. I., **8**:62, **8**:*76*
Christl, M., **13**:350, **13**:352, **13**:357, **13**:*408*, **23**:89, **23**:*158*, **29**:233, **29**:*266*, **29**:*268*, **29**:*269*
Christman, D. R., **2**:130, **2**:*159*, **2**:262, **2**:265, **2**:266, **2**:*276*, **3**:126, **3**:130, **3**:139, **3**:140, **3**:180, **3**:181, **3**:*184*, **4**:328, **4**:*345*
Christoffersen, R. E., **24**:61, **24**:*106*
Christoph, G. C., **29**:310, **29**:*325*
Christophorou, L. G., **12**:133, **12**:*217*
Chruma, J. L., **12**:12, **12**:15, **12**:111,

12:*116*
Chrysochoos, J., 12:284, 12:*293*
Chrystiuk, E., 27:10, 27:11, 27:12, 27:14, 27:25, 27:32, 27:*52*, 27:*54*
Chrzastowski, J. Z., 23:19, 23:*58*
Chu, G., 24:99, 24:*106*
Chu, H., 15:224, 15:*264*
Chu, I.-S., 22:327, 22:*361*
Chu, K. C., 15:237, 15:*261*
Chu, S. S.-T., 24:178, 24:*201*
Chu, S.-Y., 20:117, 20:*182*
Chu, S. Y. F., 31:22, 31:48, 31:*82*
Chu, T. C., 1:396, 1:399, 1:*423*, 7:260, 7:*328*
Chu, W., 12:111, 12:*117*, 19:155, 19:*218*
Chu, W. K. C., 14:88, 14:*131*
Chuang, C., 22:321, 22:323, 22:344, 22:*358*
Chuchman, R., 11:359, 11:*385*
Chun, J., 31:382, 31:*392*
Chung, A. L. H., 13:40, 13:*80*
Chung, B. C., 25:334, 25:*445*
Chung, C.-H., 30:121, 30:131, 30:155, 30:*170*
Chung, C.-J., 20:19, 20:20, 20:21, 20:30, 20:39, 20:40, 20:42, 20:44, 20:*52*, 20:*53*
Chung, C.-M., 30:121, 30:135, 30:140, 30:142, 30:147, 30:148, 30:155, 30:166, 30:*169*, 30:*170*
Chung, D., 13:56, 13:*79*
Chung, F.-F., 23:297, 23:299, 23:*317*
Chung, H. S., 8:275, 8:*398*
Chung, L. L., 12:111, 12:*121*, 19:156, 19:192, 19:*218*
Chung, L.-Y. Y., 16:76, 16:*86*
Chung, P. J., 17:358, 17:*430*
Chung, S.-K., 23:297, 23:298, 23:299, 23:*317*, 24:84, 24:101, 24:*106*, 26:170, 26:*177*
Chung, S. Y., 27:59, 27:67, 27:76, 27:94, 27:95, 27:99, 27:*115*
Chunnilall, C. J., 26:302, 26:*370*
Chupakhin, O. N., 18:170, 18:*176*, 24:94, 24:*110*
Chupka, W. A., 8:125, 8:*146*, 8:169, 8:180, 8:185, 8:*262*
Church, D. F., 31:106, 31:*140*
Church, M. G., 14:279, 14:*337*
Church, P. F., 18:168, 18:*176*

Church, S. P., 29:212, 29:*266*
Chutny, B., 7:130, 7:*149*, 12:247, 12:281, 12:288, 12:*293*
Chwang, W. K., 18:61, 18:*72,* 32:324, 32:325, 32:*380*
Chyla, A., 32:70, 32:71, 32:83, 32:*115*, 32:*120*
Chzhu, V. P., 19:283, 19:*378*
Ciampolini, M., 13:113, 13:*152*, 15:131, 15:*149*, 30:68, 30:70, 30:71, 30:*112*, 30:*113*
Ciana, A., 8:143, 8:*146*
Cieplak, A. S., 29:107, 29:*180*
Cieresko, L. S., 2:7, 2:12, 2:87, 2:*88*
Ciereszko, L. S., 7:202, 7:*203*
Cieri, L., 8:113, 8:115, 8:*145*
Ciganek, E., 5:352, 5:*395*, 6:210, 6:*325*, 7:178, 7:*204*
Cimarusti, C. M., 23:182, 23:240, 23:*265*, 23:*270*
Cimeraglia, R., 24:74, 24:*105*
Ciminale, F., 26:72, 26:*124*
Cimino, G. M., 12:211, 12:*219*, 14:149, 14:*200*
Cinquini, M., 6:259, 6:*325*, 17:330–4, 17:355, 17:*425,* 32:172, 32:*210*
Ciobanu, M., 31:270, 31:*386*
Ciorba, V., 29:274, 29:314, 29:*324*
Cioslowski, J., 28:225, 28:*288*, 30:201, 30:*219*
Cipiciani, A., 21:44, 21:*95*, 22:231, 22:235, 22:239, 22:258, 22:266, 22:267, 22:270, 22:291, 22:*302*, 22:*305*
Cipollini, R., 8:121, 8:124, 8:127, 8:133, 8:134, 8:*146*
Ciranni, G., 8:105, 8:107, 8:108, 8:111, 8:121, 8:124, 8:127, 8:133, 8:134, 8:*146*
Citterio, A., 20:56, 20:140, 20:172, 20:173, 20:174, 20:*182*, 20:*185,* 23:273, 23:302, 23:*317*, 23:*319*
Ciuffarin, E., 14:*201*, 15:176, 15:190, 15:*265*, 17:92, 17:93, 17:128, 17:137, 17:140–4, 17:156, 17:159, 17:160, 17:163, 17:164, 17:174, 17:*176*, 17:*178*, 17:*180*
Ciuhandu, G., 10:50, 10:*52*
Ciurdaru, G., 11:382, 11:*385*

Cizek, J., **4:***144*
Claes, P. J., **23:**182, **23:**191, **23:***263*, **23:***265*
Claeson, G., **3:**236, **3:**241, **3:***266*
Claesson, S., **15:**167, **15:***263*
Clair, R. L., **26:**265, **26:***370*
Claisen, L., **7:**9, **7:***109*
Clampitt, B., **27:**267, **27:***288*
Clancy, D. J., **4:**61, **4:***69*
Clapp, L., **1:**24, **1:**25, **1:**27, **1:***31*
Clapp, L. B., **2:**119, **2:***159*
Clapper, G. L., **12:**98, **12:***126*
Clar, E., **1:**214, **1:**228, **1:**257, **1:**259, **1:***276*, **4:**198, **4:**269, **4:**273, **4:**277, **4:***300*
Claramunt, R. M., **32:**240, **32:***263*
Clardy, J., **6:**2, **6:***58*, **21:**45, **21:***97*, **24:**77, **24:***106*, **29:**88, **29:**107, **29:***181*, **29:***183*, **29:**277, **29:**299, **29:**300, **29:**310, **29:**312, **29:**314, **29:***327*, **29:***328*, **29:***330*, **31:**268, **31:**271, **31:***389*
Clare, B. W., **5:**229, **5:**230, **5:***233*
Clare, P. N., **10:**151, **10:***152*
Clark, A. C., **15:**256, **15:***261*
Clark, B., **22:**283, **22:***299*
Clark, B. C., Jr., **29:**278, **29:**279, **29:**287, **29:**288, **29:**290, **29:**292, **29:***330*
Clark, C. H. D., **3:**26, **3:***82*
Clark, C. R., **27:**131, **27:***235*
Clark, D., **10:**158, **10:**165, **10:**177, **10:***221*, **16:**62, **16:***85*
Clark, D. B., **12:**12, **12:**48, **12:**57, **12:**65, **12:***118*, **12:***123*, **13:**157, **13:**234, **13:***268*, **13:***272*
Clark, D. C., **14:**98, **14:**99, **14:**100, **14:***129*, **27:**244, **27:**251, **27:**276, **27:***289*
Clark, D. R., **23:**54, **23:***59*, **26:**275, **26:**277, **26:**278, **26:**286, **26:**288, **26:**289, **26:**291, **26:**317, **26:**319, **26:***370*
Clark, D. S., **31:**382, **31:***391*
Clark, H. C., **6:**257, **6:***325*, **7:**155, **7:**185, **7:***204*
Clark, J., **19:**361, **19:***368*
Clark, J. H., **22:**148, **22:***212*, **26:**266, **26:**298, **26:**300, **26:**304, **26:***369*, **26:***370*
Clark, J. T., **1:**105, **1:***154*

Clark, K. P., **19:**287, **19:***378*
Clark, M. T., **2:**10, **2:***87*
Clark, R. A., **6:**239, **6:***324*
Clark, R. D., **1:**48, **1:***153*, **6:**233, **6:***325*
Clark, R. E., **5:**296, **5:***329*
Clark, R. G., **13:**6, **13:***78*
Clark, R. J., **9:***126*
Clark, T., **24:**14, **24:**49, **24:***51*, **24:***55*, **24:**67, **24:***108*, **26:**138, **26:**144, **26:***175*
Clark, W. G., **10:**101, **10:***124*
Clark, W. M., **18:**123, **18:***176*
Clarke, B. P., **15:**110, **15:**118, **15:***150*, **16:**164, **16:***237*
Clarke, E. C. W., **5:**128, **5:**129, **5:***170*, **14:**249, **14:***339*
Clarke, E. D., **18:**123, **18:**138, **18:**145, **18:***184*
Clarke, F. H., **6:**251, **6:***331*
Clarke, G. A., **14:**136, **14:**146, **14:***197*, **14:**212, **14:**279, **14:***339*
Clarke, G. M., **29:**301, **29:***327*
Clarke, H. T., **11:**307, **11:***384*
Clarke, L., **32:**83, **32:***120*
Clarke, M. T., **13:**183, **13:***267*, **19:**64, **19:***115*
Clarke, N., **25:**245, **25:**246, **25:***258*
Clarke, P., **7:**173, **7:***204*
Clarke, R. A., **18:**191, **18:**198, **18:**209, **18:***237*
Clarke, R. M., **12:**244, **12:**272, **12:**278, **12:***297*
Clarke, T., **16:**224, **16:***235*
Clarke, T. C., **15:**81, **15:***145*
Clary, D. C., **26:**263, **26:***370*
Clastre, J., **1:**235, **1:***278*
Clause, A. O., **7:**84, **7:***112*
Claussen, W. F., **14:**226, **14:***339*
Clawes, B., **1:**24, **1:**25, **1:**27, **1:***31*
Claxton, T. A., **25:**29, **25:***87*
Clayman, L., **14:**161, **14:***199*
Clays, K., **32:**123, **32:**124, **32:**163, **32:**164, **32:**165, **32:**179, **32:**186, **32:**187, **32:**200, **32:**202, **32:***210*, **32:***211*, **32:**216
Clayton, A. B., **7:**30, **7:***109*
Clayton, J. P., **23:**261, **23:***263*
Clayton, W. R., **24:**90, **24:***111*
Clearfield, A., **25:**14, **25:***95*
Cleary, J. A., **26:**55, **26:***124*

Cleary, T. P., **31**:25, **31**:*83*
Clechet, P., **14**:327, **14**:*345*
Cleghorn, H. P., **12**:98, **12**:*117*
Cleland, W. W., **24**:92, **24**:*108*, **25**:113, **25**:114, **25**:*257*, **27**:5, **27**:*53*, **31**:144, **31**:214, **31**:216, **31**:*243*
Clem, T. R., **16**:248, **16**:*264*
Clemens, A. H., **20**:168, **20**:*182*, **23**:280, **23**:295, **23**:*316*, **29**:262, **29**:*266*
Clement, A., **30**:23, **30**:*61*
Clement, R., **5**:182, **5**:*233*
Clement, R. A., **1**:89, **1**:*150*, **14**:60, **14**:*62*
Clementi, E., **4**:32, **4**:*69*, **6**:309, **6**:*325*, **9**:59(89), **9**:68(89), **9**:*124*, **14**:236, **14**:265, **14**:*343*, **14**:*345*, **14**:*352*
Clementi, S., **11**:360, **11**:*385*, **14**:76, **14**:117, **14**:119, **14**:120, **14**:*128*, **16**:30, **16**:*48*
Clements, R., **22**:132, **22**:*207*
Clemo, G. R., **6**:221, **6**:*325*
Clennan, E. L., **19**:157, **19**:*220*, **20**:109, **20**:110, **20**:*182*, **23**:314, **23**:*317*
Clerici, A., **13**:245, **13**:*268*
Clermont, M. J., **24**:63, **24**:*111*
Cleve, N. J., **5**:313, **5**:*327*, **14**:319, **14**:331, **14**:335, **14**:*339*
Cleveland, J. P., **17**:72, **17**:82, **17**:*178*
Cleveland, P. G., **8**:*262*
Clever, H. L., **14**:216, **14**:273, **14**:325, **14**:*337*, **14**:*339*
Clewell, W., **27**:42, **27**:*54*, **27**:74, **27**:*114*
Clifford, D. P., **7**:241, **7**:*254*
Clifford, J., **8**:275, **8**:*398*
Clin, B., **22**:217, **22**:271, **22**:*299*
Cline, J. E., **6**:12, **6**:*59*
Clint, G. E., **28**:158, **28**:*170*
Clint, J. H., **28**:158, **28**:*170*
Clippinger, E., **3**:132, **3**:*186*, **9**:249, **9**:*280*, **14**:99, **14**:*132*, **15**:155, **15**:*266*, **25**:119, **25**:*264*, **29**:204, **29**:219, **29**:*272*
Clopton, J. C., **7**:173, **7**:174, **7**:*208*
Closs, F., **26**:232, **26**:239, **26**:*253*
Closs, G. L., **5**:367, **5**:393, **5**:394, **5**:*396*, **7**:154, **7**:162, **7**:171, **7**:172, **7**:181, **7**:182, **7**:183, **7**:196, **7**:198, **7**:199, **7**:200, **7**:*203*, **7**:*204*, **10**:54, **10**:56, **10**:57, **10**:75, **10**:82, **10**:95, **10**:96, **10**:98, **10**:103, **10**:105, **10**:106, **10**:108, **10**:114, **10**:*124*, **10**:*127*,
11:146, **11**:*175*, **14**:113, **14**:*128*, **19**:184, **19**:*218*, **20**:2, **20**:34, **20**:*52*, **22**:312, **22**:324, **22**:328, **22**:343, **22**:349, **22**:*358*, **22**:*359*, **25**:438, **25**:*442*, **26**:20, **26**:*124*, **26**:180, **26**:194, **26**:228, **26**:*246*, **26**:*249*, **28**:4, **28**:20, **28**:21, **28**:28, **28**:29, **28**:*41*, **28**:*43*
Closs, L. E., **5**:393, **5**:*396*, **7**:172, **7**:181, **7**:196, **7**:*204*, **10**:56, **10**:57, **10**:103, **10**:108, **10**:*124*
Closson, W. D., **9**:205, **9**:208, **9**:*274*
Clough, A. H., **16**:151, **16**:*155*
Clough, S., **1**:*359*, **5**:71, **5**:89, **5**:*113*
Clouse, A. O., **8**:282, **8**:*397*, **16**:243, **16**:258, **16**:*264*
Cloutier, G. G., **4**:41, **4**:*69*
Clowes, G. A., **8**:396, **8**:*397*, **8**:*406*, **11**:58, **11**:*122*, **27**:50, **27**:*55*, **29**:6, **29**:7, **29**:8, **29**:11, **29**:22, **29**:23, **29**:26, **29**:27, **29**:29, **29**:32, **29**:39, **29**:*69*, **29**:72, **29**:74, **29**:76
Clunie, J. C., **4**:3, **4**:9, **4**:10, **4**:20, **4**:*27*
Clusius, K., **10**:3, **10**:*26*, **12**:33, **12**:*118*
Clutter, D., **23**:82, **23**:*158*, **26**:271, **26**:275, **26**:*369*
Coakley, J., **31**:312, **31**:383, **31**:*392*
Coates, D. M., **17**:477, **17**:*483*
Coates, R. M., **19**:343, **19**:350, **19**:351, **19**:352, **19**:*370*, **23**:133, **23**:*159*, **29**:291, **29**:*325*
Coburn, W. C., **11**:323, **11**:*385*
Cochran, A. G., **31**:383, **31**:384, **31**:385, **31**:*386*
Cochran, D. W., **13**:280, **13**:350, **13**:352, **13**:371, **13**:*406*, **13**:*409*, **13**:*415*
Cochran, E. L., **1**:292, **1**:298, **1**:300, **1**:306, **1**:336, **1**:337, **1**:338, **1**:339, **1**:344, **1**:345, **1**:346, **1**:347, **1**:*359*, **1**:*360*, **8**:19, **8**:20, **8**:*74*, **8**:*75*
Cochran, W., **11**:324, **11**:*385*
Cochran, W. G., **32**:47, **32**:*115*
Cocivera, M., **5**:379, **5**:*396*, **10**:102, **10**:106, **10**:107, **10**:108, **10**:109, **10**:*124*, **10**:*128*, **14**:36, **14**:*62*
Cockerill, A., **15**:211, **15**:*260*
Cockerill, A. F., **6**:307, **6**:*330*, **7**:155, **7**:180, **7**:*203*, **14**:145, **14**:147, **14**:169, **14**:182, **14**:197, **14**:198, **14**:*201*, **18**:53, **18**:*72*, **27**:100,

27:102, 27:*113*, 27:*116*, 27:124, 27:*237*
Cocks, A. T., **15**:23, **15**:26, **15**:28, **15**:*59*, **20**:194, **20**:195, **20**:*230*
Codding, P. W., **32**:238, **32**:*262*
Coderre, J. A., **25**:209, **25**:221, **25**:223, **25**:*257*, **25**:*259*, **25**:*262*
Codina, J. M., **25**:270, **25**:273, **25**:274, **25**:276, **25**:*284*, **25**:*285*, **25**:*300*, **25**:*414*, **25**:*440*
Coe, B. J., **32**:191, **32**:*210*
Coe, D. E., **20**:147, **20**:*182*
Coe, J. V., **24**:37, **24**:*51*
Coe, M., **27**:46, **27**:*54*
Coe, P. L., **12**:17, **12**:*118*, **25**:330, **25**:*442*
Coene, B., **23**:189, **23**:203, **23**:206, **23**:*263*, **23**:*264*, **23**:*268*, **23**:*269*
Coetzee, J. F., **5**:187, **5**:*233*, **10**:176, **10**:*221*, **10**:*223*, **12**:43, **12**:57, **12**:*118*, **12**:*123*, **14**:134, **14**:*197*, **14**:334, **14**:*339*
Coffen, D. L., **13**:204, **13**:*268*
Coffey, R. S., **7**:196, **7**:*205*
Coffin, F. D., **1**:25, **1**:*31*, **2**:142, **2**:*159*
Coffin, R. I., **14**:257, **14**:260, **14**:*352*
Coffin, R. L., **8**:392, **8**:*406*
Coffman, D. D., **7**:1, **7**:7, **7**:13, **7**:15, **7**:*109*, **7**:*111*, **7**:*112*
Cogswell, G., **20**:123, **20**:*181*
Cohen, A., **14**:*197*
Cohen, A. D., **1**:405, **1**:*419*
Cohen, A. O., **15**:39, **15**:*58*, **18**:5, **18**:6, **18**:*73*, **21**:184, **21**:*192*, **22**:121, **22**:*207*, **27**:63, **27**:*114*, **27**:122, **27**:*235*
Cohen, B., **22**:141, **22**:*207*
Cohen, D., **27**:136, **27**:224, **27**:225, **27**:*236*
Cohen, E., **2**:137, **2**:*159*
Cohen, E. R., **32**:125, **32**:134, **32**:*210*
Cohen, G. H., **31**:263, **31**:*389*
Cohen, H., **12**:280, **12**:*293*
Cohen, J., **25**:236, **25**:*256*
Cohen, J. A., **21**:14, **21**:*34*
Cohen, J. S., **8**:282, **8**:290, **8**:*402*, **13**:350, **13**:352, **13**:371, **13**:*408*, **13**:*409*, **13**:*410*, **13**:*413*, **16**:254, **16**:*264*
Cohen, L., **11**:8, **11**:*121*
Cohen, L. A., **12**:18, **12**:*118*, **12**:*122*, **17**:240, **17**:244–7, **17**:250–2, **17**:258,
17:*275*, **17**:*277*, **17**:*278*, **21**:67, **21**:*97*, **22**:28, **22**:*109*
Cohen, M., **13**:352, **13**:*414*
Cohen, M. D., **15**:68, **15**:71, **15**:93, **15**:94, **15**:95, **15**:98, **15**:99, **15**:108, **15**:109, **15**:110, **15**:111, **15**:117, **15**:125, **15**:*144*, **15**:*145*, **15**:*148*, **16**:219, **16**:*231*, **29**:132, **29**:*180*, **30**:118, **30**:*169*, **32**:247, **32**:*262*
Cohen, M. I., **13**:257, **13**:*278*
Cohen, M. J., **12**:3, **12**:*118*, **15**:87, **15**:88, **15**:89, **15**:90, **15**:*145*, **16**:205, **16**:206, **16**:226, **16**:*230*, **16**:*231*
Cohen, M. L., **16**:225, **16**:*231*
Cohen, N. C., **13**:59, **13**:*78*
Cohen, S. A., **23**:252, **23**:*263*
Cohen, S. G., **4**:167, **4**:180, **4**:*192*, **12**:275, **12**:*293*, **13**:184, **13**:*268*, **19**:84, **19**:86, **19**:87, **19**:112, **19**:*117*, **19**:*119*, **19**:*120*, **19**:*127*
Cohen, T., **5**:351, **5**:363, **5**:*395*, **23**:272, **23**:*317*
Cohn, H., **1**:52, **1**:72, **1**:*150*
Cohn, M., **3**:147, **3**:157, **3**:*184*, **4**:6, **4**:16, **4**:21, **4**:*28*, **25**:116, **25**:*257*
Cohn, W. E., **17**:67, **17**:*179*
Cojan, C., **16**:224, **16**:*231*
Colarusso, P., **32**:70, **32**:*115*
Colb, A., **11**:227, **11**:*265*
Cole, B. B., **19**:411, **19**:*427*
Cole, J. M., **32**:180, **32**:*215*
Cole, R. H., **3**:73, **3**:*82*, **8**:37, **8**:*75*
Cole, R. S., **15**:189, **15**:*262*
Cole, T., **1**:306, **1**:317, **1**:321, **1**:324, **1**:325, **1**:329, **1**:330, **1**:331, **1**:*360*, **1**:*362*, **8**:21, **8**:54, **8**:*75*, **8**:*76*
Cole, T. E., **23**:54, **23**:*59*
Cole, T. M., Jr., **10**:130, **10**:132, **10**:145, **10**:146, **10**:147, **10**:148, **10**:149, **10**:*152*
Coleman, A. E., **12**:57, **12**:*118*
Coleman, A. W., **23**:41, **23**:*59*
Coleman, D. T., **25**:377, **25**:*439*
Coleman, J., **10**:158, **10**:184, **10**:*221*, **13**:163, **13**:*275*
Coleman, L. B., **12**:3, **12**:*118*, **16**:205, **16**:206, **16**:*231*
Coleman, M. M., **17**:419, **17**:420, **17**:*428*
Coleman, P. C., **22**:46, **22**:*108*
Coleman, R., **18**:198, **18**:*237*

Coleman, T. C., **24**:85, **24**:*105*
Colemann, J. P., **12**:16, **12**:51, **12**:93, **12**:*117*, **12**:*118*, **12**:*127*
Colens, A., **17**:458, **17**:*482*, **29**:119, **29**:*183*
Coles, B. A., **32**:48, **32**:50, **32**:52, **32**:54, **32**:55, **32**:59, **32**:61, **32**:69, **32**:79, **32**:86, **32**:105, **32**:*115*, **32**:*116*, **32**:*119*
Coles, M. J., **14**:234, **14**:*339*
Colichman, E., **8**:362, **8**:*398*
Colle, K. S., **30**:185, **30**:*218*
Collenbrander, D. P., **13**:260, **13**:*274*
Collet, A., **28**:82, **28**:*136*
Collet, H., **21**:47, **21**:*95*
Collie, B., **8**:272, **8**:*403*
Collie, J. N., **11**:363, **11**:364, **11**:*385*
Collier, S. G., **27**:48, **27**:*55*
Collin, G., **28**:214, **28**:227, **28**:245, **28**:*287*, **28**:*288*
Collin, J., **29**:228, **29**:*266*
Collin, J. E., **4**:49, **4**:51, **4**:*70*, **8**:176, **8**:*262*
Collings, A. J., **23**:191, **23**:*263*
Collings, F. C., **16**:5, **16**:*47*
Collings, P., **16**:19, **16**:22, **16**:*47*, **19**:400, **19**:418, **19**:419, **19**:420, **19**:*424*, **19**:*425*
Collins, C. J., **2**:4, **2**:6, **2**:7, **2**:10, **2**:11, **2**:12, **2**:14, **2**:25, **2**:28, **2**:30, **2**:34, **2**:35, **2**:36, **2**:37, **2**:42, **2**:44, **2**:48, **2**:49, **2**:53, **2**:54, **2**:58, **2**:59, **2**:66, **2**:68, **2**:75, **2**:79, **2**:81, **2**:83, **2**:84, **2**:85, **2**:*87*, **2**:*88*, **2**:*89*, **2**:*90*, **5**:125, **5**:*170*, **5**:377, **5**:*396*, **8**:139, **8**:*146*, **8**:227, **8**:*262*, **11**:195, **11**:214, **11**:*223*, **14**:23, **14**:24, **14**:28, **14**:*65*, **22**:334, **22**:*358*, **23**:65, **23**:69, **23**:*159*
Collins, E. M., **31**:37, **31**:*82*
Collins, F. C., **2**:105, **2**:*159*, **16**:5, **16**:*47*
Collins, F. G., **5**:136, **5**:*170*
Collins, G. L., **15**:194, **15**:195, **15**:*261*
Collins, J. B., **25**:179, **25**:*257*, **31**:203, **31**:*247*
Collins, J. H., **8**:180, **8**:191, **8**:*262*, **8**:*269*
Collins, L. J., **13**:70, **13**:*78*
Collins, M. A., **8**:27, **8**:*75*, **8**:*77*
Collins, R. G., **8**:31, **8**:*74*
Collins, S. W., **16**:244, **16**:*261*
Collins, T. J., **29**:108, **29**:*180*

Collinson, E., **7**:118, **7**:*149*, **12**:278, **12**:*293*
Collis, M. J., **18**:30, **18**:31, **18**:32, **18**:*76*
Collman, J. P., **23**:7, **23**:10, **23**:14, **23**:17, **23**:36, **23**:37, **23**:38, **23**:42, **23**:54, **23**:*59*
Collumeau, A., **13**:85, **13**:*149*
Colombatti, A., **31**:262, **31**:382, **31**:*385*
Colombi, M., **12**:57, **12**:60, **12**:62, **12**:*121*
Colon, C., **20**:178, **20**:*182*
Colonna, M., **13**:196, **13**:*267*
Colonna, S., **6**:259, **6**:*325*, **17**:124, **17**:*176*, **17**:333, **17**:334, **17**:*425*
Colpa, J. P., **4**:230, **4**:231, **4**:297, **4**:*300*, **4**:*301*, **10**:121, **10**:*125*, **12**:203, **12**:207, **12**:*216*
Colson, J. G., **9**:272, **9**:*276*
Colson, K. L., **29**:300, **29**:301, **29**:*329*
Colter, A. K., **8**:295, **8**:*398*, **11**:149, **11**:151, **11**:153, **11**:*175*, **24**:96, **24**:98, **24**:*106*, **29**:186, **29**:188, **29**:*266*
Colton, D., **32**:83, **32**:*120*
Colton, R., **8**:213, **8**:*262*, **32**:19, **32**:35, **32**:37, **32**:57, **32**:58, **32**:62, **32**:109, **32**:*113*, **32**:*114*, **32**:*115*, **32**:*116*
Coluisio, J. T., **23**:218, **23**:220, **23**:*263*
Colussi, A. J., **24**:193, **24**:*201*, **29**:21, **29**:*64*
Colville, N. J., **23**:24, **23**:*61*
Combelas, P., **11**:338, **11**:*385*
Combellas, C., **26**:38, **26**:41, **26**:43, **26**:44, **26**:72, **26**:73, **26**:85, **26**:86, **26**:91, **26**:92, **26**:93, **26**:*121*, **26**:*122*
Comeford, J. J., **8**:39, **8**:*77*
Comelli, E., **31**:37, **31**:*82*
Comeryras, A., **21**:47, **21**:*95*
Comes, R., **16**:214, **16**:216, **16**:*231*, **16**:*232*, **16**:*235*
Cometta-Morini, C., **30**:40, **30**:*58*
Comi, R., **20**:144, **20**:*189*
Comisarow, M. B., **4**:327, **4**:332, **4**:338, **4**:*346*, **6**:266, **6**:282, **6**:*329*, **9**:1, **9**:*24*, **9**:273, **9**:*277*, **11**:205, **11**:206, **11**:217, **11**:221, **11**:*224*, **19**:264, **19**:292, **19**:*375*, **19**:*378*, **21**:202, **21**:225, **21**:226, **21**:*238*, **24**:2, **24**:*51*
Commeyras, A., **10**:41, **10**:*52*, **11**:205, **11**:206, **11**:207, **11**:210, **11**:215, **11**:216, **11**:217, **11**:*223*, **19**:252,

19:265, 19:292, 19:295, 19:*375*,
  19:*376*
Compagnon, J. P., **26**:74, **26**:*124*
Companion, A. L., **6**:189, **6**:*325*
Compton, D. A. C., **25**:31, **25**:42, **25**:43,
  25:*87*, **25**:*88*
Compton, K. T., **4**:35, **4**:*70*
Compton, R. G., **32**:3, **32**:5, **32**:9, **32**:10,
  32:19, **32**:21, **32**:23, **32**:25, **32**:39,
  32:46, **32**:48, **32**:50, **32**:52, **32**:54,
  32:55, **32**:57, **32**:58, **32**:59, **32**:60,
  32:61, **32**:62, **32**:63, **32**:67, **32**:69,
  32:70, **32**:71, **32**:72, **32**:73, **32**:74,
  32:75, **32**:79, **32**:80, **32**:81, **32**:82,
  32:85, **32**:86, **32**:88, **32**:92, **32**:93,
  32:94, **32**:96, **32**:98, **32**:100, **32**:105,
  32:108, **32**:109, **32**:*113*, **32**:*114*,
  32:*115*, **32**:*116*, **32**:*117*, **32**:*118*,
  32:*119*, **32**:*120*
Compton, R. N., **24**:30, **24**:*51*, **26**:56,
  26:63, **26**:*124*
Comtat, M., **25**:125, **25**:126, **25**:143,
  25:*258*, **25**:*264*
Comyns, A. E., **3**:132, **3**:166, **3**:167,
  3:169, **3**:*183*
Conant, J. B., **1**:161, **1**:*197*, **18**:52, **18**:*72*
Concilio, C., **17**:261, **17**:*274*
Condon, E. U., **1**:374, **1**:375, **1**:386,
  1:392, **1**:394, **1**:396, **1**:401, **1**:403,
  1:414, **1**:*419*
Condon, F. E., **1**:39, **1**:44, **1**:48, **1**:52,
  1:135, **1**:136, **1**:*150*, **1**:193, **1**:*197*,
  4:240, **4**:273, **4**:*300*, **4**:326, **4**:*345*
Condrate, R. A., **6**:254, **6**:*325*
Cone, L. H., **25**:384, **25**:*443*
Cone, R., **19**:312, **19**:*370*
Confer, A. H., **17**:174, **17**:*176*
Congdon, W. I., **11**:337, **11**:*385*
Coniglio, B. O., **5**:184, **5**:192, **5**:193,
  5:194, **5**:213, **5**:214, **5**:216, **5**:217,
  5:218, **5**:220, **5**:221, **5**:223, **5**:225,
  5:*233*
Conine, J. W., **8**:303, **8**:*398*
Conkling, J. A., **11**:191, **11**:*223*
Conley, H. L., Jr., **11**:67, **11**:*118*
Conlin, R. T., **20**:100, **20**:112, **20**:113,
  20:*184*
Conn, E. E., **21**:7, **21**:*32*, **21**:*35*
Conn, J. B., **17**:226, **17**:*275*
Connelly, N. G., **19**:404, **19**:*426*, **32**:11,
  32:*116*
Conner, J. K., **27**:248, **27**:*288*
Connick, R. E., **3**:*184*
Connolly, J. S., **25**:438, **25**:*445*
Connolly, T. M., **25**:243, **25**:244, **25**:247,
  25:*258*, **25**:*264*
Connon, H. A., **20**:115, **20**:*189*
Connor, D. E., **23**:23, **23**:*59*
Connor, H. D., **22**:57, **22**:*107*, **28**:27,
  28:*44*, **31**:95, **31**:*140*
Connor, J. A., **18**:138, **18**:*176*, **19**:10,
  19:11, **19**:12, **19**:93, **19**:*115*
Connor, J. N. L. **26**:263, **26**:*370*
Connor, T. M., **3**:163, **3**:*185*, **3**:197,
  3:200, **3**:213, **3**:263, **3**:*266*, **3**:*267*,
  11:271, **11**:*388*
Connors, K. A., **22**:292, **22**:*308*, **29**:7,
  29:*64*
Connors, T. F., **32**:70, **32**:*116*
Conrad, W. E., **25**:207, **25**:*257*
Conradi, J. J., **1**:309, **1**:*363*, **13**:158,
  13:164, **13**:*277*
Conradi, M. S., **26**:161, **26**:*175*
Conradi, R. A., **22**:290, **22**:*299*
Conrow, K., **3**:244, **3**:*266*
Conroy, H., **6**:193, **6**:*325*, **8**:94, **8**:*146*
Considine, J. L., **23**:28, **23**:*61*
Constein, V. G., **14**:189, **14**:*198*
Conti, F., **13**:361, **13**:371, **13**:374, **13**:378,
  13:379, **13**:*406*, **13**:*408*, **13**:*414*
Conti, G., **13**:113, **13**:*149*, **14**:252,
  14:253, **14**:298, **14**:*339*
Convery, R. J., **2**:192, **2**:*197*, **2**:*199*
Conway, B. E., **7**:295, **7**:*330*, **10**:169,
  10:172, **10**:194, **10**:206, **10**:*221*,
  12:2, **12**:13, **12**:16, **12**:23, **12**:91,
  12:98, **12**:104, **12**:112, **12**:*116*,
  12:*118*, **12**:*119*, **14**:218, **14**:238,
  14:239, **14**:241, **14**:260, **14**:267,
  14:272, **14**:*339*, **14**:*340*, **14**:*341*,
  14:*347*, **26**:19, **26**:*124*
Conway, D., **2**:40, **2**:*88*
Conway, E., **13**:291, **13**:303, **13**:*408*
Conway, P., **17**:102, **17**:*176*
Conzan, E., **22**:290, **22**:*299*
Cook, A., **28**:62, **28**:*136*
Cook, C. D., **5**:65, **5**:*114*, **12**:59, **12**:*119*
Cook, C. E., **31**:384, **31**:*386*
Cook, D., **4**:55, **4**:*70*, **4**:260, **4**:*300*, **5**:200,
  5:201, **5**:220, **5**:223, **5**:229, **5**:230,

5:*233*, 11:338, 11:349, 11:350, 11:365, 11:*385*, 14:161, 14:*197*, 19:233, 19:356, 19:363, 19:*368*, 19:*370*
Cook, D. A., 6:179, 6:*179*
Cook, D. M., 14:185, 14:186, 14:*196*, 17:349–51, 17:*424*
Cook, E. H., 4:13, 4:*29*
Cook, E. R., 28:190, 28:*206*
Cook, E. W., 7:44, 7:50, 7:51, 7:*109*, 7:*112*
Cook, F., 5:391, 5:*396*
Cook, F. B., 5:390, 5:*395*, 7:173, 7:175, 7:*203*
Cook, F. L., 15:309, 15:*329*, 17:328, 17:330, 17:345, 17:423, 17:*425*, 17:*426*
Cook, G. B., 20:42, 20:*52*
Cook, J. W., 1:230, 1:*276*
Cook, K. S., 31:179, 31:180, 31:*245*
Cook, P. F., 31:214, 31:216, 31:*243*
Cook, P. M., 10:119, 10:*126*
Cook, R. D., 11:329, 11:*387*, 13:92, 13:*150*
Cook, R. J., 1:322, 1:328, 1:331, 1:*360*, 8:239, 8:*264*
Cook, R. L., 9:162, 9:163, 9:*176*, 9:*178*, 24:144, 24:*203*
Cook, R. S., 14:160, 14:169, 14:170, 14:171, 14:*197*
Cooke, A. S., 6:309, 6:312, 6:314, 6:*323*, 6:*325*, 10:22, 10:23, 10:*26*
Cooke, B. A., 12:2, 12:*119*
Cooke, J. P., 21:22, 21:*31*
Cooke, M. P., 23:54, 23:*59*
Cooks, R. G., 8:169, 8:185, 8:188, 8:189, 8:199, 8:206, 8:211, 8:212, 8:215, 8:216, 8:218, 8:230, 8:231, 8:244, 8:249, 8:251, 8:*261*, 8:*262*, 8:*263*, 8:*265*, 8:269
Cooksey, C. J., 23:30, 23:*59*
Cooksey, D., 13:256, 13:*268*
Cookson, R. C., 1:253, 1:*275*
Cookson, R. F., 11:316, 11:349, 11:350, 11:*385*
Coombes, R. G., 16:3, 16:24–7, 16:*47*, 20:163, 20:*182*
Coombs, R. D., 1:*199*
Coon, J. B., 1:376, 1:404, 1:405, 1:*419*, 1:*420*

Cooney, M. J., 29:312, 29:*329*
Coop, I. E., 3:45, 3:67, 3:*82*
Cooper, A., 13:37, 13:*78*
Cooper, C. C., 26:56, 26:63, 26:*124*
Cooper, C. D., 24:30, 24:*51*
Cooper, D. B., 25:141, 25:144, 25:201, 25:202, 25:*258*
Cooper, J. A., 32:48, 32:50, 32:52, 32:59, 32:69, 32:105, 32:108, 32:*115*, 32:*116*, 32:*119*
Cooper, J. B., 32:9, 32:*117*
Cooper, J. R., 13:211, 13:*277*
Cooper, J. S., 14:161, 14:*199*
Cooper, J. T., 13:211, 13:*268*
Cooper, L. N., 16:226, 16:*230*
Cooper, M. A., 13:72, 13:*76*, 25:7, 25:*84*
Cooper, N. J., 29:212, 29:*271*
Cooper, R., 9:155, 9:156, 9:*176*, 12:278, 12:*292*
Cooper, R. A., 10:56, 10:57, 10:76, 10:77, 10:86, 10:88, 10:89, 10:111, 10:112, 10:*124*, 10:*128*, 18:169, 18:*184*
Cooper, S. R., 31:36, 31:*82*, 31:*84*
Cooper, T. A., 18:155, 18:158, 18:160, 18:164, 18:*176*
Cooper, T. G., 25:231, 25:234, 25:235, 25:*258*, 25:*263*
Cooper, T. K., 14:191, 14:*198*
Cooper, W., 4:183, 4:*191*
Cooperman, B. S., 25:134, 25:*259*
Coots, R. J., 29:108, 29:*180*
Cope, A. C., 4:183, 4:*191*, 19:258, 19:259, 19:*370*
Copp, J. L., 14:284, 14:292, 14:296, 14:*340*
Coppage, F. N., 16:175, 16:*231*
Coppe-Motte, G., 26:174, 26:*175*
Coppens, P., 22:129, 22:*211*
Copperthwaite, R. G., 23:3, 23:*61*
Coppinger, G. M., 2:180, 2:*197*, 5:87, 5:90, 5:*113*, 5:*114*, 9:138, 9:*176*, 23:84, 23:*161*
Coppola, J. C., 11:64, 11:*121*
Corbett, T. G., 6:23, 6:*59*
Corbridge, D. E. C., 9:35(72), 9:*124*
Cordell, R. W., 10:117, 10:118, 10:*123*
Cordes, E. H., 5:241, 5:246, 5:282, 5:293, 5:296, 5:297, 5:315, 5:*325*, 5:*328*, 8:271, 8:282, 8:285, 8:291, 8:292,

8:296, 8:297, 8:298, 8:299, 8:300,
8:307, 8:308, 8:309, 8:310, 8:311,
8:312, 8:313, 8:314, 8:315, 8:316,
8:334, 8:337, 8:338, 8:339, 8:340,
8:341, 8:366, 8:373, 8:*397*, 8:*399*,
8:*400*, 8:*401*, 8:*404*, 8:*406*, 11:4,
11:32, 11:84, 11:85, 11:*116*, 11:*118*,
13:385, 13:388, 13:389, 13:390,
13:391, 13:392, 13:*408*, 13:*410*,
13:*415*, 14:79, 14:89, 14:*128*,
17:268, 17:269, 17:*274*, 17:440,
17:443–5, 17:448, 17:466, 17:476,
17:*482*, 17:*483*, 17:*486*, 18:57,
18:*72*, 19:209, 19:*218*, 20:68,
20:*183*, 21:68, 21:*95*, 22:218,
22:220, 22:221, 22:222, 22:224,
22:228, 22:247, 22:*299*, 22:*302*,
23:218, 23:223, 23:*262*, 23:*263*,
24:114, 24:158, 24:*200*, 27:41,
27:45, 27:*52*, 27:*53*, 27:62, 27:*114*,
29:204, 29:*266*
Cordes, H. F., 18:198, 18:*235*
Cordes, M. P., 16:252, 16:*263*
Cordes, S., 5:291, 5:*329*
Cordner, J. P., 18:12, 18:*77*
Corell, M., 25:270, 25:*445*
Coret, A., 16:184, 16:*231*, 16:*232*
Corey, E. J., 2:24, 2:*88*, 2:180, 2:*197*,
5:378, 5:*396*, 10:211, 10:*221*,
11:184, 11:188, 11:*223*, 12:15,
12:*119*, 14:146, 14:*198*, 15:41,
15:*58*, 17:174, 17:*176*, 17:357,
17:358, 17:*425*, 18:21, 18:22, 18:*72*
Corey, R. B., 6:147, 6:*181*
Corey, R. J., 20:177, 20:*182*
Corfield, J. R., 9:27(50b), 9:29(50b),
9:*123*
Corfield, M. G., 3:58, 3:60, 3:78, 3:*79*
Corio, P. L., 3:234, 3:*266*, 13:189, 13:*268*
Corkhill, J. M., 28:158, 28:*170*
Corkill, J. M., 8:275, 8:*399*, 13:138,
13:*149*
Cormier, M. J., 18:187, 18:189, 18:209,
18:*235*
Cornelis, A., 17:320, 17:*425*
Cornelisse, J., 11:227, 11:230, 11:235,
11:236, 11:237, 11:238, 11:244,
11:245, 11:246, 11:249, 11:250,
11:253, 11:261, 11:*264*, 11:*265*,
11:*266*, 20:107, 20:222, 20:184,
20:*231*
Cornell, S. C., 24:181, 24:182, 24:*201*
Corner, E. S., 4:149, 4:*191*
Cornet, C., 25:310, 25:336, 25:*442*
Cornforth, F. J., 14:144, 14:145, 14:146,
14:191, 14:*200*, 17:130, 17:*179*,
18:54, 18:*75*
Cornforth, J. W., 25:115, 25:*258*
Cornish, R. E., 3:123, 3:*185*
Coronado, E., 26:243, 26:*247*
Corosine, M., 25:47, 25:*87*
Corothers, W. H., 22:49, 22:*109*
Correa, A., 11:333, 11:*391*
Correa, D. E., 19:48, 19:53, 19:*119*
Correia, V. R., 23:225, 23:226, 23:*263*
Corrigan, D. A., 19:157, 19:*220*, 26:18,
26:*124*
Corrin, M. L., 8:282, 8:285, 8:*400*
Corriu, R. J. P., 25:123, 25:154, 25:155,
25:158, 25:190, 25:195, 25:196,
25:*258*
Corry, J. E., 3:32, 3:*82*
Corse, J., 2:22, 2:52, 2:62, 2:*91*
Corset, J., 15:178, 15:*261*, 17:318–20,
17:322, 17:*425*
Corsini, A., 11:316, 11:*385*
Corti, M., 22:219, 22:220, 22:*302*
Corvaja, C., 5:73, 5:79, 5:106, 5:*114*
Coskran, K. J., 9:97(109a), 9:*125*
Cospito, G., 22:93, 22:94, 22:*107*
Cossar, J., 29:47, 29:*65*
Cossé-Barbi, A., 24:149, 24:*200*, 25:131,
25:172, 25:*258*, 29:100, 29:101,
29:*180*
Cossu, M., 29:114, 29:*180*
Costa, G., 18:159, 18:*182*
Costa, L. M., 17:455, 17:*483*
Costa, S. M. deB., 19:41, 19:96, 19:104,
19:*117*
Costain, C. C., 11:342, 11:*385*
Cote, G., 17:327, 17:*425*
Cote, G. L., 26:298, 26:*370*
Cotter, D., 32:123, 32:128, 32:130,
32:132, 32:*209*
Cotter, J. L., 8:215, 8:240, 8:*262*, 8:*263*,
13:255, 13:*272*
Cotter, R. J., 8:215, 8:*263*
Cottis, S. G., 7:9, 7:*109*
Cotton, A., 3:75, 3:*82*
Cotton, F. A., 6:196, 6:230, 6:*325*, 9:*126*,

18:80, 18:*176*, 19:235, 19:*372*, 23:5, 23:*59*, 23:73, 23:*159*, 25:10, 25:*91*
Cottrell, P. T., 12:64, 12:*119*
Cottrell, T. L., 6:56, 6:*59*, 8:160, 8:*263*, 9:135, 9:*176*
Cotts, P. M., 32:159, 32:*217*
Couch, M. M., 7:176, 7:177, 7:*204*
Coulombeau, C., 26:303, 26:*370*
Coulson, C. A., 1:205, 1:207, 1:208, 1:210, 1:212, 1:229, 1:233, 1:252, 1:254, 1:264, 1:270, 1:271, 1:*275*, 1:*276*, 1:*278*, 1:386, 1:*419*, 3:69, 3:70, 3:73, 3:*82*, 4:78, 4:79, 4:81, 4:87, 4:89, 4:90, 4:97, 4:98, 4:99, 4:106, 4:131, 4:*143*, 4:*144*, 4:270, 4:285, 4:295, 4:297, 4:*301*, 4:337, 4:*345*, 5:142, 5:*170*, 6:191, 6:197, 6:216, 6:272, 6:*325*, 8:94, 8:*146*, 11:350, 11:361, 11:*385*, 12:207, 12:*216*, 26:189, 26:218, 26:*247*, 26:268, 26:*370*
Coulson, J. M., 10:218, 10:*220*
Coulter, G. A., 31:95, 31:*139*
Counotte-Potman, A. D., 29:298, 29:*325*, 29:*330*
Courbis, P., 12:11, 12:*119*, 31:95, 31:102, 31:*138*
Courchene, W. L., 8:180, 8:*269*
Courtney, S. H., 22:146, 22:*212*
Courtot-Coupez, J., 12:43, 12:44, 12:*119*
Coury, L. A., 32:81, 32:82, 32:*118*, 32:*120*
Cousseau, J., 22:139, 22:*207*
Coussemant, F., 6:63, 6:94, 6:*98*, 7:297, 7:309, 7:311, 7:*330*, 28:266, 28:*289*
Coustal, S., 11:315, 11:*385*
Couture, A., 19:87, 19:*128*
Coverdale, C. E., 5:351, 5:*398*
Covington, A. D., 17:264, 17:*274*, 18:17, 18:*71*
Covington, A. K., 7:262, 7:305, 7:306, 7:*328*, 14:212, 14:219, 14:329, 14:330, 14:335, 14:*338*, 14:*340*, 27:265, 27:*289*
Covitz, F., 5:283, 5:*327*, 9:27(45), 9:27(47d), 9:29(45), 9:*123*, 24:186, 24:187, 24:191, 24:198, 24:*202*, 25:123, 25:170, 25:184, 25:186, 25:187, 25:188, 25:194, 25:244, 25:250, 25:258, 25:*261*

Covitz, F. H., 12:2, 12:15, 12:*119*, 12:*127*
Cowan, D. M., 3:8, 3:*82*
Cowan, D. O., 7:176, 7:177, 7:*204*, 12:2, 12:*120*, 13:177, 13:*267*, 13:269, 13:*275*, 16:206–8, 16:*231*, 16:*232*, 16:*235*, 18:114, 18:*179*, 29:229, 29:*266*
Coward, H. F., 6:54, 6:*58*
Coward, J. K., 17:250, 17:258, 17:269, 17:*275*, 17:*278*, 18:15, 18:17, 18:*72*, 31:169, 31:*247*
Cowell, G. W., 7:170, 7:171, 7:172, 7:*203*, 13:166, 13:*268*, 18:150, 18:154, 18:*176*
Cowgill, R. W., 12:191, 12:*216*
Cowie, G. R., 5:128, 5:141, 5:145, 5:146, 5:153, 5:160, 5:*170*
Cowie, J. M. C., 27:267, 27:*289*
Cowie, J. M. G., 14:326, 14:*340*
Cowley, A. H., 5:97, 5:*114*, 9:118(132a), 9:118(132a), 9:*126*, 29:301, 29:*330*
Cowley, D. J., 13:167, 13:257, 13:*267*, 19:35, 19:36, 19:*117*, 19:*119*
Cowley, E. G., 1:222, 1:*276*
Cox, A. W., 25:46, 25:*88*
Cox, B. G., 14:137, 14:138, 14:139, 14:140, 14:142, 14:151, 14:152, 14:153, 14:154, 14:155, 14:*196*, 14:*198*, 14:219, 14:266, 14:288, 14:335, 14:*340*, 15:39, 15:*57*, 17:305, 17:306, 17:311, 17:*425*, 18:7, 18:17, 18:18, 18:19, 18:20, 18:*71*, 18:*72*, 21:168, 21:*192*, 22:189, 22:190, 22:*207*, 27:23, 27:*52*, 27:279, 27:*289*, 28:285, 28:*288*, 29:21, 29:54, 29:*64*, 29:84, 30:69, 30:70, 30:*113*
Cox, D., 14:*128*, 19:233, 19:249, 19:*377*, 19:*378*
Cox, D. D., 17:464, 17:465, 17:*483*, 31:273, 31:*388*
Cox, D. E., 13:56, 13:*80*
Cox, D. J., 29:217, 29:*265*
Cox, D. L., 15:28, 15:*58*
Cox, E. G., 1:225, 1:*276*
Cox, F. O., 25:43, 25:*88*
Cox, G. A., 16:176, 16:189, 16:190, 16:*230*
Cox, G. S., 22:294, 22:*302*, 29:5, 29:*64*
Cox, J. D., 13:4, 13:43, 13:50, 13:51,

13:68, 13:*78*, 15:26, 15:*58*, 22:16, 22:*107*
Cox, J. P. L., 27:224, 27:*235*
Cox, J. R. Jr., 9:27(47a, b), 9:*123*
Cox, J. R., 8:317, 8:318, 8:*399*, 25:103, 25:123, 25:170, 25:*258*, 25:*261*
Cox, M. C., 13:116, 13:*149*
Cox, M. M., 22:126, 22:127, 22:*207*
Cox, M. T., 13:252, 13:*268*
Cox, R. A., 14:144, 14:145, 14:148, 14:149, 14:167, 14:*198*, 16:32, 16:*47*, 18:9, 18:10, 18:15, 18:34, 18:37, 18:38, 18:*72*, 18:*77*, 29:48, 29:55, 29:*64*
Cox, R. H., 10:76, 10:112, 10:113, 10:*125*, 11:347, 11:*385*, 15:174, 15:*261*
Cox, S., 26:232, 26:239, 26:*253*
Coxon, A. C., 17:287, 17:289, 17:291, 17:307, 17:366, 17:382, 17:*425*
Coxon, B., 13:293, 13:294, 13:*408*
Coyette, J., 23:177, 23:*265*
Coy, S. L., 32:225, 32:*265*
Coyle, D. J., 8:252, 8:*263*
Coyle, J. D., 19:108, 19:113, 19:*117*
Coyle, J. J., 7:182, 7:198, 7:199, 7:*204*
Cozzens, R. F., 29:212, 29:215, 29:*266*
Cozzi, F., 25:40, 25:75, 25:*85*, 25:*86*, 25:*89*, 32:172, 32:*210*
Cozzone, P. J., 16:257, 16:*261*
Crabbé, P., 13:60, 13:*78*
Crable, G. F., 4:58, 4:*70*, 8:230, 8:*263*
Crabtree, R. H., 23:3, 23:50, 23:53, 23:*59*
Cradock, S., 30:2, 30:*57*
Cradrick, P. D., 32:230, 32:*262*
Cradwick, P. D., 17:422, 17:*425*
Crafts, J. M., 4:*345*
Craig, B. B., 19:51, 19:*117*
Craig, D. P., 1:367, 1:376, 1:412, 1:413, 1:414, 1:415, 1:416, 1:*418*, 1:*419*, 1:*422*, 9:28(64), 9:68(64), 9:68(97), 9:*124*, 9:*125*, 11:316, 11:*385*, 15:109, 15:110, 15:118, 15:*145*, 15:*146*, 16:161, 16:*232*, 28:102, 28:121, 28:*136*
Craig, L. C., 13:358, 13:360, 13:363, 13:364, 13:371, 13:*409*, 13:*413*
Craik, C. S., 26:356, 26:*371*
Crain, D. L., 7:20, 7:22, 7:*111*, 25:310, 25:330, 25:*443*

Crain, R. D., 7:20, 7:22, 7:*111*
Cram, D. J., 2:7, 2:37, 2:53, 2:*87*, 2:*88*, 5:211, 5:*233*, 5:377, 5:379, 5:*396*, 6:248, 6:262, 6:288, 6:291, 6:292, 6:307, 6:311, 6:*325*, 6:*326*, 6:*327*, 7:227, 7:*257*, 8:227, 8:*263*, 14:4, 14:*64*, 14:87, 14:*128*, 14:150, 14:154, 14:168, 14:169, 14:182, 14:*198*, 14:*199*, 14:*202*, 15:41, 15:*58*, 15:176, 15:177, 15:190, 15:211, 15:216, 15:221, 15:228, 15:229, 15:232–235, 15:237, 15:238, 15:239, 15:255, 15:*260*, 15:*261*, 15:*264*, 17:100, 17:124, 17:125, 17:131, 17:167, 17:*175*, 17:*176*, 17:*179*, 17:*181*, 17:280, 17:282, 17:294–301, 17:347, 17:362, 17:363, 17:365–7, 17:371, 17:372, 17:382, 17:383, 17:385, 17:387, 17:389, 17:392–405, 17:413, 17:414, 17:418, 17:420, 17:422, 17:423, 17:*424–30*, 18:81, 18:*178*, 19:262, 19:*370*, 19:*373*, 23:193, 23:*264*, 24:78, 24:*106*, 25:119, 25:*258*, 27:6, 27:*52*, 28:113, 28:*136*, 29:3, 29:*64*, 30:81, 30:82, 30:86, 30:87, 30:88, 30:91, 30:101, 30:105, 30:106, 30:111, 30:*112*, 30:*113*, 30:*114*, 30:186, 30:*218*, 30:*220*, 30:*221*
Cram, J. M., 15:228, 15:232, 15:234, 15:237, 15:238, 15:239, 15:*261*, 17:280, 17:382, 17:*425*
Cramer, C. J., 31:187, 31:*243*
Cramer, F., 8:396, 8:*399*, 8:*401*, 11:59, 11:*118*, 21:29, 21:*31*, 21:35
Cramer, J., 12:3, 12:*129*, 20:141, 20:*189*
Cramer, J. A., 27:241, 27:*289*
Cramer, L. R., 8:372, 8:374, 8:*399*
Cramer, R. M. R., 5:62, 5:*119*
Cramer, W. A., 8:70, 8:*75*
Cramm, D., 21:63, 21:78, 21:83, 21:*97*
Cramm, D. A., 25:125, 25:126, 25:*262*
Crampton, M. R., 7:213, 7:215, 7:216, 7:218, 7:220, 7:222, 7:223, 7:224, 7:225, 7:226, 7:227, 7:228, 7:229, 7:230, 7:231, 7:232, 7:233, 7:234, 7:235, 7:236, 7:237, 7:238, 7:244, 7:248, 7:249, 7:250, 7:251, 7:252, 7:253, 7:254, 7:*255*, 14:175, 14:181, 14:*198*, 18:57, 18:*72*, 19:395,

19:396, 19:398, 19:*426*, 27:224, 27:*235*
Crandall, J. K., 6:237, 6:*325*, 9:218, 9:*274*, 15:256, 15:*261*
Crane, C. G., 31:27, 31:*81*
Crane, J. P., 11:110, 11:*122*
Crane-Robinson, C., 13:372, 13:373, 13:380, 13:*407*, 13:*413*
Crank, J., 19:144, 19:*218,* 32:65, 32:*116*
Crano, J. C., 9:137, 9:*181*
Crano, J. C. P., 5:382, 5:*396*
Crans, D., 24:49, 24:*51*, 26:138, 26:*175*
Crans, D. C., 31:298, 31:*386*
Crasnier, F., 25:47, 25:*87*
Cravatt, B. F., 31:289, 31:383, 31:*386*
Craven, B. M., 1:234, 1:*277*
Craven, B. R., 8:362, 8:367, 8:*399*
Craven, R. A., 16:215, 16:*232*
Craven, S. M., 25:42, 25:46, 25:*88*
Crawford, B. Jr., 9:162, 9:*176*
Crawford, B. L., 3:250, 3:*268*
Crawford, B. R., 8:*146*
Crawford, L. R., 8:201, 8:*263*
Crawford, M., 1:214, 1:*276*
Crawford, M. J., 3:75, 3:*82*
Crawford, M. K., 19:42, 19:*117*
Crawford, R., 18:202, 18:*237*
Crawford, R. J., 5:381, 5:391, 5:*399,* 6:220, 6:*325*
Crawford, R. T., 7:176, 7:*209*
Craze, G. -A., 11:92, 11:*118*, 17:196, 17:*275*, 24:80, 24:*106*, 26:349, 26:*370*, 27:41, 27:42, 27:*52*, 29:142, 29:144, 29:148, 29:149, 29:*179*, 29:*180*, 31:154, 31:*243*
Creak, G. A., 9:129, 9:*176*
Creary, X., 17:244, 17:*278*, 23:285, 23:*317*, 24:85, 24:*109*, 26:90, 26:*123*, 26:166, 26:*175*, 27:221, 27:*235,* 32:307, 32:308, 32:309, 32:*380*
Creason, S. C., 13:207, 13:*268*, 20:61, 20:*182*
Creed, D., 19:47, 19:48, 19:53, 19:55, 19:56, 19:88, 19:104, 19:*116*, 19:*117*, 19:*125*
Cree-Uchiyama, M., 23:111, 23:*162*
Creighton, D. J., 11:72, 11:*122*
Crelier, A. M., 7:84, 7:*112*
Crellin, R. A., 13:252, 13:*268*, 20:120, 20:*181*, 20:*182*, 23:310, 23:*317*
Crematy, E., 8:339, 8:*399*
Cremer, D., 24:36, 24:37, 24:51, 24:127, 24:*200*, 29:285, 29:293, 29:296, 29:321, 29:323, 29:*325*, 29:*330*, 30:26, 30:*56*
Cremer, S. E., 6:258, 6:*325*, 9:27(51), 9:29(51), 9:*123*
Cremin, D., 17:231, 17:*277*
Crentz, C., 28:4, 28:*42*
Crescenzi, M., 31:120, 31:*137*
Crescenzi, V., 14:261, 14:298, 14:313, 14:*337*, 14:*340*
Crespi, H. L., 8:290, 8:*404*
Crespo, M. I., 26:242, 26:*252*
Cressman, W. A., 23:218, 23:220, 23:*263*
Cresswell, W. T., 3:8, 3:10, 3:12, 3:13, 3:14, 3:15, 3:17, 3:20, 3:27, 3:*82*, 3:*83*
Crestfield, A. M., 21:21, 21:*32*
Creswell, R. A., 25:55, 25:*87*
Creutz, C., 18:131, 18:*176*
Crew, M. C., 2:13, 2:*88*
Crick, F. H. C., 6:117, 6:*182,* 32:220, 32:*265*
Criegee, R., 4:187, 4:189, 4:190, 4:*191,* 6:204, 6:*325*, 15:128, 15:*146*, 29:219, 29:224, 29:*266*
Cripe, T. A., 27:223, 27:225, 27:*235*
Crisp, D. J., 28:65, 28:67, 28:97, 28:119, 28:123, 28:*136*
Criss, C. M., 14:310, 14:*340*, 19:212, 19:*218*
Cristol, S. J., 6:285, 6:300, 6:303, 6:305, 6:*325*, 15:34, 15:55, 15:*58*
Cristy, S. S., 8:9, 8:*77*
Critchlow, J. E., 14:324, 14:*337*, 16:89, 16:*155*, 21:161, 21:*192*
Crivelli, E., 16:4, 16:*47*
Croitoru, N., 16:189, 16:*232*
Croke, J. J., 25:161, 25:*261*
Crolla, T., 20:173, 20:174, 20:*182*
Crombie, D. A., 23:232, 23:*268*
Cromer, D. T., 1:238, 1:*276*
Crook, E. H., 17:442, 17:443, 17:*486*
Crook, S. W., 31:169, 31:181, 31:182, 31:*247*
Crooks, J. E., 9:160, 9:*176,* 14:85, 14:*128*, 15:38, 15:*57*, 16:32, 16:*47*, 27:151, 27:*235*

Cros, J-L., **13**:209, **13**:*267*
Crosby, D. G., **20**:223, **20**:*231*
Crosby, J., **21**:26, **21**:*32*
Cross, A. D., **4**:337, **4**:*345*, **11**:339, **11**:*385*
Cross, G. H., **32**:180, **32**:*210*, **32**:*215*
Cross, J. M., **11**:256, **11**:*264*
Cross, P., **10**:42, **10**:*52*
Cross, P. C., **1**:371, **1**:373, **1**:374, **1**:382, **1**:417, **1**:*421*, **1**:*422*, **1**:*423*, **10**:1, **10**:*27*, **13**:10, **13**:*82*
Cross, R. J., **7**:185, **7**:*208*
Cross, R. J., Jr., **2**:*277*, **19**:246, **19**:*378*
Cross, R. P., **1**:20, **1**:*31*
Crossland, I., **18**:170, **18**:*178*, **31**:240, **31**:*244*
Crotti, P., **27**:244, **27**:245, **27**:251, **27**:256, **27**:283, **27**:*288*
Crow, W. D., **6**:7, **6**:32, **6**:*58*, **8**:218, **8**:227, **8**:238, **8**:*263*
Crowder, G. A., **25**:19, **25**:*87*
Crowe, D. B., **31**:19, **31**:*81*
Crowell, T., **1**:9, **1**:*31*
Crowell, T. I., **3**:101, **3**:*122*
Crowfoot, D., **3**:56, **3**:*82*, **23**:166, **23**:*263*
Crowston, E. H., **29**:121, **29**:*180*
Crozet, M. P., **17**:47, **17**:*59*, **23**:278, **23**:280, **23**:281, **23**:*317*, **31**:94, **31**:129, **31**:*137*
Cruège, F., **11**:315, **11**:*385*
Cruickshank, D. W. J., **1**:207, **1**:212, **1**:221, **1**:225, **1**:226, **1**:227, **1**:257, **1**:262, **1**:275, **1**:*276*, **1**:*277*, **9**:68(99), **9**:*125*
Cruickshank, F. R., **13**:50, **13**:51, **13**:*78*
Cruickshank, P., **5**:296, **5**:*327*
Cruickshank, P. A., **8**:396, **8**:*399*
Crumbliss, A. L., **7**:182, **7**:183, **7**:*205*
Crumrine, D. S., **19**:284, **19**:*379*
Crunden, E. W., **5**:321, **5**:*327*
Cruser, S. A., **13**:226, **13**:*266*, **13**:*268*
Crutcher, T., **27**:249, **27**:*290*
Crutchfield, M. M., **9**:68(103), **9**:*125*
Cryberg, R. L., **23**:194, **23**:*265*
Crysler, C. S., **25**:121, **25**:*264*
Csapilla, J., **7**:100, **7**:*110*
Cseh, G., **7**:98, **7**:100, **7**:*110*, **9**:186, **9**:237, **9**:243, **9**:*275*, **32**:303, **32**:*381*
Csizmadia, I. G., **9**:254, **9**:255, **9**:*275*, **9**:*276*, **11**:343, **11**:*387*, **13**:69, **13**:*81*,
15:243, **15**:*266*, **24**:87, **24**:110, **24**:148, **24**:*204*, **28**:224, **28**:*290*
Csizmadia, V. M., **17**:173, **17**:*175*, **17**:*180*, **28**:212, **28**:276, **28**:*291*
Cu, A., **12**:213, **12**:*216*
Cubbon, R. C. P., **10**:82, **10**:*124*
Cuccovia, I. M., **17**:455, **17**:472, **17**:*483*, **22**:221, **22**:224, **22**:227, **22**:228, **22**:229, **22**:230, **22**:233, **22**:236, **22**:237, **22**:254, **22**:255, **22**:265, **22**:269, **22**:285, **22**:296, **22**:*302*, **22**:*307*, **23**:225, **23**:226, **23**:*263*
Cuddy, B. D., **10**:36, **10**:*52*, **11**:213, **11**:*223*
Cuenca, A., **22**:256, **22**:*302*
Cueto, O., **18**:211, **18**:215, **18**:*234*, **19**:82, **19**:*113*
Cukman, D., **13**:217, **13**:*268*
Cullen, W. R., **7**:25, **7**:26, **7**:27, **7**:*109*
Cullimore, P. A., **18**:47, **18**:48, **18**:49, **18**:63, **18**:64, **18**:*73*, **21**:69, **21**:70, **21**:*96*
Cullis, A. F., **21**:3, **21**:*34*
Cullis, C. F., **6**:22, **6**:54, **6**:*59*, **7**:118, **7**:*149*, **18**:43, **18**:*73*
Cullis, P. M., **25**:102, **25**:115, **25**:116, **25**:155, **25**:156, **25**:158, **25**:*258*, **27**:30, **27**:*52*, **27**:*222*, **27**:*234*
Cumming, J., **2**:262, **2**:265, **2**:*276*
Cumming, J. B., **21**:206, **21**:*238*
Cummings, C. S., **8**:203, **8**:*263*
Cundall, R. B., **11**:243, **11**:*264*, **12**:224, **12**:*296*, **19**:55, **19**:*117*
Cundall, R. L., **15**:82, **15**:*148*
Cuniberti, C., **19**:20, **19**:*117*
Cunningham, A. J., **21**:204, **21**:*238*
Cunningham, B. A., **5**:256, **5**:257, **5**:258, **5**:300, **5**:307, **5**:*327*, **5**:*329*, **11**:21, **11**:33, **11**:*119*, **21**:39, **21**:*97*
Cunningham, G. L., **2**:126, **2**:*159*
Cunningham, G. P., **14**:333, **14**:*340*
Cunningham, J. A., **6**:5, **6**:*59*
Cunningham, K., **15**:118, **15**:*146*
Cupas, C. A., **4**:326, **4**:332, **4**:338, **4**:*346*, **9**:1, **9**:*24*, **19**:255, **19**:*375*, **25**:60, **25**:*87*, **29**:241, **29**:*270*
Cupertino, D. C., **31**:44, **31**:*82*
Cupos, C. A., **8**:140, **8**:*148*
Cupus, C. A., **10**:184, **10**:*224*
Curci, R., **9**:158, **9**:*176*, **13**:92, **13**:94,

13:*149*, 17:326, 17:*425*
Cureton, P. H., 3:60, 3:61, 3:65, 3:*82*
Curl, R. F., 3:63, 3:*82*
Curl, R. F., Jr., 6:122, 6:133, 6:*179*
Curphey, T. C., 12:14, 12:*119*
Curran, C., 3:33, 3:*82*
Curran, D. P., 26:113, 26:*128*
Curran, E. L., 14:31, 14:*65*
Curran, J. S., 14:85, 14:*127*, 14:258, 14:*336*, 16:101, 16:132, 16:*155*, 21:184, 21:*191*, 22:121, 22:*205*
Currie, G. J., 24:75, 24:*111*
Currie, M., 22:129, 22:*206*, 22:*207*, 26:264, 26:*377*
Curry, N. A., 1:224, 1:*275*, 3:63, 3:*80*
Curry, R., 22:314, 22:*360*
Curry, R. W., 14:225, 14:*341*
Curthoys, G., 14:264, 14:*347*
Curtin, D. J., 1:189, 1:*199*
Curtin, D. Y., 2:13, 2:47, 2:*88*, 2:89, 5:366, 5:379, 5:*396*, 6:315, 6:*325*, 7:3, 7:38, 7:79, 7:98, 7:*109*, 9:186, 9:231, 9:*274*, 9:*279*, 15:68, 15:98, 15:108, 15:120, 15:123, 15:127, 15:129, 15:130, 15:*148*, 32:231, 32:*263*, 32:*265*
Curtis, A. B., 17:357, 17:*432*
Curtis, N. F., 30:63, 30:*113*
Curtis, W. D., 17:367, 17:382, 17:388, 17:406, 17:*425*, 17:*426*
Curtiss, C. F., 3:54, 3:*81*, 13:14, 13:17, 13:*80*
Cushley, R. J., 13:387, 13:388, 13:*407*
Cushman, M., 23:209, 23:210, 23:213, 23:258, 23:*266*
Cussler, E. L., 17:307, 17:*426*
Čúta, F., 7:224, 7:225, 7:226, 7:*255*
Cuthbertson, C., 3:20, 3:22, 3:*82*
Cuthbertson, J., 3:20, 3:22, 3:*82*
Cutmore, E. A., 23:258, 23:*262*
Cutnell, J. D., 16:245, 16:256, 16:259, 16:*261*
Cutts, P. W., 24:66, 24:*109*
Cuvigny, T., 17:327, 17:*430*
Cvetanović, R. J., 8:46, 8:47, 8:55, 8:59, 8:60, 8:*75*, 8:*76*, 8:*77*
Cvetanovic, R. J., 2:216, 2:260, 2:271, 2:*274*, 2:*276*, 14:70, 14:*128*, 16:54, 16:*85*, 27:231, 27:*235*
Cvetanović, R. T., 7:189, 7:*204*

Cynkowski, T., 29:295, 29:310, 29:311, 29:*328*
Cyr, C. R., 23:45, 23:*59*
Cyr, M. J., 31:58, 31:*83*
Cyvin, B. N., 30:34, 30:35, 30:*57*, 30:*61*
Cyvin, S. J., 30:34, 30:35, 30:*57*, 30:*61*, 32:164, 32:*210*
Czaja, W., 16:187, 16:*230*
Czapski, G., 12:256, 12:279, 12:282, 12:*293*, 12:*294*, 12:*295*, 18:138, 18:*179*
Czarniecki, M. F., 16:247, 16:*261*, 29:27, 29:29, 29:*64*, 29:76
Czarnik, A. W., 29:28, 29:*65*, 31:50, 31:*82*
Czech, B. P., 30:98, 30:*113*
Czech, N. F., 30:98, 30:*113*
Czekalla, J., 4:258, 4:270, 4:276, 4:*300*, 16:198, 16:*231*, 32:160, 32:167, 32:*213*
Czizmadia, I. G., 19:87, 19:*122*
Czochralska, B., 10:171, 10:*222*

D

Daasbjerg, K., 26:112, 26:*124*
Daasbjerg, K. L., 31:98, 31:99, 31:*139*
Dabdoub, A. M., 17:340, 17:*429*
Dabros, T. G., 28:158, 28:*170*
Dabrowski, J., 11:379, 11:*388*
Dack, M. R. J., 14:32, 14:*62*, 25:17, 25:*87*, 29:186, 29:188, 29:*266*
Dadall, V. A., 17:451, 17:*485*
Dadson, W. M., 19:100, 19:103, 19:*116*, 20:210, 20:211, 20:217, 20:*230*
Daehne, S., 19:17, 19:*126*
Daemen, J., 19:23, 19:*118*
Daffe, V., 26:167, 26:168, 26:*177*, 29:7, 29:31, 29:46, 29:*64*
Dafforn, G. A., 14:10, 14:26, 14:*66*, 17:222, 17:*278*, 22:76, 22:*107*
Dagan, A., 31:383, 31:*392*
Dagani, M. J., 11:191, 11:*224*
Dahl, L. F., 23:186, 23:187, 23:188, 23:190, 23:201, 23:202, 23:206, 23:*269*
Dahlberg, E., 25:61, 25:*87*
Dahlgren, G., 28:176, 28:*192*, 28:200, 28:*205*
Dahlgren, L., 10:22, 10:23, 10:24, 10:*26*

Dahlquist, F. W., 8:290, 8:*404*, 11:82, 11:*119*
Dahlqvist, K. I., 21:44, 21:*95*, 25:6, 25:60, 25:61, 25:*87*, 25:*93*
Dahm, D. J., 16:207–9, 16:*231*
Dahm, L. L., 20:217, 20:*230*
Dahm, R. H., 17:186, 17:*275*, 26:346, 26:349, 26:*369*
Dahm, T. H., 11:90, 11:100, 11:*118*
Dahmlos, J., 4:244, 4:248, 4:*301*
Dahms, H., 12:23, 12:91, 12:*119*
Dahn, H., 2:133, 2:134, 2:*159*, 3:148, 3:151, 3:181, 3:*184*, 5:338, 5:345, 5:349, 5:383, 5:*396*, 16:19, 16:22, 16:*47*, 19:416, 19:*426*
Dähne, S., 32:174, 32:175, 32:186, 32:*210*
Dai, S., 29:319, 29:320, 29:*325*
Daigle, D., 7:45, 7:59, 7:*108*
Daigo, K., 5:298, 5:*327*
Dailey, B. P., 3:241, 3:*268*
Dailey, W. P., 30:18, 30:*60*
Dainton, F. S., 4:267, 4:268, 4:*300*, 7:118, 7:123, 7:*149*, 8:31, 8:*74*, 8:*75*, 9:129, 9:*176*, 12:278, 12:*293*, 15:199, 15:207, 15:*261*
Dairokuno, T., 32:297, 32:300, 32:*381*
Dais, P., 16:252, 16:*264*, 25:379, 25:*444*
Dais, P. J., 14:27, 14:33, 14:*62*
Dalby, F. W., 1:380, 1:*419*
Dalchau, S., 9:144, 9:*178*
Dalcq, A., 19:414, 19:*426*
Dale, J., 6:271, 6:314, 6:*325*, 22:16, 22:28, 22:50, 22:55, 22:*107*, 25:54, 25:*87*, 28:29, 28:*41*, 32:200, 32:*210*
Dale, T. P., 3:2, 3:4, 3:*84*
D'Alelio, G. F., 5:197, 5:*233*
Dalgarno, A., 3:42, 3:*83*, 21:198, 21:*239*
Dalla Cort, A., 22:43, 22:47, 22:48, 22:65, 22:76, 22:83, 22:100, 22:101, 22:*107*
Dallaporta, N., 4:7, 4:20, 4:*27*
Dall'Asta, G., 15:251, 15:*263*
Dalle-Molle, E., 12:114, 12:*120*
Dalley, N. K., 17:281, 17:283, 17:284, 17:286, 17:303, 17:304, 17:306, 17:307, 17:*426*, 17:*428*, 30:78, 30:79, 30:*114*
Dalling, D. K., 16:243, 16:244, 16:*261*, 16:*263*

Dallinga, G., 1:66, 1:69, 1:*150*, 4:224, 4:225, 4:227, 4:228, 4:229, 4:238, 4:278, 4:279, 4:280, 4:286, 4:287, 4:288, 4:289, 4:297, 4:298, 4:*301*, 4:*302*, 11:289, 11:*385*, 13:35, 13:49, 13:*78*, 13:159, 13:*268*, 25:50, 25:*94*
Dalrymple, D. L., 29:307, 29:308, 29:*325*
Dalton, C. K., 9:220, 9:*274*
Dalton, J., 19:39, 19:92, 19:*117*, 21:213, 21:214, 21:*238*
Dalton, J. C., 10:105, 10:*128*
Dalton, L. R., 32:123, 32:129, 32:158, 32:*210*
Daltrozzo, E., 24:96, 24:*111*, 32:185, 32:186, 32:187, 32:*214*
Daly, J. J., 9:35(71), 9:*124*
Daly, R. C., 19:22, 19:*123*
Dam, H. T., van, 13:263, 13:*276*
Damaskin, B. B., 10:159, 10:*221*, 12:6, 12:22, 12:91, 12:*119*, 12:*122*
Damewood, J. R., 25:24, 25:62, 25:75, 25:*86*, 25:*90*
Damiani, A., 6:130, 6:138, 6:*179*
Damico, R., 7:11, 7:*111*
Damköhler, G., 3:20, 3:*83*
Dammeyer, R., 29:163, 29:*182*
Damon, R., 23:84, 23:*161*
Damrauer, R., 14:113, 14:*131*, 24:20, 24:21, 24:23, 24:44, 24:*51*, 24:*52*
Damraver, R., 7:192, 7:*208*
Danchura, W., 25:67, 25:*95*
Danckwerts, P. V., 4:26, 4:27, 4:*29*
D'Andrea, F., 17:480, 17:*483*
Danen, W. C., 7:181, 7:*208*, 10:211, 10:*221*, 13:245, 13:*268*, 19:209, 19:*218*, 20:129, 20:174, 20:177, 20:*182*, 23:276, 23:277, 23:280, 23:*320*, 26:2, 26:38, 26:70, 26:73, 26:*124*, 26:*129*
Daney, M., 15:243, 15:*261*
Danford, M. D., 14:230, 14:*348*
Danforth, C., 17:220, 17:221, 17:245, 17:*275*, 22:28, 22:*107*
D'Angelo, J., 18:39, 18:*72*
D'Angelo, P., 6:50, 6:*60*, 8:246, 8:*268*
Daniel, E. S., 11:333, 11:*391*
Daniel, V. A., 16:166, 16:*232*
Daniele, S., 32:38, 32:*116*
Daniels, F., 3:92, 3:*121*, 12:3, 12:*119*, 32:*109*, 32:*114*

Daniels, M. W., **31**:179, **31**:180, **31**:*245*
Daniels, P. J. L., **13**:309, **13**:311, **13**:314, **13**:318, **13**:*412*
Daniels, R. G., **31**:264, **31**:266, **31**:383, **31**:*391*
Danielsson, I., **22**:217, **22**:*302*
Danil de Namos, A. F., **17**:305, **17**:*424*
Danishefsky, S., **24**:77, **24**:*106*, **31**:286, **31**:312, **31**:384, **31**:*386*, **31**:*392*
Dankowski, M., **20**:216, **20**:*230*
Danks, I. P., **31**:21, **31**:*82*
Danks, J. P., **31**:11, **31**:27, **31**:*81*
Danly, D., **12**:17, **12**:*119*
Dannenberg, J. J., **13**:173, **13**:*268*, **14**:49, **14**:*62*, **19**:247, **19**:*370*, **29**:306, **29**:*328*
Dannerberg, J. J., **12**:205, **12**:*216*
d'Annibale, A., **13**:62, **13**:*78*
Danon, T., **29**:59, **29**:*66*, **31**:264, **31**:265, **31**:277, **31**:382, **31**:*386*, **31**:*388*
Danti, A., **9**:*126*
D'Antonio, P., **22**:131, **22**:*210*, **23**:82, **23**:*160*
Danyluk, S. S., **13**:168, **13**:*268*, **13**:344, **13**:*408*
Danzin, C., **31**:295, **31**:*387*
Dapperheld, S., **20**:98, **20**:*183*
Dapporto, P., **30**:68, **30**:70, **30**:71, **30**:*112*, **30**:*113*
D'Aprano, A., **14**:335, **14**:*340*, **15**:269, **15**:*328*
Darchen, A., **17**:110, **17**:*176*, **23**:294, **23**:*317*
D'Arcy, R., **6**:285, **6**:*325*
Darcy, R., **26**:222, **26**:244, **26**:*252*
Darensbourg, D. J., **23**:16, **23**:*59*, **29**:208, **29**:*266*
Darensbourg, M. Y., **23**:16, **23**:17, **23**:*59*, **29**:208, **29**:209, **29**:210, **29**:*266*
Dargelos, A., **24**:37, **24**:*51*
Darling, B. T., **14**:219, **14**:*340*
Darlow, S. F., **1**:240, **1**:*277*
Darmanyan, A. P., **19**:89, **19**:*122*
Da Rooge, M. A., **9**:139, **9**:141, **9**:145, **9**:146, **9**:153, **9**:154, **9**:*176*, **9**:*180*
Da Roza, D. A., **14**:39, **14**:*63*, **27**:250, **27**:256, **27**:*289*
Darragh, J. J., **17**:126, **17**:*176*
Darragh, K. V., **7**:186, **7**:*205*

Darsley, M. J., **31**:300, **31**:382, **31**:*389*
Daruwala, J., **8**:278, **8**:*406*
Darwent, B. de B., **4**:16, **4**:20, **4**:23, **4**:*27*, **4**:*28*
Darwent, J. R., **17**:454, **17**:*482*, **19**:93, **19**:95, **19**:*117*, **20**:95, **20**:*183*
Darwish, D., **5**:224, **5**:226, **5**:*235*, **11**:20, **11**:*122*, **14**:32, **14**:33, **14**:*63*, **14**:*67*, **17**:174, **17**:*176*
Das, A. K., **14**:309, **14**:329, **14**:*340*
Das, A. R., **15**:167, **15**:*263*, **22**:245, **22**:293, **22**:*305*
Das, K. G., **8**:194, **8**:209, **8**:214, **8**:224, **8**:*261*
Das, M. N., **4**:172, **4**:*191*
Das, M. R., **5**:99, **5**:*114*
Das, P. K., **19**:87, **19**:*117*, **32**:366, **32**:*380*
Das, R. C., **9**:155, **9**:*176*
Das, T. P., **3**:26, **3**:*83*, **11**:131, **11**:*174*
Das Sarma, B., **11**:308, **11**:*385*
Dasent, W. E., **9**:208, **9**:*279*
Dashevskii, V. G., **13**:49, **13**:59, **13**:78, **13**:*80*
Dass, C., **23**:312, **23**:*317*
Datta, A., **31**:289, **31**:300, **31**:307, **31**:308, **31**:312, **31**:382, **31**:*386*, **31**:*392*
Datta, P., **25**:197, **25**:198, **25**:215, **25**:*259*
Datta, S. C., **3**:157, **3**:*184*
Datyner, A., **8**:362, **8**:366, **8**:367, **8**:*399*
Daub, J., **19**:353, **19**:*368*
Dauben, H. J., **5**:66, **5**:*118*, **12**:15, **12**:*129*, **18**:168, **18**:*176*
Dauben, H. J. Jr., **29**:276, **29**:*325*, **30**:184, **30**:*218*, **30**:*220*
Dauben, H., Jr., **10**:130, **10**:*152*
Dauben, W. G., **6**:206, **6**:223, **6**:*325*, **7**:172, **7**:*204*, **8**:246, **8**:*262*, **15**:48, **15**:*58*, **21**:103, **21**:139, **21**:140, **21**:143, **21**:*192*
Daubeney, R. de P., **3**:49, **3**:78, **3**:*82*
Daudel, R., **1**:207, **1**:255, **1**:*276*, **1**:*277*, **1**:*280*, **4**:83, **4**:99, **4**:*144*, **4**:*145*, **4**:288, **4**:*301*, **12**:204, **12**:205, **12**:207, **12**:*216*
Dauphin, G., **20**:111, **20**:*185*, **23**:309, **23**:*319*
Dave, K. G., **11**:381, **11**:*391*
Davenport, G., **8**:274, **8**:*402*
Davenport, J. B., **13**:382, **13**:*408*

Daves, G. D. Jr., **9**:175, **9**:*175*
Davey, L., **20**:213, **20**:*230*
David, D. J., **26**:118, **26**:*123*
David, H. G., **2**:116, **2**:*159*
David, H. H., **28**:116, **28**:*136*
David, S., **24**:148, **24**:152, **24**:*200*, **25**:50, **25**:*87*
Davidon, W. C., **6**:144, **6**:175, **6**:*179*
Davidson, D. W., **1**:404, **1**:*419*, **3**:255, **3**:*266*, **14**:224, **14**:225, **14**:227, **14**:*340*, **14**:344, **14**:*352*
Davidson, E. R., **19**:339, **19**:*368*, **22**:314, **22**:*358*, **26**:190, **26**:191, **26**:197, **26**:*246*, **26**:*249*, **29**:300, **29**:321, **29**:*326*
Davidson, J. M., **23**:51, **23**:*59*
Davidson, M., **6**:63, **6**:94, **6**:*98*, **28**:266, **28**:*289*
Davidson, M. M., **31**:268, **31**:386
Davidson, N. R., **1**:331, **1**:*360*
Davidson, R. B., **22**:91, **22**:*108*
Davidson, R. S., **13**:183, **13**:*268*, **19**:2, **19**:4, **19**:5, **19**:13, **19**:14, **19**:18, **19**:20, **19**:29, **19**:30, **19**:31, **19**:32, **19**:33, **19**:34, **19**:36, **19**:37, **19**:39, **19**:40, **19**:41, **19**:42, **19**:43, **19**:45, **19**:47, **19**:49, **19**:52, **19**:53, **19**:57, **19**:58, **19**:65, **19**:76, **19**:77, **19**:79, **19**:80, **19**:84, **19**:87, **19**:89, **19**:90, **19**:91, **19**:92, **19**:*114*, **19**:*115*, **19**:*116*, **19**:*117*, **19**:*118*, **20**:56, **20**:*183*, **20**:197, **20**:198, **20**:213, **20**:216, **20**:217, **20**:218, **20**:219, **20**:220, **20**:221, **20**:222, **20**:*229*, **20**:*230*
Davidson, W. B., **6**:2, **6**:*59*
Davidson, W. R., **17**:303, **17**:*426*, **30**:111, **30**:*114*
Davies, A. G., **4**:327, **4**:*345*, **22**:35, **22**:*107*, **29**:123, **29**:*180*, **31**:119, **31**:*137*
Davies, C. A., **26**:64, **26**:*124*
Davies, C. F., **5**:92, **5**:*118*
Davies, C. L., **32**:108, **32**:*115*
Davies, C. W., **12**:150, **12**:*216*, **15**:282, **15**:*329*, **32**:93, **32**:108, **32**:*117*
Davies, D. H., **31**:307, **31**:308, **31**:*385*, **32**:286, **32**:*380*
Davies, D. R., **21**:3, **21**:*33*, **31**:263, **31**:*389*
Davies, D. S., **9**:137, **9**:146, **9**:152, **9**:*176*, **12**:177, **12**:*216*
Davies, E. R., **28**:34, **28**:*41*
Davies, G. J., **16**:244, **16**:*262*
Davies, G. L. O., **27**:102, **27**:*113*
Davies, G. R., **12**:36, **12**:43, **12**:*129*, **16**:203, **16**:*230*
Davies, J., **14**:*340*
Davies, J. D., **10**:176, **10**:178, **10**:*224*
Davies, J. E. D., **29**:4, **29**:*63*
Davies, J. E., **29**:87, **29**:147, **29**:*179*
Davies, M., **22**:35, **22**:*107*
Davies, M. H., **15**:39, **15**:*58*
Davies, M. J., **31**:112, **31**:134, **31**:*137*
Davies, M. M., **4**:259, **4**:*301*
Davies, N. C., **15**:137, **15**:*150*
Davies, N. R., **29**:186, **29**:*265*
Davies, O. L., **5**:130, **5**:166, **5**:168, **5**:*170*
Davies, P. L., **3**:52, **3**:*83*
Davies, R. E., **19**:109, **19**:*122*, **32**:123, **32**:198, **32**:*208*, **32**:*216*
Davies, R. O., **25**:22, **25**:*87*
Davies, S. G., **32**:19, **32**:50, **32**:52, **32**:58, **32**:59, **32**:69, **32**:105, **32**:109, **32**:*115*, **32**:*116*, **32**:*118*, **32**:*119*
Davies, T. H., **8**:85, **8**:*147*
Davies, T. M., **23**:280, **23**:*318*, **26**:72, **26**:*126*
Davies, T. S., **27**:45, **27**:46, **27**:*52*
Davis, A., **8**:208, **8**:*263*
Davis, A. M., **22**:81, **22**:*107*, **23**:252, **23**:254, **23**:255, **23**:256, **23**:258, **23**:259, **23**:*263*, **24**:79, **24**:*107*, **27**:10, **27**:11, **27**:12, **27**:32, **27**:34, **27**:35, **27**:48, **27**:*52*
Davis, B. L., **14**:225, **14**:*345*
Davis, C. E., **11**:69, **11**:*118*
Davis, C. M., **14**:234, **14**:*340*
Davis, C. O., **7**:295, **7**:*329*
Davis, C. T., **13**:91, **13**:*149*
Davis, C. W., **29**:204, **29**:*266*
Davis, D., **3**:244, **3**:*266*
Davis, D. A., **2**:15, **2**:*90*
Davis, D. D., **18**:159, **18**:*177*, **23**:19, **23**:27, **23**:*60*, **26**:116, **26**:*126*
Davis, D. G., **13**:196, **13**:*270*, **25**:11, **25**:*88*
Davis, D. R., **6**:309, **6**:*325*
Davis, E. R., **17**:32, **17**:33, **17**:48, **17**:54, **17**:55, **17**:*61*, **17**:*62*, **31**:116, **31**:*139*,

31:*141*
Davis, F. A., **17**:69, **17**:70, **17**:174, **17**:*176*
Davis, G. G., **16**:34–7, **16**:*47*, **18**:48, **18**:*71*
Davis, G. T., **9**:165, **9**:*182*, **18**:150, **18**:*178*, **18**:*179*, **18**:*182*
Davis, J. H., **18**:192, **18**:*238*
Davis, J-V., **7**:117, **7**:120, **7**:138, **7**:139, **7**:*150*
Davis, K. E., **17**:68, **17**:69, **17**:*180*
Davis, K. M. C., **14**:247, **14**:*339*, **19**:13, **19**:*115*
Davis, M., **11**:338, **11**:*385*
Davis, M. M., **13**:85, **13**:*149*
Davis, N. E., **23**:166, **23**:*265*
Davis, O. C. M., **1**:105, **1**:*150*
Davis, P. P., **25**:162, **25**:231, **25**:232, **25**:233, **25**:*261*
Davis, R., **29**:217, **29**:*265*
Davis, R. C., **17**:345, **17**:*431*
Davis, R. E., **3**:179, **3**:*184*, **5**:217, **5**:*233*, **6**:93, **6**:*98*, **12**:113, **12**:*123*
Davis, R. W., **29**:207, **29**:*270*
Davis, T. L., **11**:307, **11**:*385*
Davis, T. S., **18**:57, **18**:58, **18**:*72*
Davis, W. H., **17**:50, **17**:*63*
Davis, W. W., **23**:209, **23**:*264*
Davison, A., **29**:215, **29**:217, **29**:*266*, **29**:281, **29**:*325*
Davoust, C. E., **26**:194, **26**:228, **26**:*246*
Davy, H., **13**:86, **13**:*149*
Davy, M. B., **17**:167–9, **17**:*176*, **27**:23, **27**:37, **27**:*52*
Davydov, A. S., **1**:414, **1**:*419*, **16**:161, **16**:*232*
Davydova, S. L., **8**:395, **8**:396, **8**:*399*
Dawe, R. A., **14**:291, **14**:*340*
Dawes, H. M., **26**:263, **26**:310, **26**:311, **26**:315, **26**:*370*, **26**:*371*
Dawes, K., **10**:140, **10**:*151*
Dawid, I. B., **21**:23, **21**:*32*
Dawkins, G. M., **23**:112, **23**:*162*
Dawson, D. S., **7**:26, **7**:*109*
Dawson, H. M., **18**:11, **18**:*72*
Dawson, J. H. J., **24**:18, **24**:33, **24**:34, **24**:45, **24**:47, **24**:48, **24**:49, **24**:*51*, **24**:*52*
Dawson, L. R., **5**:175, **5**:180, **5**:196, **5**:197, **5**:198, **5**:*233*, **14**:39, **14**:*63*

Dawson, R. L., **5**:*396*
Dawson, R. M. C., **25**:245, **25**:246, **25**:*258*
Day, A. C., **5**:356, **5**:366, **5**:372, **5**:394, **5**:*396*, **9**:234, **9**:*274*, **10**:140, **10**:*151*
Day, J., **6**:262, **6**:*325*, **17**:125, **17**:*176*
Day, J. C., **17**:42, **17**:*63*
Day, J. N. E., **3**:157, **3**:*184*, **21**:38, **21**:*95*
Day, P., **26**:218, **26**:*248,* **32**:143, **32**:*214*
Day, R. A., **27**:12, **27**:18, **27**:36, **27**:*53*, **27**:98, **27**:*114*
Day, R. O., **25**:200, **25**:*256*, **25**:*258*
Day, W., **13**:309, **13**:311, **13**:313, **13**:*412*
Dayagi, S., **11**:166, **11**:*174*
Dayton, J. C., **1**:162, **1**:*201*, **14**:*202*
De, G., **31**:58, **31**:*82*
De, N. C., **11**:105, **11**:109, **11**:*119*
De, S. K., **9**:165, **9**:*180*
Dea, P., **13**:324, **13**:329, **13**:330, **13**:*408*, **23**:82, **23**:*158*, **26**:271, **26**:275, **26**:*369*
Deacon, T., **17**:160–3, **17**:*176*, **27**:12, **27**:36, **27**:*52*
Deakin, M. R., **32**:96, **32**:*116*
Deakyne, C. A., **25**:240, **25**:*258*
Dean, C., **1**:234, **1**:*277*
Dean, C. L., **17**:86, **17**:*180*
Dean, F. M., **8**:183, **8**:263, **8**:*265*
Dean, J., **28**:116, **28**:*137*
Dean, J. A., **27**:72, **27**:*114*
Dean, P. A., **9**:17, **9**:*23*
Dean, R. L., **22**:132, **22**:*207*
Dean, R. R., **11**:166, **11**:*174*
Deans, F. B., **1**:52, **1**:61, **1**:67, **1**:74, **1**:75, **1**:76, **1**:77, **1**:79, **1**:107, **1**:108, **1**:*150*
Dearden, J. C., **9**:158, **9**:*176*
Dearman, H. H., **1**:294, **1**:305, **1**:318, **1**:*362*
Deavers, J. P., **23**:20, **23**:*59*
DeBaer, E., **15**:179, **15**:*265*
Deber, C. M., **6**:168, **6**:*180*, **13**:358, **13**:360, **13**:361, **13**:*409*, **13**:*413*, **16**:*261*
DeBie, M. J. A., **16**:251, **16**:*262*
De Boer, A., **6**:281, **6**:*328*
De Boer, C. D., **4**:176, **4**:177, **4**:178, **4**:*192*
De Boer, C. E., **5**:336, **5**:*395*
de Boer, E. J., **1**:295, **1**:301, **1**:309, **1**:353, **1**:*360*, **1**:*363*

de Boer, E., **4**:230, **4**:231, **4**:*301*, **5**:110, **5**:112, **5**:*114*, **12**:76, **12**:*122*, **13**:158, **13**:164, **13**:167, **13**:211, **13**:*268*, **13**:*277*, **18**:125, **18**:127, **18**:*178*, **19**:153, **19**:*219*
De Boer, J. H., **1**:171, **1**:*201*, **3**:75, **3**:*83*
de Boer, J., **13**:59, **13**:*78*
de Boer, K., **17**:26, **17**:*61*
de Boer, T. J., **6**:248, **6**:*330*, **15**:42, **15**:*61*, **18**:31, **18**:*77*, **18**:168, **18**:*180*, **18**:*183*
de Boer, Th. J., **5**:81, **5**:*118*, **8**:198, **8**:*267*, **11**:348, **11**:377, **11**:*387*, **11**:*391*, **14**:43, **14**:*66*, **17**:2, **17**:7, **17**:22, **17**:26, **17**:*61*, **17**:*62*, **19**:40, **19**:42, **19**:*115*, **19**:*126*, **24**:96, **24**:104, **24**:*109* **24**:*111*
De Brackeleire, M., **19**:23, **19**:*118*
DeBrosse, C. W., **29**:217, **29**:*270*
DeBruin, K. E., **9**:27(48b, c), **9**:29(48b, c), **9**:*123*, **9**:188, **9**:189, **9**:*277*, **11**:345, **11**:*385*, **25**:154, **25**:*258*
De Bruyne, C. K., **24**:142, **24**:*204*
De Buzzaccarini, F., **22**:222, **22**:237, **22**:271, **22**:272, **22**:282, **22**:283, **22**:286, **22**:*299*, **22**:*300*, **22**:*301*
Debye, P., **3**:39, **3**:41, **3**:68, **3**:69, **3**:78, **3**:*83*, **7**:146, **7**:*150*, **8**:278, **8**:*399*, **12**:154, **12**:*217*, **16**:5, **16**:8, **16**:9, **16**:*47*, **22**:215, **22**:*302*, **26**:33, **26**:*124*, **27**:263, **27**:*289*
DeCandis, F. X., **22**:120, **22**:126, **22**:127, **22**:*208*
Dechter, J. J., **17**:282, **17**:306, **17**:307, **17**:*426*, **17**:*432*
DeCicco, G. J., **29**:277, **29**:312, **29**:313, **29**:314, **29**:*327*, **29**:*329*
Decius, J. C., **1**:371, **1**:373, **1**:374, **1**:*423*, **10**:1, **10**:*27*, **13**:10, **13**:*82*, **32**:164, **32**:*210*
Declerck, J. P., **29**:119, **29**:*183*
Declercq, J.-P., **25**:125, **25**:126, **25**:143, **25**:232, **25**:*258*, **25**:375, **25**:384, **25**:*444*, **25**:*445*
De Clercq, M., **9**:50(87a), **9**:*124*, **9**:*126*
DeCorpo, J. J., **18**:198, **18**:*235*
de Courville, A., **13**:114, **13**:*149*
Dedieu, A., **14**:30, **14**:*63*, **21**:216, **21**:*238*
Dedio, E. L., **6**:322, **6**:*328*
Dedolph, D. F., **23**:280, **23**:282, **23**:*320*
Deeming, A. J., **23**:4, **23**:10, **23**:34, **23**:35, **23**:36, **23**:*59*, **23**:*60*
de Fabrizio, E. C. R., **19**:387, **19**:411, **19**:*426*
De Gier, J., **17**:470, **17**:*487*
De Graaf, W., **19**:58, **19**:*116*, **20**:197, **20**:199, **20**:207, **20**:*230*
de Graaff, R. A. G., **13**:59, **13**:*77*
de Groot, J. J. M. C., **17**:51, **17**:*59*
de Groot, M. S., **5**:62, **5**:*118*
de Groot, M., **1**:349, **1**:*362*
de Gunst, G. P., **11**:236, **11**:238, **11**:254, **11**:256, **11**:260, **11**:*264*, **20**:222, **20**:*231*
Defay, R., **14**:214, **14**:*349*, **28**:65, **28**:67, **28**:97, **28**:119, **28**:123, **28**:*136*
DeFazio, C. A., **1**:23, **1**:*33*, **2**:136, **2**:*162*, **4**:328, **4**:*346*, **5**:342, **5**:*398*
Deffner, U., **31**:103, **31**:*140*
DeFrees, D. J., **23**:146, **23**:157, **23**:*159*, **23**:186, **23**:*266*, **24**:65, **24**:*107*, **25**:179, **25**:*262*, **31**:202, **31**:203, **31**:204, **31**:*244*
Deganello, G., **23**:49, **23**:*62*, **29**:186, **29**:*265*
Degani, C., **7**:33, **7**:35, **7**:56, **7**:*113*
Degani, I., **11**:365, **11**:*385*
Degelaen, J., **23**:182, **23**:184, **23**:209, **23**:213, **23**:*261*, **23**:*263*, **23**:*264*
Deger, H., **29**:312, **29**:*326*
De Gier, J., **17**:470, **17**:*487*
Degiorgio, V., **22**:219, **22**:220, **22**:*302*
Degner, D., **10**:170, **10**:188, **10**:*223*, **12**:93, **12**:94, **12**:*122*
Degorre, F., **27**:185, **27**:*238*
DeGraeve, J., **23**:184, **23**:*264*
De Graaf, W., **19**:58, **19**:*116*, **20**:197, **20**:199, **20**:207, **20**:*230*
de Graaff, R. A. G., **13**:59, **13**:*77*
Degrand, C., **26**:74, **26**:75, **26**:92, **26**:*124*, **32**:70, **32**:71, **32**:81, **32**:83, **32**:*116*, **32**:*117*
de Groot, J. J. M. C., **17**:51, **17**:*59*
de Groot, M. S., **5**:62, **5**:*118*
de Groot, M., **1**:349, **1**:*362*
Deguchi, T., **29**:4, **29**:5, **29**:6, **29**:*65*, **29**:*67*
Deguchi, Y., **5**:66, **5**:94, **5**:*115*, **5**:*118*, **23**:249, **23**:*269*, **26**:227, **26**:237, **26**:*249*, **26**:*250*
de Gunst, G. P., **11**:236, **11**:238, **11**:254,

11:256, 11:260, 11:*264*, 20:222, 20:*231*
de Haan, J. W., 16:252, 16:*264*
Dehami, K. S., 23:189, 234:*264*
Dehm, D., 17:329, 17:*430*
Dehmlow, E. V., 15:300, 15:*329*, 17:330, 17:355, 17:*426*
Dehnicke, K., 20:115, 20:*185*, 30:38, 30:39, 30:*59*
Dehu, C., 32:179, 32:186, 32:187, 32:201, 32:*210*, 32:*211*
Deiters, R. M., 9:27(25a, b, c), 9:*122*
Dejaegere, A., 29:113, 29:*180*
De Jesus, R., 17:358, 17:*425*
De Jeu, W. H., 9:161, 9:*176*
de Jong, A. W. J., 19:40, 19:*115*
De Jong, F., 17:280, 17:283, 17:288, 17:290, 17:291, 17:299, 17:314, 17:372–6, 17:382, 17:383, 17:387, 17:389, 17:392, 17:395, 17:399, 17:401, 17:403–5, 17:422, 17:*425*, 17:*426*, 17:*429*, 17:*431*
de Jong, J., 5:65, 5:*115*
De Jong, L. P. H., 29:31, 29:*64*
De Jonge, J., 2:184, 2:*197*
de Jonge, R., 32:166, 32:199, 32:*211*
De Jongh, D. C., 6:8, 6:*59*, 8:223, 8:238, 8:*263*, 29:316, 29:*328*
de Jongh, R. O., 11:226, 11:228, 11:232, 11:251, 11:*264*, 11:*265*
Dejroongruang, K., 29:312, 29:*329*
De Kanter, F. J. J. J., 10:83, 10:85, 10:86, 10:*126*, 15:28, 15:*60*
Dekker, J., 8:227, 8:*263*
Dekkers, H. P. J. M., 10:50, 10:*51*
Dekkers, J., 11:69, 11:*118*
DeKlein, W. J., 12:56, 12:*119*, 18:161, 18:*177*
Dekmezian, A. H., 23:102, 23:104, 23:*158*
de Kok, P. M. T., 24:104, 24:*107*
de Koning, L. J., 24:24, 24:26, 24:27, 24:48, 24:*54*
De Korte, J. M., 18:159, 18:*177*
De Korte, R. W., 18:161, 18:*184*
De Kruijff, B., 17:470, 17:*487*
Delacote, G., 16:176, 16:*232*
Delahay, P., 5:30, 5:*51*, 10:161, 10:166, 10:167, 10:172, 10:183, 10:*221*, 18:218, 18:*235*, 19:143, 19:*218*,

26:8, 26:17, 26:18, 26:*124*
Delahaye, D., 13:227, 13:*266*, 13:*268*
Delaire, J. A., 19:52, 19:*118*
DeLaive, P. J., 19:93, 19:*118*
de la Mare, P. B. D., 1:25, 1:*31*, 1:38, 1:39, 1:42, 1:48, 1:52, 1:53, 1:57, 1:59, 1:60, 1:61, 1:64, 1:66, 1:67, 1:68, 1:70, 1:71, 1:72, 1:73, 1:78, 1:79, 1:81, 1:84, 1:97, 1:98, 1:107, 1:108, 1:115, 1:121, 1:127, 1:129, 1:139, 1:140, 1:*148*, 1:*150*, 1:*153*, 1:190, 1:*199*, 2:172, 2:178, 2:181, 2:182, 2:183, 2:*197*, 2:*199*, 3:179, 3:*183*, 4:240, 4:273, 4:*301*, 5:156, 5:*169*, 5:225, 5:226, 5:227, 5:*233*, 5:291, 5:*327*, 6:262, 6:276, 6:282, 6:302, 6:322, 6:*325*, 7:2, 7:*110*, 9:223, 9:268, 9:*274*, 13:73, 13:*78*, 14:32, 14:*63*, 14:117, 14:*128*, 15:54, 15:55, 15:*58*, 16:33, 16:37, 16:39–42, 16:45, 16:*47*, 17:126, 17:*175*, 28:208, 28:209, 28:212, 28:214, 28:*288*
Delaunay, J., 23:309, 23:*317*
De Lauzon, S., 31:383, 31:*388*
Delavarenne, S. Y., 25:336, 25:339, 25:*442*
De la Vega, J. R., 22:133, 22:142, 22:*207*, 22:*208*, 26:343, 26:*378*, 32:222, 32:226, 32:228, 32:256, 32:*262*
Delbecq, F., 27:136, 27:*235*
Del Bene, J. E., 14:221, 14:222, 14:*340*, 26:296, 26:297, 26:*370*
Del Cima, F., 17:315, 17:316, 17:*426*
Delduce, A. J., 23:253, 23:*269*
DeLeeuw, F. A. A. M., 25:9, 25:*89*
Delgado, M., 31:36, 31:*82*
Delhaes, P., 26:232, 26:239, 26:*250*, 26:*253*
De Ligny, C. L., 14:249, 14:309, 14:*337*, 14:*340*, 14:*348*, 16:123, 16:*155*
DeLigny, D. L., 23:232, 23:*267*
Dell, C. P., 31:270, 31:*386*
Della, E. W., 21:219, 21:*238*
Della Monica, M., 17:300, 17:*424*
Dellepiane, C., 26:265, 26:*376*
Dell'Erba, C., 27:102, 27:*116*
Dellinger, C. M., 17:*276*
Dellwo, M. J., 25:11, 25:*91*

Delmarco, A., **5**:16, **5**:*51*
de Lockerente, S. R., **11**:342, **11**:*385*
Delouis, J. F., **19**:52, **19**:*118*
de Loze, C., **11**:338, **11**:*385*
Del Pesco, T. W., **8**:223, **8**:*262*
Delplancke, J,-L., **32**:70, **32**:79, **32**:*116*, **32**:*119*
Delpuech, J. J., **5**:192, **5**:202, **5**:223, **5**:225, **5**:*233*, **14**:146, **14**:156, **14**:160, **14**:193, **14**:*197*, **14**:*198*, **14**:*202*, **14**:310, **14**:*349*, **14**:*352*, **22**:184, **22**:*206*
Del Re, G., **6**:131, **6**:132, **6**:133, **6**:*179*, **6**:*180*, **13**:72, **13**:*78*
De Luca, D. C., **18**:150, **18**:*182*
DeLuca, M., **18**:209, **18**:*235*, **18**:*238*
DeLuca, P. P., **8**:382, **8**:383, **8**:384, **8**:385, **8**:386, **8**:*402*
DeLucca, M., **12**:214, **12**:215, **12**:*216*
Del Zoppo, M., **32**:181, **32**:*210*
De Maeyer, L., **6**:85, **6**:*98*, **7**:117, **7**:*150*, **22**:114, **22**:149, **22**:154, **22**:*208*, **26**:330, **26**:*370*, **32**:163, **32**:*210*
Demaille, C., **32**:105, **32**:*116*
De Malleman, R., **3**:75, **3**:*83*
Demanet, C. M., **23**:3, **23**:*61*
de Manoir, J. R., **17**:171, **17**:*178*
De Marco, D. C., **19**:47, **19**:48, **19**:104, **19**:*116*, **19**:*117*
Demarco, P. V., **23**:190, **23**:*263*
De Maré, G. R., **9**:132, **9**:*176*, **28**:224, **28**:*290*
De Maria, P., **16**:38, **16**:*47*
De Mark, B. R., **17**:268, **17**:*276*
Demas, J. N., **12**:147, **12**:*216*
De Mayo, P., **1**:400, **1**:*419*, **22**:292, **22**:294, **22**:*299*
de Meester, W. A. T., **2**:108, **2**:*161*
de Meijere, A., **19**:269, **19**:*368*, **25**:55, **25**:*88*, **29**:308, **29**:311, **29**:*324*, **29**:*325*, **29**:*330*
Demel, P. A., **17**:470, **17**:*487*
de Melo, B. C., **21**:233, **21**:*239*
De Member, J. R., **10**:41, **10**:*52*, **11**:205, **11**:206, **11**:207, **11**:210, **11**:212, **11**:213, **11**:218, **11**:219, **11**:220, **11**:*223*, **19**:252, **19**:265, **19**:292, **19**:293, **19**:295, **19**:*375*, **19**:*376*
De Mesmaeker, A., **26**:165, **26**:*175*, **26**:*177*

DeMore, W. B., **7**:154, **7**:188, **7**:190, **7**:194, **7**:*204*, **14**:122, **14**:*128*
Dempsey, M. E., **18**:209, **18**:*235*
Dempster, C. J., **19**:17, **19**:*116*
Demyanov, P. I., **17**:318, **17**:*428*
DeNardin, Y., **32**:159, **32**:167, **32**:193, **32**:*217*
De Nazare de Matos Sanchez, M., **25**:125, **25**:*257*
Denbigh, K. G., **1**:8, **1**:*31*, **3**:8, **3**:10, **3**:11, **3**:13, **3**:17, **3**:26, **3**:31, **3**:48, **3**:52, **3**:*83*
den Boer, D. H. W., **1**:205, **1**:*276*
den Boer, M. E., **11**:244, **11**:249, **11**:250, **11**:*265*
den Boer, P. C., **1**:205, **1**:*276*
Dendramis, A., **30**:13, **30**:*57*
Denes, A. S., **9**:257, **9**:*275*
Denes, V. I., **11**:382, **11**:*385*
den Hertog, H. J. Jr., **30**:73, **30**:74, **30**:75, **30**:105, **30**:107, **30**:*113*, **30**:*115*, **30**:188, **30**:*218*
den Heyer, J., **11**:238, **11**:247, **11**:248, **11**:*264*.
den Hollander, J. A., **10**:56, **10**:67, **10**:76, **10**:77, **10**:82, **10**:83, **10**:84, **10**:107, **10**:*124*, **10**:*125*
DeNiro, J., **26**:169, **26**:*176*
Denis, A., **11**:319, **11**:*385*
Denison, D. M., **14**:219, **14**:*340*
Denison, J. T., **15**:165, **15**:*261*, **15**:269, **15**:*329*
Denisov, E. T., **9**:163, **9**:*176*
Denkel, K.-H., **26**:191, **26**:*249*
Denne, W. A., **26**:299, **26**:*370*
Dennen, D. W., **23**:209, **23**:*264*
Denney, D. B., **2**:172, **2**:195, **2**:*197*, **3**:179, **3**:*184*, **9**:27(14a, b, c), **9**:110(14a, b, c), **9**:*122*, **9**:131, **9**:*176*, **25**:193, **25**:207, **25**:*257*, **25**:*258*
Denney, D. J., **8**:37, **8**:*75*
Denney, D. Z., **9**:27(14c), **9**:110(14c,), **9**:122, **9**:131, **9**:*177*, **25**:193, **25**:207,**25**:*257*, **25**:*258*
Denning, R. G., **32**:123, **32**:143, **32**:164, **32**:166, **32**:179, **32**:191, **32**:199, **32**:201, **32**:*210*, **32**:*212*, **32**:*213*
Dennis, E., **24**:186, **24**:187, **24**:191, **24**:198, **24**:*202*
Dennis, E. A., **9**:27(39), **9**:27(45),

9:29(39), 9:29(45), 9:*123*, 13:59, 13:*82*, 16:258, 16:*264*, 25:123, 25:131, 25:163, 25:170, 25:184, 25:186, 25:187, 25:188, 25:194, 25:244, 25:250, 25:*258*, 25:*261*, 25:*264*
Denniss, I. S., 16:253, 16:*261*
Denno, S., 30:216, 30:*218*
Deno, N. C., 1:26, 1:*33*, 1:84, 1:93, 1:*150*, 4:299, 4:*301*, 4:325, 4:326, 4:327, 4:329, 4:330, 4:331, 4:333, 4:334, 4:335, 4:338, 4:339, 4:340, 4:*345*, 4:*346*, 5:341, 5:*396*, 8:139, 8:140, 8:*146*, 9:21, 9:*23*, 9:273, 9:*275*, 11:207, 11:*223*, 13:84, 13:91, 13:95, 13:104, 13:*149*, 13:247, 13:*268*, 16:35, 16:*47*, 20:174, 20:176, 20:177, 20:*183*, 23:308, 23:*317*, 32:272, 32:274, 32:316, 32:318, 32:319, 32:*380*
De Nooijer, B., 14:252, 14:*341*
De Nova, V., 10:191, 10:*221*
Denoyer, F., 16:214, 16:216, 16:*232*, 16:*235*
Dent, S. W., 31:62, 31:*84*
Denzer, G. C., 17:102, 17:*176*
De Palma, D., 9:164, 9:*181*
De Pascual-Teresa, B., 31:286, 31:287, 31:384, 31:*387*
Depatie, C. B., 12:59, 12:*119*
de Paz, J. L. G., 32:242, 32:*263*
Depmeier, W., 25:71, 25:*88*
DePriest, R., 26:114, 26:*123*
Depriest, R. N., 23:27, 23:*58*, 23:297, 23:298, 23:299, 23:*316*, 24:70, 24:84, 24:*105*
DePuy, C. H., 3:101, 3:111, 3:114, 3:115, 3:116, 3:*121*, 5:388, 5:*396*, 6:298, 6:*325*, 15:34, 15:*58*, 21:203, 21:219, 21:235, 21:236, 21:*238*, 21:*240*, 23:65, 23:*159*, 24:1, 24:2, 24:12, 24:13, 24:16, 24:18, 24:20, 24:21, 24:22, 24:23, 24:24, 24:29, 24:30, 24:32, 24:35, 24:36, 24:44, 24:45, 24:46, 24:*50*, 24:*51*, 24:*52*, 24:*53*, 24:*55*, 24:*75*, 24:86, 24:*105*, 24:*107*, 26:166, 26:*177*, 31:150, 31:*244*
De Rango, C., 23:197, 23:*266*
Derbyshire, D. H., 4:83, 4:*144*
Derbyshire, W., 1:325, 1:*360*

De Reggi, M., 31:310, 31:384, 31:*391*
Derendyaev, B. G., 19:314, 19:315, 19:321, 19:323, 19:324, 19:325, 19:326, 19:327, 19:330, 19:*368*, 19:*370*, 19:*373*, 19:*374*, 19:*378*
Dereppe, J. M., 23:189, 23:203, 23:206, 23:*263*, 23:*264*, 23:*268*, 23:*269*
Derissen, J. L., 26:268, 26:*377*
Derkacheva, L. D., 12:170, 12:188, 12:191, 12:212, 12:*216*
Deronzier, A., 20:95, 20:*183*
Derouane, E., 22:281, 22:*305*
Derry, J. N., 17:258, 17:*278*
Dershowitz, S., 9:27(5a), 9:27(5b), 9:27(5c), 9:100(5a, b), 9:*121*
Dertooz, M., 4:2, 4:10, 4:*28*
Dervan, P. B., 25:102, 25:254, 25:*258*
Derwish, G. A. W., 8:110, 8:115, 8:119, 8:126, 8:131, 8:*147*
Desai, D. H., 30:87, 30:*112*
Desai, N. B., 9:27(6a, c, 36a, b, 37, 38), 9:29(37, 38), 9:100(6a, c), 9:101(6a, c), 9:109(129), 9:119(129), 9:*121*, 9:*125*, 9:*126*, 28:200, 28:*205*
Desai, N. R., 22:220, 22:*306*
de Salas, E., 11:178, 11:*223*, 15:48, 15:*59*, 30:177, 30:*220*
De Santis, P., 6:120, 6:121, 6:129, 6:156, 6:171, 6:172, 6:173, 6:*180*, 6:*181*, 6:184
De Santis, R., 14:276, 14:*343*
Deschamps, M. N., 22:184, 22:*206*
De Schryver, F. C., 19:4, 19:17, 19:18, 19:23, 19:29, 19:30, 19:49, 19:*118*, 19:*124*, 19:*128*, 28:4, 28:*42*
Desfosses, B., 31:383, 31:*388*
Deshusses, J., 24:141, 24:*199*
de Silva, A. P., 20:192, 20:199, 20:202, 20:203, 20:214, 20:*230*, 20:*231*
De Silva, M. J., 22:218, 22:*302*
de Silva Correa, C. M. M., 17:102, 17:*180*
Desiraju, G. R., 29:120, 29:132, 29:*180*, 32:123, 32:*210*
Deslauriers, R., 13:334, 13:335, 13:341, 13:342, 13:344, 13:345, 13:346, 13:354, 13:359, 13:360, 13:361, 13:363, 13:364, 13:367, 13:370, 13:*408*, 13:*414*, 13:*415*, 16:243, 16:256, 16:257, 16:*261*, 16:264

Deslongchamps, P., **21**:38, **21**:39, **21**:*95*, **23**:243, **23**:*264*, **24**:93, **24**:*107*, **24**:114, **24**:116, **24**:118, **24**:119, **24**:127, **24**:129, **24**:155, **24**:161, **24**:162, **24**:163, **24**:164, **24**:167, **24**:168, **24**:169, **24**:178, **24**:192, **24**:*199*, **24**:*200*, **25**:8, **25**:50, **25**:*88*, **25**:172, **25**:180, **25**:*258*, **29**:145, **29**:*180*
Desmeules, P. J., **26**:301, **26**:*370*
Desmond, K. M., **21**:128, **21**:*195*
Desmond, M. M., **12**:108, **12**:*125*, **18**:127, **18**:*181*
Desmurs, J. R., **26**:170, **26**:*176*
Desnoyers, J. E., **14**:217, **14**:218, **14**:241, **14**:242, **14**:260, **14**:265, **14**:266, **14**:267, **14**:268, **14**:269, **14**:270, **14**:275, **14**:294, **14**:301, **14**:*337*, **14**:*340*, **14**:*341*, **14**:*342*, **14**:*345*, **14**:*346*, **14**:*349*
De Sousa, J. B., **8**:*148*
Despres, A., **26**:190, **26**:217, **26**:*248*
Desrosies, N., **14**:260, **14**:*340*
Dessau, R. M., **8**:63, **8**:64, **8**:*76*, **12**:3, **12**:*119*, **13**:170, **13**:171, **13**:172, **13**:173, **13**:211, **13**:*268*, **13**:*270*, **13**:*276*, **18**:158, **18**:*178*, **23**:308, **23**:*318*
Dessaux, O., **22**:321, **22**:323, **22**:348, **22**:*358*
Dessy, R. E., **1**:44, **1**:*150*, **6**:81, **6**:*101*, **6**:248, **6**:267, **6**:*325,* **18**:30, **18**:31, **18**:32, **18**:*76*, **18**:169, **18**:171, **18**:*177*, **23**:12, **23**:14, **23**:*60*, **29**:217, **29**:*266*
Destro, R., **7**:216, **7**:245, **7**:*255*, **29**:293, **29**:*325*
Desvard, O. E., **24**:118, **24**:*200*
Desvergne, J. P., **15**:68, **15**:109, **15**:110, **15**:113–115, **15**:127, **15**:128, **15**:131, **15**:*145*, **15**:*146*, **15**:*150*, **19**:4, **19**:16, **19**:17, **19**:18, **19**:19, **19**:107, **19**:*116*, **19**:*118*, **29**:132, **29**:*183*, **30**:121, **30**:*171*
DeTar, D. F., **2**:192, **2**:193, **2**:*197*, **10**:82, **10**:*124*, **12**:59, **12**:*119*, **13**:74, **13**:*78*, **15**:28, **15**:*58*, **17**:477, **17**:*483,* **22**:20, **22**:25, **22**:28, **22**:85, **22**:89, **22**:*108*, **23**:299, **23**:*317*
Detoni, S., **9**:162, **9**:*176*, **17**:100, **17**:*176*

De Trobriano, A., **14**:274, **14**:*347*
Detsina, A. N., **19**:321, **19**:323, **19**:*370*, **19**:*374*, **29**:230, **29**:*269*
Detzer, N., **32**:158, **32**:159, **32**:163, **32**:167, **32**:170, **32**:204, **32**:205, **32**:206, **32**:*216*
Deuber, T. E., **9**:236, **9**:237, **9**:247, **9**:*275,* **9**:*276*
Deuchert, K., **26**:147, **26**:*175*
Deugau, K., **10**:144, **10**:*152*
Deuschle, E., **26**:147, **26**:*174*
Deussen, H. J., **32**:124, **32**:*210*
Deutch, J. M., **10**:121, **10**:*124*
Deuter, J., **29**:129, **29**:*181*
Deutsch, E., **18**:159, **18**:*183*, **23**:8, **23**:12, **23**:14, **23**:41, **23**:42, **23**:*62*, **29**:170, **29**:*180*
Dev, V., **7**:96, **7**:*109*, **11**:146, **11**:*175*
Devanathan, M. A. V., **10**:167, **10**:*220*
Devaquet, A., **18**:194, **18**:*238*, **21**:143, **21**:*192*, **26**:132, **26**:*175*
Dever, J. L., **9**:27(12), **9**:100(12), **9**:*121*
Deverse, F. T., **8**:178, **8**:*263*
Devine, W., **14**:261, **14**:*341*
De Visser, C., **14**:266, **14**:312, **14**:*341*
Devlin, III, J. L., **31**:203, **31**:*248*
Devlin, J. P., **25**:19, **25**:52, **25**:*95*
DeVoe, R. G., **32**:159, **32**:*217*
Devolder, P., **22**:321, **22**:323, **22**:348, **22**:*358*
Devon, T. J., **17**:174, **17**:*176*
De Vries, J. G., **24**:101, **24**:*112*
de Vries, L., **26**:147, **26**:*175*, **29**:290, **29**:*331*
de Vries, S., **11**:226, **11**:233, **11**:246, **11**:253, **11**:*264*, **11**:*265*
Dew, G., **25**:32, **25**:*88*
de Waal, D. J. A., **23**:3, **23**:38, **23**:*60*, **23**:*61*
Dewald, R. R., **7**:117, **7**:*150*
DeWames, R. E., **1**:376, **1**:*419*
Dewar, D. H., **26**:316, **26**:*370*
Dewar, M. J., **24**:73, **24**:*107*
Dewar, M. J. S., **1**:64, **1**:65, **1**:66, **1**:67, **1**:68, **1**:69, **1**:108, **1**:116, **1**:121, **1**:*150*, **1**:211, **1**:259, **1**:263, **1**:*277*, **1**:415, **1**:*419*, **4**:82, **4**:83, **4**:90, **4**:103, **4**:115, **4**:117, **4**:119, **4**:121, **4**:*144*, **4**:198, **4**:254, **4**:285, **4**:286, **4**:294, **4**:295, **4**:296, **4**:*301*, **5**:240, **5**:*327*,

6:201, 6:217, 6:252, 6:282, 6:283,
6:*325*, 6:*326*, 8:154, 8:155, 8:256,
8:*263*, 9:186, 9:254, 9:*275*, 9:*278*,
11:124, 11:*173*, 11:206, 11:*224*,
12:3, 12:*116*, 12:205, 12:*216*, 13:7,
13:53, 13:57, 13:*78*, 13:170, 13:171,
13:173, 13:175, 13:*266*, 13:*268*,
14:50, 14:58, 14:*63*, 14:72, 14:73,
14:74, 14:*128*, 18:80, 18:128,
18:158, 18:162, 18:*175*, 18:*177*,
18:194, 18:203, 18:*235*, 19:240,
19:245, 19:299, 19:339, 19:342,
19:349, 19:*368*, 19:*370*, 20:136,
20:151, 20:*181*, 20:*183*, 21:124,
21:148, 21:*192*, 23:129, 23:145,
23:*159*, 25:26, 25:*88*, 25:378,
25:398, 25:*442*, 26:135, 26:137,
26:*175*, 27:8, 27:14, 27:*53*, 27:66,
27:*114*, 27:232, 27:233, 27:*235*,
28:216, 28:*288*, 29:277, 29:300,
29:301, 29:302, 29:303, 29:305,
29:307, 29:311, 29:312, 29:314,
29:322, 29:*325*, 29:*326*, 30:132,
30:*169*, 31:187, 31:193, 31:*244*
Dewar, M. T. S., 7:246, 7:*255*
Dewar, R., 17:136, 17:*176*
Dewdney, J. M., 23:233, 23:*262*
DeWeck, A. L., 23:233, 23:253, 23:*264*, 23:*269*
Dewey, C. S., 17:258, 17:*276*
Dewey, H. J., 29:312, 29:*326*
Dewey, R. S., 3:159, 3:166, 3:170, 3:171, 3:172, 3:*183*, 3:236, 3:*266*
Dewhirst, K. C., 23:193, 23:*264*
Dewing, J., 5:73, 5:78, 5:87, 5:*114*
DeWit, D. G., 23:50, 23:*62*
Dewit, R. J. W., 25:219, 25:*258*, 25:*261*
DeWitt, E. J., 2:5, 2:*88*
De Witt, R., 17:280, 17:*428*
De Wolf, B., 20:202, 20:223, 20:*232*
DeWolfe, R., 5:307, 5:*327*
DeWolfe, R. H., 5:156, 5:*170*, 5:365, 5:*396*, 8:310, 8:*398*, 8:*399*, 15:54, 15:*58*, 21:45, 21:66, 21:*95*
Dexter, R. N., 5:296, 5:*329*
De Young, S., 28:211, 28:*288*
Deyrup, A. J., 9:2, 9:4, 9:*24*, 11:293, 11:*387*, 12:209, 12:*217*, 13:86, 13:88, 13:94, 13:*150*, 14:*199*
Dhabanandana, S., 7:260, 7:*328*

Dhaliwal, P. S., 7:26, 7:27, 7:*109*
Dhami, K. S., 11:153, 11:*173*, 23:189, 23:*264*
Dhar, J., 1:111, 1:*151*, 1:210, 1:*277*
Dhenaut, C., 32:166, 32:202, 32:203, 32:*210*, 32:*214*, 32:*217*
Dhingra, R. C., 11:244, 11:*264*, 12:133, 12:*216*
Dia, G., 29:186, 29:*265*
Diamond, E. A., 8:306, 8:*402*
Diamond, R. M., 14:271, 14:*341*
Diani, E., 13:113, 13:*148*
Diaz, A., 19:233, 19:356, 19:363, 19:364, 19:*368*, 19:*370*, 19:*371*, 21:128, 21:*196*, 27:240, 27:251, 27:*291*, 29:5, 29:*65*, 29:287, 29:294, 29:*324*, 29:*326*
Diaz, A. F., 5:139, 5:*169*, 5:183, 5:*235*, 5:385, 5:*396*, 14:4, 14:21, 14:37, 14:*63*, 14:*65*, 14:99, 14:*132*
Diaz, G. E., 23:304, 23:305, 23:*321*
Diaz, L. E., 32:238, 32:239, 32:*263*
Diaz, S., 17:451, 17:*482*, 22:262, 22:263, 22:264, 22:281, 22:*300*,
Diaz-Alzamora, F., 25:284, 25:300, 25:302, 25:303, 25:304, 25:305, 25:*442*
Díaz de Villegas, M. D., 32:240, 32:*262*
Diaz-Garcia, M. A., 32:191, 32:203, 32:*210*, 32:*214*
Diaz Peña, M., 2:107, 2:*159*
Dibeler, V. H., 4:43, 4:*70*, 8:189, 8:*265*
DiBella, S., 32:151, 32:171, 32:191, 32:196, 32:*210*, 32:*211*
Dibello, I. C., 31:295, 31:*392*
Di Bernando, P., 30:98, 30:*112*
Di Biase, S. A., 17:349, 17:*426*
DiBlasio, B., 25:80, 25:*92*
Dick, B., 29:310, 29:*326*
Dick, J. R., 7:15, 7:20, 7:24, 7:25, 7:27, 7:*112*, 7:*113*
Dickason, W. C., 14:9, 14:28, 14:*66*
Dickason, W. R., 14:*66*
Dickens, P. G., 1:58, 1:*151*
Dickerman, S. C., 23:272, 23:*317*
Dickerson, R. E., 21:3, 21:*33*
Dickerson, T. A., 11:4, 11:*119*
Dickeson, J. E., 7:236, 7:237, 7:240, 7:244, 7:245, 7:*255*
Dickinson, C. L., 7:7, 7:13, 7:15, 7:*110*

Dickinson, R. A., **24**:129, **24**:*199*
Dickinson, R. G., **6**:269, **6**:*329*
Dickinson, T., **12**:33, **12**:*119*, **26**:18, **26**:*123*, **27**:265, **27**:*289*
Dickman, M. L., **2**:131, **2**:*161*
Dickson, C. A. P., **31**:62, **31**:*81*
Dickson, S. J., **14**:214, **14**:215, **14**:321, **14**:*341*
Dickstein, J. I., **25**:339, **25**:*444*
DiCosimo, R., **17**:358, **17**:*425*, **23**:52, **23**:*60*
Dideberg, O., **23**:177, **23**:*265*
Dieckmann, W., **4**:16, **4**:*28*
Diederich, F., **32**:204, **32**:206, **32**:*209*
Dieffenbacher, A., **11**:320, **11**:*385*
Diehl, B. W. K., **23**:72, **23**:*158*
Diehl, P., **3**:259, **3**:265, **3**:*266*
Diehn, B., **2**:248, **2**:*273*
Diehr, A., **25**:334, **25**:*443*
Dieke, G. H., **1**:404, **1**:405, **1**:*419*
Diekman, J., **8**:209, **8**:210, **8**:244, **8**:*263*
Diekmann, J., **17**:129, **17**:*180*
Diekmann, S., **22**:291, **22**:297, **22**:*302*, **22**:*307*
Dieleman, J., **10**:176, **10**:*220*
Dienes, A., **12**:212, **12**:*220*
Diercksen, C., **4**:134, **4**:135, **4**:136, **4**:138, **4**:*144*
Dierdorf, D. S., **9**:118(132a), **9**:118(137a), **9**:*126*
Dierkesmann, A., **3**:74, **3**:*83*
Dieters, J. A., **25**:129, **25**:200, **25**:241, **25**:*258*, **25**:*260*
Dietrich, B., **15**:164, **15**:*261*, **17**:291, **17**:337, **17**:345, **17**:346, **17**:382, **17**:388, **17**:*426*, **30**:64, **30**:65, **30**:66, **30**:68, **30**:107, **30**:*113*, **31**:50, **31**:*82*
Dietrich, C. O., **30**:84, **30**:*112*
Dietrich, H., **7**:176, **7**:*206*
Dietrich, M. A., **7**:31, **7**:*110*
Dietrich, P., **28**:245, **28**:*288*
Dietrich, W., **16**:241, **16**:*262*
Dietz, F., **32**:179, **32**:186, **32**:*215*
Dietz, R., **10**:188, **10**:212, **10**:*224*, **12**:3, **12**:14, **12**:28, **12**:65, **12**:82, **12**:107, **12**:*116*, **12**:*119*, **13**:171, **13**:175, **13**:206, **13**:*266*, **13**:*268*, **18**:158, **18**:162, **18**:*175*, **20**:136, **20**:*181*, **26**:17, **26**:*124*
Dietze, P. E., **27**:257, **27**:*289*

Diffieux, A., **15**:218, **15**:220, **15**:*265*
Di Furia, F., **17**:326, **17**:*425*
Digenis, G. A., **19**:382, **19**:408, **19**:*426*
DiGioia, A. J., **16**:253, **16**:*261*
Di Giorgio, J. B., **19**:296, **19**:*375*
DiGiorgio, V. E., **1**:402, **1**:404, **1**:405, **1**:*419*, **1**:*422*
Dignam, K. J., **24**:182, **24**:*202*
Dijkgraaf, P. A. M., **25**:225, **25**:*264*
Dijkstra, K., **16**:241, **16**:*262*, **19**:91, **19**:*121*
Dijkstra, P. J., **30**:101, **30**:*115*
Dijkstra, R., **2**:184, **2**:*197*
Dilgren, R. E., **2**:133, **2**:*159*, **2**:*160*, **3**:135, **3**:136, **3**:*184*, **15**:53, **15**:*59*
Dill, J. D., **22**:219, **22**:220, **22**:*302*
Dill, J. F., **16**:243, **16**:*261*
Dill, K., **19**:247, **19**:*370*
Dill, K. A., **22**:219, **22**:220, **22**:*302*
Dillard, D. E., **14**:31, **14**:*65*
Dillard, J. G., **18**:123, **18**:*177*, **21**:200, **21**:*238*
Dilling, W. F., **6**:23, **6**:*59*
Dilling, W. L., **19**:347, **19**:348, **19**:*371*
Dillon, R. L., **14**:88, **14**:*130*, **15**:39, **15**:*60*, **21**:168, **21**:*195*
Dilts, R. V., **19**:419, **19**:422, **19**:*426*
DiMagno, S. G., **32**:194, **32**:*212*
di Maio, G., **29**:276, **29**:*330*
Di Mari, S. J., **18**:68, **18**:*76*
Di Martino, A., **22**:43, **22**:90, **22**:91, **22**:*108*
Dimeler, G. R., **18**:127, **18**:*181*
Di Milo, A. J., **18**:12, **18**:*77*
Dimmel, D., **15**:256, **15**:257, **15**:*261*
Dimmel, D. R., **8**:224, **8**:*263*
Dimroth, K., **5**:89, **5**:*114*, **5**:176, **5**:*233*, **9**:73(105), **9**:*125*, **14**:32, **14**:39, **14**:40, **14**:41, **14**:42, **14**:43, **14**:44, **14**:63, **14**:65, **14**:135, **14**:*198*
D'Incan, E., **24**:72, **24**:*107*
Dinculescu, A., **25**:69, **25**:*85*
Dines, M., **8**:196, **8**:*267*
Dines, M. B., **17**:111, **17**:*179*
Ding, J. Q., **32**:19, **32**:23, **32**:29, **32**:*117*
Ding, Z., **32**:5, **32**:*116*
Dinghra, O. P., **20**:57, **20**:*185*
Dingle, R., **16**:19, **16**:21, **16**:47, **19**:385, **19**:*425*
Dingleby, D. P., **8**:43, **8**:*75*

Dingwall, A., **13**:91, **13**:*150*
Dinné, E., **6**:206, **6**:*331*
Dinner, A., **23**:249, **23**:*264*
Dinnocenzo, J. P., **19**:361, **19**:*371*
Dinulescu, I. G., **4**:183, **4**:189, **4**:*191*
Di Nunno, L., **7**:50, **7**:65, **7**:67, **7**:71, **7**:86, **7**:89, **7**:*110*, **9**:213, **9**:214, **9**:*275*
Diodone, R., **31**:16, **31**:18, **31**:*83*
Di Pasquo, V. J., **19**:345, **19**:*378*
Dipenhorts, E. M., **18**:232, **18**:*235*
Dippy, J. F. J., **1**:105, **1**:*151*
Diprete, R. A., **9**:158, **9**:*176*
Dirda, D., **24**:88, **24**:*107*
Dirk, C. W., **32**:123, **32**:137, **32**:162, **32**:174, **32**:175, **32**:179, **32**:180, **32**:182, **32**:186, **32**:*211*, **32**:*215*
Dirks, G., **19**:92, **19**:*118*
Dirlam, J. P., **12**:13, **12**:56, **12**:96, **12**:*119*, **12**:*126*, **19**:233, **19**:356, **19**:363, **19**:*368*, **19**:*370*
Dirlan, J. P., **13**:231, **13**:*274*
Di Sabato, G., **2**:119, **2**:120, **2**:*159*, **5**:279, **5**:280, **5**:293, **5**:297, **5**:313, **5**:315, **5**:320, **5**:*327*, **8**:318, **8**:*399*, **25**:105, **25**:106, **25**:107, **25**:*258*
Disch, R. L., **3**:77, **3**:*81*
Diserens, L., **13**:168, **13**:195, **13**:*272*
Ditchfield, R., **11**:193, **11**:*223*, **26**:271, **26**:*377*
Ditsch, L., **1**:20, **1**:*32*
Ditsch, L. T., **7**:297, **7**:*329*
Ditter, W., **14**:233, **14**:*347*
Dittmer, D. C., **14**:*67*
Divald, S., **17**:174, **17**:*176*
Dive, G., **23**:177, **23**:*265*
Di Vona, M. L., **22**:93, **22**:94, **22**:95, **22**:*108*
Dix, D. T., **6**:264, **6**:*326*, **25**:62, **25**:*88*
Dix, F. M., **22**:269, **22**:286, **22**:292, **22**:*306*
Dix, L. R., **19**:386, **19**:400, **19**:*426*
Dixit, V. M., **28**:33, **28**:*43*
Dixon, B., **19**:82, **19**:*127*
Dixon, B. G., **18**:188, **18**:193, **18**:196, **18**:197, **18**:199, **18**:206, **18**:221, **18**:223, **18**:224, **18**:226, **18**:234, **18**:*235*, **18**:*237*
Dixon, D. A., **18**:127, **18**:*178*, **26**:238, **26**:*247*, **26**:*248*, **26**:*250*, **29**:121,
29:*180*
Dixon, G. H., **21**:18, **21**:*32*
Dixon, J. A., **3**:243, **3**:244, **3**:*267*
Dixon, J. E., **17**:258, **17**:*276*, **27**:39, **27**:40, **27**:*53*
Dixon, K. R., **6**:257, **6**:*325*
Dixon, K. W., **17**:461, **17**:*486*
Dixon, M., **21**:2, **21**:*32*, **29**:57, **29**:*65*
Dixon, P. S., **8**:67, **8**:*75*
Dixon, R. N., **1**:380, **1**:*419*
Dixon, S., **7**:30, **7**:*110*
Dixon, W. T., **1**:205, **1**:*276*, **5**:68, **5**:69, **5**:73, **5**:74, **5**:76, **5**:80, **5**:81, **5**:85, **5**:86, **5**:87, **5**:89, **5**:90, **5**:99, **5**:101, **5**:102, **5**:103, **5**:107, **5**:109, **5**:110, **5**:*114*, **6**:295, **6**:*326*, **8**:2, **8**:*75*, **11**:124, **11**:*173*, **20**:124, **20**:172, **20**:*183*
Djafri, A., **25**:69, **25**:70, **25**:*88*
Djeghidjegh, N., **31**:130, **31**:*137*
Djerassi, C., **3**:76, **3**:*83*, **8**:170, **8**:183, **8**:194, **8**:198, **8**:201, **8**:205, **8**:207, **8**:208, **8**:209, **8**:210, **8**:215, **8**:216, **8**:218, **8**:219, **8**:224, **8**:225, **8**:226, **8**:227, **8**:228, **8**:229, **8**:236, **8**:239, **8**:244, **8**:248, **8**:249, **8**:*260*, **8**:*261*, **8**:*262*, **8**:*263*, **8**:*264*, **8**:*265*, **8**:*267*, **8**:*268*, **13**:66, **13**:*82*, **25**:17, **25**:*93*, **28**:172, **28**:*205*
Djermouni, B., **17**:439, **17**:*483*
Djokic, S. M., **8**:72, **8**:*77*
Dmitrieva, G., **25**:160, **25**:*263*
Doak, G. O., **9**:*126*
do Amaral, A. T., **21**:228, **21**:*240*
Do Amaral, L., **14**:89, **14**:*128*, **19**:209, **19**:*218*, **20**:68, **20**:*183*, **27**:41, **27**:*53*
Doba, T., **17**:13, **17**:33, **17**:41, **17**:*59*
Dobaeva, N. M., **20**:159, **20**:160, **20**:*185*, **20**:*186*
Dobbert, N. N., **21**:4, **21**:*33*
Dobbs, A. J., **15**:21, **15**:32, **15**:*58*
Dobis, O., **9**:133, **9**:157, **9**:169, **9**:*175*, **9**:*176*
Dobkin, J., **13**:185, **13**:*277*
Dobler, M., **13**:36, **13**:*79*
Dobosh, P. A., **8**:18, **8**:*77*
Dobson, B. C., **20**:172, **20**:*187*
Dobson, H. J. E., **14**:290, **14**:*341*
Dobson, J. V., **14**:212, **14**:*338*
Dobson, P. J., **32**:3, **32**:105, **32**:*115*

Dockx, J., **15**:294, **15**:*329*
Dodd, D., **23**:19, **23**:30, **23**:*58*, **23**:*59*
Dodd, J. A., **19**:366, **19**:367, **19**:*371*, **24**:10, **24**:*52*, **27**:63, **27**:64, **27**:*114*
Dodd, S. W., **31**:283, **31**:*387*
Doddrell, D., **8**:282, **8**:*397*, **13**:282, **13**:286, **13**:300, **13**:301, **13**:304, **13**:306, **13**:308, **13**:309, **13**:313, **13**:318, **13**:371, **13**:394, **13**:*406*, **13**:*408*
Doddrell, D. M., **16**:254, **16**:*261*, **16**:*264*
Dodds, A. M., **25**:251, **25**:*261*
Dodds, H. L. H., **23**:197, **23**:*262*
Dodge, A. D., **13**:255, **13**:264, **13**:*268*
Dodin, G., **10**:175, **10**:*221*, **22**:195, **22**:197, **22**:200, **22**:201, **22**:202, **22**:204, **22**:*206*, **22**:*207*
Dodonov, V. A., **10**:90, **10**:*127*
Dodrell, D., **23**:27, **23**:28, **23**:*61*
Dodson, R. W., **2**:212, **2**:213, **2**:*275*
Dodwell, C., **15**:26, **15**:*58*
Dodziuk, H., **13**:59, **13**:*79*
Doecke, C. W., **25**:34, **25**:*84*
Doedens, R. J., **23**:197, **23**:*263*
Doering, W. E., **2**:11, **2**:*88*, **2**:251, **2**:259, **2**:*274*
Doering, W. v. E., **4**:160, **4**:166, **4**:169, **4**:*191*, **4**:*193*, **5**:375, **5**:*396*, **6**:238, **6**:293, **6**:*326*, **7**:169, **7**:178, **7**:191, **7**:193, **7**:196, **7**:197, **7**:199, **7**:*204*, **13**:50, **13**:51, **13**:*82*, **14**:6, **14**:30, **14**:*63*, **14**:116, **14**:*128*, **15**:41, **15**:*58*, **19**:225, **19**:313, **19**:*371*, **23**:193, **23**:*264*, **29**:273, **29**:276, **29**:300, **29**:*326*, **30**:176, **30**:202, **30**:*218*, **32**:219, **32**:*263*
Doetsch, G., **19**:145, **19**:*218*
Dogan, B., **26**:152, **26**:*175*, **26**:*176*, **26**:*178*
Dogimont, C., **26**:139, **26**:*177*
Dogliotti, L., **18**:149, **18**:*177*
Dogonadze, R. R., **16**:88, **16**:97, **16**:100, **16**:108, **16**:*155*, **16**:*156*, **22**:121, **22**:*208*
Dogra, S. K., **19**:87, **19**:*122*
Doherty, D. G., **14**:247, **14**:*341*, **14**:*351*, **17**:67, **17**:*179*
Doherty, R. M., **26**:317, **26**:*378*
Do Khac, D. V. C., **25**:11, **25**:*86*
Dokowa, T., **21**:10, **21**:*35*

Dolak, L. A., **6**:238, **6**:*332*
Dolbier, W. J., **7**:154, **7**:181, **7**:184, **7**:192, **7**:*205*
Dolby, J., **11**:380, **11**:381, **11**:*385*
Dolde, J., **5**:381, **5**:*396*
Dole, M., **1**:4, **1**:*31*, **15**:179, **15**:*261*
Doleib, D. M., **7**:180, **7**:*204*
Dolenko, A., **11**:376, **11**:*391*
Dolezalek, F. K., **16**:170, **16**:*232*
Dolfini, J. E., **7**:55, **7**:*110*, **23**:240, **23**:*270*
Dolgoplosk, B. A., **9**:142, **9**:*176*, **9**:*177*
Dolle, A., **29**:160, **29**:*181*
Dollet, N., **14**:313, **14**:*341*
Dolling, U.-H., **22**:326, **22**:*359*
Dollish, F. R., **13**:190, **13**:191, **13**:*268*
Dolman, D., **7**:241, **7**:*255*, **14**:147, **14**:152, **14**:168, **14**:182, **14**:*197*, **14**:*198*, **22**:166, **22**:*207*
Dolphin, D., **12**:43, **12**:44, **12**:*127*, **13**:196, **13**:203, **13**:213, **13**:218, **13**:219, **13**:*268*, **13**:*269*, **18**:154, **18**:*179*, **21**:25, **21**:*30*, **23**:23, **23**:*59*, **23**:*61*
Domaille, P. J., **13**:56, **13**:*77*
Domanico, P., **25**:133, **25**:*258*
Domarev, A. N., **31**:95, **31**:102, **31**:*140*
Domash, L., **25**:273, **25**:416, **25**:*442*
Dombchik, S. A., **10**:83, **10**:*124*
Dombrowski, L. J., **19**:157, **19**:*218*
Domeier, L. A., **17**:382, **17**:383, **17**:387, **17**:389, **17**:392–5, **17**:397, **17**:400–2, **17**:405, **17**:*425*, **17**:*431*
Domenicano, A., **29**:110, **29**:*180*
Domenick, R. L., **23**:72, **23**:*161*, **28**:221, **28**:*291*
Domingo, V. M., **26**:242, **26**:*252*
Domingue, R. P., **25**:43, **25**:*87*
DoMinh, T., **10**:107, **10**:*124*
Donahne, P. E., **17**:329, **17**:*430*
Donahue, D. E., **17**:477, **17**:*487*
Donaldson, B. R., **8**:282, **8**:*399*
Donaldson, D. M., **1**:228, **1**:244, **1**:258, **1**:259, **1**:*277*
Donaldson, M. M., **11**:184, **11**:186, **11**:*222*, **11**:*223*
Donati, D., **15**:110, **15**:118, **15**:*150*
Donato, I. D., **14**:335, **14**:*340*
Donbrow, M., **8**:282, **8**:284, **8**:287, **8**:*399*, **8**:*404*
Dondoni, A., **9**:213, **9**:214, **9**:*275*

Dongen, J. P. C. M., van, **13**:292, **13**:*410*
Donkersloot, M. C. A., **24**:104, **24**:*107*, **24**:*112*
Donnay, R. H., **28**:267, **28**:*289*
Donnelly, M. F., **11**:190, **11**:*223*, **31**:146, **31**:*246*
Donohue, J., **6**:116, **6**:147, **6**:*180*, **17**:206, **17**:*276*
Donohue, J. A., **22**:258, **22**:*305*
Donor, H. E., **15**:140, **15**:*146*
Donovan, D., **25**:75, **25**:*85*
Donovan, D. J., **19**:241, **19**:248, **19**:252, **19**:253, **19**:257, **19**:267, **19**:273, **19**:274, **19**:*375*, **19**:*376*, **19**:*379*, **23**:141, **23**:146, **23**:*160*
Donovan, W. H., **30**:209, **30**:*217*
Donzel, A., **5**:345, **5**:349, **5**:383, **5**:*396*
Doorakian, G. A., **6**:204, **6**:*326*
Doorenbos, H. E., **25**:273, **25**:274, **25**:305, **25**:355, **25**:428, **25**:429, **25**:*442*
Doorn, J. A., van, **13**:263, **13**:*267*
Doorn, R. A., van, **13**:219, **13**:*276*
Döpp, D., **26**:174, **26**:*175,* **32**:245, **32**:*264*
D'Or, L., **8**:237, **8**:*266*, **29**:228, **29**:*266*
Doran, M. A., **4**:321, **4**:324, **4**:327, **4**:337, **4**:338, **4**:343, **4**:*346*, **11**:149, **11**:157, **11**:*175*, **15**:160, **15**:*265*
Dorfman, C. R., **7**:129, **7**:*149*
Dorfman, L. M., **8**:2, **8**:*75*, **12**:3, **12**:71, **12**:*119*, **12**:230, **12**:236, **12**:237, **12**:244, **12**:272, **12**:273, **12**:278, **12**:290, **12**:*293*, **12**:*295*, **12**:*297*, **13**:220, **13**:*276*, **15**:214, **15**:216, **15**:*260*, **18**:82, **18**:138, **18**:145, **18**:*177*, **22**:339, **22**:*360*, **29**:212, **29**:*272*
Dorfmann, L. M., **7**:117, **7**:130, **7**:*149*, **7**:*150*
Dorigo, A. E., **25**:54, **25**:*88*
Döring, C.-E., **28**:245, **28**:*288*
Dorlars, A., **1**:263, **1**:*275*
Dorman, D. E., **13**:304, **13**:306, **13**:308, **13**:309, **13**:311, **13**:313, **13**:320, **13**:322, **13**:354, **13**:355, **13**:357, **13**:358, **13**:360, **13**:361, **13**:*408*, **13**:*409*, **13**:*412*, **23**:189, **23**:190, **23**:206, **23**:*268*

Dorman, F. H., **8**:181, **8**:183, **8**:*263*
Dormann, E., **26**:232, **26**:*247*
Dormans, G. J. M., **24**:62, **24**:*107*
Dorme, R., **23**:301, **23**:*317*
Dormisch, F. L., **6**:54, **6**:*60*
Dorn, W. L., **17**:322–4, **17**:*426*
Dorough, G. D., **18**:219, **18**:*236*
Dorovska, V. N., **11**:63, **11**:*121*, **29**:11, **29**:60, **29**:*65*, **29**:85
Dörr, F., **4**:261, **4**:*301,* **32**:185, **32**:186, **32**:187, **32**:*214*
Dorrance, R. C., **19**:94, **19**:*118*
Dorsey, G. E., **21**:38, **21**:*96*
Dorsey, N. J., **14**:207, **14**:*341*
Dorshow, R. B., **22**:219, **22**:220, **22**:221, **22**:240, **22**:242, **22**:270, **22**:*299*, **22**:*300*
Dorst, W., **11**:226, **11**:*265*
Dosen-Micovic, L., **13**:*79*, **13**:89
Doshan, H., **18**:198, **18**:*238*
dos Santas Viega, J., **13**:193, **13**:*267*
Dos Santos, J., **9**:158, **9**:162, **9**:*175*, **9**:*177*
Doss, K. S. G., **8**:361, **8**:362, **8**:*402*
Dostrovsky, I., **3**:124, **3**:129, **3**:130, **3**:139, **3**:140, **3**:143, **3**:144, **3**:177, **3**:*184*
Dosunmu, M. I., **21**:58, **21**:69, **21**:75, **21**:78, **21**:84, **21**:*95*, **25**:125, **25**:*257*
Doty, J. C., **12**:177, **12**:179, **12**:*217*
Dou, H. J.-M., **17**:327, **17**:*426*
Doub, L., **11**:336, **11**:*385*
Doubleday, C. E., **10**:108, **10**:*124*
Doucet, J. P., **14**:118, **14**:*128*, **28**:257, **28**:*288,* **32**:316, **32**:322, **32**:332, **32**:333, **32**:*380*, **32**:381
Doudoroff, M., **21**:12, **21**:*32*
Dougherty, D. A., **25**:33, **25**:36, **25**:*86*, **25**:*88*, **25**:*90*, **26**:193, **26**:200, **26**:216, **26**:*247*, **26**:*250*, **26**:*251*
Dougherty, G., **31**:44, **31**:*82*
Dougherty, R. C., **8**:184, **8**:236, **8**:255, **8**:256, **8**:257, **8**:258, **8**:*263*, **14**:30, **14**:49, **14**:*63*, **18**:80, **18**:*177*, **21**:213, **21**:214, **21**:*238*, **27**:66, **27**:*114*, **31**:193, **31**:*244*
Doughty, A., **10**:174, **10**:*221*, **12**:43, **12**:*119*
Douglas, A. E., **1**:395, **1**:*419*
Douglas, A. W., **23**:250, **23**:*265*

Douglas, J. E., **1**:400, **1**:*419*, **25**:197, **25**:198, **25**:215, **25**:217, **25**:219, **25**:237, **25**:*262*
Douglas, K. T., **17**:167–9, **17**:*176,* **27**:12, **27**:23, **27**:28, **27**:37, **27**:*51*, **27**:*52*, **27**:*55*, **17**:*181*, **31**:307, **31**:*392*
Douglas, P. G., **19**:405, **19**:*426*
Douglas, T. A., **26**:119, **26**:*127*, **27**:39, **27**:*54*, **27**:98, **27**:*115*, **27**:184, **27**:223, **27**:*237*
Douglass, D. C., **8**:37, **8**:*76*, **16**:259, **16**:*261*
Douglass, I. B., **17**:115, **17**:147, **17**:149, **17**:*176*, **17**:*179*
Douglass, J. E., **2**:16, **2**:*88*
Douheret, G., **14**:335, **14**:*348*, **27**:264, **27**:265, **27**:266, **27**:267, **27**:268, **27**:269, **27**:272, **27**:*290*, **27**:*291*
Doumani, T. F., **6**:12, **6**:*59*
Dounce, A. L., **21**:2, **21**:*35*
Douty, C. F., **13**:108, **13**:122, **13**:123, **13**:124, **13**:138, **13**:142, **13**:146, **13**:*148*, **13**:*150*
Dovek, I. C., **23**:14, **23**:42, **23**:*60*
Dowbenko, R., **8**:66, **8**:*75*
Dowd, J. E., **29**:7, **29**:*65*
Dowd, P., **26**:189, **26**:191, **26**:*247*
Dowd, S. R., **7**:184, **7**:186, **7**:*208*
Dowd, W., **11**:190, **11**:*224*, **14**:18, **14**:19, **14**:26, **14**:35, **14**:36, **14**:39, **14**:*66*, **14**:110, **14**:*131*, **27**:258, **27**:*291*, **31**:195, **31**:*247*
Dowdling, J. M., **11**:342, **11**:*385*
Dowell, A. M., **7**:193, **7**:*205*
Dowell, R. I., **31**:307, **31**:308, **31**:*385*
Dowling, J., **29**:49, **29**:*66*
Downes, A. M., **2**:79, **2**:*88*
Downey, J. R., **26**:64, **26**:*124*
Downey, T. A., **8**:281, **8**:362, **8**:*401*
Downs, A. J., **9**:59(90), **9**:68(90), **9**:*124*
Downs, J., **3**:178, **3**:*184*
Dows, D. A., **3**:74, **3**:*81*
Doyle, F. P., **23**:198, **23**:*264*
Doyle, M. P., **12**:37, **12**:*119*, **20**:159, **20**:*182*
Doyle, T. J., **30**:36, **30**:*57*, **30**:*61*
Doyle, T. P., **8**:367, **8**:*399*
Dozen, Y., **18**:33, **18**:*72*, **18**:*73*
Drabowicz, J., **17**:79, **17**:124, **17**:*179*
Dradi, E., **30**:101, **30**:*112*

Draganic, I. G., **12**:224, **12**:234, **12**:*293*
Draganic, Z. D., **12**:224, **12**:234, **12**:*293*
Dragcevic, D., **28**:61, **28**:*136*
Drago, R. S., **6**:252, **6**:254, **6**:256, **6**:*331*, **9**:59(92), **9**:68(92), **9**:161, **9**:*125*, **9**:*183*, **19**:402, **19**:*426*, **29**:210, **29**:*267*
Draimaix, R., **12**:172, **12**:177, **12**:*220*
Drake, D. A., **31**:205, **31**:*245*
Drakenberg, T., **13**:391, **13**:394, **13**:*409*, **25**:61, **25**:63, **25**:*85*, **25**:*93*
Dralants, A., **13**:56, **13**:*79*
Draper, M. R., **20**:168, **20**:169, **20**:*183*
Dratz, E. A., **16**:258, **16**:*261*
Draus, F., **28**:198, **28**:202, **28**:*205*
Dravnicks, F., **5**:72, **5**:98, **5**:*114*
Dravnieks, F., **1**:289, **1**:295, **1**:*360*, **13**:158, **13**:159, **13**:*267*
Draxl, K., **18**:123, **18**:*177*, **24**:62, **24**:*111*
Drechsler, M., **3**:26, **3**:*83*
Dreeskamp, H., **9**:126(132b), **9**:119(132b), **9**:*126*
Dreher, E.-L., **20**:134, **20**:*187*
Dreiding, A. S., **28**:24, **28**:32, **28**:*41*
Dreier, F., **7**:20, **7**:*110*
Dreier, T., **32**:200, **32**:*216*
Dreisbach, R. R., **13**:136, **13**:*150*
Dreizler, H., **6**:124, **6**:*182*, **25**:6, **25**:60, **25**:*93*, **25**:*95*
Drenth, W., **6**:78, **6**:*100*, **9**:188, **9**:189, **9**:190, **9**:191, **9**:195, **9**:199, **9**:261, **9**:*274*, **9**:*276*, **9**:*279*, **22**:265, **22**:278, **22**:*308*
Dresdner, R. D., **4**:248, **4**:*304*
Dressick, W. J., **18**:131, **18**:137, **18**:*181*, **19**:93, **19**:*118*
Dressler, K., **1**:380, **1**:*419*
Dresswick, W. J., **20**:95, **20**:*188*
Drew, D. A., **23**:16, **23**:*59*
Drew, M. G. B., **19**:100, **19**:*114*, **31**:15, **31**:19, **31**:30, **31**:37, **31**:41, **31**:54, **31**:55, **31**:58, **31**:72, **31**:*81*
Drewer, H., **32**:105, **32**:*117*
Drewer, R. J., **12**:191, **12**:*219*
Drewes, S. E., **8**:174, **8**:*261*, **22**:46, **22**:*108*
Drews, H., **6**:4, **6**:*60*
Drews, R. E., **25**:197, **25**:198, **25**:215, **25**:217, **25**:219, **25**:220, **25**:221,

25:*259*
Drey, C. N. C., 5:296, 5:*327*
Dreyer, D., 11:378, 11:*389*
Dreyer, W. J., 21:18, 21:*32*
Dreyfus, M., 22:195, 22:197, 22:200, 22:201, 22:202, 22:204, 22:*206*, 22:*207*
Drickamer, H. G., 2:109, 2:110, 2:*159*
Driessen, P. B. J., 19:309, 19:310, 19:*371*
Driggers, E. M. G., 31:270, 31:383, 31:*391*
Drillon, M., 26:243, 26:*246*, 26:*247*
Drischel, W., 7:182, 7:*206*
Dronov, V. N., 15:37, 15:39, 15:*58*, 15:*59*
Droppers, W. H. J., 30:73, 30:74, 30:75, 30:*115*
Drost, J. K., 32:179, 32:*212*
Drost-Hansen, W., 14:225, 14:230, 14:237, 14:*341*, 14:*346*
D'Rozario, P., 27:37, 27:*53*
Drück, U., 29:145, 29:*182*
Drucker, G. E., 14:144, 14:145, 14:146, 14:147, 14:191, 14:*197*, 14:*200*, 17:130, 17:*179*, 18:54, 18:*75*
Druckrey, E., 6:222, 6:*330*, 8:248, 8:*267*
Druger, S. D., 16:170, 16:*232*
Drury, J. S., 3:265, 3:*268*
Drury, R. F., 19:155, 19:*218*
Drus, F., 5:289, 5:296, 5:*327*
Druzhinina, A. A., 11:361, 11:362, 11:*383*
Druzhkov, O. N., 23:275, 23:*316*
Dryfe, R. A. W., 32:19, 32:21, 32:25, 32:39, 32:50, 32:52, 32:54, 32:59, 32:69, 32:93, 32:*105*, 32:108, 32:*115*, 32:*116*, 32:*119*
Dryhurst, G., 32:3, 32:*116*
Drysdale, J. J., 3:247, 3:*266*
D'Souza, V. T., 22:192, 22:*210*, 29:2, 29:*65*
Du, P., 26:191, 26:*247*
Du, X. X., 29:5, 29:8, 29:9, 29:23, 29:32, 29:33, 29:34, 29:35, 29:36, 29:37, 29:38, 29:43, 29:*68*, 29:*69*, 29:77, 29:78, 30:20, 30:*57*
du Amaral, L., 17:274, 17:*274*
Duar, Y., 17:174, 17:*175*
Dubé, S., 24:169, 24:*200*
Dubeck, M., 1:60, 1:61, 1:67, 1:68, 1:72, 1:107, 1:*149*, 1:*150*
Dubin, P., 17:443, 17:*483*
Dubinin, A. G., 12:57, 12:*116*
Dubinskiĭ, Yu. G., 1:163, 1:172, 1:175, 1:180, 1:195, 1:*200*
Dubinsky, M. Yu., 30:31, 30:*58*
Dubler-Steudler, K. C., 29:119, 29:120, 29:135, 29:136, 29:176, 29:177, 29:178, 29:*179*, 29:*180*
Dubois, D., 32:42, 32:*116*, 32:*118*
Dubois, J.-A., 27:59, 27:61, 27:62, 27:71, 27:73, 27:105, 27:112, 27:*114*
Dubois, J. E., 5:175, 5:176, 5:*233*, 10:175, 10:*221*, 12:43, 12:*119*, 14:119, 14:*128*, 14:135, 14:*198*, 16:33–9, 16:*46*–9, 17:220, 17:*278*, 18:8, 18:9, 18:10, 18:12, 18:13, 18:14, 18:31, 18:32, 18:34, 18:36, 18:45, 18:46, 18:47, 18:48, 18:49, 18:60, 18:63, 18:64, 18:*72*, 18:*73*, 18:*77*, 21:42, 21:91, 21:*95*, 22:195, 22:197, 22:200, 22:201, 22:202, 22:204, 22:*206*, 22:*207*, 24:149, 24:*200*, 25:74, 25:*92*, 25:172, 25:*258*, 29:47, 29:*65*, 29:100, 29:101, 29:*180*, 32:287, 32:326, 32:327, 32:328, 32:329, 32:330, 32:332, 32:333, 32:334, 32:*379*, 32:*380*, 32:*382*, 32:*384*
Dubois, J. F., 28:209, 28:210, 28:211, 28:212, 28:213, 28:214, 28:215, 28:216, 28:217, 28:218, 28:220, 28:225, 28:227, 28:228, 28:229, 28:230, 28:231, 28:232, 28:233, 28:234, 28:236, 28:237, 28:238, 28:239, 28:243, 28:244, 28:245, 28:246, 28:247, 28:248, 28:252, 28:253, 28:254, 28:255, 28:256, 28:257, 28:258, 28:259, 28:260, 28:263, 28:265, 28:266, 28:267, 28:269, 28:270, 28:277, 28:278, 28:279, 28:285, 28:*287*, 28:*288*, 28:*289*, 28:*290*, 28:*291*
Dubois, J. T., 20:196, 20:*230*, 21:131, 21:*193*
Dubose, C. M., 31:112, 31:*140*
Dubourg, A., 25:125, 25:126, 25:143, 25:232, 25:*258*
Dubrin, J., 2:263, 2:*274*, 9:131, 9:*177*
Ducep, J.-B., 23:191, 23:*270*

Ducharme, Y., **24**:69, **24**:*107*
Duchesne, J., **7**:161, **7**:*204*
Ducros, M., **14**:307, **14**:308, **14**:*337*, **14**:*349*
Duddey, J. E., **7**:98, **7**:*113*, **9**:192, **9**:199, **9**:257, **9**:261, **9**:263, **9**, *278*
Duddy, N. W., **22**:289, **22**:*300*, **23**:231, **23**:*262*
Dudek, G. O., **5**:283, **5**:*327*
Dudley, R. L., **17**:19, **17**:48, **17**:*61*
Dudman, C., **31**:21, **31**:*81*, **31**:*82*
Dueber, T. E., **32**:303, **32**:*384*
Duerden, M. F., **26**:132, **26**:*175*
Duerst, G. N., **32**:225, **32**:*262*
Duerst, R. W., **22**:133, **22**:141, **22**:*206*
Duesler, E. N., **32**:231, **32**:*263*, **32**:*265*
Duez, C., **23**:177, **23**:182, **23**:*265*
Duff, R. J., **30**:93, **30**:*115*
Duffey, W., Jr., **13**:193, **13**:*268*
Duffield, A. M., **8**:201, **8**:205, **8**:215, **8**:219, **8**:239, **8**:*262*, **8**:*263*
Dufford, R. T., **18**:188, **18**:232, **18**:*235*
Dugas, H., **25**:218, **25**:*258*, **29**:2, **29**:52, **29**:56, **29**:*65*
Dugas, M., **28**:172, **28**:201, **28**:202, **28**:*205*
Duggan, P. J., **32**:180, **32**:*211*
Duggleby, P. M., **27**:255, **27**:*288*
Duggleby, P. McC., **5**:177, **5**:179, **5**:180, **5**:182, **5**:198, **5**:*232*, **5**:341, **5**:*395*, **13**:119, **13**:121, **13**:*148*, **14**:61, **14**:*62*, **14**:136, **14**:*196*, **14**:306, **14**:307, **14**:317, **14**:318, **14**:*337*
Duggleby, R. G., **29**:8, **29**:*65*
Duke, A. J., **21**:216, **21**:*238*
Duke, R. P., **13**:59, **13**:*78*
Dukes, M. D., **14**:36, **14**:47, **14**:*64*, **14**:*65*
Dulcère, J. P., **28**:208, **28**:*290*
Düll, B., **29**:306, **29**:*327*
Dulova, V. G., **9**:265, **9**:*280*
Dumartui, G., **15**:68, **15**:*145*
Dumas-Bouchiat, J.-M., **18**:138, **18**:139, **18**:145, **18**:*175*, **19**:210, **19**:*217*, **20**:101, **20**:103, **20**:*180*, **20**:*181*, **20**:212, **20**:219, **20**:220, **20**:*229*, **26**:25, **26**:26, **26**:32, **26**:33, **26**:38, **26**:46, **26**:47, **26**:48, **26**:51, **26**:*122*
Dumitreanu, A., **10**:50, **10**:*52*
Dumke, W. L., **26**:313, **26**:*379*
Dunbar, B. I., **17**:329, **17**:*433*

Dunbar, J. E., **17**:137, **17**:*176*
Dunbar, P., **1**:9, **1**:*31*
Dunbar, R. C., **21**:202, **21**:*239*, **29**:233, **29**:*267*
Dunbar, W. S., **3**:32, **3**:*83*
Duncan, A. B. F., **1**:387, **1**:394, **1**:402, **1**:*419*, **1**:*420*, **14**:220, **14**:*341*
Duncan, F. J., **2**:260, **2**:271, **2**:*274*, **7**:189, **7**:*204*
Duncan, I. A., **19**:91, **19**:*118*
Duncan, J. F., **20**:42, **20**:*52*
Duncan, J. H., **7**:173, **7**:174, **7**:189, **7**:*208*
Duncan, W., **7**:20, **7**:*110*
Duncanson, W. E., **8**:94, **8**:*146*
Duncap, R. P., **24**:81, **24**:*111*
Duncombe, R. E., **23**:202, **23**:*268*
Dunford, H. B., **6**:85, **6**:*100*
Dungan, C. H., **9**:68(103), **9**:*125*
Dunham, D., **17**:444, **17**:*482*
Dunitz, J. D., **9**:50(86), **9**:*124*, **13**:36, **13**:48, **13**:*79*, **13**:*82*, **24**:64, **24**:65, **24**:*106*, **24**:*107*, **24**:145, **24**:155, **24**:156, **24**:164, **24**:*199*, **24**:*200*, **24**:*203*, **24**:*204*, **25**:13, **25**:24, **25**:37, **25**:*86*, **25**:*88*, **29**:88, **29**:91, **29**:95, **29**:96, **29**:97, **29**:98, **29**:99, **29**:103, **29**:104, **29**:107, **29**:108, **29**:109, **29**:111, **29**:112, **29**:114, **29**:116, **29**:117, **29**:119, **29**:122, **29**:123, **29**:124, **29**:125, **29**:132, **29**:133, **29**:134, **29**:175, **29**:*179*, **29**:*180*, **29**:*182*, **29**:*183*, **29**:277, **29**:297, **29**:*326*, **32**:129, **32**:*209*
Dunke, W. L., **22**:131, **22**:*212*
Dunkin, I. R., **26**:197, **26**:*247*, **30**:25, **30**:26, **30**:*56*
Dunkle, F. B., **2**:142, **2**:*160*
Dunlap, R. B., **8**:271, **8**:282, **8**:285, **8**:292, **8**:296, **8**:297, **8**:299, **8**:311, **8**:312, **8**:313, **8**:314, **8**:315, **8**:316, **8**:334, **8**:366, **8**:373, **8**:*397*, **8**:*399*, **8**:*404*, **13**:335, **13**:336, **13**:342, **13**:390, **13**:391, **13**:*409*, **16**:256, **16**:*264*, **16**:*265*, **29**:204, **29**:*266*
Dunlap, R. P., **18**:38, **18**:43, **18**:*77*
Dunlap, W. C., **19**:107, **19**:*126*
Dunlop, I., **12**:238, **12**:249, **12**:251, **12**:256, **12**:263, **12**:281, **12**:286, **12**:*294*
Dunlop, R. B., **17**:445, **17**:448, **17**:461,

17:*483*
Dunn, B., 11:4, 11:91, 11:97, 11:114, 11:*117*, 11:*119*
Dunn, B. M., 17:196, 17:*276*, 26:345, 26:346, 26:347, 26:*370*, 27:42, 27:*53*
Dunn, E. J., 29:9, 29:11, 29:52, 29:53, 29:54, 29:*65*, 29:*67*, 29:83
Dunn, G. L., 19:345, 19:*378*
Dunn, J. H., 29:217, 29:*270*
Dunn, T., 1:379, 1:412, 1:415, 1:*419*
Dunn, T. M., 2:172, 2:*197*, 16:42, 16:*47*, 25:21, 25:*88*
Dunn, M., 9:148, 9:*174*
Dunne, K., 11:369, 11:370, 11:*389*
Dünnebacke, D., 30:185, 30:*218*
Dunning, A. J., 22:221, 22:240, 22:*299*
Dunning, T. H., Jr., 21:114, 21:115, 21:*193*
Dunogues, J., 25:36, 25:*86*
DuNouy, L., 28:53, 28:*136*
Dupeyre, R-M., 5:63, 5:87, 5:*113*, 5:*114*
Dupin, J. F., 8:229, 8:*260*
Dupin, M., 11:346, 11:*384*, 12:43, 12:*117*
Duplessix, R., 22:220, 22:*302*
Dupont Durst, H., 17:280, 17:329, 17:360, 17:*426*, 17:*433*
Dupree, M., 14:289, 14:*338*
Dupret, C., 22:321, 22:323, 22:348, 22:*358*
Dupuis, J., 24:194, 24:195, 24:196, 24:200, 24:*201*, 24:*202*
Dupuis, M., 28:225, 28:*288*, 29:300, 29:321, 29:*326*, 32:172, 32:*212*
DuPuy, C., 22:349, 22:*358*
Dupuy, F., 15:68, 15:*145*
Durán, A., 25:*364*
Duran, M., 26:119, 26:*121*
Durand, J. P., 6:63, 6:94, 6:*98*, 28:266, 28:*289*
Durant, A., 32:70, 32:*116*
Durant, F., 23:182, 23:207, 23:*266*
Durant, J. L. Jr., 18:210, 18:*235*
Duranti, D., 1:231, 1:*276*
Durett, L. R., 7:155, 7:*207*
Durfor, C. N., 31:382, 31:*389*
Durham, B., 19:93, 19:*118*
Durham, J., 18:224, 18:*235*
Durham, K., 8:272, 8:280, 8:*399*
Durig, J. R., 25:29, 25:42, 25:43, 25:46, 25:55, 25:*88*

Durocher, G., 19:65, 19:*130*
Durrant, N. A., 17:479, 17:*483*
Durst, H. D., 15:164, 15:*262*
Durst, T., 14:*198*, 15:229, 15:243, 15:244, 15:*261*, 17:166, 17:167, 17:174, 17:*176-8*, 32:181, 32:*208*
Dusart, J., 23:177, 23:180, 23:252, 23:*264*, 23:*265*, 23:*266*
Dusemund, C., 31:69, 31:*82*
Dušinský, G., 5:11, 5:*51*
Dusold, L. R., 8:197, 8:249, 8:250, 8:*262*, 8:*267*
Dussel, G. A., 16:182, 16:*232*
Dust, J. M., 26:135, 26:144, 26:148, 26:*176*, 27:221, 27:*235*
Dustman, C. K., 28:12, 28:24, 28:*44*
Dutheil, J. P., 25:154, 25:195, 25:196, 25:*258*
Dutkiewicz, E., 10:188, 10:*221*
Dutler, H., 24:171, 24:172, 24:*199*
Dutta, P. K., 32:247, 32:*265*
Duttachoudhury, M. K., 14:*341*
Dutton, D. R., 12:205, 12:*220*
Dutton, P. L., 26:20, 26:*125*
Duty, R. C., 10:196, 10:*225*, 12:12, 12:26, 12:28, 12:*129*
Duus, F., 8:221, 8:*261*, 23:83, 23:84, 23:*159*, 26:315, 26:*369*
Duus, H., 5:337, 5:*395*
Duyne, G. V., 29:310, 29:314, 29:*328*, 29:*330*
Duynstee, E. F. J., 8:282, 8:291, 8:292, 8:304, 8:308, 8:357, 8:358, 8:*399*, 22:217, 22:218, 22:*302*
Dvolaitzky, M., 18:58, 18:*75*
Dvořak, J., 10:159, 10:*223*
Dvoretzky, I., 7:156, 7:189, 7:*206*, 7:207
Dvorko, G. F., 6:277, 6:*326*
Dvoryantseva, G. G., 11:319, 11:359, 11:361, 11:362, 11:*383*, 11:*385*, 11:*391*
Dvovetzky, I., 2:259, 2:*275*
Dwek, R. A., 26:310, 26:*368*
Dwyer, M., 13:59, 13:*79*
Dwyer, T. J., 25:230, 25:*262*
Dyall, L. K., 7:215, 7:236, 7:237, 7:240, 7:244, 7:245, 7:*255*
Dyck, R. H., 1:400, 1:*419*
Dye, J. L., 7:117, 7:*150*, 15:214, 15:*263*, 17:282, 17:307, 17:311, 17:*430*,

22:187, 22:188, 22:*211*, 30:69, 30:*115*
Dyer, E., 11:87, 11:*119*
Dyferman, A., 27:42, 27:*53*
Dyke, T. R., 26:267, 26:*376*
Dykhno, N. M., 1:157, 1:160, 1:175, 1:179, 1:180, 1:181, 1:182, 1:183, 1:184, 1:185, 1:186, 1:*197*, 1:*200*
Dykovskaya, L. A., 32:250, 32:*263*
Dykstra, C. E., 18:212, 18:217, 18:*237*, 24:64, 24:*107*
Dyl, D., 32:38, 32:*117*
Dymowski, J. J., 24:178, 24:*202*
Dyne, P. J., 1:404, 1:*419*
Dynesen, E., 8:212, 8:*263*
Dyvik, F., 1:226, 1:229, 1:*275*
Dzakpasu, A. A., 15:82, 15:83, 15:85, 15:86, 15:*146*, 32:245, 32:*264*
Dzantiev, B. G., 2:228, 2:242, 2:243, 2:244, 2:*275*, 2:*277*
Dzcubas, W., 4:267, 4:268, 4:*302*

E

Eaborn, C., 1:41, 1:43, 1:52, 1:55, 1:59, 1:60, 1:61, 1:63, 1:67, 1:68, 1:69, 1:70, 1:71, 1:72, 1:74, 1:75, 1:76, 1:77, 1:79, 1:97, 1:98, 1:104, 1:108, 1:115, 1:116, 1:126, 1:128, 1:134, 1:135, 1:144, 1:*148*, 1:*150*, 1:*151*, 1:157, 1:192, 1:*197*, 2:20, 2:*88*, 3:175, 3:*184*, 6:63, 6:*98*, 7:98, 7:*109*, 9:188, 9:189, 9:192, 9:*274*, 14:76, 14:*129*, 29:118, 29:*180*, 32:279, 32:305, 32:*379*, 32:*380*
Eadie, D. T., 23:41, 23:*59*
Eadon, G., 8:198, 8:*263*
Eads, D. K., 12:111, 12:*128*
Eagland, D., 14:247, 14:*341*
Eaglano, D., 8:274, 8:305, 8:*399*
Eaker, C. W., 18:203, 18:*235*
Eaker, D. W., 19:98, 19:*129*
Eargle, D. H., 5:109, 5:*116*
Earhart, H. W., 19:313, 19:*371*
Earl, G. W., 23:280, 23:*318*, 23:*319*, 26:72, 26:*126*
Earl, H. A., 23:195, 23:*264*
Earle, R. B., 7:212, 7:*206*
Earley, J., 1:24, 1:25, 1:27, 1:*31*
Earley, J. E., 2:119, 2:*159*
Earls, D. W., 14:145, 14:146, 14:147, 14:169, 14:*197*, 14:*198*, 17:199, 17:251, 17:264, 17:265, 17:*274*, 18:9, 18:17, 18:18, 18:34, 18:53, 18:54, 18:72, 18:*73*
Earnshaw, A., 24:62, 24:*107*
East, R. L., 15:26, 15:28, 15:*59*
Easterday, R. L., 25:234, 25:235, 25:*262*
Easterly, C. E., 12:133, 12:*217*
Eastham, A. M., 11:*20*, 11:*117*, 11:*119*
Eastham, J. F., 2:10, 2:14, 2:20, 2:*88*, 2:*89*, 2:*90*, 2:172, 2:*197*, 15:48, 15:*58*, 15:160, 15:*264*
Eastman, J. W., 9:158, 9:*177*, 13:177, 13:178, 13:*268*
Eastman, M. P., 14:194, 14:*197*, 18:120, 18:*177*, 18:*184*
Eastman, R. H., 4:337, 4:*345*
Eastment, P., 26:328, 26:330, 26:*368*
Eastmond, G. C., 15:108, 15:*144*
Easton, C. J., 24:197, 24:*199*
Eastwood, E., 1:410, 1:*419*
Easwaran, K. R. K., 16:247, 16:*262*
Eaton, D. F., 18:168, 18:*177*, 29:7, 29:*67*
Eaton, D. R., 26:192, 26:*247*
Eaton, P. E., 7:76, 7:84, 7:*110*
Eaton, T. A., 29:277, 29:312, 29:314, 29:*327*
Eatough, D. V., 17:280, 17:281, 17:286, 17:288, 17:306, 17:307, 17:*425*, 17:*428*
Ebbesen, T. W., 29:215, 29:*267*
Eberhard, A., 25:123, 25:158, 25:*258*
Eberhardt, M., 2:193, 2:194, 2:195, 2:*197*, 2:*198*
Eberhardt, M. K., 6:280, 6:*326*, 20:128, 20:*183*
Eberhardt, W. H., 1:407, 1:*419*
Eberle, H., 22:103, 22:*111*
Eberlein, T. H., 17:343, 17:*430*
Eberlein, W., 32:204, 32:*213*
Eberson, D., 23:311, 23:*317*
Eberson, L., 5:313, 5:319, 5:*327*, 10:155, 10:172, 10:183, 10:189, 10:194, 10:*221*, 11:13, 11:19, 11:75, 11:*119*, 11:*120*, 12:2, 12:4, 12:10, 12:11, 12:12, 12:13, 12:16, 12:17, 12:18, 12:25, 12:28, 12:32, 12:33, 12:35, 12:36, 12:37, 12:43, 12:44, 12:56,

12:57, 12:58, 12:59, 12:60, 12:63,
12:64, 12:71, 12:72, 12:73, 12:75,
12:77, 12:81, 12:92, 12:93, 12:96,
12:97, 12:98, 12:99, 12:104, 12:105,
12:108, 12:113, 12:*116*, 12:*117*,
12:*118*, 12:*119*, 12:*120*, 12:*125*,
12:*126*, 13:156, 13:198, 13:205,
13:226, 13:230, 13:231, 13:233,
13:240, 13:247, 13:248, 13:250,
13:*268*, 13:*274*, 17:198, 17:226,
17:230, 17:*233*, 17:*276*, 17:*277*,
18:82, 18:83, 18:84, 18:90, 18:92,
18:93, 18:94, 18:98, 18:123, 18:124,
18:125, 18:126, 18:127, 18:147,
18:149, 18:152, 18:153, 18:154,
18:155, 18:158, 18:159, 18:160,
18:161, 18:162, 18:164, 18:169,
18:170, 18:172, 18:*175*, 18:*176*,
18:*177*, 18:*182*, 19:154, 19:173,
19:200, 19:201, 19:204, 19:216,
19:*218*, 19:*221*, 20:56, 20:60, 20:73,
20:80, 20:90, 20:91, 20:92, 20:93,
20:94, 20:101, 20:107, 20:108,
20:120, 20:128, 20:136, 20:139,
20:140, 20:161, 20:*182*, 20:*183*,
20:*187*, 21:182, 21:*192*, 23:308,
23:315, 23:*317*, 24:60, 24:62, 24:69,
24:85, 24:*107*, 26:15, 26:55, 26:62,
26:64, 26:65, 26:102, 26:106,
26:108, 26:*124*, 27:221, 27:*235*,
29:231, 29:240, 29:254, 29:265,
29:*267*, 29:*270*, 31:94, 31:95, 31:96,
31:97, 31:98, 31:99, 31:101, 31:102,
31:103, 31:105, 31:106, 31:107,
31:108, 31:109, 31:110, 31:111,
31:112, 31:113, 31:116, 31:117,
31:118, 31:119, 31:120, 31:122,
31:123, 31:124, 31:125, 31:127,
31:128, 31:130, 31:131, 31:132,
31:135, 31:*137*, 31:*138*, 31:*139*,
32:3, 32:*116*
Ebert, C., 31:262, 31:382, 31:*385*
Ebert, L., 15:143, 15:*146*
Ebert, M., 7:120, 7:130, 7:134, 7:139,
7:*149*, 7:*150*, 12:224, 12:247,
12:272, 12:275, 12:281, 12:284,
12:*292*, 12:*293*, 12:*295*, 13:264,
13:*269*
Ebine, S., 31:6, 31:*80*
Ebmeyer, F., 30:109, 30:*113*

Eccleston, B. H., 6:37, 6:*59*
Echegoyen, L., 19:157, 19:*220*, 31:2,
31:6, 31:35, 31:36, 31:*82*, 31:*83*
Echols, J. T., 9:130, 9:*181*
Echols, R. E., 16:248, 16:*263*
Echte, A., 4:262, 4:*304*
Eckell, A., 6:225, 6:*326*
Ecker, P., 18:114, 18:*177*, 20:161,
20:*184*
Eckert, J. M., 3:54, 3:55, 3:56, 3:57, 3:61,
3:76, 3:*83*
Eckert, M., 26:265, 26:*370*, 26:*379*
Eckert-Maksic, M., 29:314, 29:*330*
Eckhardt, C. J., 30:136, 30:*171*
Eckstein, F., 25:115, 25:140, 25:198,
25:222, 25:223, 25:226, 25:237,
25:*256*, 25:*257*, 25:*259*, 25:*264*
Eckstrom, H. C., 14:39, 14:*63*
Eddy, L. P., 4:307, 4:*345*
Eddy, R. D., 7:260, 7:*328*
Edel, A., 30:84, 30:*112*
Edelman, R., 25:207, 25:*257*
Edelmann, K., 17:323, 17:325, 17:*429*
Edelson, D., 14:211, 14:*341*
Eder, T. W., 22:314, 22:*358*
Edgell, W. F., 1:396, 1:*419*, 15:169,
15:*261*, 23:16, 23:*60*, 29:205,
29:208, 29:*267*, 29:*271*
Edison, D. H., 19:262, 19:*378*, 31:220,
31:246
Edlund, O., 13:187, 13:212, 13:*268*
Edlund, U., 16:248, 16:253, 16:*261*,
16:*262*, 16:*263*, 28:1, 28:11, 28:*41*
Edmonds, J. W., 25:66, 25:*89*
Edmonds, T. E., 31:2, 31:*82*
Edsall, J. T., 3:78, 3:*83*, 4:6, 4:26, 4:*28*,
5:261, 5:*329*, 6:106, 6:107, 6:108,
6:111, 6:112, 6:*180*
Edsberg, R. L., 13:255, 13:263, 13:*268*
Edser, E., 3:34, 3:*83*
Edstrom, K., 32:29, 32:*119*
Edward, J. T., 2:146, 2:*159*, 4:327, 4:*345*,
11:331, 11:333, 11:336, 11:337,
11:346, 11:364, 11:*384*, 11:*385*,
12:211, 12:*217*, 13:85, 13:92,
13:101, 13:102, 13:*150*, 15:86,
15:*146*, 24:116, 24:146, 24:*200*,
32:316, 32:*380*
Edwards, C. J., 19:181, 19:*218*
Edwards, C. T., 8:9, 8:*77*

Edwards, G. J., **20**:134, **20**:*181*, **29**:231, **29**:252, **29**:*265*
Edwards, J. E., **16**:115, **16**:*155*
Edwards, J. M., **20**:218, **20**:*233*
Edwards, J. O., **1**:24, **1**:25, **1**:27, **1**:*31*, **2**:119, **2**:*159*, **4**:9, **4**:12, **4**:*28*, **5**:185, **5**:195, **5**:209, **5**:217, **5**:221, **5**:*233*, **5**:284, **5**:285, **5**:286, **5**:*327*, **7**:304, **7**:*328*, **9**:131, **9**:158, **9**:*175*, **9**:*176*, **12**:111, **12**:*120*, **14**:45, **14**:*63*
Edwards, J. W., **12**:138, **12**:177, **12**:182, **12**:183, **12**:*215*
Edwards, L. J., **11**:73, **11**:*119*, **21**:27, **21**:*32*
Edwards, M. R., **29**:154, **29**:155, **29**:156, **29**:157, **29**:158, **29**:159, **29**:160, **29**:161, **29**:165, **29**:166, **29**:168, **29**:170, **29**:178, **29**:*180*, **29**:*181*
Edwards, O. E., **5**:381, **5**:382, **5**:*396*, **17**:46, **17**:*59*
Edwards, R. R., **8**:85, **8**:*147*
Edwards, W. R., **19**:313, **19**:*371*
Eeles, M. F., **20**:113, **20**:*181*
Effenberger, F., **13**:251, **13**:*268*, **28**:40, **28**:*42*, **29**:233, **29**:*269*, **32**:167, **32**:174, **32**:179, **32**:188, **32**:193, **32**:*215*, **32**:*217*
Effio, A., **14**:33, **14**:*63*, **14**:289, **14**:290, **14**:320, **14**:*344*
Efrima, S., **18**:131, **18**:*177*
Egan, E. P., **14**:260, **14**:*341*
Egan, W., **16**:248, **16**:*262*, **22**:136, **22**:137, **22**:138, **22**:141, **22**:*207*, **22**:*208*, **26**:271, **26**:275, **26**:292, **26**:303, **26**:*372*
Egberink, **30**:95, **30**:*115*
Egelstaff, P. A., **14**:234, **14**:*342*
Egel-Thal. M., **14**:273, **14**:*338*
Egger, K. W., **4**:157, **4**:*191*, **15**:23, **15**:26, **15**:28, **15**:*59*, **20**:194, **20**:195, **20**:*230*
Eggerer, H., **25**:115, **25**:*258*
Eggers, F., **22**:119, **22**:*207*
Eggers, M. D., **32**:307, **32**:*380*
Eggers, S., **8**:172, **8**:*268*
Eggers, S. H., **5**:351, **5**:390, **5**:*399*
Eggimann, W., **14**:*181*, **14**:*197*
Egli, H., **16**:145, **16**:*156*
Eglinton, G., **7**:93, **7**:*110*
Egloff, G., **3**:2, **3**:*83*
Egorova, T. G., **19**:283, **19**:322, **19**:*372*

Eguchi, S., **9**:201, **9**:*279*, **17**:355, **17**:356, **17**:*431*
Ehlers, R. W., **1**:18, **1**:*32*
Ehrenfreund, M., **28**:10, **28**:12, **28**:13, **28**:14, **28**:17, **28**:21, **28**:26, **28**:27, **28**:30, **28**:32, **28**:36, **28**:39, **28**:*40*
Ehrenson, S., **4**:15, **4**:*29*, **4**:34, **4**:*70*, **4**:290, **4**:291, **4**:292, **4**:294, **4**:295, **4**:296, **4**:*301*, **9**:50(85), **9**:*124*, **15**:14, **15**:15, **15**:16, **15**:34, **15**:35, **15**:*59*, **22**:157, **22**:*212*, **24**:160, **24**:*201*
Ehrenson, S. J., **14**:114, **14**:*129*
Ehret, A., **19**:87, **19**:*117*
Ehrlich, H. W. W., **1**:218, **1**:229, **1**:265, **1**:*277*
Eiben, E., **8**:31, **8**:*77*, **10**:121, **10**:*124*
Eiben, K., **12**:229, **12**:230, **12**:238, **12**:247, **12**:248, **12**:250, **12**:264, **12**:269, **12**:286, **12**:*293*, **17**:3, **17**:*59*
Eichelberger, H. R., **23**:220, **23**:*264*
Eichin, K. H., **20**:198, **20**:*230*
Eiching, K. H., **26**:168, **26**:*176*
Eichler, J., **19**:85, **19**:*126*
Eichorn, G., **23**:220, **23**:*264*
Eidinoff, M. L., **15**:39, **15**:*59*
Eigen, M., **1**:13, **1**:*33*, **4**:18, **4**:24, **4**:25, **4**:*28*, **5**:40, **5**:*51*, **5**:270, **5**:304, **5**:305, **5**:306, **5**:*327*, **6**:85, **6**:*98*, **7**:117, **7**:*150*, **7**:282, **7**:*328*, **11**:43, **11**:*119*, **11**:298, **11**:299, **11**:332, **11**:*385*, **12**:252, **12**:269, **12**:*293*, **14**:85, **14**:*129*, **14**:151, **14**:156, **14**:180, **14**:*198*, **15**:39, **15**:40, **15**:*59*, **16**:1, **16**:48, **16**:100, **16**:*155*, **18**:106, **18**:*177*, **21**:168, **21**:*192*, **22**:114, **22**:115, **22**:116, **22**:149, **22**:154, **22**:178, **22**:*207*, **22**:*208*, **23**:238, **23**:*264*, **26**:330, **26**:331, **26**:333, **26**:335, **26**:*370*, **27**:142, **27**:150, **27**:151, **27**:*235*
Eigenmann, H. K., **15**:25, **15**:*59*
Eigner, J., **2**:207, **2**:*276*
Eiki, T., **17**:457, **17**:*487*
Einspahr, H., **22**:166, **22**:*208*
Eirich, F., **2**:158, **2**:*159*
Eirich, F. R., **12**:59, **12**:*117*, **14**:298, **14**:*337*
Eisen, H. N., **23**:233, **23**:*268*
Eisenberg, D., **14**:219, **14**:231, **14**:234, **14**:*341*

Eisenberg, D. C., **30**:185, **30**:*218*
Eisenhut, W., **2**:180, **2**:*197*
Eisenlohr, F., **3**:5, **3**:8, **3**:29, **3**:30, **3**:37, **3**:38, **3**:*80*, **3**:*83*
Eisenstadt, A., **19**:361, **19**:*371*
Eisenstein, O., **21**:219, **21**:*240*, **24**:64, **24**:72, **24**:73, **24**:*107*, **24**:108, **24**:148, **24**:*200*, **25**:50, **25**:*87*
Eisenstein, S., **16**:89, **16**:*156*
Eisenthal, K. B., **19**:41, **19**:42, **19**:*117*, **19**:*119*, **22**:312, **22**:317, **22**:320, **22**:337, **22**:344, **22**:349, **22**:350, **22**:351, **22**:352, **22**:*358*, **22**:*359*, **22**:*360*
Eisenträger, T., **32**:167, **32**:193, **32**:*209*
Eistert, B., **5**:392, **5**:*396*
Eiszner, J. R., **10**:102, **10**:*128*
Eizner, Y. Y., **15**:174, **15**:*261*
Ek, M., **19**:243, **19**:244, **19**:*368*
Ekiel, I., **24**:144, **24**:*204*
Eklund, J. C., **32**:3, **32**:5, **32**:19, **32**:21, **32**:23, **32**:25, **32**:50, **32**:57, **32**:58, **32**:62, **32**:70, **32**:71, **32**:72, **32**:73, **32**:75, **32**:79, **32**:80, **32**:82, **32**:109, **32**:*113*, **32**:*114*, **32**:*115*, **32**:*116*, **32**:*118*, **32**:*120*
Ekstrom, A., **30**:65, **30**:*112*
Ekström, M., **26**:64, **26**:65, **26**:*124*, **31**:121, **31**:*138*
Ekwall, P., **8**:282, **8**:306, **8**:*399*, **8**:*400*
El-Alaoui, M., **18**:13, **18**:31, **18**:32, **18**:33, **18**:34, **18**:47, **18**:49, **18**:58, **18**:61, **18**:62, **18**:63, **18**:64, **18**:*73*, **18**:*77*, **29**:47, **29**:*65*, **32**:324, **32**:*385*
El-Amine, M., **30**:55, **30**:*57*
El-Anani, A., **11**:360, **11**:*385*
Elander, M., **11**:380, **11**:381, **11**:*385*
Elatrash, A. M., **2**:226, **2**:243, **2**:*274*
El Badre, M. C., **31**:130, **31**:*137*, **31**:*140*
Elbarmani, M. F., **25**:61, **25**:*88*
El Bayoumi, M. A., **12**:195, **12**:215, **12**:*218*, **19**:32, **19**:*120*
Elbein, A. D., **24**:144, **24**:145, **24**:*203*
Elbs, K., **15**:119, **15**:*146*
Elder, F. A., **6**:12, **6**:*59*
Elder, R. C., **29**:170, **29**:*180*
Elderfield, R. C., **1**:*197*, **11**:307, **11**:*385*
El-Desoky, H., **31**:16, **31**:*83*
Eldridge, J. M., **8**:395, **8**:*401*
El-Dusouqui, O. M. H., **16**:39, **16**:*47*

Eley, D. D., **5**:297, **5**:*327*, **14**:207, **14**:*341*, **16**:193, **16**:194, **16**:196, **16**:199, **16**:201, **16**:208, **16**:*230*, **16**:*232*
Eley, E. D., **4**:224, **4**:225, **4**:231, **4**:*301*
Elflein, O., **32**:204, **32**:*213*
Elgavi, A., **15**:98, **15**:*146*
Elgert, K. F., **16**:259, **16**:*262*
Elguero, J., **11**:320, **11**:326, **11**:327, **11**:353, **11**:354, **11**:355, **11**:*383*, **11**:*385*, **11**:*386*, **30**:111, **30**:*112*
Elgureo, J., **32**:240, **32**:242, **32**:*262*, **32**:*263*, **32**:*264*, **32**:*265*
El-Hamamy, A. A., **19**:108, **19**:*120*
El Haj, B., **17**:299, **17**:300, **17**:307, **17**:*432*
El Heweihi, Z., **5**:333, **5**:353, **5**:*397*
Elian, M., **25**:69, **25**:*85*, **29**:226, **29**:*268*
Eliason, M. A., **9**:172, **9**:*177*
Eliason, R., **7**:297, **7**:309, **7**:311, **7**:*329*
Eliason, R. W., **6**:66, **6**:68, **6**:71, **6**:73, **6**:90, **6**:92, **6**:*99*
Eliasson, B., **28**:1, **28**:11, **28**:24, **28**:*41*
Elich, K., **32**:161, **32**:*216*
Eliel, E. L., **2**:192, **2**:193, **2**:194, **2**:195, **2**:*197*, **2**:*198*, **3**:241, **3**:*266*, **5**:379, **5**:*396*, **6**:9, **6**:*59*, **6**:186, **6**:284, **6**:297, **6**:307, **6**:308, **6**:314, **6**:316, **6**:*326*, **7**:33, **7**:79, **7**:*110*, **9**:*122*, **11**:102, **11**:*119*, **13**:22, **13**:61, **13**:63, **13**:64, **13**:65, **13**:*79*, **15**:246, **15**:*261*, **17**:190, **17**:208, **17**:216, **17**:*276*, **25**:19, **25**:31, **25**:*88*, **28**:82, **28**:*136*
Eliev, S., **24**:72, **24**:*108*
Elix, J. A., **29**:276, **29**:*330*
Elkaabi, S. S., **27**:74, **27**:79, **27**:*116*
El Kaissi, F. A., **28**:172, **28**:181, **28**:197, **28**:*204*, **28**:*205*
El-Kholy, A., **17**:347, **17**:*426*
Elkins, D., **15**:274, **15**:279, **15**:*329*, **29**:6, **29**:34, **29**:*67*, **29**:85
Ellenbogen, P. E., **10**:89, **10**:*126*
Ellenson, W. D., **16**:214, **16**:*232*
Eller, P. G., **26**:262, **26**:*369*
Ellerhorst, R. H., **12**:159, **12**:161, **12**:166, **12**:192, **12**:*217*
Elliger, C. A., **5**:358, **5**:361, **5**:373, **5**:387, **5**:*399*
Ellingsen, T., **17**:313, **17**:314, **17**:322, **17**:*432*
Elliott, C. S., **4**:151, **4**:159, **4**:167, **4**:*191*

CUMULATIVE INDEX OF CITED AUTHORS 167

Elliott, I. W., **20**:57, **20**:*183*
Elliott, R. L., **22**:277, **22**:278, **22**:*300*
Ellis, A. L., **17**:67, **17**:73, **17**:*176*
Ellis, A. W., **11**:377, **11**:*384*
Ellis, C. M., **14**:284, **14**:285, **14**:*341*
Ellis, D. W., **12**:165, **12**:*217*
Ellis, E. J., **17**:445, **17**:*486*
Ellis, J., **9**:148, **9**:*175*, **11**:311, **11**:*384*
Ellis, J. E., **29**:215, **29**:217, **29**:*266*
Ellis, L. E., **6**:209, **6**:*324*
Ellis, P. D., **11**:161, **11**:*174*, **13**:335, **13**:336, **13**:342, **13**:*409*, **16**:245, **16**:256, **16**:*264*, **16**:*265*
Ellis, R. J., **4**:161, **4**:162, **4**:175, **4**:*191*, **4**:*192*
Ellison, C. B., **19**:184, **19**:*222*
Ellison, F. O., **6**:189, **6**:*330*
Ellison, G. B., **21**:204, **21**:209, **21**:*239*, **24**:22, **24**:*53*, **24**:*55*
Ellison, G., **19**:397, **19**:*426*
Ellison, H. R., **9**:163, **9**:*177*
Ellison, S. L. R., **26**:278, **26**:*370*
El Nahas, **24**:94, **24**:95, **24**:*105*
El-Nasr, M. M., **21**:161, **21**:*194*
El Nasr, M. M. S., **31**:186, **31**:*245*
Elofson, R. M., **4**:27, **4**:*27*, **13**:255, **13**:263, **13**:*268*
Elrod, J., **14**:327, **14**:*339*
Elrod, J. P., **24**:174, **24**:*201*
El-Sayed, M. A., **1**:417, **1**:*419*
El Sayed, M. F. A., **2**:208, **2**:221, **2**:223, **2**:225, **2**:226, **2**:227, **2**:228, **2**:229, **2**:*274*, **4**:56, **4**:61, **4**:*70*
Elschenbroich, C., **18**:119, **18**:*177*
Elshocht, S. V., **32**:124, **32**:*211*
Elsenbaumer, R. L., **28**:2, **28**:*40*
El-Seoud, M. I., **22**:284, **22**:*302*
El-Seoud, O. A., **22**:218, **22**:284, **22**:*302*, **22**:*303*
Elson, E. L., **5**:261, **5**:*329*
Elson, I. H., **13**:173, **13**:*268*, **18**:159, **18**:*177*
El-Soueni, A., **16**:61, **16**:63, **16**:68, **16**:*85*
Elstner, E. F., **13**:329, **13**:*409*
Elston, C. H. R., **2**:180, **2**:*198*
El-Torki, F. M., **25**:33, **25**:*88*
El'tsov, A. V., **24**:91, **24**:*107*
Elvidge, J. A., **11**:322, **11**:*386*, **26**:285, **26**:*368*
Elving, P. J., **10**:162, **10**:171, **10**:194,
10:*221*, **12**:2, **12**:43, **12**:*120*, **12**:*129*
Elwood, T. A., **8**:197, **8**:*262*, **8**:*263*
Elworthy, P. H., **8**:272, **8**:274, **8**:279, **8**:280, **8**:281, **8**:377, **8**:395, **8**:*399*
Ely, G., **28**:4, **28**:*41*
Emanuel, E. L., **23**:252, **23**:*266*
Emanuel, N. M., **9**:138, **9**:158, **9**:164, **9**:168, **9**:*174*, **9**:*183*
Emanuel, R. V., **11**:144, **11**:*174*
Embree, N. D., **1**:18, **1**:*32*
Emerson, M. F., **8**:388, **8**:389, **8**:390, **8**:*399*
Emerson, M. T., **21**:199, **21**:*238*
Emert, J., **19**:4, **19**:34, **19**:94, **19**:*118*, **19**:*119*, **22**:294, **22**:*303*, **29**:27, **29**:29, **29**:*64*, **29**:*65*, **29**:76
Emery, V. J., **16**:214, **16**:*230*
Emilia, E., **24**:87, **24**:*110*
Emir, B., **31**:130, **31**:*140*
Emmons, W., **7**:43, **7**:45, **7**:48, **7**:*110*
Emmons, W. D., **18**:17, **18**:*73*
Emovon, E. U., **3**:101, **3**:112, **3**:113, **3**:116, **3**:*121*
Empsall, H. D., **22**:89, **22**:*106*
Emsley, J., **22**:131, **22**:139, **22**:*208*, **25**:192, **25**:*259*, **26**:263, **26**:265, **26**:266, **26**:267, **26**:268, **26**:275, **26**:277, **26**:278, **26**:285, **26**:288, **26**:289, **26**:291, **26**:292, **26**:296, **26**:300, **26**:304, **26**:309, **26**:310, **26**:311, **26**:313, **26**:314, **26**:315, **26**:316, **26**:317, **26**:319, **26**:*370*, **26**:*371*
Emsley, J. W., **11**:133, **11**:*174*
Emslie, P. H., **7**:218, **7**:220, **7**:231, **7**:236, **7**:237, **7**:239, **7**:*256*
Encinas, M. V., **19**:89, **19**:112, **19**:*118*
Enderby, J. E., **14**:241, **14**:*348*
Endicott, J. F., **18**:153, **18**:*180*
Endo, H., **14**:267, **14**:*341*
Endo, R., **22**:284, **22**:*304*
Endo, S., **18**:209, **18**:*238*, **26**:295, **26**:*371*
Endo, Y., **25**:28, **25**:*90*, **30**:162, **30**:*170*, **32**:225, **32**:*265*
Endres, H., **28**:40, **28**:*41*
Enemark, J. H., **29**:226, **29**:*267*
Enever, R., **17**:453, **17**:*483*
Engberts, J. B. F. N., **5**:347, **5**:349, **5**:392, **5**:394, **5**:*396*, **5**:*398*, **7**:171, **7**:172, **7**:*204*, **9**:163, **9**:*177*, **14**:278,

14:*347*, 17:79, 17:81, 17:109,
  17:121, 17:*175*, 17:*176*, 17:*179*,
  17:239, 17:*276*, 17:454, 17:*483*,
  17:*487*, 22:214, 22:218, 22:224,
  22:231, 22:247, 22:257, 22:265,
  22:280, 22:293, 22:*299*, 22:*303*,
  22:*307*, 22:*308*, 23:277, 23:*322*,
  29:137, 29:138, 29:139, 29:*181*,
  31:120, 31:270, 31:*137*, 31:*385*
Engdahl, C., 19:225, 19:233, 19:234,
  19:236, 19:242, 19:353, 19:356,
  19:357, 19:358, 19:359, 19:360,
  19:361, 19:363, 19:*368*, 19:*371*,
  23:64, 23:93, 23:94, 23:119, 23:*158*,
  24:86, 24:*105*, 29:276, 29:*324*
Engebretson, G. R., 22:131, 22:*208*
Engel, P. S., 10:96, 10:*123*, 20:17, 20:*52*,
  26:171, 26:*176*
Engel, R., 25:140, 25:*259*
Engel, R. R., 7:198, 7:*208*
Engelhardt, V. A., 7:1, 7:9, 7:15, 7:*109*,
  7:*111*, 7:*112*
Engelman, D. J., 13:382, 13:386, 13:*409*
Engelman, D. M., 13:382, 13:*415*, 21:30,
  21:*34*
Engels, J., 25:203, 25:*259*
Engels, P., 14:298, 14:*341*
Engelsma, G., 13:177, 13:178, 13:*268*
Engelsma, J. W., 7:192, 7:*204*
Engerholm, G. G., 8:180, 8:*262*
England, D. C., 7:31, 7:*110*
Englehard, M., 29:308, 29:*326*
Englemann, H., 16:58, 16:*85*
Engler, E. M., 13:16, 13:21, 13:23, 13:33,
  13:36, 13:38, 13:41, 13:44, 13:58,
  13:74, 13:75, 13:*79*, 13:*81*, 13:178,
  13:*268*, 14:12, 14:*63*, 16:215,
  16:*231*, 16:*232*, 16:*237*, 21:146,
  21:*192*, 25:24, 25:38, 25:*88*
Englert, G., 3:259, 3:*266*
English, A. D., 25:47, 25:*86*
English, J. H., 32:225, 32:*262*
Englman, R., 1:376, 1:*419*
Englund, B., 9:111(123a), 9:*123*
Enkelmann, V., 28:10, 28:40, 28:*41*,
  28:*43*, 30:162, 30:*169*
Enos, J. A., 29:36, 29:*68*
Entelis, S. G., 5:266, 5:*327*
Entine, G., 10:69, 10:*124*
Entwistle, I. D., 8:211, 8:*263*

Entwistle, R. F., 1:250, 1:251, 1:*277*
Epand, R., 6:166, 6:*181*
Ephritikhine, M., 23:50, 23:*58*
Epiotis, N. D., 15:96, 15:*146*, 16:62,
  16:*85*, 21:103, 21:106, 21:123,
  21:130, 21:174, 21:177, 21:*192*,
  25:8, 25:26, 25:33, 25:53, 25:*88*
Epling, G. A., 12:15, 12:*129*, 20:144,
  20:*189*
Epprecht, A., 7:297, 7:305, 7:*330*
Epstein, A. J., 26:209, 26:216, 26:224,
  26:232, 26:239, 26:*247*, 26:*250*,
  26:*253*
Epstein, B. D., 12:114, 12:*120*
Epstein, J., 17:453, 17:*483*
Epstein, W. W., 22:150, 22:153, 22:154,
  22:155, 22:156, 22:157, 22:159,
  22:*210*, 26:330, 26:331, 26:*372*,
  26:*375*
Erb, L., 7:238, 7:*256*
Ercolani, G., 29:9, 29:54, 29:*65*, 29:*69*
Erden, I., 29:313, 29:*330*
Erdey-Gruz, T., 26:10, 26:*124*
Erenrich, E. S., 25:198, 25:237, 25:*264*
Erhard, A., 31:295, 31:*387*
Erhardt, J. M., 24:92, 24:93, 24:*107*
Erickson, A. S., 23:279, 23:282, 23:*318*
Erickson, K. L., 7:92, 7:*110*, 7:201,
  7:*204*
Erickson, R. E., 12:18, 12:*120*, 29:228,
  29:*270*
Erickson, W. F., 10:117, 10:119, 10:*123*
Ericsson, L. H., 11:64, 11:*117*
Eriksen, J., 18:138, 18:*177*, 19:77, 19:78,
  19:80, 19:*118*, 19:*123*, 20:109,
  20:*183*
Eriksen, O. I., 32:200, 32:*210*
Eriksen, S. P., 11:25, 11:26, 11:*120*
Eriksen, T., 31:122, 31:*139*
Eriksson, J. C., 8:282, 8:284, 8:285,
  8:286, 8:287, 8:364, 8:368, 8:*400*
Eriksson, S. O., 11:21, 11:*119*
Erismann, N. E., 22:236, 22:255, 22:285,
  22:296, 22:*302*
Eriyama, Y., 29:310, 29:*329*
Erlandson, G., 25:42, 25:*88*
Erlandsson, G., 1:382, 1:*419*
Erlbach, H., 22:57, 22:*108*
Erlenmeyer, H., 7:297, 7:305, 7:*330*
Ermanson, L. V., 10:99, 10:*123*

Ermer, O., **13**:39, **13**:47, **13**:48, **13**:52, **13**:*79*, **25**:24, **25**:60, **25**:71, **25**:*88*, **25**:*95*
Ermer, O. S., **29**:143, **29**:*180*
Ermer, S., **32**:158, **32**:204, **32**:206, **32**:*214*
Ermeux, C., **25**:219, **25**:*261*
Ernst, L., **23**:72, **23**:*159*, **25**:67, **25**:68, **25**:*88*, **25**:*92*, **25**:*94*
Ernst, R., **2**:167, **2**:172, **2**:*198*, **32**:234, **32**:235, **32**:*264*, **32**:*265*
Ernst, R. R., **25**:11, **25**:*96*
Ernstbrunner, E. E., **26**:316, **26**:*371*
Errede, L. A., **25**:304, **25**:*442*
Erreline, L. E-J., **18**:9, **18**:*73*
Ershov, V. V., **2**:181, **2**:*198*
Erskine, R. L., **5**:19, **5**:*51*
Ersoy, O., **31**:264, **31**:265, **31**:266, **31**:382, **31**:*391*
Erussalimsky, B. L., **15**:173, **15**:174, **15**:*261*, **15**:*265*
Erva, A., **5**:142, **5**:*170*
Escabi-Perez, J. R., **19**:99, **19**:*118*, **22**:148, **22**:*208*
Eschenmoser, A., **2**:164, **2**:*199*, **29**:134, **29**:*180*, **29**:*183*, **31**:292, **31**:*386*
Escriva, E., **26**:243, **26**:*246*
Eshhar, Z., **31**:260, **31**:263, **31**:264, **31**:311, **31**:382, **31**:385, **31**:*386*, **31**:*387*, **31**:*388*, **31**:*391*
Espenson, J. H., **18**:119, **18**:*182*, **23**:42, **23**:*62*, **26**:3, **26**:98, **26**:*124*
Espersen, W. G., **16**:254, **16**:*262*
Espinosa, J. M., **25**:286, **25**:308, **25**:324, **25**:325, **25**:333, **25**:334, **25**:335, **25**:391, **25**:394, **25**:*439*, **25**:*441*, **25**:*442*
Esposito, F., **20**:95, **20**:*183*
Essery, J. M., **13**:113, **13**:*150*
Essex-Lopresti, J. P., **32**:191, **32**:*210*
Essler, C., **16**:16, **16**:17, **16**:*49*, **19**:383, **19**:419, **19**:*427*
Esson, W., **9**:173, **9**:*178*
Estrup, P. J., **2**:208, **2**:213, **2**:214, **2**:221, **2**:225, **2**:226, **2**:227, **2**:228, **2**:229, **2**:233, **2**:234, **2**:*274*
Etemad, S., **16**:215, **16**:*231*
Etemais-Moghadam, G., **25**:228, **25**:232, **25**:*256*, **25**:*258*, **25**:*259*
Eto, H., **23**:277, **23**:*320*
Etter, M. C., **32**:230, **32**:*263*

Etter, R. M., **7**:157, **7**:176, **7**:182, **7**:191, **7**:198, **7**:199, **7**:*204*, **7**:*208*
Ettlinger, M. G., **4**:164, **4**:*191*
Ettore, R., **5**:195, **5**:209, **5**:210, **5**:*232*
Etzemüller, J., **7**:178, **7**:*203*
Euler, K., **23**:97, **23**:*160*
Euler, R. A., **13**:59, **13**:*78*
Eunice, M., **19**:34, **19**:*118*
Euranto, E. K., **5**:313, **5**:*327*, **14**:163, **14**:*198*
Eustace, D., **22**:124, **22**:198, **22**:*208*
Evangelista, R. A., **18**:66, **18**:*73*, **18**:*74*
Evans, A. G., **1**:15, **1**:*31*, **3**:119, **3**:*121*, **4**:223, **4**:*301*, **4**:306, **4**:*345*, **5**:96, **5**:97, **5**:*113*, **5**:*114*, **5**:141, **5**:*170*, **14**:205, **14**:*341*
Evans, B., **18**:154, **18**:*183*
Evans, C. A., **17**:22, **17**:30–3, **17**:35, **17**:48, **17**:50, **17**:*59*, **17**:*61*, **31**:91, **31**:125, **31**:*138*, **31**:*139*
Evans, C. M., **24**:124, **24**:127, **24**:146, **24**:*199*, **25**:182, **25**:*257*
Evans, D. A., **17**:361, **17**:*426*, **24**:65, **24**:*111*
Evans, D. E. M., **7**:30, **7**:*110*
Evans, D. E., **5**:364, **5**:*398*, **12**:137, **12**:*217*
Evans, D. F., **1**:401, **1**:413, **1**:*420*, **7**:261, **7**:*331*, **8**:26, **8**:*75*, **14**:43, **14**:*63*, **14**:*65*, **17**:307, **17**:*426*, **22**:138, **22**:*208*, **22**:215, **22**:221, **22**:254, **22**:270, **22**:*300*, **22**:*303*, **22**:*304*, **22**:*306*, **22**:*308*, **26**:271, **26**:*371*, **27**:265, **27**:266, **27**:267, **27**:*289*
Evans, D. H., **12**:98, **12**:*126*, **19**:148, **19**:156, **19**:157, **19**:158, **19**:195, **19**:*218*, **19**:*219*, **19**:*220*, **19**:*221*, **20**:56, **20**:134, **20**:*183*, **20**:*187*, **26**:17, **26**:18, **26**:39, **26**:68, **26**:*123*, **26**:*124*, **26**:*125*, **26**:*126*, **26**:*128*, **30**:183, **30**:184, **30**:*218*, **32**:41, **32**:*119*
Evans, D. P., **1**:105, **1**:*151*, **3**:11, **3**:20, **3**:*83*, **18**:33, **18**:36, **18**:*73*
Evans, E. A., **8**:*147*, **11**:322, **11**:*386*, **26**:285, **26**:*368*
Evans, E. L., **15**:112, **15**:120, **15**:137, **15**:*146*, **15**:*149*, **15**:*150*
Evans, G. E., **26**:298, **26**:*372*
Evans, G. T., **10**:121, **10**:*126*, **20**:1,

20:33, 20:*52*
Evans, I. P., **5**:181, **5**:182, **5**:184, **5**:200, **5**:201, **5**:204, **5**:216, **5**:220, **5**:223, **5**:229, **5**:*233*, **14**:161, **14**:*197*
Evans, J., **13**:242, **13**:*267*
Evans, J. B., **2**:220, **2**:*274*
Evans, J. C., **4**:*145*, **5**:96, **5**:97, **5**:*113*, **5**:*114*, **10**:45, **10**:*52*, **14**:121, **14**:*130*, **25**:423, **25**:*442*, **25**:*444*, **30**:176, **30**:*220*, **31**:132, **31**:*138*, **31**:198, **31**:*244*
Evans, J. F., **18**:150, **18**:153, **18**:*177*, **19**:173, **19**:180, **19**:*218*, **20**:76, **20**:77, **20**:80, **20**:81, **20**:86, **20**:*183*
Evans, J. M., **8**:290, **8**:*405*
Evans, M. G., **1**:1, **1**:*31*, **2**:93, **2**:101, **2**:105, **2**:108, **2**:*159*, **5**:122, **5**:136, **5**:*170*, **9**:*177*, **13**:143, **13**:*150*, **14**:72, **14**:122, **14**:*129*, **15**:2, **15**:*59*, **21**:102, **21**:123, **21**:124, **21**:148, **21**:177, **21**:*192*, **21**:219, **21**:*238*, **25**:104, **25**:*259*, **31**:255, **31**:*386*
Evans, M. J. B., **7**:234, **7**:*254*, **9**:135, **9**:147, **9**:*175*
Evans, M. W., **1**:14, **1**:*32*, **6**:141, **6**:*180*, **13**:107, **13**:*150*, **14**:207, **14**:248, **14**:263, **14**:*342*
Evans, M., **16**:244, **16**:*262*
Evans, P. G., **4**:4, **4**:5, **4**:9, **4**:20, **4**:21, **4**:22, **4**:23, **4**:*27*, **4**:28, **5**:44, **5**:*51*
Evans, R. A., **15**:252, **15**:*262*
Evans, S., **15**:120, **15**:*146*
Evans, T. C., **4**:313, **4**:317, **4**:318, **4**:325, **4**:327, **4**:*346*
Evans, T. R., **13**:252, **13**:*269*, **18**:98, **18**:150, **18**:*177*, **20**:93, **20**:116, **20**:*183*
Evans, W. C., **15**:122, **15**:*150*
Evans, W. H., **18**:151, **18**:*182*
Evans, W. L., **1**:93, **1**:105, **1**:*150*, **32**:272, **32**:274, **32**:316, **32**:318, **32**:319, **32**:*380*
Evans, W. V., **18**:232, **18**:*235*
Evanseck, J. D., **26**:119, **26**:*125*
Everett, D. H., **1**:14, **1**:15, **1**:*32*, **3**:72, **3**:*83*, **5**:142, **5**:*170*, **13**:116, **13**:*149*, **13**:*150*, **14**:284, **14**:292, **14**:*340*
Everett, J. R., **23**:74, **23**:75, **23**:101, **23**:*158*
Eversole, W. G., **3**:96, **3**:*122*

Eveslage, S. L., **3**:5, **3**:6, **3**:15, **3**:*82*
Evett, A. A., **8**:94, **8**:*147*
Evilia, R. F., **23**:64, **23**:*161*
Evleth, E. M., **28**:221, **28**:222, **28**:224, **28**:226, **28**:280, **28**:*289*
Evstigneeva, R. P., **11**:358, **11**:359, **11**:*390*, **11**:*391*
Ewald, A. H., **2**:98, **2**:101, **2**:*159*
Ewbank, J. D., **25**:25, **25**:*95*
Ewig, C. S., **25**:29, **25**:*88*
Ewing, G. J., **14**:251, **14**:*341*
Exelby, R., **32**:222, **32**:*263*
Exner, J. H., **14**:188, **14**:*198*
Exner, M. M., **15**:179, **15**:180, **15**:181, **15**:213, **15**:*261*
Exner, O., **13**:106, **13**:*150*, **14**:248, **14**:*341*
Exner, R., **30**:201, **30**:*219*
Eykman, J. K., **3**:3, **3**:5, **3**:7, **3**:*83*
Eyler, J. R., **13**:136, **13**:*151*, **24**:2, **24**:*51*
Eyman, D. P., **19**:402, **19**:*426*
Eyring, E. M., **8**:274, **8**:*398*, **13**:215, **13**:*266*, **17**:309, **17**:310, **17**:312, **17**:*429*, **17**:*431*, **22**:150, **22**:152, **22**:153, **22**:154, **22**:155, **22**:156, **22**:157, **22**:159, **22**:178, **22**:*208*, **22**:*209*, **22**:*210*, **26**:330, **26**:331, **26**:333, **26**:*371*, **26**:*372*, **26**:*373*, **26**:*374*, **26**:*375*, **30**:87, **30**:*112*
Eyring, H., **1**:1, **1**:13, **1**:23, **1**:28, **1**:*32*, **1**:33, **1**:400, **1**:*420*, **1**:*421*, **2**:94, **2**:98, **2**:101, **2**:*159*, **2**:*160*, **2**:*162*, **5**:122, **5**:125, **5**:126, **5**:138, **5**:*170*, **6**:93, **6**:*100*, **6**:188, **6**:189, **6**:190, **6**:191, **6**:201, **6**:243, **6**:*326*, **6**:*327*, **6**:*331*, **7**:285, **7**:*331*, **8**:37, **8**:*76*, **8**:97, **8**:*148*, **8**:165, **8**:*267*, **10**:16, **10**:*26*, **11**:28, **11**:*119*, **13**:71, **13**:*81*, **14**:135, **14**:*200*, **14**:*343*, **16**:1, **16**:*48*, **21**:28, **21**:*32*, **26**:9, **26**:*125*, **28**:18, **28**:*41*, **29**:10, **29**:*65*, **31**:255, **31**:*386*
Eyssen, H., **23**:184, **23**:*261*
Ezaki, A., **19**:107, **19**:*120*
Ezumi, K., **23**:206, **23**:207, **23**:*267*, **26**:302, **26**:*375*
Ezzel, M. F., **26**:68, **26**:*125*

F

Fabbi, M., **31**:37, **31**:*82*
Fabbrizzi, L., **30**:68, **30**:*113*
Faber, D. H., **13**:59, **13**:*79*
Fabian, J., **32**:175, **32**:176, **32**:179, **32**:186, **32**:189, **32**:198, **32**:199, **32**:*211*, **32**:*215*
Fabre, J. M., **18**:114, **18**:*178*
Fabre, O., **32**:79, **32**:*119*
Facchine, K. L., **28**:12, **28**:24, **28**:*44*
Fachinetti, G., **29**:207, **29**:*266*
Factor, R. E., **29**:302, **29**:*330*
Fadnavis, N., **22**:247, **22**:265, **22**:*303*
Fagan, J. F., **14**:98, **14**:99, **14**:100, **14**:*129*, **27**:244, **27**:251, **27**:276, **27**:*289*
Fagan, P. J., **23**:28, **23**:*62*, **23**:112, **23**:*158*, **26**:216, **26**:*250*, **30**:183, **30**:184, **30**:*218*
Fagerness, P. E., **16**:242, **16**:*262*
Faggiani, R., **19**:66, **19**:*124*, **29**:163, **29**:*180*, **29**:277, **29**:281, **29**:282, **29**:284, **29**:*325*
Fäh, H., **5**:110, **5**:*116*, **18**:120, **18**:*180*
Fahey, J. L., **23**:206, **23**:*264*
Fahey, M. R., **13**:194, **13**:*274*
Fahey, R., **1**:65, **1**:*154*
Fahey, R. C., **4**:85, **4**:*145*, **6**:277, **6**:282, **6**:283, **6**:*326*, **7**:98, **7**:*110*, **8**:46, **8**:*77*, **9**:195, **9**:197, **9**:198, **9**:*275*, **10**:15, **10**:*27*, **16**:77, **16**:*86*, **27**:46, **27**:*52*, **28**:235, **28**:238, **28**:*289*, **31**:146, **31**:152, **31**:*247*
Fahnenstich, U., **28**:8, **28**:*41*
Fahnri, P., **2**:19, **2**:*88*
Fahrenholtz, S. R., **10**:84, **10**:92, **10**:*124*, **19**:343, **19**:*379*
Fahrenhorst, E., **4**:87, **4**:88, **4**:*144*
Faigle, J. F. G., **21**:210, **21**:223, **21**:224, **21**:*238*, **21**:*239*
Failes, R. L., **3**:117, **3**:118, **3**:*121*
Fainberg, A. H., **1**:25, **1**:*33*, **3**:132, **3**:*186*, **5**:144, **5**:*170*, **5**:176, **5**:184, **5**:*234*, **6**:78, **6**:*101*, **7**:100, **7**:*114*, **14**:32, **14**:33, **14**:34, **14**:35, **14**:36, **14**:37, **14**:39, **14**:41, **14**:45, **14**:46, **14**:47, **14**:51, **14**:52, **14**:59, **14**:60, **14**:61, **14**:*63*, **14**:66, **14**:*67*, **14**:99, **14**:109, **14**:*129*, **14**:*132*, **14**:135, **14**:136, **14**:*201*, **14**:*202*, **14**:210, **14**:316, **14**:317, **14**:*352*, **15**:155, **15**:*266*, **25**:119, **25**:*264*, **27**:255, **27**:*291*, **28**:270, **28**:*289*, **29**:204, **29**:219, **29**:*272*
Fainberg, A., **2**:148, **2**:*162*, **9**:249, **9**:*280*
Fainzil'berg, A. A., **7**:154, **7**:156, **7**:*208*, **31**:123, **31**:140
Fairbanks, A. J., **31**:295, **31**:*392*
Fairbrother, F., **4**:308, **4**:*345*
Fairchild, D. E., **27**:133, **27**:149, **27**:*234*
Fairclough, C. S., **15**:209, **15**:217, **15**:*260*
Fairclough, R. A., **1**:18, **1**:21, **1**:*32*
Fairhurst, S. A., **18**:94, **18**:*176*, **20**:112, **20**:113, **20**:114, **20**:*181*, **23**:309, **23**:*316*
Fairweather, R., **11**:68, **11**:*117*
Fairweather, R. B., **8**:221, **8**:*266*
Faita, G., **10**:201, **10**:*221*, **12**:56, **12**:*120*
Faith, W. C., **27**:47, **27**:*55*
Faĭvush, M., **1**:175, **1**:179, **1**:182, **1**:186, **1**:*200*
Fajans, K., **3**:1, **3**:6, **3**:8, **3**:11, **3**:20, **3**:22, **3**:23, **3**:24, **3**:38, **3**:39, **3**:*80*, **3**:*83*
Fajer, J., **13**:196, **13**:203, **13**:213, **13**:218, **13**:219, **13**:235, **13**:*268*, **13**:*269*
Falbe, J., **10**:29, **10**:*52*
Falci, K. J., **19**:108, **19**:*118*
Falck, J. R., **12**:16, **12**:*120*
Falcone, J. S., **14**:269, **14**:276, **14**:*341*
Faleev, N. G., **15**:39, **15**:*57*
Faler, G., **18**:193, **18**:202, **18**:*237*
Falicov, L. M., **15**:87, **15**:*148*
Falk, M., **6**:86, **6**:87, **6**:*98*, **6**:*99*, **14**:232, **14**:233, **14**:325, **14**:326, **14**:*339*, **14**:*341*, **14**:*342*, **14**:*343*
Falkehag, I., **3**:156, **3**:*183*
Falkner, I. J., **21**:25, **21**:*33*
Fallab, S., **23**:220, **23**:*270*
Falle, A. H., **25**:429, **25**:430, **25**:431, **25**:*442*
Falle, H. R., **17**:38, **17**:*63*
Faller, J. W., **23**:85, **23**:*161*
Falsig, M., **26**:16, **26**:29, **26**:*125*
Faltynek, R. A., **29**:205, **29**:*267*
Fan, E., **30**:109, **30**:*112*
Fan-Chen, L., **26**:269, **26**:*369*
Fanelli, V., **23**:189, **23**:*267*
Fang, Y.-R., **31**:164, **31**:165, **31**:166,

31:167, 31:168, 31:170, 31:171,
31:172, 31:183, 31:185, 31:190,
31:191, 31:234, 31:*244*, 31:*245*,
31:*248*
Fanni, T., 24:187, 24:191, 24:*201*,
24:*204*, 25:123, 25:160, 25:171,
25:181, 25:182, 25:185, 25:186,
25:188, 25:*259*
Fanning, R. J., 14:302, 14:*341*
Fano, U., 3:215, 3:*266*
Fanshawe, W. J., 4:164, 4:*193*, 7:45,
7:54, 7:55, 7:*110*
Fanta, K., 13:211, 13:*267*
Fanta, P. E., 6:237, 6:*328*
Fanucci, R., 11:108, 11:*122*
Faraci, W. S., 23:250, 23:*264*
Faraday, M., 25:269, 25:*442*, 25:*444*
Farag, M. S., 1:239, 1:*277*
Farber, L., 12:18, 12:*118*
Farber, S. J., 17:234, 17:*275*
Farber, S. Y., 11:347, 11:*386*
Farcario, D., 9:50(88a), 9:*124*
Farcasan, M., 11:382, 11:*385*
Farcasio, D., 9:50(88a), 9:*124*
Fărcașiu, D., 19:290, 19:294, 19:*371*
Farcasiu, D., 13:36, 13:*79*
Fărcasiu, D., 24:127, 24:*201*
Farcasiu, M., 18:168, 18:*177*
Farenhorst, E., 6:222, 6:*326*, 10:137,
10:*152*
Fargo, J. C., 6:315, 6:*331*
Farhat-Aziz, 5:224, 5:*233*
Farhataziz, 12:234, 12:236, 12:*292*,
12:*293*
Farid, S., 13:252, 13:*269*, 19:22, 19:54,
19:72, 19:73, 19:78, 19:*116*, 19:*118*,
19:*123*, 20:120, 20:*183*, 23:311,
23:*317*, 23:*319*, 26:20, 26:*125*
Farina, M., 15:251, 15:*263*
Farinacci, N. T., 14:43, 14:*63*
Farkas, A., 9:129, 9:*177*
Farkas, L., 9:129, 9:*177*
Farkas, L. V., 17:343, 17:*430*
Farley, B., 29:296, 29:299, 29:306,
29:313, 29:322, 29:*330*
Farlow, D. W., 11:337, 11:343, 11:*383*,
11:*386*
Farmell, L. F., 13:166, 13:*266*
Farmer, E. H., 17:216, 17:*276*
Farmer, J. B., 8:190, 8:*263*
Farmer, M. L., 9:231, 9:*274*
Farmer, R. C., 7:228, 7:229, 7:*255*
Farmery, K., 17:281, 17:*425*
Farmworth, K. J., 32:240, 32:*262*
Farnam, W. B., 19:361, 19:*376*
Farneth, W. E., 24:8, 24:*52*
Farnham, W. B., 29:121, 29:*180*
Farnia, G., 26:66, 26:67, 26:*123*, 26:*129*
Farnia, M., 29:292, 29:*329*
Farnum, D. G., 4:299, 4:*301*, 4:340,
4:*345*, 7:171, 7:*209*, 11:123, 11:127,
11:128, 11:135, 11:137, 11:148,
11:149, 11:150, 11:151, 11:154,
11:159, 11:167, 11:173, 11:*174*,
19:335, 19:*371*
Farny, O. L., 24:86, 24:*106*
Farona, M. F., 11:344, 11:*386*
Farooq, S., 29:134, 29:*183*
Farquharson, J., 3:40, 3:*83*
Farr, J. D., 7:254, 7:*255*
Farr, J. P., 23:39, 23:*58*
Farrar, C. R., 27:12, 27:36, 27:*52*
Farrar, T. C., 13:281, 13:283, 13:*407*,
13:*409*
Farrell, P. G., 2:172, 2:184, 2:185, 2:*198*,
27:149, 27:172, 27:176, 27:186,
27:*235*, 27:*237*, 27:*238*
Farrer, C. R., 17:160–3, 17:*176*, 17:269,
17:*275*
Farrington, G. C., 12:43, 12:44, 12:*127*
Farrington, J. A., 13:255, 13:264, 13:*269*
Farrow, L. A., 14:211, 14:*341*
Farrow, M. M., 17:309, 17:310, 17:*429*,
17:*431*
Farthing, A. C., 1:242, 1:*276*
Farusaki, A., 7:216, 7:245, 7:*257*
Farwell, S. O., 26:54, 26:*123*
Fasani, E., 19:103, 19:112, 19:*114*,
19:*126*
Fasari, M., 32:180, 32:*210*
Fasella, E., 31:120, 31:*137*
Fasman, G. D., 5:296, 5:*328*, 6:169,
6:170, 6:*179*, 6:*180*
Fassler, A., 31:256, 31:*385*
Fastrez, J., 21:42, 21:72, 21:88, 21:*95*,
29:7, 29:31, 29:46, 29:*64*
Fatah, A. A., 22:285, 22:*303*
Fateley, W. G., 25:19, 25:42, 25:*90*,
25:*96*
Faulkner, I. J., 11:20, 11:*121*

Faulkner, L. R., **13**:212, **13**:223, **13**:224, **13**:225, **13**:226, **13**:*266*, **13**:*269*, **18**:126, **18**:*184*, **18**:189, **18**:195, **18**:196, **18**:*235*, **19**:93, **19**:*119*, **19**:134, **19**:138, **19**:*217*, **26**:11, **26**:24, **26**:*123*, **31**:84, **31**:*80*, **32**:3, **32**:6, **32**:11, **32**:20, **32**:27, **32**:29, **32**:34, **32**:65, **32**:103, **32**:109, **32**:*114*, **32**:*118*
Faure, J., **12**:191, **12**:*217*
Faure, R., **32**:240, **32**:*262*
Fauvarque, J. F., **23**:33, **23**:43, **23**:49, **23**:*60*
Fauve, J., **14**:316, **14**:*348*
Fauvelot, G., **13**:230, **13**:*267*
Fava, A., **2**:191, **2**:*198*, **13**:163, **13**:*269*, **17**:78, **17**:79, **17**:87, **17**:91–3, **17**:106, **17**:128, **17**:140, **17**:142, **17**:144, **17**:174, **17**:*176*, **17**:*178*, **17**:*180*
Favaro, G., **1**:406, **1**:*420*, **12**:143, **12**:177, **12**:179, **12**:192, **12**:203, **12**:*217*
Favier, J. C., **15**:208, **15**:*263*
Favini, G., **6**:312, **6**:*331*, **7**:11, **7**:64, **7**:65, **7**:72, **7**:*108*, **7**:*109*, **11**:315, **11**:*384*, **13**:47, **13**:49, **13**:50, **13**:75, **13**:*78*, **13**:*79*, **13**:*81*, **13**:*82*, **17**:258, **17**:*278*
Favini, M., **25**:33, **25**:*89*
Favorski, A., **8**:224, **8**:*263*
Favstritsky, N., **17**:78, **17**:130, **17**:172, **17**:173, **17**:*177*
Fawcett, E. W., **2**:96, **2**:98, **2**:99, **2**:116, **2**:*159*
Fawcett, W. R., **10**:218, **10**:*220*, **14**:135, **14**:*200*, **18**:122, **18**:*177*
Fay, J., **2**:203, **2**:*274*
Fayet, M., **12**:191, **12**:202, **12**:*217*
Fayos, J., **29**:300, **29**:*328*
Fazakerley, G. V., **23**:220, **23**:221, **23**:*264*
Feageson, E., **11**:23, **11**:*118*
Feagins, J. P., **32**:198, **32**:*216*
Feakins, D., **14**:210, **14**:288, **14**:309, **14**:310, **14**:314, **14**:329, **14**:*336*, **14**:*338*, **14**:*341*, **14**:*342*
Feast, W. J., **7**:28, **7**:30, **7**:*110*, **26**:220, **26**:*247*
Feates, F. S., **1**:14, **1**:*32*
Feather, J. A., **5**:284, **5**:*327*, **18**:5, **18**:6, **18**:7, **18**:*73*, **27**:176, **27**:*235*
Featherman, S. I., **25**:42, **25**:*91*
Featherstone, W., **5**:146, **5**:*170*
Febvay-Garot, N., **19**:87, **19**:*128*
Fedarko, M. D., **13**:395, **13**:396, **13**:398, **13**:399, **13**:400, **13**:405, **13**:*409*, **13**:*413*
Fedders, P. A., **16**:210, **16**:*232*
Fedeli, W., **21**:42, **21**:*95*
Feder, J., **32**:258, **32**:*265*
Federlin, P., **4**:3, **4**:9, **4**:10, **4**:*28*
Federov, A. V., **20**:49, **20**:*52*
Fedin, E. I., **13**:395, **13**:398, **13**:399, **13**:402, **13**:403, **13**:*408*, **26**:310, **26**:*379*
Fedor, L. R., **5**:254, **5**:257, **5**:258, **5**:259, **5**:260, **5**:282, **5**:284, **5**:285, **5**:286, **5**:294, **5**:300, **5**:315, **5**:316, **5**:320, **5**:*326*, **5**:*327*, **8**:282, **8**:291, **8**:294, **8**:341, **8**:344, **8**:345, **8**:346, **8**:347, **8**:348, **8**:349, **8**:350, **8**:352, **8**:*398*, **11**:17, **11**:*119*, **21**:38, **21**:*95*
Fedorova, A. V., **9**:217, **9**:221, **9**:230, **9**:*275*, **9**:*278*
Fedorynski, M., **17**:345, **17**:355, **17**:*426*
Fedotov, M. A., **26**:317, **26**:*374*
Feederle, H., **16**:184, **16**:*233*
Feeney, J., **13**:332, **13**:333, **13**:334, **13**:335, **13**:336, **13**:337, **13**:338, **13**:341, **13**:342, **13**:378, **13**:383, **13**:385, **13**:386, **13**:*407*, **13**:*409*, **13**:*412*, **23**:182, **23**:209, **23**:213, **23**:*263*
Feher, F. J., **3**:16, **3**:*83*, **23**:52, **23**:*60*
Fehsenfeld, F. C., **21**:203, **21**:*238*, **24**:5, **24**:*52*
Feigel, M., **29**:204, **29**:*268*
Feigenbaum, E. A., **8**:201, **8**:*263*
Feil, D., **14**:228, **14**:229, **14**:*342*, **30**:75, **30**:*113*, **32**:173, **32**:*215*
Feil, P. D., **18**:57, **18**:58, **18**:*72*, **27**:45, **27**:46, **27**:*52*
Feiler, L. A., **30**:187, **30**:*218*
Feillolay, A., **14**:274, **14**:*342*
Feinberg, E. L., **8**:82, **8**:*147*
Feiner, F., **32**:171, **32**:201, **32**:*208*, **32**:*215*
Feiner, S., **10**:120, **10**:*128*, **30**:190, **30**:*220*
Feiring, A. E., **23**:279, **23**:283, **23**:285, **23**:*317*, **26**:75, **26**:*125*

Feit, E. D., **10**:105, **10**:*128*
Feitelson, J., **12**:140, **12**:144, **12**:146, **12**:147, **12**:156, **12**:164, **12**:170, **12**:201, **12**:202, **12**:214, **12**:*215*, **12**:*218*, **12**:*219,* **13**:180, **13**:181, **13**:*269*
Feith, B., **32**:186, **32**:*211*, **32**:*213*
Fekete, L., **29**:186, **29**:*271*
Feld, E. A., **21**:14, **21**:*34*
Feld, M., **8**:45, **8**:47, **8**:*75*, **16**:76, **16**:77, **16**:*85*, **18**:125, **18**:*179*, **19**:153, **19**:*219*
Feldberg, S., **13**:217, **13**:*269*
Feldberg, S. W., **12**:77, **12**:*120*, **13**:208, **13**:224, **13**:233, **13**:*269*, **13**:*274*, **19**:146, **19**:173, **19**:*219*, **20**:61, **20**:*186*, **32**:37, **32**:60, **32**:93, **32**:94, **32**:*114*, **32**:*116*, **32**:*119*
Feldberg, W., **21**:13, **21**:*30*
Felder, W., **9**:131, **9**:*177*
Feldman, A. M., **5**:95, **5**:*115*, **5**:*116*
Feldman, H., **14**:43, **14**:*65*
Feldman, L. H., **11**:357, **11**:*386*
Feldman, M. R., **18**:138, **18**:*176*
Feldman, R. J., **16**:256, **16**:*264*
Feldman, W. R., **19**:405, **19**:*428*
Feldmann, C. H., **7**:117, **7**:*150*
Feldmann, D., **22**:314, **22**:*358*
Feldt, R. J., **21**:39, **21**:*98*
Felix, A. M., **6**:168, **6**:*180*
Felix, C. C., **17**:53, **17**:*59*
Felkin, H., **5**:*396*, **15**:256, **15**:257, **15**:*261*, **23**:50, **23**:*58*
Feller, D., **22**:314, **22**:*358*, **26**:190, **26**:*249*
Feller, R. L., **5**:344, **5**:*397*
Fellinger, L. L., **1**:*197*
Fells, J., **5**:142, **5**:164, **5**:*170*
Felt, G. R., **14**:28, **14**:*66*
Feltham, R. D., **29**:226, **29**:*267*
Felthman, R. D., **19**:405, **19**:*426*
Felton, R. H., **13**:196, **13**:203, **13**:213, **13**:218, **13**:219, **13**:235, **13**:*268*, **13**:*269*
Felton, S. M., **11**:17, **11**:32, **11**:*119*, **17**:268, **17**:*276*
Felty, R. A., **31**:298, **31**:*386*
Fenandez, J. E., **13**:251, **13**:*265*
Fenby, D. V., **14**:324, **14**:*346*
Fendler, E. J., **7**:235, **7**:236, **7**:237, **7**:239, **7**:244, **7**:246, **7**:248, **7**:*255*, **7**:*256*,
8:291, **8**:292, **8**:294, **8**:295, **8**:296, **8**:297, **8**:317, **8**:318, **8**:319, **8**:322, **8**:323, **8**:324, **8**:327, **8**:329, **8**:330, **8**:331, **8**:332, **8**:333, **8**:375, **8**:380, **8**:*398*, **8**:*400*, **12**:224, **12**:290, **12**:*292*, **12**:*293*, **12**:*296*, **13**:390, **13**:391, **13**:395, **13**:*409*, **14**:189, **14**:*198*, **14**:205, **14**:*342*, **15**:300, **15**:*329*, **17**:437, **17**:445, **17**:*483*, **20**:18, **20**:*52*, **22**:214, **22**:215, **22**:217, **22**:218, **22**:222, **22**:223, **22**:224, **22**:244, **22**:246, **22**:265, **22**:*301*, **22**:*303*, **23**:223, **23**:*264*, **29**:7, **29**:15, **29**:28, **29**:38, **29**:55, **29**:*65*
Fendler, J. H., **5**:263, **5**:*326*, **7**:235, **7**:236, **7**:237, **7**:239, **7**:244, **7**:246, **7**:248, **7**:*255*, **7**:*256*, **8**:295, **8**:317, **8**:318, **8**:319, **8**:322, **8**:323, **8**:329, **8**:375, **8**:380, **8**:*398*, **8**:*400*, **12**:224, **12**:231, **12**:238, **12**:287, **12**:290, **12**:*292*, **12**:*293*, **12**:*296*, **13**:390, **13**:391, **13**:395, **13**:*409*, **14**:182, **14**:189, **14**:*198*, **14**:205, **14**:*342*, **15**:300, **15**:*329*, **17**:437–9, **17**:445, **17**:448, **17**:455, **17**:*483*, **17**:*485*, **19**:99, **19**:100, **19**:*118*, **19**:*120*, **20**:18, **20**:*52*, **22**:148, **22**:*208*, **22**:214, **22**:215, **22**:217, **22**:218, **22**:220, **22**:221, **22**:222, **22**:223, **22**:224, **22**:244, **22**:246, **22**:265, **22**:268, **22**:271, **22**:281, **22**:285, **22**:294, **22**:*301*, **22**:*303*, **22**:*304*, **22**:*305*, **22**:*307*, **23**:223, **23**:*264*, **28**:47, **28**:*136*, **29**:7, **29**:15, **29**:28, **29**:38, **29**:55, **29**:*65*
Fendley, J. A., **16**:97, **16**:*155*
Fendley, T. A., **6**:95, **6**:*98*, **9**:*175*
Fendrich, G., **21**:151, **21**:181, **21**:*193*, **23**:254, **23**:*266*, **27**:130, **27**:185, **27**:186, **27**:*236*
Fendrick, G., **27**:21, **27**:*54*
Feng, E., **12**:43, **12**:*122*
Feng, J., **29**:256, **29**:*267*
Fenger, J., **12**:236, **12**:*296*
Fenical, W., **10**:149, **10**:*152*
Fenmore, C. P., **1**:273, **1**:*277*
Fenn, M. D., **22**:136, **22**:145, **22**:*208*, **26**:275, **26**:287, **26**:291, **26**:294, **26**:*371*

Fenniri, H., **31**:260, **31**:*386*
Fenoglio, D. J., **13**:61, **13**:*80*, **25**:63, **25**:*91*
Fenselau, C., **8**:246, **8**:*262*
Fenske, D., **28**:12, **28**:15, **28**:*41*
Fentiman, A., **16**:46, **16**:*49*, **20**:154, **20**:*189*
Fentiman, A. F., Jr., **32**:279, **32**:280, **32**:281, **32**:*381*
Fenton, D. E., **30**:68, **30**:*113*
Fenton, D. M., **7**:100, **7**:*110*
Feokstistov, L. G., **10**:170, **10**:171, **10**:*221*
Fére, A., **7**:44, **7**:52, **7**:64, **7**:71, **7**:*108*
Ferguson, E. E., **21**:198, **21**:203, **21**:*238*, **21**:*239*, **24**:5, **24**:*52*
Ferguson, G., **1**:240, **1**:241, **1**:*277*, **30**:98, **30**:105, **30**:*112*, **31**:37, **31**:*82*
Ferguson, I. J., **16**:31, **16**:*48*
Ferguson, J., **15**:118, **15**:*146*, **19**:22, **19**:23, **19**:27, **19**:*117*, **19**:*118*
Ferguson, J. A., **13**:204, **13**:258, **13**:*270*
Ferguson, K. C., **9**:155, **9**:*177*
Fergusson, J. E., **26**:316, **26**:*370*
Fermandjian, S., **13**:352, **13**:*414*
Fernández, B., **11**:321, **11**:*386*
Fernández Alonso, J. T., **11**:232, **11**:*264*
Fernandez, G. M., **23**:215, **23**:216, **23**:*266*
Fernandez, J. M., **25**:190, **25**:*258*
Fernandez, M. S., **22**:221, **22**:252, **22**:265, **22**:*303*
Fernández-Llamazares, C., **25**:285, **25**:294, **25**:309, **25**:311, **25**:312, **25**:330, **25**:337
Fernando, D. B., **22**:289, **22**:*300*
Fernando, D. R., **32**:109, **32**:*114*
Fernando, Q., **12**:182, **12**:183, **12**:207, **12**:*217*
Fernelius, W. C., **1**:*197*, **1**:*198*
Fernholt, L., **1**:226, **1**:239, **1**:*275*, **13**:33, **13**:*78*
Ferran, J., **7**:161, **7**:*206*
Ferraris, G., **26**:260, **26**:*374*
Ferraris, J., **12**:2, **12**:*120*
Ferraris, J. P., **13**:177, **13**:*267*, **13**:*269*, **13**:*275*, **16**:206–8, **16**:*231*, **16**:*232*, **16**:*235*
Ferraudi, G., **29**:215, **29**:*267*
Ferraz, J. P., **27**:41, **27**:*53*

Ferre, Y., **13**:59, **13**:*79*
Ferreira, B. B. A., **19**:55, **19**:*118*
Ferreira, D., **17**:329, **17**:*431*
Ferreira, M. I. C., **19**:91, **19**:*118*
Ferrer-Correia, A. J. V., **24**:28, **24**:48, **24**:*51*
Ferretti, M., **27**:244, **27**:245, **27**:251, **27**:256, **27**:283, **27**:*288*
Ferretti, V., **26**:314, **26**:*371*, **29**:104, **29**:105, **29**:106, **29**:119, **29**:120, **29**:*180*, **29**:*181*, **32**:230, **32**:*262*
Ferrier, B. M., **29**:300, **29**:*326*
Ferrier, W. G., **1**:249, **1**:253, **1**:*277*
Ferrigno, R., **32**:87, **32**:*116*
Ferris, F. C., **9**:141, **9**:153, **9**:*180*
Ferro, D. R., **13**:15, **13**:*79*
Ferruti, P., **10**:69, **10**:*124*
Fersht, A. J., **25**:236, **25**:240, **25**:*259*
Fersht, A. R., **11**:6, **11**:13, **11**:17, **11**:33, **11**:60, **11**:73, **11**:74, **11**:77, **11**:79, **11**:*119*, **11**:*120*, **17**:185–7, **17**:195, **17**:222, **17**:231, **17**:261, **17**:268, **17**:269, **17**:*276*, **22**:3, **22**:*108*, **23**:184, **23**:*264*, **24**:171, **24**:175, **24**:*201*, **26**:345, **26**:349, **26**:351, **26**:357, **26**:358, **26**:359, **26**:360, **26**:361, **26**:363, **26**:365, **26**:366, **26**:*371*, **26**:*373*, **26**:*374*, **26**:*378*, **26**:*379*, **27**:12, **27**:*53*, **27**:98, **27**:*114*, **28**:171, **28**:174, **28**:194, **28**:*205*, **29**:2, **29**:8, **29**:9, **29**:11, **29**:12, **29**:13, **29**:20, **29**:39, **29**:44, **29**:60, **29**:61, **29**:*65*, **29**:*67*, **29**:92, **29**:*180*
Fesenko, V. V., **3**:144, **3**:145, **3**:146, **3**:156, **3**:*184*
Fessenden, R. S., **17**:3, **17**:*59*
Fessenden, R. W., **1**:287, **1**:290, **1**:316, **1**:317, **1**:321, **1**:324, **1**:325, **1**:329, **1**:330, **1**:*360*, **1**:*362*, **3**:250, **3**:*266*, **5**:64, **5**:73, **5**:98, **5**:99, **5**:100, **5**:101, **5**:102, **5**:103, **5**:105, **5**:110, **5**:*114*, **5**:*117*, **8**:2, **8**:15, **8**:21, **8**:22, **8**:*76*, **9**:*126*, **10**:121, **10**:*124*, **10**:*127*, **12**:228, **12**:229, **12**:230, **12**:235, **12**:243, **12**:247, **12**:248, **12**:249, **12**:250, **12**:251, **12**:252, **12**:253, **12**:255, **12**:257, **12**:258, **12**:263, **12**:264, **12**:265, **12**:266, **12**:269, **12**:270, **12**:272, **12**:277, **12**:280, **12**:281, **12**:285, **12**:286, **12**:287,

12:288, 12:*292*, 12:*293*, 12:*294*,
  12:*295*, 12:*296*, 12:*297*, 15:21,
  15:22, 15:*59*, 18:120, 18:122,
  18:138, 18:145, 18:149, 18:*181*,
  20:124, 20:128, 20:175, 20:*183*,
  20:*186*, 29:319, 29:*326*
Fetizon, M., 8:229, 8:*260*, 24:80, 24:*112*,
  25:11, 25:*86*
Fetterman, H., 32:123, 32:129, 32:158,
  32:*210*
Fetters, L. J., 15:179, 15:207, 15:*261*
Fetzer, U., 9:271, 9:*280*
Fewster, S., 25:34, 25:*84*
Feyer, G., 1:355, 1:*360*
Feyereisen, M. W., 32:137, 32:*215*
Feynman, R., 14:5, 14:*63*
Fiandanese, V., 17:352, 17:*426*
Fiar, C. K., 26:263, 26:270, 26:*373*
Fiat, D. N., 3:156, 3:*184*, 3:*186*
Fiaud, J.-C., 15:327, 15:*329*
Fichter, F., 10:155, 10:*221*, 12:2, 12:26,
  12:36, 12:*120*
Fick, A., 32:18, 32:*117*
Fick, H.-H., 29:308, 29:*330*
Fick, R., 7:225, 7:*254*
Fickett, W., 25:17, 25:*96*
Fickling, M. M., 13:114, 13:*150*
Ficquelmont, A. M., 12:43, 12:*119*
Fiedler, J., 28:8, 28:9, 28:10, 28:14,
  28:17, 28:25, 28:26, 28:27, 28:29,
  28:30, 28:39, 28:*40*, 28:*41*
Field, F. H., 4:305, 4:306, 4:*345*, 8:46,
  8:*76*, 8:110, 8:119, 8:125, 8:126,
  8:131, 8:138, 8:141, 8:144, 8:145,
  8:*147*, 8:*148*, 8:169, 8:174, 8:176,
  8:181, 8:183, 8:184, 8:187, 8:188,
  8:189, 8:190, 8:*263*, 8:*264*, 18:123,
  18:*177*, 21:204, 21:*239*, 24:88,
  24:*109*
Field, J. A., 3:76, 3:*84*
Field, K., 22:348, 22:*358*
Field, K. W., 20:174, 20:*185*
Field, L., 17:138, 17:*179*, 19:419, 19:422,
  19:*426*
Field, M. J., 22:204, 22:*208*
Field, R. J., 29:21, 29:*66*
Fielden, E. M., 7:119, 7:120, 7:121,
  7:122, 7:124, 7:147, 7:*150*, 8:35,
  8:*76*, 12:290, 12:*294*
Fielding, P. E., 16:176, 16:*232*

Fields, E. K., 6:3, 6:4, 6:5, 6:7, 6:8, 6:13,
  6:14, 6:15, 6:18, 6:20, 6:21, 6:22,
  6:23, 6:24, 6:25, 6:26, 6:32, 6:36,
  6:37, 6:38, 6:41, 6:42, 6:43, 6:46,
  6:51, 6:53, 6:55, 6:57, 6:58, 6:*59*,
  6:*60*, 6:221, 6:*326*, 8:211, 8:236,
  8:239, 8:250, 8:*264*, 8:*266*
Fieser, L., 21:29, 21:*32*
Fieser, L. F., 25:269, 25:273, 25:*443*
Fieser, M., 25:269, 25:273, 25:*443*
Fife, T. H., 1:23, 1:*31*, 5:280, 5:282,
  5:289, 5:296, 5:297, 5:303, 5:*326*,
  5:*327*, 11:2, 11:4, 11:18, 11:22,
  11:23, 11:29, 11:32, 11:37, 11:39,
  11:40, 11:44, 11:47, 11:49, 11:55,
  11:56, 11:58, 11:61, 11:63, 11:85,
  11:86, 11:87, 11:92, 11:93, 11:96,
  11:100, 11:103, 11:104, 11:105,
  11:108, 11:109, 11:111, 11:113,
  11:114, 11:*116*, 11:*118*, 11:*119*,
  11:*120*, 14:166, 14:*197*, 17:185,
  17:231, 17:246, 17:253, 17:256,
  17:268, 17:273, 17:*275–7*, 18:57,
  18:*73*, 21:24, 21:*32*, 21:70, 21:71,
  21:*95*, 21:*97*, 22:3, 22:*108*, 24:121,
  24:*201*, 26:345, 26:347, 26:348,
  26:355, 26:*368*, 26:*371*, 27:45,
  27:47, 27:*51*, 27:*53*, 29:52, 29:*65*
Fifold, M. J., 26:72, 26:*126*
Fifolt, M. J., 23:279, 23:285, 23:*318*,
  23:*319*
Figdore, P. E., 18:163, 18:*181*, 23:14,
  23:16, 23:48, 23:*61*
Figeys, H. P., 13:56, 13:*79*
Figgis, B. N., 11:332, 11:*384*
Figini, R. V., 15:202, 15:*261*
Figueruelo, J. E., 15:173, 15:252, 15:*261*
Fikentscher, L., 7:193, 7:*204*
Fikes, L. E., 29:28, 29:*65*
Filbert, W. F., 2:3, 2:17, 2:*89*
Filho, P. B., 17:472, 17:*483*, 22:285,
  22:*302*
Filimonow, W., 4:197, 4:*304*
Filinovsky, V. Yu., 13:202, 13:*275*
Filipescu, N., 10:138, 10:*152*, 13:257,
  13:*270*, 13:*274*
Filippini, G., 32:123, 32:*211*
Filippova, A. I., 17:108, 17:*179*
Filippova, T. M., 11:358, 11:*389*
Filler, R., 13:235, 13:*265*, 13:*276*

Filley, J., **21**:219, **21**:*238*, **24**:21, **24**:22, **24**:24, **24**:44, **24**:*50*, **24**:*51*
Filmore, K. L., **23**:299, **23**:*317*
Filomena, M., **14**:212, **14**:*338*
Finch, E. D., **16**:259, **16**:*262*
Finch, P., **24**:147, **24**:*201*
Finch, S., **17**:55, **17**:*60*
Finder, C. J., **13**:56, **13**:*77*, **13**:*79*
Findlay, D., **21**:22, **21**:*32*, **25**:236, **25**:*259*
Findlay, J., **25**:203, **25**:204, **25**:205, **25**:*260*
Findlay, J. B., **25**:123, **25**:171, **25**:174, **25**:175, **25**:176, **25**:178, **25**:180, **25**:181, **25**:182, **25**:183, **25**:185, **25**:189, **25**:192, **25**:238, **25**:240, **25**:*259*, **25**:*260*
Findley, J. B., **24**:185, **24**:186, **24**:187, **24**:*201*
Finer, E. G., **14**:260, **14**:*342*
Finer-Moore, J., **29**:88, **29**:*181*
Finholt, P., **23**:214, **23**:*264*
Fink, A. L., **23**:252, **23**:*263*, **24**:176, **24**:*199*
Fink, D. W., **12**:191, **12**:*217*
Fink, R. D., **8**:130, **8**:*148*
Finke, R. G., **23**:14, **23**:17, **23**:38, **23**:41, **23**:42, **23**:*59*, **23**:*60*
Finkelman, M. A. J., **31**:283, **31**:*387*
Finkelstein, M., **2**:190, **2**:*199*, **12**:11, **12**:13 **12**:43 **12**:56 **12**:57, **12**:60, **12**:61, **12**:64, **12**:113, **12**:114, **12**:115, **12**:*120*, **12**:*127*, **14**:34, **14**:*63*
Finkelstein, M. F., **18**:82, **18**:169, **18**:172, **18**:*182*
Finklea, H. O., **19**:93, **19**:*127*
Finley, K. T., **17**:109, **17**:*176*
Finley, R. L., **18**:58, **18**:*73*
Finn, F., **7**:201, **7**:*208*
Finnerty, M. A., **29**:310, **29**:311, **29**:*329*
Finnin, B. C., **32**:108, **32**:*120*
Finocchiaro, P., **13**:59, **13**:*81*, **25**:33, **25**:*89*
Finson, S. L., **19**:47, **19**:*126*
Fiocco, G., **3**:78, **3**:*84*
Fiordiponti, P., **14**:193, **14**:195, **14**:*198*, **14**:328, **14**:*350*
Fiorini, C., **32**:198, **32**:*211*
Fioshin, M. Ya, **10**:189, **10**:*221*, **12**:2, **12**:14, **12**:17, **12**:36, **12**:44, **12**:56, **12**:57, **12**:87, **12**:*116*, **12**:*120*, **12**:*128*, **13**:230, **13**:*269*
Fipula, D. R., **31**:283, **31**:*387*
Firestone, R. A., **23**:206, **23**:259, **23**:261, **23**:*264*
Firestone, R. F., **8**:126, **8**:*147*
Firla, T., **4**:307, **4**:*347*
Firment, L. E., **15**:119, **15**:*146*
Firoi, G., **12**:57, **12**:60, **12**:62, **12**:*121*
Firsova, L. P., **2**:*277*
Firstenberg, S., **9**:101(120b), **9**:*125*
Fischer, A., **13**:114, **13**:*150*, **18**:33, **18**:*73*, **29**:254, **29**:*267*
Fischer, C. M., **12**:18, **12**:*120*
Fischer, D. R., **26**:189, **26**:*252*
Fischer, E., **1**:218, **1**:264, **1**:*275*, **1**:*279*, **5**:315, **5**:*330*, **19**:157, **19**:*218*, **21**:3, **21**:28, **21**:*32*
Fischer E. H., **21**:19, **21**:*32*
Fischer, E-O., **7**:156, **7**:*204*
Fischer, E. O., **4**:267, **4**:*301*, **29**:205, **29**:217, **29**:*267*
Fischer, H., **5**:59, **5**:73, **5**:79, **5**:85, **5**:88, **5**:98, **5**:100, **5**:101, **5**:102, **5**:111, **5**:*114*, **5**:*115*, **9**:256, **9**:*275*, **10**:54, **10**:56, **10**:57, **10**:73, **10**:76, **10**:79, **10**:82, **10**:84, **10**:85, **10**:86, **10**:87, **10**:94, **10**:95, **10**:105, **10**:106, **10**:110, **10**:121, **10**:*123*, **10**:*124*, **10**:*125*, **10**:*126*, **12**:256, **12**:289, **12**:*295*, **15**:28, **15**:*60*, **18**:43, **18**:44, **18**:*72*, **18**:*75*, **19**:50, **19**:51, **19**:85, **19**:*120*, **20**:31, **20**:45, **20**:*52*, **20**:201, **20**:*231*, **22**:120, **22**:126, **22**:127, **22**:*208*, **24**:194, **24**:*200*, **26**:149, **26**:170, **26**:*176*, **26**:*177*, **29**:216, **29**:*269*
Fischer, H. P., **6**:285, **6**:*327*, **14**:154, **14**:*202*
Fischer, J. P., **9**:158, **9**:*177*
Fischer, M., **8**:249, **8**:*260*
Fischer, P., **29**:233, **29**:*269*
Fischer, P. B., **7**:216, **7**:220, **7**:236, **7**:237, **7**:240, **7**:244, **7**:245, **7**:*257*, **14**:190, **14**:*197*
Fischer, P. H. H., **5**:66, **5**:*117*
Fischer, R. G., **31**:105, **31**:*141*
Fischer, S. F., **18**:110, **18**:*184*
Fischer, W., **27**:242, **27**:*289*
Fischer-Hjalmars, I., **13**:59, **13**:*79*

Fishbein, J. C., **27**:40, **27**:*53*
Fishbein, R., **13**:247, **13**:*268*, **16**:35, **16**:*47*, **20**:177, **20**:*183*, **23**:308, **23**:*317*
Fisher, A., **27**:45, **27**:*52*
Fisher, A. C., **32**:3, **32**:19, **32**:57, **32**:58, **32**:60, **32**:62, **32**:82, **32**:87, **32**:93, **32**:98, **32**:105, **32**:108, **32**:*115*, **32**:*116*, **32**:*117*, **32**:*120*
Fisher, H. F., **21**:7, **21**:8, **21**:*32*, **21**:*33*, **21**:*35*, **24**:103, **24**:*111*
Fisher, I. P., **6**:2, **6**:*59*, **7**:168, **7**:*204*, **9**:253, **9**:*275*
Fisher, J., **23**:252, **23**:*264*
Fisher, L. M., **28**:165, **28**:*170*
Fisher, L. P., **4**:158, **4**:*191*
Fisher, L. R., **3**:50, **3**:62, **3**:*79*, **17**:440, **17**:441, **17**:*483*, **17**:*485*
Fisher, M., **15**:173, **15**:204, **15**:208, **15**:250, **15**:*260*, **15**:*262*
Fisher, P. H. H., **25**:400, **25**:*444*
Fisher, R. A., **1**:226, **1**:*277*, **5**:130, **5**:*170*
Fisher, R. D., **11**:190, **11**:*224*, **14**:9, **14**:18, **14**:19, **14**:26, **14**:35, **14**:36, **14**:39, **14**:*66*, **14**:110, **14**:*131*, **27**:242, **27**:244, **27**:248, **27**:258, **27**:*289*, **27**:*291*, **31**:195, **31**:*247*
Fisher, R. R., **13**:335, **13**:336, **13**:342, **13**:*409*, **16**:256, **16**:*264*, **16**:*265*
Fishman, E., **2**:109, **2**:110, **2**:*159*
Fishman, P. H., **17**:273, **17**:*274*
Fisk, P. R., **28**:156, **28**:*170*
Fitch, A., **26**:39, **26**:*125*
Fitch, W. L., **17**:445, **17**:*486*
Fitches, H. J. M., **5**:128, **5**:141, **5**:145, **5**:146, **5**:153, **5**:160, **5**:*170*
Fite, C., **26**:232, **26**:239, **26**:*253*
Fitting, C., **21**:12, **21**:*32*
Fitton, P., **23**:42, **23**:43, **23**:*60*
Fitts, D. D., **6**:124, **6**:*180*
Fitzgerald, A., **17**:103, **17**:*177*
Fitzgerald, E. A., Jr., **13**:168, **13**:182, **13**:*269*
Fitzgerald, P. H., **23**:210, **23**:*266*
Fitzgerald, W. B., **24**:99, **24**:100, **24**:*106*
Fitzpatrick, F. W., **1**:20, **1**:*32*
Fitzsimmons, B. W., **19**:405, **19**:*425*
Fitzwater, S., **25**:38, **25**:*89*
Fixman, M., **14**:302, **14**:*342*
Fjeldberg, T., **25**:37, **25**:*89*

Flack, S. S., **31**:70, **31**:*82*
Flamm-ter Meer, M. A., **25**:36, **25**:*89*
Flanagan, J. B., **28**:2, **28**:*41*
Flanagan, M. E., **31**:383, **31**:*386*
Flanagan, P. W. K., **15**:42, **15**:*59*
Flannery, B. P., **32**:95, **32**:*119*
Fleet, G. W., **31**:295, **31**:*392*
Fleet, G. W. J., **24**:143, **24**:*201*
Fleischer, E. B., **13**:34, **13**:*79*, **17**:136, **17**:*176*, **32**:237, **32**:*265*
Fleischfresser, B. E., **13**:251, **13**:*269*
Fleischhauer, H., **14**:103, **14**:*131*, **27**:285, **27**:*290*
Fleischhaver, J., **25**:38, **25**:*96*
Fleischman, S. H., **25**:34, **25**:43, **25**:45, **25**:*87*, **25**:*89*
Fleischmann, M., **10**:156, **10**:158, **10**:164, **10**:165, **10**:169, **10**:172, **10**:174, **10**:177, **10**:178, **10**:184, **10**:189, **10**:191, **10**:194, **10**:196, **10**:197, **10**:201, **10**:202, **10**:211, **10**:218, **10**:219, **10**:*220*, **10**:*221*, **10**:*222*, **12**:2, **12**:4, **12**:12, **12**:41, **12**:43, **12**:44, **12**:48, **12**:50, **12**:51, **12**:56, **12**:57, **12**:64, **12**:65, **12**:87, **12**:99, **12**:*105*, **12**:*113*, **12**:*117*, **12**:*118*, **12**:*119*, **12**:*120*, **12**:*121*, **12**:*123*, **13**:157, **13**:234, **13**:*268*, **13**:*272*, **26**:18, **26**:*123*, **32**:3, **32**:63, **32**:64, **32**:*114*, **32**:*117*, **32**:*119*
Fleischmann, M. F., **18**:82, **18**:*177*
Fleming, A., **23**:166, **23**:*264*
Fleming, G. R., **19**:36, **19**:*118*, **25**:21, **25**:*94*
Fleming, I., **21**:100, **21**:*192*, **21**:219, **21**:*238*, **22**:347, **22**:352, **22**:*358*, **30**:182, **30**:*218*
Fleming, K. A., **11**:311, **11**:*384*, **13**:109, **13**:117, **13**:*149*, **14**:212, **14**:*339*
Flemon, W., **7**:175, **7**:*203*
Flesia, E., **31**:94, **31**:129, **31**:*137*
Fletcher, A. N., **9**:158, **9**:161, **9**:162, **9**:164, **9**:*177*
Fletcher, F. J., **11**:243, **11**:*264*
Fletcher, K., **13**:264, **13**:*269*
Fletcher, N., **31**:62, **31**:*81*
Fletcher, N. J., **27**:254, **27**:259, **27**:260, **27**:286, **27**:*291*
Fletcher, R., **6**:144, **6**:*180*
Fletcher, W. H., **8**:9, **8**:*77*

Flett, M. St. C., **3**:34, **3**:*84*
Fletterick, R. J., **31**:277, **31**:311, **31**:382, **31**:*392*
Fleurke, K. H., **5**:65, **5**:*115*
Flexser, L. A., **13**:91, **13**:*150*
Flezia, E., **17**:16, **17**:26, **17**:47, **17**:*59*, **17**:*60*
Flicker, M., **10**:69, **10**:*125*
Flippen, J., **30**:187, **30**:*218*
Flippin, L. A., **21**:236, **21**:*238*, **24**:20, **24**:*52*
Flipse, M. C., **32**:166, **32**:179, **32**:188, **32**:199, **32**:*211*, **32**:*215*, **32**:*216*
Flis, I. E., **16**:41, **16**:*48*
Fliszár, S., **24**:114, **24**:*204*
Flitsch, W., **28**:173, **28**:203, **28**:*206*
Flockhart, B. D., **13**:188, **13**:189, **13**:191, **13**:*269*, **13**:*276*
Flohe, L., **13**:360, **13**:*409*, **13**:*410*
Flood, E., **25**:43, **25**:*89*
Flood, S., **14**:121, **14**:*130*
Flood, S. H., **1**:52, **1**:54, **1**:72, **1**:74, **1**:75, **1**:76, **1**:77, **1**:134, **1**:*153*, **2**:172, **2**:173, **2**:180, **2**:*199*, **4**:*145*
Flook, A. G., **8**:290, **8**:*404*
Florence, A. T., **8**:272, **8**:280, **8**:281, **8**:377, **8**:395, **8**:*399*
Flores, C. L., **31**:103, **31**:*137*
Florin, R. E., **5**:68, **5**:69, **5**:*118*
Floris, B., **26**:319, **26**:*369*
Flörsheimer, M., **32**:123, **32**:135, **32**:158, **32**:*209*
Flory, K., **7**:182, **7**:*206*
Flory, P. J., **6**:106, **6**:107, **6**:108, **6**:111, **6**:112, **6**:113, **6**:114, **6**:118, **6**:119, **6**:120, **6**:121, **6**:124, **6**:127, **6**:129, **6**:130, **6**:131, **6**:132, **6**:157, **6**:158, **6**:159, **6**:161, **6**:162, **6**:170, **6**:171, **6**:172, **6**:178, **6**:*179*, **6**:*180*, **6**:*181*, **6**:*183*, **6**:184, **13**:59, **13**:*80*, **15**:248, **15**:*266*, **22**:10, **22**:64, **22**:65, **22**:70, **22**:71, **22**:74, **22**:83, **22**:*108*, **22**:*109*, **22**:*110*, **22**:219, **22**:220, **22**:*302*, **25**:31, **25**:*84*
Floss, H. G., **16**:89, **16**:*156*
Flott, H., **25**:38, **25**:*96*
Flouquet, J., **26**:227, **26**:*246*
Flournoy, J. M., **1**:162, **1**:*201*, **14**:*202*
Flowers, M. C., **4**:153, **4**:155, **4**:165, **4**:168, **4**:*191*, **4**:*192*

Flowers, R. H., **9**:6, **9**:9, **9**:*23*
Floyd, B. H., **26**:299, **26**:303, **26**:*378*
Floyd, R. A., **17**:25, **17**:51, **17**:52, **17**:55, **17**:*60*, **17**:*62*
Fluder, E. M., **32**:228, **32**:*262*
Fluendy, M. A. D., **4**:25, **4**:*27*, **18**:17, **18**:18, **18**:*71*
Flurry, Jr., R. L., **4**:294, **4**:295, **4**:296, **4**:*301*, **29**:226, **29**:228, **29**:*267*
Flurry, R. L., **12**:203, **12**:207, **12**:*217*, **13**:54, **13**:*79*
Flygare, W. H., **16**:243, **16**:*262*, **25**:12, **25**:*85*, **25**:*87*, **25**:*91*, **25**:*92*
Flynn, E. H., **23**:189, **23**:205, **23**:*264*
Flynn, J. J., **17**:136, **17**:*175*
Flynn, J. Jr., **7**:79, **7**:*110*
Flytzams, C., **16**:224, **16**:*231*
Flytzanis, C., **32**:136, **32**:*211*
Foces-Foces, C., **32**:240, **32**:242, **32**:*262*, **32**:*263*, **32**:*264*, **32**:*265*
Fochi, R., **11**:364, **11**:*385*
Fodor, G., **5**:12, **5**:*52*, **21**:45, **21**:*95*
Foffani, A., **1**:406, **1**:*420*
Fogelzang, E. N., **7**:15, **7**:30, **7**:31, **7**:*114*
Fogg, A. G., **32**:45, **32**:*119*
Fogle, P. T., **16**:256, **16**:*265*
Foglesong, W. D., **19**:269, **19**:275, **19**:*368*
Fojtik, A., **12**:256, **12**:263, **12**:268, **12**:289, **12**:*293*, **12**:*294*
Fok, N. V., **31**:95, **31**:*137*
Fokin, E. P., **20**:223, **20**:*231*
Földes-Bereznykh, T., **9**:130, **9**:145, **9**:*177*
Foldvary, P., **12**:226, **12**:*291*
Folest, J.-C., **26**:116, **26**:*125*
Foley, J. W., **17**:124, **17**:*174*
Folin, M., **19**:53, **19**:*119*
Follonier, S., **32**:123, **32**:*211*
Follweiler, D. M., **19**:353, **19**:*368*
Foltz, R. L., **5**:391, **5**:*396*, **7**:175, **7**:*204*
Fomin, G. V., **17**:52, **17**:*60*, **18**:82, **18**:*176*
Foner, S. N., **9**:135, **9**:*177*
Fong, F. K., **19**:92, **19**:*119*, **23**:129, **23**:*159*
Fong, G. D., **19**:92, **19**:*119*
Fonken, G. J., **6**:7, **6**:*59*, **6**:206, **6**:*326*, **6**:*331*
Fonor, S. N., **1**:306, **1**:*360*

Fontaine, A. E., **8:***261*
Fontaine, C., **17:**56, **17:***60*
Font-Altaba, M., **25:**275, **25:**395, **25:***443*, **25:***445*
Fontana, A., **32:**82, **32:***117*
Fontana, B., **1:**11, **1:***33*
Fontana, S., **29:**217, **29:***267*
Font Freide, J. J. H. M., **25:**193, **25:***259*
Foohey, K., **24:**96, **24:**98, **24:***106*
Foon, R., **14:**320, **14:**321, **14:***342*
Foote, C. S., **10:**141, **10:***152*, **11:**186, **11:***223*, **18:**138, **18:***177*, **19:**77, **19:**78, **19:**80, **19:***118*, **19:***123*, **19:***127*, **20:**109, **20:***183*
Forbes, G. S., **6:**12, **6:***59*
Forbes, W. F., **5:**72, **5:***115*, **13:**164, **13:**166, **13:**211, **13:***268*, **13:***269*, **13:***277*
Forchioni, A., **16:**254, **16:***261*
Forcolin, A. E., **29:**170, **29:***179*
Ford, D. A., **31:**58, **31:***83*
Ford, M. E., **15:**247, **15:***263*
Ford, R. A., **13:**70, **13:***79*, **18:**46, **18:***71*
Ford, T. A., **6:**86, **6:***98*, **14:**232, **14:***341*, **14:***342*
Ford, T. M., **19:**275, **19:**278, **19:***375*, **19:***376*
Ford, W. G. K., **1:**105, **1:***150*, **27:**19, **27:***52*
Ford, W. T., **6:**248, **6:**307, **6:***326*, **15:**175, **15:**176, **15:**238, **15:***261*, **15:***262*, **16:**252, **16:***262*
Fordham, W. D., **25:**134, **25:***259*
Foreman, M. I., **7:**218, **7:**220, **7:**225, **7:**231, **7:**236, **7:**237, **7:**239, **7:***256*
Foreman, T. K., **22:**294, **22:***300*
Fork, R. L., **15:**105, **15:***150*
Forkey, D. M., **11:**363, **11:***383*
Forlano, P., **32:**40, **32:***117*
Forman, A., **1:**294, **1:**301, **1:**302, **1:***360*, **13:**196, **13:**203, **13:**213, **13:**218, **13:**219, **13:**235, **13:***269*
Forman, L. E., **2:**180, **2:***198*
Formaro, L., **12:**57, **12:**60, **12:**62, **12:***121*
Fornarini, S., **27:**207, **27:***234*
Fornasier, R., **17:**280, **17:**331, **17:**332, **17:***426*, **17:**452, **17:**454, **17:***482*, **22:**259, **22:**261, **22:**262, **22:**265, **22:**286, **22:**288, **22:***299*, **22:***303*, **29:**31, **29:**32, **29:**33, **29:**43, **29:**55, **29:***64*, **29:***65*, **29:**77

Fornier de Violet, Ph., **19:**13, **19:**89, **19:**90, **19:***118*
Forno, A. E. J., **18:**120, **18:***177*
Forrest, G. C., **21:**40, **21:***95*
Forrester, A. R., **8:**377, **8:***400*, **17:**5, **17:**10, **17:**11, **17:**16, **17:**18, **17:**23, **17:**24, **17:**38, **17:***60*, **25:**402, **25:**403, **25:***443*, **26:**146, **26:***176*, **26:**197, **26:**232, **26:***247*, **31:**93, **31:**130, **31:***138*
Forrester, J., **19:**14, **19:**100, **19:***116*
Forschult, S., **31:**123, **31:***139*
Forse, G. R., **3:**124, **3:***183*
Forsén, S., **3:**224, **3:**225, **3:**226, **3:**262, **3:***266*, **4:**336, **4:***345*, **19:**236, **19:***371*, **21:**44, **21:***95*, **22:**136, **22:**137, **22:**138, **22:**141, **22:**142, **22:***206*, **22:***207*, **22:***208*, **23:**71, **23:**82, **23:**129, **23:***159*, **25:**6, **25:**10, **25:***87*, **25:***90*, **26:**271, **26:**275, **26:**292, **26:**293, **26:**294, **26:**303, **26:**310, **26:**316, **26:**323, **26:**324, **26:**338, **26:***368*, **26:***371*, **26:***372*, **26:***374*
Forsèn, S., **18:**2, **18:**46, **18:***73*
Forsen, S., **16:**247, **16:**248, **16:***262*, **16:***264*
Forshult, S., **17:**2, **17:**42, **17:**49, **17:**52, **17:***61*
Forster, D., **23:**38, **23:**39, **23:**56, **23:***60*
Förster, T., **12:**132, **12:**134, **12:**144, **12:**145, **12:**155, **12:**157, **12:**159, **12:**170, **12:**197, **12:**198, **12:***217*, **32:**187, **32:***211*
Forster, W., **21:**154, **21:***192*
Forsyth, D. A., **14:**111, **14:***129*, **19:**263, **19:**264, **19:**318, **19:***376*, **23:**64, **23:**72, **23:**148, **23:***159*
Forsythe, P., **11:**315, **11:**351, **11:***386*
Fort, A., **16:**184, **16:***231*, **32:**167, **32:**186, **32:**187, **32:**191, **32:**193, **32:***208*, **32:***209*, **32:***214*, **32:***215*
Fort, R. C., **14:***63*
Fort, R. C. Jr., **11:**217, **11:**221, **11:***224*, **19:**292, **19:***378*
Fortier, J. -L., **14:**242, **14:**265, **14:**266, **14:**270, **14:***342*, **14:***346*
Forys, M., **2:***277*
Fossel, E. T., **16:**247, **16:***262*, **29:**300, **29:***326*

Fosset, B., **32**:96, **32**:*114*, **32**:*117*
Fost, J., **32**:105, **32**:*119*
Foster, D. M., **11**:69, **11**:70, **11**:*118*
Foster, M. J., **14**:302, **14**:333, **14**:*336*, **14**:*338*
Foster, M., **18**:202, **18**:*237*
Foster, N. G., **6**:37, **6**:*59*
Foster, R., **4**:258, **4**:*301*, **7**:215, **7**:216, **7**:217, **7**:218, **7**:219, **7**:220, **7**:222, **7**:223, **7**:224, **7**:225, **7**:226, **7**:227, **7**:231, **7**:235, **7**:236, **7**:237, **7**:239, **7**:252, **7**:*255*, **7**:*256*, **13**:175, **13**:177, **13**:179, **13**:185, **13**:*269*, **14**:175, **14**:*198*, **29**:186, **29**:*267*
Fouad, M. G., **16**:15, **16**:17, **16**:*49*, **19**:394, **19**:*427*
Foucault, A., **12**:48, **12**:49, **12**:*116*
Fouchet, C., **13**:393, **13**:394, **13**:*406*
Foulds, A. W., **28**:158, **28**:*170*
Foulger, B., **19**:14, **19**:100, **19**:*116*
Fourche, G., **22**:217, **22**:271, **22**:*299*
Fournet, G., **8**:282, **8**:285, **8**:*400*
Fournier, J., **13**:59, **13**:*79*, **13**:*82*
Fowden, L., **5**:225, **5**:226, **5**:227, **5**:*233*, **13**:73, **13**:*78*
Fowells, W., **15**:252, **15**:*253*, **15**:*255*, **15**:*256*, **15**:*262*, **15**:*264*
Fowkes, F. M., **8**:290, **8**:*400*
Fowler, D. L., **14**:229, **14**:*342*
Fowler, F. W., **6**:277, **6**:*326*, **14**:43, **14**:*63*
Fowler, J. S., **7**:43, **7**:44, **7**:45, **7**:46, **7**:50, **7**:55, **7**:58, **7**:*111*
Fowler, R. H., **14**:207, **14**:*338*, **16**:2, **16**:3, **16**:*48*
Fox, I. R., **9**:165, **9**:*182*
Fox, J. J., **1**:207, **1**:*277*, **6**:86, **6**:*99*,
Fox, J. P., **27**:207, **27**:210, **27**:*234*
Fox, J. R., **5**:124, **5**:133, **5**:141, **5**:144, **5**:146, **5**:153, **5**:157, **5**:*169*, **5**:*170*, **14**:107, **14**:108, **14**:109, **14**:*127*, **32**:291, **32**:294, **32**:321, **32**:*380*
Fox, L. S., **26**:20, **26**:*125*
Fox, M. A., **19**:87, **19**:*119*, **20**:116, **20**:117, **20**:211, **20**:*183*, **20**:*230*, **25**:385, **25**:*443*, **26**:78, **26**:*125*, **28**:17, **28**:21, **28**:*41*, **31**:117, **31**:119, **31**:*138*
Fox, M. F., **14**:210, **14**:218, **14**:325, **14**:*338*, **14**:*342*, **22**:132, **22**:*211*
Fox, M. S., **2**:210, **2**:*274*

Fox, R. E., **4**:40, **4**:*70*
Fox, T. G., **15**:252, **15**:*262*
Fox, T. L., **25**:230, **25**:*259*
Fox, W. M., **5**:83, **5**:86, **5**:*115*
Foy, C. L., **8**:272, **8**:*400*
Fraenkel, G., **2**:147, **2**:*159*, **3**:232, **3**:233, **3**:253, **3**:254, **3**:*266*, **5**:266, **5**:*327*, **6**:264, **6**:*326*, **11**:123, **11**:127, **11**:128, **11**:133, **11**:135, **11**:136, **11**:137, **11**:138, **11**:148, **11**:166, **11**:167, **11**:173, **11**:*174*, **11**:*175*, **11**:292, **11**:331, **11**:*386*, **17**:361, **17**:*426*, **21**:41, **21**:*95*, **25**:10, **25**:62, **25**:*88*, **25**:*91*
Fraenkel, G. K., **1**:293, **1**:355, **1**:*360*, **1**:*361*, **1**:*362*, **1**:*363*, **5**:55, **5**:66, **5**:76, **5**:94, **5**:99, **5**:104, **5**:106, **5**:112, **5**:113, **5**:*114*, **5**:*115*, **5**:*116*, **5**:*117*, **5**:*118*, **5**:*119*, **12**:12, **12**:*126*, **13**:158, **13**:211, **13**:*271*, **18**:120, **18**:*183*, **28**:21, **28**:22, **28**:23, **28**:*41*
Fraenkel, W., **5**:337, **5**:*395*
Fragalá, I. L., **32**:171, **32**:191, **32**:196, **32**:*210*
Frahm, J., **22**:291, **22**:297, **22**:*302*, **22**:*307*
Frainier, L., **15**:42, **15**:*59*
Frajerman, C., **15**:257, **15**:*261*
Frampton, R., **11**:315, **11**:351, **11**:*386*
Frampton, R. D., **32**:324, **32**:*380*
Franchimont, E., **6**:310, **6**:*331*
Francis, J. M., **7**:118, **7**:*149*
Franck, E. U., **14**:229, **14**:*342*
Franck, J., **1**:374, **1**:375, **1**:386, **1**:392, **1**:394, **1**:396, **1**:401, **1**:403, **1**:414, **1**:*420*, **4**:36, **4**:*70*
Franck, R. W., **19**:108, **19**:*118*, **24**:151, **24**:*201*, **25**:75, **25**:*84*, **25**:*89*
Francl, M. M., **25**:179, **25**:*262*, **31**:203, **31**:*244*
Franco, C., **22**:244, **22**:293, **22**:296, **22**:*306*, **22**:*307*
Francois, H., **32**:70, **32**:79, **32**:*116*, **32**:*119*
Franconi, C., **2**:147, **2**:*159*, **3**:232, **3**:233, **3**:253, **3**:254, **3**:*266*, **11**:331, **11**:*386*, **13**:361, **13**:*414*
Frangopol, P. T., **11**:377, **11**:*383*
Frank, A. J., **19**:100, **19**:*119*
Frank, A. W., **7**:29, **7**:*110*
Frank, D. S., **9**:27(43), **9**:29(43), **9**:*123*

Frank, H. F., 13:143, 13:*150*
Frank, H. S., 1:14, 1:*32*, 5:146, 5:*170*,
  6:141, 6:*180*, 8:274, 8:*400*, 14:207,
  14:209, 14:217, 14:222, 14:236,
  14:237, 14:241, 14:248, 14:250,
  14:259, 14:260, 14:261, 14:263,
  14:*342*
Frank, J. K., 15:82, 15:*146*
Frank, M. J., 23:207, 23:215, 23:*262*
Frank, S. N., 13:208, 13:*269*
Frank, W. C., 7:25, 7:*112*
Frank, W., 30:103, 30:*115*
Franke, L., 5:341, 5:*396*
Franke, R., 30:118, 30:*169*
Frankel, L. S., 27:280, 27:*288*
Franken, W., 17:13, 17:*63*
Frankevich, E. L., 8:112, 8:*149*
Frankevich, Ye. L., 8:241, 8:*268*
Frankham, D. B., 7:155, 7:180, 7:*203*
Frankland, P. F., 6:187, 6:301, 6:*326*
Franklin, E. C., 1:157, 1:*197*
Franklin, J. F., 14:205, 14:*342*
Franklin, J. L., 4:305, 4:306, 4:307,
  4:*345*, 8:119, 8:125, 8:126, 8:*147*,
  8:*148*, 8:169, 8:176, 8:181, 8:183,
  8:184, 8:187, 8:188, 8:189, 8:190,
  8:191, 8:194, 8:*264*, 8:*267*, 13:136,
  13:*150*, 18:123, 18:*177*, 21:198,
  21:*238*
Franklin, L. K., 16:258, 16:*261*
Franklin, N. L., 5:130, 5:*169*
Franklin, T. C., 10:166, 10:*222*
Franks, F., 5:*170*, 5:180, 5:185, 5:*233*,
  8:305, 8:*399*, 14:209, 14:217,
  14:223, 14:230, 14:234, 14:238,
  14:244, 14:246, 14:250, 14:251,
  14:252, 14:253, 14:255, 14:260,
  14:261, 14:262, 14:282, 14:283,
  14:298, 14:299, 14:301, 14:310,
  14:311, 14:*341*, 14:*342*, 14:*343*,
  14:*350*, 14:*351*, 27:243, 27:279,
  27:*289*
Franks, S., 23:7, 23:*60*
Frankson, J., 22:239, 22:*301*
Fransdorf, H. K., 17:280, 17:282,
  17:284, 17:286–9, 17:303, 17:307,
  17:*426*, 17:*431*
Franssen, O., 32:188, 32:*215*
Franz, K., 1:402, 1:*420*
Franzen, V., 7:155, 7:192, 7:193, 7:200,
  7:*204*
Fraser, G. W., 9:27(27), 9:*122*
Fraser, M., 5:65, 5:*114*, 11:360, 11:361,
  11:362, 11:*386*
Fraser, R. D. B., 6:172, 6:*180*
Fraser, R. R., 15:244, 15:*262*, 18:24,
  18:*73*
Fraser, S., 22:62, 22:74, 22:*109*
Frasson, E., 1:235, 1:*277*
Frater, R., 27:37, 27:39, 27:*53*
Fratev, F., 12:207, 12:*220*
Fraunfelder, H., 26:20, 26:*125*
Fray, G. I., 19:100, 19:101, 19:*114*
Frayer, P., 15:93, 15:*147*
Frazza, E. J., 7:8, 7:41, 7:44, 7:47, 7:50,
  7:54, 7:57, 7:64, 7:*113*
Frearson, M. J., 8:224, 8:*264*
Fréchet, J. M. J., 32:181, 32:*208*
Fredell, W. G., 8:321, 8:329, 8:*404*
Fredenhagen, K., 4:233, 4:235, 4:244,
  4:248, 4:251, 4:*301*
Frederich, E. C., 14:179, 14:*202*
Frederick, G. D., 28:217, 28:*289*
Fredga, A., 28:103, 28:*136*
Fredin, L., 30:28, 30:*57*, 30:*58*
Fredlein, R. A., 28:158, 28:159, 28:*170*
Freed, D. J., 13:212, 13:225, 13:226,
  13:*269*
Freed, J. H., 5:106, 5:112, 5:113, 5:*115*,
  10:121, 10:*127*, 28:21, 28:22, 28:23,
  28:*41*
Freedman, A., 20:196, 20:*230*, 25:104,
  25:117, 25:*260*, 27:30, 27:*53*
Freedman, H. H., 6:204, 6:*326*, 11:149,
  11:150, 11:*175*, 15:225, 15:226,
  15:*262*, 15:264
Freedman, I., 11:308, 11:*390*
Freedman, M. H., 13:349, 13:352,
  13:360, 13:367, 13:370, 13:371,
  13:372, 13:373, 13:381, 13:*408*,
  13:*409*, 13:*412*, 13:*413*
Freeman, D. J., 23:284, 23:285, 23:*317*
Freeman, E. S., 1:332, 1:339, 1:353,
  1:*361*
Freeman, F., 28:209, 28:*289*
Freeman, G. R., 27:263, 27:264, 27:*290*
Freeman, J. P., 6:232, 6:*326*, 7:43, 7:45,
  7:48, 7:*110*
Freeman, N. J., 26:275, 26:277, 26:310,
  26:311, 26:313, 26:315, 26:316,

26:*370*, 26:*371*
Freeman, P. K., **19**:297, **19**:298, **19**:*371*
Freeman, R., **3**:224, **3**:*266*, **13**:281, **13**:283, **13**:364, **13**:*409*
Freeman, S., **25**:104, **25**:117, **25**:*259*, **27**:30, **27**:*53*
Freemantle, D. J., **14**:*341*
Fréhel, D., **24**:114, **24**:161, **24**:162, **24**:192, **24**:*200*
Frei, Y. F., **3**:144, **3**:*183*
Freiberg, L. A., **13**:59, **13**:63, **13**:*77*
Freidhoff, C. B., **24**:37, **24**:*51*
Freidlina, R. Kh., **17**:35, **17**:38, **17**:44, **17**:55, **17**:*60*
Freilich, S. C., **19**:85, **19**:*126*, **24**:68, **24**:*107*
Freinkel, N., **25**:245, **25**:246, **25**:*258*
Freiser, B. S., **18**:152, **18**:*182*, **24**:43, **24**:44, **24**:*52*
Freitag, G., **29**:233, **29**:*266*
Freitag, W., **25**:34, **25**:*89*
Frejaville, C., **31**:95, **31**:*137*
French, D., **21**:29, **21**:*32*
French, D. M., **4**:6, **4**:9, **4**:*29*
French, T. C., **21**:23, **21**:*32*
French, W. G., **10**:192, **10**:*223*
Frenkel, J., **16**:163, **16**:*232*
Frenkiel, L., **22**:34, **22**:*110*
Frensch, K., **17**:290, **17**:301, **17**:*426*
Frensdorff, H. K., **13**:394, **13**:395, **13**:396, **13**:*413*, **14**:182, **14**:*201*, **15**:164, **15**:177, **15**:*262*, **15**:*264*
Frère, J.-M., **23**:177, **23**:180, **23**:182, **23**:184, **23**:207, **23**:252, **23**:*262*, **23**:*263*, **23**:*264*, **23**:*265*, **23**:*266*
Frère, Y., **17**:293, **17**:303, **17**:*427*
Fresnet, P., **28**:211, **28**:215, **28**:234, **28**:*288*
Fretz, E. R., **17**:174, **17**:*176*, **19**:351, **19**:352, **19**:*370*, **23**:133, **23**:*159*, **29**:292, **29**:*325*
Freudenberg, B., **10**:98, **10**:*127*
Freund, H. G., **8**:27, **8**:*75*
Freundlich, H., **17**:258, **17**:*276*
Frevel, L. K., **26**:299, **26**:*371*
Frey, A. J., **21**:41, **21**:*96*
Frey, H. M., **2**:260, **2**:261, **2**:271, **2**:*274*, **4**:151, **4**:153, **4**:155, **4**:159, **4**:161, **4**:162, **4**:165, **4**:166, **4**:167, **4**:168, **4**:175, **4**:185, **4**:188, **4**:*191*, **4**:*192*,

6:293, **6**:*324*, **7**:154, **7**:174, **7**:177, **7**:188, **7**:189, **7**:193, **7**:*204*, **7**:*205*, **22**:314, **22**:*358*
Frey, M. H., **32**:233, **32**:*263*
Frey, M. R., **22**:279, **22**:*304*
Frey, P. A., **25**:114, **25**:116, **25**:*259*
Frey, W. F., **24**:30, **24**:*51*
Freyberg, D. P., **26**:261, **26**:262, **26**:267, **26**:297, **26**:*367*
Freyer, A. J., **29**:301, **29**:304, **29**:*327*, **29**:*329*
Freytag, C., **23**:308, **23**:*319*
Friboulet, A., **31**:382, **31**:*387*
Fric, I., **29**:107, **29**:*183*
Frick, L., **29**:2, **29**:60, **29**:*69*, **29**:92, **29**:*183*
Frick, W. G., **25**:42, **25**:*94*
Fridovich, I., **12**:291, **12**:*295*, **21**:20, **21**:*32*
Friebolin, H., **3**:236, **3**:237, **3**:241, **3**:*266*, **3**:*267*
Fried, J., **13**:228, **13**:*269*
Fried, J. H., **7**:15, **7**:107, **7**:*112*
Friedel, M. C., **4**:*345*
Frieden, C., **24**:102, **24**:*109*, **31**:213, **31**:214, **31**:*245*
Friederang, A., **9**:212, **9**:*275*
Friedhelm, G., **4**:254, **4**:*302*
Friedlander, P. H., **1**:254, **1**:255, **1**:*277*
Friedli, A. C., **32**:180, **32**:*213*
Friedman, A. J., **17**:69, **17**:70, **17**:*176*
Friedman, D. S., **31**:203, **31**:*244*
Friedman, G., **15**:123, **15**:125, **15**:126, **15**:*146*
Friedman, H. L., **5**:187, **5**:190, **5**:*235*, **14**:52, **14**:*64*, **14**:208, **14**:218, **14**:238, **14**:240, **14**:241, **14**:242, **14**:243, **14**:245, **14**:246, **14**:247, **14**:251, **14**:252, **14**:254, **14**:255, **14**:261, **14**:266, **14**:270, **14**:271, **14**:275, **14**:301, **14**:304, **14**:*342*, **14**:*343*, **14**:*345*, **14**:*346*, **14**:*349*, **14**:*352*
Friedman, J., **14**:163, **14**:*199*
Friedman, J. M., **25**:104, **25**:117, **25**:118, **25**:*257*, **25**:*259*, **27**:30, **27**:*53*
Friedman, L., **2**:142, **2**:*160*, **3**:175, **3**:*183*, **5**:388, **5**:390, **5**:391, **5**:*395*, **5**:*396*, **6**:8, **6**:17, **6**:23, **6**:*60*, **8**:*147*, **8**:169,

8:*264*, 19:417, 19:*426*, 21:198, 21:*239*
Friedman, Lester, 7:153, 7:173, 7:175, 7:*203*, 7:*204*, 7:*205*, 7:*208*
Friedman, Lewis, 7:284, 7:*328*
Friedman, M., 11:25, 11:*120*, 27:222, 27:*235*
Friedman, N., 15:92, 15:*146*
Friedmann, J., 9:132, 9:*178*
Friedmann, M., 24:122, 24:123, 24:*203*
Friedrich, D. M., 22:146, 22:*212*
Friedrich, E. C., 19:302, 19:*379*, 29:280, 29:*331*
Friedrich, H. B., 29:228, 29:*267*
Friedrich, J., 32:222, 32:250, 32:*263*
Friedrich, P., 18:114, 18:*177*, 20:161, 20:*184*
Friedrich, S., 32:239, 32:*263*
Friedrich, S. S., 9:145, 9:*177*
Fries, K., 2:180, 2:*198*
Fries, R. W., 23:25, 23:*61*
Friesen, K. J., 16:250, 16:*261*
Friesen, W. I., 15:87, 15:*146*
Friess, S. L., 22:114, 22:*208*
Frimer, A., 17:358, 17:*426*
Frisbee, R. D., 26:18, 26:*123*
Frisch, H. L., 32:164, 32:*208*
Frisch, L., 13:323, 13:*409*
Frisch, M. J., 25:25, 25:*91*, 26:296, 26:297, 26:*370*
Frisch, R. P., 1:413, 1:*423*
Frisone, G. J., 14:35, 14:*63*, 27:258, 27:*289*, 31:198, 31:*244*
Frith, P. G., 20:2, 20:*52*
Fritsch, D., 28:116, 28:*136*
Fritsch, J., 26:265, 26:*379*
Fritsch, J. M., 5:66, 5:*115*, 10:211, 10:*224*, 12:10, 12:43, 12:53, 12:81, 12:*121*, 12:*124*, 13:195, 13:203, 13:204, 13:205, 13:207, 13:*269*, 13:*273*, 13:*276*, 19:147, 19:*219*, 20:61, 20:*188*
Fritsch, N., 24:77, 24:*106*
Fritz, F., 20:161, 20:*184*
Fritz, H., 16:249, 16:*262*, 19:103, 19:*121*, 25:33, 25:78, 25:79, 25:*86*, 25:*89*, 26:168, 26:*176*
Fritz, H. P., 18:114, 18:*177*
Fritze, P., 7:82, 7:*114*

Fritzsche, H., 13:339, 13:*409*
Fritzsche, K., 26:152, 26:*176*
Froelicher, S. W., 24:43, 24:44, 24:*52*
Froemsdorf, D. H., 3:114, 3:*121*, 5:388, 5:*396*
Froimowitz, M., 13:59, 13:*79*
Frolich, W., 29:310, 29:*326*
Fromageot, P., 13:352, 13:*414*
Fromherz, P., 22:219, 22:220, 22:221, 22:252, 22:265, 22:*303*
Fromm, J., 14:265, 14:*343*, 14:*352*
Fronczek, A. D., 30:83, 30:*114*
Frost, A. A., 1:12, 1:13, 1:17, 1:23, 1:*32*, 5:145, 5:*170*, 8:292, 8:*400*
Frost, D. C., 4:41, 4:*70*, 29:310, 29:311, 29:*325*
Frost, L. N., 11:46, 11:*119*, 17:231, 17:*277*
Frucht, M., 25:80, 25:*92*
Fruge, D. R., 19:92, 19:*119*
Frumkin, A. N., 10:168, 10:185, 10:*222*, 12:22, 12:*119*
Frurip, D. J., 26:64, 26:*124*
Frush, H. L., 2:78, 2:*89*
Fruton, J. S., 5:296, 5:*327*
Fry, A., 3:143, 3:151, 3:156, 3:*184*, 3:*186*, 5:152, 5:*170*, 5:325, 5:*328*, 21:155, 21:*193*, 22:251, 22:*303*, 27:6, 27:*52*, 31:167, 31:169, 31:181, 31:182, 31:*244*, 31:*247*
Fry, A. J., 10:163, 10:*222*, 12:2, 12:29, 12:95, 12:97, 12:105, 12:108, 12:111, 12:*121*, 12:*127*, 13:198, 13:*269*, 18:93, 18:94, 18:*177*, 18:*178*, 19:156, 19:174, 19:192, 19:*218*, 26:56, 26:*124*, 28:14, 28:*41*
Fry, D. C., 25:230, 25:*259*
Fry, J. L., 8:140, 8:*147*, 10:34, 10:36, 10:*52*, 11:186, 11:192, 11:213, 11:*223*, 11:*224*, 13:74, 13:75, 13:*79*, 14:3, 14:8, 14:9, 14:10, 14:12, 14:23, 14:31, 14:34, 14:*63*, 14:*65*, 14:*66*, 14:110, 14:*131*, 21:146, 21:*192*, 28:270, 28:*290*
Frydman, B., 32:*238*, 32:239, 32:*263*
Frydman, L., 32:238, 32:239, 32:*263*
Frydman, N., 9:245, 9:*275*
Frye, C. L., 6:261, 6:*331*
Fryer, J. R., 15:113, 15:*146*
Fryxell, G. E., 26:78, 26:*125*

Fu, E., **31**:33, **31**:*82*
Fu, E. W., **29**:233, **29**:*267*
Fuchs, B., **24**:149, **24**:*201*
Fuchs, H., **12**:19, **12**:*122*, **29**:217, **29**:*268*
Fuchs, R., **14**:137, **14**:163, **14**:166, **14**:173, **14**:*198*, **14**:*199*, **14**:328, **14**:333, **14**:*343*, **21**:169, **21**:*192*
Fueno, T., **12**:56, **12**:*129*, **13**:187, **13**:232, **13**:*278*, **22**:157, **22**:*208*, **24**:83, **24**:*110*, **26**:197, **26**:210, **26**:229, **26**:230, **26**:*253*, **26**:332, **26**:*371*
Fuente, G., **25**:291, **25**:292, **25**:301, **25**:322, **25**:374, **25**:375, **25**:384, **25**:*440*, **25**:*442*
Fuentes-Aponte, A., **20**:128, **20**:*183*
Fuertes, A., **26**:243, **26**:*247*
Fuess, H., **22**:133, **22**:*208*, **26**:260, **26**:*374*
Fugassi, P., **1**:20, **1**:*31*, **3**:*101*, **3**:*122*
Fugihira, M., **31**:37, **31**:*84*
Fugitt, C. H., **8**:395, **8**:*405*
Fuhr, B. J., **25**:68, **25**:*89*
Fuhr, G., **32**:105, **32**:*119*
Fuhr, H., **18**:232, **18**:*237*
Fuhrhop, J-H., **13**:196, **13**:213, **13**:214, **13**:*270*
Fuhrmann, G., **6**:2, **6**:*61*
Fujii, A., **26**:222, **26**:*247*
Fujii, H., **17**:*64*, **17**:381, **20**:120, **20**:*181*
Fujii, I., **31**:262, **31**:263, **31**:294, **31**:300, **31**:305, **31**:382, **31**:*386*, **31**:*387*, **31**:*389*, **31**:*391*
Fujii, T., **32**:279, **32**:284, **32**:374, **32**:*385*
Fujiki, M., **29**:4, **29**:5, **29**:*65*
Fujimori, K., **19**:417, **19**:418, **19**:*427*
Fujimoto, H., **6**:202, **6**:216, **6**:222, **6**:224, **6**:242, **6**:246, **6**:261, **6**:272, **6**:273, **6**:*326*, **6**:*331*, **16**:81, **16**:*85*, **18**:168, **18**:*179*, **30**:216, **30**:*218*
Fujimoto, M., **22**:180, **22**:*212*, **23**:33, **23**:*61*, **26**:333, **26**:*379*
Fujimoto, N., **18**:170, **18**:*179*
Fujimoto, S., **32**:259, **32**:*265*
Fujinaga, T., **5**:66, **5**:94, **5**:*115*, **5**:*118*
Fujio, M., **27**:174, **27**:*235*, **32**:269, **32**:271, **32**:274, **32**:275, **32**:276, **32**:277, **32**:279, **32**:280, **32**:284, **32**:286, **32**:287, **32**:288, **32**:289, **32**:290, **32**:291, **32**:295, **32**:296, **32**:297, **32**:298, **32**:299, **32**:300, **32**:304, **32**:307, **32**:308, **32**:309, **32**:310, **32**:311, **32**:312, **32**:313, **32**:314, **32**:335, **32**:336, **32**:338, **32**:339, **32**:340, **32**:344, **32**:345, **32**:346, **32**:347, **32**:348, **32**:349, **32**:350, **32**:351, **32**:352, **32**:353, **32**:354, **32**:355, **32**:356, **32**:357, **32**:358, **32**:359, **32**:360, **32**:363, **32**:364, **32**:373, **32**:374, **32**:375, **32**:376, **32**:*380*, **32**:*381*, **32**:*382*, **32**:*383*, **32**:*385*
Fujisawa, H., **8**:305, **8**:*397*
Fujise, Y., **19**:367, **19**:*371*
Fujishige, S., **30**:126, **30**:*169*
Fujishima, A., **32**:8, **32**:*120*
Fujishima, S., **18**:33, **18**:*72*, **18**:*73*
Fujishiro, R., **14**:290, **14**:307, **14**:*348*
Fujita, I., **26**:193, **26**:211, **26**:*247*
Fujita, J., **22**:89, **22**:*109*
Fujita, K., **29**:27, **29**:29, **29**:*65*, **29**:76
Fujita, M., **32**:229, **32**:*264*
Fujita, N., **25**:231, **25**:235, **25**:*259*
Fujita, T., **19**:37, **19**:*125*, **23**:215, **23**:*265*, **29**:5, **29**:6, **29**:22, **29**:23, **29**:24, **29**:25, **29**:26, **29**:32, **29**:38, **29**:41, **29**:*65*, **29**:*67*, **29**:73, **29**:74
Fujitake, M., **30**:30, **30**:*57*
Fujiwara, F. Y., **22**:136, **22**:*208*, **26**:300, **26**:303, **26**:*371*
Fujiwara, H., **29**:5, **29**:*65*
Fujiwara, K., **19**:424, **19**:*424*, **20**:166, **20**:*180*
Fujiwara, S., **4**:4, **4**:9, **4**:*28*, **13**:372, **13**:380, **13**:381, **13**:*414*
Fujiwara, Y., **4**:4, **4**:9, **4**:*28*
Fujiyama, R., **32**:274, **32**:276, **32**:277, **32**:304, **32**:307, **32**:308, **32**:309, **32**:*383*
Fukatsu, H., **8**:383, **8**:*400*
Fukuda, M., **26**:225, **26**:*249*
Fukui, H., **26**:229, **26**:*253*
Fukui, K., **4**:85, **4**:90, **4**:101, **4**:103, **4**:107, **4**:108, **4**:109, **4**:111, **4**:112, **4**:114, **4**:*144*, **5**:203, **5**:*235*, **6**:202, **6**:210, **6**:216, **6**:217, **6**:222, **6**:224, **6**:242, **6**:246, **6**:272, **6**:273, **6**:275, **6**:*326*, **8**:18, **8**:*77*, **16**:81, **16**:*85*, **18**:168, **18**:*179*, **21**:103, **21**:173, **21**:*192*, **25**:8, **25**:*89*, **30**:133, **30**:*169*
Fukui, T., **13**:330, **13**:*410*
Fukumoto, T., **3**:180, **3**:*185*

Fukunaga, T., **17**:476, **17**:477, **17**:*486*, **24**:64, **24**:*107*, **29**:310, **29**:*331*
Fukushima, D., **17**:94, **17**:125, **17**:134, **17**:*179*, **17**:453, **17**:457, **17**:*487*, **19**:422, **19**:*427*
Fukushima, D. K., **2**:226, **2**:*273*
Fukusumi, S., **26**:12, **26**:*125*
Fukuto, T. R., **25**:197, **25**:*259*
Fukutome, H., **26**:200, **26**:*247*
Fukuya, K., **22**:263, **22**:285, **22**:*306*
Fukuyama, K., **19**:105, **19**:*123*
Fukuyama, M., **15**:42, **15**:*59*
Fukuyama, T., **13**:29, **13**:*80*
Fukuzumi, S., **18**:104, **18**:120, **18**:138, **18**:140, **18**:142, **18**:150, **18**:158, **18**:168, **18**:*178*, **20**:156, **20**:157, **20**:158, **20**:159, **20**:*184*, **21**:133, **21**:135, **21**:137, **21**:176, **21**:*192*, **21**:*193*, **24**:98, **24**:*107*, **28**:21, **28**:*41*, **28**:218, **28**:*289*, **29**:240, **29**:264, **29**:*267*
Fulcher, J., **19**:364, **19**:*371*, **29**:287, **29**:*326*
Fulian, Q., **32**:93, **32**:108, **32**:*117*
Fuller, D. L., **9**:129, **9**:130, **9**:*181*, **15**:25, **15**:*60*
Fuller, E. J., **8**:301, **8**:*400*
Fuller, G. B., **20**:147, **20**:*182*
Fuller, N. A., **5**:263, **5**:313, **5**:315, **5**:*326*, **14**:279, **14**:*339*
Fullington, J. G., **8**:291, **8**:298, **8**:299, **8**:300, **8**:307, **8**:308, **8**:309, **8**:310, **8**:311, **8**:314, **8**:334, **8**:373, **8**:*397*, **8**:*400*
Fulmer, R. W., **11**:352, **11**:353, **11**:*388*
Funakubo, E., **7**:196, **7**:*205*
Funasaka, W., **6**:207, **6**:*323*
Funasaki, N., **22**:229, **22**:230, **22**:296, **22**:*303*, **31**:384, **31**:*388*
Funatsu, K., **32**:269, **32**:295, **32**:297, **32**:298, **32**:300, **32**:*380*, **32**:*381*
Funck, T., **13**:395, **13**:398, **13**:399, **13**:406, **13**:*409*
Funderburk, L., **6**:95, **6**:*99*, **23**:254, **23**:*265*
Funderburk, L. H., **9**:143, **9**:166, **9**:*179*, **14**:154, **14**:*200*, **21**:71, **21**:72, **21**:73, **21**:78, **21**:83, **21**:*95*, **27**:110, **27**:113, **27**:*114*, **27**:176, **27**:213, **27**:*235*, **27**:*237*, **31**:212, **31**:229, **31**:*245*

Fünfschilling, J., **15**:118, **15**:*146*, **32**:172, **32**:*214*
Fünfschilling, P. C., **23**:65, **23**:*159*
Fung, C. H., **13**:373, **13**:374, **13**:*409*, **13**:*412*
Fung, D. S., **22**:215, **22**:*304*
Fung, H. L., **11**:22, **11**:*120*
Fung, K. W., **13**:217, **13**:*270*
Fung, L. W.-M., **19**:78, **19**:*126*, **20**:109, **20**:*188*
Fung, M. K., **9**:73(106c), **9**:77(106c), **9**:*125*
Funke, E., **19**:291, **19**:*378*
Funke, P. T., **8**:194, **8**:209, **8**:*261*, **8**:*263*
Funt, B. L., **13**:251, **13**:*277*
Fuoss, R. M., **14**:241, **14**:*346*, **15**:155, **15**:165, **15**:178, **15**:206, **15**:*260*, **15**:*262*, **15**:*264*, **15**:269, **15**:*328*, **29**:204, **29**:*267*
Furakawa, J., **15**:252, **15**:*262*
Furhop, J. H., **28**:116, **28**:*136*
Furlani, A., **26**:220, **26**:*247*
Furrer, H., **4**:189, **4**:*191*
Furter, W. F., **14**:307, **14**:*347*
Furtsch, T. A., **9**:118(132a), **9**:119(132a), **9**:*126*
Furukawa, N., **8**:212, **8**:*264*, **17**:92, **17**:*176*, **17**:*179*
Furukawa, Y., **19**:59, **19**:60, **19**:63, **19**:*125*
Furusaki, A., **19**:342, **19**:*371*
Furusawa, A., **32**:251, **32**:*263*
Furuta, H., **31**:58, **31**:*83*
Furutani, T. T., **29**:108, **29**:*180*
Fusi, A., **23**:11, **23**:15, **23**:16, **23**:44, **23**:48, **23**:*62*
Fusi, V., **30**:68, **30**:70, **30**:*112*
Fuson, N., **3**:34, **3**:*84*, **11**:285, **11**:*386*
Fuson, R. C., **9**:186, **9**:*279*
Futrell, J. H., **8**:115, **8**:119, **8**:132, **8**:138, **8**:*145*, **8**:*146*, **8**:*148*
Fuwa, K., **26**:299, **26**:*374*
Fydelor, P. J., **7**:127, **7**:*149*
Fyfe, C. A., **7**:215, **7**:216, **7**:217, **7**:218, **7**:219, **7**:220, **7**:222, **7**:223, **7**:225, **7**:226, **7**:227, **7**:231, **7**:235, **7**:236, **7**:237, **7**:239, **7**:240, **7**:252, **7**:*255*, **7**:*256*, **14**:175, **14**:*198*, **15**:93, **15**:*145*, **29**:281, **29**:282, **29**:283,

29:*325*, 32:222, 32:231, 32:*263*, 32:*265*
Fyfe, W. S., 26:300, 26:*371*

G

Gaaf, J., 13:159, 13:*265*
Gaamasa, M. P., 25:377, 25:*439*
Gaasbeck, C. J., 10:47, 10:*52*, 10:131, 10:132, 10:*152*, 19:246, 19:*372*
Gabe, E., 29:224, 29:226, 29:*266*
Gabe, E. J., 22:321, 22:350, 22:*360*, 26:238, 26:*248*
Gabibov, A. G., 31:382, 31:*391*
Gaboriaud, R., 14:213, 14:*343*, 26:341, 26:*372*
Gabriel, M. W., 25:33, 25:34, 25:*87*
Gabriel, S., 4:198, 4:222, 4:*301*
Gacek, M., 17:258, 17:*276*
Gadosy, T. A., 29:29, 29:39, 29:41, 29:42, 29:*69*, 29:79, 29:80
Gadru, K., 31:119, 31:*138*
Gadwood, R. C., 22:192, 22:*210*
Gaeta, F., 17:382, 17:389, 17:392–5, 17:397, 17:400–2, 17:405, 17:424, 17:*431*, 17:*433*
Gaetjens, E., 11:17, 11:36, 11:51, 11:79, 11:*119*, 17:230, 17:*276*, 21:27, 21:*32*
Gaeumann, T., 6:12, 6:*59*
Gaffield, N., 17:124, 17:*174*
Gafner, G., 1:233, 1:234, 1:*277*, 25:419, 25:*443*
Gafni, A., 7:46, 7:59, 7:*110*
Gagnaire, D., 9:111(122b), 9:112(122b), 9:115(122b), 9:*126*
Gagnon, J., 23:252, 23:*266*
Gaillard, E., 25:385, 25:*443*
Gaines, G. L., 19:93, 19:*119*, 28:48, 28:53, 28:54, 28:65, 28:68, 28:*136*
Gaines, S., 32:191, 32:*210*
Gajda, G. J., 23:91, 23:*159*
Gajek, K., 4:163, 4:*193*
Gajewski, J. J., 27:124, 27:231, 27:*235*
Gal, A., 7:99, 7:*113*, 9:237, 9:246, 9:247, 9:262, 9:270, 9:*278*, 14:108, 14:109, 14:*131*
Gal, J. F., 18:34, 18:*71*
Gal, J., 6:322, 6:*331*

Galat, A., 29:107, 29:*182*
Galbraith, A., 11:361, 11:*386*
Gale, L. H., 8:27, 8:*74*
Gale, P. A., 31:27, 31:37, 31:39, 31:41, 31:72, 31:77, 31:*81*, 31:*82*
Gali, S., 25:275, 25:304, 25:395, 25:*443*, 25:*445*
Galiano, F. R., 12:14, 12:*123*
Galiazzo, G., 19:53, 19:*119*
Galigne, J. L., 18:114, 18:*178*
Galimov, E. M., 20:49, 20:*52*
Gall, J. H., 21:50, 21:*95*
Gall, J. S., 21:212, 21:*240*
Gall, M., 18:38, 18:*74*
Gallacher, G., 31:310, 31:382, 31:*386*
Gallacher, J. C., 20:204, 20:207, 20:221, 20:*230*
Gallagher, M. J., 9:27(34), 9:*122*
Galland, B., 28:210, 28:221, 28:222, 28:224, 28:226, 28:240, 28:242, 28:249, 28:250, 28:268, 28:271, 28:272, 28:277, 28:278, 28:280, 28:282, 28:285, 28:*289*, 28:*291*, 29:17, 29:*67*
Gallardo, I., 26:28, 26:29, 26:54, 26:55, 26:56, 26:58, 26:61, 26:62, 26:112, 26:*122*, 26:*123*, 26:*124*
Galler, W., 32:131, 32:161, 32:*212*
Galli, A., 8:110, 8:112, 8:115, 8:119, 8:126, 8:131, 8:*145*, 8:147
Galli, C., 17:188, 17:189, 17:234, 17:*276*, 22:6, 22:35, 22:37, 22:38, 22:39, 22:40, 22:42, 22:43, 22:45, 22:49, 22:55, 22:56, 22:57, 22:76, 22:79, 22:90, 22:91, 22:104, 22:105, 22:*107*, 22:*108*, 26:90, 26:91, 26:*125*, 29:*69*
Galli, R., 10:169, 10:189, 10:194, 10:*222*, 13:244, 13:*274*, 20:173, 20:*185*, 23:308, 23:*319*
Gallo, R., 17:327, 17:*426*, 25:61, 25:62, 25:66, 25:67, 25:68, 25:69, 25:70, 25:*89*, 25:*94*, 25:*95*, 26:131, 26:*176*, 28:247, 28:*289*, 31:189, 31:*243*
Gallop, M. A., 31:294, 31:295, 31:305, 31:382, 31:383, 31:*386*, 31:*392*
Galloy, J. J., 29:87, 29:147, 29:*179*
Gallucci, C., 23:314, 23:*318*
Gallucci, J. C., 25:129, 25:241, 25:*260*, 29:130, 29:*181*

Gallucio, R. A., **15**:252, **15**:*262*
Gal'pern, E. G., **13**:234, **13**:*275*
Galpern, E. G., **18**:98, **18**:*182*
Galsworthy, P. J., **19**:184, **19**:185, **19**:186, **19**:190, **19**:*218*
Galus, Z., **19**:135, **19**:*219*, **27**:268, **27**:*289*
Galy, J., **26**:243, **26**:*247*
Gamassa, M. P., **24**:85, **24**:*105*
Gambaryan, N. P., **9**:75(108a), **9**:75(108b), **9**:101(108a, b), **9**:*125*, **18**:98, **18**:*182*
Gamboa, C., **22**:228, **22**:*299*, **22**:*303*
Gammell, P. M., **14**:297, **14**:*343*
Gan, L.-H., **22**:231, **22**:232, **22**:239, **22**:240, **22**:270, **22**:289, **22**:298, **22**:*301*, **22**:*303*
Gandel'sman, L. Z., **12**:192, **12**:*221*
Gandemer, A., **23**:31, **23**:*62*
Gandler, J. R., **21**:151, **21**:181, **21**:189, **21**:*193*, **23**:254, **23**:*266*, **27**:21, **27**:*54*, **27**:107, **27**:*113*, **27**:124, **27**:130, **27**:131, **27**:149, **27**:185, **27**:186, **27**:190, **27**:*192*, **27**:204, **27**:205, **27**:*235*, **27**:*236*, **32**:366, **32**:*381*
Gandolfi, M. T., **18**:86, **18**:*175*
Gandolfo, C., **26**:267, **26**:312, **26**:315, **26**:*369*
Gandour, R. D., **17**:222, **17**:261, **17**:*276*, **22**:3, **22**:27, **22**:*108*, **22**:192, **22**:*208*, **29**:2, **29**:20, **29**:*65*
Gandour, R. N., **17**:417, **17**:*426*
Gandour, R. W., **21**:173, **21**:*193*, **29**:295, **29**:300, **29**:310, **29**:*327*
Ganem, B., **31**:268, **31**:271, **31**:*389*
Gani, V., **14**:189, **14**:*198*, **17**:447, **17**:*483*, **22**:248, **22**:*303*, **23**:231, **23**:*265*
Gannett, P. M., **20**:130, **20**:*186*
Gans, P. J., **13**:59, **13**:*79*
Gans, R., **3**:53, **3**:55, **3**:77, **3**:*84*, **25**:17, **25**:*91*
Gant, P. L., **8**:122, **8**:*147*, **8**:*149*
Ganzer, G. A., **30**:20, **30**:*57*
Gao, J. L., **32**:185, **32**:187, **32**:*211*
Gao, L., **32**:200, **32**:*216*
Gao, X. P., **32**:25, **32**:105, **32**:*119*, **32**:*120*
Gaoni, Y., **29**:276, **29**:*330*
Garbarino, G., **27**:102, **27**:*116*
Garber, R. A., **11**:274, **11**:275, **11**:*387*

Garbisch, E. W., Jr., **6**:312, **6**:*326*, **7**:10, **7**:*109*, **13**:55, **13**:*80*
Garbisch, E. W., **1**:73, **1**:*149*, **2**:189, **2**:*197*, **18**:58, **18**:*73*, **25**:9, **25**:*89*
Garbuglio, C., **1**:235, **1**:*277*
Garcia, J. I., **32**:240, **32**:*262*
Garcia, M. B. Q., **32**:52, **32**:*115*
Garcia-Banús, A., **25**:384, **25**:*444*
Garcia-Oricain, J. J., **25**:285, **25**:350, **25**:351, **25**:*439*, **25**:*441*
Garcia-Tellado, F., **30**:110, **30**:*113*
Gardell, S. J., **26**:356, **26**:*371*, **26**:*373*
Gardiner, K., **25**:249, **25**:*260*
Gardini, G. P., **13**:247, **13**:*274*, **14**:125, **14**:126, **14**:*130*, **18**:94, **18**:*178*, **19**:58, **19**:*119*, **20**:129, **20**:*184*, **23**:310, **23**:*317*
Gardner, D. M., **1**:293, **1**:*361*, **13**:158, **13**:*271*
Gardner, D. V., **6**:7, **6**:51, **6**:*58*, **8**:237, **8**:*261*, **9**:138, **9**:139, **9**:148, **9**:*177*
Gardner, H. C., **18**:158, **18**:*176*
Gardner, I. S., **2**:40, **2**:*88*
Gardner, J. H., **19**:406, **19**:*427*
Gardner, J. N., **11**:351, **11**:*386*
Gardner, S., **23**:311, **23**:*316*, **26**:171, **26**:*176*
Gardner, S. A., **20**:123, **20**:*181*
Gardy, E. M., **17**:7, **17**:19, **17**:25, **17**:38, **17**:40, **17**:*63*
Gareil, M., **26**:39, **26**:73, **26**:89, **26**:*122*, **26**:*124*
Garforth, F. M., **1**:378, **1**:412, **1**:414, **1**:*420*
Gargano, P., **22**:43, **22**:57, **22**:90, **22**:91, **22**:105, **22**:*108*
Garibay, M. E., **23**:72, **23**:*159*
Garito, A. F., **12**:3, **12**:*118*, **15**:87, **15**:88, **15**:89, **15**:*145*, **15**:*148*, **16**:205, **16**:206, **16**:208, **16**:210, **16**:213, **16**:214, **16**:216, **16**:226, **16**:*231*, **16**:*232*, **16**:*234*, **16**:*235*, **32**:162, **32**:*215*
Garlenmeyer, H., **23**:220, **23**:*270*
Garley, M., **19**:415, **19**:420, **19**:421, **19**:*424*
Garlick, G. F. J., **16**:182, **16**:*232*
Garmaise, D. L., **8**:220, **8**:*264*
Garner, A., **19**:85, **19**:88, **19**:*119*, **19**:*129*
Garner, A. Y., **7**:199, **7**:*208*, **14**:114,

14:116, 14:*131*, 22:314, 22:*360*
Garner, C. D., 31:33, 31:*83*
Garner, P., 22:292, 22:*303*
Garnett, C. J., 22:237, 22:254, 22:*303*
Garnett, J. L., 2:226, 2:237, 2:244, 2:*273*, 8:*146*, 8:*147*, 12:107, 12:*116*
Garnier, F., 28:210, 28:211, 28:213, 28:215, 28:217, 28:227, 28:267, 28:270, 28:*289*
Garnjost, Von H., 14:230, 14:*343*
Garofano, T., 16:178, 16:*232*
Garrard, N., 32:64, 32:*119*
Garrat, D. G., 27:105, 27:*116*
Garratt, D. G., 17:86, 17:173, 17:*180*, 28:208, 28:212, 28:234, 28:255, 28:276, 28:*291*
Garratt, P. J., 11:137, 11:138, 11:*174*, 29:274, 29:276, 29:277, 29:278, 29:279, 29:*326*, 29:*330*
Garreau, D., 26:39, 26:*122*, 26:*125*, 32:105, 32:*114*
Garrels, J. I., 25:33, 25:*96*
Garrett, A. B., 25:325, 25:*444*
Garrett, B. C. G., 24:100, 24:*108*
Garrett, B. S., 15:252, 15:*262*
Garrett, C. G. B., 16:160, 16:*232*
Garrett, E. R., 5:320, 5:*327*, 11:73, 11:*119*
Garrett, P. E., 13:204, 13:*268*
Garrett, P. R., 28:60, 28:*137*
Garrett, R., 18:64, 18:*73*
Garrigou-Lagrange, C., 13:360, 13:361, 13:364, 13:*408*, 13:*414*, 26:239, 26:*250*
Garrigues, B., 25:125, 25:126, 25:143, 25:193, 25:*258*, 25:*259*, 25:*262*
Garrison, W. M., 7:121, 7:124, 7:*150*, 7:*151*, 12:280, 12:*294*
Garssen, G. J., 17:51, 17:*59*
Garst, J. F., 10:76, 10:82, 10:112, 10:113, 10:*125*, 10:*127*, 12:108, 12:*121*, 15:170, 15:189, 15:190, 15:*262*, 15:*266*, 18:169, 18:172, 18:*178*, 23:275, 23:297, 23:*317*, 23:*319*, 26:56, 26:68, 26:*125*, 26:*129*
Garst, R., 2:191, 2:*199*
Garton, A., 15:208, 15:*262*
Gartzke, W., 23:38, 23:*60*
Garwood, D. C., 15:237, 15:*260*
Gary, R., 7:261, 7:287, 7:298, 7:299, 7:302, 7:303, 7:*328*
Gasanov, R. G., 17:35, 17:38, 17:45, 17:55, 17:*60*
Gasc, M. B., 25:228, 25:230, 25:232, 25:*256*
Gasco, M. R., 18:168, 18:*178*
Gase, R. A., 18:168, 18:*180*, 24:96, 24:101, 24:107, 24:*109*
Gash, V. W., 11:352, 11:353, 11:*388*
Gasowski, G. L., 12:238, 12:*293*
Gaspar, N. J., 5:45, 5:*52*
Gaspar, P. P., 6:230, 6:264, 6:*326*, 7:156, 7:158, 7:188, 7:189, 7:195, 7:*205*, 20:100, 20:112, 20:*184*, 22:342, 22:349, 22:*358*
Gass, J. D., 17:222, 17:*278*
Gassman, P. G., 12:92, 12:*121*, 18:127, 18:*178*, 19:57, 19:*119*, 19:240, 19:298, 19:*375*, 20:117, 20:119, 20:*184*, 23:194, 23:*265*, 32:279, 32:280, 32:281, 32:307, 32:*381*
Gassner, S., 13:168, 13:*275*
Gastaminza, A., 16:25, 16:*48*
Gasteiger, J., 24:66, 24:*108*, 25:5, 25:34, 25:*89*
Gateau-Olesker, A., 13:293, 13:295, 13:303, 13:*412*
Gates, V., 11:82, 11:114, 11:*121*
Gatford, C., 23:30, 23:*59*
Gati, A., 25:71, 25:*90*
Gati, E., 15:92, 15:102, 15:104, 15:125, 15:126, 15:*146*, 15:*147*
Gatteschi, D., 26:243, 26:244, 26:*246*, 26:*248*
Gatti, A. R., 6:217, 6:*332*
Gatti, N., 26:51, 26:65, 26:*125*
Gatto, V. J., 31:25, 31:36, 31:*82*, 31:*83*
Gauditz, I. L., 4:7, 4:*28*
Gaudry, M., 18:40, 18:42, 18:43, 18:58, 18:59, 18:*73*, 18:*74*
Gaughan, G., 23:41, 23:*60*
Gaugler, R. W., 13:91, 13:*149*
Gaule, A., 5:333, 5:353, 5:*398*
Gaule, H. J., 28:70, 28:76, 28:89, 28:*137*
Gaultier, J., 15:68, 15:*145*
Gäumann, T., 8:166, 8:*265*, 19:253, 19:*378*
Gauntlett, J. T., 29:186, 29:*265*
Gaupset, G., 22:55, 22:*107*
Gauss, J., 24:127, 24:*200*, 29:293,

29:*325*
Gavaghan, D. J., **32**:93, **32**:*95*, **32**:96, **32**:*117*
Gavezzotti, A., **13**:*79*, **32**:123, **32**:*211*
Gavin, D. L., **17**:25, **17**:*59*
Gavrilova, A. E., **12**:48, **12**:*121*
Gawinowicz, M. A., **31**:382, **31**:*392*
Gawlita, E., **31**:185, **31**:187, **31**:188, **31**:*245*
Gawron, O., **5**:289, **5**:296, **5**:*327*, **28**:198, **28**:202, **28**:*205*
Gay, D. C., **17**:252, **17**:*276*, **25**:144, **25**:*259*
Gay, I. D., **6**:56, **6**:*59*
Gaydon, A. G., **1**:407, **1**:*420*
Gayler, R. E., **15**:83, **15**:*149*
Gaylor, J. R., **23**:10, **23**:*60*
Gaylord, N. G., **2**:158, **2**:*159*, **14**:190, **14**:*198*
Gazzard, D., **23**:233, **23**:*262*
Gazzolo, F. H., **7**:212, **7**:*256*
Geacintov, C., **15**:202, **15**:*262*
Geacintov, N., **16**:168, **16**:*232*
Gear, C. W., **14**:211, **14**:*343*
Gebauer, H., **18**:114, **18**:*177*, **20**:161, **20**:*184*
Gebelein, C. G., **28**:217, **28**:*289*
Gebicki, J., **19**:57, **19**:*119*
Gebicki, J. M., **8**:380, **8**:382, **8**:384, **8**:*400*, **12**:290, **12**:*294*
Gedanken, A., **25**:14, **25**:*89*
Gedge, S., **21**:53, **21**:60, **21**:62, **21**:63, **21**:78, **21**:83, **21**:84, **21**:85, **21**:87, **21**:*97*
Gedye, R., **28**:210, **28**:280, **28**:*288*
Geels, E. J., **5**:83, **5**:94, **5**:103, **5**:*115*, **5**:*117*, **23**:274, **23**:275, **23**:*321*
Geer, R. D., **26**:54, **26**:*123*
Geffcken, W., **3**:20, **3**:*84*
Gehriger, C. L., **14**:180, **14**:*196*
Geib, K. H., **1**:163, **1**:167, **1**:*197*, **9**:129, **9**:*177*
Geiger, F. E., **13**:257, **13**:*270*
Geiger, M. W., **19**:95, **19**:*119*
Geiger, W. E., **12**:81, **12**:*121*, **32**:11, **32**:*116*
Geis, S. M., **11**:4, **11**:*119*
Geise, H. J., **13**:33, **13**:63, **13**:*78*, **13**:*79*
Geisel, H., **20**:134, **20**:*187*

Geisel, M., **19**:279, **19**:*371*
Geiseler, G., **9**:166, **9**:*180*
Geiss, R. H., **16**:226, **16**:*236*
Geissler, E., **16**:260, **16**:*262*, **29**:300, **29**:301, **29**:*329*
Geissman, T. A., **13**:91, **13**:*149*
Gelan, J., **19**:18, **19**:*128*
Gelb, R. I., **29**:7, **29**:8, **29**:*65*
Gelbaum, L. T., **15**:243, **15**:*266*
Gelbert, M., **30**:75, **30**:84, **30**:*114*
Gelblum, E., **5**:95, **5**:*115*, **5**:*116*
Gel'bschtein, A. I., **13**:117, **13**:*150*
Gel'bshtein, A. I., **16**:31, **16**:*48*
Geldof, P. A., **12**:133, **12**:*217*
Geletneky, C., **32**:159, **32**:*217*
Gelin, R., **7**:9, **7**:*110*
Gelis, L., **26**:29, **26**:63, **26**:64, **26**:96, **26**:116, **26**:117, **26**:*122*, **26**:*123*
Gelles, E., **14**:85, **14**:86, **14**:*128*, **16**:41, **16**:*47*
Gelles, J. S., **29**:48, **29**:49, **29**:*63*
Gellman, S. H., **31**:70, **31**:*83*
Geluk, H. W., **10**:36, **10**:*52*, **11**:213, **11**:*223*
Gemmer, R. V., **16**:206, **16**:208, **16**:*232*
Genaux, G. T., **4**:170, **4**:*191*
Gendell, J., **5**:106, **5**:*115*
Generosa, J. I., **7**:189, **7**:*203*
Geneste, P., **24**:71, **24**:72, **24**:*105*
Genies, M., **10**:163, **10**:*221*, **13**:209, **13**:227, **13**:*267*, **20**:103, **20**:*184*
Gennari, C., **30**:91, **30**:*113*
Gennari, G., **19**:53, **19**:*119*
Gennet, T., **26**:20, **26**:*125*, **26**:*130*
Gennick, I., **26**:304, **26**:*372*
Gensler, W. J., **3**:181, **3**:*184*
Gensmantel, A., **24**:131, **24**:*201*
Gensmantel, N. P., **21**:39, **21**:*96*, **23**:193, **23**:195, **23**:196, **23**:197, **23**:199, **23**:201, **23**:202, **23**:203, **23**:206, **23**:207, **23**:209, **23**:210, **23**:211, **23**:212, **23**:213, **23**:214, **23**:215, **23**:218, **23**:219, **23**:220, **23**:221, **23**:222, **23**:223, **23**:224, **23**:225, **23**:227, **23**:228, **23**:229, **23**:230, **23**:232, **23**:233, **23**:238, **23**:239, **23**:242, **23**:243, **23**:244, **23**:245, **23**:246, **23**:247, **23**:248, **23**:254, **23**:255, **23**:258, **23**:261, **23**:*265*,

23:*268*
Gent, M. P. N., **13**:387, **13**:*409*, **16**:258, **16**:*262*
Geoffroy, G. L., **29**:217, **29**:*270*
George, B. E., **29**:163, **29**:*180*, **29**:284, **29**:*325*
George, C., **22**:131, **22**:*210*, **23**:82, **23**:*160*
George, G. M. St., **23**:111, **23**:*162*
George, R., **26**:22, **26**:*130*
Georges, R., **26**:243, **26**:*247*, **26**:*248*
Georgiadis, M., **31**:304, **31**:382, **31**:*389*
Georgopapadakou, N. H., **23**:182, **23**:*265*
Geraci, G., **13**:374, **13**:378, **13**:379, **13**:*406*
Geraldes, C. F. G. C., **26**:319, **26**:*371*
Gerasimov, G. N., **30**:138, **30**:*169*
Gerber, S. M., **5**:366, **5**:379, **5**:*396*
Gerber, T. I. A., **23**:3, **23**:38, **23**:*60*, **23**:*61*
Gerberich, H. R., **4**:173, **4**:*192*
Gerdes, H. M., **17**:337, **17**:420, **17**:*426*
Gerdil, R., **12**:15, **12**:*121*
Gergely, J., **9**:160, **9**:*175*
Gerhards, R., **16**:241, **16**:*262*
Gerhartz, W., **21**:120, **21**:*193*
Gerhe, R., **25**:60, **25**:*92*
Gerhold, G. A., **9**:164, **9**:*179*
Geribaldi, S., **18**:34, **18**:*71*
Gerig, J. T., **2**:191, **2**:*199*, **16**:246, **16**:*262*
Gerischer, H., **10**:164, **10**:218, **10**:*222*
Gerke, D. M., **25**:372, **25**:*443*
Gerlach, O., **13**:251, **13**:*268*
Gerlich, D., **16**:196, **16**:*234*
Gerlock, J. L., **8**:29, **8**:*75*, **8**:*76*, **17**:50, **17**:*61*, **17**:320, **17**:*431*
Gerlt, J. A., **24**:186, **24**:*201*, **25**:133, **25**:168, **25**:170, **25**:197, **25**:198, **25**:209, **25**:215, **25**:216, **25**:217, **25**:219, **25**:220, **25**:221, **25**:223, **25**:226, **25**:237, **25**:*257*, **25**:*259*, **25**:*262*
Germain, A., **21**:47, **21**:*95*
Germain, G., **25**:125, **25**:126, **25**:143, **25**:*258*, **25**:375, **25**:*444*, **25**:*445*, **29**:119, **29**:*183*
German, E. D., **16**:100, **16**:108, **16**:*155*, **16**:*156*, **22**:121, **22**:*208*
Germani, R., **22**:231, **22**:239, **22**:266, **22**:267, **22**:270, **22**:*302*
Gero, G., **18**:45, **18**:46, **18**:47, **18**:*73*
Gero, S. D., **13**:291, **13**:293, **13**:295, **13**:303, **13**:324, **13**:330, **13**:*408*, **13**:*412*, **13**:*413*, **16**:250, **16**:*263*
Gero, S. P., **13**:303, **13**:*414*
Gerovich, V. M., **12**:91, **12**:*119*
Gerrard, A. F., **8**:216, **8**:*262*
Gerritzen, D., **22**:143, **22**:*210*, **24**:102, **24**:*109*
Gershfeld, N. L., **17**:442, **17**:443, **17**:*486*, **28**:52, **28**:53, **28**:54, **28**:64, **28**:65, **28**:66, **28**:67, **28**:68, **28**:*136*
Gershom, H. R., **28**:182, **28**:186, **28**:*205*
Gershon, H., **12**:182, **12**:183, **12**:192, **12**:193, **12**:210, **12**:*215*, **12**:*216*, **12**:*219*
Gerson, D. J., **25**:55, **25**:*88*
Gerson, F., **5**:67, **5**:*115*, **8**:25, **8**:29, **8**:*76*, **11**:310, **11**:312, **11**:313, **11**:*386*, **23**:314, **23**:*319*, **28**:11, **28**:13, **28**:21, **28**:24, **28**:27, **28**:30, **28**:32, **28**:33, **28**:*41*, **28**:*43*, **29**:317, **29**:*326*
Gerst, M., **30**:75, **30**:*114*
Gerstein, B. C., **26**:189, **26**:*252*
Gerstein, J., **5**:273, **5**:277, **5**:286, **5**:291, **5**:299, **5**:302, **5**:*327*, **17**:240, **17**:253, **17**:*276*, **27**:8, **27**:9, **27**:23, **27**:*53*
Gerstein, M., **27**:214, **27**:*235*
Gerstl, R., **6**:274, **6**:*329*, **7**:198, **7**:199, **7**:*207*
Gertner, B. J., **27**:189, **27**:*235*
Gerval, P., **24**:167, **24**:168, **24**:*200*
Geselowitz, D. A., **18**:98, **18**:*178*
Geske, D. H., **1**:289, **1**:303, **1**:304, **1**:305, **1**:*361*, **5**:66, **5**:103, **5**:105, **5**:106, **5**:112, **5**:*115*, **5**:*117*, **12**:10, **12**:50, **12**:81, **12**:*121*, **12**:*123*, **18**:171, **18**:*180*
Geskin, V., **32**:201, **32**:*210*
Gesmantel, N. B., **22**:290, **22**:*303*
Gettler, J. D., **1**:20, **1**:*32*
Getzoff, E. D., **31**:284, **31**:311, **31**:312, **31**:*390*, **31**:*391*
Geue, R. J., **13**:59, **13**:*79*
Geuther, A., **7**:177, **7**:*205*
Ghali, N. I., **19**:104, **19**:*116*
Ghanim, G. A., **8**:313, **8**:315, **8**:334,

8:373, 8:*399*
Gharagozloo, P., 25:39, 25:58, 25:*59*, 25:*85*
Ghariani, M., 7:233, 7:251, 7:*255*
Gharib, B., 31:310, 31:384, 31:*391*
Ghatak, U. R., 28:187, 28:*205*
Ghazarossian, V. E., 21:45, 21:*97*
Ghebre-Sellassie, I., 23:209, 23:210, 23:213, 23:258, 23:*266*
Gheorghiu, M. D., 25:69, 25:*85*
Ghersetti, S., 6:270, 6:*326*, 7:45, 7:54, 7:85, 7:88, 7:*110*
Ghesquière, D., 16:251, 16:*262*
Ghiggino, K. P., 19:41, 19:*117*, 22:295, 22:*300*
Ghiglione, C., 23:281, 23:*317*
Ghindini, E., 30:101, 30:*115*
Ghirardelli, R. G., 17:282, 17:*430*
Ghirardini, M., 20:174, 20:*182*
Ghosez, L., 7:176, 7:*205*, 23:240, 23:*268*, 24:133, 24:*203*
Ghosh, A. K., 21:48, 21:57, 21:58, 21:78, 21:80, 21:83, 21:92, 21:*95*, 24:162, 24:*200*, 25:125, 25:*257*
Ghosh, B. Ch., 17:234, 17:265, 17:*275*
Ghosh, B. N., 3:92, 3:*122*
Ghosh, C., 21:45, 21:*95*
Ghosh, D. K., 1:322, 1:323, 1:324, 1:331, 1:*360*
Ghosh, J. C., 14:241, 14:*343*
Ghosh, S. N., 3:31, 3:*84*
Ghosn, R., 32:123, 32:129, 32:158, 32:*210*
Ghozi, M. C., 31:385, 31:*388*
Ghuysen, J.-M., 23:177, 23:180, 23:182, 23:184, 23:207, 23:*261*, 23:*263*, 23:*264*, 23:*265*, 23:*266*
Giaccio, M., 22:279, 22:*305*
Giacin, J. R., 7:189, 7:*205*
Giacomello, G., 1:230, 1:231, 1:*275*, 1:*276*, 2:207, 2:*273*, 2:*277*
Giacometti, G., 1:406, 1:*420*, 4:7, 4:20, 4:*27*, 5:73, 5:79, 5:106, 5:*114*, 5:*115*, 13:372, 13:*407*
Giacomo, P., 32:125, 32:134, 32:*210*
Giangiordano, M. A., 31:279, 31:*385*
Giannini, D. D., 16:247, 16:*262*
Giannotti, C., 19:93, 19:*118*
Gianotti, C., 17:56, 17:*60*
Giardini-Guidoni, A., 8:110, 8:115, 8:119, 8:126, 8:131, 8:144, 8:*145*, 8:*147*
Giauque, W. F., 11:334, 11:*386*
Gibb, J. C., 16:53, 16:*85*
Gibbons, B. H., 4:26, 4:*28*
Gibbons, D. J., 16:192, 16:*237*
Gibbons, L. C., 1:44, 1:*153*
Gibbons, W. A., 7:155, 7:162, 7:*205*, 7:*209*, 13:180, 13:*270*, 13:358, 13:360, 13:363, 13:364, 13:371, 13:*409*, 13:*413*, 22:322, 22:323, 22:330, 22:349, 22:*358*, 22:*360*
Gibbs, J. W., 28:65, 28:*136*
Gibbs, R. A., 31:270, 31:277, 31:283, 31:382, 31:383, 31:*387*, 31:*388*, 31:*389*
Gibert, R., 4:19, 4:*28*
Gibian, M. V., 10:84, 10:*128*
Gibson, A., 14:154, 14:155, 14:*198*, 21:168, 21:*192*
Gibson, A. F., 16:182, 16:*232*
Gibson, G. E., 1:413, 1:*420*
Gibson, J. D., 7:26, 7:*113*
Gibson, J. F., 1:295, 1:296, 1:297, 1:314, 1:328, 1:*360*, 5:72, 5:*115*
Gibson, K. D., 6:113, 6:114, 6:119, 6:123, 6:124, 6:127, 6:130, 6:133, 6:137, 6:139, 6:140, 6:142, 6:144, 6:145, 6:151, 6:152, 6:154, 6:157, 6:158, 6:159, 6:160, 6:165, 6:175, 6:176, 6:177, 6:178, 6:*180*, 6:*182*, 6:*183*, 11:46, 11:*119*
Gibson, Q. H., 13:378, 13:*413*
Gibson, R. O., 2:96, 2:98, 2:99, 2:116, 2:*159*, 2:*162*
Giddings, L. E., 1:406, 1:*420*
Gidvani, B. S., 7:46, 7:60, 7:*110*
Gieb, S. J., 30:110, 30:*113*
Gielen, M., 9:50(87a, b), 9:*124*, 9:*126*
Gierasch, L. M., 31:116, 31:*141*
Giesbrecht, P., 23:174, 23:*268*
Giese, B., 7:76, 7:*110*, 21:161, 21:*193*, 23:290, 23:304, 23:*317*, 24:194, 24:195, 24:196, 24:*200*, 24:*201*, 24:*202*, 26:170, 26:*176*, 27:231, 27:*235*
Giessner, B. G., 8:199, 8:*266*
Giffney, C. J., 23:212, 23:*265*
Giffney, J. C., 19:422, 19:424, 19:*424*, 19:*426*, 20:164, 20:165, 20:166,

20:*180*, 20:*184*
Gigant, B., 31:263, 31:264, 31:311, 31:*386*, 31:*387*
Giger, W., 11:274, 11:*386*
Giglio, E., 6:120, 6:121, 6:129, 6:130, 6:138, 6:156, 6:171, 6:172, 6:*179*, 6:*180*, 6:184
Giguère, P. A., 1:400, 1:*420*, 6:86, 6:87, 6:*99*, 14:325, 14:*343*, 14:*349*
Gil, R., 11:327, 11:*385*
Gil, V. M. S., 11:166, 11:*174*
Gilberg, G., 8:282, 8:284, 8:285, 8:286, 8:287, 8:*400*
Gilbert, A., 10:137, 10:*152*, 13:183, 13:*267*, 19:14, 19:30, 19:49, 19:63, 19:64, 19:65, 19:100, 19:101, 19:102, 19:103, 19:107, 19:*114*, 19:*115*, 19:*116*, 19:*119*, 19:*128*, 20:210, 20:211, 20:217, 20:*230*
Gilbert, A. H., 8:390, 8:*405*
Gilbert, B. C., 5:72, 5:83, 5:84, 5:86, 5:92, 5:103, 5:106, 5:107, 5:108, 5:*113*, 5:*115*, 8:15, 8:*77*, 9:156, 9:*180*, 15:21, 15:32, 15:*58*, 17:25, 17:*59*, 17:*60*, 17:74, 17:93, 17:149, 17:*150*, 17:*176*, 18:149, 18:*175*, 23:294, 23:*317*, 26:162, 26:*176*, 31:112, 31:134, 31:*137*
Gilbert, G. P., 7:135, 7:*149*
Gilbert, H. E., 26:239, 26:*246*
Gilbert, H. F., 27:23, 27:*53*, 27:74, 27:107, 27:*114*, 27:224, 27:233, 27:*235*
Gilbert, J. C., 17:47, 17:*59*, 31:95, 31:103, 31:129, 31:*137*
Gilbert, J. M., 14:146, 14:*201*
Gilbert, K. E., 27:124, 27:231, 27:*235*
Gilbert, M., 11:319, 11:*385*
Gilbert, T. J., 14:70, 14:95, 14:*129*
Gilboa, H., 23:64, 23:*159*
Gilby, R. F., 5:344, 5:355, 5:*397*
Gilchrist, M., 5:251, 5:252, 5:272, 5:278, 5:282, 5:285, 5:287, 5:288, 5:289, 5:291, 5:296, 5:302, 5:*328*, 11:40, 11:*120*, 17:226, 17:231, 17:246, 17:270, 17:*276*, 17:*277*, 21:38, 21:*96*
Gilchrist, T. L., 10:116, 10:*125*, 29:110, 29:*181*
Gilde, H.-G., 12:2, 12:14, 12:17, 12:56, 12:*121*, 12:*128*

Gildemeister, E., 3:7, 3:*84*
Gilderson, P. W., 3:114, 3:*121*
Gileadi, E., 12:2, 12:4, 12:9, 12:22, 12:91, 12:93, 12:94, 12:*121*, 12:*122*, 12:*123*, 12:*126*
Giles, C. H., 3:39, 3:*80*
Giles, D., 28:60, 28:*137*
Giles, D. E., 5:184, 5:192, 5:193, 5:194, 5:213, 5:214, 5:216, 5:217, 5:218, 5:220, 5:221, 5:223, 5:225, 5:*233*, 14:177, 14:*198*
Giles, J. M., 11:125, 11:*177*
Giles, R. D., 9:132, 9:*177*
Gilje, J., 1:20, 1:*32*
Gilkerson, W. R., 15:269, 15:273, 15:*329*, 28:102, 28:*138*
Gill, B., 17:149, 17:150, 17:*176*
Gill, D., 3:204, 3:205, 3:*267*, 10:69, 10:*124*
Gill, P. M. W., 24:61, 24:*109*
Gill, R., 11:327, 11:*385*
Gill, S. J., 14:217, 14:*343*
Gill, W. D., 16:226, 16:228, 16:229, 16:*232*, 16:*236*
Gillan, T., 17:6, 17:*59*
Gillard, R. D., 6:187, 6:*326*, 26:260, 26:*369*
Gillberg, G., 8:282, 8:284, 8:285, 8:286, 8:287, 8:*400*
Gilles, J.-M., 12:111, 12:*125*
Gilles, L., 14:191, 14:*200*
Gillespie, P., 9:27(55–59), 9:28(55–59, 63), 9:35, 9:38, 9:40(55), 9:42(58), 9:50, 9:58, 9:63, 9:66(81), 9:73(55–58), 9:75(59), 9:76, 9:80, 9:85, 9:86, 9:96(55–59), 9:117, 9:118(56), 9:*123*, 9:*124*, 25:123, 25:130, 25:136, 25:153, 25:194, 25:207, 25:208, 25:236, 25:*259*, 25:*264*
Gillespie, R. J., 3:228, 3:264, 3:*265*, 3:*266*, 4:311, 4:332, 4:*345*, 6:188, 6:201, 6:252, 6:259, 6:266, 6:*326*, 9:1, 9:4, 9:5, 9:6, 9:7, 9:9, 9:11, 9:12, 9:13, 9:14, 9:15, 9:16, 9:17, 9:18, 9:21, 9:22, 9:*23*, 9:28(65), 9:59(81), 9:68(63, 65), 9:82(58), 9:84(58), 9:86(63), 9:*124*, 9:273, 9:*275*, 11:139, 11:*173*, 11:275, 11:331, 11:335, 11:337, 11:344, 11:345,

11:366, 11:372, 11:374, 11:375,
11:*384*, 11:*386*, 13:91, 13:125,
13:*150*, 16:25, 16:*48*, 19:233,
19:317, 19:*368*, 19:*371*, 26:218,
26:*248*
Gillet, H., 14:329, 14:*343*
Gillet, I. E., 10:173, 10:188, 10:*222*
Gillet, J. G., 1:25, 1:*31*
Gilli, G., 26:314, 26:*371*, 29:104, 29:105, 29:106, 29:*181*, 32:230, 32:*262*
Gilli, P., 32:230, 32:*262*
Gilliom, L. R., 25:33, 25:34, 25:*87*
Gilliom, R. D., 9:145, 9:*177*, 18:95, 18:*178*
Gillis, H. A., 14:191, 14:*197*
Gillis, R. G., 3:15, 3:16, 3:26, 3:30, 3:31, 3:*84*, 8:*260*
Gillon, B., 26:227, 26:*246*
Gilman, N. W., 6:241, 6:*327*
Gilman, S., 10:191, 10:192, 10:197, 10:*222*
Gilmore, E. H., 1:413, 1:*420*
Gilmore, J. R., 18:158, 18:161, 18:*178*
Gilow, H. M., 16:41–3, 16:*48*
Gilpin, M. L., 23:240, 23:*265*
Gimbarzevsky, B. P., 17:174, 17:*176*
Ginak, A. I., 28:277, 28:*291*
Ginani, M. F., 22:294, 22:*305*
Giner, J., 10:197, 10:*222*
Ginger, R. D., 2:138, 2:140, 2:144, 2:*158*, 3:158, 3:159, 3:161, 3:*183*, 5:263, 5:*325*
Ginger, R. G., 11:341, 11:*384*
Ginns, I. S., 9:156, 9:*176*, 12:279, 12:*292*
Ginsberg, H., 14:162, 14:*199*
Ginsburg, E. J., 26:223, 26:*248*
Gintis, D., 25:273, 25:416, 25:*442*
Ginzburg, V. L., 16:226, 16:*232*
Giomousis, G., 21:205, 21:*238*
Giordan, J., 20:148, 20:*184*
Giordano, C., 20:56, 20:140, 20:*185*, 23:302, 23:*319*, 28:208, 28:*288*
Giovanelli, G., 22:55, 22:56, 22:*108*
Giovannini, G., 17:137, 17:*176*
Giovini, R., 17:124, 17:*176*
Giral, L., 18:114, 18:*178*
Girard, J. P., 13:36, 13:*79*
Girault, G., 11:315, 11:*385*
Girault, H. H., 32:5, 32:87, 32:93, 32:96, 32:105, 32:*116*, 32:*119*, 32:*120*

Girault-Vexlearschi, G., 13:116, 13:*150*
Girdler, D. J., 23:284, 23:*317*
Girijavallbhan, M., 17:73, 17:*174*
Girodeau, J. M., 17:382, 17:*426*
Giron, H. M., 5:293, 5:299, 5:315, 5:323, 5:*328*
Gitis, S. S., 7:215, 7:234, 7:235, 7:237, 7:238, 7:239, 7:*256*, 18:169, 18:*183*
Gitler, C., 8:299, 8:300, 8:341, 8:344, 8:345, 8:350, 8:351, 8:*400*, 8:*404*, 13:381, 13:390, 13:*408*, 17:440, 17:445, 17:450, 17:451, 17:466, 17:476, 17:*483*, 22:220, 22:221, 22:222, 22:224, 22:228, 22:*302*
Giudici, T. A., 11:89, 11:*120*
Giuliano, C. R., 3:227, 3:*266*
Giumanini, A. G., 6:291, 6:*328*, 10:118, 10:*126*
Given, P.H., 12:76, 12:*121*
Given, R. S., 22:295, 22:*303*
Givens, R. S., 29:302, 29:*331*
Gjaldbaek, J. C., 14:286, 14:327, 14:*343*, 14:*346*
Glad, S. S., 31:159, 31:162, 31:163, 31:*244*
Gladisch, H., 3:69, 3:*84*
Gladkikh, I. P., 12:91, 12:*119*
Gladstone, G., 3:16, 3:*84*
Gladstone, J. H., 3:2, 3:4, 3:16, 3:37, 3:*84*
Glania, C., 32:137, 32:150, 32:158, 32:159, 32:163, 32:164, 32:165, 32:166, 32:167, 32:170, 32:175, 32:176, 32:179, 32:188, 32:193, 32:199, 32:200, 32:202, 32:204, 32:205, 32:206, 32:*209*, 32:*211*, 32:*215*, 32:*216*
Glarum, S. H., 10:121, 10:*125*, 16:170, 16:*232*
Glasel, A., 13:251, 13:*277*
Glasel, J. A., 14:234, 14:326, 14:*343*, 16:245, 16:256, 16:259, 16:*261*
Glaser, S. L., 9:27(11a), 9:78(11a), 9:*121*
Glasoe, P. K., 1:*197*
Glaspie, P. S., 30:185, 30:*218*
Glass, G. E., 12:64, 12:*121*
Glass, R. S., 11:184, 11:*223*, 12:10, 12:81, 12:*121*, 13:219, 13:*270*, 19:93, 19:*119*

Glasson, W. A., **5**:293, **5**:294, **5**:*325*, **11**:39, **11**:*117*, **17**:246, **17**:*274*
Glasstone, S., **1**:2, **1**:23, **1**:27, **1**:*32*, **2**:101, **2**:*159*, **3**:75, **3**:*84*, **5**:122, **5**:125, **5**:126, **5**:*170*, **6**:190, **6**:191, **6**:243, **6**:*327*, **8**:37, **8**:*76*, **9**:172, **9**:*177*, **10**:189, **10**:*222*, **12**:26, **12**:*121*, **14**:*343*, **16**:1, **16**:*48*, **26**:9, **26**:*125*, **29**:10, **29**:*65*
Glatthaar, J., **30**:32, **30**:*59*
Glaudemans, C. P. J., **11**:87, **11**:*119*
Glauert, A. M., **8**:279, **8**:*400*
Glaz, A. I., **7**:215, **7**:*256*
Gleason, J. G., **13**:66, **13**:*82*
Gleghorn, J. T., **11**:358, **11**:*386*
Gleicher, C. J., **27**:241, **27**:*291*
Gleicher, G. J., **6**:313, **6**:323, **6**:*327*, **8**:204, **8**:*264*, **10**:34, **10**:*52*, **12**:108, **12**:*121*, **13**:74, **13**:75, **13**:*79*, **16**:70, **16**:*85*, **18**:128, **18**:*178*
Gleicher, G. L., **13**:59, **13**:*79*
Gleicher, M. K., **12**:108, **12**:*121*, **18**:128, **18**:*178*
Gleiter, H., **15**:74, **15**:*145*
Gleiter, R., **22**:352, **22**:*358*, **23**:193, **23**:*263*, **28**:24, **28**:32, **28**:*41*, **29**:233, **29**:*266*, **29**:298, **29**:302, **29**:307, **29**:308, **29**:310, **29**:311, **29**:314, **29**:*324*, **29**:*325*, **29**:*328*, **29**:*330*, **32**:173, **32**:211, **32**:*215*
Glen, R. C., **32**:109, **32**:*117*
Glenn, R., **17**:273, **17**:*276*, **24**:124, **24**:127, **24**:146, **24**:150, **24**:153, **24**:*199*, **25**:182, **25**:*257*, **29**:148, **29**:149, **29**:150, **29**:170, **29**:*179*
Gleria, M., **19**:65, **19**:*119*
Glesmann, M. C., **8**:282, **8**:283, **8**:359, **8**:360, **8**:361, **8**:375, **8**:376, **8**:377, **8**:*406*
Glew, D. N., **5**:128, **5**:129, **5**:133, **5**:140, **5**:159, **5**:*170*, **5**:179, **5**:*233*, **14**:208, **14**:209, **14**:212, **14**:249, **14**:250, **14**:251, **14**:256, **14**:281, **14**:291, **14**:292, **14**:301, **14**:*339*, **14**:*343*
Glezer, V., **32**:108, **32**:*120*
Glicenstein, L. J., **6**:220, **6**:*330*
Glick, R., **22**:79, **22**:*111*
Glick, R. E., **4**:15, **4**:*29*, **8**:229, **8**:*261*, **22**:157, **22**:*212*
Glickman, M., **31**:304, **31**:382, **31**:*389*

Glidewell, C., **23**:191, **23**:192, **23**:*265*, **24**:70, **24**:*112*
Globerman, T., **17**:174, **17**:*175*
Glocker, G., **26**:298, **26**:*372*
Glockling, F., **8**:212, **8**:*262*, **9**:155, **9**:*177*
Gloecke, H. J., **30**:53, **30**:*61*
Glonek, T., **16**:248, **16**:*262*
Glover, L. C., **18**:222, **18**:*236*
Glowds, G. A., **11**:58, **11**:*122*
Glowiak, T., **26**:261, **26**:*374*
Glueckauf, E., **2**:203, **2**:*274*
Glukhovtsev, M. N., **32**:179, **32**:*213*
Glushko, V. G., **13**:352, **13**:*409*
Glushkov, V., **13**:371, **13**:377, **13**:*406*, **13**:*409*, **13**:*412*
Glusker, D. L., **15**:252, **15**:*262*
Glusker, J. P., **25**:14, **25**:*94*, **26**:306, **26**:*376*
Glyde, E., **32**:286, **32**:*381*
Gmelin, L., **26**:296, **26**:*372*
Gnädig, K., **19**:41, **19**:*119*
Gnanadesian, S. G., **9**:162, **9**:*181*
Gnanapragasam, N. S., **16**:39, **16**:*48*
Gō, M., **6**:*180*, **6**:183
Gō, N., **6**:*180*, **6**:183
Goates, J. R., **14**:327, **14**:*348*
Gobbo, M., **22**:259, **22**:*303*
Göbl, M., **20**:124, **20**:*186*
Godbey, S. E., **25**:32, **25**:*86*
Goddard, W. A. III., **18**:204, **18**:213, **18**:*235*, **21**:114, **21**:115, **21**:*193*
Goddard, W. A., **15**:128, **15**:*150*, **22**:314, **22**:*359*, **24**:65, **24**:*111*
Godfrey, E., **14**:331, **14**:*338*
Godfrey, J. C., **23**:187, **23**:201, **23**:*270*
Godfrey, M., **26**:132, **26**:*175*
Godfrey, P., **14**:210, **14**:*339*
Godfrey, T. S., **12**:212, **12**:*217*, **13**:181, **13**:*270*
Godici, P. E., **13**:388, **13**:389, **13**:*409*, **16**:258, **16**:*262*
Godsay, M. P., **9**:140, **9**:142, **9**:146, **9**:*177*
Godt, A., **32**:181, **32**:*208*
Goebel, P., **4**:166, **4**:*193*, **29**:308, **29**:*329*, **30**:136, **30**:*171*
Goedken, V., **17**:281, **17**:*425*
Goehring, M., **7**:297, **7**:*330*
Goel, A., **14**:221, **14**:*343*, **29**:254, **29**:*267*
Goel, A. B., **23**:284, **23**:286, **23**:297,

23:298, 23:299, 23:*316*, 24:70,
24:84, 24:*105*
Goel, R., **31**:382, **31**:*386*
Goeppert-Mayer, M., **1**:387, **1**:412,
1:415, **1**:*420*
Goering, H., **2**:36, **2**:*91*
Goering, H. L., **2**:133, **2**:*159*, **2**:*160*,
3:131, **3**:135, **3**:136, **3**:*184*, **5**:324,
5:*327*, **10**:43, **10**:*52*, **11**:186, **11**:*223*,
15:53, **15**:*59*, **25**:119, **25**:*259*
Goethals, G., **32**:316, **32**:322, **32**:*381*
Goettert, E., **18**:170, **18**:*182*
Goetz, D. W., **11**:193, **11**:201, **11**:*222*,
11:*223*
Goetz, E., **14**:135, **14**:*198*
Goff, D. L., **19**:275, **19**:278, **19**:*376*
Goguillon, B. T., **22**:284, **22**:*299*
Goh, S. H., **5**:393, **5**:*396*, **7**:171, **7**:*204*,
26:70, **26**:*128*
Gohlke, J. R., **12**:146, **12**:147, **12**:201,
12:202, **12**:214, **12**:215, **12**:*219*
Gohlke, R. J., **6**:5, **6**:*60*
Gohlke, R. S., **6**:6, **6**:*59*
Goitein, R., **11**:46, **11**:51, **11**:*120*, **14**:*198*
Gokel, G. W., **15**:164, **15**:*262*, **17**:280,
17:313, **17**:337, **17**:349, **17**:363,
17:365, **17**:382, **17**:383, **17**:387,
17:389, **17**:392, **17**:395, **17**:399,
17:401, **17**:403–5, **17**:418–20,
17:423, **17**:*425*, **17**:*426*, **17**:*428*,
17:*429*, **17**:*432,* **22**:280, **22**:*308*,
30:63, **30**:64, **30**:65, **30**:81, **30**:*113*,
30:*114*, **31**:22, **31**:35, **31**:36, **31**:*82*,
31:*83*
Gokel, G., **9**:27(55), **9**:28(55), **9**:35(55),
9:38(55), **9**:40(55), **9**:42(55),
9:44(55), **9**:73(55), **9**:77(55),
9:80(55), **9**:96(55), **9**:*123*
Gökelmann, K., **28**:10, **28**:40, **28**:*41*,
28:*43*
Golan, D., **18**:202, **18**:*238*
Golankiewicz, K., **19**:107, **19**:*121*
Golay, M. J. E., **3**:231, **3**:*266*
Gold, A. M., **25**:120, **25**:*259*
Gold, H., **5**:338, **5**:345, **5**:349, **5**:383,
5:*396*
Gold, J. M., **28**:62, **28**:*135*
Gold, L. C., **28**:57, **28**:*136*
Gold, V., **1**:42, **1**:52, **1**:78, **1**:81, **1**:*151*,
1:156, **1**:157, **1**:173, **1**:192, **1**:*197*,

1:*198*, **1**:411, **1**:*418*, **2**:20, **2**:*88*,
2:144, **2**:*160*, **2**:172, **2**:*197*, **3**:162,
3:*184*, **4**:125, **4**:*144*, **4**:198, **4**:200,
4:222, **4**:223, **4**:227, **4**:234, **4**:236,
4:285, **4**:286, **4**:298, **4**:299, **4**:*301*,
5:123, **5**:140, **5**:142, **5**:158, **5**:159,
5:*170*, **5**:237, **5**:272, **5**:278, **5**:282,
5:283, **5**:284, **5**:293, **5**:304, **5**:315,
5:318, **5**:321, **5**:*325*, **5**:*326*, **5**:*327*,
5:*329*, **6**:63, **6**:66, **6**:67, **6**:71, **6**:72,
6:73, **6**:74, **6**:75, **6**:81, **6**:84, **6**:87,
6:93, **6**:*98*, **6**:*99*, **6**:265, **6**:*327,* **7**:32,
7:*110*, **7**:156, **7**:*203*, **7**:213, **7**:215,
7:216, **7**:218, **7**:220, **7**:222, **7**:223,
7:224, **7**:226, **7**:228, **7**:229, **7**:231,
7:232, **7**:233, **7**:235, **7**:236, **7**:237,
7:238, **7**:243, **7**:244, **7**:245, **7**:246,
7:248, **7**:249, **7**:251, **7**:252, **7**:*255*,
7:*256*, **7**:262, **7**:263, **7**:266, **7**:267,
7:269, **7**:271, **7**:273, **7**:274, **7**:275,
7:277, **7**:280, **7**:281, **7**:282, **7**:283,
7:285, **7**:286, **7**:290, **7**:292, **7**:297,
7:298, **7**:299, **7**:300, **7**:301, **7**:302,
7:304, **7**:305, **7**:306, **7**:308, **7**:309,
7:310, **7**:311, **7**:312, **7**:313, **7**:314,
7:315, **7**:319, **7**:321, **7**:322, **7**:323,
7:324, **7**:325, **7**:*328*, **8**:227, **8**:*260*,
9:160, **9**:*177*, **9**:185, **9**:265, **9**:273,
9:*274*, **11**:65, **11**:79, **11**:*118*, **11**:*120*,
11:*121*, **11**:226, **11**:*264*, **11**:289,
11:*386*, **12**:235, **12**:238, **12**:*292*,
13:91, **13**:95, **13**:*150*, **14**:3, **14**:8,
14:32, **14**:*62*, **14**:*63*, **14**:76, **14**:77,
14:83, **14**:95, **14**:*128*, **14**:*129*,
14:175, **14**:190, **14**:191, **14**:*196*,
14:*198*, **14**:205, **14**:*343*, **16**:93,
16:127, **16**:*155*, **17**:230, **17**:*276*,
17:361, **17**:*426*, **18**:5, **18**:6, **18**:7,
18:62, **18**:*72*, **18**:*73*, **19**:225, **19**:*368*,
22:177, **22**:185, **22**:*208*, **23**:64,
23:*159*, **23**:254, **23**:*265*, **24**:72,
24:86, **24**:*105*, **24**:*107*, **26**:282,
26:284, **26**:285, **26**:286, **26**:291,
26:*370*, **26**:*372*, **27**:150, **27**:176,
27:*235*, **28**:141, **28**:152, **28**:*170*,
29:54, **29**:*66,* **30**:178, **30**:*217*,
31:198, **31**:*244*
Goldacre, R., **11**:307, **11**:314, **11**:315,
11:316, **11**:319, **11**:*383*
Goldammer, E. V., **14**:246, **14**:253,

14:302, 14:*343*
Goldanskii, V. I., **20**:50, **20**:*52*
Goldberg, B. J., **19**:247, **19**:*370*
Goldberg, I. B., **19**:195, **19**:197, **19**:*219*
Goldberg, I., **17**:403, **17**:404, **17**:422, **17**:423, **17**:*427*, **30**:87, **30**:88, **30**:92, **30**:107, **30**:*113*
Goldberg, M., **23**:189, **23**:*267*, **25**:33, **25**:34, **25**:*87*
Goldberg, S. I., **17**:461, **17**:*483*
Golden, A. S., **4**:*191*
Golden, D. M., **9**:142, **9**:*177*, **13**:50, **13**:51, **13**:*78*, **24**:10, **24**:*52*, **26**:65, **26**:*125*, **26**:*127*, **26**:154, **26**:*177*
Golden, J. H., **8**:208, **8**:*263*
Golden, J. T., **2**:172, **2**:*199*, **20**:154, **20**:*189*
Goldenberg, M., **19**:34, **19**:94, **19**:*118*, **19**:*119*
Göldenitz, J., **32**:167, **32**:193, **32**:*209*
Gol'der, G. A., **1**:247, **1**:*276*
Goldfarb, A. R., **11**:337, **11**:*386*
Gol'dfarb, E. I., **10**:83, **10**:90, **10**:*126*
Goldie, B., **31**:311, **31**:382, **31**:*391*
Goldin, M. M., **13**:234, **13**:*272*
Golding, J. G., **16**:26, **16**:*47*, **20**:163, **20**:*182*
Goldman, G., **1**:42, **1**:67, **1**:68, **1**:74, **1**:75, **1**:76, **1**:140, **1**:*149*, **1**:*150*, **1**:*151*
Goldmann, H., **30**:101, **30**:*113*
Goldschmidt, C. R., **12**:151, **12**:154, **12**:*218*
Goldschmidt, H., **3**:20, **3**:*84*
Goldschmidt, S., **9**:136, **9**:*177*, **12**:31, **12**:32, **12**:*121*, **26**:137, **26**:*176*
Gol'dshtein, I. P., **29**:226, **29**:228, **29**:*267*
Goldsmith, D., **8**:218, **8**:*264*
Goldsmith, H. L., **9**:137, **9**:146, **9**:152, **9**:*176*
Goldstein, J. H., **1**:407, **1**:*420*, **13**:309, **13**:311, **13**:314, **13**:318, **13**:*412*
Goldstein, M., **9**:161, **9**:*177*
Goldstein, M. J., **7**:154, **7**:181, **7**:184, **7**:192, **7**:*205*, **19**:353, **19**:355, **19**:361, **19**:362, **19**:364, **19**:366, **19**:367, **19**:*371*, **19**:*372*
Goldstein, P., **32**:233, **32**:*263*
Goldsworthy, L. J., **1**:105, **1**:*151*, **16**:145, **16**:*155*
Goldwhite, H., **7**:15, **7**:107, **7**:*112*, **9**:111(124), **9**:*126*
Gole, J., **15**:158, **15**:176, **15**:178, **15**:*264*
Golebiesvski, A., **1**:205, **1**:208, **1**:*276*
Golen, J. A., **9**:27(25c), **9**:43(79), **9**:*122*, **9**:*124*
Golesbiewski, A., **13**:54, **13**:*79*
Golesworthy, R. C., **32**:279, **32**:*380*
Goli, D. M., **31**:35, **31**:*83*
Golic, L., **22**:129, **22**:*208*
Golike, R. G., **4**:150, **4**:*192*
Golinelli-Pimpaneau, B., **31**:263, **31**:311, **31**:*386*, **31**:*387*
Golinkin, H. S., **5**:138, **5**:*171*, **14**:213, **14**:321, **14**:*338*, **14**:*344*
Golino, C. M., **17**:188, **17**:250, **17**:*278*
Goll, R. J., **5**:54, **5**:*117*
Golob, A. M., **17**:361, **17**:*426*
Gololobov, G. V., **31**:382, **31**:*391*
Golomb, D., **27**:254, **27**:263, **27**:275, **27**:*289*
Golomb, S. W., **9**:35(73b), **9**:*124*
Golstein, J. P., **7**:198, **7**:*208*
Goluber, A. I., **12**:35, **12**:*122*
Golvin, M. N., **26**:20, **26**:*127*, **26**:*128*
Gomberg, M., **25**:384, **25**:*443*, **30**:184, **30**:*218*
Gomez, M., **18**:150, **18**:*180*
Gomory, A., **30**:51, **30**:54, **30**:55, **30**:*58*, **30**:*61*
Gompper, R., **7**:9, **7**:15, **7**:60, **7**:*110*, **11**:296, **11**:338, **11**:379, **11**:*386*, **11**:*388*, **26**:310, **26**:*378*, **29**:301, **29**:303, **29**:305, **29**:*326*, **32**:200, **32**:201, **32**:202, **32**:*215*
Gonçalves, J. M., **29**:230, **29**:231, **29**:*268*
Gong, B., **31**:305, **31**:382, **31**:384, **31**:*386*, **31**:*391*
Gonikberg, M. G., **2**:98, **2**:153, **2**:*160*, **12**:48, **12**:*121*
Gonsalves, M., **22**:297, **22**:*303*
Gonzales, A., **22**:283, **22**:*303*
Gonzales-Vidal, J., **4**:325, **4**:*346*
Gonzalez, E., **11**:320, **11**:326, **11**:327, **11**:*386*
Gonzalez, E. R., **12**:115, **12**:*118*
Gonzalez, J., **31**:256, **31**:*387*
Gonzalez, M. A., **25**:134, **25**:*259*
Gonzalez, R. N., **17**:101, **17**:*176*

Gonzalez, R., **15**:309, **15**:*329*
Gonzalez, T., **17**:328, **17**:345, **17**:*429*
Gonzalez-Lafont, A., **31**:148, **31**:149, **31**:*248*
González-Luque, R., **31**:97, **31**:119, **31**:*138*
Good, M. L., **23**:220, **23**:*264*
Good, P. T., **3**:97, **3**:100, **3**:109, **3**:*121*
Good, W., **14**:248, **14**:343
Goodale, J. W., **32**:70, **32**:*120*
Goodall, D. M., **6**:74, **6**:89, **6**:95, **6**:*98*, **6**:*99*, **7**:290, **7**:297, **7**:309, **7**:312, **7**:313, **7**:*329*, **9**:142, **9**:143, **9**:*175*, **14**:152, **14**:153, **14**:*196*, **15**:39, **15**:*57*
Goodall, G. S., **25**:231, **25**:*264*
Goode, D., **15**:110, **15**:*146*
Goode, G. C., **24**:47, **24**:*52*
Goode, N. C., **22**:166, **22**:*205*, **26**:321, **26**:*368*
Goode, W. E., **15**:252, **15**:255, **15**:*262*
Goodeve, C. F., **2**:105, **2**:*160*, **5**:136, **5**:*170*
Goodfriend, P. L., **1**:387, **1**:*420*
Goodin, J. W., **19**:52, **19**:58, **19**:*117*, **19**:*118*, **20**:197, **20**:198, **20**:213, **20**:216, **20**:219, **20**:220, **20**:221, **20**:222, **20**:*230*
Goodin, R., **19**:155, **19**:*218*
Goodin, R. D., **13**:178, **13**:*276*, **31**:95, **31**:103, **31**:129, **31**:*137*
Gooding, R. M., **3**:39, **3**:*84*
Goodings, E. P., **16**:160, **16**:203, **16**:227, **16**:*230*, **16**:232
Goodisman, J., **8**:94, **8**:*147*
Goodman, H., **14**:*197*
Goodman, J., **22**:147, **22**:*208*
Goodman, J. F., **8**:275, **8**:*399*, **13**:138, **13**:*149*
Goodman, J. L., **26**:209, **26**:*248*
Goodman, L., **1**:417, **1**:418, **1**:*419*, **4**:34, **4**:*70*, **8**:257, **8**:*264*
Goodman, M., **6**:168, **6**:171, **6**:*180*, **6**:*181*
Goodman, M. F., **32**:220, **32**:*263*
Goodman, N., **22**:4, **22**:16, **22**:72, **22**:*109*
Goodman, P., **22**:323, **22**:348, **22**:*358*
Goodman, R. A., **13**:286, **13**:346, **13**:*406*
Goodnow, T. T., **31**:22, **31**:*83*
Goodrich, F. C., **28**:65, **28**:67, **28**:68, **28**:*136*
Goodrich, R. A., **9**:63(95), **9**:*125*

Goodridge, F., **10**:217, **10**:218, **10**:*220*, **10**:*222*, **12**:4, **12**:*121*
Goodwin, B. W., **25**:68, **25**:*89*, **25**:*94*
Goodwin, D., **19**:89, **19**:90, **19**:*118*
Goodwin, D. C., **20**:221, **20**:*229*
Goodwin, E. T., **4**:127, **4**:*144*
Goodwin, R. D., **17**:47, **17**:*59*
Goodwin, S., **2**:180, **2**:*200*
Goodwin, T. H., **1**:205, **1**:207, **1**:231, **1**:259, **1**:275, **1**:276, **1**:*277*
Goon, D. J. W., **6**:79, **6**:80, **6**:81, **6**:82, **6**:85, **6**:*99*
Goovaerts, E., **32**:180, **32**:*215*
Gopal, R., **30**:206, **30**:*218*
Gorbarty, M. L., **7**:45, **7**:54, **7**:55, **7**:*114*
Gordan, A. J., **30**:117, **30**:*169*
Gorden, R., Jr., **8**:110, **8**:119, **8**:*145*, **8**:146
Gordon, A. J., **2**:69, **2**:70, **2**:*89*, **10**:4, **10**:20, **10**:*26*, **17**:131, **17**:*179*
Gordon, A. Z., **17**:282, **17**:*427*
Gordon, B., **2**:249, **2**:250, **2**:251, **2**:269, **2**:*274*, **2**:*276*
Gordon, C. K., **8**:*404*
Gordon, D. M., **32**:123, **32**:*216*
Gordon, E., **3**:101, **3**:*121*
Gordon, H. M., **32**:162, **32**:*215*
Gordon, J. E., **29**:186, **29**:204, **29**:210, **29**:*267*
Gordon, J. J., **18**:36, **18**:*73*
Gordon, J. K., **22**:314, **22**:*358*
Gordon, L., **12**:191, **12**:*218*
Gordon, L. G. M., **10**:169, **10**:*221*
Gordon, M., **13**:184, **13**:*270*, **17**:237, **17**:*276*, **20**:219, **20**:*230*
Gordon, M. E., **7**:184, **7**:186, **7**:*205*, **7**:*208*, **31**:210, **31**:*246*
Gordon, M. S., **29**:103, **29**:*183*
Gordon, P. F., **32**:180, **32**:*211*
Gordon, S., **6**:11, **6**:12, **6**:*59*, **7**:117, **7**:118, **7**:121, **7**:122, **7**:123, **7**:124, **7**:125, **7**:130, **7**:131, **7**:132, **7**:134, **7**:143, **7**:*150*, **8**:35, **8**:*76*, **12**:227, **12**:*294*
Gordon, T. F., **32**:175, **32**:199, **32**:*211*
Gordon, W. E., **30**:93, **30**:*115*
Gordus, A. A., **2**:207, **2**:227, **2**:*274*, **8**:85, **8**:89, **8**:*147*
Gordy, W., **1**:168, **1**:*198*, **1**:246, **1**:295, **1**:298, **1**:322, **1**:323, **1**:324, **1**:329,

1:330, 1:331, 1:333, 1:334, 1:345, 1:355, 1:*360*, 1:*361*, 1:*362*, 3:31, 3:*84*
Gordymova, T. A., **19**:285, **19**:*372*
Gore, E. S., **15**:169, **15**:*262*
Gore, P. H., **1**:47, **1**:*151*, **28**:186, **28**:*205*
Gorenstein, D. G., **6**:257, **6**:*327*, **9**:36(77), **9**:37(77), **9**:38(77), **9**:95(118a, b), **9**:96(77), **9**:104(77), **9**:107(118b), **9**:*124*, **9**:*125*, **24**:185, **24**:186, **24**:187, **24**:188, **24**:190, **24**:191, **24**:*201*, **24**:*204*, **25**:123, **25**:160, **25**:171, **25**:173, **25**:174, **25**:175, **25**:176, **25**:177, **25**:178, **25**:180, **25**:181, **25**:182, **25**:183, **25**:185, **25**:186, **25**:187, **25**:188, **25**:189, **25**:191, **25**:192, **25**:203, **25**:204, **25**:205, **25**:206, **25**:238, **25**:239, **25**:240, **25**:*257*, **25**:*259*, **25**:*260*, **25**:*263*, **25**:*264*, **25**:*265*
Gores, C. J., **19**:209, **19**:*219*
Gorin, P. A. J., **13**:283, **13**:289, **13**:323, **13**:*409*
Goringe, M. J., **15**:113, **15**:114, **15**:115, **15**:117, **15**:*146*, **15**:*147*, **15**:*148*, **16**:178, **16**:*235*
Görlach, Y., **29**:300, **29**:301, **29**:*327*, **29**:*329*
Görlitz, G., **32**:191, **32**:*212*
Gormally, J., **22**:124, **22**:*206*
Gorman, A. A., **19**:81, **19**:86, **19**:107, **19**:*115*, **19**:*119*
Gorman, C. B., **26**:223, **26**:*248*, **32**:180, **32**:182, **32**:187, **32**:*211*, **32**:*213*
Gorman, M., **23**:166, **23**:*267*
Gorokhovskii, A. A., **32**:250, **32**:*263*
Goscinski, O., **19**:358, **19**:363, **19**:*375*, **23**:95, **23**:*158*, **29**:289, **29**:*327*
Goshiki, K., **19**:17, **19**:*129*
Goshorn, D. P., **26**:232, **26**:238, **26**:*247*
Goss, F. R., **1**:129, **1**:*151*, **3**:26, **3**:*84*
Gosselink, D. W., **6**:301, **6**:302, **6**:*324*, **15**:226, **15**:*260*
Gosselink, E. P., **7**:155, **7**:*206*, **22**:315, **22**:*359*, **30**:188, **30**:*219*
Gosser. D. K., Jr., **32**:42, **32**:*117*
Gosser, L., **15**:177, **15**:234, **15**:235, **15**:237, **15**:238, **15**:*261*
Gosteli, J., **23**:190, **23**:191, **23**:201, **23**:*268*

Gostunskaya, I. V., **1**:163, **1**:176, **1**:180, **1**:181, **1**:195, **1**:*198*, **1**:*200*
Goswami, S., **30**:110, **30**:*113*
Göthe, R., **20**:200, **20**:202, **20**:*229*
Gotlib, Y. Y., **19**:112, **19**:*122*
Goto, K., **3**:153, **3**:*184*
Goto, M., **32**:269, **32**:274, **32**:276, **32**:277, **32**:279, **32**:289, **32**:290, **32**:291, **32**:295, **32**:296, **32**:297, **32**:298, **32**:299, **32**:300, **32**:304, **32**:309, **32**:*380*, **32**:*381*, **32**:*383*
Goto, R., **5**:64, **5**:67, **5**:*117*
Goto, S., **19**:50, **19**:*119*
Goto, T., **8**:174, **8**:*268*, **8**:383, **8**:*400*, **18**:189, **18**:207, **18**:209, **18**:*235*, **18**:*236*, **18**:*237*, **19**:7, **19**:81, **19**:*124*, **19**:*125*, **21**:40, **21**:*96*, **31**:11, **31**:*83*
Gotoh, T., **19**:74, **19**:*114*, **19**:*119*, **30**:187, **30**:*218*,
Gottich, B. P., **7**:1, **7**:9, **7**:46, **7**:*111*
Gottlieb, C. A., **15**:23, **15**:29, **15**:*57*
Gottlieb, H. P. W., **16**:254, **16**:*261*
Gottlieb, J., **17**:56, **17**:*59*
Goudie, A. J., **8**:282, **8**:362, **8**:*405*
Goudsmith, A., **4**:267, **4**:268, **4**:*302*
Gough, S. T., **9**:27(14b), **9**:110(14b), **9**:*122*
Gough, T. A., **10**:160, **10**:*224*, **13**:203, **13**:*270*
Gough, T. E., **11**:256, **11**:*264*
Gougoutas, J. Z., **15**:78, **15**:*146*, **21**:40, **21**:*98*, **23**:207, **23**:*261*
Gouin, L., **22**:139, **22**:*207*
Gould, E. S., **2**:2, **2**:*88*, **4**:298, **4**:*301*, **5**:213, **5**:*233*, **8**:298, **8**:*400*, **27**:86, **27**:*114*
Gould, I. R., **22**:281, **22**:295, **22**:*303*, **26**:20, **26**:*125*
Gould, R. F., **8**:279, **8**:*400*
Gould, S., **28**:4, **28**:44
Goulden, A. J., **31**:62, **31**:66, **31**:*81*, **31**:*84*
Goulden, J. D. S., **3**:34, **3**:*84*, **11**:284, **11**:*386*
Goulon, J., **16**:244, **16**:*262*
Gourdon, A., **31**:49, **31**:*82*
Gourlay, A. R., **32**:93, **32**:*115*
Gourley, R. N., **12**:93, **12**:94, **12**:*121*
Goursot-Leray, A., **13**:59, **13**:*79*
Gouterman, M., **1**:349, **1**:*360*

Gouverneur, V. E., **31**:286, **31**:287, **31**:384, **31**:*387*
Gover, T. A., **29**:212, **29**:*215*, **29**:*266*
Govil, G., **13**:346, **13**:*409*
Govindan, C. K., **31**:106, **31**:*140*
Govindjee, **12**:3, **12**:*126*
Gowenlock, B. G., **1**:17, **1**:*32*, **5**:123, **5**:*169*, **19**:393, **19**:*426*
Gowland, F. W., **24**:70, **24**:72, **24**:*112*
Gowling, E. W., **23**:193, **23**:199, **23**:201, **23**:207, **23**:215, **23**:218, **23**:222, **23**:233, **23**:244, **23**:246, **23**:247, **23**:248, **23**:*265*
Graafland, T., **17**:239, **17**:*276*, **22**:55, **22**:*109*, **29**:137, **29**:138, **29**:139, **29**:*181*
Grabaric, B. S., **32**:35, **32**:*114*
Grabaric, Z., **32**:35, **32**:*114*
Grabowska, A., **12**:137, **12**:177, **12**:205, **12**:207, **12**:*216*, **12**:*217*, **32**:161, **32**:*216*
Grabowski, E. J. J., **23**:250, **23**:*265*
Grabowski, J., **31**:170, **31**:172, **31**:175, **31**:*248*
Grabowski, J. J., **21**:219, **21**:236, **21**:*238*, **24**:2, **24**:12, **24**:13, **24**:16, **24**:20, **24**:44, **24**:*51*, **24**:*52*, **24**:75, **24**:*105*
Grabowski, Z. R., **10**:171, **10**:*222*, **10**:*225*, **12**:171, **12**:207, **12**:*217*, **12**:*219*, **15**:39, **15**:*60*, **19**:35, **19**:36, **19**:*119*
Grabowsky, P. J., **25**:248, **25**:*257*
Grace, J. A., **1**:289, **1**:*361*, **4**:339, **4**:343, **4**:*345*, **13**:160, **13**:*270*
Grace, M. E., **21**:42, **21**:*96*
Graczyk, D. G., **14**:28, **14**:*63*
Gradowski, M., **13**:182, **13**:*270*
Gradstein, S., **1**:402, **1**:*420*
Grady, G. L., **25**:43, **25**:45, **25**:*87*
Graebe, C., **6**:53, **6**:*59*
Graeve, R., **2**:69, **2**:70, **2**:*89*, **10**:4, **10**:20, **10**:*26*
Graf, F., **32**:235, **32**:*264*
Graff, C., **3**:153, **3**:*185*
Graff, R., **32**:186, **32**:*214*
Gragerov, I. P., **1**:169, **1**:*197*, **3**:144, **3**:145, **3**:146, **3**:148, **3**:153, **3**:154, **3**:168, **3**:169, **3**:170, **3**:171, **3**:173, **3**:176, **3**:180, **3**:181, **3**:*183*, **3**:*184*, **9**:131, **9**:163, **9**:164, **9**:*177*, **10**:99, **10**:*126*
Graham, A. M., **25**:29, **25**:*87*
Graham, D. M., **3**:250, **3**:*266*, **18**:168, **18**:*178*
Graham, E., **32**:188, **32**:*215*
Graham, E. W., **6**:248, **6**:307, **6**:*326*
Graham, G. D., **24**:68, **24**:*107*
Graham, J., **3**:132, **3**:166, **3**:167, **3**:169, **3**:*183*
Graham, J. C., **13**:54, **13**:55, **13**:*76*, **13**:*79*
Graham, L. L., **25**:76, **25**:*89*
Graham, M. R., **16**:254, **16**:*264*
Graham, S. H., **15**:132, **15**:136, **15**:139, **15**:143, **15**:*144*, **15**:*149*, **15**:*150*
Graham, W. A., **23**:7, **23**:9, **23**:12, **23**:14, **23**:15, **23**:32, **23**:41, **23**:42, **23**:*60*, **23**:*61*
Graham, W. A. G., **29**:217, **29**:*265*
Graham, W. H., **6**:232, **6**:*326*, **8**:373, **8**:374, **8**:*400*
Graham, W. R. M., **30**:13, **30**:35, **30**:36, **30**:*57*, **30**:*58*, **30**:*61*
Grahn, W., **32**:171, **32**:177, **32**:*208*, **32**:*209*
Grainger, S., **18**:5, **18**:7, **18**:*71*, **27**:131, **27**:*233*
Gramaccioli, C. M., **7**:216, **7**:245, **7**:*255*
Gramaccioni, P., **13**:75, **13**:*81*
Gramain, P., **17**:293, **17**:303, **17**:*427*
Gramas, J. V., **7**:164, **7**:*203*
Gramatikova, S. I., **31**:384, **31**:*387*
Gramlich, V., **32**:123, **32**:*216*
Grampp, G., **28**:20, **28**:33, **28**:*42*
Gramstad, T., **9**:161, **9**:162, **9**:*177*
Granacher, I., **16**:187, **16**:*230*, **16**:*232*
Granatek, A. P., **23**:215, **23**:*269*
Granath, K., **8**:278, **8**:*400*
Grand, D., **20**:95, **20**:*180*
Grandberg, A. I., **24**:67, **24**:*106*
Grandjean, D., **32**:173, **32**:*213*
Grandjean, J., **17**:293, **17**:*427*
Grandmougin, E., **13**:160, **13**:*272*
Granell, J., **31**:33, **31**:*82*
Granger, M. C., **32**:108, **32**:*120*
Granger, M. R., **3**:151, **3**:*186*
Granger, R., **5**:381, **5**:*396*, **13**:36, **13**:*79*
Granick, S., **13**:160, **13**:168, **13**:193, **13**:*273*
Granoth, I., **25**:125, **25**:126, **25**:*260*
Granozzi, G., **26**:315, **26**:*375*

Gränse, S., **12**:32, **12**:33, **12**:*120*, **18**:149, **18**:*177*
Grant, A. J., **15**:87, **15**:*147*
Grant, D. M., **10**:85, **10**:*128*, **11**:126, **11**:131, **11**:133, **11**:134, **11**:135, **11**:161, **11**:166, **11**:169, **11**:170, **11**:171, **11**:*174*, **11**:*175*, **11**:209, **11**:*224*, **13**:283, **13**:342, **13**:344, **13**:387, **13**:*408*, **13**:*410*, **13**:*412*, **16**:240, **16**:242–5, **16**:247, **16**:254, **16**:256, **16**:*261–4*, **25**:29, **25**:*89*, **32**:238, **32**:239, **32**:*263*
Grant, J., **15**:239, **15**:243, **15**:*262*
Grant, J. L., **18**:169, **18**:*176*, **19**:155, **19**:*218*
Grant, M. A., **19**:404, **19**:*427*
Grant, N. H., **14**:225, **14**:*344*
Grant, P. M., **15**:87, **15**:*149*
Grant, R. F., **3**:255, **3**:*266*
Grant, W. K., **1**:221, **1**:*277*
Grashey, R., **6**:217, **6**:225, **6**:*326*, **6**:*328*
Grasse, P. B., **22**:321, **22**:323, **22**:332, **22**:341, **22**:347, **22**:*358*, **22**:*361*
Grasselli, G., **11**:344, **11**:*386*
Grassmann, D., **7**:176, **7**:*206*
Gratch, S., **15**:252, **15**:*262*
Grathwohl, C., **13**:351, **13**:352, **13**:*409*
Grätzel, M., **12**:228, **12**:256, **12**:284, **12**:290, **12**:*292*, **12**:*294*, **17**:282, **17**:287, **17**:307, **17**:*431*, **19**:4, **19**:90, **19**:91, **19**:94, **19**:95, **19**:96, **19**:97, **19**:99, **19**:100, **19**:*116*, **19**:*119*, **19**:*120*, **19**:*121*, **19**:*122*, **19**:*124*, **19**:*126*, **19**:*128*, **19**:*129*, **19**:383, **19**:384, **19**:*426*, **20**:26, **20**:*53*
Gratzer, W. B., **8**:391, **8**:392, **8**:*400*
Gravity, N., **27**:107, **27**:*114*
Gravitz, N., **21**:42, **21**:80, **21**:91, **21**:92, **21**:*96*, **23**:254, **23**:*265*, **24**:167, **24**:*201*, **29**:51, **29**:*65*
Gray, C. H., **31**:169, **31**:*247*
Gray, D., **32**:180, **32**:*210*
Gray, E., **19**:80, **19**:*114*
Gray, G. A., **11**:161, **11**:*174*, **13**:280, **13**:283, **13**:324, **13**:350, **13**:352, **13**:*409*, **13**:*415*
Gray, G. R., **13**:288, **13**:294, **13**:295, **13**:300, **13**:301, **13**:341, **13**:342, **13**:*413*
Gray, H. B., **5**:195, **5**:209, **5**:*234*, **6**:199, **6**:*327*, **18**:145, **18**:*180*, **26**:20, **26**:*125*, **28**:4, **28**:*42*, **29**:205, **29**:*271*
Gray, J. V., **31**:268, **31**:*386*
Gray, N. S., **31**:263, **31**:*390*
Gray, P., **3**:255, **3**:*266*, **9**:133, **9**:135, **9**:155, **9**:156, **9**:*174*, **9**:*177*, **15**:18, **15**:*59*, **19**:407, **19**:*426*
Gray, R. T., **17**:283, **17**:288, **17**:290, **17**:291, **17**:362, **17**:*431*
Graybill, B. M., **17**:134, **17**:*177*
Graydon, A. R., **31**:54, **31**:66, **31**:*81*, **31**:*84*
Grayson, M., **1**:84, **1**:85, **1**:*149*, **1**:*151*, **13**:164, **13**:166, **13**:*267*, **25**:416, **25**:*442*
Grazi, E., **21**:20, **21**:*32*
Graziani, M., **5**:194, **5**:*232*
Gream, G. E., **8**:65, **8**:*77*, **8**:237, **8**:*261*
Greasely, P. M., **17**:126, **17**:*175*
Greatorex, D., **13**:187, **13**:*267*
Greaves, C. R., **32**:92, **32**:100, **32**:*115*
Greci, L., **13**:196, **13**:*267*, **19**:384, **19**:*426*, **31**:94, **31**:107, **31**:131, **31**:132, **31**:135, **31**:*137*
Grec-Luciano, A., **18**:34, **18**:*71*
Greco, C. V., **9**:27(37b), **9**:29(37b), **9**:*122*
Gredel, F., **32**:165, **32**:200, **32**:201, **32**:*216*
Greeley, R., **10**:130, **10**:132, **10**:145, **10**:146, **10**:147, **10**:*152*
Green, A. E. S., **8**:82, **8**:*147*
Green, A. G., **7**:227, **7**:*256*
Green, A. L., **26**:352, **26**:*373*
Green, B. S., **15**:68, **15**:71, **15**:95, **15**:98, **15**:101, **15**:108, **15**:124, **15**:125, **15**:*145*, **15**:*146*, **15**:*149*, **19**:48, **19**:53, **19**:*119*, **31**:260, **31**:263, **31**:264, **31**:311, **31**:382, **31**:385, **31**:*386*, **31**:*387*, **31**:*388*, **31**:*391*
Green, D. C., **16**:206, **16**:*237*
Green, E., **21**:67, **21**:*97*
Green, G., **20**:123, **20**:*181*
Green, G. G. F. H., **23**:187, **23**:*265*
Green, G. H., **1**:105, **1**:*151*, **16**:144, **16**:*155*
Green, G. J., **23**:311, **23**:*316*
Green, G. S., **23**:280, **23**:*318*
Green, J., **29**:299, **29**:*325*
Green, J. C., **29**:202, **29**:*267*, **32**:191, **32**:*210*

Green, J. H. S., 3:100, 3:103, 3:*121*, 6:123, 6:*180*
Green, K. E., 29:130, 29:*181*
Green, L. R., 15:53, 15:*59*
Green, M., 3:179, 3:*184*, 5:290, 5:*327*, 9:27(31), 9:*122*, 12:23, 12:91, 12:*117*, 12:*119*, 23:112, 23:*162*, 29:186, 29:*267*
Green, M. J., 6:297, 6:*328*
Green, M. L. H., 23:50, 23:*60*, 31:33, 31:*82*
Green, M. M., 8:196, 8:225, 8:226, 8:239, 8:*264*
Green, N. J., 28:20, 28:*41*
Green, R. L., 15:87, 15:*146*, 17:461, 17:*483*
Green, S. A., 7:155, 7:*205*
Green, S. I. E., 6:81, 6:*101*
Greenberg, A., 20:115, 20:*184*, 22:16, 22:*109*, 29:2, 29:*67*, 29:278, 29:*327*
Greenberg, D. P., 19:57, 19:*121*
Greenberg, M. M., 26:208, 26:*253*
Greene, E. F., 6:56, 6:*58*, 6:*59*, 8:2, 8:*76*
Greene, F. D., 5:67, 5:*113*, 28:107, 28:*136*
Greene, G. S., 26:72, 26:*126*
Greene, R. L., 16:215, 16:226, 16:*231*, 16:*232*, 16:*236*
Greene, R. N., 6:237, 6:*330*
Greengard, P., 25:215, 25:*260*
Greenhalgh, R., 5:261, 5:*327*
Greenhill, H. B., 32:37, 32:*114*
Greenspan, J., 7:297, 7:319, 7:*330*
Greenstein, J. P., 6:111, 6:*180*
Greenstock, C. L., 12:238, 12:249, 12:251, 12:256, 12:263, 12:269, 12:279, 12:281, 12:286, 12:290, 12:*291*, 12:*294*, 12:*295*, 31:133, 31:*138*
Greenwalt, E. M., 6:189, 6:*330*
Greenwood, H. H., 1:264, 1:*275*, 4:83, 4:86, 4:88, 4:90, 4:93, 4:94, 4:100, 4:106, 4:134, 4:140, 4:*144*, 4:*145*
Greenwood, N. N., 1:48, 1:*151*, 24:62, 24:*107*
Greenzaid, P., 3:169, 3:*184*, 7:7, 7:13, 7:15, 7:*113*, 27:46, 27:*53*, 28:172, 28:190, 28:198, 28:*205*
Gregg, C. T., 13:374, 13:378, 13:*412*,
16:258, 16:*263*
Gregg, R. A., 9:134, 9:169, 9:*178*
Gregoriou, G. A., 14:27, 14:33, 14:*62*, 19:262, 19:*374*, 27:241, 27:*289*
Gregoritch, S. J., 19:99, 19:*119*
Gregory, C. D., 23:14, 23:*61*
Gregory, J., 14:47, 14:*65*
Gregory, P., 32:175, 32:199, 32:*211*
Gregory, P. S., 29:120, 29:*179*
Gregson, A. K., 16:254, 16:*261*, 16:*264*
Greifenstein, L. G., 29:302, 29:*329*
Greig, A. C., 16:56, 16:59, 16:61, 16:64, 16:65, 16:68, 16:69, 16:73, 16:75, 16:*85*
Greig, C. C., 13:97, 13:*150*
Greig, D. G. T., 17:69, 17:70, 17:*174*
Greiner, N. R., 9:171, 9:*177*
Greizenstein, W., 2:190, 2:*198*
Greizerstein, W., 32:270, 32:*381*
Grela, M. A., 24:193, 24:*201*
Grell, E., 13:378, 13:395, 13:398, 13:399, 13:406, 13:*409*
Grellier, P. L., 16:123, 16:152, 16:*155*, 21:189, 21:*191*, 27:191, 27:205, 27:*233*
Grellman, K. H., 19:52, 19:*119*, 22:146, 22:*206*
Grendze, M. P., 25:390, 25:391, 25:395, 25:*444*, 29:163, 29:*182*
Grens, E., 26:315, 26:*372*
Gresser, M., 23:255, 23:*267*
Grev, D. A., 7:129, 7:*149*
Greyson, J., 7:261, 7:*329*, 14:266, 14:*343*
Gribble, G. W., 16:251, 16:*262*
Grieco, P. A., 22:292, 22:*303*
Grier, D., 31:203, 31:*247*
Griesbaum, K., 9:194, 9:195, 9:196, 9:217, 9:220, 9:221, 9:229, 9:*275*
Grieser, F., 19:95, 19:96, 19:*121*, 19:*128*, 20:218, 20:*230*
Griesinger, A., 11:300, 11:354, 11:*389*
Grieve, A., 31:49, 31:62, 31:*81*, 31:*84*
Grieve, D. McL. A., 21:48, 21:50, 21:54, 21:59, 21:92, 21:*95*, 21:*96*, 24:118, 24:162, 24:*200*
Grieve, O. M. A., 25:125, 25:*257*
Griffin, B. W., 17:52, 17:*60*
Griffin, C. E., 7:235, 7:236, 7:237, 7:239, 7:244, 7:246, 7:248, 7:*255*, 7:*256*, 17:237, 17:*276*

Griffin, G. W., 7:155, 7:*206*, 7:*207*, 7:*209*, 8:248, 8:*265*, 12:15, 12:*129*
Griffin, M. G., 25:29, 25:*88*
Griffin, R. N., 5:315, 5:*327*
Griffith, E. J., 9:*122*
Griffith, J., 11:247, 11:*264*
Griffith, J. H., 6:130, 6:139, 6:141, 6:*180*
Griffith, M. G., 25:9, 25:*89*
Griffith, O. H., 8:282, 8:284, 8:288, 8:289, 8:290, 8:*406*
Griffiths, D. C., 3:11, 3:20, 3:*83*
Griffiths, D. W., 29:13, 29:14, 29:*65*
Griffiths, E., 15:122, 15:*150*
Griffiths, J., 10:138, 10:*152*, 12:192, 12:*217*, 19:80, 19:*119*, 19:284, 19:*372*
Griffiths, J. E., 9:27(24a), 9:82(24a), 9:*122*
Griffiths, R. J. M., 15:120, 15:*146*
Griffiths, T. R., 1:289, 1:305, 1:*361*, 14:18, 14:*63*
Griffiths, W., 7:117, 7:138, 7:*150*
Griffiths, W. E., 5:70, 5:77, 5:*115*
Grigat, E., 10:43, 10:*52*
Grigg, R., 11:363, 11:*384*
Griggio, L., 26:66, 26:*125*
Griggs, C. G., 22:277, 22:278, 22:*300*
Grigor, A. F., 10:3, 10:*26*
Grigorescu, S., 16:189, 16:*232*
Grigsby, R. D., 8:218, 8:*267*
Griller, D., 12:59, 12:*121*, 15:28, 15:*59*, 17:32, 17:33, 17:53, 17:*62*, 22:312, 22:321, 22:323, 22:327, 22:333, 22:341, 22:342, 22:344, 22:349, 22:350, 22:*358*, 22:*360*, 22:*361*, 24:193, 24:201, 24:*202*, 26:146, 26:*176*, 31:133, 31:*139*
Griller, L., 27:263, 27:264, 27:269, 27:*288*
Grimaud, M., 25:80, 25:81, 25:*86*
Grimes, R. N., 16:254, 16:*264*
Grimison, A., 2:172, 2:184, 2:*198*, 11:169, 11:170, 11:171, 11:*173*, 11:322, 11:326, 11:*382*
Grimley, T. B., 3:262, 3:*266*, 4:127, 4:*144*
Grimme, W., 4:162, 4:*192*, 6:206, 6:*331*, 23:93, 23:*159*, 29:297, 29:*324*
Grimmett, M. R., 16:31, 16:*48*
Grimshaw, J., 8:174, 8:*260*, 12:93, 12:94, 12:*121*, 20:192, 20:193, 20:199,
20:202, 20:203, 20:214, 20:*230*, 20:*231*, 26:35, 26:38, 26:59, 26:62, 26:*121*, 26:*125*
Grimsrud, E. P., 21:155, 21:*193*, 26:296, 26:*372*
Grindheim, S., 25:34, 25:*89*
Grinter, R., 11:232, 11:*264*, 32:222, 32:*263*
Grinvalde, A., 26:315, 26:*372*
Griot, R. G., 21:41, 21:*96*
Gripenberg, J., 5:150, 5:*170*
Grisdale, E. E., 15:309, 15:*329*, 17:323, 17:325, 17:326, 17:345, 17:*429*
Grisdale, P. J., 12:177, 12:179, 12:*217*
Griselli, F., 17:141, 17:142, 17:*176*
Grishin, O. M., 2:185, 2:*199*
Grishin, Yu. K., 24:68, 24:*112*
Grist, S., 7:297, 7:324, 7:325, 7:*328*, 16:127, 16:*155*, 18:62, 18:*73*, 23:254, 23:*265*, 26:285, 26:*372*
Gritzner, G., 32:11, 32:117
Grivas, J. C., 11:302, 11:*386*
Grivnak, L. M., 17:102, 17:*175*
Grob, C. A., 6:285, 6:*324*, 6:*325*, 6:*327*, 7:98, 7:100, 7:*110*, 9:186, 9:236, 9:237, 9:242, 9:243, 9:*275*, 11:352, 11:*386*, 17:212, 17:258, 17:*276*, 19:279, 19:292, 19:*371*, 19:*372*, 23:123, 23:*159*, 27:241, 27:242, 27:*288*, 27:*289*, 32:303, 32:*381*
Grodowski, J., 24:97, 24:*106*
Grodowski, M., 19:65, 19:*129*, 20:221, 20:*231*, 21:156, 21:*196*
Grodski, A., 11:108, 11:*122*
Groen, A., 10:106, 10:107, 10:*128*
Groen, M. B., 11:241, 11:242, 11:*264*
Groen, S. H., 8:217, 8:*264*
Groenen, L. C., 30:101, 30:*115*
Groenewege, M. P., 11:347, 11:*389*
Groenewold, G. S., 23:311, 23:312, 23:*318*
Groh, S., 25:230, 25:*263*
Grohmann, K., 29:276, 29:305, 29:306, 29:*327*, 29:*328*, 29:*330*
Grollman, A. P., 13:374, 13:*407*
Gronchi, G., 31:95, 31:102, 31:*137*, 31:*138*
Groncki, C. L., 19:157, 19:*218*
Groner, P., 25:29, 25:*88*

Gronert, S., **31**:150, **31**:*244*
Gröningen, K., **23**:290, **23**:*317*
Gröninger, K. S., **24**:195, **24**:*202*, **26**:151, **26**:*176*
Gronowitz, S., **1**:173, **1**:*198*, **11**:348, **11**:*386*
Gronski, W., **16**:259, **16**:*262*
Grootenhuis, P. D. J., **30**:73, **30**:74, **30**:75, **30**:86, **30**:87, **30**:88, **30**:*95*, **30**:*96*, **30**:107, **30**:111, **30**:*112*, **30**:113, **30**:*115*
Groppeli, G., **7**:22, **7**:25, **7**:*113*
Grosjean, D., **28**:214, **28**:215, **28**:227, **28**:243, **28**:246, **28**:247, **28**:*289*
Gross, G. W., **14**:225, **14**:*344*
Gross, H., **32**:200, **32**:*216*
Gross, J., **13**:263, **13**:*271*
Gross, J. M., **5**:113, **5**:*113*
Gross, M. L., **23**:311, **23**:312, **23**:*317*, **23**:*318*, **24**:2, **24**:*52*
Gross, P., **5**:337, **5**:349, **5**:*396*, **7**:262, **7**:273, **7**:278, **7**:297, **7**:*329*
Gross, Z., **27**:136, **27**:218, **27**:220, **27**:224, **27**:225, **27**:*235*, **27**:*236*
Grossberg, A. L., **31**:264, **31**:*387*
Grosser, T., **32**:43, **32**:*120*
Grossi, L., **25**:46, **25**:*92*
Grossman, B., **19**:416, **19**:*426*
Grossweiner, L. I., **13**:180, **13**:*271*
Grossweiner, L. J., **16**:182, **16**:*232*
Groszek, A. I., **15**:66, **15**:*146*
Groten, B., **7**:77, **7**:*114*
Groth, P., **3**:63, **3**:*84*, **32**:200, **32**:*210*
Grove, D. J., **4**:40, **4**:*70*
Grovenstein, E., **2**:172, **2**:174, **2**:175, **2**:176, **2**:178, **2**:180, **2**:*198*, **10**:116, **10**:*125*
Grovenstein, E., Jr., **15**:221, **15**:222, **15**:223, **15**:*262*
Grover, E. R., **24**:93, **24**:*107*
Groves, J. T., **11**:137, **11**:*173*, **19**:335, **19**:364, **19**:365, **19**:*369*, **19**:*372*, **23**:297, **23**:298, **23**:*318*
Groves, P. T., **4**:299, **4**:*301*, **4**:*345*
Grubb, H. M., **6**:50, **6**:*59*, **8**:102, **8**:*148*, **8**:157, **8**:197, **8**:253, **8**:*264*, **8**:*266*
Grubb, P. W., **6**:239, **6**:*324*
Grubbs, E. J., **6**:315, **6**:*325*
Grubbs, R. H., **23**:91, **23**:*159*, **26**:223, **26**:*248*, **26**:*249*

Gruber, L., **8**:140, **8**:*147*
Gruber, R., **17**:91, **17**:*181*
Grubner, R., **8**:250, **8**:*267*
Gruege, F., **9**:162, **9**:*177*
Gruen, D. W. R., **22**:219, **22**:220, **22**:*303*
Gruen, L. C., **4**:3, **4**:7, **4**:9, **4**:10, **4**:12, **4**:19, **4**:20, **4**:22, **4**:*28*, **6**:73, **6**:*99*
Gruendmann, E., **7**:15, **7**:*111*
Gruetzmacher, R. E., **14**:9, **14**:20, **14**:*65*
Grün, F., **3**:78, **3**:*84*
Grünbein, W., **12**:263, **12**:268, **12**:289, **12**:*294*
Gründemann, E., **24**:190, **24**:*203*
Grundemeier, W., **2**:172, **2**:185, **2**:*198*
Grundstrom, T., **23**:252, **23**:*266*
Grunewald, G. L., **29**:302, **29**:*331*
Grunwald, E., **2**:22, **2**:52, **2**:62, **2**:*91*, **3**:126, **3**:129, **3**:130, **3**:132, **3**:133, **3**:134, **3**:135, **3**:136, **3**:*184*, **3**:205, **3**:206, **3**:207, **3**:208, **3**:209, **3**:263, **3**:*266*, **4**:11, **4**:*28*, **5**:142, **5**:143, **5**:163, **5**:*170*, **5**:176, **5**:177, **5**:183, **5**:187, **5**:190, **5**:199, **5**:222, **5**:223, **5**:*233*, **5**:*234*, **5**:344, **5**:375, **5**:*397*, **5**:*399*, **7**:100, **7**:*114*, **8**:282, **8**:283, **8**:285, **8**:291, **8**:292, **8**:304, **8**:308, **8**:357, **8**:358, **8**:363, **8**:364, **8**:*399*, **8**:*406*, **9**:169, **9**:171, **9**:*180*, **11**:272, **11**:*387*, **13**:97, **13**:106, **13**:107, **13**:*150*, **13**:*151*, **14**:3, **14**:8, **14**:32, **14**:33, **14**:45, **14**:46, **14**:47, **14**:51, **14**:59, **14**:*63*, **14**:*64*, **14**:67, **14**:77, **14**:81, **14**:109, **14**:*129*, **14**:*130*, **14**:135, **14**:140, **14**:*198*, **14**:*199*, **14**:210, **14**:215, **14**:248, **14**:273, **14**:289, **14**:290, **14**:321, **14**:*344*, **14**:*346*, **15**:2, **15**:*60*, **15**:155, **15**:156, **15**:262, **15**:274, **15**:284, **15**:285, **15**:*329*, **16**:104, **16**:115, **16**:117, **16**:*155*, **16**:*156*, **21**:126, **21**:178, **21**:*194*, **21**:199, **21**:*238*, **22**:20, **22**:28, **22**:74, **22**:75, **22**:*109*, **22**:121, **22**:123, **22**:124, **22**:197, **22**:198, **22**:199, **22**:200, **22**:*207*, **22**:*208*, **22**:*210*, **22**:217, **22**:218, **22**:*302*, **27**:16, **27**:26, **27**:*53*, **27**:*54*, **27**:129, **27**:181, **27**:182, **27**:231, **27**:*235*, **27**:*236*, **27**:284, **27**:*290*, **29**:48, **29**:50, **29**:*67*
Grupp, A., **28**:34, **28**:35, **28**:*41*, **28**:43

Grütter, M. G., **24**:141, **24**:*199*
Grutzmacher, H.-F., **8**:225, **8**:*264*
Grutzner, J. B., **11**:138, **11**:139, **11**:149, **11**:153, **11**:*174*, **13**:280, **13**:283, **13**:*409*, **15**:174, **15**:*262*, **19**:353, **19**:355, **19**:356, **19**:358, **19**:362, **19**:364, **19**:*372*, **29**:278, **29**:314, **29**:315, **29**:*326*
Gruver, G. A., **12**:9, **12**:*121*, **13**:216, **13**:*270*, **19**:141, **19**:*221*
Gryder, J. W., **2**:212, **2**:213, **2**:*275*
Gryff-Keller, A., **25**:75, **25**:*89*
Grypa, R. D., **19**:195, **19**:*219*
Grzejszczak, S., **17**:346, **17**:*430*
Grzeskowiak, R., **3**:8, **3**:14, **3**:*84*
Gschwind, R., **19**:90, **19**:*119*
Gu, J., **29**:7, **29**:46, **29**:55, **29**:*64*
Gu, J.-H., **28**:189, **28**:*205*
Guan, H.-W., **32**:194, **32**:*212*
Guanti, G., **27**:28, **27**:*52*, **27**:*55*
Guaraldi, G., **8**:72, **8**:*74*, **17**:102, **17**:103, **17**:112, **17**:116–8, **17**:140, **17**:*176*, **17**:*177*
Guardiola, E., **25**:270, **25**:273, **25**:274, **25**:275, **25**:284, **25**:285, **25**:416, **25**:*440*
Guarini, G., **15**:109, **15**:*150*
Guarino, A., **8**:105, **8**:106, **8**:107, **8**:108, **8**:111, **8**:113, **8**:115, **8**:117, **8**:123, **8**:*145*, **8**:*146*
Guarino, J. P., **7**:130, **7**:*150*
Guay, D., **24**:127, **24**:162, **24**:*200*, **28**:68, **28**:*136*
Gubareva, M. A., **4**:11, **4**:*28*
Gubbins, K. E., **14**:287, **14**:*351*
Guchmait, R. B., **25**:231, **25**:*263*
Gudkova, A. S., **7**:60, **7**:62, **7**:*110*, **7**:*112*
Guella, F., **7**:11, **7**:64, **7**:65, **7**:72, **7**:*109*
Guenzi, A., **25**:40, **25**:41, **25**:*89*, **25**:*93*
Guerin, G., **25**:190, **25**:*258*
Guerra, M., **25**:78, **25**:79, **25**:*92*
Guerrera, J. J., **14**:261, **14**:*347*
Guest, M. E., **22**:204, **22**:*208*
Guether, B., **19**:392, **19**:*426*
Gueutin, C., **26**:103, **26**:*125*
Guggenheim, E. A., **2**:64, **2**:70, **2**:*88*, **4**:16, **4**:*27*, **5**:125, **5**:*170*, **9**:136, **9**:173, **9**:*177*, **9**:*178*, **14**:79, **14**:88, **14**:*128*, **14**:214, **14**:281, **14**:*344*, **16**:2, **16**:3, **16**:*48*
Guggenheim, T. L., **32**:307, **32**:*381*
Gugler, B. A., **5**:266, **5**:*328*, **25**:75, **25**:*89*
Guglielmetti, R., **13**:59, **13**:*79*
Guhn, G., **10**:97, **10**:*125*
Guida, A., **21**:38, **21**:*95*, **24**:167, **24**:168, **24**:*200*
Guiheneuf, G., **28**:220, **28**:*289*
Guilard, R., **31**:58, **31**:*83*
Guilbault, G. G., **13**:256, **13**:*272*
Guilhem, J., **30**:84, **30**:*112*
Guilian, M., **23**:221, **23**:*262*
Guillemonat, A., **9**:221, **9**:223, **9**:*274*, **12**:11, **12**:*119*
Guillerez, J., **22**:204, **22**:207
Guillet, J. E., **19**:113, **19**:*125*
Guillory, J. P., **25**:55, **25**:*85*
Guillory, W. A., **30**:29, **30**:*61*
Guillou, O., **26**:243, **26**:*248*
Guimon, C., **30**:55, **30**:*57*
Guirgis, G. A., **25**:42, **25**:*88*
Guissani, Y., **26**:279, **26**:*372*
Gukovskaya, A. S., **11**:349, **11**:*383*
Gulati, A. S., **9**:29(66b), **9**:33(66b), **9**:75(107), **9**:80(111b), **9**:89(66b), **9**:98(111b), **9**:100(111b), **9**:101(107), **9**:116(127c, d), **9**:118(66b), **9**:*124*, **9**:*125*, **9**:*126*
Guldbrand, L., **22**:220, **22**:*304*
Gulick, W. M., **5**:106, **5**:*115*
Gullberg, P., **31**:181, **31**:*245*
Güller, R., **31**:383, **31**:*385*
Gulwell, T., **3**:11, **3**:20, **3**:*83*
Gumprecht, W. H., **15**:74, **15**:*147*, **30**:118, **30**:*170*
Gun, G., **32**:108, **32**:*120*
Gunasekera, A., **24**:99, **24**:*106*
Gund, P., **13**:74, **13**:*82*
Gund, T. M., **13**:36, **13**:*79*
Gundermann, H., **3**:69, **3**:*84*
Gundermann, J., **8**:282, **8**:285, **8**:*401*
Gundermann, K. D., **18**:189, **18**:230, **18**:*235*
Gunderson, K. W., **25**:56, **25**:*94*
Gundlach, H. G., **21**:21, **21**:*32*
Gunnarson, G., **16**:248, **16**:*262*
Gunnarsson, G., **22**:136, **22**:137, **22**:138, **22**:141, **22**:142, **22**:166, **22**:*206*, **22**:*207*, **22**:*208*, **22**:216, **22**:221, **22**:240, **22**:243, **22**:*303*, **23**:71, **23**:82, **23**:129, **23**:*159*, **26**:271,

26:275, 26:292, 26:293, 26:294,
26:303, 26:316, 26:323, 26:324,
26:*368*, 26:*372*
Gunner, M. R., 26:20, 26:*125*
Gunning, H. E., 6:37, 6:*60*, 6:221, 6:274,
  6:322, 6:*327*, 6:*328*, 7:201, 7:*209*,
  8:70, 8:*74*, 9:131, 9:*178*, 10:95,
  10:*128*, 16:77, 16:*86*
Gunter, C. R., 11:3, 11:29, 11:30, 11:32,
  11:61, 11:62, 11:*117*
Günter, P., 32:122, 32:123, 32:135,
  32:158, 32:162, 32:204, 32:206,
  32:*209*, 32:*211*, 32:*216*
Gunther, H., 29:297, 29:298, 29:305,
  29:*324*, 29:*326*, 29:*328*
Günther, H., 23:71, 23:72, 23:93, 23:105,
  23:*158*, 23:*159*, 25:11, 25:*86*
Günzler, W. A., 13:360, 13:*409*, 13:*410*
Guo, B.-Z., 29:47, 29:*64*
Guo, D., 23:290, 23:291, 23:303, 23:307,
  23:*320*
Guo, J., 31:277, 31:311, 31:382, 31:387,
  31:*392*
Guo, T., 29:15, 29:*64*
Guo, X., 31:234, 31:*243*
Gupta, A., 13:260, 13:*270*, 20:25, 20:*52*
Gupta, A. K., 9:137, 9:146, 9:152, 9:*176*,
  19:81, 19:*119*
Gupta, B. D., 11:124, 11:*173*
Gupta, C., 21:222, 21:*238*
Gupta, M. D., 24:70, 24:84, 24:*110*
Gupta, R. K., 16:241, 16:*262*
Gurd, F. R. N., 5:289, 5:296, 5:*329*,
  13:280, 13:348, 13:349, 13:350,
  13:352, 13:371, 13:378, 13:*406*,
  13:*409*, 13:*411*, 13:*413*
Gurd, R. C., 9:156, 9:*174*, 10:121,
  10:*123*
Gurd, R. M., 11:67, 11:*121*
Gurdy, W., 25:42, 25:*88*
Gurevich, Y. Y., 28:155, 28:160, 28:*170*
Gurney, R. N., 4:196, 4:*301*
Gurney, R. W., 10:206, 10:*222*, 14:207,
  14:218, 14:238, 14:241, 14:*344*
Gurr, M., 22:146, 22:*206*
Gurr, M. I., 13:383, 13:*410*
Gurrier-Takada, C., 25:102, 25:249,
  25:250, 25:*260*
Gurskii, M. E., 24:67, 24:*106*, 24:*107*
Gurudata, N., 13:292, 13:303, 13:*410*

Gurvich, L. V., 8:241, 8:*268*
Gur'yanova, E. N., 1:158, 1:171, 1:*198*,
  29:226, 29:228, 29:*267*
Gusarov, A. V., 11:371, 11:*391*
Gusel'nikov, L. E., 30:52, 30:*57*
Gust, D., 13:56, 13:*79*, 13:*81*, 16:246,
  16:247, 16:*262*, 16:*264*, 19:92,
  19:*118*, 25:33, 25:*89*, 28:4, 28:*42*,
  31:58, 31:*83*
Gustafson, S. M., 31:242, 31:*244*
Gustafsson, C., 3:166, 3:*184*, 4:14, 4:*28*
Gustafsson, J.-A., 8:210, 8:*264*
Gustavii, K., 15:268, 15:278, 15:280,
  15:281, 15:289, 15:*328*, 15:*329*
Gustavson, G. G., 4:198, 4:222, 4:*301*
Gustowski, D. A., 31:35, 31:36, 31:*82*,
  31:*83*
Gut, A., 19:244, 19:*372*
Gutch, C. J. W., 5:70, 5:72, 5:87, 5:93,
  5:112, 5:*115*
Gutfreund, H., 21:15, 21:*32*
Guthke, H., 10:217, 10:218, 10:*220*
Guthrie, J. P., 13:143, 13:*150*, 13:291,
  13:293, 13:295, 13:303, 13:*408*,
  13:*412*, 14:259, 14:*344*, 18:46,
  18:47, 18:48, 18:49, 18:54, 18:55,
  18:57, 18:63, 18:64, 18:*73*, 21:40,
  21:45, 21:50, 21:69, 21:70, 21:87,
  21:88, 21:93, 21:94, 21:*96*, 21:228,
  21:*238*, 22:3, 22:*108*, 25:104,
  25:107, 25:121, 25:126, 25:127,
  25:253, 25:*260*, 28:173, 28:*205*,
  29:36, 29:47, 29:51, 29:*65*
Guthrie, R. D., 6:292, 6:*327*, 15:176,
  15:178, 15:*262*, 18:170, 18:*178*
Gutiérrez, A., 25:24, 25:71, 25:73, 25:*95*,
  25:*96*
Gutierrez, A. R., 18:138, 18:*176*
Gutknecht, J., 17:305, 17:306, 17:*427*
Gutman, M., 22:146, 22:147, 22:148,
  22:*209*
Gutmann, F., 12:2, 12:*121*, 16:160,
  16:176, 16:*232*, 18:123, 18:126,
  18:*178*
Gutmann, V., 15:161, 15:*262*, 17:305,
  17:306, 17:*427*, 29:186, 29:*267*,
  30:195, 30:*218*
Gutowski, Gerald E., 13:324, 13:325,
  13:326, 13:327, 13:328, 13:329,
  13:*415*

Gutowski, H., **15**:169, **15**:*262*
Gutowsky, H., **25**:130, **25**:*260*
Gutowsky, H. S., **3**:188, **3**:190, **3**:196, **3**:197, **3**:199, **3**:201, **3**:202, **3**:203, **3**:205, **3**:210, **3**:211, **3**:218, **3**:221, **3**:224, **3**:227, **3**:234, **3**:249, **3**:250, **3**:251, **3**:252, **3**:253, **3**:254, **3**:261, **3**:*265*, **3**:*266*, **3**:*267*, **3**:*269*, **4**:*302*, **5**:266, **5**:*327*, **11**:272, **11**:*387*, **13**:255, **13**:*271*, **25**:10, **25**:*89*, **28**:21, **28**:*42*
Gutsche, C. D., **7**:196, **7**:*205*, **12**:212, **12**:213, **12**:*217*, **17**:481, **17**:*485*, **22**:351, **22**:*357*, **30**:98, **30**:101, **30**:*113*, **31**:37, **31**:72, **31**:*82*, **31**:*83*
Gutsche, D., **17**:481, **17**:*484*
Gutshow, C., **25**:115, **25**:*258*
Gutstein, N., **11**:337, **11**:*386*
Guttenplan, J. B., **19**:86, **19**:*119*
Gutterson, N. T., **25**:197, **25**:198, **25**:215, **25**:217, **25**:219, **25**:220, **25**:221, **25**:*259*
Guttierez, A. R., **19**:10, **19**:11, **19**:12, **19**:93, **19**:*115*
Guttman, D. E., **8**:282, **8**:*400*
Guttman, D. W., **13**:256, **13**:*267*
Guy, J., **1**:111, **1**:*151*, **3**:26, **3**:*84*
Guy, J. J., **29**:128, **29**:*181*
Guyer, J. W., **9**:*125*
Guyot, A., **17**:36, **17**:38, **17**:*62*, **17**:*63*
Gwinn, W. D., **1**:409, **1**:*419*, **2**:126, **2**:*159*, **13**:42, **13**:63, **13**:*80*, **13**:*81*
Gyor, M., **17**:13, **17**:*63*
Györgydeák, Z., **24**:122, **24**:123, **24**:*203*

H

Haaf, W., **9**:273, **9**:*276*
Haag, R., **32**:245, **32**:*263*
Haagen-Smit, A. J., **4**:281, **4**:*303*
Haak, W. J., **13**:311, **13**:315, **13**:*413*
Haake, P. C., **3**:178, **3**:*184*, **9**:27(35), **9**:28(35), **9**:29(35), **9**:*122*, **25**:123, **25**:154, **25**:162, **25**:*260*
Haake, P., **11**:329, **11**:345, **11**:*387*, **13**:92, **13**:*150*, **14**:39, **14**:*63*, **17**:479, **17**:*487*
Haanaes, E., **17**:347, **17**:*426*
Haar, W., **13**:360, **13**:361, **13**:363, **13**:*415*, **25**:115, **25**:*259*
Haarer, D., **32**:222, **32**:250, **32**:*262*, **32**:*263*
Haas, G., **13**:282, **13**:*407*
Haas, H., **12**:31, **12**:32, **12**:*121*
Haase, J., **13**:52, **13**:*79*
Haase, W., **32**:167, **32**:*209*
Haasnoot, A. G., **25**:9, **25**:*89*
Habata, Y., **31**:6, **31**:*80*
Haber, E., **21**:23, **21**:*31*
Haber, F., **5**:68, **5**:*115*, **10**:162, **10**:*222*
Haber, M. T., **25**:107, **25**:*261*, **27**:31, **27**:*54*, **27**:130, **27**:187, **27**:*236*
Haberfield, D., **5**:211, **5**:*233*
Haberfield, P., **14**:137, **14**:161, **14**:162, **14**:163, **14**:182, **14**:*198*, **14**:*199*, **22**:263, **22**:*303*, **25**:119, **25**:*258*
Haberkorn, R., **19**:6, **19**:*116*
Habersbergerova, A., **12**:245, **12**:*294*
Habersfield, P., **17**:477, **17**:*484*
Habu, M., **32**:228, **32**:*265*
Hackelberg, O., **29**:212, **29**:*272*
Hacker, N., **30**:25, **30**:*56*
Hacket, N., **3**:65, **3**:*84*
Hackett, P., **29**:217, **29**:*266*
Hackler, R. E., **10**:117, **10**:119, **10**:*123*
Haddock, N. F., **17**:354, **17**:419, **17**:420, **17**:*424*
Haddon, R. C., **13**:57, **13**:*79*, **19**:240, **19**:299, **19**:339, **19**:342, **19**:349, **19**:*370*, **19**:*377*, **22**:134, **22**:135, **22**:137, **22**:138, **22**:141, **22**:142, **22**:*207*, **22**:*209*, **29**:130, **29**:*181*, **29**:276, **29**:277, **29**:280, **29**:281, **29**:283, **29**:284, **29**:285, **29**:292, **29**:294, **29**:315, **29**:322, **29**:*326*, **32**:221, **32**:225, **32**:*262*, **32**:*263*
Haddon, W. F., **8**:175, **8**:247, **8**:*264*, **8**:*268*
Hadek, V., **16**:203, **16**:*232*
Hadel, L. M., **22**:333, **22**:341, **22**:349, **22**:351, **22**:*358*, **22**:*359*
Hadicke, E., **15**:74, **15**:*146*
Hadjigeorgiou, P., **20**:163, **20**:*182*
Hadjoudis, E., **32**:247, **32**:*263*
Hädrich, J., **26**:152, **26**:155, **26**:156, **26**:*175*
Hadwick, T., **1**:25, **1**:*31*, **3**:140, **3**:*184*
Hadzi, D., **22**:129, **22**:*210*, **26**:263, **26**:264, **26**:279, **26**:280, **26**:*372*, **26**:*375*, **26**:*378*

Hadži, D., 9:*177*
Hadziioannou, G., 32:173, 32:*215*
Haegele, W., 2:18, 2:*88*
Haenel, M. W., 19:24, 19:*115*
Haering, R. R., 16:182, 16:*232*
Hafemann, D. R., 14:209, 14:*344*
Häffner, J., 9:203, 9:224, 9:226, 9:*275*
Hafliger, D., 1:105, 1:*149*
Häfliger, O., 11:277, 11:279, 11:*384*, 13:114, 13:*149*
Hafner, K., 11:378, 11:*389*, 22:133, 22:*208*
Hagaman, E. W., 13:291, 13:303, 13:311, 13:313, 13:324, 13:325, 13:326, 13:327, 13:328, 13:329, 13:*408*, 13:*411*, 13:*415*, 29:298, 29:*330*
Hagan, C. P., 14:173, 14:198, 14:328, 14:333, 14:*343*
Hagan, C. R. S., 32:82, 32:*118*
Hagan, D. J., 32:131, 32:*211*
Hagar, D. C., 17:280, 17:*430*
Hage, J. P., 31:133, 31:*138*
Hagel, R., 25:14, 25:*90*
Hagen, E. L., 10:40, 10:41, 10:*52*, 11:194, 11:195, 11:*224*, 19:244, 19:245, 19:246, 19:254, 19:257, 19:*377*
Hagen, R., 12:172, 12:*217*
Hagenau, U., 32:191, 32:208, 32:*211*
Haggert, B. E., 22:142, 22:*207*, 26:343, 26:*378*
Haggis, G. H., 5:270, 5:*328*
Haggitt, J., 31:49, 31:*81*
Hagi, A., 31:134, 31:135, 31:*139*
Hagihara, T., 23:26, 23:*60*
Hagimoto, K., 32:163, 32:*213*
Hagiwara, T., 31:134, 31:*139*
Hagler, A. T., 14:235, 14:*346*, 25:38, 25:*89*
Haglid, F., 11:381, 11:*391*
Hagopian, L., 11:103, 11:108, 11:111, 11:*119*, 18:126, 18:*178*, 25:401, 25:*443*
Hagopian, S., 22:148, 22:*208*
Hague, D. N., 16:1, 16:*48*, 18:90, 18:*176*
Hahn, E. L., 3:192, 3:196, 3:215, 3:216, 3:223, 3:*266*
Hahn, K., 17:6, 17:*59*
Hahn, T., 1:272, 1:*277*

Haiching, Z., 23:180, 23:*266*
Haider, K. W., 26:190, 26:217, 26:*248*
Haim, A., 18:86, 18:*178*, 19:416, 19:*426*, 29:186, 29:*267*
Hain, W., 17:382, 17:*427*
Hainaut, D., 13:49, 13:*78*
Hainer, R. M., 1:382, 1:*421*
Haines, L. M., 23:37, 23:*60*
Haines, W. J., 13:69, 13:*81*
Hair, M. L., 17:52, 17:53, 17:55, 17:*60*, 19:92, 19:*120*
Haire, D. L., 31:91, 31:104, 31:*139*
Haisa, M., 26:263, 26:*375*
Haiss, H., 5:351, 5:*398*
Hajdas, D. J., 24:37, 24:*52*
Hakatsuji, H., 9:254, 9:*280*
Hakka, L., 5:340, 5:*397*
Hakka, L. E., 6:67, 6:97, 6:*100*, 11:372, 11:373, 11:374, 11:*388*
Hakke, L., 31:198, 31:*244*
Hakozaki, S., 12:111, 12:*128*
Hakushi, T., 19:50, 19:*119*
Haky, J. E., 27:249, 27:*290*
Halász, P., 24:176, 24:*203*
Halazy, S., 31:295, 31:*387*
Halberstadt, E. S., 14:278, 14:*344*
Halberstadt, M. L., 4:153, 4:154, 4:166, 4:*192*, 7:189, 7:*205*, 22:314, 22:*359*
Haldane, J. B. S., 21:24, 21:*31*, 29:2, 29:9, 29:*65*
Halder, E., 31:58, 31:*80*
Haldna, U. L., 13:85, 13:91, 13:*150*, 13:*152*, 18:9, 18:*73*, 18:76
Hale, J., 10:211, 10:*222*
Hale, J. M., 10:191, 10:*223*, 12:107, 12:*121*, 18:114, 18:*178*, 32:23, 32:96, 32:*117*
Halevi, E. A., 2:173, 2:*198*, 3:176, 3:*183*, 7:282, 7:287, 7:301, 7:302, 7:306, 7:*329*, 10:19, 10:*26*, 15:46, 15:*59*, 23:64, 23:66, 23:72, 23:*159*, 31:144, 31:205, 31:*244*
Haley, G. J., 29:310, 29:*328*
Halford, R. S., 3:*82*, 5:182, 5:*234*
Halgren, T. A., 25:26, 25:*89*
Hall, A. D., 27:34, 27:48, 27:*52*, 27:*53*
Hall, C. D., 25:192, 25:195, 25:*259*, 25:*262*, 31:21, 31:22, 31:48, 31:*81*, 31:*82*
Hall, C. R., 25:123, 25:127, 25:139,

25:140, 25:141, 25:142, 25:143,
25:144, 25:146, 25:147, 25:148,
25:153, 25:156, 25:191, 25:200,
25:201, 25:202, 25:203, 25:205,
25:206, 25:207, 25:210, 25:211,
25:*258*, 25:*260*, 27:31, 27:*53*
Hall, D., 23:187, 23:188, 23:*266*, 32:230, 32:*262*
Hall, D. G., 8:275, 8:*400*, 21:222, 21:*238*
Hall, D. M., 1:66, 1:67, 1:68, 1:*150*, 1:271, 1:*277*
Hall, E. L., 4:5, 4:*29*
Hall, F. M., 9:148, 9:*175*, 13:109, 13:114, 13:117, 13:*149*, 14:212, 14:*339*
Hall, F. R., 13:168, 13:*272*
Hall, G. E., 1:187, 1:*198*, 25:246, 25:247, 25:*257*
Hall, G. G., 1:259, 1:*277*, 4:33, 4:*70*, 4:124, 4:*144*
Hall, H. K., 5:313, 5:314, 5:323, 5:*328*, 6:285, 6:*332*, 13:51, 13:*79*, 17:339, 17:*433*,
Hall, H. K. Jr., 5:24, 5:*51*, 17:157, 17:*177*, 30:187, 30:*218*
Hall, K. L., 6:12, 6:*59*
Hall, L. A., 15:128, 15:*148*
Hall, L. D., 3:234, 3:236, 3:*265*, 13:287, 13:*410*, 16:240, 16:250, 16:*262*, 25:11, 25:*89*
Hall, L. H., 6:233, 6:234, 6:246, 6:*327*
Hall, M. L., 23:27, 23:28, 23:*61*
Hall, N. F., 13:114, 13:116, 13:*150*
Hall, P. L., 11:20, 11:*122*
Hall, R. E., 11:186, 11:192, 11:*223*, 13:74, 13:75, 13:*80*, 14:8, 14:9, 14:14, 14:26, 14:*63*, 14:*64*, 14:*65*, 14:77, 14:97, 14:*131*
Hall, R. H., 8:377, 8:*397*, 30:188, 30:*218*
Hall, T. N., 14:175, 14:199
Hall, W. K., 13:190, 13:191, 13:192, 13:*268*, 13:*278*
Hallaba, E., 16:15, 16:*49*, 19:394, 19:*427*
Hallam, H. E., 3:75, 3:*84*, 25:52, 25:*85*
Hallas, G., 12:192, 12:*215*
Hallas, M. D., 21:39, 21:*96*
Halldin, C., 31:181, 31:*245*
Halle, J.-C., 26:341, 26:*372*, 26:*377*
Halle, J. C., 14:144, 14:*199*
Halle, L. F., 23:51, 23:*60*

Haller, I., 4:165, 4:*192*
Hallett, G., 19:391, 19:408, 19:412, 19:413, 19:419, 19:422, 19:*426*
Halley, B. A., 16:246, 16:*262*
Halmann, M., 2:25, 2:*90*, 3:176, 3:*184*
Halperin, A., 16:182, 16:*232*
Halpern, A. M., 19:17, 19:20, 19:21, 19:27, 19:28, 19:29, 19:88, 19:*115*, 19:*119*, 19:*121*, 19:*127*, 19:*129*, 22:60, 22:61, 22:*108*
Halpern, J., 6:78, 6:*99*, 6:276, 6:*327*, 22:151, 22:*207*, 23:4, 23:10, 23:14, 23:15, 23:33, 23:48, 23:50, 23:*58*, 23:*59*, 23:*60*, 23:*62*, 26:115, 26:116, 26:*124*, 26:*125*, 26:*127*, 26:*129*
Halpern, M., 3:153, 3:*185*
Halpern, Y., 10:184, 10:*224*, 11:140, 11:152, 11:161, 11:163, 11:*175*
Haltiwanger, R. C., 26:169, 26:*176*
Halton, B., 19:101, 19:*116*
Halvarson, K., 1:173, 1:*198*, 2:172, 2:*198*, 29:240, 29:*267*
Halvorsen, J., 19:140, 19:*217*
Ham, G., 1:85, 1:87, 1:*149*
Ham, N. S., 1:415, 1:416, 1:*420*
Ham, S.-W., 26:191, 26:*247*
Hamacher, V., 28:30, 28:32, 28:*42*
Hamada, M., 2:242, 2:*274*, 17:423, 17:*430*
Hamada, T., 17:481, 17:*486*, 19:65, 19:109, 19:*120*, 19:*125*
Hamada, Y., 17:471, 17:*483*
Hamaguchi, H., 29:27, 29:29, 29:64, 29:76, 32:247, 32:*265*
Hamai, S., 29:5, 29:*65*, 29:*66*
Hamamoto, I., 23:277, 23:300, 23:304, 23:*320*
Hamamoto, K., 19:95, 19:96, 19:*128*, 32:271, 32:*385*
Hamanaka, K., 29:262, 29:*268*
Hamann, C., 16:175, 16:176, 16:*233*
Hamann, H. J., 19:7, 19:17, 19:*126*, 19:*130*
Hamann, S. D., 1:15, 1:*31*, 2:95, 2:98, 2:100, 2:108, 2:114, 2:116, 2:119, 2:122, 2:159, 2:*160*, 5:138, 5:141, 5:*169*, 5:*170*, 10:204, 10:*222*, 14:298, 14:*344*
Hamano, S., 23:249, 23:*269*
Hamazaki, H., 19:63, 19:*127*

Hamberger, H., **19**:233, **19**:356, **19**:363, **19**:*368*
Hambling, J. K., **4**:88, **4**:*144*
Hambly, A. N., **14**:320, **14**:321, **14**:*342*, **14**:*351*
Hambrick, D. C., **17**:300, **17**:*430*
Hambright, P., **18**:219, **18**:*235*
Hamed, F. H., **22**:240, **22**:272, **22**:282, **22**:283, **22**:289, **22**:262, **22**:*301*
Hameka, H., **1**:349, **1**:*361*
Hameka, H. F., **22**:142, **22**:*208*
Hamer, J., **6**:224, **6**:*327*
Hamer, N. K., **17**:252, **17**:*276*, **25**:144, **25**:*259*
Hamill, R. L., **23**:166, **23**:*265*, **23**:*267*
Hamill, W. D., **16**:256, **16**:*262*
Hamill, W. D., Jr., **13**:342, **13**:344, **13**:*410*
Hamill, W. H., **2**:238, **2**:*275*, **7**:130, **7**:*150*, **7**:263, **7**:297, **7**:*329*, **8**:112, **8**:*147*, **8**:*148*, **8**:*149*
Hamilton, A. D., **30**:109, **30**:110, **30**:*112*, **30**:*113*
Hamilton, C. E., **9**:136, **9**:137, **9**:138, **9**:146, **9**:148, **9**:159, **9**:*175*, **9**:*176*
Hamilton, E., **31**:211, **31**:*246*
Hamilton, E. J., **13**:260, **13**:*270*
Hamilton, E. J., Jr., **15**:28, **15**:*60*
Hamilton, G., **21**:18, **21**:*32*, **25**:124, **25**:162, **25**:*260*
Hamilton, G. A., **3**:127, **3**:148, **3**:*185*, **7**:189, **7**:*205*, **11**:32, **11**:*117*, **18**:149, **18**:*183*
Hamilton, J. A., **1**:228, **1**:*277*, **13**:385, **13**:388, **13**:389, **13**:*410*, **13**:*415*, **17**:443, **17**:*486*
Hamilton, J. B., **19**:291, **19**:296, **19**:*368*, **19**:*375*
Hamilton, R. C., **19**:196, **19**:*220*
Hamilton, R. G., **13**:201, **13**:*274*
Hamilton, T. P., **28**:224, **28**:225, **28**:*288*, **28**:*289*
Hamilton, W. C., **9**:28(60a, b, c), **9**:29(60a, b, c), **9**:30(60a, b, c), **9**:*123*, **25**:66, **25**:*89*, **26**:258, **26**:270, **26**:307, **26**:*372*, **26**:*377*
Hamilton-Miller, J. M. T., **23**:202, **23**:250, **23**:*265*
Hamity, M., **14**:135, **14**:*196*, **17**:361, **17**:*427*, **19**:52, **19**:*126*

Hamlet, Z., **5**:176, **5**:*232*, **14**:135, **14**:*196*, **19**:52, **19**:*126*
Hamlin, W. E., **8**:282, **8**:*400*
Hamlow, H. P., **25**:43, **25**:*89*
Hammaker, R. M., **5**:266, **5**:*328*, **25**:75, **25**:*89*
Hammarström, L. G., **25**:5, **25**:34, **25**:*89*
Hammel, K. E., **31**:128, **31**:136, **31**:*138*, **31**:*139*
Hammer, W. J., **11**:185, **11**:*222*
Hammerich, O., **12**:9, **12**:10, **12**:12, **12**:16, **12**:52, **12**:77, **12**:79, **12**:81, **12**:82, **12**:86, **12**:*116*, **12**:*121*, **12**:*122*, **12**:*127*, **13**:163, **13**:172, **13**:196, **13**:204, **13**:207, **13**:217, **13**:219, **13**:228, **13**:230, **13**:235, **13**:250, **13**:*270*, **13**:*275*, **13**:*277*, **18**:126, **18**:129, **18**:*178*, **19**:147, **19**:157, **19**:158, **19**:159, **19**:162, **19**:164, **19**:165, **19**:173, **19**:181, **19**:184, **19**:203, **19**:216, **19**:*217*, **19**:*219*, **19**:*221*, **20**:56, **20**:57, **20**:67, **20**:70, **20**:71, **20**:72, **20**:73, **20**:74, **20**:78, **20**:79, **20**:80, **20**:81, **20**:82, **20**:83, **20**:84, **20**:85, **20**:86, **20**:87, **20**:127, **20**:148, **20**:*184*, **20**:*187*, **20**:*189*, **28**:13, **28**:*42*, **31**:94, **31**:116, **31**:*138*
Hammerle, W. G., **3**:76, **3**:*84*
Hammes, G. G., **22**:114, **22**:119, **22**:149, **22**:*208*
Hammett, L. P., **1**:8, **1**:9, **1**:14, **1**:17, **1**:18, **1**:19, **1**:20, **1**:26, **1**:28, **1**:*31*, **1**:*32*, **1**:*33*, **1**:35, **1**:36, **1**:37, **1**:38, **1**:39, **1**:78, **1**:80, **1**:81, **1**:82, **1**:83, **1**:84, **1**:88, **1**:89, **1**:92, **1**:94, **1**:101, **1**:102, **1**:103, **1**:108, **1**:112, **1**:116, **1**:121, **1**:126, **1**:127, **1**:131, **1**:134, **1**:141, **1**:142, **1**:143, **1**:*151*, **1**:165, **1**:191, **1**:*198*, **2**:135, **2**:*160*, **2**:*162*, **2**:178, **2**:*198*, **3**:166, **3**:*185*, **4**:23, **4**:29, **4**:299, **4**:*302*, **5**:337, **5**:340, **5**:*396*, **6**:74, **6**:*99*, **6**:*101*, **8**:229, **8**:*264*, **9**:2, **9**:4, **9**:*24*, **9**:272, **9**:273, **9**:*275*, **9**:*280*, **11**:281, **11**:293, **11**:*387*, **12**:209, **12**:*217*, **13**:86, **13**:88, **13**:91, **13**:94, **13**:95, **13**:96, **13**:97, **13**:104, **13**:106, **13**:107, **13**:108, **13**:*150*, **14**:2, **14**:22, **14**:43, **14**:44, **14**:*63*, **14**:*66*, **14**:79, **14**:*129*,

14:147, 14:148, 14:*199*, 16:15,
16:*48*, 16:52, 16:*85*, 18:9, 18:*77*,
18:81, 18:*178*, 21:2, 21:*32*, 21:38,
21:*96*, 22:28, 22:100, 22:*108*,
25:119, 25:*260*, 25:325, 25:*445*,
27:19, 27:*53*, 29:*69*
Hammick, D. Ll., 4:258, 4:*300*, 4:*301*,
7:215, 7:223, 7:*255*, 7:*256*
Hammond, B. L., 23:125, 23:148, 23:*160*
Hammond, G. S., 1:42, 1:57, 1:93, 1:107,
1:120, 1:*151*, 1:*152*, 2:165, 2:172,
2:185, 2:*198*, 4:120, 4:*144*, 4:176,
4:177, 4:178, 4:*192*, 5:288, 5:*328*,
5:342, 5:*396*, 6:93, 6:*99*, 6:230,
6:264, 6:285, 6:*326*, 6:*327*, 7:156,
7:158, 7:176, 7:177, 7:188, 7:189,
7:195, 7:*204*, 7:*205*, 7:*206*, 8:51,
8:*75*, 9:131, 9:133, 9:136, 9:137,
9:138, 9:146, 9:148, 9:159, 9:*175*,
9:*178*, 9:*183*, 11:302, 11:303,
11:*389*, 12:157, 12:*216*, 13:260,
13:*270*, 14:71, 14:*129*, 15:49, 15:*59*,
17:208, 17:*277*, 18:81, 18:*178*,
19:56, 19:*124*, 20:25, 20:*52*, 21:148,
21:*193*, 21:219, 21:*238*, 22:28,
22:*108*, 22:121, 22:*208*, 23:193,
23:*265*, 27:64, 27:65, 27:92, 27:106,
27:*114*, 27:231, 27:*235*, 29:52,
29:*66*, 29:88, 29:94, 29:*181*, 31:256,
31:*387*
Hammond, P. J., 31:21, 31:*81*, 31:*82*
Hammond, P. R., 29:220, 29:*267*
Hammond, V. J., 1:415, 1:*420*
Hammond, W. B., 20:115, 20:*185*
Hammons, G., 18:68, 18:*73*
Hammons, J. H., 11:214, 11:*222*, 14:147,
14:*201*, 15:176, 15:190, 15:*265*
Hamor, T. A., 1:231, 1:*277*
Hamori, E., 8:274, 8:*402*, 13:59, 13:*80*
Hampson, G. C., 10:21, 10:*26*
Hampson, N. A., 10:191, 10:196, 10:*222*
Hampton, D. C., 17:103, 17:104, 17:*177*
Hampton, K. G., 18:39, 18:40, 18:*74*
Han, L.-F., 29:21, 29:*66*
Han, L.-P. B., 24:83, 24:*112*
Han, Y. W., 2:15, 2:*90*
Hanack, M., 5:381, 5:*396*, 6:308, 6:*327*,
9:186, 9:203, 9:204, 9:205, 9:206,
9:224, 9:226, 9:236, 9:237, 9:238,
9:241, 9:244, 9:248, 9:256, 9:266,
9:*275*, 9:*277*, 9:*278*, 10:45, 10:*52*,
19:334, 19:*379*
Hanafusa, T., 24:71, 24:*112*
Hanahan, D. J., 8:279, 8:395, 8:*400*
Hanamura, E., 30:125, 30:*169*
Hanashima, Y., 19:33, 19:*121*
Hanckel, J. M., 23:16, 23:17, 23:*59*
Hancock, C. K., 5:344, 5:355, 5:*397*,
12:161, 12:165, 12:192, 12:*218*,
28:246, 28:*289*
Hancock, R. A., 19:407, 19:*425*
Hand, E. S., 5:252, 5:307, 5:*328*, 18:11,
18:*73*
Hand, R., 10:200, 10:*222*, 20:146, 20:*184*
Hand, R. L., 16:203, 16:*230*
Handa, T., 28:118, 28:*136*
Handal, J., 25:75, 25:*89*
Handel, H., 17:346, 17:358, 17:359,
17:*427*, 17:*431*, 24:72, 24:*107*
Handler, A., 23:82, 23:*161*
Handler, P., 21:10, 21:*34*
Handloser, C. S., 13:113, 13:*149*
Handoo, K. L., 18:94, 18:*176*, 19:184,
19:185, 19:186, 19:190, 19:*218*,
20:100, 20:112, 20:113, 20:114,
20:*181*, 20:*184*, 23:309, 23:*316*,
31:119, 31:*138*
Handoo, S. K., 20:100, 20:*184*
Handy, N. C., 29:151, 29:156, 29:157,
29:*179*
Haneda, Y., 18:209, 18:*237*
Haney, M. A., 13:136, 13:*150*
Haney, W. A., 29:232, 29:238, 29:241,
29:*271*
Hangauer, D. G., 26:355, 26:*372*
Hanhart, W., 1:129, 1:*151*
Hanke, M. E., 21:4, 21:*33*
Hankins, D., 14:222, 14:*344*
Hann, R. A., 18:209, 18:*236*, 32:123,
32:*211*
Hanna, I., 24:80, 24:*112*
Hanna, M. W., 29:206, 29:228, 29:243,
29:*267*
Hanna, P. M., 31:134, 31:135, 31:*138*
Hanna, S. B., 7:155, 7:180, 7:*205*, 9:143,
9:*178*, 14:95, 14:*129*, 14:153, 14:*199*
Hannah, J., 8:290, 8:*404*
Hannan, B. N. B., 16:41, 16:*47*
Hannon, S. J., 24:69, 24:*107*
Hanotier, J., 13:173, 13:*270*, 18:160,

18:*178*, 20:139, 20:*184*
Hanotier-Bridoux, M., 13:173, 13:*270*, 18:160, 18:*178*, 20:139, 20:*184*
Hanratty, M. A., 23:51, 23:*60*
Hansch, C., 15:274, 15:279, 15:*329*, 27:49, 27:*50*, 27:*53*, 28:172, 28:*205*, 29:6, 29:34, 29:*66*, 29:*67*, 29:85
Hansen, A. E., 25:5, 25:*89*, 29:321, 29:*324*
Hansen, B., 5:261, 5:319, 5:*328*, 9:27(36a), 9:*122*, 15:277, 15:*329*, 17:258, 17:265, 17:*277*, 28:200, 28:*205*
Hansen, D. E., 25:231, 25:233, 25:235, 25:*260*
Hansen, H. J., 23:65, 23:*159*
Hansen, J., 23:218, 23:253, 23:*263*
Hansen, K. B., 12:227, 12:*296*
Hansen, K. H., 6:197, 6:*327*
Hansen, K. W., 9:27(26a, b), 9:28(26a, b), 9:42(26a, b), 9:63(26a, b), 9:82(26a, b), 9:*122*
Hansen, L. D., 13:109, 13:*149*, 17:281, 17:284, 17:286, 17:288, 17:303, 17:304, 17:306, 17:307, 17:*428*
Hansen, P., 26:287, 26:*372*
Hansen, P. E., 23:64, 23:71, 23:83, 23:84, 23:*159*
Hansen, R. L., 6:94, 6:*99*, 29:288, 29:*331*
Hansen, S. L., 14:309, 14:*350*
Hanson, A. W., 1:229, 1:267, 1:*275*, 1:*277*, 16:199, 16:*233*, 25:405, 25:*443*
Hanson, D. M., 16:160, 16:167, 16:192, 16:*230*, 16:*233*, 16:*236*
Hanson, M. P., 17:318, 17:321, 17:*432*
Hanson, P., 5:92, 5:*115*, 13:162, 13:*270*, 18:168, 18:*176*, 20:80, 20:*184*, 26:162, 26:*176*
Hanthal, H. G., 28:245, 28:*288*
Hantschmann, A., 31:123, 31:*140*
Hantzsch, A., 6:2, 6:*59*, 7:211, 7:224, 7:234, 7:*256*, 9:4, 9:20, 9:*24*, 9:185, 9:*275*, 11:336, 11:364, 11:366, 11:*387*, 13:86, 13:91, 13:*150*
Hanuš, V., 5:30, 5:41, 5:42, 5:50, 5:*51*, 5:*52*, 24:197, 24:198, 24:*204*
Hapala, J., 17:353, 17:*432*
Hapiot, P., 26:12, 26:38, 26:39, 26:47, 26:*122*, 26:*123*, 26:*125*, 32:105,
32:*114*
Happ, J. W., 13:204, 13:258, 13:*270*
Happiliard, Y., 8:229, 8:*260*
Haq, M. Z., 13:49, 13:77
Haque, M. U., 9:33(69), 9:91(69), 9:*124*
Haque, R., 14:212, 14:249, 14:*352*
Hara, H., 17:447, 17:*486*
Harada, A., 22:294, 22:*308*
Harada, I., 25:52, 25:*95*
Harada, N., 25:16, 25:52, 25:*90*
Harada, S., 17:443, 17:*487*
Harada, W., 24:141, 24:*202*
Harada, Y., 15:113, 15:*150*
Haran, N., 18:120, 18:*178*
Harary, F., 9:50(88a), 9:*124*
Harborth, G., 6:2, 6:*61*, 7:81, 7:*114*
Harbottle, G., 2:204, 2:208, 2:217, 2:*274*
Harbour, J. R., 17:48, 17:52, 17:53, 17:55, 17:*60*, 19:92, 19:*120*
Harbridge, J. B., 23:240, 23:*265*
Harcourt, A. V., 9:173, 9:*178*
Hardegger, E., 5:333, 5:353, 5:*397*
Harden, G. D., 3:98, 3:99, 3:100, 3:103, 3:*121*
Harder, A., 3:25, 3:*84*
Harder, H. C., 16:194–6, 16:*235*
Harder, R. J., 16:202, 16:*230*, 16:*234*
Harders, H., 14:232, 14:*339*
Hardetzky, O., 8:282, 8:290, 8:*402*
Hardie, B. A., 9:273, 9:*277*
Harding, C. E., 9:236, 9:241, 9:248, 9:*278*
Harding, C. J., 8:239, 8:*264*
Harding, D. R. K., 17:171, 17:*178*
Harding, J. C. M., 18:199, 18:201, 18:*238*
Harding, L. B., 18:204, 18:213, 18:*235*, 22:314, 22:*359*
Harding, L. O., 28:4, 28:*42*
Harding, T. T., 1:236, 1:237, 1:*277*
Hardman, K. D., 21:23, 21:*35*
Hardwick, R., 32:249, 32:*264*
Hardwick, R. B., 8:272, 8:377, 8:*402*
Hardwidge, E. A., 16:75, 16:*85*
Hare, G. J., 24:93, 24:*105*
Harel, Y., 19:92, 19:*120*
Hargittai, I., 30:30, 30:39, 30:*57*, 30:*61*
Hargrave, P. A., 13:388, 13:390, 13:*412*
Hargreaves, W. A., 14:260, 14:*344*
Hargrove, R. J., 9:237, 9:247, 9:*275*,

32:303, 32:*384*
Hargrove, W. W., **1**:134, **1**:*152*
Harhash, A., **27**:74, **27**:79, **27**:*116*
Hariharan, P. C., **13**:6, **13**:*79*, **19**:336, **19**:*377*
Harkammer, R., **16**:89, **16**:*156*
Harkema, S., **30**:73, **30**:74, **30**:75, **30**:86, **30**:87, **30**:88, **30**:95, **30**:96, **30**:101, **30**:105, **30**:107, **30**:111, **30**:*112*, **30**:*113*, **30**:*115*, **30**:188, **30**:*218*
Harker, D., **21**:23, **21**:*33*
Harkins, W. D., **8**:282, **8**:285, **8**:377, **8**:390, **8**:*400*, **8**:*402*, **28**:54, **28**:57, **28**:*136*
Harland, R. G., **32**:46, **32**:*115*
Harle, O. L., **9**:154, **9**:*178*
Harlow, R. L., **23**:118, **23**:*162*, **26**:238, **26**:*247*, **26**:*250*
Harm, K., **15**:202, **15**:*261*
Harman, R. A., **1**:400, **1**:*420*
Harmon, K. M., **26**:302, **26**:304, **26**:*372*
Harmon, Y. M., **19**:340, **19**:*372*
Harmony, J. A. K., **23**:300, **23**:*318*
Harmony, M. D., **13**:56, **13**:*82*
Harms, K., **30**:86, **30**:*115*, **30**:202, **30**:*220*, **32**:200, **32**:*214*
Harned, H., **5**:163, **5**:*170*
Harned, H. S., **1**:12, **1**:18, **1**:*32*, **5**:338, **5**:*397*
Harnett, S. P., **25**:119, **25**:*260*
Harnik, E., **1**:224, **1**:269, **1**:273, **1**:*277*, **16**:196, **16**:*234*
Harnsberger, B. G., **5**:261, **5**:*328*, **11**:321, **11**:*387*
Haroy, M. L., **11**:304, **11**:*392*
Harpell, G. A., **9**:137, **9**:139, **9**:140, **9**:142, **9**:*175*, **9**:*177*, **15**:207, **15**:*261*
Harper, A., **16**:208, **16**:*230*
Harper, A. W., **32**:123, **32**:129, **32**:158, **32**:*210*
Harper, D. C., **17**:264, **17**:*277*
Harper, E. T., **18**:17, **18**:*73*
Harper, J. J., **11**:186, **11**:*222*, **14**:20, **14**:*63*, **19**:345, **19**:*378*
Harpp, D. N., **13**:66, **13**:*82*
Harrand, M., **3**:26, **3**:*84*
Harrap, B. S., **6**:172, **6**:*180*
Harrell, S. A., **26**:300, **26**:*372*
Harrelson, J. A., **27**:150, **27**:215, **27**:*233*
Harrelson, J. A. Jr., **26**:105, **26**:*123*,
30:198, **30**:*217*
Harrer, W., **28**:20, **28**:33, **28**:*42*
Harriman, A., **12**:157, **12**:*217*
Harriman, A. R., **19**:39, **19**:91, **19**:92, **19**:108, **19**:*117*, **19**:*118*, **19**:*120*
Harriman, J. E., **5**:110, **5**:*115*, **28**:27, **28**:*42*
Harrington, C. K., **17**:97, **17**:*178*
Harrington, J. P., **14**:288, **14**:*344*
Harris, C. J., **17**:280, **17**:307, **17**:*427*
Harris, D. L., **11**:302, **11**:308, **11**:*387*, **11**:*391*, **19**:233, **19**:356, **19**:358, **19**:363, **19**:*368*, **19**:*370*, **29**:280, **29**:*330*
Harris, D. O., **11**:11, **11**:*117*
Harris, E. E., **2**:47, **2**:*88*, **7**:3, **7**:*109*
Harris, F. E.,, **8**:94, **8**:*148*
Harris, G. S., **9**:27(16), **9**:*122*
Harris, H. C., **22**:250, **22**:251, **22**:*299*
Harris, H. P., **15**:309, **15**:*329*, **17**:286, **17**:328, **17**:329, **17**:343, **17**:345, **17**:423, **17**:*426*, **17**:*429*
Harris, J. C., **21**:161, **21**:*193*, **27**:124, **27**:231, **27**:*235*
Harris, J. F., Jr., **7**:9, **7**:15, **7**:76, **7**:*110*
Harris, J. M., **10**:34, **10**:*52*, **11**:186, **11**:192, **11**:*223*, **14**:3, **14**:4, **14**:5, **14**:8, **14**:9, **14**:12, **14**:17, **14**:19, **14**:22, **14**:23, **14**:26, **14**:33, **14**:34, **14**:36, **14**:39, **14**:*63*, **14**:*64*, **14**:*65*, **14**:77, **14**:97, **14**:98, **14**:99, **14**:100, **14**:110, **14**:*129*, **14**:*131*, **16**:92, **16**:*155*, **27**:92, **27**:*114*, **27**:124, **27**:223, **27**:231, **27**:*235*, **27**:*236*, **27**:240, **27**:244, **27**:251, **27**:276, **27**:*289*, **27**:*290*, **28**:270, **28**:279, **28**:*290*, **29**:186, **29**:204, **29**:*267*, **31**:153, **31**:179, **31**:181, **31**:*244*, **32**:167, **32**:174, **32**:*214*
Harris, L., **19**:92, **19**:*115*
Harris, L. B., **12**:35, **12**:*122*
Harris, M., **8**:395, **8**:*405*
Harris, M. M., **1**:66, **1**:67, **1**:68, **1**:*150*, **6**:309, **6**:312, **6**:314, **6**:*323*, **6**:*325*, **10**:22, **10**:*26*, **10**:33
Harris, M. S., **18**:202, **18**:*238*
Harris, R. F., **7**:198, **7**:*208*
Harris, R. H., **20**:50, **20**:*52*
Harris, R. K., **3**:234, **3**:236, **3**:241, **3**:251, **3**:*266*, **16**:242, **16**:255, **16**:*262*

Harris, R. T., **2:**125, **2:**132, **2:**134, **2:***160*
Harris, S. J., **31:**37, **31:***82*
Harris, W. C., **25:**42, **25:***88*
Harrison, A. G., **8:**192, **8:**194, **8:**229, **8:**230, **8:***261*, **8:***264*, **8:***265*, **9:**155, **9:***181*, **9:**253, **9:***275*, **21:**198, **21:***238*, **24:**1, **24:**28, **24:**48, **24:***51*, **24:***52*
Harrison, G. R., **1:**394, **1:***419*
Harrison, J. A., **10:**155, **10:***220*, **12:***118*, **12:**127
Harrison, J. F., **22:**313, **22:**314, **22:**316, **22:***359*, **22:***360*, **30:**13, **30:***57*
Harrison, J. M., **25:**141, **25:**144, **25:**201, **25:**202, **25:**211, **25:***258*, **25:***260*
Harrison, W. B., **17:**50, **17:***61*
Harrison, W. F., **11:**363, **11:**378, **11:***383*
Harriss, M. G., **14:**39, **14:***64*
Harrod, J. F., **6:**276, **6:***327*, **23:**48, **23:***60*
Harrold, S. P., **8:**275, **8:***398*
Harron, J., **21:**72, **21:**88, **21:***96*
Harrowfield, J. M., **25:**253, **25:***256*
Hart, A. J., **15:**174, **15:**175, **15:***264*
Hart, E. J., **7:**117, **7:**118, **7:**119, **7:**120, **7:**121, **7:**122, **7:**123, **7:**124, **7:**125, **7:**127, **7:**128, **7:**129, **7:**130, **7:**131, **7:**132, **7:**134, **7:**136, **7:**142, **7:**143, **7:**145, **7:**146, **7:**147, **7:***149*, **7:***150*, **8:**31, **8:**35, **8:***76*, **12:**66, **12:***122*, **12:**224, **12:**227, **12:**233, **12:**234, **12:**244, **12:**272, **12:**278, **12:**284, **12:**288, **12:***293*, **12:***294*, **12:***295*, **12:***297*, **14:**191, **14:***199*, **18:**138, **18:**143, **18:***178*
Hart, H., **1:**44, **1:***154*, **1:**157, **1:***198*, **8:**102, **8:**140, **8:***147*, **8:***148*, **8:**197, **8:***266*, **10:**138, **10:**142, **10:***152*, **18:**2, **18:**43, **18:***74*, **18:**153, **18:***178*, **19:**264, **19:**283, **19:**284, **19:**302, **19:**304, **19:**305, **19:**306, **19:**307, **19:***372*, **19:***379*, **29:**231, **29:***267*
Hart, R., **2:**158, **2:***160*
Hart, R. C., **18:**209, **18:***235*
Hart-Davis, A. J., **23:**7, **23:**9, **23:**12, **23:**14, **23:**15, **23:**41, **23:**42, **23:***60*
Harteck, P., **9:**129, **9:***177*
Hartenstein, J. H., **7:**171, **7:***207*, **29:**300, **29:***326*
Hartl, W., **26:**216, **26:***251*
Hartland, A, **3:**223, **3:***268*
Hartland, E. J., **9:**161, **9:***178*

Hartler, D. R., **28:**255, **28:**256, **28:***289*
Hartless, R. L., **15:**51, **15:***60*
Hartley, B., **26:**357, **26:***371*
Hartley, B. S., **11:**37, **11:**39, **11:***117*, **21:**14, **21:***32*
Hartley, F. R., **23:**7, **23:***60*
Hartley, G. S., **8:**272, **8:**282, **8:**285, **8:**291, **8:**355, **8:**356, **8:**358, **8:**361, **8:**363, **8:***400*, **22:**214, **22:**217, **22:**218, **22:**219, **22:**253, **22:**265, **22:***303*
Hartman, A. A., **15:**246, **15:***261*
Hartman, G. D., **17:**420, **17:***427*
Hartman, J. A. S., **3:**236, **3:**241, **3:***265*
Hartman, J. R., **31:**36, **31:***82*
Hartman, J. S., **16:**247, **16:***264*
Hartman, K. O., **8:**39, **8:***76*, **25:**19, **25:***90*
Hartman, L., **8:**377, **8:***401*
Hartman, P. G., **13:**372, **13:***407*
Hartman, R. B., **12:**161, **12:**164, **12:**192, **12:***215*
Hartman, R. J., **1:**105, **1:***151*, **5:**355, **5:***397*
Hartman, S., **14:**23, **14:***64*
Hartmann, S. E., **13:**252, **13:***269*
Hartmann, H., **32:**175, **32:**176, **32:**189, **32:**191, **32:**198, **32:**199, **32:***211*, **32:***212*
Hartner, F. W., **17:**327, **17:***432*
Hartough, H. D., **6:**35, **6:***59*
Hartridge, H., **5:**67, **5:***115*
Hartshorn, M. P., **11:**374, **11:***387*, **29:**254, **29:***267*, **31:**102, **31:**103, **31:**112, **31:**113, **31:**122, **31:**123, **31:**124, **31:**125, **31:**132, **31:***138*
Hartshorn, S. R., **11:**190, **11:***224*, **14:**2, **14:**23, **14:**27, **14:**35, **14:**36, **14:**39, **14:**43, **14:**44, **14:**45, **14:***64*, **14:***66*, **16:**3, **16:**26–8, **16:**30–2, **16:***48*, **23:**68, **23:**70, **23:**92, **23:**137, **23:***162*, **27:**258, **27:***291*, **29:**237, **29:**256, **29:**257, **29:***267*, **31:**146, **31:**195, **31:**217, **31:**219, **31:***244*, **31:***247*
Hartshorne, N. H., **3:**78, **3:***84*
Hartsuck, J. A., **11:**28, **11:**64, **11:***120*, **11:***121*, **21:**30, **21:***34*
Hartsuiker, J., **11:**253, **11:***265*
Hartter, D. R., **5:**341, **5:***397*, **6:**239, **6:***324*, **9:**2, **9:***24*, **32:**324, **32:***383*

Hartwig, S., **1**:236, **1**:*280*
Hartzell, C. E., **6**:230, **6**:*327*
Hartzell, G. E., **5**:66, **5**:*115*
Hartzler, H. D., **7**:201, **7**:*205*
Harun, M. G., **27**:21, **27**:23, **27**:37, **27**:*55*
Harvan, D. J., **25**:104, **25**:117, **25**:*262*, **27**:30, **27**:*53*
Harvet, N. G., **30**:198, **30**:*217*, **30**:*220*
Harvey, D. R., **1**:72, **1**:*151*
Harvey, J. T., **1**:48, **1**:52, **1**:57, **1**:*150*, **2**:172, **2**:*197*, **14**:117, **14**:*128*, **16**:42, **16**:*47*
Harvey, K., **26**:114, **26**:*126*
Harvey, N. G., **28**:46, **28**:49, **28**:55, **28**:56, **28**:58, **28**:62, **28**:78, **28**:82, **28**:84, **28**:86, **28**:87, **28**:88, **28**:89, **28**:90, **28**:91, **28**:96, **28**:107, **28**:113, **28**:114, **28**:115, **28**:120, **28**:122, **28**:123, **28**:125, **28**:126, **28**:130, **28**:*135*, **28**:*136*
Harvey, P. G., **25**:270, **25**:271, **25**:328, **25**:*443*
Harvey, R. G., **15**:239, **15**:243, **15**:*262*, **15**:*264*
Harvey, S. H., **6**:251, **6**:256, **6**:304, **6**:*327*
Harwood, W. H., **4**:325, **4**:*346*
Hase, D. G., **4**:327, **4**:*345*
Hase, W. L., **16**:81, **16**:*86*
Hasebe, T., **16**:255, **16**:*262*
Hasegawa, A., **26**:63, **26**:*125*, **29**:254, **29**:*266*
Hasegawa, H., **29**:262, **29**:*268*
Hasegawa, K., **16**:175, **16**:*233*
Hasegawa, M., **15**:74, **15**:94, **15**:100, **15**:*146*, **15**:*147*, **15**:*148*, **29**:132, **29**:*182*, **30**:118, **30**:119, **30**:120, **30**:121, **30**:122, **30**:124, **30**:125, **30**:126, **30**:127, **30**:130, **30**:131, **30**:132, **30**:135, **30**:137, **30**:138, **30**:140, **30**:142, **30**:145, **30**:147, **30**:148, **30**:151, **30**:155, **30**:157, **30**:158, **30**:162, **30**:163, **30**:164, **30**:166, **30**:167, **30**:*169*, **30**:*170*, **30**:*171*
Hasegawa, T., **19**:108, **19**:*120,* **32**:233, **32**:*264*
Hasegawa, Y., **17**:307, **17**:*431*
Haselbach, E., **11**:310, **11**:*387*, **19**:90, **19**:*119*, **20**:116, **20**:117, **20**:*184*,
22:135, **22**:167, **22**:*209*, **26**:190, **26**:*248*, **26**:324, **26**:*372*
Haseltine, R., **11**:213, **11**:*223*, **23**:125, **23**:*162*
Haseltine, R. P., **19**:*293,* **19**:295, **19**:312, **19**:*370*, **19**:*372*
Hashem, M. A., **29**:307, **29**:*326*
Hashemi, M. M., **29**:284, **29**:*329*, **29**:*330*
Hashiguchi, Y., **22**:288, **22**:*305*
Hashimoto, K., **19**:77, **19**:*121*, **32**:8, **32**:*120*
Hashimoto, M., **6**:168, **6**:*180*
Hashimoto, N., **23**:261, **23**:*265*
Hashimoto, S., **22**:270, **22**:*304*
Hashimoto, Y., **30**:121, **30**:126, **30**:132, **30**:140, **30**:155, **30**:162, **30**:*170*, **30**:*171*
Hashmall, J. A., **8**:155, **8**:256, **8**:*263*
Hashmi, M. H., **18**:43, **18**:*73*
Hashwell, J. A., **18**:128, **18**:*177*
Hasinoff, B. B., **14**:206, **14**:*339*
Haskin, L. A., **2**:243, **2**:*276*
Haslam, E., **29**:57, **29**:*66*
Haslam, J. L., **22**:152, **22**:153, **22**:154, **22**:*208*, **22**:*209*, **26**:330, **26**:331, **26**:*371*, **26**:*372*
Haslanger, M., **25**:60, **25**:*87*
Haslett, R. J., **20**:193, **20**:*231*
Haspra, P., **18**:49, **18**:51, **18**:52, **18**:*74*
Hass, J. R., **25**:104, **25**:117, **25**:*262*, **27**:30, **27**:*53*
Hassan, A. S. A., **3**:39, **3**:*80*
Hassan, M., **1**:48, **1**:52, **1**:57, **1**:59, **1**:60, **1**:66, **1**:67, **1**:68, **1**:139, **1**:*148*, **1**:*150*
Hassanaly, P., **17**:327, **17**:*426*
Hassaneen, H. M., **27**:74, **27**:79, **27**:*116*
Hasse, E., **7**:9, **7**:*109*
Hassel, O., **1**:222, **1**:233, **1**:234, **1**:239, **1**:*275,* **3**:63, **3**:*84*, **26**:298, **26**:*368*, **26**:*372*, **29**:225, **29**:*267*
Hasselbalch, K. A., **13**:95, **13**:*150*
Hässelbarth, W., **9**:35(74), **9**:42(74), **9**:*124*
Hasselgren, K. H., **11**:380, **11**:381, **11**:*385*
Hassenruck, K., **29**:305, **29**:*328*
Hasserodt, J., **31**:290, **31**:291, **31**:384, **31**:*387*
Hassid, A. I., **14**:85, **14**:*129*, **16**:31, **16**:*48*, **16**:101, **16**:*156*

Hassid, W. Z., **21**:12, **21**:*32*
Hassler, J. C., **7**:193, **7**:*208*
Hassner, A., **6**:277, **6**:*326*, **9**:212, **9**:*275*, **9**:*276*
Hasted, J. B., **5**:270, **5**:*328*, **14**:234, **14**:*344*
Hastings, A. B., **4**:26, **4**:27, **4**:*28*
Hastings, J. W., **18**:187, **18**:189, **18**:233, **18**:*235*
Hastings, R. H., **17**:281, **17**:*427*
Hasty, N. M., **19**:286, **19**:*379*
Haszeldine, G. K., **17**:106, **17**:*177*, **19**:103, **19**:*114*, **20**:210, **20**:217, **20**:*229*, **23**:12, **23**:*59*
Haszeldine, R. N., **13**:166, **13**:*266*
Hata, N., **20**:27, **20**:28, **20**:*52*
Hatada, K., **16**:259, **16**:*262*, **25**:14, **25**:*93*
Hatada, M., **17**:50, **17**:*62*
Hatada, S., **30**:131, **30**:*170*
Hatakeyama, T., **30**:126, **30**:*170*
Hatamo, H., **16**:255, **16**:*262*
Hatanaka, A., **17**:51, **17**:52, **17**:*59*
Hatano, H., **17**:27, **17**:52, **17**:*59*, **17**:*61*
Hatano, Y., **19**:40, **19**:55, **19**:*120*
Hatch, M. T., **7**:180, **7**:*209*
Hatem, J., **23**:297, **23**:*318*
Hatfield, W. E., **18**:86, **18**:*178*
Hathaway, B. J., **25**:14, **25**:*95*
Hathaway, C., **2**:172, **2**:*199*, **20**:154, **20**:*189*
Hattori, T., **23**:300, **23**:*319*
Hauchecorne, G., **32**:162, **32**:*211*
Hauck, F., **14**:150, **14**:*198*
Hauck, F. P. Jr., **11**:352, **11**:353, **11**:*388*
Haufe, J., **12**:2, **12**:33, **12**:*122*
Hauff, S., **10**:99, **10**:*123*
Haug, A., **11**:101, **11**:*122*
Hauge, R. H., **30**:9, **30**:10, **30**:14, **30**:28, **30**:*57*, **30**:*58*, **30**:*59*, **30**:*60*
Haugen, G. R., **6**:243, **6**:245, **6**:308, **6**:*324*, **13**:50, **13**:51, **13**:*78*
Haugland, R. P., **6**:171, **6**:*183*
Hauk, F., **24**:78, **24**:*106*
Haupt, J., **25**:64, **25**:*90*
Hauptman, H., **13**:37, **13**:*78*
Hauschild, K., **17**:328, **17**:*429*
Hause, N. L., **6**:300, **6**:303, **6**:305, **6**:*325*
Hauser, A., **4**:258, **4**:*300*
Hauser, C. F., **5**:238, **5**:*326*, **11**:14, **11**:*118*
Hauser, C. R., **2**:148, **2**:*160*, **7**:180, **7**:*205*, **17**:244, **17**:*275*
Häuser, H., **30**:188, **30**:*218*
Hauser, J., **29**:147, **29**:*179*
Hauser, M., **19**:94, **19**:95, **19**:*124*
Hauser, W. P., **4**:184, **4**:*192*
Hausser, K. H., **1**:294, **1**:*361*, **5**:60, **5**:*115*, **9**:148, **9**:*178*, **10**:55, **10**:*125*, **13**:164, **13**:165, **13**:193, **13**:195, **13**:213, **13**:*270*, **13**:*271*
Hautala, J. A., **14**:93, **14**:*128*, **21**:168, **21**:169, **21**:178, **21**:*192*, **27**:20, **27**:*52*, **27**:126, **27**:*234*
Hautala, R. R., **11**:235, **11**:246, **11**:*265*, **17**:281, **17**:*427*, **19**:95, **19**:*120*
Hautecloque, S., **9**:170, **9**:*178*
Hauw, C., **15**:68, **15**:*145*
Havelock, T. H., **3**:73, **3**:*84*
Haven, A. C., Jr., **4**:191, **4**:*191*
Haverkamp, J., **13**:292, **13**:*410*
Havinga, E., **5**:241, **5**:*326*, **6**:238, **6**:*331*, **11**:226, **11**:227, **11**:228, **11**:230, **11**:232, **11**:235, **11**:236, **11**:237, **11**:238, **11**:241, **11**:242, **11**:244, **11**:245, **11**:246, **11**:249, **11**:250, **11**:251, **11**:253, **11**:254, **11**:260, **11**:261, **11**:262, **11**:*264*, **11**:*265*, **11**:*266*, **20**:107, **20**:222, **20**:184, **20**:*231*, **20**:*232*, **24**:116, **24**:147, **24**:148, **24**:152, **24**:*203*, **25**:50, **25**:94, **25**:172, **25**:*263*, **28**:78, **28**:133, **28**:*138*
Havinga, E. E., **32**:167, **32**:*211*
Hawes, B. W. V., **4**:198, **4**:*301*, **7**:243, **7**:*256*, **13**:91, **13**:95, **13**:*150*
Hawes, W., **9**:27(50a), **9**:29(50), **9**:*123*
Hawes, W. W., **1**:162, **1**:*198*
Hawkes, G. E., **12**:97, **12**:*122*
Hawkins, B. L., **25**:34, **25**:*90*
Hawkins, C., **11**:247, **11**:*264*, **19**:80, **19**:*119*
Hawkins, H. C., **27**:48, **27**:*53*
Hawkins, M. D., **17**:226, **17**:230, **17**:233, **17**:*277*
Hawkins, R. E., **14**:227, **14**:*344*
Hawkinson, S., **17**:136, **17**:*176*
Hawley, M. D., **10**:211, **10**:*221*, **18**:172, **18**:*180*, **19**:173, **19**:184, **19**:185, **19**:190, **19**:191, **19**:192, **19**:209,

19:211, 19:213, 19:*218*, 19:*219*,
  19:*220*, 19:*222*, 26:38, 26:54,
  26:*124*, 26:*125*, 26:*127*, 32:39,
  32:*118*
Haworth, H. W., 7:322, 7:*329*
Hawranek, J., 9:162, 9:*177*
Hawthorne, J. D., 8:212, 8:*264*
Hawthorne, M. F., 1:57, 1:*151*, 2:191,
  2:*198*, 18:17, 18:*73*
Hay, A. S., 11:352, 11:353, 11:*388*
Hay, D. A., 31:135, 31:*140*
Hay, G. F., 3:191, 3:*266*
Hay, G. W., 26:298, 26:*378*
Hay, J. M., 8:24, 8:*76*, 8:377, 8:*400*, 17:5,
  17:*60*, 25:403, 25:*443*, 26:146,
  26:*176*, 26:197, 26:*247*
Hay, J. P., 21:114, 21:115, 21:*193*
Hay, K., 8:306, 8:*402*
Hay, P. F., 28:21, 28:*42*
Hay, P. J., 22:314, 22:*359*, 26:210,
  26:*248*
Hayakawa, F., 32:279, 32:285, 32:*384*
Hayakawa, K., 22:297, 22:*304*, 29:5,
  29:*68*
Hayami, J.-I., 23:277, 23:*320*
Hayamizu, K., 13:335, 13:338, 13:339,
  13:340, 13:341, 13:*411*
Hayashi, F., 16:255, 16:*262*
Hayashi, H., 20:31, 20:*53*, 22:323,
  22:351, 22:*360*
Hayashi, K., 19:5, 19:52, 19:*120*, 19:*130*,
  30:117, 30:142, 30:147, 30:148,
  30:166, 30:*169*, 30:*170*, 30:*171*
Hayashi, M., 13:62, 13:*81*, 19:63, 19:111,
  19:*128*, 25:52, 25:*90*
Hayashi, N., 19:56, 19:*128*
Hayashi, S., 32:235, 32:*264*
Hayashi, T., 15:118, 15:*147*, 19:23,
  19:25, 19:26, 19:*120*, 23:26, 23:*60*
Hayashida, O., 30:65, 30:*114*
Hayashida, S., 17:473, 17:*484*
Hayday, K., 24:196, 24:*201*
Hayden, C. C., 22:314, 22:*359*
Haydock, K., 25:102, 25:249, 25:250,
  25:*260*
Hayduk, W., 14:298, 14:*344*
Hayes, E. F., 6:197, 6:201, 6:*327*
Hayes, J., 10:57, 10:75, 10:82, 10:103,
  10:114, 10:*123*, 17:49, 17:*59*
Hayes, J. W., 12:146, 12:147, 12:201,
  12:202, 12:214, 12:215, 12:*219*
Hayes, R. A., 30:23, 30:*57*
Hayes, R. K., 23:313, 23:*316*, 23:*318*
Hayes, R. N., 24:20, 24:36, 24:43, 24:50,
  24:*52*, 24:*53*, 24:*55*, 24:65, 24:75,
  24:*111*
Haylock, J. C., 12:139, 12:140, 12:150,
  12:182, 12:199, 12:210, 12:*217*
Haymore, B. L., 17:281, 17:284, 17:286,
  17:289, 17:303, 17:306, 17:307,
  17:362, 17:363, 17:419, 17:*427*,
  17:*428*
Haynes, D. H., 17:282, 17:307, 17:*427*
Haynes, L. J., 24:118, 24:*201*
Haynes, M. R., 31:270, 31:271, 31:311,
  31:*387*
Haynes, R. K., 20:95, 20:109, 20:*181*
Haynes, R. M., 8:109, 8:110, 8:131,
  8:*147*
Hayon, E., 7:125, 7:*150*, 12:237, 12:244,
  12:245, 12:253, 12:256, 12:258,
  12:259, 12:260, 12:261, 12:262,
  12:264, 12:265, 12:267, 12:272,
  12:273, 12:282, 12:289, 12:*294*,
  12:*295*, 12:*296*, 13:180, 13:181,
  13:*269*, 18:123, 18:138, 18:149,
  18:*177*, 18:*182*, 18:*184*, 20:124,
  20:175, 20:*188*
Hays, R. L., 24:22, 24:*51*
Haysom, H. R., 12:276, 12:280, 12:289,
  12:*294*
Hayward, R. C., 17:382, 17:*427*
Hayward, T. H. J., 4:134, 4:140, 4:*144*
Haywood-Farmer, J., 15:66, 15:*148*
Hazama, K., 32:300, 32:*384*
Hazdi, D., 17:100, 17:*176*
Hazelrig, M. T., 19:195, 19:201, 19:*219*
Hazenberg, J. F. A., 7:31, 7:*108*
Hazlewood, C., 31:51, 31:55, 31:*81*
He, G. H., 31:11, 31:*83*
He, Z., 22:292, 22:*303*
Head, A. J., 3:99, 3:101, 3:111, 3:*120*,
  13:74, 13:*78*
Headridge, J. B., 10:176, 10:*222*, 12:43,
  12:*122*
Healy, D., 32:180, 32:*210*
Healy, E. F., 25:26, 25:*88*, 29:300,
  29:*325*, 30:132, 30:*169*, 31:187,
  31:*244*
Healy, P. C., 16:254, 16:*261*

Healy, P. J., **19**:35, **19**:*117*
Heaney, H., **6**:2, **6**:*59*
Hearne, M. R., **3**:65, **3**:*84*
Heasley, L., **17**:81, **17**:82, **17**:*177*
Heath, J. A., **31**:37, **31**:39, **31**:*81*, **31**:*82*
Heath, J. B. R., **14**:224, **14**:*352*
Heath, J. G., **28**:98, **28**:*136*
Heath, P., **19**:14, **19**:100, **19**:101, **19**:*119*
Heatley, F., **16**:259, **16**:260, **16**:*262*
Heberling, J., **7**:80, **7**:*112*
Hebert, E., **26**:59, **26**:111, **26**:*125*
Hechelhammer, W., **22**:32, **22**:*111*
Heck, H. d'A., **5**:256, **5**:262, **5**:263, **5**:269, **5**:*325*, **11**:34, **11**:*117*, **21**:38, **21**:*94*
Heck, J., **32**:191, **32**:*208*, **32**:*211*
Heck, R., **1**:93, **1**:*151*, **3**:132, **3**:*186*, **9**:199, **9**:207, **9**:252, **9**:*276*, **9**:*280*, **14**:99, **14**:*132*, **22**:79, **22**:*111*, **25**:119, **25**:*264*
Heckert, D. C., **8**:250, **8**:*262*
Heckert, R. E., **7**:1, **7**:7, **7**:13, **7**:15, **7**:*109*, **7**:*111*
Heckner, K. H., **9**:144, **9**:*178*
Hedderwick, R. J. M., **29**:54, **29**:*66*
Hedge, S., **23**:16, **23**:*60*
Hedges, R. M., **4**:276, **4**:*302*
Heding, H., **13**:311, **13**:*407*
Hedinger, M., **30**:104, **30**:105, **30**:*114*
Hedrick, J. L., **5**:187, **5**:*233*, **10**:176, **10**:*221*
Hedrick, R. I., **5**:261, **5**:*329*
Hedston, U., **5**:319, **5**:*325*
Hedstrand, D. M., **19**:113, **19**:*120*
Hedwig, G. R., **14**:137, **14**:140, **14**:*198*, **14**:219, **14**:266, **14**:288, **14**:335, **14**:*340*, **14**:*344*, **17**:306, **17**:*425*, **27**:279, **27**:*289*
Heeg, M. J., **29**:170, **29**:*180*
Heeger, A. J., **12**:3, **12**:*118*, **15**:87, **15**:88, **15**:89, **15**:*145*, **15**:*148*, **16**:205, **16**:206, **16**:210, **16**:213, **16**:214, **16**:216, **16**:217, **16**:226, **16**:*230*, **16**:*231*, **16**:*232*, **16**:*234*, **16**:*235*, **16**:*236*
Heesing, A., **10**:97, **10**:*125*
Heesink, G. J. T., **32**:164, **32**:*211*
Hefferson, G., **22**:349, **22**:*358*
Hefter, H. J., **13**:260, **13**:*270*
Hegarty, A. F., **11**:46, **11**:*119*, **17**:231, **17**:*277*, **18**:11, **18**:12, **18**:15, **18**:*74*, **24**:64, **24**:*110*, **24**:180, **24**:182, **24**:183, **24**:*201*, **24**:*202*, **25**:232, **25**:*256*, **28**:213, **28**:257, **28**:258, **28**:259, **28**:*288*, **28**:*289*, **29**:49, **29**:*66*, **32**:327, **32**:332, **32**:333, **32**:343, **32**:*380*, **32**:*382*
Hegde, S., **29**:208, **29**:*267*
Hegedus, L. S., **23**:286, **23**:*318*, **26**:74, **26**:*125*
Hegenberg, P., **5**:352, **5**:*397*
Heggie, R. M., **5**:261, **5**:*327*
Hehre, W. J., **11**:193, **11**:*223*, **14**:60, **14**:*64*, **18**:40, **18**:44, **18**:45, **18**:*74*, **18**:*76*, **19**:240, **19**:249, **19**:269, **19**:270, **19**:272, **19**:273, **19**:336, **19**:339, **19**:*371*, **19**:*372*, **19**:*374*, **19**:*376*, **21**:173, **21**:*195*, **23**:68, **23**:146, **23**:152, **23**:155, **23**:157, **23**:158, **23**:*159*, **23**:*162*, **23**:193, **23**:*265*, **24**:58, **24**:65, **24**:*107*, **24**:*108*, **24**:148, **24**:*200*, **25**:25, **25**:33, **25**:50, **25**:87, **25**:*90*, **25**:*94*, **25**:179, **25**:*262*, **27**:120, **27**:*236*, **29**:285, **29**:*326*, **31**:198, **31**:200, **31**:202, **31**:203, **31**:204, **31**:*244*, **31**:*247*, **31**:*248*
Heiba, E. I., **8**:63, **8**:64, **8**:*76*, **12**:3, **12**:*119*, **13**:170, **13**:171, **13**:172, **13**:173, **13**:*268*, **13**:*270*, **18**:158, **18**:*178*, **23**:308, **23**:*318*
Heichelheim, H. R., **14**:334, **14**:*349*
Heicklen, J., **7**:155, **7**:*205*, **7**:*208*
Heidt, J., **9**:129, **9**:154, **9**:*181*
Heigh, V. W., **28**:250, **28**:284, **28**:*289*
Heighway, C. J., **20**:172, **20**:*184*, **20**:*187*
Heigl, A., **3**:4, **3**:21, **3**:*84*
Heijer, J. Den, **20**:107, **20**:*184*
Heiland, W., **12**:91, **12**:*122*
Heilbron, Sir I., **2**:132, **2**:*160*
Heilbronner, E., **4**:227, **4**:234, **4**:236, **4**:281, **4**:282, **4**:283, **4**:285, **4**:289, **4**:290, **4**:297, **4**:*302*, **4**:*303*, **4**:*304*, **5**:67, **5**:*115*, **6**:191, **6**:216, **6**:*327*, **7**:216, **7**:220, **7**:236, **7**:237, **7**:240, **7**:244, **7**:245, **7**:*257*, **11**:232, **11**:*264*, **11**:310, **11**:312, **11**:378, **11**:*386*, **11**:*389*, **12**:172, **12**:*217*, **14**:190, **14**:*197*, **28**:1, **28**:18, **28**:37, **28**:*42*, **29**:302, **29**:308, **29**:*324*

Heildelberger, C., **2:**41, **2:***91*
Heilig, G., **32:**179, **32:***211*
Heilman, W. J., **9:**133, **9:**142, **9:***178*, **17:**27, **17:***60*
Heilmann, W., **29:**233, **29:***269*
Heilweil, I. J., **8:**275, **8:***398*
Heimlich, B. M., **6:**5, **6:***60*
Heimo, S., **2:**138, **2:***162*, **14:**323, **14:***351*
Hein, G. E., **19:**392, **19:***426*
Heinamaki, K., **11:**345, **11:***391*
Heine, B., **28:**40, **28:***42*
Heine, R. F., **7:**77, **7:***114*
Heineman, W. R., **12:**79, **12:***118,* **32:**3, **32:**37, **32:***117*
Heinemann, G., **9:**269, **9:***279*, **19:**253, **19:***378*
Heinert, D. H., **26:**316, **26:***377*
Heininger, S. A., **7:**73, **7:***109*, **7:***110*
Heinneike, H. F., **28:**224, **28:**245, **28:***287*
Heino, E., **14:**39, **14:***65*
Heino, E. L., **27:**266, **27:**267, **27:**268, **27:**273, **27:**281, **27:***290*
Heinola, H., **9:**214, **9:***279*
Heinonen, K., **14:**331, **14:***344*
Heinz, W., **28:**1, **28:***43*
Heinze, J., **26:**38, **26:***125*, **28:**1, **28:**2, **28:**3, **28:**5, **28:**11, **28:**12, **28:**13, **28:**42, **28:***43*, **31:**16, **31:***83,* **32:**29, **32:**93, **32:**105, **32:***117*, **32:***120*
Heinzelmann, W., **12:**141, **12:***218*, **19:**55, **19:***120*
Heinzer, J., **5:**67, **5:***115*
Heinzinger, K., **5:**340, **5:***397*, **6:**72, **6:***99*, **7:**266, **7:**282, **7:**283, **7:**308, **7:***329*, **14:**265, **14:***344*
Heinzmann, R., **30:**45, **30:***56*
Heisenberg, W., **3:**22, **3:**24, **3:***81*
Heiske, D., **19:**259, **19:***378*
Heiss, W., **17:**5, **17:***59*
Heitler, W., **21:**103, **21:***193*
Heitmann, P., **8:**363, **8:**367, **8:**368, **8:**394, **8:***401,* **17:**454, **17:**455, **17:***483*
Heitner, C., **10:**24, **10:***26*
Heitsch, C. W., **9:**73(106b), **9:**77(106b), **9:***125*
Heitz, W., **28:**15, **28:***41*
Heki, K., **25:**51, **25:***85*
Hekkert, G. L., **9:**189, **9:**199, **9:***276*
Hekstra, D., **25:**219, **25:***258*
Held, R. P., **14:**310, **14:***340*

Helder, J., **26:**315, **26:***372*
Helder, R., **15:**327, **15:***329*
Helfrich, W., **16:**187, **16:**189, **16:**192, **16:***233*, **16:***234*
Helgée, B., **18:**83, **18:**98, **18:**153, **18:**170, **18:***177*, **19:**151, **19:**163, **19:**164, **19:**214, **19:***217*, **19:***219*, **20:**90, **20:**91, **20:**94, **20:**146, **20:***180*, **20:***183*
Helgee, B., **12:**4, **12:**108, **12:***120*
Helgeson, R. C., **17:**294–7, **17:**363, **17:**365–7, **17:**382, **17:**383, **17:**385, **17:**387, **17:**389, **17:**392–5, **17:**397, **17:**400–2, **17:**405, **17:**413, **17:**418, **17:**420, **17:**422, **17:**423, **17:**424, **17:***425*, **17:***427–32*
Helgstrand, E., **2:**172, **2:**173, **2:***198*
Heller, A., **2:**141, **2:***162*, **3:**126, **3:**129, **3:**130, **3:**132, **3:**133, **3:**134, **3:**135, **3:**136, **3:***184*, **12:**214, **12:***221*
Heller, C., **1:**317, **1:**321, **1:**322, **1:**323, **1:**324, **1:**325, **1:**329, **1:**330, **1:***361*, **1:***362*, **8:**76
Heller, C. A., **9:**162, **9:***177*, **18:**198, **18:***235*
Heller, H. C., **8:**21, **8:**54, **8:***75*
Heller, L., **15:**124, **15:***146*
Heller, S. R., **9:**27(38a, b), **9:**29(38a, b), **9:**80(111a), **9:**98(111a), **9:**100(111a), **9:**100(114), **9:***123*, **9:***125*
Hellin, M., **6:**63, **6:**94, **6:***98*, **7:**297, **7:**309, **7:**311, **7:***330*, **28:**266, **28:***289*
Hellman, H. M., **6:**285, **6:***327*
Hellman, J. W., **6:**285, **6:***327*
Hellman, M., **6:**12, **6:***59*
Hellmann, G., **25:**36, **25:***86*, **25:***90*
Hellmann, S., **25:**36, **25:***90*, **26:**168, **26:***176*
Hellwinkel, D., **9:**27(2), **9:**27(4a, d), **9:**29(2), **9:**114(2, 4a, b, c, d), **9:**118(2, 4a), **9:***121*, **25:**193, **25:***260*, **25:**306, **25:***443*
Helm, F. T., **26:**262, **26:***369*
Helm, R., **25:**329, **25:**419, **25:***444*
Helm, S., **19:**52, **19:***115*
Helmchen, G., **22:**277, **22:**278, **22:***300*
Helmholz, L., **26:**298, **26:***372*
Helmick, L. S., **11:**326, **11:***389*, **15:**172, **15:***266*
Helmkamp, G. K., **6:**233, **6:***325,* **9:**215, **9:***278*, **11:**128, **11:**129, **11:***175*,

17:83, 17:140, 17:*177*
Helsby, P., 20:167, 20:*184*
Hem, S. L., 23:209, 23:210, 23:213, 23:258, 23:*266*
Hemingway, R. E., 18:195, 18:*238*
Hemmerich, P., 19:81, 19:*115*, 24:94, 24:*108*
Hemsworth, R. S., 21:199, 21:203, 21:206, 21:*237*, 21:*238*
Henaff, P. L., 4:5, 4:21, 4:23, 4:*28*
Henbest, H. B., 11:56, 11:*120*
Henchman, M., 2:226, 2:231, 2:232, 2:233, 2:234, 2:235, 2:238, 2:240, 2:241, 2:*274*, 21:213, 21:*238*, 25:104, 25:117, 25:*260*, 27:30, 27:*53*
Henchman, M. J., 24:8, 24:36, 24:*53*, 24:*55*, 24:63, 24:*110*
Henderson, A. T., 5:95, 5:*115*
Henderson, G. H., 28:176, 28:*205*
Henderson, J., 17:16, 17:*60*
Henderson, J. H. S., 8:24, 8:*76*
Henderson, J. R., 1:404, 1:405, 1:*420*
Henderson, L. J., 13:95, 13:*150*
Henderson, N. L., 23:207, 23:215, 23:*262*
Henderson, R., 11:56, 11:*120*, 21:18, 21:*33*
Henderson, R. B., 3:131, 3:134, 3:*183*
Henderson, R. W., 12:235, 12:*296*
Henderson, U. V., 2:176, 2:180, 2:*198*
Henderson, W. A., 7:199, 7:*204*
Henderson, W. A., Jr., 14:116, 14:*128*
Henderson, W. G., 13:87, 13:108, 13:135, 13:139, 13:146, 13:*148*, 13:*152*
Hendley, E. G., 2:10, 2:11, 2:*87*
Hendon, W. C., 15:93, 15:*147*
Hendrich, M. E., 22:349, 22:*357*
Hendrich, M. P., 22:321, 22:323, 22:347, 22:*358*
Hendrickson, A. R., 1:41, 1:52, 1:61, 1:74, 1:75, 1:76, 1:77, 1:*152,* 32:37, 32:*114*
Hendrickson, D. N., 29:205, 29:*271*
Hendrickson, J. B., 3:235, 3:*267*, 6:126, 6:127, 6:*180*, 13:19, 13:22, 13:33, 13:34, 13:*79*, 13:*80*, 18:81, 18:*178*
Hendrickson, T. F., 22:268, 22:*306*
Hendrickson, W. H., 18:168, 18:*182*

Hendrickx. E., 32:124, 32:179, 32:180, 32:186, 32:187, 32:191, 32:*208*, 32:*210*, 32:*211*, 32:*212*
Hendriks, B. M. P., 19:50, 19:51, 19:85, 19:*120*
Hendrix, J., 25:11, 25:*91*
Hendrixson, R. R., 17:282, 17:*430*
Hendry, D. G., 6:302, 6:*330*, 7:169, 7:*208*, 15:25, 15:*59*
Hendry, P., 31:276, 31:*387*
Hendy, B. N., 17:119, 17:*175*
Hengge, A. C., 27:5, 27:*53*
Henglein, A., 7:123, 7:128, 7:130, 7:131, 7:135, 7:*149*, 8:131, 8:*147*, 12:224, 12:228, 12:244, 12:247, 12:256, 12:258, 12:259, 12:263, 12:266, 12:268, 12:272, 12:275, 12:276, 12:278, 12:279, 12:280, 12:281, 12:284, 12:289, 12:*292*, 12:*294*, 12:*295*, 12:297, 15:32, 15:*57*, 19:383, 19:384, 19:*426*
Henglein, F. M., 21:29, 21:*31*
Henkel, E., 3:26, 3:*83*
Henne, A., 18:43, 18:44, 18:*72*, 20:201, 20:*231*
Henne, A. L., 3:17, 3:*84*
Hennig, H., 17:19, 17:55, 17:*63*, 31:123, 31:*140*
Hennig, J., 22:143, 22:209, 22:*210*, 24:102, 24:*109*
Henning, J., 32:239, 32:*264*
Hennion, G. F., 3:15, 3:*84*
Henrich, F., 3:29, 3:*84*, 9:269, 9:*276*
Hennrich, N., 8:396, 8:*401*
Henri, V., 21:24, 21:*32*
Henrichs, P. M., 13:64, 13:*71*
Henrikson, K. P., 13:382, 13:*410*
Henriksson, A., 22:135, 22:167, 22:*209*, 26:324, 26:*372*
Henry, B. R., 12:133, 12:134, 12:158, 12:*217*, 25:19, 25:64, 25:68, 25:*84*, 25:*90*
Henry, H., 24:114, 24:*204*
Henry, J. P., 4:178, 4:*193*, 18:187, 18:189, 18:*235*
Henry, M. P., 28:179, 28:182, 28:184, 28:*204*
Henry, P. M., 18:142, 18:*181*
Henry, R. A., 7:225, 7:*256*
Henry, R. S., 24:80, 24:*108*

Henry, W. E., 26:215, 26:*248*
Henseleit, M., 26:174, 26:*175*
Henshall, J. B., 17:264, 17:265, 17:*274*, 18:17, 18:18, 18:*72*
Henshall, T., 22:28, 22:*110*
Henson, R. M. C., 12:170, 12:205, 12:*217*
Hentschel, P. R., 26:316, 26:*370*
Hentz, R. R., 19:55, 19:*120*
Hepburn, S. P., 17:24, 17:38, 17:*60*, 25:402, 25:*443*, 31:93, 31:130, 31:*138*
Hepler, L. G., 13:106, 13:107, 13:108, 13:109, 13:114, 13:*150*, 13:*151*, 14:138, 14:143, 14:*199*, 14:*202*, 14:212, 14:239, 14:247, 14:290, 14:295, 14:315, 14:*338*, 14:*344*, 14:*346*, 14:*347*
Hepp, P., 7:211, 7:224, 7:*256*
Heppolette, R. L., 1:25, 1:*33*, 5:140, 5:146, 5:147, 5:148, 5:*170*, 5:220, 5:*233*, 5:313, 5:*328*, 14:136, 14:*201*, 14:205, 14:*349*, 16:107, 16:129, 16:130, 16:134, 16:154, 16:*156*
Herbert, J. B. M., 3:152, 3:168, 3:*185*, 4:6, 4:16, 4:21, 4:*28*
Herbert, M. A., 12:191, 12:*217*
Herbert, R. B., 21:45, 21:*95*
Herbig, J., 2:133, 2:*160*
Herbine, P., 29:21, 29:*66*
Herbot, W. C., 19:184, 19:*222*
Herbrandson, H. F., 14:135, 14:*199*
Herbst, H., 28:8, 28:9, 28:12, 28:13, 28:*40*, 28:*43*
Herbstein, F. H., 1:217, 1:218, 1:224, 1:232, 1:233, 1:234, 1:249, 1:250, 1:263, 1:264, 1:266, 1:269, 1:271, 1:*277*, 1:*278*, 16:199, 16:*231*, 18:114, 18:*178*, 25:419, 25:*443*, 29:186, 29:202, 29:*267,* 32:231, 32:*263*
Hercules, D. M., 12:2, 12:10, 12:*122*, 12:165, 12:171, 12:201, 12:213, 12:*215*, 12:*217*, 12:*221*, 13:223, 13:*270*, 18:194, 18:195, 18:*236*
Herd, A. K., 5:319, 5:*328*, 11:13, 11:19, 11:*120*, 17:233, 17:*277*
Herdtweck, E., 26:299, 26:*375*
Heredia, A., 29:5, 29:*66*
Herk, L., 9:133, 9:*182*
Herkes, F. E., 9:132, 9:*178*
Herlem, D., 19:80, 19:81, 19:*120*
Hermann, A., 14:252, 14:273, 14:274, 14:*350*
Hermann, H., 19:91, 19:*120*
Hermann, R. B., 23:202, 23:*262*
Hermans, J., 13:15, 13:*79*
Hermans, P. H., 1:182, 1:*198*
Hermansky, C., 22:271, 22:282, 22:*305*
Hermes, J. D., 24:92, 24:*108*
Hern, D. H., 11:333, 11:*389*
Hern, S. L., 23:209, 23:212, 23:*262*
Herndon, W. C., 3:110, 3:*121*, 6:233, 6:234, 6:246, 6:*327*
Herod, A. A., 9:155, 9:156, 9:*177*, 15:18, 15:*59*
Herold, B. J., 7:156, 7:*205*, 28:33, 28:*42*, 28:*44*
Herold, L. R., 27:45, 27:47, 27:*54*
Hérold, W., 4:2, 4:7, 4:*28*
Herr, W., 8:123, 8:*145*
Herraéz, M. A., 1:208, 1:210, 1:*276*, 1:*278*, 1:*280*
Herrick, R. S., 29:212, 29:216, 29:*271*
Herries, D. G., 8:282, 8:285, 8:296, 8:297, 8:361, 8:365, 8:368, 8:369, 8:*401,* 21:22, 21:*32*, 25:236, 25:*259*
Herring, C., 10:69, 10:*125*
Herrinton, T. R., 29:216, 29:*267*
Herriott, A. W., 15:314, 15:317, 15:320, 15:*329*, 17:333, 17:*427*
Herrmann, J. M., 19:81, 19:*124*
Herron, D. K., 23:202, 23:206, 23:*262*
Herron, J. T., 18:123, 18:*177*, 24:62, 24:*111*
Herschbach, D. R., 6:119, 6:121, 6:*180*, 8:3, 8:*76*, 16:75, 16:*85*, 25:54, 25:*90*
Herschlag, D., 25:105, 25:106, 25:107, 25:250, 25:251, 25:252, 25:*260*, 25:*261*, 27:30, 27:31, 27:*53*, 27:*54*, 27:98, 27:*114*, 27:130, 27:187, 27:*236*
Hershberg, R., 25:193, 25:194, 25:*263*
Hershberger, J., 23:277, 23:285, 23:293, 23:*320*, 23:*321*
Hershberger, J. W., 23:294, 23:*318*
Hershenson, F. M., 31:286, 31:*386*
Hershey, N. D., 31:190, 31:*247*
Hershfield, R., 17:202, 17:240, 17:245,

17:*277*, 21:39, 21:67, 21:*96*
Hershkowitz, R. L., 25:*334*, 25:*445*
Herskovits, T. T., 14:261, 14:288, 14:*344*
Hert, R. C., 12:177, 12:*216*
Hertel, I., 8:185, 8:*264*
Herterich, I., 9:203, 9:206, 9:*275*
Hertler, W. R., 16:202, 16:*230*, 16:*234*, 20:177, 20:*182*
Hertz, G., 4:36, 4:*70*
Hertz, H. G., 14:239, 14:246, 14:253, 14:264, 14:265, 14:267, 14:301, 14:302, 14:311, 14:*343*, 14:*344*, 14:*348*, 14:*352*, 16:240, 16:*246*, 16:*261*, 16:*262*
Hertz, J. J., 16:203, 16:*234*
Herve, P., 22:281, 22:*304*
Herve du Penhoat, P., 13:288, 13:295, 13:300, 13:301, 13:*410*, 13:*413*
Herz, A. H., 11:357, 11:*386*
Herz, C. P., 19:85, 19:*126*
Herz, J., 12:57, 12:*123*
Herzberg, G., 1:5, 1:*32*, 1:366, 1:370, 1:371, 1:374, 1:376, 1:380, 1:381, 1:390, 1:391, 1:392, 1:395, 1:402, 1:415, 1:*420*, 5:*397*, 6:196, 6:294, 6:*327*, 7:160, 7:163, 7:*205*, 15:21, 15:*59*, 21:116, 21:129, 21:*193*, 22:313, 22:314, 22:*359*, 25:19, 25:*20*
Herzog, B. M., 7:188, 7:*205*
Herzog, C., 29:233, 29:*268*, 29:269
Herzog, H., 28:215, 28:*288*
Herzschuh, R., 5:22, 5:*52*
Hesabi, A. M., 19:108, 19:*120*
Hesek, D., 31:11, 31:50, 31:51, 31:55, 31:58, 31:62, 31:*81*, 31:*84*
Heselden, R., 14:275, 14:*337*
Heseltine, D. W., 32:186, 32:*209*
Hesp, B., 6:220, 6:*324*
Hess, B. A., 19:265, 19:*379*, 28:225, 28:*288*
Hess, B. A. Jr., 29:287, 29:296, 29:*326*, 29:*330*, 30:12, 30:13, 30:*59*
Hess, D. C., 8:88, 8:90, 8:95, 8:96, 8:97, 8:98, 8:113, 8:*149*
Hess, D. N., 2:7, 2:*88*
Hess, J., 18:193, 18:*236*
Hess, K., 8:282, 8:285, 8:*400*
Hess, T. C., 30:23, 30:*57*
Hesse, G., 25:14, 25:*90*
Hesse, J., 16:224, 16:*235*

Hesse, R., 25:80, 25:*84*
Hetherington, W., 22:349, 22:*358*
Hetz, G., 28:20, 28:33, 28:*42*
Hetzer, H. B., 13:113, 13:116, 13:*148*, 13:*150*
Heublein, G., 28:238, 28:239, 28:*289*
Heumann, A., 9:204, 9:205, 9:*275*
Hewett, A. P. W., 19:257, 19:258, 19:*372*, 23:98, 23:102, 23:*161*
Hewgill, F. R., 5:91, 5:*115*, 20:127, 20:*181*
Hewitson, B., 25:144, 25:170, 25:191, 25:*257*
Hewitt, G. H., 17:69, 17:70, 17:*174*
Hewitt, J. M., 16:251, 16:*263*
Hewson, K., 11:323, 11:*385*
Hexel, J. G., 32:233, 32:*263*
Hexem, J. G., 16:253, 16:*262*
Hext, N. M., 26:328, 26:330, 26:*368*
Hey, D. H., 2:183, 2:192, 2:*197*, 2:*198*, 4:88, 4:*143*, 4:*144*, 6:9, 6:*60*, 8:55, 8:*75*, 12:57, 12:*118*, 16:58, 16:*85*, 20:194, 20:*231*
Hey, H., 8:169, 8:221, 8:*260*
Heydtmann, H., 3:99, 3:*121*
Heydweiller, A., 3:20, 3:22, 3:*85*
Heyer, E. W., 6:237, 6:*330*
Heymès, R., 23:207, 23:*262*
Heyn, H., 11:146, 11:*175*
Heyns, K., 8:225, 8:*264*
Heyrovský, J., 5:2, 5:30, 5:*51*
Hiatt, R., 10:82, 10:*125*
Hiatt, R. R., 18:223, 18:224, 18:225, 18:*236*
Hibben, B. C., 2:53, 2:*88*
Hibben, J. H., 4:1, 4:*28*
Hibbert, D., 17:50, 17:*60*
Hibbert, F., 14:278, 14:*344*, 15:39, 15:*59*, 18:55, 18:*74*, 21:38, 21:*96*, 22:120, 22:122, 22:150, 22:151, 22:152, 22:153, 22:162, 22:165, 22:166, 22:167, 22:169, 22:172, 22:173, 22:174, 22:176, 22:178, 22:181, 22:182, 22:184, 22:*205*, 22:*206*, 22:*209*, 26:275, 26:277, 26:278, 26:286, 26:288, 26:289, 26:291, 26:317, 26:319, 26:320, 26:321, 26:323, 26:324, 26:325, 26:330, 26:332, 26:333, 26:335, 26:337, 26:339, 26:341, 26:343, 26:344,

26:349, 26:350, 26:353, 26:*368*,
26:*369*, 26:*370*, 26:*372*, 26:*373*,
27:149, 27:150, 27:151, 27:207,
27:*236*, 28:152, 28:*170*, 29:54, 29:*66*
Hibdon, S. A., 27:149, 27:162, 27:177,
27:186, 27:207, 27:210, 27:*234*
Hibers, C. W., 11:367, 11:*387*
Hiberty, P. C., 17:362, 17:363, 17:365,
17:367, 17:423, 17:*432*, 19:240,
19:269, 19:272, 19:*372*, 19:*376*
Hickam, W. M., 4:40, 4:*70*
Hickel, B., 27:263, 27:264, 27:269,
27:*288*
Hickey, B. E., 14:*341*
Hickey, C. M., 23:39, 23:48, 23:*60*
Hickey, D., 14:309, 14:310, 14:329,
14:*341*
Hickey, M. J., 13:11, 13:16, 13:20, 13:24,
13:53, 13:62, 13:66, 13:67, 13:*76*,
13:*77*, 13:*78*, 13:*80*, 25:52, 25:*84*
Hickey, S. J., 32:87, 32:*120*
Hickling, A., 10:189, 10:*222*, 12:26,
12:*121*
Hickling, G. G., 12:280, 12:*292*
Hickman, J., 6:290, 6:*330*
Hickner, R. A., 1:52, 1:72, 1:*148*
Hicks, J. R., 22:242, 22:*304*
Hicks, M., 1:8, 1:*31*
Hida, M., 19:97, 19:107, 19:*120*, 20:223,
20:*231*, 20:*232*
Hidaka, H., 32:70, 32:*119*
Hidalgo, A., 23:221, 23:*270*
Hidalgo, J., 17:465, 17:467, 17:*482*,
22:246, 22:*301*
Hidden, N. J., 14:293, 14:333, 14:*336*,
14:*338*
Hiebaum, G., 12:207, 12:*220*
Hieber, W., 29:217, 29:*268*
Hiegel, G. A., 6:286, 6:*332*
Hierl, P. M., 21:213, 21:*238*, 24:8,
24:*53*
Higashimura, T., 17:255, 17:*278*, 22:52,
22:66, 22:67, 22:68, 22:*110*, 26:220,
26:*250*, 29:232, 29:*268*
Higashino, K., 16:194, 16:*233*
Higasi, K., 4:57, 4:*70*
Higelin, D., 32:247, 32:*263*
Higginbotham, H. K., 13:33, 13:*78*
Higgins, C. E., 23:166, 23:*265*, 23:*267*
Higgins, R. J., 16:14, 16:16, 16:19, 16:22,
16:*47*, 19:384, 19:389, 19:390,
19:*425*
Higgins, W., 8:183, 8:*264*
Higginson, W. C. E., 4:16, 4:17, 4:20,
4:22, 4:23, 4:*27*
High, D. F., 13:36, 13:*80*
Highet, R. J., 3:147, 3:*185*, 13:390,
13:*407*
Higley, S. W., 9:17, 9:*24*
Higson, H. M., 25:246, 25:247, 25:*257*
Higuchi, J., 7:162, 7:164, 7:166, 7:*205*,
22:322, 22:*359*, 26:194, 26:195,
26:*248*
Higuchi, T., 5:319, 5:*328*, 11:13, 11:18,
11:22, 11:*120*, 17:233, 17:*277*,
17:453, 17:*483*
Hiidmaa, S., 18:36, 18:37, 18:*77*
Hiiro, A. M., 14:331, 14:*348*
Hikada, T., 20:196, 20:*231*, 20:*232*
Hikota, T., 8:305, 8:306, 8:308, 8:*402*
Hilbers, C. W., 10:30, 10:50, 10:*52*
Hildebrand, C. E., 16:258, 16:*263*
Hildebrand, J. H., 4:254, 4:255, 4:265,
4:*300*, 7:242, 7:*254*, 29:186, 29:*265*
Hildebrand, K., 9:118(132b),
9:119(132b), 9:*126*
Hildenbrand, P., 29:292, 29:*326*
Hilderbrandt, R. L., 13:33, 13:38, 13:39,
13:*80*
Hilhorst, R., 31:273, 31:283, 31:*388*,
31:*390*
Hilinski, E. F., 21:133, 21:177, 21:*193*,
22:146, 22:*209*, 29:188, 29:190,
29:214, 29:226, 29:238, 29:*268*,
29:*269*, 31:119, 31:*139*
Hilke, K. J., 15:143, 15:*150*
Hill, A. J., 9:270, 9:*276*
Hill, A. V., 17:448, 17:*483*
Hill, A. W., 8:183, 8:*265*
Hill, D. J. T., 14:251, 14:*336*
Hill, D. L., 5:217, 5:*233*, 7:248, 7:*256*
Hill, E., 14:102, 14:*129*
Hill, H., 13:283, 13:*406*
Hill, H. A. O., 31:136, 31:*139*, 32:80,
32:*117*
Hill, H. D. W., 13:281, 13:*409*, 16:250,
16:*262*
Hill, H. E., 7:77, 7:*114*
Hill, J. O., 13:394, 13:*408*, 15:164,
15:*261*, 17:280, 17:*425*

Hill, J., **19**:108, **19**:*120*
Hill, J. W., **5**:152, **5**:*170*, **5**:325, **5**:*328*, **21**:155, **21**:*193*, **22**:49, **22**:*108*, **31**:167, **31**:*244*
Hill, K. W., **31**:272, **31**:287, **31**:384, **31**:*387*
Hill, M. J., **15**:53, **15**:*60*
Hill, O. F., **1**:171, **1**:*197*
Hill, R., **19**:336, **19**:*369*, **26**:231, **26**:*246*
Hill, R. H., **23**:4, **23**:39, **23**:*58*, **23**:*60*
Hill, R. K., **6**:241, **6**:*327*, **19**:284, **19**:*369*
Hill, R. R., **14**:16, **14**:*62*
Hill, R., **19**:336, **19**:*369*, **26**:231, **26**:*246*
Hill, S. V., **27**:12, **27**:13, **27**:17, **27**:*53*
Hill, T. L., **13**:13, **13**:14, **13**:17, **13**:*80*
Hillborn, J. W., **31**:106, **31**:*139*
Hillenbrand, D., **32**:137, **32**:165, **32**:167, **32**:201, **32**:204, **32**:205, **32**:206, **32**:*216*
Hiller, K.-O., **20**:124, **20**:*186*
Hillery, P. S., **17**:244, **17**:*277*
Hillier, G. R., **18**:36, **18**:*71*
Hillier, I. H., **22**:194, **22**:204, **22**:*208*, **22**:*211*, **31**:268, **31**:*386*
Hillmann, G., **25**:33, **25**:*86*
Hills, G. J., **5**:136, **5**:*171*, **14**:258, **14**:314, **14**:*344*
Hills, J. G., **2**:105, **2**:*159*, **5**:136, **5**:139, **5**:*169*
Hilpert, S., **13**:164, **13**:*270*
Hilton, C. L., **10**:162, **10**:*221*
Hilton, I. C., **1**:73, **1**:79, **1**:97, **1**:98, **1**:*150*, **5**:291, **5**:*327*, **16**:42, **16**:*47*
Hilton, J., **2**:144, **2**:*160*
Hilton, J. H., **5**:321, **5**:*327*
Hilton, S., **31**:294, **31**:310, **31**:382, **31**:383, **31**:384, **31**:*389*, **31**:*390*
Hilvert, D., **26**:356, **26**:*371*, **26**:*373*, **29**:58, **29**:59, **29**:*66*, **31**:254, **31**:261, **31**:266, **31**:270, **31**:271, **31**:272, **31**:273, **31**:287, **31**:311, **31**:312, **31**:383, **31**:384, **31**:*387*, **31**:*388*, **31**:*389*, **31**:*391*, **31**:392
Himel, C. M., **12**:165, **12**:*219*
Himmelsbach, R. J., **26**:169, **26**:*176*
Himoe, A., **1**:46, **1**:49, **1**:52, **1**:72, **1**:98, **1**:134, **1**:*153*
Hinatu, J., **19**:41, **19**:*120*
Hinchcliffe, A. J., **30**:2, **30**:*57*
Hinde, A. L., **29**:314, **29**:*324*

Hindman, D., **17**:460, **17**:*483*
Hine, J., **1**:47, **1**:*151*, **1**:168, **1**:*198*, **2**:147, **2**:149, **2**:150, **2**:*160*, **3**:71, **3**:*85*, **4**:4, **4**:9, **4**:14, **4**:15, **4**:21, **4**:*28*, **5**:213, **5**:220, **5**:221, **5**:*233*, **5**:342, **5**:392, **5**:*397*, **6**:301, **6**:302, **6**:303, **6**:*327*, **7**:27, **7**:*110*, **7**:154, **7**:177, **7**:186, **7**:193, **7**:*205*, **7**:322, **7**:*329*, **8**:298, **8**:*400*, **9**:*276*, **12**:267, **12**:*294*, **13**:143, **13**:*150*, **14**:31, **14**:*64*, **14**:114, **14**:*129*, **15**:2, **15**:9, **15**:11, **15**:12, **15**:17, **15**:20, **15**:22, **15**:47, **15**:49, **15**:51, **15**:53, **15**:54, **15**:57, **15**:*59*, **15**:76, **15**:*147*, **16**:21, **16**:*48*, **18**:6, **18**:7, **18**:9, **18**:21, **18**:39, **18**:40, **18**:46, **18**:47, **18**:48, **18**:64, **18**:66, **18**:67, **18**:68, **18**:69, **18**:70, **18**:*74*, **21**:41, **21**:70, **21**:*96*, **21**:146, **21**:167, **21**:*193*, **23**:254, **23**:*265*, **24**:83, **24**:*108*, **24**:155, **24**:157, **24**:158, **24**:160, **24**:182, **24**:183, **24**:*201*, **25**:204, **25**:*260*, **26**:328, **26**:*373*, **27**:4, **27**:5, **27**:*53*, **27**:121, **27**:122, **27**:136, **27**:151, **27**:160, **27**:163, **27**:176, **27**:213, **27**:222, **27**:231, **27**:*236*, **28**:200, **28**:*205*
Hine, K. E., **10**:142, **10**:144, **10**:*152*, **12**:213, **12**:*218*
Hine, M., **1**:168, **1**:*198*, **7**:27, **7**:*110*
Hingerty, B., **13**:59, **13**:*82*
Hinkamp, J. B., **3**:17, **3**:*84*
Hinkelmann, K., **26**:232, **26**:239, **26**:*253*
Hinman, R. L., **11**:294, **11**:354, **11**:358, **11**:359, **11**:360, **11**:384, **11**:387, **11**:*391*
Hinman, R. L., **13**:95, **13**:104, **13**:*150*
Hino, K., **19**:362, **19**:*371*
Hinshelwood, C., **5**:182, **5**:*233*
Hinshelwood, C. N., **1**:18, **1**:20, **1**:23, **1**:*31*, **1**:*32*, **1**:*33*, **3**:94, **3**:117, **3**:*121*, **3**:*122*, **5**:121, **5**:*171*, **21**:67, **21**:*96*, **21**:97
Hinton, J. F., **14**:206, **14**:*336*, **29**:321, **29**:331
Hinton, R. D., **31**:132, **31**:133, **31**:*139*
Hintsche, R., **32**:105, **32**:*119*
Hintz, P. J., **13**:194, **13**:*274*
Hinze, J., **18**:203, **18**:*235*
Hinze, W., **22**:268, **22**:*303*
Hinze, W. L., **14**:182, **14**:*198*, **22**:281,

22:*304*
Hipkin, J., **5**:313, **5**:*328*
Hipsher, H. F., **1**:44, **1**:*153*
Hirabayashi, T., **30**:38, **30**:*56*
Hirabe, T., **24**:70, **24**:*108*
Hirai, H., **29**:23, **29**:*66*
Hirakawa, A. Y., **25**:42, **25**:*96*
Hirakawa, S., **17**:453, **17**:465, **17**:*483–5*, **22**:222, **22**:273, **22**:275, **22**:*304*
Hirama, M., **24**:77, **24**:*106*
Hirani, S. I. J., **27**:131, **27**:149, **27**:*235*
Hirano, H., **19**:63, **19**:*127*
Hirano, T., **24**:77, **24**:*108*, **25**:32, **25**:33, **25**:*90*, **25**:*93*
Hirao, A., **17**:314, **17**:315, **17**:360, **17**:*427*
Hirao, K-I., **13**:187, **13**:*270*
Hiraoka, H., **24**:87, **24**:*108*
Hiraoka, K., **24**:88, **24**:*111*
Hirata, N., **30**:188, **30**:*220*
Hirata, T., **9**:131, **9**:*178*
Hirata, Y., **8**:194, **8**:*266*, **21**:40, **21**:*96*
Hiratake, **31**:382, **31**:*389*
Hirayama, F., **19**:17, **19**:33, **19**:*120*
Hirohara, H., **15**:206, **15**:207, **15**:*262*
Hirokawa, S., **3**:63, **3**:*80*
Hiron, F., **5**:364, **5**:*395*
Hironaka, S., **26**:12, **26**:*125*
Hirooka, T., **26**:297, **26**:*378*
Hirose, K., **8**:174, **8**:*268*, **13**:404, **13**:*414*
Hirota, E., **25**:28, **25**:29, **25**:*90*, **26**:301, **26**:302, **26**:*374*, **30**:30, **30**:*57*
Hirota, H., **10**:69, **10**:*125*, **15**:161, **15**:*262*, **30**:189, **30**:*218*, **30**:*219*
Hirota, K., **12**:194, **12**:*218*
Hirota, M., **25**:33, **25**:51, **25**:*85*, **25**:*90*
Hirota, N., **1**:290, **1**:313, **1**:314, **1**:315, **1**:*361*, **5**:95, **5**:104, **5**:111, **5**:*115*, **8**:29, **8**:*76*, **18**:115, **18**:120, **18**:*178*, **18**:*184*, **32**:235, **32**:*264*
Hirotsu, S., **17**:442, **17**:443, **17**:452, **17**:453, **17**:465–7, **17**:*484*
Hirs, C. H. W., **21**:21, **21**:*32*
Hirsch, A., **32**:43, **32**:*120*
Hirsch, D. E., **6**:37, **6**:*59*
Hirsch, J. A., **6**:266, **6**:267, **6**:309, **6**:312, **6**:*323*, **13**:15, **13**:16, **13**:21, **13**:30, **13**:32, **13**:47, **13**:55, **13**:65, **13**:68, **13**:69, **13**:75, **13**:*77*, **13**:*80*
Hirsch, T. V., **3**:20, **3**:*81*
Hirschfeld, F. L., **13**:57, **13**:*78*
Hirschfelder, J. O., **3**:54, **3**:*81*, **9**:172, **9**:*177*, **13**:14, **13**:17, **13**:*80*
Hirschler, A. E., **13**:188, **13**:190, **13**:192, **13**:*271*
Hirschmann, H., **13**:38, **13**:*77*
Hirschmann, R., **31**:272, **31**:301, **31**:384, **31**:*387*, **31**:*391*
Hirschon, J. M., **13**:158, **13**:*271*
Hirshberg, Y., **1**:*279*
Hirshfeld, F. L., **1**:224, **1**:232, **1**:264, **1**:*277*, **1**:*278*, **30**:118, **30**:*170*
Hirshon, J. M., **1**:293, **1**:*360*, **1**:*361*
Hiršl-Starčević, S., **14**:17, **14**:*64*
Hirst, J., **14**:177, **14**:178, **14**:179, **14**:*196*, **32**:93, **32**:*116*
Hirst, J. P. H., **4**:16
Hirt, R. C., **1**:417, **1**:*420*, **11**:307, **11**:318, **11**:*387*
Hisa, M., **16**:194, **16**:*233*
Hisaeda, Y., **30**:65, **30**:*114*
Hisahara, H., **20**:31, **20**:*53*
Hisamitsu, K., **19**:31, **19**:76, **19**:*125*, **20**:116, **20**:*186*
Hisatune, I. C., **8**:39, **8**:*76*
Hishida, S., **5**:238, **5**:*329*, **28**:172, **28**:180, **28**:*205*
Hiskey, C. F., **8**:281, **8**:362, **8**:*400*
Hitchcock, P. B., **29**:118, **29**:*180*
Hitchman, M. L., **13**:202, **13**:*265*, **19**:136, **19**:*217*
Hite, G. J., **23**:180, **23**:*266*
Hites, R. A., **8**:201, **8**:*264*
Hixon, S. C., **9**:270, **9**:*279*
Hixson, S. S., **23**:314, **23**:*318*
Hiyama, T., **15**:327, **15**:*329*
Hlatky, G. G., **23**:3, **23**:*59*
Hnoosh, M. H., **5**:97, **5**:*114*
Ho, C.-T., **20**:100, **20**:112, **20**:113, **20**:*184*, **22**:315, **22**:*359*
Ho, C., **4**:26, **4**:*28*
Ho, C. K., **26**:359, **26**:365, **26**:*373*
Ho, G. -J., **30**:15, **30**:*57*
Ho, K. C., **5**:217, **5**:*233*
Ho, K. E., **7**:248, **7**:*256*
Ho, L. L., **23**:285, **23**:*319*
Ho, M., **14**:275, **14**:*337*
Ho, M. S., **18**:202, **18**:*235*
Ho, P. P. K., **23**:206, **23**:*265*
Ho, S.-Y., **7**:155, **7**:188, **7**:*205*
Ho, T.-I., **19**:48, **19**:53, **19**:60, **19**:64,

19:*119*, 19:*122*, 20:129, 20:*185*
Ho, T. L., **28**:236, **28**:*289*, **29**:233, **29**:*268*, **29**:*270*
Hoare, D. E., **8**:43, **8**:*76*
Hobbs, C. F., **25**:46, **25**:*86*
Hobbs, K. S., **14**:85, **14**:*127*
Hobbs, L. W., **15**:114, **15**:*147*
Hobbs, M. E., **9**:162, **9**:163, **9**:*183*
Hoberg, H., **7**:185, **7**:186, **7**:*205*
Hobey, W. D., **1**:301, **1**:*361*
Hobza, P., **25**:7, **25**:*90*
Hochanadel, C. J., **5**:355, **5**:*397*
Hochberg, S., **7**:320, **7**:*330*
Hochstrasser, R. M., **12**:206, **12**:*218*, **15**:121, **15**:*147*
Höcker, H., **15**:202, **15**:*260*
Hockersmith, J. L., **2**:141, **2**:*160*
Hockless, D. C. R., **32**:202, **32**:206, **32**:*216*
Hockswender, Jr. T. R., **14**:127, **14**:*130*, **28**:218, **28**:*290*
Hodacova, J., **31**:50, **31**:51, **31**:62, **31**:*81*
Hodge, C. N., **23**:120, **23**:*160*, **24**:61, **24**:91, **24**:*109*
Hodge, J. D., **4**:325, **4**:326, **4**:329, **4**:330, **4**:334, **4**:335, **4**:338, **4**:*345*, **9**:*23*
Hodges, R. V., **24**:21, **24**:*53*
Hodges, S. E., **1**:404, **1**:405, **1**:*420*
Hodgins, Y., **25**:310, **25**:*443*
Hodgkin, D. C., **6**:152, **6**:*183*, **23**:187, **23**:188, **23**:*261*, **23**:*266*, **23**:*269*
Hodgkins, J. E., **7**:181, **7**:*205*
Hodgkinson, L. C., **17**:380, **17**:381, **17**:*427*
Hodgson, R., **19**:13, **19**:*115*, **20**:217, **20**:*230*
Hodgson, R. L., **13**:189, **13**:190, **13**:*271*
Hodgson, W. G., **5**:66, **5**:93, **5**:95, **5**:*115*, **5**:*119*
Hoefler, M., **29**:186, **29**:*269*
Hoefnagel, M. A., **11**:310, **11**:*387*
Hoefs, E. V., **13**:220, **13**:221, **13**:*271*
Hoeg, D. F., **7**:182, **7**:183, **7**:*205*
Hoegfeldt, E., **6**:85, **6**:*99*
Hoegl, H., **16**:227, **16**:*233*
Hoehn, M. M., **23**:166, **23**:*265*, **23**:*267*
Hoering, T. C., **3**:126, **3**:*185*
Hoerr, C. W., **13**:116, **13**:*151*
Hoesterey, D. C., **16**:177, **16**:*233*

Hoeven, J. J., **29**:29, **29**:38, **29**:39, **29**:40, **29**:41, **29**:42, **29**:*68*, **29**:*69*, **29**:79, **29**:*80*
Hofelich, T. C., **32**:366, **32**:369, **32**:*379*
Höfelmann, K., **18**:120, **18**:*179*
Hoff, W,. J., Jr., **2**:226, **2**:227, **2**:232, **2**:*274*
Hoffman, A. K., **10**:211, **10**:*225*
Hoffman, B. M., **16**:198, **16**:*234*
Hoffman, D. H., **17**:382, **17**:383, **17**:387, **17**:389, **17**:395, **17**:396, **17**:400, **17**:401, **17**:*425*, **17**:*432*
Hoffman, F. R., **3**:7, **3**:*84*
Hoffman, H., **22**:220, **22**:*304*
Hoffman, J. M., **19**:336, **19**:*377*
Hoffman, J. M., Jr., **26**:231, **26**:*251*
Hoffman, M. Z., **12**:143, **12**:*220*, **12**:237, **12**:245, **12**:251, **12**:256, **12**:259, **12**:260, **12**:266, **12**:269, **12**:272, **12**:285, **12**:288, **12**:*295*, **12**:*296*, **13**:217, **13**:*278*, **18**:150, **18**:*176*, **19**:91, **19**:*129*
Hoffman, P., **25**:123, **25**:207, **25**:208, **25**:*259*, **25**:*264*
Hoffman, R., **31**:203, **31**:*244*
Hoffman, R. A. **3**:224, **3**:225, **3**:226, **3**:262, **3**:*266*, **11**:348, **11**:*386*, **19**:236, **19**:*371*, **25**:10, **25**:*90*
Hoffman, R. V., **27**:72, **27**:102, **27**:*114*, **27**:242, **27**:257, **27**:*290*
Hoffman, R. W., **10**:97, **10**:116, **10**:*125*, **22**:314, **22**:*360*
Hoffman, S. J., **24**:178, **24**:*201*
Hoffman, T., **31**:303, **31**:304, **31**:312, **31**:384, **31**:*392*
Hoffman, V. I., **17**:120, **17**:121, **17**:*178*
Hoffmann, A. K., **12**:12, **12**:*124*
Hoffmann, H., **4**:197, **4**:299, **4**:*302*, **4**:*303*, **12**:19, **12**:*122*, **25**:305, **25**:334, **25**:*443*, **32**:173, **32**:*211*
Hoffmann, H. M. R., **6**:251, **6**:*327*, **9**:237, **9**:*276*, **14**:3, **14**:9, **14**:*64*
Hoffmann, K., **32**:175, **32**:*210*
Hoffmann, M. R., **32**:70, **32**:*118*
Hoffmann, O. A., **8**:*402*
Hoffmann, P., **9**:27, **9**:28, **9**:73(56,58,59), **9**:75(59), **9**:77(56, 58, 59), **9**:82, **9**:84(58), **9**:85(56), **9**:86(59), **9**:96(56, 58, 59), **9**:117(56), **9**:118(56), **9**:*123*

Hoffmann, R., **4**:186, **4**:*193*, **6**:50, **6**:56, **6**:*61*, **6**:201, **6**:202, **6**:206, **6**:210, **6**:216, **6**:217, **6**:224, **6**:225, **6**:228, **6**:233, **6**:234, **6**:235, **6**:236, **6**:237, **6**:238, **6**:242, **6**:302, **6**:*327*, **6**:*332*, **7**:158, **7**:159, **7**:166, **7**:170, **7**:177, **7**:178, **7**:195, **7**:*205*, **8**:255, **8**:*269*, **9**:196, **9**:220, **9**:254, **9**:*276*, **9**:*280*, **10**:*128*, **10**:134, **10**:135, **10**:144, **10**:*153*, **10**:211, **10**:*225*, **11**:207, **11**:*222*, **13**:7, **13**:*80*, **15**:2, **15**:33–36, **15**:*61*, **19**:302, **19**:307, **19**:337, **19**:339, **19**:342, **19**:353, **19**:355, **19**:362, **19**:364, **19**:*371*, **19**:*372*, **19**:*379*, **21**:100, **21**:102, **21**:106, **21**:140, **21**:173, **21**:*194*, **22**:91, **22**:*108*, **22**:313, **22**:316, **22**:322, **22**:352, **22**:*359*, **23**:3, **23**:53, **23**:*62*, **24**:148, **24**:*200*, **25**:50, **25**:*87*, **25**:*136*, **25**:*262*, **25**:398, **25**:*443*, **26**:210, **26**:*248*, **28**:18, **28**:21, **28**:*42*, **29**:226, **29**:*268*, **29**:301, **29**:303, **29**:*326*

Hoffmann, R. W., **20**:116, **20**:*184*, **30**:12, **30**:*60*, **30**:187, **30**:188, **30**:*218*, **32**:177, **32**:*211*

Hoffmeister, E., **6**:15, **6**:*60*

Höfle, G., **17**:95, **17**:*174*

Höfler, F., **16**:78, **16**:*85*

Hofmann, A. F., **8**:282, **8**:285, **8**:394, **8**:*401*

Hofmann, A. K., **5**:95, **5**:*115*, **5**:*116*

Hofmann, A. W., **23**:308, **23**:*318*

Hofmann, K., **11**:64, **11**:*120*

Hofmann, R. T., **25**:12, **25**:*92*

Hofmanova, A., **17**:287, **17**:306, **17**:307, **17**:*427*

Hofstee, B. H. J., **8**:395, **8**:*401*

Hofstra, A., **1**:65, **1**:*152*, **4**:206, **4**:227, **4**:228, **4**:234, **4**:236, **4**:237, **4**:238, **4**:242, **4**:243, **4**:244, **4**:245, **4**:253, **4**:272, **4**:273, **4**:274, **4**:275, **4**:278, **4**:279, **4**:280, **4**:283, **4**:286, **4**:287, **4**:288, **4**:289, **4**:294, **4**:296, **4**:297, **4**:*302*, **11**:289, **11**:*388*

Hoganson, E. D., **8**:*262*

Hogen-Esch, T. E., **14**:3, **14**:18, **14**:*64*, **15**:156, **15**:158, **15**:159, **15**:160, **15**:162, **15**:165, **15**:166, **15**:167, **15**:169, **15**:171, **15**:172, **15**:176, **15**:178, **15**:179, **15**:180, **15**:182, **15**:183, **15**:187, **15**:193, **15**:194, **15**:195, **15**:205, **15**:209, **15**:212, **15**:213, **15**:216, **15**:218, **15**:220, **15**:221, **15**:231, **15**:237, **15**:247, **15**:249, **15**:250, **15**:251, **15**:*261*, **15**:*262*, **15**:*263*, **15**:*264*, **15**:*265*, **17**:281, **17**:*427*, **28**:1, **28**:21, **28**:32, **28**:*42*

Hogeveen, H., **6**:235, **6**:248, **6**:259, **6**:*327*, **6**:*331*, **9**:188, **9**:189, **9**:190, **9**:191, **9**:273, **9**:*274*, **9**:*275*, **9**:*276*, **10**:30, **10**:31, **10**:32, **10**:35, **10**:36, **10**:37, **10**:39, **10**:40, **10**:41, **10**:42, **10**:43, **10**:44, **10**:45, **10**:46, **10**:47, **10**:*51*, **10**:*52*, **10**:60, **10**:131, **10**:132, **10**:135, **10**:136, **10**:142, **10**:*152*, **11**:213, **11**:*222*, **11**:367, **11**:368, **11**:377, **11**:*387*, **12**:52, **12**:*118*, **19**:225, **19**:242, **19**:246, **19**:309, **19**:310, **19**:339, **19**:342, **19**:343, **19**:369, **19**:*371*, **19**:*372*, **23**:134, **23**:*159*, **24**:86, **24**:*106*, **28**:183, **28**:*205*, **29**:287, **29**:*326*

Hogfeldt, E., **12**:211, **12**:*218*

Hogg, D. R., **9**:213, **9**:*276*, **17**:72, **17**:74–6, **17**:142, **17**:*177*

Hogg, J. L., **17**:479, **17**:*483*, **24**:174, **24**:*201*, **31**:144, **31**:*244*

Hogg, J. S., **9**:141, **9**:146, **9**:148, **9**:149, **9**:152, **9**:*178*

Hogge, E. A., **32**:3, **32**:*117*

Hoggett, J. G., **12**:36, **12**:*122*, **16**:23, **16**:26, **16**:30, **16**:*48*, **19**:422, **19**:*426*

Hoharum, M., **19**:407, **19**:*425*

Hohlhaupt, R., **25**:329, **25**:*419*, **25**:*444*

Hohlneicher, G., **29**:312, **29**:*326*

Hohman, J. R., **20**:211, **20**:*230*

Hoijtink, G. J., **4**:227, **4**:230, **4**:232, **4**:*300*, **4**:*301*, **10**:176, **10**:211, **10**:212, **10**:*220*, **10**:*223*, **12**:2, **12**:76, **12**:107, **12**:108, **12**:*116*, **12**:*122*, **12**:133, **12**:*217*, **13**:158, **13**:162, **13**:163, **13**:166, **13**:167, **13**:198, **13**:203, **13**:229, **13**:*265*, **13**:*266*, **13**:*271*, **18**:125, **18**:127, **18**:*175*, **18**:*178*, **19**:153, **19**:159, **19**:*219*

Hoit, R. G., **21**:3, **21**:*33*

Höjer, G., **14**:251, **14**:*344*

Hojo, M., **14**:165, **14**:*199*

Hokawa, M., **20**:28, **20**:*52*
Hoke, D. I., **1**:52, **1**:72, **1**:*148*
Holah, D. G., **11**:359, **11**:*385*
Holak, T., **16**:243, **16**:*263*
Holcman, J., **20**:128, **20**:129, **20**:*188*
Holden, A. N., **1**:293, **1**:*361*
Holden, H. D., **29**:157, **29**:159, **29**:165, **29**:166, **29**:170, **29**:*180*
Holder, A. J., **29**:277, **29**:311, **29**:*325*
Holdrege, C. T., **23**:187, **23**:201, **23**:*270*
Holdroyd, R. A., **13**:182, **13**:*271*
Hölemann, P., **3**:20, **3**:*84*
Holer, J., **24**:86, **24**:*110*
Holiday, E. R., **14**:78, **14**:*130*
Holl, H., **22**:49, **22**:*111*
Hollaender, J., **10**:96, **10**:97, **10**:*125*
Holland, C. J., **14**:273, **14**:*339*
Holland, J., M., **5**:279, **5**:*328*
Hollander, F. J., **22**:130, **22**:*209,* **32**:230, **32**:*263*
Hollas, J. M., **1**:367, **1**:395, **1**:412, **1**:413, **1**:416, **1**:*419*
Hollaway, F., **28**:60, **28**:*137*
Holleck, L., **5**:6, **5**:15, **5**:*51*, **28**:179, **28**:191, **28**:*205,* **32**:39, **32**:*117*
Holleman, A. F., **1**:36, **1**:52, **1**:57, **1**:73, **1**:74, **1**:*151*
Hollenstein, S., **29**:131, **29**:162, **29**:*181*, **29**:*182*, **30**:176, **30**:*218*
Hollfelder, F., **31**:312, **31**:*387*
Holliman, F. G., **8**:235, **8**:*264*, **21**:45, **21**:*95*
Hollinsed, W. C., **18**:114, **18**:139, **18**:*181*
Hollis, D. P., **13**:344, **13**:*414*
Hollocher, T. C., **17**:468, **17**:*484*
Holloway, C. E., **16**:245, **16**:248, **16**:251, **16**:253, **16**:*260*, **16**:*261*, **16**:*263*
Holloway, M. K., **29**:312, **29**:314, **29**:*325*
Holly, S., **9**:140, **9**:142, **9**:143, **9**:146, **9**:158, **9**:165, **9**:166, **9**:*181*
Hollyhead, W. B., **14**:88, **14**:*131*, **15**:191, **15**:192, **15**:*265*
Holm, C. H., **3**:196, **3**:197, **3**:199, **3**:201, **3**:202, **3**:203, **3**:205, **3**:218, **3**:234, **3**:252, **3**:253, **3**:254, **3**:*266*, **5**:266, **5**:*327*, **25**:10, **25**:*89*, **28**:21, **28**:*42*
Holm, J. C., **11**:272, **11**:*387*
Holm, M. J., **30**:137, **30**:*170*
Holm, R. H., **17**:8, **17**:*61*
Holm, T., **18**:170, **18**:*178*, **24**:84, **24**:*108*, **31**:211, **31**:240, **31**:*244*
Holman, R. J., **17**:6, **17**:14, **17**:15, **17**:44, **17**:*59*, **17**:*60*
Holmberg, K., **15**:277, **15**:*329*
Holmes, J. D., **19**:11, **19**:*129*
Holmes, J. L., **3**:93, **3**:101, **3**:*121*
Holmes, J. M., **25**:200, **25**:*256*
Holmes, L. P., **8**:274, **8**:*398*
Holmes, M. A., **26**:355, **26**:*373*
Holmes, R. A., **25**:200, **25**:*258*
Holmes, R. G. G., **18**:149, **18**:*175*, **23**:294, **23**:*317*
Holmes, R. R., **9**:27(24a, b), **9**:27(25a, b, c), **9**:43(79), **9**:82(24a, b), **9**:*122*, **9**:*124*, **25**:103, **25**:104, **25**:122, **25**:126, **25**:128, **25**:129, **25**:130, **25**:136, **25**:137, **25**:138, **25**:143, **25**:146, **25**:152, **25**:156, **25**:164, **25**:167, **25**:168, **25**:191, **25**:194, **25**:200, **25**:208, **25**:210, **25**:211, **25**:239, **25**:241, **25**:*256*, **25**:*260*, **29**:109, **29**:124, **29**:*181*
Holmes, W. S., **5**:175, **5**:*234*
Holmgren, S. K., **31**:70, **31**:*83*
Holst, C., **11**:21, **11**:*119*
Holt, E. M., **23**:53, **23**:*59*
Holt, N. B., **2**:78, **2**:*89*
Holt, S. L., **22**:271, **22**:283, **22**:*299*, **22**:*303*
Holton, D. M., **20**:124, **20**:*184*
Holtslander, W. L., **24**:62, **24**:*108*
Holtz, D., **13**:87, **13**:108, **13**:135, **13**:136, **13**:139, **13**:146, **13**:*148*, **13**:*151*, **13**:*152,* **16**:62, **16**:*85*, **21**:221, **21**:*238*, **31**:202, **31**:*244*
Holtz, H. D., **6**:305, **6**:*327*, **13**:175, **13**:*271*
Holtzclaw, H. F., Jr., **26**:316, **26**:*375*
Holtzer, A., **8**:388, **8**:389, **8**:390, **8**:*398*, **8**:*399*
Holtzhauer, K., **30**:40, **30**:*58*
Holwerda, R. A., **17**:423, **17**:*424*
Holy, N. L., **12**:3, **12**:*122*, **18**:82, **18**:90, **18**:*178*, **23**:280, **23**:*318*, **26**:72, **26**:*126*
Holz, J. B., **13**:220, **13**:*271*
Holz, M., **14**:265, **14**:311, **14**:*344*, **14**:*348*, **16**:240, **16**:*262*
Holz, S., **26**:174, **26**:*175*
Holz, W., **5**:391, **5**:*395*

Holzbecher, J., **18**:198, **18**:*237*
Holzwarth, J. F., **22**:124, **22**:*206*, **22**:*207*
Homer, J., **9**:161, **9**:*178*
Homer, J. B., **7**:168, **7**:*204*
Homer, R. B., **11**:44, **11**:*117*
Homfray, I. F., **4**:2, **4**:*28*
Honda, A., **13**:213, **13**:*271*
Honda, K., **19**:81, **19**:*129*
Honda, S., **13**:293, **13**:*410*
Hondre, D., **15**:208, **15**:*263*
Hone, M., **26**:323, **26**:324, **26**:*378*
Honess, A. P., **15**:120, **15**:*147*
Hong, H. K., **9**:163, **9**:*182*
Hong, J. T., **23**:224, **23**:*265*
Hong, Q., **32**:5, **32**:*115*
Hong, Y.-S., **22**:226, **22**:227, **22**:266, **22**:267, **22**:274, **22**:275, **22**:*301*
Honjyo, H., **32**:225, **32**:*265*
Hood, F. P., **3**:234, **3**:241, **3**:242, **3**:*266*, **15**:252, **15**:*253*, **15**:255, **15**:256, **15**:*262*, **15**:*264*
Hoogsteen, H. M., **1**:105, **1**:*151*
Hoogsteen, K., **13**:344, **13**:*406*
Hooker, T. M., **25**:16, **25**:*90*
Hooper, D., **22**:314, **22**:316, **22**:*360*
Hootman, J. A., **3**:70, **3**:*85*
Hooton, K. A., **5**:145, **5**:146, **5**:153, **5**:*170*
Hoover, J. R. E., **19**:345, **19**:*378*
Hoover, T., **14**:298, **14**:*344*
Hooz, J., **15**:47, **15**:*58*
Hope, H., **30**:159, **30**:*170*
Hopf, F. R., **19**:98, **19**:*126*, **19**:*129*
Hopf, H., **23**:72, **23**:*159*
Hopff, H., **25**:71, **25**:*90*, **26**:310, **26**:*375*
Hopfield, J. J., **28**:19, **28**:*43*
Hopkins, A. R., **26**:352, **26**:353, **26**:*373*, **27**:12, **27**:18, **27**:*28*, **27**:36, **27**:*52*, **27**:*53*, **27**:*55*, **27**:*98*, **27**:*114*
Hopkins, A. S., **13**:255, **13**:257, **13**:259, **13**:261, **13**:263, **13**:*266*, **13**:*271*
Hopkins, H. P., **13**:114, **13**:*151*
Hopkins, H. P. Jr., **14**:143, **14**:*200*, **27**:279, **27**:*289*, **30**:111, **30**:*113*, **30**:*114*
Hopkins, L., **11**:338, **11**:*385*
Hopkins, T. A., **12**:191, **12**:214, **12**:*219*
Hopkins, T. R., **19**:112, **19**:*126*

Hopkinson, A. C., **9**:254, **9**:255, **9**:256, **9**:*276*, **11**:343, **11**:370, **11**:*387*, **12**:161, **12**:170, **12**:171, **12**:172, **12**:188, **12**:210, **12**:211, **12**:*218*
Hopkinson, J. A., **8**:188, **8**:220, **8**:*260*
Hoppe, J., **25**:219, **25**:*258*
Hoppe, J. I., **11**:68, **11**:*120*
Hopperdietzel, S., **9**:213, **9**:*279*
Horaguchi, T., **32**:300, **32**:*384*
Horák, V., **5**:12, **5**:16, **5**:17, **5**:19, **5**:22, **5**:24, **5**:25, **5**:*51*, **5**:*52*
Horányi, G., **10**:191, **10**:196, **10**:*223*
Horeau, A., **10**:17, **10**:18, **10**:*26*
Horecker, B. L., **18**:68, **18**:*74*, **21**:20, **21**:*32*, **21**:*34*
Horeischy, K., **9**:142, **9**:*175*
Horeld, G., **2**:194, **2**:*198*
Horgan, A. G., **20**:151, **20**:*188*
Hori, H., **30**:182, **30**:193, **30**:194, **30**:196, **30**:202, **30**:204, **30**:205, **30**:209, **30**:213, **30**:214, **30**:*220*
Hori, K., **28**:57, **28**:*137*, **32**:376, **32**:*382*
Horie, K., **32**:251, **32**:*263*
Horii, H., **24**:70, **24**:*108*
Horii, T., **17**:423, **17**:*430*
Horikawa, T. T., **16**:252, **16**:259, **16**:*263*
Horita, H., **19**:45, **19**:*120*
Horiuchi, S., **23**:249, **23**:*269*
Horiuti, J., **10**:206, **10**:*223*, **15**:2, **15**:*59*, **21**:124, **21**:*193*
Hörlein, G., **7**:15, **7**:*113*
Horler, H., **23**:290, **23**:304, **23**:*317*
Horn, H., **32**:159, **32**:*217*
Horn, K., **7**:172, **7**:177, **7**:*206*
Horn, K. A., **18**:168, **18**:*185*, **18**:189, **18**:191, **18**:203, **18**:204, **18**:220, **18**:222, **18**:*236*, **19**:83, **19**:*120*, **22**:331, **22**:*359*
Hornel, J. C., **2**:129, **2**:140, **2**:*160*, **7**:262, **7**:297, **7**:308, **7**:*329*
Horner, C. J., **17**:174, **17**:*176*
Horner, J. H., **30**:86, **30**:*112*, **30**:*114*
Horner, L., **5**:391, **5**:*397*, **6**:262, **6**:*327*, **9**:27(30), **9**:*122*, **9**:138, **9**:*178*, **10**:170, **10**:188, **10**:*223*, **12**:12, **12**:14, **12**:18, **12**:19, **12**:93, **12**:94, **12**:97, **12**:*120*, **12**:*122*, **17**:101, **17**:110, **17**:*177*, **17**:418, **17**:*427*, **18**:168, **18**:*178*, **22**:341, **22**:*359*, **23**:300, **23**:*318*, **25**:305, **25**:334,

25:*443*
Hornig, D. F., **14**:223, **14**:232, **14**:*344*, **14**:*350*, **26**:279, **26**:*377*
Hornig, J. F., **2**:211, **2**:*274*, **16**:168, **16**:*231*
Horning, D. P., **17**:237, **17**:*277*
Horning, T. L., **24**:194, **24**:*199*
Horning, W. C., **2**:172, **2**:*197*, **9**:7, **9**:*23*
Hornung, E. W., **11**:334, **11**:*386*
Hornung, N. J., **17**:376, **17**:*424*
Hornung, V., **29**:302, **29**:*324*
Horovitz, B., **16**:216, **16**:*233*
Horowitz, A., **7**:7, **7**:13, **7**:15, **7**:*113*, **17**:110, **17**:*177*
Horrex, C., **1**:105, **1**:*150*
Horrocks, W. D. W., **17**:8, **17**:*61*
Horsewill, A. J., **32**:236, **32**:*263*
Horsey, B. E., **19**:98, **19**:*129*
Horsfield, A., **1**:322, **1**:323, **1**:325, **1**:326, **1**:330, **1**:331, **1**:353, **1**:*361*, **1**:*362*, **5**:54, **5**:58, **5**:110, **5**:*116*, **8**:15, **8**:*76*, **9**:156, **9**:*180*, **17**:2, **17**:12, **17**:19, **17**:29, **17**:35, **17**:37, **17**:42, **17**:*59*, **17**:*62*, **18**:120, **18**:*180*, **25**:429, **25**:430, **25**:431, **25**:*442*
Horsley, W. J., **13**:350, **13**:352, **13**:388, **13**:*410*
Hortmann, A. G., **17**:94, **17**:*174*
Horton, D., **13**:306, **13**:313, **13**:318, **13**:*407*, **24**:144, **24**:*204*, **25**:171, **25**:*263*
Horton, H. L., **25**:206, **25**:*264*
Horvath, A. L., **14**:249, **14**:*344*
Horwood, J. E., **3**:16, **3**:*84*
Hosako, R., **22**:287, **22**:*304*
Hosaya, S., **1**:232, **1**:*278*
Hoshi, T., **11**:311, **11**:*391*
Hoshino, M., **19**:157, **19**:*219*
Hoshino, N., **32**:247, **32**:*263*
Hosie, L., **24**:122, **24**:123, **24**:124, **24**:143, **24**:144, **24**:*201*
Hosie, R. J., **19**:39, **19**:*120*
Hoskin, D. H., **29**:298, **29**:*326*
Hosokawa, N., **17**:50, **17**:*61*
Hosomi, A., **16**:70, **16**:*86*, **29**:310, **29**:*329*
Hosomi, N., **31**:384, **31**:*388*
Hosoya, H., **11**:337, **11**:356, **11**:357, **11**:368, **11**:*387*, **11**:*392*
Hosoya, S., **3**:63, **3**:*85*

Hostalka, H., **15**:202, **15**:*261*, **15**:*263*
Hostynek, J. J., **23**:313, **23**:*319*
Hotta, K., **1**:341, **1**:342, **1**:*361*
Hou, K. C., **6**:10, **6**:54, **6**:*59*, **6**:*60*
Houalla, D., **9**:111(122b), **9**:112(122b), **9**:115(122b), **9**:*126*
Houbrechts, S., **32**:123, **32**:180, **32**:191, **32**:202, **32**:206, **32**:*210*, **32**:*212*, **32**:*216*
Houdard-Pereyre, J., **10**:140, **10**:*152*
Houff, W. H., **6**:37, **6**:*59*
Houghton, L. E., **8**:174, **8**:*263*
Houk, K. N., **15**:47, **15**:*60*, **20**:156, **20**:*188*, **21**:173, **21**:*193*, **22**:91, **22**:*110*, **22**:314, **22**:316, **22**:*360*, **24**:14, **24**:40, **24**:*55*, **24**:58, **24**:64, **24**:67, **24**:68, **24**:74, **24**:*108*, **24**:*110*, **24**:*111*, **25**:54, **25**:*88*, **26**:210, **26**:*253*, **27**:150, **27**:215, **27**:*238*, **29**:107, **29**:*181*, **29**:277, **29**:295, **29**:300, **29**:310, **29**:311, **29**:312, **29**:313, **29**:314, **29**:321, **29**:*324*, **29**:*327*, **29**:329, **29**:*330*, **31**:242, **31**:*243*, **31**:*244*, **31**:*247*, **31**:256, **31**:286, **31**:287, **31**:384, **31**:*387*
Houminer, Y., **14**:108, **14**:109, **14**:*131*
Hounshell, W. D., **25**:28, **25**:30, **25**:33, **25**:36, **25**:37, **25**:38, **25**:40, **25**:41, **25**:66, **25**:*86*, **25**:*89*, **25**:*90*, **25**:*92*, **25**:*93*
Houriet, R., **8**:216, **8**:*265*, **19**:253, **19**:*378*, **23**:51, **23**:*60*, **23**:210, **23**:*262*
House, D. B., **12**:278, **12**:283, **12**:*296*, **20**:172, **20**:*187*
House, E. H., **1**:402, **1**:*419*
House, H. O., **6**:302, **6**:*327*, **12**:43, **12**:*122*, **14**:189, **14**:*199*, **15**:174, **15**:*263*, **18**:23, **18**:38, **18**:39, **18**:*74*, **18**:170, **18**:*178*
House, J. E., Jr., **9**:162, **9**:163, **9**:*176*, **9**:*178*
Houser, J. J., **4**:334, **4**:335, **4**:338, **4**:*345*, **9**:*23*
Houser, K. J., **19**:209, **19**:*218*, **19**:*219*, **26**:38, **26**:*125*
Houslay, M. D., **25**:243, **25**:*260*
Houston, J. G., **4**:4, **4**:9, **4**:14, **4**:15, **4**:21, **4**:*28*, **15**:47, **15**:*59*, **18**:6, **18**:7, **18**:*74*, **27**:176, **27**:*236*

Housty, J., **1**:235, **1**:*278*
Hout, Jr. R. F., **23**:68, **23**:*159*
Hovans, B., **27**:245, **27**:256, **27**:257, **27**:*290*
Hover, H., **9**:252, **9**:*274*
Howard, A., **12**:224, **12**:*293*
Howard, C. J., **13**:87, **13**:*150*
Howard, H., **1**:399, **1**:*420*
Howard, J. A., **8**:72, **8**:*74*, **9**:134, **9**:137, **9**:138, **9**:139, **9**:141, **9**:145, **9**:146, **9**:147, **9**:148, **9**:151, **9**:152, **9**:154, **9**:158, **9**:159, **9**:165, **9**:166, **9**:167, **9**:168, **9**:*177*, **9**:*178*, **15**:25, **15**:*59*, **17**:22, **17**:23, **17**:53, **17**:54, **17**:*60*, **20**:49, **20**:*52*, **24**:193, **24**:*201*, **25**:127, **25**:*260*
Howard, J. A. C., **24**:87, **24**:*105*
Howard, J. A. K., **26**:307, **26**:*373*, **29**:142, **29**:*181*, **32**:180, **32**:*215*
Howard, P. B., **13**:136, **13**:*151*
Howard, R. D., **5**:358, **5**:*395*
Howard, T. R., **23**:91, **23**:*159*
Howarth, O. W., **13**:211, **13**:*271*, **23**:116, **23**:*160*
Howarth, T. F., **23**:240, **23**:*265*
Howarth, T. T., **13**:252, **13**:*268*
Howden, M. E., **4**:336, **4**:337, **4**:*346*
Howden, M. E. H., **3**:244, **3**:*266*
Howe, I., **8**:185, **8**:188, **8**:189, **8**:199, **8**:210, **8**:230, **8**:231, **8**:244, **8**:*262*, **8**:*264*, **8**:*269*
Howe, J. A., **1**:407, **1**:*420*, **1**:*421*
Howe, N. E., **30**:186, **30**:*218*, **30**:*220*, **30**:*221*
Howe, R. A., **14**:241, **14**:*348*
Howe, R. F., **17**:49, **17**:*64*
Howe, R. S., **17**:343, **17**:*430*
Howe, S. C., **31**:256, **31**:*389*
Howell, B. A., **27**:241, **27**:*289*
Howell, J. A. S., **29**:215, **29**:*268*
Howell, J. O., **26**:39, **26**:*126*, **29**:230, **29**:231, **29**:*268*, **32**:3, **32**:23, **32**:55, **32**:*117*
Howells, J. D. R., **25**:52, **25**:*85*
Howells, R. D., **19**:233, **19**:*372*
Howles, J. R., **9**:145, **9**:*177*
Howlett, K. E., **1**:111, **1**:*151*, **3**:97, **3**:99, **3**:*120*, **3**:*121*, **10**:4, **10**:5, **10**:12, **10**:21, **10**:25, **10**:*26*
Hoy, D. J., **8**:215, **8**:*264*

Hoye, P. A. T., **6**:251, **6**:256, **6**:304, **6**:*327*
Hoyland, A. R., **14**:222, **14**:*344*
Hoyland, J. R., **4**:34, **4**:*70*, **8**:257, **8**:*264*, **16**:76, **16**:80, **16**:81, **16**:*85*
Hoyle, C. E., **19**:48, **19**:53, **19**:103, **19**:*119*, **19**:*122*
Hoyoshi, H., **10**:69, **10**:*125*
Hoyte, O. P. A., **26**:265, **26**:266, **26**:267, **26**:*370*
Hoz, S., **7**:49, **7**:*113*, **26**:78, **26**:*126*, **27**:136, **27**:218, **27**:220, **27**:221, **27**:223, **27**:224, **27**:225, **27**:235, **27**:*236*
Hrabák, F., **23**:300, **23**:*318*
Hrcnir, D. C., **24**:87, **24**:*105*
Hrdlovic, P., **12**:187, **12**:*218*
Hrenoff, M. K., **8**:281, **8**:283, **8**:284, **8**:*404*
Hrncirik, J., **14**:295, **14**:*347*
Hrubcová, I., **5**:25, **5**:*51*
Hruby, V. J., **7**:155, **7**:*205*, **13**:360, **13**:364, **13**:*407*, **16**:256, **16**:*261*
Hsi, N., **8**:140, **8**:*147*, **13**:61, **13**:*80*
Hsia, D. Y., **17**:328, **17**:*432*
Hsieh, L. C., **31**:294, **31**:295, **31**:383, **31**:385, **31**:*387*, **31**:*392*
Hsieh, Y. C., **14**:266, **14**:*344*
Hsii, P. S., **29**:122, **29**:*179*
Hsiun, P., **31**:292, **31**:382, **31**:*390*
Hsiung, C., **2**:207, **2**:*274*, **8**:85, **8**:89, **8**:*147*
Hsu, B., **26**:261, **26**:263, **26**:270, **26**:*373*
Hsu, C., **8**:341, **8**:345, **8**:351, **8**:394, **8**:*406*
Hsu, C. H., **15**:87, **15**:*147*
Hsu, J. N. C., **19**:296, **19**:*368*
Hsü, S. K., **18**:3, **18**:*74*
Hu, A., **25**:116, **25**:*257*
Hu, D. D., **22**:121, **22**:*210*, **26**:119, **26**:*127*, **27**:26, **27**:28, **27**:*54*, **27**:63, **27**:64, **27**:97, **27**:98, **27**:*115*, **27**:122, **27**:124, **27**:231, **27**:*237*
Hu, J., **28**:225, **28**:*288*
Hu, S., **22**:55, **22**:*106*
Hu, S. S., **23**:306, **23**:*321*
Hu, W. P., **31**:148, **31**:149, **31**:150, **31**:151, **31**:*244*
Hu, Z., **26**:224, **26**:*246*, **26**:*247*
Huang, C. M., **11**:338, **11**:*387*
Huang, C. W., **19**:14, **19**:*124*

Huang, D., **14:***131*
Huang, E., **19:**295, **19:***372*, **23:**130, **23:***162*
Huang, H. H., **7:**297, **7:***329*
Huang, J. T. J., **24:**61, **24:***108*
Huang, J. W., **30:**13, **30:***58*
Huang, L., **11:**213, **11:***223*
Huang, M. B., **23:**95, **23:***158*, **29:**289, **29:***327*
Huang, S., **15:**256, **15:**257, **15:***261*
Huang, S. J., **9:**252, **9:***276*
Huang, S. K., **12:**211, **12:***216*, **22:**236, **22:**247, **22:**296, **22:***300*, **22:***301*
Huang, W., **31:**277, **31:**311, **31:**382, **31:**383, **31:***387*, **31:***392*
Hubbard, C. D., **11:**34, **11:**36, **11:**61, **11:***120*, **17:**457, **17:***484*
Huber, H., **6:**206, **6:**224, **6:***328*, **7:**76, **7:***110*, **13:**352, **13:***406*
Huber, H. P., **16:**247, **16:***264*
Huber, J. R., **19:**88, **19:***116*
Huber, M., **28:**31, **28:***42*
Huber, R., **26:**216, **26:***251*
Huber, R. A., **26:**193, **26:**216, **26:***248*, **26:***251*
Huber, W., **28:**1, **28:**8, **28:**9, **28:**10, **28:**11, **28:**12, **28:**13, **28:**14, **28:**17, **28:**21, **28:**22, **28:**24, **28:**25, **28:**26, **28:**27, **28:**29, **28:**30, **28:**32, **28:**34, **28:**35, **28:**36, **28:**39, **28:***40*, **28:***41*, **28:***42*, **28:***43*, **29:**317, **29:***326*
Hubert, A. J., **22:**50, **22:***107*
Huck, H., **32:**71, **32:**82, **32:***117*
Hückel, E., **1:**205, **1:***278*, **1:**300, **1:**308
Huckel, W., **5:**364, **5:***397*, **15:**2, **15:***59*
Huckstep, L. L., **13:**309, **13:**311, **13:**313, **13:***412*
Huddleston, R. K., **26:**20, **26:***128*
Hudec, J., **11:**184, **11:***222*
Hudnall, P. M., **12:**111, **12:***126*
Hudson, A., **5:**106, **5:***114*, **17:**55, **17:**56, **17:***60*
Hudson, B. D., **25:**34, **25:***84*
Hudson, F. M., **2:**172, **2:***197*
Hudson, H. R., **27:**241, **27:***289*
Hudson, J. O., **13:**192, **13:***270*
Hudson, P., **26:**135, **26:***174*
Hudson, R., **25:**144, **25:**170, **25:**191, **25:***257*
Hudson, R. F., **5:**142, **5:***169*, **5:**290, **5:**321, **5:**325, **5:***326*, **5:***327*, **5:***328*, **6:**252, **6:**257, **6:**258, **6:***327*, **9:**27(31), **9:**68(101), **9:***122*, **9:***125*, **10:**119, **10:***123*, **14:**44, **14:***62*, **14:**92, **14:***129*, **17:**122, **17:***175*, **24:**188, **24:**189, **24:***199*, **25:**127, **25:***256*
Hudson, R. L., **9:**135, **9:***177*
Huebert, B. J., **12:**76, **12:**107, **12:***122*
Huett, G., **6:**269, **6:***327*, **7:**33, **7:***110*
Huetteman, A. J., **8:**282, **8:**362, **8:***405*
Huff, J. B., **28:**58, **28:**112, **28:**113, **28:**114, **28:**115, **28:**120, **28:**125, **28:***136*
Huff, N. T., **6:**189, **6:***330*
Huffman, J. C., **29:**163, **29:***182*
Huffman, J. L., **25:**390, **25:**391, **25:**395, **25:***444*
Huffman, J. R., **3:**123, **3:***186*
Hug, P., **16:**249, **16:***262*, **25:**78, **25:**79, **25:***89*
Huggins, C. M., **3:**259, **3:***267*
Huggins, M. L., **3:**6, **3:***85*, **6:**129, **6:***180*, **9:**158, **9:***178*
Hugh, W. E., **15:**48, **15:***59*
Hughbanks, T., **26:**195, **26:**200, **26:***248*
Hughes, A. N., **11:**359, **11:***385*
Hughes, D., **24:**71, **24:**81, **24:***106*
Hughes, D. E., **8:**394, **8:***401*
Hughes, D. H., **27:**223, **27:**232, **27:***234*
Hughes, D. L., **17:**422, **17:***427*, **21:**149, **21:***192*, **26:**105, **26:***123*, **27:**130, **27:**223, **27:***234*, **27:***235*
Hughes, E. C., **3:**8, **3:***85*, **4:**326, **4:***345*
Hughes, E. D., **1:**52, **1:**72, **1:***150*, **2:**39, **2:**53, **2:***88*, **2:**165, **2:**172, **2:**185, **2:**186, **2:***196*, **2:***198*, **3:**144, **3:***184*, **5:**150, **5:**159, **5:***169*, **5:***170*, **5:**177, **5:**208, **5:**210, **5:**224, **5:**225, **5:**226, **5:**227, **5:***233*, **5:**364, **5:***395*, **6:**251, **6:**256, **6:**304, **6:**319, **6:***327*, **6:***328*, **7:**2, **7:***109*, **7:***110*, **11:**181, **11:***222*, **13:**73, **13:***78*, **14:**3, **14:**32, **14:***64*, **14:**135, **14:***199*, **14:**279, **14:***337*, **15:**49, **15:***58*, **16:**14, **16:**17, **16:**19, **16:**22, **16:***48*, **19:**384, **19:**387, **19:***426*, **20:**151, **20:**152, **20:***181*, **20:***182*, **20:***184*, **25:**353, **25:***442*, **27:**245, **27:**246, **27:**254, **27:**256, **27:**258, **27:**263, **27:**275, **27:***288*,

29:204, 29:*268*
Hughes, E. W., **6**:142, **6**:*183*, **8**:282, **8**:285, **8**:*401*
Hughes, F., **13**:187, **13**:*271*
Hughes, M. N., **16**:16, **16**:17, **16**:19, **16**:22, **16**:*48*, **19**:388, **19**:392, **19**:399, **19**:*426*
Hughes, R. C., **16**:228, **16**:*233*
Hughes, R. E., **17**:147, **17**:*179*
Hughes, R. P., **29**:186, **29**:*267*
Hughes, S., **8**:35, **8**:*76*
Hughes, T. P., **3**:78, **3**:*85*
Huguet, J., **13**:204, **13**:*273*
Huh, C., **27**:76, **27**:*115*
Huheey, J. E., **27**:265, **27**:269, **27**:*289*
Hui, B. C., **11**:359, **11**:*385*
Hui, J. F., **31**:11, **31**:*82*
Hui, J. Y. K., **17**:280, **17**:296, **17**:308, **17**:*424*
Hui, J. Y., **17**:475, **17**:*482*
Hui, K. M., **15**:199, **15**:*261*
Hui, M. M., **10**:105, **10**:*128*
Hui, Y., **22**:268, **22**:269, **22**:278, **22**:*306*, **29**:55, **29**:*66*, **29**:84
Hui, Y.-Z., **28**:189, **28**:*205*
Huis, R., **17**:373, **17**:374, **17**:375, **17**:*426*
Huisgen, R., **2**:56, **2**:*88*, **2**:*89*, **2**:187, **2**:188, **2**:*194*, **2**:*198*, **2**:*199*, **5**:331, **5**:356, **5**:358, **5**:359, **5**:361, **5**:362, **5**:364, **5**:370, **5**:379, **5**:*397*, **6**:2, **6**:*60*, **6**:206, **6**:217, **6**:224, **6**:225, **6**:*326*, **6**:*328*, **7**:76, **7**:*110*, **7**:155, **7**:176, **7**:*205*, **7**:214, **7**:*257*, **21**:28, **21**:*32*, **22**:40, **22**:*108*, **30**:187, **30**:*218*, **30**:*220*
Huizer, A. H., **13**:216, **13**:*268*
Hulett, J. R., **5**:123, **5**:124, **5**:162, **5**:165, **5**:*171*, **6**:78, **6**:95, **6**:*98*, **6**:*99*, **9**:172, **9**:*175*, **9**:*178*, **16**:97, **16**:*155*
Hull, L. A., **18**:150, **18**:*178*, **18**:*179*, **18**:*182*
Hull, V. J., **13**:244, **13**:249, **13**:*272*, **20**:72, **20**:*185*
Hull, W. W., **23**:75, **23**:*160*
Hulliger, J., **32**:123, **32**:124, **32**:135, **32**:158, **32**:*209*, **32**:*211*
Hulme, R., **1**:306, **1**:309, **1**:319, **1**:329, **1**:330, **1**:*360*, **1**:*361*, **9**:16, **9**:17, **9**:*23*, **13**:161, **13**:162, **13**:*267*, **13**:*271*
Hum, G. P., **19**:423, **19**:*427*, **20**:165,

20:*187*
Humberlin, R., **2**:172, **2**:185, **2**:186, **2**:*196*
Humeres, E., **8**:319, **8**:*398*
Humffray, A. A., **6**:79, **6**:81, **6**:*98*, **12**:2, **12**:*122*, **32**:271, **32**:382, **32**:*384*
Hummel, J. P., **25**:33, **25**:*86*, **25**:*89*, **25**:*90*
Hummel, K., **9**:203, **9**:204, **9**:236, **9**:241, **9**:256, **9**:*275*, **9**:*278*
Hummel, K. F., **7**:193, **7**:197, **7**:*205*
Hummelen, J. C., **15**:327, **15**:*329*
Humphrey, D. G., **32**:109, **32**:*116*
Humphrey, J. S., Jr., **7**:91, **7**:*113*, **10**:16, **10**:*26*, **23**:152, **23**:*162*, **31**:198, **31**:199, **31**:*247*
Humphrey, M. B., **23**:117, **23**:*158*
Humphrey, M. G., **32**:191, **32**:202, **32**:206, **32**:*216*
Humphreys, D. A., **9**:16, **9**:17, **9**:*23*
Humphreys, D. W. R., **23**:314, **23**:*316*
Humphreys, H. H., **1**:17, **1**:18, **1**:19, **1**:*32*
Humphreys, R. W. R., **19**:113, **19**:*114*
Humphreys, W. R. R., **22**:350, **22**:*359*
Humphry-Baker, R., **19**:95, **19**:*120*
Humski, H., **31**:147, **31**:*244*
Humski, K., **11**:191, **11**:*223*, **14**:17, **14**:25, **14**:26, **14**:27, **14**:*64*, **23**:87, **23**:*162*, **27**:245, **27**:256, **27**:257, **27**:*289*
Hung, J. H., **14**:261, **14**:274, **14**:*352*
Hung, N. M., **9**:215, **9**:*277*
Hünig, S., **13**:204, **13**:215, **13**:216, **13**:263, **13**:*266*, **13**:*271*, **19**:154, **19**:*219*, **20**:95, **20**:116, **20**:117, **20**:*183*, **20**:*184*, **26**:147, **26**:*175*
Hunkapiller, M. W., **11**:38, **11**:*120*, **13**:371, **13**:*410*, **16**:258, **16**:*262*
Hunneman, D. H., **25**:222, **25**:223, **25**:226, **25**:*257*
Hunsdiecker, H., **22**:57, **22**:*108*
Hunt, C. R., **13**:257, **13**:*274*
Hunt, C. T., **23**:39, **23**:*58*
Hunt, D. M., **5**:145, **5**:146, **5**:153, **5**:*170*
Hunt, G. R., **1**:412, **1**:416, **1**:417, **1**:*420*
Hunt, H., **5**:268, **5**:313, **5**:*329*, **21**:40, **21**:*97*
Hunt, H. R., **2**:117, **2**:*160*
Hunt, J. W., **12**:226, **12**:227, **12**:238, **12**:251, **12**:256, **12**:263, **12**:269, **12**:290, **12**:*291*, **12**:*292*, **12**:*294*

Hunt, L., **14**:305, **14**:*339*
Hunt, R. L., **12**:3, **12**:*116*, **13**:171, **13**:175, **13**:*266*, **18**:158, **18**:162, **18**:*175*, **20**:136, **20**:*181*
Hunt, W. J., **21**:114, **21**:115, **21**:*193*, **22**:314, **22**:*359*
Hunte, K. P. P., **22**:152, **22**:166, **22**:169, **22**:172, **22**:*205*, **22**:*209*, **26**:321, **26**:324, **26**:*368*, **26**:*372*
Hunter, D. H., **15**:258, **15**:259, **15**:*263*, **17**:354, **17**:360, **17**:361, **17**:*427*
Hunter, E. C. E., **3**:31, **3**:*85*
Hunter, F. R., **5**:66, **5**:*118*, **30**:184, **30**:*220*
Hunter, G., **25**:24, **25**:62, **25**:63, **25**:*86*, **25**:*90*
Hunter, J. S., **3**:30, **3**:*85*
Hunter, T. F., **19**:94, **19**:*118*
Hunziker, E., **29**:224, **29**:*268*
Huong, P. V., **9**:162, **9**:*178*, **15**:178, **15**:*261*
Hupe, D. J., **17**:143, **17**:161, **17**:*177*, **18**:6, **18**:*74*, **21**:151, **21**:181, **21**:189, **21**:*193*, **23**:254, **23**:*266*, **27**:12, **27**:37, **27**:39, **27**:*53*, **27**:*55*, **27**:185, **27**:*236*, **27**:*237*
Hupe, H. J., **19**:110, **19**:*129*, **20**:229, **20**:*233*
Hupfer, B., **26**:224, **26**:*248*
Hupp, J. T., **26**:20, **26**:*126*
Huppert, D., **22**:146, **22**:147, **22**:148, **22**:*209*, **32**:222, **32**:*263*
Hurd, C. D., **2**:3, **2**:17, **2**:*89*, **3**:116, **3**:*121*, **22**:35, **22**:*108*
Hurd, D. T., **3**:16, **3**:*88*
Hurley, A. C., **8**:94, **8**:*147*
Hurley, R., **11**:237, **11**:246, **11**:*265*, **12**:213, **12**:*218*
Hurnaus, R., **25**:310, **25**:*443*
Hurst, G. H., **11**:329, **11**:*387*, **13**:92, **13**:*150*
Hurst, J. J., **10**:142, **10**:*152*
Hursthouse, M. B., **23**:47, **23**:*61*, **26**:263, **26**:267, **26**:275, **26**:277, **26**:310, **26**:311, **26**:313, **26**:314, **26**:315, **26**:316, **26**:*370*, **26**:*371*
Hurwitz, P., **4**:167, **4**:180, **4**:*192*
Hurysz, L. F., **18**:98, **18**:150, **18**:*177*, **20**:93, **20**:*183*
Hurzeler, H., **4**:42, **4**:*70*, **8**:181, **8**:*264*

Hüschele, G., **17**:109, **17**:*175*
Huse, W. D., **31**:282, **31**:*387*
Huser, M., **31**:58, **31**:*80*
Hush, N. S., **8**:255, **8**:*265*, **10**:196, **10**:*223*, **10**:*224*, **18**:113, **18**:123, **18**:124, **18**:171, **18**:*179*, **19**:9, **19**:*120*, **19**:162, **19**:*218*, **26**:4, **26**:5, **26**:7, **26**:55, **26**:62, **26**:*126*, **28**:4, **28**:20, **28**:21, **28**:22, **28**:*42*, **28**:*44*, **32**:22, **32**:23, **32**:*117*
Husk, G. R., **6**:290, **6**:*332*
Huskey, W. P., **24**:102, **24**:*108*, **27**:186, **27**:*236*, **31**:214, **31**:215, **31**:223, **31**:*244*
Hussain, M. S., **26**:260, **26**:261, **26**:270, **26**:*373*
Hussain, S. A., **17**:5, **17**:*59*
Hussain, S. K., **12**:158, **12**:*218*
Hussénius, A., **31**:234, **31**:*244*
Hussey, A. S., **1**:213, **1**:*279*
Hussey, C. L., **20**:162, **20**:*180*
Huston, **20**:154, **20**:*189*
Huszthy, P., **24**:92, **24**:*108*
Hutchings, D. C., **32**:131, **32**:*211*
Hutchings, M. G., **24**:66, **24**:*108*, **25**:75, **25**:*90*, **32**:180, **32**:*211*
Hutchins, C. S., **19**:156, **19**:192, **19**:*218*
Hutchins, J. E., **11**:329, **11**:*387*
Hutchins, J. E. C., **11**:37, **11**:39, **11**:44, **11**:47, **11**:55, **11**:61, **11**:*119*, **11**:*120*, **17**:231, **17**:246, **17**:253, **17**:256, **17**:*276*, **17**:*277*, **24**:92, **24**:*108*
Hutchins, R. O., **14**:190, **14**:*200*
Hutchinson, C. A., **5**:62, **5**:*116*, **7**:162, **7**:166, **7**:168, **7**:*203*, **7**:*204*, **7**:*205*
Hutchinson, C. A. Jr., **22**:349, **22**:*358*
Hutchinson, D. A., **10**:121, **10**:*125*
Hutchinson, E., **8**:272, **8**:280, **8**:281, **8**:*402*
Hutchinson, F., **32**:67, **32**:*113*
Hutchinson, J. P., **25**:200, **25**:*262*
Hutchinson, R. E. J., **18**:18, **18**:19, **18**:*72*
Hutchison, C. A., **1**:348, **1**:350, **1**:355, **1**:*361*, **7**:162, **7**:166, **7**:168, **7**:*203*, **7**:*204*, **7**:*205*
Hutchison, C. A. Jr., **26**:194, **26**:228, **26**:*246*, **26**:*248*
Hutchison, J. D., **14**:76, **14**:*132*
Hutchison, R. J., **19**:393, **19**:*426*
Hutley, B. G., **24**:75, **24**:104, **24**:*108*

Hutternan, J. J., **9**:73(106c), **9**:77(106c), **9**:*125*
Huttner, G., **23**:38, **23**:*60*
Hutton, A. T., **25**:153, **25**:*260*
Hutton, H. M., **25**:68, **25**:*89*, **25**:*96*
Hutton, R. F., **24**:95, **24**:*105*
Hutton, R. S., **13**:219, **13**:*277*, **19**:85, **19**:*126*, **19**:336, **19**:*377*, **26**:231, **26**:*251*, **26**:*252*
Hutzinger, O., **20**:200, **20**:201, **20**:202, **20**:206, **20**:208, **20**:209, **20**:217, **20**:219, **20**:230, **20**:*231*, **20**:*232*
Huybrechts, G., **9**:132, **9**:*176*
Huybrechts, J., **19**:23, **19**:*118*
Huynh, X. Q., **28**:213, **28**:285, **28**:*288*
Huyser, E. S., **23**:300, **23**:*318*
Huysmans, W. G. B., **5**:71, **5**:90, **5**:*116*
Hwa, J. C. H., **8**:377, **8**:*401*
Hybl, A., **11**:58, **11**:*120*
Hyde, A. J., **8**:282, **8**:*401*
Hyde, J., **9**:273, **9**:*278*
Hyde, J. L., **2**:130, **2**:*161*
Hyde, J. S., **1**:339, **1**:353, **1**:*361*, **17**:53, **17**:*59*
Hyde, P., **13**:186, **13**:251, **13**:259, **13**:261, **13**:264, **13**:*271*
Hyde, R., **5**:338, **5**:348, **5**:*395*
Hyland, C. J., **17**:234, **17**:*277*
Hyman, H., **4**:299, **4**:*302*
Hyman, H. H., **9**:16, **9**:*24*, **11**:274, **11**:275, **11**:*387*, **13**:235, **13**:*265*, **13**:*276*
Hyne, J. B., **5**:138, **5**:145, **5**:*171*, **14**:136, **14**:167, **14**:*199*, **14**:*200*, **14**:210, **14**:213, **14**:214, **14**:215, **14**:219, **14**:302, **14**:313, **14**:316, **14**:320, **14**:321, **14**:322, **14**:324, **14**:326, **14**:327, **14**:329, **14**:*341*, **14**:*343*, **14**:*344*, **14**:*345*, **14**:*346*, **14**:*347*
Hynes, J. T., **26**:20, **26**:*130*, **27**:189, **27**:198, **27**:*235*, **27**:*238*
Hyson, E., **14**:14, **14**:*65*, **19**:289, **19**:*374*
Hyun, J. L., **29**:277, **29**:312, **29**:314, **29**:*327*

I

Iagrossi, A., **25**:155, **25**:156, **25**:158, **25**:*258*
Iannone A., **31**:128, **31**:*140*
Iannotta, A. V., **18**:198, **18**:*237*
Iball, J., **1**:113, **1**:*150*, **1**:211, **1**:212, **1**:230, **1**:249, **1**:250, **1**:251, **1**:252, **1**:253, **1**:254, **1**:255, **1**:256, **1**:259, **1**:261, **1**:275, **1**:*276*, **1**:*277*, **1**:*278*
Ibáñez, A., **25**:284, **25**:290, **25**:296, **25**:300, **25**:366, **25**:367, **25**:368, **25**:378, **25**:380, **25**:395, **25**:396, **25**:419, **25**:435, **25**:436, **25**:*439*, **25**:*441*, **25**:*443*
Ibar, G., **29**:301, **29**:*327*
Ibarbia, P. A., **9**:216, **9**:219, **9**:223, **9**:230, **9**:231, **9**:*278*
Ibata, T., **5**:345, **5**:*398*, **12**:244, **12**:259, **12**:260, **12**:272, **12**:*294*
Ibemesi, J. A., **19**:32, **19**:*120*
Ibers, J. A., **17**:419, **17**:*427*, **26**:258, **26**:298, **26**:299, **26**:304, **26**:*372*, **26**:*373*, **26**:375
Ibister, R. J., **9**:212, **9**:*275*
Ibl, N., **10**:177, **10**:215, **10**:*223*
Ibne-Rasa, K. M., **4**:9, **4**:12, **4**:*28*, **14**:45, **14**:*64*
Ichihara, Y., **13**:372, **13**:380, **13**:381, **13**:*414*
Ichikawa, K., **17**:13, **17**:47, **17**:*64*, **22**:16, **22**:*107*, **23**:197, **23**:*262*
Ichikawa, M., **18**:86, **18**:*184*, **26**:258, **26**:263, **26**:294, **26**:295, **26**:*373*
Ichikawa, S., **26**:211, **26**:*251*, **26**:*252*
Ichikawa, T., **13**:212, **13**:*271*, **17**:47, **17**:*59*
Ichimura, A. S., **26**:200, **26**:210, **26**:*249*
Ichimura, T., **20**:196, **20**:*231*
Ichisima, I., **25**:54, **25**:*93*
Iddon, B., **20**:209, **20**:*230*
Ide, H., **31**:135, **31**:*139*
Ide, J., **7**:43, **7**:45, **7**:49, **7**:*110*
Ide, T., **17**:470, **17**:475, **17**:*486*
Idelsohn, M., **15**:119, **15**:*145*
Idemori, K., **17**:355, **17**:*427*
Idoux, J. P., **12**:161, **12**:165, **12**:192, **12**:*218*
Ife, R., **15**:174, **15**:*260*
Ifuku, N., **8**:280, **8**:*404*
Iga, K., **32**:248, **32**:*263*
Igarashi, M., **2**:126, **2**:127, **2**:*160*, **26**:225, **26**:*250*
Igarashi, T., **32**:248, **32**:*263*
Ige, J., **22**:293, **22**:*301*

Iglehart, E. S., **7**:62, **7**:*114*
Ignatenko, A. V., **10**:89, **10**:90, **10**:*125*
Ignateu, N. V., **27**:149, **27**:*238*
Iguchi, A., **22**:290, **22**:*308*
Iguchi, M., **15**:74, **15**:*147*
Ihara, H., **17**:460, **17**:*487*, **22**:278, **22**:285, **22**:288, **22**:*304*, **22**:*305*
Ihara, T., **29**:31, **29**:*66*
Ihara, Y., **17**:453, **17**:*482*, **17**:*483*, **22**:227, **22**:235, **22**:237, **22**:261, **22**:262, **22**:263, **22**:269, **22**:278, **22**:281, **22**:287, **22**:297, **22**:*300*, **22**:*301*, **22**:*304*, **22**:*306*, **22**:*308*
Ihrig, J. L., **9**:130, **9**:137, **9**:138, **9**:146, **9**:*176*, **9**:*183*
Iida, Y., **13**:195, **13**:*271*
Iijima, K., **26**:313, **26**:*373*
Iijima, T., **15**:23, **15**:*60*
Iitaka, Y., **30**:104, **30**:105, **30**:*114*, **30**:*125*, **30**:*126*, **30**:*170*, **30**:*171*
Ijames, C. F., **24**:4, **24**:*53*
Ijima, T., **13**:33, **13**:*80*
Ikarigawa, T., **20**:217, **20**:*232*
Ikariya, T., **23**:91, **23**:*159*
Ikawa, M., **21**:6, **21**:*32*, **21**:*34*
Ikawa, T., **17**:46, **17**:*64*, **17**:358, **17**:*430*
Ikeda, A., **12**:11, **12**:13, **12**:111, **12**:*127*, **12**:*128*
Ikeda, H., **32**:186, **32**:*211*, **32**:*212*
Ikeda, K., **19**:77, **19**:*121*, **29**:26, **29**:*68*, **29**:75
Ikeda, M., **17**:355, **17**:*428*
Ikeda, R. M., **2**:62, **2**:*91*
Ikeda, S., **16**:217, **16**:*233*, **16**:*236*, **25**:33, **25**:*93*, **31**:382, **31**:*387*
Ikeda, T., **17**:14, **17**:37, **17**:*60*, **19**:96, **19**:*121*, **30**:166, **30**:*170*, **31**:11, **31**:*83*
Ikegami, S., **32**:280, **32**:*380*
Ikegami, Y., **18**:150, **18**:*174*
Ikegamo, Y., **26**:95, **26**:*121*
Ikehara, M., **13**:330, **13**:*410*
Ikenaga, K., **32**:344, **32**:346, **32**:347, **32**:*383*
Ikenberry, D., **11**:*175*
Ikenoue, T., **29**:5, **29**:*68*
Ikenoya, S., **12**:57, **12**:*122*
Ikeyama, H., **20**:223, **20**:*232*
Ikura, K., **17**:111, **17**:150, **17**:*177*, **17**:*179*
Ikuta, S., **26**:297, **26**:*374*
Ilan, Y. A., **18**:138, **18**:*179*

Iles, D. H., **13**:194, **13**:*266*
Ilic, P., **29**:296, **29**:322, **29**:*327*
Iliceto, A., **4**:5, **4**:7, **4**:9, **4**:10, **4**:20, **4**:27, **4**:*28*, **17**:87, **17**:106, **17**:*176*
Illies, A. J., **23**:51, **23**:*60*
Illuminati, G., **1**:41, **1**:52, **1**:61, **1**:63, **1**:74, **1**:75, **1**:76, **1**:77, **1**:79, **1**:107, **1**:136, **1**:139, **1**:*148*, **1**:*151*, **1**:*152*, **2**:172, **2**:*196*, **7**:240, **7**:*256*, **8**:143, **8**:144, **8**:*146*, **9**:148, **9**:151, **9**:*174*, **16**:37, **16**:*47*, **17**:187, **17**:189, **17**:234, **17**:251, **17**:*276*, **17**:*277*, **18**:153, **18**:*175*, **22**:2, **22**:6, **22**:9, **22**:35, **22**:37, **22**:40, **22**:42, **22**:43, **22**:45, **22**:46, **22**:49, **22**:50, **22**:51, **22**:52, **22**:53, **22**:54, **22**:55, **22**:56, **22**:57, **22**:59, **22**:65, **22**:66, **22**:72, **22**:76, **22**:79, **22**:82, **22**:83, **22**:91, **22**:93, **22**:94, **22**:95, **22**:100, **22**:*107*, **22**:*108*, **29**:*69*
Ilten, D. B., **13**:185, **13**:*271*
Ilver, K., **23**:215, **23**:*263*
Il'yasov, A. V., **10**:83, **10**:90, **10**:*126*
Imagawa, Y., **31**:382, **31**:*389*
Imahori, H., **32**:373, **32**:*382*
Imai, I., **10**:119, **10**:*123*
Imakura, Y., **19**:105, **19**:*125*
Imamura, A., **24**:77, **24**:*108*
Imamura, M., **13**:212, **13**:*272*, **19**:97, **19**:*125*, **19**:157, **19**:*219*
Imanishi, Y., **17**:255, **17**:*278*, **22**:3, **22**:52, **22**:66, **22**:67, **22**:68, **22**:74, **22**:*109*, **22**:*110*
Imanov, L. M., **25**:51, **25**:*91*
Imashiro, F., **25**:64, **25**:*90*, **25**:*96*, **26**:317, **26**:318, **26**:*373*, **32**:235, **32**:*264*
Imbach, J. L., **11**:320, **11**:*386*
Imbeaux, J. C., **19**:170, **19**:171, **19**:196, **19**:*219*
Imhoff, M. A., **9**:236, **9**:239, **9**:*276*, **14**:19, **14**:27, **14**:*62*
Imkampe, K., **15**:228, **15**:231, **15**:232, **15**:*263*
Imming, P., **32**:258, **32**:*265*
Imoto, E., **18**:170, **18**:*179*
Imoto, T., **14**:39, **14**:*67*, **29**:27, **29**:29, **29**:*65*, **29**:76
Impastalo, F. Y., **15**:228, **15**:*231*, **15**:*265*
Imre, L., **9**:162, **9**:*180*
Imura, T., **13**:182, **13**:*271*

Inabe, A., **32**:258, **32**:*264*
Inabe, T., **32**:247, **32**:*263*
Inagaki, F., **16**:253, **16**:*263*
Inagaki, K., **26**:221, **26**:*250*
Inagaki, S., **18**:168, **18**:*179*, **24**:154, **24**:*201*, **28**:278, **28**:*291*
Inagami, T., **11**:34, **11**:*120*, **21**:22, **21**:*35*
Inaki, Y., **17**:38, **17**:*61*
Inamoto, N., **17**:3, **17**:*60*, **18**:203, **18**:*235*
Inazu, T., **19**:24, **19**:25, **19**:*121*, **19**:*127*, **26**:237, **26**:*251*, **30**:70, **30**:*115*
Inbar, S., **19**:86, **19**:112, **19**:*120*
Inch, T. D., **13**:287, **13**:*410*, **25**:123, **25**:127, **25**:139, **25**:140, **25**:141, **25**:142, **25**:143, **25**:144, **25**:146, **25**:147, **25**:148, **25**:153, **25**:156, **25**:191, **25**:200, **25**:201, **25**:202, **25**:203, **25**:205, **25**:206, **25**:207, **25**:210, **25**:211, **25**:*258*, **25**:*260*, **27**:31, **27**:*53*
Indelicato, J. M., **9**:236, **9**:237, **9**:239, **9**:262, **9**:*278*, **23**:190, **23**:203, **23**:206, **23**:207, **23**:249, **23**:250, **23**:*265*, **23**:*266*
Indelli, M. T., **18**:110, **18**:111, **18**:112, **18**:131, **18**:138, **18**:*175*, **18**:*179*
Indictor, N., **23**:300, **23**:*322*
Inesi, A., **26**:68, **26**:*126*
Infante, G. A., **12**:290, **12**:*296*
Infelta, P. P., **19**:97, **19**:100, **19**:*116*, **19**:*120*, **19**:*122*, **19**:*124*
Ingall, A., **17**:55, **17**:*60*
Ingalls, R. B., **8**:54, **8**:*77*
Ingberman, A. K., **23**:272, **23**:*317*
Ingemann, S., **21**:235, **21**:236, **21**:*238*, **24**:13, **24**:14, **24**:16, **24**:29, **24**:30, **24**:32, **24**:35, **24**:36, **24**:37, **24**:38, **24**:40, **24**:41, **24**:42, **24**:50, **24**:*52*, **24**:*53*, **24**:*54*, **24**:*55*, **24**:63, **24**:75, **24**:*108*, **24**:*109*
Ingersoll, L. R., **3**:74, **3**:*85*
Ingham, D. B., **14**:248, **14**:*343*
Inghram, M. G., **4**:42, **4**:*70*, **8**:181, **8**:242, **8**:*264*, **8**:*266*
Ingle, J. D. Jr., **18**:188, **18**:*236*
Inglefield, P. G., **3**:237, **3**:*267*
Inglefield, P. T., **14**:266, **14**:*344*
Ingman, F., **17**:307, **17**:308, **17**:*428*
Ingold, C. K., **1**:26, **1**:*32*, **1**:36, **1**:37, **1**:38, **1**:40, **1**:42, **1**:45, **1**:52, **1**:57, **1**:73, **1**:74, **1**:75, **1**:76, **1**:77, **1**:78, **1**:121, **1**:128, **1**:129, **1**:*150*, **1**:*151*, **1**:*152*, **1**:156, **1**:160, **1**:187, **1**:*198*, **1**:378, **1**:379, **1**:386, **1**:388, **1**:396, **1**:397, **1**:398, **1**:399, **1**:412, **1**:414, **1**:415, **1**:418, **1**:*419*, **1**:*420*, **2**:30, **2**:38, **2**:46, **2**:53, **2**:*88*, **2**:*89*, **2**:123, **2**:134, **2**:135, **2**:137, **2**:140, **2**:144, **2**:145, **2**:147, **2**:149, **2**:151, **2**:*160*, **2**:165, **2**:172, **2**:185, **2**:186, **2**:187, **2**:*196*, **2**:*198*, **3**:25, **3**:28, **3**:49, **3**:64, **3**:65, **3**:71, **3**:75, **3**:*85*, **3**:*121*, **3**:144, **3**:152, **3**:157, **3**:*184*, **3**:*185*, **5**:139, **5**:140, **5**:143, **5**:146, **5**:150, **5**:154, **5**:157, **5**:159, **5**:163, **5**:164, **5**:*169*, **5**:*170*, **5**:*171*, **5**:174, **5**:201, **5**:224, **5**:225, **5**:226, **5**:227, **5**:*233*, **5**:*234*, **5**:350, **5**:364, **5**:*395*, **5**:*397*, **6**:187, **6**:188, **6**:191, **6**:201, **6**:249, **6**:251, **6**:256, **6**:264, **6**:294, **6**:303, **6**:304, **6**:311, **6**:*327*, **6**:*328*, **7**:2, **7**:*109*, **7**:262, **7**:318, **7**:*329*, **8**:298, **8**:317, **8**:362, **8**:*401*, **9**:36(75), **9**:86(75), **9**:91(75), **9**:92(75), **9**:*124*, **9**:*178*, **9**:186, **9**:273, **9**:*276*, **11**:181, **11**:*222*, **13**:73, **13**:*78*, **13**:*80*, **14**:3, **14**:6, **14**:32, **14**:64, **14**:*129*, **14**:135, **14**:136, **14**:163, **14**:*199*, **14**:206, **14**:279, **14**:337, **14**:*344*, **15**:48, **15**:49, **15**:*58*, **15**:*59*, **16**:14, **16**:19, **16**:22, **16**:*48*, **17**:208, **17**:*274*, **17**:*277*, **18**:3, **18**:*74*, **18**:82, **18**:150, **18**:*179*, **19**:384, **19**:387, **19**:*426*, **20**:151, **20**:*181*, **21**:27, **21**:*32*, **21**:38, **21**:*95*, **21**:210, **21**:*239*, **22**:27, **22**:38, **22**:92, **22**:*109*, **22**:249, **22**:*304*, **25**:353, **25**:*442*, **27**:22, **27**:*53*, **27**:245, **27**:246, **27**:254, **27**:256, **27**:258, **27**:263, **27**:275, **27**:276, **27**:*288*, **27**:*289*, **29**:204, **29**:*268*
Ingold, K. U., **5**:64, **5**:*116*, **8**:24, **8**:72, **8**:*74*, **8**:*76*, **9**:133, **9**:134, **9**:137, **9**:138, **9**:139, **9**:141, **9**:145, **9**:146, **9**:147, **9**:148, **9**:149, **9**:151, **9**:152, **9**:153, **9**:154, **9**:158, **9**:159, **9**:165, **9**:167, **9**:168, **9**:*174*, **9**:*175*, **9**:*177*, **9**:*178*, **13**:247, **13**:*276*, **14**:107, **14**:125, **14**:126, **14**:*131*, **17**:6, **17**:16, **17**:27, **17**:28, **17**:31–4, **17**:41, **17**:*60*, **17**:*62–4*, **23**:308, **23**:*321*, **24**:193,

24:196, 24:197, 24:*200*, 24:*202*,
  24:*203*, 25:34, 25:36, 25:*86*, 25:*92*,
  26:146, 26:*176*
Ingraham, J. N., 4:222, 4:*303*
Ingraham, L. I., 1:112, 1:*152*
Ingraham, L. L., 2:52, 2:62, 2:*91*, 21:26,
  21:*35*
Ingraham, R. H., 17:261, 17:*276*
Ingram, D. J. E., 1:284, 1:295, 1:297,
  1:314, 1:328, 1:341, 1:342, 1:355,
  1:*360*, 1:*361*, 5:55, 5:72, 5:*115*,
  5:*116*
Ingram, K. C., 12:195, 12:215, 12:*218*
Ingram, M. D., 17:25, 17:*59*
Ingram, P., 3:76, 3:*85*
Ingram, V., 13:323, 13:*410*
Ingrosso, G., 28:211, 28:212, 28:276,
  28:277, 28:279, 28:285, 28:*287*
Inn, C. Y., 4:*71*
Innes, K. K., 1:378, 1:388, 1:396, 1:397,
  1:404, 1:405, 1:406, 1:417, 1:418,
  1:*419*, 1:*420*, 1:*421*
Inokuchi, H., 16:160, 16:171–5, 16:199,
  16:200, 16:208, 16:*232*, 16:*233*,
  16:*234*
Inoue, E., 17:46, 17:*64*
Inoue, H., 17:442, 17:443, 17:*483*,
  18:170, 18:*179*, 19:97, 19:107,
  19:*120*, 20:223, 20:*231*, 20:*232*,
  32:344, 32:346, 32:347, 32:348,
  32:349, 32:350, 32:351, 32:352,
  32:356, 32:*383*
Inoue, K., 20:129, 20:*188*, 26:223,
  26:224, 26:*249*
Inoue, S., 15:252, 15:*262*, 21:40, 21:*97*,
  29:7, 29:30, 29:39, 29:*66*
Inoue, T., 9:135, 9:*179*, 12:13, 12:*122*
Inoue, Y., 4:25, 4:*28*, 19:50, 19:*119*,
  29:262, 29:*268*
Inouye, K., 22:284, 22:*304*
Inouye, S., 13:311, 13:313, 13:315,
  13:*413*
Inouye, Y., 17:329, 17:367, 17:370,
  17:*424*, 17:*430*
Inozemtsev, A. N., 20:159, 20:*185*
Inskeep, W. H., 22:178, 22:*209*, 26:333,
  26:*373*
in't Veld, P. J. A., 30:101, 30:*115*
Inuishi, Y., 32:259, 32:*265*
Inukai, T., 1:87, 1:89, 1:*149*, 1:*150*,

1:*153*, 28:255, 28:*289*
Inuzuka, K., 1:410, 1:*420*
Inward, P. W., 6:318, 6:*324*, 11:32,
  11:*120*
Ioffe, N. T., 10:99, 10:*123*
Ionescu, L. G., 14:251, 14:*341*, 17:451,
  17:*482*, 22:215, 22:219, 22:244,
  22:264, 22:296, 22:*300*, 22:*304*,
  22:*306*
Ipatieff, V. N., 4:325, 4:326, 4:329, 4:*345*
Iqbal, M., 30:101, 30:*113*
Iqbal, Z., 16:218, 16:*233*
Ireland, J. F., 12:136, 12:138, 12:141,
  12:142, 12:157, 12:159, 12:185,
  12:187, 12:188, 12:193, 12:205,
  12:213, 12:*218*, 22:146, 22:*209*
Ireton, R. C., 16:75, 16:*85*
Irie, M., 19:5, 19:52, 19:*120*, 19:*130*
Irie, T., 17:251, 17:*277*
Irmen, W., 28:10, 28:12, 28:14, 28:17,
  28:27, 28:*41*
Irngartinger, H., 29:112, 29:129, 29:*180*,
  29:*181*, 32:165, 32:173, 32:200,
  32:201, 32:*211*, 32:*216*
Iroff, L. D., 25:28, 25:30, 25:37, 25:38,
  25:47, 25:66, 25:75, 25:*86*, 25:*90*
Irvine, J. I., 31:382, 31:384, 31:*388*,
  31:*391*
Irvine, R. F., 25:243, 25:244, 25:247,
  25:*256*, 25:*258*, 25:*260*
Irving, H., 23:222, 23:*266*
Irwin, M. J., 26:358, 26:*373*
Irwin, R., 12:215, 12:*216*
Irwin, R. S., 8:46, 8:*75*, 16:54, 16:*85*,
  27:231, 27:*235*
Isaacs, L. D., 4:48, 4:*70*
Isaacs, N. S., 13:179, 13:*271*, 19:225,
  19:*372*, 24:94, 24:*108*, 27:75, 27:*114*
Isaev, I. S., 10:134, 10:*152*, 19:283,
  19:284, 19:285, 19:308, 19:322,
  19:*372*, 19:*373*, 19:*374*
Isaks, M., 12:192, 12:*218*
Isbell, H. S., 2:78, 2:*89*, 2:*90*, 13:288,
  13:295, 13:*413*
Ise, J., 8:305, 8:*397*
Ise, N., 15:206, 15:*262*, 17:443, 17:444,
  17:*486*, 17:*487*
Isemura, T., 8:272, 8:275, 8:279, 8:280,
  8:*405*
Isenberg, I., 13:177, 13:*271*

Isham, W. J., **26:**162, **26:***176*
Ishhizu, K., **28:**32, **28:***43*
Ishida, H., **31:**382, **31:***389*
Ishida, T., **26:**221, **26:**222, **26:***247*, **26:***248*
Ishidate, H., **23:**220, **23:**221, **23:***266*
Ishigami, T., **23:**55, **23:***61*
Ishiguro, E., **3:**52, **3:***79*
Ishiguro, T., **16:**214, **16:***233*
Ishihara, R., **21:**45, **21:***98*
Ishihara, Y., **16:**173, **16:***234*, **24:**104, **24:***110*
Ishii, T., **9:**142, **9:***180*
Ishikawa, K., **23:**249, **23:***269*
Ishikawa, M., **19:**32, **19:***127*, **24:**98, **24:***107*
Ishikawa, R. M., **23:**10, **23:***61*
Ishikawa, S., **18:**103, **18:**120, **18:**121, **18:***183*, **19:**24, **19:***120*
Ishikawa, T., **8:**282, **8:***401*
Ishikawa, Y., **17:**40, **17:***60*
Ishitawa, T., **22:**284, **22:***304*
Ishiki, M., **32:**248, **32:***263*
Ishizu, K., **17:**288, **17:***427*, **26:**227, **26:**240, **26:***246*, **26:***250*
Isied, S. S., **28:**4, **28:***42*
Iskander, Y., **7:**155, **7:**180, **7:***204*, **7:***205*, **28:**177, **28:**184, **28:***205*
Ismail, B. M., **10:**218, **10:***222*
Ismail, Z. K., **30:**28, **30:***58*
Isobe, T., **5:**97, **5:***116*
Isoe, S., **12:**18, **12:***122*
Isola, M., **17:**143, **17:**144, **17:**159, **17:**160, **17:**163, **17:**174, **17:***176*
Isolani, P. C., **21:**210, **21:**223, **21:**224, **21:**225, **21:***237*, **21:***238*, **21:***239*
Isomura, Y., **14:**267, **14:***351*
Israel, S. C., **17:**445, **17:***486*
Israelachvili, J. N., **22:**219, **22:***304*
Isserlis, G., **12:**2, **12:***122*
Issidorides, C. H., **19:**382, **19:**408, **19:***426*
Istomin, B., **17:**217, **17:***277*
Itai, S., **32:**344, **32:**347, **32:**348, **32:**349, **32:***383*
Itatani, Y., **23:**259, **23:***269*
Itaya, K., **19:**81, **19:***120*
Ito, A., **6:**302, **6:***330*
Ito, H., **10:**46, **10:***52*
Ito, K., **22:**72, **22:**73, **22:**82, **22:***111*
Ito, M., **1:**417, **1:***420*, **4:**337, **4:**338, **4:***346*, **16:**259, **16:***262*, **25:**21, **25:***93*, **32:**70, **32:***119*
Ito, O., **26:**170, **26:***176*
Itô, S., **19:**367, **19:***371*
Ito, S., **19:**18, **19:**110, **19:***120*, **20:**227, **20:**228, **20:***231*, **20:***232*, **30:**182, **30:***218*, **32:**228, **32:***265*
Ito, T., **16:**217, **16:***233*, **16:***236*, **19:**67, **19:***127*
Ito, Y., **18:**209, **18:***238*, **19:**103, **19:***121*, **30:**125, **30:***170*
Itoh, K., **1:**322, **1:***362*, **7:**165, **7:**166, **7:**167, **7:***207*, **10:**69, **10:***125*, **22:**321, **22:**323, **22:**357, **22:***359*, **22:***360*, **26:**181, **26:**185, **26:**193, **26:**195, **26:**203, **26:**210, **26:**211, **26:**212, **26:**215, **26:**217, **26:**243, **26:***247*, **26:***248*, **26:***250*, **26:***251*, **26:***252*
Itoh, M., **13:**187, **13:***271*, **19:**33, **19:**44, **19:**46, **19:***121*, **19:***124*, **22:**147, **22:***209*
Ittel, S. D., **23:**113, **23:**118, **23:**159, **23:***162*
Itzhaki, R. F., **3:**76, **3:***85*
Itzhaky, H., **31:**383, **31:***390*
Ivanaov, P. Y., **24:**91, **24:***108*
Ivanchukov, N. S., **5:**72, **5:***113*
Ivanhoff, N., **19:**52, **19:***118*
Ivanov, A. V., **18:**169, **18:***183*
Ivanov, B. E., **25:**193, **25:***256*
Ivanov, Kh., **26:**195, **26:**197, **26:**200, **26:***252*
Ivanov, P. M., **25:**24, **25:**33, **25:***86*, **25:***90*
Ivanov, Ts., **26:**195, **26:**197, **26:**200, **26:***252*
Ivanov, V. B., **27:**260, **27:**276, **27:***289*
Ivanov, V. L., **27:**260, **27:**276, **27:***289*
Ivanov, V. T., **13:**360, **13:**395, **13:**398, **13:**399, **13:**402, **13:**403, **13:**406, **13:***408*, **13:***410*, **13:***413*
Ivaschenko, A. A., **7:**200, **7:***207*
Iversen, P., **12:**28, **12:**41, **12:**43, **12:***122*, **12:***124*
Iversen, P. E., **31:**131, **31:***139*
Iverson, B. L., **31:**275, **31:**294, **31:**310, **31:**382, **31:**383, **31:***387*, **31:***391*, **31:***392*
Iverson, D. J., **25:**24, **25:**28, **25:**30, **25:**62, **25:***90*
Iverson, S. A., **31:**282, **31:***387*
Ives, D. J. G., **1:**14, **1:***32*, **5:**128, **5:**133,

5:136, 5:*170*, 5:*171*, 5:180, 5:185, 5:*233*, 5:336, 5:*397,* 14:209, 14:212, 14:236, 14:247, 14:282, 14:283, 14:*342*, 14:*344*, 15:48, 15:*59*, 27:243, 27:279, 27:*289*
Ivin, K. J., 4:267, 4:268, 4:*300*, 5:93, 5:*113*, 9:129, 9:*176*, 14:159, 14:*199*, 15:199, 15:207, 15:*261*
Ivko, A., 8:192, 8:*264*
Iwabuchi, Y., 31:294, 31:382, 31:*387*
Iwachido, T., 17:282, 17:304, 17:307, 17:422, 17:*427*, 17:*431*
Iwahashi, H., 17:40, 17:*60*
Iwai, I., 7:43, 7:45, 7:49, 7:*110*
Iwai, K., 20:159, 20:*182*
Iwaisumi, M., 5:97, 5:*116*
Iwakura, C., 12:12, 12:57, 12:*124*
Iwamoto, K., 22:284, 22:*308*
Iwamoto, M., 32:251, 32:*264*
Iwamoto, R. T., 5:187, 5:189, 5:190, 5:223, 5:*234*
Iwamura, H., 10:94, 10:95, 10:119, 10:120, 10:*125*, 19:24, 19:*121*, 22:321, 22:323, 22:351, 22:357, 22:*360*, 24:197, 24:*202*, 25:40, 25:*90*, 25:*91*, 26:182, 26:193, 26:195, 26:197, 26:210, 26:212, 26:215, 26:217, 26:218, 26:219, 26:220, 26:221, 26:222, 26:223, 26:224, 26:225, 26:232, 26:237, 26:*247*, 26:*248*, 26:*249*, 26:*250*, 26:*251*, 26:252
Iwamura, M., 10:54, 10:94, 10:95, 10:115, 10:119, 10:120, 10:*125*, 17:3, 17:*60*
Iwanaga, C., 18:138, 18:*179*, 19:91, 19:*121*
Iwasaki, F. F., 26:258, 26:*373*
Iwasaki, H., 26:237, 26:*251*, 26:258, 26:*373*
Iwasaki, T., 19:65, 19:*121*, 21:156, 21:*193*, 31:131, 31:*141*
Iwase, K., 24:154, 24:*201*
Iwata, S., 19:51, 19:52, 19:*121*
Iwatani, K., 26:302, 26:*375*
Iwatsubo, M., 23:182, 23:*264*
Iwatsura, M., 8:304, 8:305, 8:307, 8:*404*
Iwayama, Y., 8:321, 8:*397*
Iyengar, N. R., 29:20, 29:21, 29:46, 29:52, 29:55, 29:*68*, 29:82

Iyengar, R., 29:306, 29:*327*
Iyer, P. S., 23:74, 23:151, 23:*160*
Izadyar, L., 31:382, 31:*387*
Izatt, J. R., 14:219, 14:*345*
Izatt, N. E., 17:362, 17:363, 17:419, 17:*428*
Izatt, R. M., 13:109, 13:*149*, 13:338, 13:394, 13:*408*, 13:*410*, 15:164, 15:*261*, 17:280, 17:281, 17:283, 17:286–9, 17:301–3, 17:306, 17:307, 17:362, 17:363, 17:377, 17:379, 17:419, 17:*424*, 17:*425*, 17:*427*, 17:*428*, 30:64, 30:65, 30:78, 30:79, 30:80, 30:107, 30:*114*, 30:*116*
Izawa, Y., 19:67, 19:*127*, 22:327, 22:349, 22:*360*
Izmaïlov, N. A., 1:174, 1:*198*
Izrailevich, E. A., 1:157, 1:158, 1:159, 1:160, 1:162, 1:175, 1:179, 1:181, 1:182, 1:183, 1:184, 1:185, 1:186, 1:187, 1:189, 1:194, 1:195, 1:*197*, 1:*198*, 1:*199*, 1:*200*, 1:*201*, 2:192, 2:*198*
Izsak, D., 3:57, 3:59, 3:*79*
Izui, K., 25:231, 25:235, 25:*259*
Izuoka, A., 26:193, 26:197, 26:211, 26:221, 26:225, 26:232, 26:237, 26:*247*, 26:*248*, 26:*251*, 32:255, 32:257, 32:258, 32:*264*, 32:265

J

Jaber, A. M. Y., 17:307, 17:*428*
Jaccaud, M., 26:116, 26:*122*
Jachimowicz, F., 22:135, 22:167, 22:*209*, 26:324, 26:*372*
Jackman, D., 12:182, 12:*215*, 12:*221*
Jackman, L. M., 1:216, 1:*278*, 3:77, 3:*85*, 4:*302*, 11:124, 11:129, 11:138, 11:139, 11:149, 11:*174*, 15:174, 15:*262*, 16:247, 16:254, 16:*262*, 19:235, 19:*372*, 22:135, 22:138, 22:141, 22:*209*, 23:73, 23:*159*, 25:10, 25:*91*, 29:276, 29:277, 29:300, 29:301, 29:304, 29:*327*, 29:*329*
Jackowski, G., 22:63, 22:74, 22:*111*
Jackson, A. H., 8:183, 8:*265*, 13:252, 13:*268*

Jackson, B. G., **23**:187, **23**:190, **23**:206, **23**:*267*
Jackson, C. J., **9**:161, **9**:*178*
Jackson, C. L., **7**:211, **7**:212, **7**:*256*
Jackson, C. S., **31**:310, **31**:382, **31**:*386*
Jackson, D., **23**:16, **23**:*61*, **29**:208, **29**:*270*
Jackson, D. Y., **29**:57, **29**:58, **29**:*66*, **31**:264, **31**:269, **31**:312, **31**:383, **31**:*387*
Jackson, E., **5**:146, **5**:157, **5**:*169*, **5**:*170*
Jackson, G., **12**:136, **12**:141, **12**:143, **12**:154, **12**:170, **12**:177, **12**:182, **12**:205, **12**:208, **12**:*218*
Jackson, G. E., **23**:220, **23**:221, **23**:*264*
Jackson, G. L., **23**:211, **23**:*262*
Jackson, J., **14**:107, **14**:108, **14**:109, **14**:*127*
Jackson, J. A., **3**:126, **3**:*185*
Jackson, P. F., **23**:191, **23**:*263*
Jackson, P. M., **6**:63, **6**:*98*
Jackson, R. A., **5**:77, **5**:*116*, **26**:135, **26**:148, **26**:*176*
Jackson, S. K., **31**:132, **31**:*138*
Jackson, W. R., **25**:45, **25**:*91*
Jacob, E. J., **6**:129, **6**:137, **6**:138, **6**:156, **6**:*180*, **13**:12, **13**:18, **13**:24, **13**:33, **13**:47, **13**:58, **13**:*80*
Jacob, S. W., **14**:134, **14**:*199*
Jacobs, J., **4**:98, **4**:*144*, **12**:207, **12**:*216*
Jacobs, J. W., **29**:57, **29**:58, **29**:*66*, **31**:253, **31**:256, **31**:257, **31**:269, **31**:279, **31**:280, **31**:382, **31**:383, **31**:*387*, **31**:*388*, **31**:*389*, **31**:*390*
Jacobs, T. L., **7**:100, **7**:*110*, **9**:189, **9**:216, **9**:220, **9**:221, **9**:224, **9**:225, **9**:227, **9**:228, **9**:230, **9**:231, **9**:*256*
Jacobsen, C., **17**:107, **17**:*179*, **17**:*180*
Jacobsen, J. R., **31**:292, **31**:301, **31**:383, **31**:384, **31**:*388*
Jacobson, H., **22**:10, **22**:69, **22**:*109*
Jacobssohn, B. A., **3**:229, **3**:*267*
Jacobus, J., **10**:115, **10**:*125*, **17**:96, **17**:*174*, **17**:460, **17**:*483*, **25**:33, **25**:*88*
Jacox, M. E., **7**:161, **7**:163, **7**:177, **7**:*206*, **7**:*207*, **8**:39, **8**:*77*, **30**:8, **30**:28, **30**:35, **30**:37, **30**:40, **30**:41, **30**:*58*, **30**:*60*
Jacques, J., **18**:58, **18**:*75*, **28**:82, **28**:*136*
Jacquier, R., **11**:320, **11**:326, **11**:327, **11**:353, **11**:354, **11**:355, **11**:*383*, **11**:*386*

Jaeger, C. D., **17**:48, **17**:*61*, **31**:117, **31**:118, **31**:*139*
Jaeger, D. A., **22**:279, **22**:280, **22**:282, **22**:*304*, **22**:*305*
Jaenicke, O., **13**:252, **13**:*269*
Jaenicke, W., **28**:32, **28**:*42*
Jaeschke, A., **6**:124, **6**:*182*, **25**:60, **25**:*95*
Jaeschke, W., **18**:198, **18**:*238*
Jaffe, A., **19**:336, **19**:*377*, **26**:231, **26**:*251*
Jaffé, A. B., **28**:111, **28**:*136*
Jaffé, H. H., **1**:22, **1**:*32*, **1**:35, **1**:83, **1**:88, **1**:103, **1**:105, **1**:135, **1**:*152*, **1**:*153*, **5**:336, **5**:*397*, **6**:196, **6**:199, **6**:225, **6**:230, **6**:287, **6**:288, **6**:*328*, **6**:*330*, **8**:184, **8**:229, **8**:*265*, **9**:50(84), **9**:*124*, **11**:309, **11**:310, **11**:311, **11**:346, **11**:351, **11**:*387*, **11**:*388*, **11**:*392*, **12**:157, **12**:159, **12**:161, **12**:166, **12**:167, **12**:192, **12**:207, **12**:*217*, **12**:*218*, **16**:145, **16**:147, **16**:*156*, **17**:119, **17**:*177*
Jaffe, H. H., **26**:352, **26**:*373*
Jaffe, I., **18**:151, **18**:*182*
Jaffe, M. H., **19**:237, **19**:*377*, **23**:64, **23**:146, **23**:*161*
Jaffer, S., **24**:178, **24**:*203*
Jaffi, E. K., **31**:268, **31**:*385*
Jager, J., **22**:55, **22**:*109*, **29**:137, **29**:*181*
Jagerovic, N., **32**:240, **32**:242, **32**:262, **32**:*263*
Jagessar, R., **31**:58, **31**:*81*
Jaget, C. W., **22**:154, **22**:*209*, **26**:331, **26**:*372*
Jaggi, H., **1**:240, **1**:*279*
Jagi, H., **10**:192, **10**:*220*
Jagow, R. H., **8**:46, **8**:77, **10**:15, **10**:*27*, **16**:77, **16**:*86*, **31**:146, **31**:152, **31**:*247*
Jagt, D. L. van der, **11**:185, **11**:*222*
Jagt, J. C., **17**:454, **17**:*483*
Jagur-Grodzinski, J., **12**:85, **12**:*128*, **15**:161, **15**:187, **15**:*263*, **15**:*265*, **17**:282, **17**:286, **17**:300, **17**:307, **17**:308, **17**:311, **17**:312, **17**:*432*, **18**:120, **18**:125, **18**:*179*, **19**:153, **19**:154, **19**:*219*, **19**:*222*
Jahagirdar, D. V., **30**:111, **30**:*114*
Jahangiri, G. K., **31**:294, **31**:383, **31**:*387*
Jahangiri, G. T., **31**:278, **31**:382, **31**:*392*
Jahn, D. A., **32**:230, **32**:*263*

Jahn, H. A., **1**:378, **1**:379, **1**:396, **1**:415, **1**:*421*
Jahnke, U., **28**:245, **28**:288
Jain, D. V. S., **12**:207, **12**:*216*
Jain, M. K., **13**:385, **13**:388, **13**:*415*
Jain, R., **26**:193, **26**:216, **26**:*250*
Jain, S. K., **3**:39, **3**:*80*
Jaiswal, D. K., **14**:137, **14**:*199*
Jakes, R., **26**:357, **26**:*371*
Jakobsen, H. J., **7**:10, **7**:*113*, **8**:209, **8**:*261*, **17**:14, **17**:*60*
Jakobus, J., **16**:254, **16**:*265*
Jalonen, J., **18**:152, **18**:*179*
Jalonen, J. E., **24**:37, **24**:*54*, **24**:63, **24**:75, **24**:*109*
Jambon, C., **14**:325, **14**:327, **14**:*345*, **14**:*349*
James, A. T., **13**:382, **13**:*410*
James, B. R., **6**:276, **6**:*327*, **26**:267, **26**:*373*
James, D., **1**:25, **1**:*31*
James, D. G. L., **9**:*178*, **15**:24, **15**:*58*
James, D. H., **3**:169, **3**:170, **3**:171, **3**:*184*, **5**:*326*
James, D. J. L., **8**:46, **8**:*76*
James, F. A. J. L., **32**:2, **32**:*117*
James, J. C., **17**:220, **17**:221, **17**:245, **17**:*275*, **22**:28, **22**:*107*
James, L. L., **16**:23, **16**:42, **16**:*48*
James, M. N. G., **23**:187, **23**:188, **23**:*266*, **24**:123, **24**:177, **24**:*201*
James, R. E., **9**:128, **9**:156, **9**:*178*
James, R. L., **13**:188, **13**:190, **13**:*271*
James, T. L., **16**:259, **16**:*265*
Jameson, C. J., **23**:71, **23**:*159*
Jameson, G. W., **27**:98, **27**:*114*
Jameson, R. F., **29**:21, **29**:*66*
Jamieson, N. C., **8**:215, **8**:*261*
Jan, J., **25**:42, **25**:*91*
Janaka, J., **7**:216, **7**:245, **7**:*257*
Janata, E., **12**:228, **12**:258, **12**:280, **12**:284, **12**:*292*, **12**:*295*
Janata, J., **12**:212, **12**:*218*, **13**:99, **13**:*150*, **13**:204, **13**:*271*
Janda, K. D., **29**:59, **29**:*64*, **29**:*66*, **31**:253, **31**:256, **31**:260, **31**:264, **31**:265, **31**:270, **31**:277, **31**:278, **31**:281, **31**:283, **31**:286, **31**:287, **31**:289, **31**:290, **31**:291, **31**:292, **31**:294, **31**:295, **31**:297, **31**:298, **31**:299, **31**:301, **31**:310, **31**:312, **31**:382, **31**:383, **31**:384, **31**:*385*, **31**:*386*, **31**:*387*, **31**:*388*, **31**:*389*, **31**:*390*, **31**:*391*, **31**:*392*
Jander, G., **13**:85, **13**:*151*
Jandorf, B. J., **21**:16, **21**:*35*
Jang, R., **21**:14, **21**:*33*
Janiak, P. S., **17**:167, **17**:*176*
Janjic, N., **29**:59, **29**:*66*, **31**:385, **31**:*388*
Jankowski, E., **5**:351, **5**:363, **5**:*396*
Jankowski, W. C., **13**:282, **13**:364, **13**:*410*
Janoschek, R., **26**:268, **26**:*373*
Janousek, B. K., **18**:123, **18**:128, **18**:*179*, **21**:206, **21**:*239*, **24**:6, **24**:50, **24**:*53*
Janousek, Z., **24**:49, **24**:*55*, **26**:132, **26**:136, **26**:137, **26**:138, **26**:147, **26**:152, **26**:154, **26**:155, **26**:156, **26**:165, **26**:171, **26**:174, **26**:*175*, **26**:*176*, **26**:*177*, **26**:*178*
Janovsky, I., **12**:245, **12**:*294*
Janovsky, J. V., **7**:238, **7**:*256*
Janowicz, A. H., **23**:50, **23**:*60*
Jansen, D. K., **22**:280, **22**:292, **22**:*305*
Jansen, E. F., **21**:14, **21**:*33*
Jansen, G., **12**:212, **12**:*218*, **13**:99, **13**:*151*
Jansen, H. B., **10**:50, **10**:*52*
Jansen, W., **3**:233, **3**:*268*
Janssen, C. L., **26**:301, **26**:302, **26**:*373*
Janssen, M. J., **6**:82, **6**:*100*, **11**:337, **11**:338, **11**:*387*, **12**:177, **12**:198, **12**:*216*
Jansson, J. I., **1**:25, **1**:*33*
Jansson, S.-O., **15**:300, **15**:304, **15**:*329*
Janszen, A. F., **25**:193, **25**:*263*
January, J. R., **19**:184, **19**:185, **19**:190, **19**:191, **19**:192, **19**:*220*
Janzen, A. F., **19**:98, **19**:*121*
Janzen, E. G., **5**:70, **5**:82, **5**:83, **5**:*117*, **7**:214, **7**:234, **7**:236, **7**:*257*, **8**:29, **8**:*76*, **12**:251, **12**:*294*, **17**:2, **17**:4, **17**:10, **17**:12, **17**:19, **17**:21, **17**:22, **17**:30–3, **17**:35, **17**:48–50, **17**:54, **17**:55, **17**:*60*–*2*, **18**:169, **18**:170, **18**:*182*, **23**:274, **23**:275, **23**:315, **23**:*321*, **31**:91, **31**:93, **31**:94, **31**:95, **31**:102, **31**:104, **31**:105, **31**:111, **31**:112, **31**:116, **31**:117, **31**:121, **31**:123, **31**:125, **31**:129, **31**:132, **31**:133, **31**:135, **31**:136, **31**:*137*,

31:*139*, 31:*140*, 31:*141*
Jao, L. K., **11**:85, **11**:87, **11**:103, **11**:104, **11**:108, **11**:*119*, **21**:70, **21**:*95*, **24**:121, **24**:*201*, **27**:47, **27**:*53*
Jaouen, G., **27**:176, **27**:*238*
Jardetzky, O., **8**:290, **8**:*404*, **13**:350, **13**:*413*, **16**:242, **16**:257, **16**:*261*, **16**:*264*
Jarnagin, R. C., **16**:168, **16**:175, **16**:*236*
Jarret, R. M., **23**:81, **23**:*161*, **26**:286, **26**:287, **26**:288, **26**:289, **26**:291, **26**:*373*
Jarrett, H. S., **1**:293, **1**:*361*, **3**:261, **3**:*267*, **5**:63, **5**:*116*
Jarrold, M. F., **24**:24, **24**:*51*
Jarrousse, J., **15**:268, **15**:*329*
Jaruzelski, J., **1**:34, **1**:93, **1**:*150*, **4**:*345*, **5**:341, **5**:*396*, **13**:95, **13**:104, **13**:*149*
Jaruzelski, J. J., **32**:274, **32**:316, **32**:318, **32**:319, **32**:*380*
Jarvest, R. L., **25**:222, **25**:226, **25**:*261*, **25**:*263*, **25**:*264*
Jarvie, A. W. P., **2**:172, **2**:*197*
Jarvis, D. A., **15**:51, **15**:*60*
Jarvis, N. L., **28**:59, **28**:66, **28**:*136*
Jarvis, T. C., **24**:121, **24**:*199*
Jarzynski, J., **14**:234, **14**:*340*
Jaseja, T. S., **1**:323, **1**:*361*
Jasinski, J. M., **24**:8, **24**:*53*
Jason, M., **12**:15, **12**:*129*
Jasor, Y., **18**:43, **18**:59, **18**:*74*
Jastorff, B., **25**:219, **25**:225, **25**:*258*, **25**:*261*, **25**:*263*, **25**:*264*
Jauhri, G. S., **1**:407, **1**:*422*
Jaun, B., **18**:125, **18**:168, **18**:*179*, **26**:39, **26**:*126*
Jaurin, B., **23**:252, **23**:*266*
Jausson, J. I., **2**:124, **2**:*161*
Javaid, K., **24**:94, **24**:*108*
Javed, B. C., **29**:21, **29**:*66*, **29**:*68*, **29**:72
Javed, T., **32**:83, **32**:*120*
Jawad, J. K., **23**:15, **23**:43, **23**:*60*
Jawaid, M., **17**:307, **17**:308, **17**:*428*
Jawdosiuk, M., **23**:278, **23**:280, **23**:284, **23**:285, **23**:291, **23**:292, **23**:295, **23**:296, **23**:*318*, **23**:*321*, **26**:83, **26**:95, **26**:*129*
Jayaraman, B., **23**:286, **23**:*321*
Jayaraman, H., **5**:240, **5**:247, **5**:303, **5**:*330*, **21**:38, **21**:*97*, **23**:195, **23**:*269*
Jaycock, M. J., **8**:274, **8**:*401*
Jaz, J., **19**:390, **19**:*426*
Jedrzejewski, J., **19**:46, **19**:*127*
Jefcoate, C. R., **5**:75, **5**:*116*
Jefferies, P. R., **1**:272, **1**:*275*
Jeffers, P. M., **28**:116, **28**:*137*
Jefferson, D. A., **15**:137, **15**:138, **15**:*144*
Jefferson, E. A., **30**:190, **30**:*218*, **30**:*219*
Jefferson, E. G., **5**:142, **5**:*170*, **5**:278, **5**:321, **5**:*327*
Jeffery, G. A., **24**:148, **24**:151, **24**:*201*, **24**:*203*
Jeffery, G. H., **3**:8, **3**:10, **3**:13, **3**:14, **3**:15, **3**:17, **3**:20, **3**:27, **3**:*82*, **3**:*84*, **3**:*85*, **3**:*86*
Jeffery, J. C., **23**:36, **23**:*58* **32**:191, **32**:*210*
Jefford, C. W., **5**:103, **5**:*117*, **19**:308, **19**:*372*
Jeffrey, D. A., **3**:130, **3**:144, **3**:*185*
Jeffrey, G. A., **1**:234, **1**:*277*, **14**:208, **14**:225, **14**:227, **14**:228, **14**:229, **14**:336, **14**:339, **14**:342, **14**:345, **14**:347, **23**:186, **23**:*266*, **25**:51, **25**:*91*, **26**:271, **26**:*373*, **29**:102, **29**:107, **29**:120, **29**:122, **29**:174, **29**:*181*, **29**:*183*
Jeftic, L. J., **13**:228, **13**:*271*
Jeger, O., **6**:237, **6**:*332*, **31**:292, **31**:*386*
Jeminet, G., **17**:292, **17**:*425*
Jemison, R. W., **10**:118, **10**:*125*
Jemmis, E. D., **24**:152, **24**:*203*
Jempty, T. C., **20**:67, **20**:*185*
Jen, A. K.-Y., **32**:123, **32**:129, **32**:158, **32**:179, **32**:181, **32**:*210*, **32**:*212*, **32**:*216*
Jen, C. K., **1**:306, **1**:*360*
Jencks, A., **32**:325, **32**:*382*
Jencks, D. A., **16**:89, **16**:*156*, **21**:161, **21**:*193*, **27**:22, **27**:*54*, **27**:62, **27**:*114*, **27**:123, **27**:124, **27**:231, **27**:*236*
Jencks, W. P., **1**:20, **1**:*32*, **2**:83, **2**:*89*, **2**:119, **2**:120, **2**:*159*, **5**:43, **5**:*51*, **5**:239, **5**:241, **5**:247, **5**:251, **5**:252, **5**:261, **5**:270, **5**:272, **5**:273, **5**:274, **5**:275, **5**:276, **5**:277, **5**:278, **5**:279, **5**:280, **5**:282, **5**:284, **5**:285, **5**:286, **5**:287, **5**:288, **5**:289, **5**:291, **5**:293, **5**:296, **5**:297, **5**:298, **5**:299, **5**:301, **5**:302, **5**:306, **5**:307, **5**:312, **5**:313,

5:315, 5:320, 5:*325*, 5:*327*, 5:*329*,
5:*330*, 5:394, 5:*397*, 7:321, 7:*329*,
8:292, 8:298, 8:310, 8:317, 8:318,
8:337, 8:387, 8:394, 8:395, 8:*399*,
8:*401*, 11:2, 11:4, 11:6, 11:19, 11:23,
11:28, 11:29, 11:30, 11:31, 11:32,
11:33, 11:36, 11:40, 11:41, 11:65,
11:89, 11:*116*, 11:*117*, 11:*118*,
11:*120*, 11:*121*, 14:79, 14:88, 14:89,
14:90, 14:*127*, 14:*128*, 14:*129*,
14:*130*, 14:150, 14:177, 14:181,
14:*199*, 14:258, 14:*345*, 16:4, 16:12,
16:*48*, 16:89, 16:*136*, 17:143,
17:161, 17:*177*, 17:*180*, 17:184,
17:185, 17:199, 17:202, 17:226,
17:231, 17:233, 17:240, 17:246,
17:253, 17:261, 17:268–70,
17:*274–8*, 17:445, 17:*483*, 18:11,
18:12, 18:15, 18:34, 18:*73*, 18:*74*,
21:2, 21:25, 21:27, 21:*33*, 21:*34*,
21:38, 21:39, 21:42, 21:44, 21:71,
21:72, 21:73, 21:78, 21:80, 21:83,
21:91, 21:92, 21:*94*, 21:*95*, 21:*96*,
21:101, 21:151, 21:153, 21:161,
21:189, 21:*193*, 21:226, 21:*239*,
22:3, 22:9, 22:25, 22:26, 22:27,
22:85, 22:99, 22:100, 22:*109*,
22:120, 22:126, 22:127, 22:192,
22:193, 22:194, 22:*206*, 22:*207*,
22:*208*, 22:*209*, 22:*211*, 23:182,
23:218, 23:221, 23:223, 23:234,
23:235, 23:238, 23:245, 23:248,
23:249, 23:253, 23:254, 23:*262*,
23:*265*, 23:*266*, 23:*268*, 24:167,
24:184, 24:*201*, 24:*204*, 25:102,
25:103, 25:105, 25:106, 25:107,
25:108, 25:109, 25:110, 25:111,
25:113, 25:230, 25:250, 25:251,
25:252, 25:*258*, 25:*260*, 25:*261*,
25:*263*, 26:345, 26:*374*, 27:7, 27:8,
27:9, 27:12, 27:14, 27:16, 27:17,
27:21, 27:22, 27:23, 27:30, 27:31,
27:33, 27:40, 27:45, 27:46, 27:*51*,
27:*53*, 27:*54*, 27:*55*, 27:59, 27:60,
27:62, 27:64, 27:74, 27:84, 27:98,
27:104, 27:106, 27:107, 27:110,
27:*113*, 27:*114*, 27:*116*, 27:*117*,
27:120, 27:123, 27:124, 27:129,
27:130, 27:135, 27:136, 27:149,
27:183, 27:185, 27:186, 27:187,
27:211, 27:213, 27:222, 27:223,
27:227, 27:228, 27:231, 27:232,
27:*233*, 27:*235*, 27:*236*, 27:*237*,
27:*238*, 27:246, 27:247, 27:249,
27:250, 27:254, 27:256, 27:257,
27:258, 27:263, 27:265, 27:267,
27:268, 27:269, 27:270, 27:271,
27:272, 27:273, 27:274, 27:275,
27:281, 27:282, 27:284, 27:285,
27:*288*, 27:*289*, 27:*290*, 27:*291*,
28:209, 28:252, 28:261, 28:286,
28:*289*, 29:2, 29:9, 29:13, 29:20,
29:47, 29:49, 29:51, 29:56, 29:60,
29:*65*, 29:*66*, 29:*67*, 29:*68*, 31:154,
31:193, 31:*244*, 31:*245*, 31:256,
31:268, 31:279, 31:*388*, 31:*389*,
32:325, 32:366, 32:368, 32:369,
32:370, 32:376, 32:*382*, 32:*384*

Jenevein, R. M., 12:98, 12:*128*
Jeng, S., 23:189, 23:197, 23:*267*
Jenkins, A. D., 2:155, 2:*158*, 9:129,
    9:130, 9:134, 9:*174*, 9:*178*, 9:*179*,
    16:71, 16:*85*
Jenkins, D. I., 1:105, 1:*150*
Jenkins, H. D. B., 26:300, 26:*374*
Jenkins, I. D., 9:27(34), 9:*122*
Jenkins, J. A., 22:281, 22:*300*
Jenkins, T. C., 17:5, 17:*59*
Jenkins, W. T., 21:6, 21:*33*
Jennen, J. J., 7:190, 7:*205*
Jenneskens, L. W., 32:166, 32:179,
    32:188, 32:199, 32:*211*, 32:*215*,
    32:*216*
Jennings, B. M., 15:68, 15:*149*
Jennings, H. J., 13:292, 13:293, 13:320,
    13:321, 13:322, 13:323, 13:*408*,
    13:*410*
Jennings, K. R., 8:59, 8:*76*, 8:175, 8:183,
    8:184, 8:194, 8:*260*, 8:*264*, 8:*265*,
    23:258, 23:261, 23:*262*, 24:24,
    24:28, 24:47, 24:48, 24:*51*, 24:*52*,
    24:*53*, 24:55
Jennings, W. B., 25:45, 25:81, 25:*86*,
    25:*91*
Jennische, P., 25:80, 25:*84*
Jennison, C. P. R., 29:298, 29:*327*
Jenny, E. F., 2:37, 2:38, 2:*89*
Jenny, F. A., 17:212, 17:*276*
Jensen, B. S., 18:125, 18:*179*, 19:147,
    19:154, 19:155, 19:156, 19:173,

19:192, 19:*219*, 19:*221*
Jensen, F. R., 1:42, 1:45, 1:47, 1:52, 1:69, 1:70, 1:71, 1:72, 1:75, 1:120, 1:137, 1:*149*, 1:*152*, 3:233, 3:234, 3:235, 3:239, 3:241, 3:243, 3:*267*, 5:110, 5:*116*, 9:273, 9:*274*, 11:211, 11:*222*, 13:52, 13:60, 13:68, 13:*80*, 19:292, 19:*372*, 23:19, 23:21, 23:23, 23:27, 23:*60*, 23:64, 23:102, 23:107, 23:*159*
Jensen, H. J. A., 32:151, 32:*213*
Jensen, J. H., 4:4, 4:9, 4:14, 4:15, 4:*28*, 15:47, 15:*59*, 18:6, 18:7, 18:64, 18:66, 18:67, 18:*74*
Jensen, J. H. D., 8:90, 8:*149*
Jensen, J. L., 8:310, 8:*399*, 17:202, 17:*277*, 18:58, 18:*74*, 27:45, 27:47, 27:*54*
Jensen, L. G., 15:82, 15:*145*
Jensen, M. B., 4:20, 4:22, 4:*27*
Jensen, R. P., 22:154, 22:156, 22:*209*, 26:330, 26:331, 26:*372*, 26:*374*
Jensen, T. E., 17:281, 17:286, 17:303, 17:304, 17:*428*
Jensen, W. B., 29:186, 29:*268*
Jensen, W. P., 29:147, 29:170, 29:*183*
Jenson, B. S., 13:205, 13:206, 13:*271*, 20:78, 20:*184*
Jenson, F., 31:159, 31:162, 31:163, 31:*244*
Jenson, J. L., 21:66, 21:*95*
Jentschura, U., 9:160, 9:*179*
Jeon, E. G., 30:80, 30:*115*
Jeon, S.-J., 32:166, 32:*215*
Jeon, Y.-M., 32:180, 32:*212*
Jeoung, S. C., 32:166, 32:*215*
Jepson, B. E., 17:280, 17:*428*
Jeremić, D., 23:104, 23:105, 23:*159*, 23:*162*
Jerkunica, J. M., 22:215, 22:*305*
Jermini, C., 9:143, 9:*178*, 14:95, 14:*129*, 14:153, 14:*199*
Jernigan, R. L., 25:31, 25:*84*
Jerphagnon, J., 32:163, 32:198, 32:*210*, 32:*212*
Jerrard, H. G., 3:76, 3:78, 3:*85*
Jesch, C., 10:186, 10:*220*, 12:23, 12:*117*
Jesse, N., 8:126, 8:*149*
Jesson, J. P., 23:113, 23:*159*
Jeuell, C. C., 28:221, 28:*290*
Jeuell, C. L., 11:145, 11:154, 11:*174*,

11:*175*, 19:265, 19:266, 19:267, 19:272, 19:273, 19:278, 19:292, 19:*375*, 19:*376*, 23:141, 23:*160*, 32:302, 32:*384*
Jewett, J. G., 11:205, 11:206, 11:*224*, 27:241, 27:242, 27:*289*, 27:*291*, 31:199, 31:*247*
Jeziorek, D., 32:38, 32:*117*
Jha, J. S., 30:206, 30:*218*
Ji, G.-Z., 31:131, 31:*137*
Jiang, J. B., 18:153, 18:*178*
Jiang, N., 31:261, 31:273, 31:312, 31:383, 31:*388*, 31:*392*
Jiang, W., 23:306, 23:*321*, 31:191, 31:192, 31:195, 31:*244*
Jiang, X.-K., 28:189, 28:*205*, 29:7, 29:46, 29:55, 29:*64*, 29:*66*, 29:84
Jiang, Z. Q., 32:245, 32:*262*
Jibril, A. O., 7:240, 7:*256*
Jie, C., 29:300, 29:307, 29:*325*, 29:*326*
Jimenez, P., 23:16, 23:17, 23:*59*, 32:240, 32:*264*
Jin, B. K., 32:86, 32:*117*
Jinbu, Y., 30:182, 30:202, 30:216, 30:*218*, 30:*219*
Jindal, S. L., 17:77–9, 17:*178*, 17:*179*
Jindal, S. P., 14:9, 14:*65*, 18:26, 18:*71*, 18:*74*, 19:240, 19:284, 19:291, 19:296, 19:299, 19:*368*, 19:*375*, 19:*376*
Joachim, C., 28:21, 28:40, 28:*42*
Joblin, K. N., 17:56, 17:*61*
Jobling, A., 2:105, 2:*160*, 5:136, 5:*171*
Jochims, J. C., 25:71, 25:*88*, 25:*91*
Joergensen, P., 32:151, 32:*213*
Joesten, M. D., 22:127, 22:*209*, 26:265, 26:267, 26:*374*
Johal, S. S., 19:412, 19:413, 19:*426*
Johannsen, I., 26:224, 26:232, 26:*248*, 26:*252*
Johansen, H., 25:136, 25:*256*
Johanson, M., 3:166, 3:*184*, 4:14, 4:*28*
Johansson, E. M., 17:16, 17:*60*
Johansson, P.-A., 15:281, 15:300, 15:319, 15:*328*, 15:*329*
Johari, D. P., 16:53, 16:65, 16:*85*
Johlman, C. L., 24:2, 24:18, 24:*53*, 24:*54*
John, D., 32:38, 32:57, 32:*120*
John, L. M., 8:306, 8:*402*
John, K. P., 29:118, 29:*181*

Johnels, D., **28**:1, **28**:11, **28**:*41*
Johns, H. E., **12**:191, **12**:*217*
Johns, J. W. C., **7**:160, **7**:163, **7**:*205*, **22**:313, **22**:*359*
Johns, S. R., **1**:25, **1**:*32*, **16**:258, **16**:*262*
Johnsen, R. H., **2**:226, **2**:243, **2**:*274*
Johnsen, V., **10**:56, **10**:82, **10**:*123*
Johnson, A. F., **15**:179, **15**:207, **15**:*263*
Johnson, A. R., **13**:382, **13**:*408*
Johnson, A. W., **1**:*278,* **6**:322, **6**:*328*, **7**:155, **7**:*205*, **11**:363, **11**:*384*, **11**:*387*, **13**:254, **13**:*271*, **17**:56, **17**:*61*
Johnson, C. A., **22**:138, **22**:*211*, **23**:64, **23**:71, **23**:*161*, **25**:40, **25**:*89*, **29**:101, **29**:*182*
Johnson, C. D., **9**:2, **9**:*24*, **11**:315, **11**:316, **11**:351, **11**:*384*, **11**:*386,* **13**:97, **13**:118, **13**:127, **13**:134, **13**:*149*, **13**:*150*, **13**:*151*, **14**:70, **14**:80, **14**:81, **14**:95, **14**:96, **14**:119, **14**:120, **14**:127, **14**:*128*, **14**:*129*, **16**:31, **16**:*48*, **21**:161, **21**:*193*, **24**:121, **24**:*199*, **27**:232, **27**:*236,* **32**:270, **32**:271, **32**:276, **32**:277, **32**:302, **32**:325, **32**:*382*
Johnson, C. H., **8**:82, **8**:*146*
Johnson, C. K., **26**:263, **26**:*369*
Johnson, C. R., **17**:157, **17**:158, **17**:*177*, **29**:57, **29**:58, **29**:*63*, **31**:268, **31**:*385*
Johnson, C. S., **5**:111, **5**:*114*, **18**:120, **18**:*176*
Johnson, C. S., Jr., **13**:220, **13**:221, **13**:255, **13**:*271*
Johnson, D. A., **14**:266, **14**:*345*, **23**:259, **23**:*266*
Johnson, D. E., **16**:259, **16**:*263*, **19**:48, **19**:53, **19**:103, **19**:*119*, **19**:*122*
Johnson, D. H., **13**:76, **13**:*80*
Johnson, D. M., **11**:345, **11**:*385*
Johnson, D. R., **31**:382, **31**:*390*
Johnson, D. W., **20**:211, **20**:*230*
Johnson, E., **30**:183, **30**:184, **30**:*218*
Johnson, E. A., **1**:66, **1**:67, **1**:68, **1**:*148*, **28**:62, **28**:107, **28**:109, **28**:110, **28**:111, **28**:*135*, **28**:*136*
Johnson, E. C., **18**:154, **18**:*179*
Johnson, F., **6**:319, **6**:320, **6**:*328*
Johnson, F. H., **2**:94, **2**:*160*, **18**:209, **18**:*237*
Johnson, G. E., **7**:242, **7**:*256*

Johnson, G. R., **16**:207–9, **16**:*231*
Johnson, G. R. A., **7**:126, **7**:*150*
Johnson, H. W., Jr., **7**:3, **7**:*109*
Johnson, J. E., **24**:181, **24**:182, **24**:*201*
Johnson, J. L., **16**:251, **16**:*262*
Johnson, J. R., **3**:8, **3**:*85*
Johnson, J. W., **10**:197, **10**:*223*
Johnson, K., **12**:227, **12**:*296,* **22**:290, **22**:*299*, **23**:180, **23**:*264*
Johnson, L. F., **13**:282, **13**:320, **13**:322, **13**:358, **13**:360, **13**:363, **13**:364, **13**:395, **13**:396, **13**:398, **13**:399, **13**:400, **13**:*409*, **13**:*410*, **13**:*413*, **16**:241, **16**:*263*
Johnson, L. N., **11**:28, **11**:81, **11**:*120*, **21**:22, **21**:*35*
Johnson, M. D., **5**:346, **5**:*397*, **6**:282, **6**:283, **6**:*324*, **13**:239, **13**:256, **13**:*268*, **13**:*271*, **23**:19, **23**:30, **23**:*58*, **23**:*59*, **23**:*60*, **28**:4, **28**:20, **28**:21, **28**:28, **28**:*41*
Johnson, M. P., **29**:28, **29**:*65*
Johnson, O., **29**:87, **29**:147, **29**:*179*
Johnson, P., **5**:164, **5**:*171*, **5**:342, **5**:349, **5**:*398*
Johnson, P. M., **13**:162, **13**:*277*
Johnson, P. V., **13**:167, **13**:*271*
Johnson, R. A., **13**:237, **13**:*277*, **17**:53, **17**:*62*, **17**:345, **17**:357, **17**:358, **17**:*428*
Johnson, R. E., **3**:178, **3**:*184*, **29**:142, **29**:*181*
Johnson, R. L., **7**:26, **7**:27, **7**:*109*
Johnson, R. M., **11**:226, **11**:*265*, **19**:416, **19**:*427*
Johnson, R. N., **9**:216, **9**:220, **9**:221, **9**:230, **9**:*276*
Johnson, R. S., **28**:194, **28**:*205*, **28**:*206*
Johnson, R. W., **23**:19, **23**:20, **23**:*60*
Johnson, S., **1**:129, **1**:*148*
Johnson, S. L., **3**:161, **3**:*185*, **5**:256, **5**:264, **5**:272, **5**:279, **5**:280, **5**:282, **5**:283, **5**:293, **5**:296, **5**:299, **5**:304, **5**:313, **5**:315, **5**:323, **5**:*328*, **7**:51, **7**:*110*, **11**:4, **11**:*120*, **17**:116, **17**:*177*, **21**:38, **21**:*96*, **22**:245, **22**:249, **22**:250, **22**:*304*
Johnson, T. W., **8**:282, **8**:287, **8**:288, **8**:*403*, **13**:391, **13**:*412*
Johnson, W. A., **14**:332, **14**:*346*

Johnson, W. F., **8**:373, **8**:375, **8**:*402*
Johnson, W. M., **15**:66, **15**:*148*
Johnson, W. S., **11**:56, **11**:*120*, **17**:113, **17**:151, **17**:*178*, **31**:290, **31**:388
Johnsson, B., **31**:260, **31**:*389*
Johnston, C. R., **3**:180, **3**:*185*
Johnston, D. B. R., **23**:259, **23**:*264*
Johnston, D. C., **26**:232, **26**:238, **26**:*247*
Johnston, D. E., **14**:147, **14**:*196*
Johnston, D. R., **3**:73, **3**:*82*
Johnston, E. R., **25**:11, **25**:*91*
Johnston, G. F., **16**:123, **16**:*155*
Johnston, H. L., **7**:295, **7**:*329*
Johnston, H. S., **10**:213, **10**:*223*, **16**:75, **16**:*85*, **18**:95, **18**:*179*
Johnston, J. F., **29**:262, **29**:*268*
Johnston, K. M., **9**:129, **9**:*179*
Johnston, L. J., **31**:104, **31**:113, **31**:*141*
Johnston, M., **18**:68, **18**:*74*
Johnston, R., **9**:130, **9**:*174*
Johnston, R. P., **17**:174, **17**:*176*
Johnston, W. H., **2**:40, **2**:*89*
Johnston, W. T. G., **1**:60, **1**:*153*, **2**:178, **2**:*199*
Johnstone, R. A. W., **8**:170, **8**:171, **8**:174, **8**:183, **8**:184, **8**:207, **8**:209, **8**:211, **8**:213, **8**:214, **8**:215, **8**:217, **8**:218, **8**:219, **8**:221, **8**:224, **8**:230, **8**:231, **8**:235, **8**:251, **8**:255, **8**:256, **8**:*260*, **8**:*261*, **8**:*263*, **8**:*264*, **8**:*265*, **31**:12, **31**:*83*
Joko, S., **30**:104, **30**:105, **30**:*114*
Jolicoeur, C., **14**:246, **14**:254, **14**:267, **14**:268, **14**:270, **14**:275, **14**:*340*
Jolles, P., **11**:81, **11**:*120*, **16**:257, **16**:*261*
Jolley, P. W., **7**:15, **7**:26, **7**:31, **7**:*110*, **7**:156, **7**:*205*
Jolly, W. L., **6**:93, **6**:*99*, **7**:238, **7**:241, **7**:*254*
Joly, M., **28**:59, **28**:60, **28**:*137*
Jonah, C. D., **12**:227, **12**:*295*, **19**:6, **19**:*121*
Jonas, J., **16**:241, **16**:*261*
Jonathan, N., **25**:6, **25**:*88*
Jonczyk, A., **14**:190, **14**:*197*
Jones, A., **15**:18, **15**:*59*
Jones, A. J., **11**:135, **11**:166, **11**:*174*, **11**:213, **11**:*223*, **19**:293, **19**:295, **19**:337, **19**:338, **19**:*372*, **19**:*374*
Jones, A. R., **2**:7, **2**:*88*

Jones, B., **1**:37, **1**:59, **1**:61, **1**:63, **1**:72, **1**:*149*, **1**:*152*, **16**:146, **16**:147, **16**:*155*
Jones, C. A., **17**:441, **17**:*483*
Jones, C. C., **32**:46, **32**:*113*
Jones, C. E., **17**:441, **17**:*483*, **17**:*484*
Jones, C. J., **31**:45, **31**:*80*, **31**:*81*
Jones, C. R., **20**:99, **20**:*185*
Jones, D. E., **6**:269, **6**:*328*, **7**:33, **7**:39, **7**:42, **7**:44, **7**:47, **7**:50, **7**:64, **7**:71, **7**:96, **7**:*110*, **7**:*111*
Jones, D. J., **26**:261, **26**:262, **26**:263, **26**:300, **26**:304, **26**:*370*, **26**:*374*
Jones, D. L., **22**:178, **22**:*209*, **26**:333, **26**:*373*
Jones, D. M., **11**:370, **11**:*387*, **18**:61, **18**:*74*
Jones, D. N., **6**:297, **6**:*328*
Jones, D. R., **25**:253, **25**:*261*
Jones, D. S., **21**:42, **21**:*96*
Jones, D. W., **30**:188, **30**:190, **30**:*217*
Jones, E. C. S., **19**:408, **19**:*426*
Jones, E. R. H., **2**:134, **2**:*159*, **7**:93, **7**:*110*
Jones, F. B. Jr., **17**:174, **17**:*179*
Jones, F. M., III, **13**:85, **13**:87, **13**:108, **13**:114, **13**:121, **13**:126, **13**:135, **13**:137, **13**:139, **13**:146, **13**:*148*, **13**:*151*
Jones, G., **8**:205, **8**:*268*, **17**:380, **17**:381, **17**:*430*, **19**:27, **19**:28, **19**:56, **19**:57, **19**:*115*, **19**:*121*, **19**:*126*, **20**:30, **20**:*53*
Jones, G., II, **20**:116, **20**:*185*, **29**:197, **29**:226, **29**:233, **29**:*268*
Jones, G. H., **17**:367, **17**:382, **17**:388, **17**:*425*, **17**:*426*, **20**:194, **20**:*230*
Jones, G. T., **20**:152, **20**:*184*
Jones, G. W., **22**:338, **22**:*359*
Jones, H. L., **12**:157, **12**:167, **12**:192, **12**:207, **12**:*218*
Jones, H. W., **5**:375, **5**:*399*, **14**:8, **14**:33, **14**:51, **14**:*67*
Jones, II, G., **29**:197, **29**:226, **29**:233, **29**:*268*
Jones, J., **14**:301, **14**:*346*
Jones, J. G., **4**:*302*
Jones, J. H., **8**:209, **8**:*260*
Jones, J. L., **3**:101, **3**:*121*
Jones, J. M., **4**:12, **4**:*28*
Jones, J. R., **5**:162, **5**:*171*, **9**:142, **9**:143, **9**:159, **9**:*179*, **11**:322,

11:*386*, 12:203, 12:*218*, 13:85,
   13:*151*, 14:137, 14:145, 14:146,
   14:147, 14:152, 14:168, 14:169,
   14:*196*, 14:*197*, 14:*198*, 14:*199*,
   18:5, 18:6, 18:7, 18:33, 18:34,
   18:53, 18:54, 18:*72*, 18:*73*,
   18:*74*, 26:285, 26:*368*
Jones, L. B., 6:238, 6:240, 6:*328*
Jones, M., 7:155, 7:193, 7:196, 7:197,
   7:*204*, 7:*205*
Jones, M. D., 26:365, 26:*374*
Jones, M. E., 24:22, 24:*53*
Jones, M. H., 1:52, 1:*150*
Jones, M., Jr., 22:312, 22:342, 22:343,
   22:349, 22:*357*, 22:*358*, 22:*359*,
   29:300, 29:*326*
Jones, M. T., 5:67, 5:110, 5:*116*, 18:120,
   18:*179*, 32:42, 32:*116*
Jones, P., 18:11, 18:*71*
Jones, P. F., 8:*261*
Jones, P. G., 24:149, 24:150, 24:153,
   24:154, 24:*199*, 24:*201*, 24:*202*,
   29:89, 29:127, 29:147, 29:148,
   29:149, 29:150, 29:151, 29:152,
   29:153, 29:154, 29:155, 29:156,
   29:157, 29:158, 29:160, 29:161,
   29:165, 29:167, 29:170, 29:173,
   29:174, 29:175, 29:176, 29:178,
   29:*179*, 29:*180*, 29:*181*, 29:*182*,
   32:171, 32:*208*
Jones, R. A. Y., 11:340, 11:347, 11:*387*,
   13:59, 13:*78*
Jones, R. D. G., 22:131, 22:*209*, 26:316,
   26:*374*, 26:*376*, 32:230, 32:*263*
Jones, R. G., 19:82, 19:*113*
Jones, R. L., 22:339, 22:*360*, 25:271,
   25:*442*
Jones, R. N., 11:330, 11:336, 11:*387*
Jones, S. P., 19:413, 19:*425*
Jones, S. R., 18:155, 18:161, 18:*179*,
   25:102, 25:115, 25:116, 25:*257*
Jones, T. M., 31:283, 31:382, 31:*388*
Jones, V. K., 6:238, 6:240, 6:*328*
Jones, W., 15:110, 15:113, 15:114,
   15:116, 15:147, 15:148, 15:*150*,
   29:132, 29:*181*, 29:*182*, 30:131,
   30:162, 30:164, 30:*171*
Jones, W. A., 21:18, 21:*35*, 25:117,
   25:*264*
Jones, W. D., 23:52, 23:*60*, 23:297,
   23:298, 23:*318*
Jones, W. J., 3:11, 3:20, 3:*83*
Jones, W. M., 7:11, 7:98, 7:*111*, 9:233,
   9:234, 9:237, 9:246, 9:247, 9:259,
   9:262, 9:263, 9:*276*
Jones, W. O., 1:61, 1:63, 1:*149*
Jönsall, G., 29:276, 29:289, 29:315,
   29:*324*, 29:*327*
Jonsäll, G., 19:225, 19:242, 19:357,
   19:358, 19:363, 19:*368*, 19:*371*,
   19:*375*, 23:64, 23:93, 23:94, 23:95,
   23:119, 23:*158*, 24:86, 24:*105*
Jonscher, A. K., 16:166, 16:*233*
Jonsson, B., 5:319, 5:*325*
Jönsson, B., 22:133, 22:*209*, 22:216,
   22:220, 22:221, 22:240, 22:243,
   22:*303*, 22:*304*
Jonsson, E. U., 17:157, 17:158, 17:*177*
Jönsson, L., 18:83, 18:98, 18:123, 18:124,
   18:126, 18:147, 18:149, 18:152,
   18:153, 18:159, 18:162, 18:164,
   18:169, 18:170, 18:172, 18:*177*,
   18:*179*, 18:*182*, 20:107, 20:108,
   20:128, 20:140, 20:161, 20:*183*,
   20:*185*, 23:308, 23:*317*
Jonsson, M., 31:122, 31:*139*
Jönsson, P.-G., 26:258, 26:260, 26:*376*
Joo, N., 13:213, 13:*271*
Joos, G., 3:20, 3:22, 3:23, 3:*83*
Jordan, D. M., 5:345, 5:*397*
Jordan, D. O., 8:306, 8:*404*
Jordan, F., 11:324, 11:*387*
Jordan, J. W., 12:213, 12:*221*
Jordan, K. D., 28:21, 28:28, 28:*43*,
   29:277, 29:312, 29:314, 29:*327*
Jordan, P., 3:68, 3:*81*
Jordan, P. C. H., 6:197, 6:198, 6:*328*
Jordan, R. F., 23:12, 23:*60*
Jordan, R. W., 12:14, 12:*123*
Jordan, T. H., 14:228, 14:*347*
Jorg, J., 8:216, 8:*265*
Jørgensen, F. S., 25:51, 25:*85*
Jorgensen, F. S., 25:51, 25:*85*, 29:277,
   29:312, 29:314, 29:*327*
Jorgensen, W. L., 19:345, 19:347,
   19:352, 19:353, 19:364, 19:*372*,
   19:*373*, 26:118, 26:119, 26:*124*,
   26:*125*, 26:*126*, 29:278, 29:296,
   29:314, 29:*326*, 29:*327*
Jorgenson, M. J., 1:24, 1:25, 1:*33*, 5:341,

5:*397*, 9:2, 9:*24*
Joris, B., 23:177, 23:180, 23:182, 23:252, 23:*264*, 23:*265*
Jortner, J., 7:145, 7:*150*, 8:32, 8:*76*, 16:161, 16:169, 16:176, 16:*233*, 16:*236*
Joschek, H. I., 7:155, 7:*204*, 20:222, 20:*231*
Joschek, J-I., 13:180, 13:*271*
Jose, C. I., 29:208, 29:*267*
Jose, J., 14:327, 14:*345*
José, S. M., 21:210, 21:224, 21:228, 21:*239*, 24:8, 24:*55*, 26:119, 26:*128*
Josefowicz, M., 28:279, 28:*288*
Joseph, H., 16:39, 16:*48*
Joseph-Natan, P., 23:72, 23:*159*
Josephson, R. R., 3:131, 3:136, 3:*184*
Josey, A. D., 7:15, 7:*111*
Joshi, A., 17:50, 17:*61*
Joshi, S. S., 3:32, 3:*85*
Joshua, H., 25:17, 25:*91*
Josien, M. L., 3:34, 3:*84*, 11:285, 11:*386*
Joslin, T., 10:201, 10:*222*, 12:65, 12:*123*, 13:234, 13:*272*
Josse, D., 32:173, 32:*213*
Joswig, W., 26:260, 26:*374*
Jouin, P., 24:101, 24:*112*
Journaux, Y., 26:243, 26:*248*, 26:*249*, 26:*250*
Joussot-Dubien, J., 9:164, 9:*179*, 10:140, 10:*152*, 12:133, 12:154, 12:191, 12:*217*, 12:*218*, 20:218, 20:*230*
Joussot-Dubient, J., 19:4, 19:13, 19:42, 19:43, 19:52, 19:90, 19:*118*
Jow, T. R., 28:4, 28:*44*
Joyce, M. A., 17:356, 17:*430*
Ju, T. L., 17:87, 17:*177*
Juan, B., 19:155, 19:*219*, 26:188, 26:231, 26:*246*
Juaristi, E., 24:152, 24:*202*
Jubault, M., 12:94, 12:*122*
Juckett, D. A., 18:169, 18:*175*, 26:56, 26:*123*
Judon, C. M., 5:278, 5:*328*
Judson, C. M., 16:144, 16:*156*
Judson, R. S., 32:109, 32:118
Jugelt, W., 19:7, 19:*130*, 20:112, 20:113, 20:185, 20:*187*, 23:309, 23:*318*, 26:51, 26:65, 26:*125*

Juhala, P., 18:58, 18:63, 18:64, 18:*74*
Juhlke, T., 14:23, 14:24, 14:28, 14:*65*
Juillard, J., 14:307, 14:308, 14:313, 14:314, 14:316, 14:*337*, 14:*341*, 14:*345*, 14:*348*, 14:*349*, 17:292, 17:*425*
Jula, T. F., 7:192, 7:*208*
Juliá, L., 25:284, 25:326, 25:328, 25:329, 25:330, 25:385, 25:389, 25:*419*, 25:433, 25:*441*, 25:*443*
Juliá, M., 25:338, 25:*443*
Julia, M., 8:64, 8:*76*
Julin, M., 25:269, 25:270, 25:*443*
Jullian, N., 26:187, 26:*252*
Jullien, J., 18:38, 18:39, 18:40, 18:*72*, 18:*74*
Julve, M., 26:243, 26:*252*
Jumonville, S., 9:129, 9:130, 9:*181*
Jumper, C. F., 22:198, 22:*208*
Juneau, R. J., 12:191, 12:200, 12:214, 12:*221*
Jundt, D., 32:167, 32:174, 32:*214*
Jung, C. G., 32:82, 32:*117*
Jung, F., 17:174, 17:*177*
Jung, G., 13:280, 13:285, 13:288, 13:289, 13:290, 13:306, 13:327, 13:328, 13:350, 13:353, 13:360, 13:*407*, 13:*409*, 13:*410*, 13:*415*
Jung, H. A., 5:352, 5:*397*
Jung, K. H., 14:326, 14:*345*
Jung, M. E., 30:18, 30:47, 30:*57*
Jung, S., 23:258, 23:*263*
Jungalwala, F. B., 25:245, 25:246, 25:*258*
Jungfleish, E., 25:270, 25:*442*
Junggren, E., 10:21, 10:*26*
Junggren, U., 15:268, 15:321, 15:322, 15:323, 15:325, 15:327, 15:*328*, 15:*329*
Jungk, H., 1:47, 1:52, 1:*149*, 1:*152*
Jungner, A., 3:76, 3:*85*
Jungner, I., 3:76, 3:*85*
Juppe, G., 2:13, 2:*89*
Jura, W. H., 5:66, 5:93, 5:95, 5:*115*, 5:*119*
Jurewicz, A. J., 8:140, 8:*147*
Jurewicz, A. T., 19:417, 19:*426*
Jurgensen, G., 23:214, 23:*264*
Juri, P. N., 17:419, 17:420, 17:*424*, 17:*428*

Jusczak, A., **25**:390, **25**:391, **25**:395, **25**:*444*
Just, G., **28**:214, **28**:227, **28**:245, **28**:*287*, **28**:*288*
Justice, J. C., **14**:313, **14**:*350*

Jutand, A., **26**:39, **26**:*122*
Jutting, G., **21**:11, **21**:*33*
Jutz, C., **10**:132, **10**:*152*, **30**:184, **30**:*218*
Juvet, R. S., **2**:136, **2**:*160*